저자쌤이 알려 주는 이 책의 활용법

가스기사 필기시험에 합격하신 여러분, 축하드립니다! 이 도서는 가스기사 실기시험을 준비하는 책으로서 활용방법에 대해 알려드리겠습니다~

이 도서는 크게 "PART 1. 필답형"과 "PART 2. 작업형(동영상)", "PART 3. 최신 기출문제"로 구분되어 있으며, 또한 PART 1. 필답형과 PART 2. 작업형(동영상)은 각각 핵심요약과 예상문제, 기출문제로 구성되어 있습니다. 핵심요약 부분은 필답형과 작업형(동영상) 문제에 대비하여 간단히 구성한 것이니 모두 암기하려고 하지 마시고, 기출문제와 출제예상문제를 통해 실전 감각을 기르는 데 집중하세요.

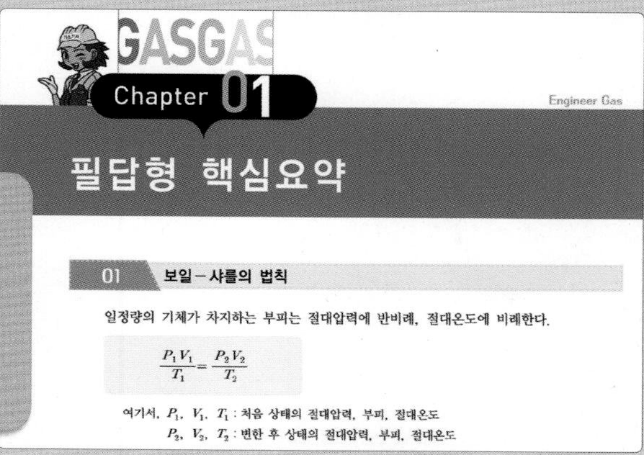

"필답형" 부분에서는 **출제예상문제 및 기출문제를 반복적으로 충분히 풀다보면 핵심 내용이 자연적으로 습득**되어 실전에 어떠한 문제가 출제되어도 당황하지 않고 푸실 수 있습니다.

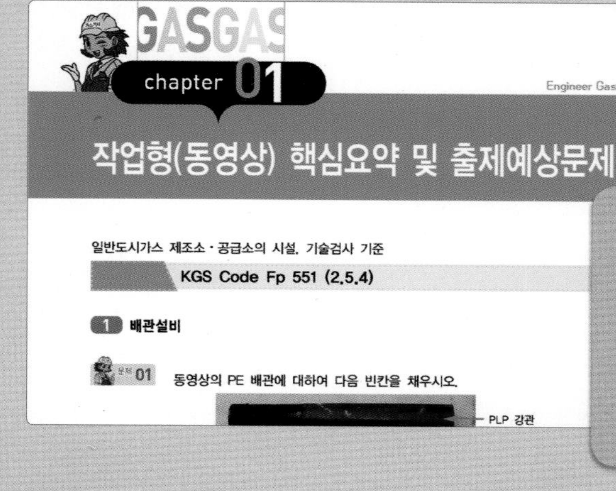

"작업형(동영상)" 부분에서는 문제와 함께 컬러사진을 수록하여 **최대한 실전시험처럼 구성**하였으며, 기출문제를 반복적으로 풀다보면 내용이 완벽하게 이해될 수 있도록 상세한 해설도 수록하였습니다.

도서의 뒷부분에는 "최신 기출문제"를 수록하여 **출제경향을 파악**할 수 있도록 하였고, 부록으로 변경법규와 신규법규를 다루어 모든 부분에 완벽을 기할 수 있도록 하였습니다. 아울러 **별책부록으로 핵심요점을 정리**하여 실전시험에 더욱 큰 도움이 되도록 하였습니다.

저자쌤의 합격플래너 활용 Tip.

01. Choice

시험대비를 위해 여유 있는 시간을 확보해 제대로 공부하여 시험합격은 물론 고득점을 노리는 수험생들은 **Plan 1(24일 꼼꼼코스)**을, 폭넓고 깊은 학습은 불가능해도 압축적으로 공부해 한 번에 시험합격을 원하시는 수험생들은 **Plan 2(12일 집중코스)**를 권합니다.
단, 저자쌤은 학습플랜 중 충분한 학습기간을 가지고 제대로 시험대비를 할 수 있는 **Plan 1**을 추천합니다!!!

02. Plus

Plan 1과 Plan 2 중 나에게 맞는 학습플랜이 없을 시, **Plan 3**에 **나에게 꼭~ 맞는 나만의 학습계획**을 스스로 세워보세요!

03. Unique

Plan 3(유일무이 나만의 합격 플랜)에는 계획에 따라 3회독까지 학습체크를 할 수 있는 공란과, 처음 1회독 시 학습한 날짜를 기입할 수 있는 공간을 따로 두었습니다!

※ 합격플래너를 활용해 계획적으로 시험대비를 하여 실기시험에 합격하신 수험생분께는 「문화상품권(2만원)」을 보내드립니다(단, 선착순(10명)이며, 온라인서점에 플래너 활용사진을 포함한 도서리뷰 or 합격후기를 올려주신 후 인증사진을 보내주신 분에 한합니다).

☎ 관련문의 : 031-950-6371

단기완성 합격 플랜

구분	내용	세부 내용	24일 꼼꼼코스	12일 집중코스
PART 1. 필답형 총정리	1. 필답형 핵심요약		☐ DAY 1 ☐ DAY 2	☐ DAY 1
	2. 필답형 출제예상문제		☐ DAY 3 ☐ DAY 4	☐ DAY 2
	3. 필답형 과년도 출제문제	2010년 필답형 출제문제	☐ DAY 5	☐ DAY 3
		2011년 필답형 출제문제		
		2012년 필답형 출제문제	☐ DAY 6	
		2013년 필답형 출제문제		
		2014년 필답형 출제문제	☐ DAY 7	☐ DAY 4
		2015년 필답형 출제문제		
		2016년 필답형 출제문제	☐ DAY 8	
		2017년 필답형 출제문제		
		2018년 필답형 출제문제	☐ DAY 9	
		2019년 필답형 출제문제		
PART 2. 작업형(동영상) 총정리	1. 작업형(동영상) 핵심요약 및 출제예상문제		☐ DAY 10 ☐ DAY 11	☐ DAY 5 ☐ DAY 6
	2. 작업형(동영상) 과년도 출제문제	2010년 작업형(동영상) 출제문제	☐ DAY 12	☐ DAY 7
		2011년 작업형(동영상) 출제문제		
		2012년 작업형(동영상) 출제문제	☐ DAY 13	
		2013년 작업형(동영상) 출제문제		
		2014년 작업형(동영상) 출제문제	☐ DAY 14	
		2015년 작업형(동영상) 출제문제		☐ DAY 8
		2016년 작업형(동영상) 출제문제	☐ DAY 15	
		2017년 작업형(동영상) 출제문제		
		2018년 작업형(동영상) 출제문제	☐ DAY 16	
		2019년 작업형(동영상) 출제문제		
PART 3. 최신 기출문제	2020년 필답형+작업형(동영상) 출제문제		☐ DAY 17	☐ DAY 9
	2021년 필답형+작업형(동영상) 출제문제		☐ DAY 18	
	2022년 필답형+작업형(동영상) 출제문제		☐ DAY 19	☐ DAY 10
	2023년 필답형+작업형(동영상) 출제문제		☐ DAY 20	
부록	1. 변경법규 및 신규법규		☐ DAY 21	☐ DAY 11
	2. 수소 및 수소 안전관리 관련 출제예상문제		☐ DAY 22	
별책부록	핵심요점 정리집		☐ DAY 23 ☐ DAY 24	☐ DAY 12

유일무이 나만의 합격 플랜

			나만의 합격코스	1회독	2회독	3회독	MEMO
PART 1. 필답형 총정리	1. 필답형 핵심요약		월 일	☐	☐	☐	
	2. 필답형 출제예상문제		월 일	☐	☐	☐	
	3. 필답형 과년도 출제문제	2010년 필답형 출제문제	월 일	☐	☐	☐	
		2011년 필답형 출제문제	월 일	☐	☐	☐	
		2012년 필답형 출제문제	월 일	☐	☐	☐	
		2013년 필답형 출제문제	월 일	☐	☐	☐	
		2014년 필답형 출제문제	월 일	☐	☐	☐	
		2015년 필답형 출제문제	월 일	☐	☐	☐	
		2016년 필답형 출제문제	월 일	☐	☐	☐	
		2017년 필답형 출제문제	월 일	☐	☐	☐	
		2018년 필답형 출제문제	월 일	☐	☐	☐	
		2019년 필답형 출제문제	월 일	☐	☐	☐	
PART 2. 작업형(동영상) 총정리	1. 작업형(동영상) 핵심요약 및 출제예상문제		월 일	☐	☐	☐	
	2. 작업형(동영상) 과년도 출제문제	2010년 작업형(동영상) 출제문제	월 일	☐	☐	☐	
		2011년 작업형(동영상) 출제문제	월 일	☐	☐	☐	
		2012년 작업형(동영상) 출제문제	월 일	☐	☐	☐	
		2013년 작업형(동영상) 출제문제	월 일	☐	☐	☐	
		2014년 작업형(동영상) 출제문제	월 일	☐	☐	☐	
		2015년 작업형(동영상) 출제문제	월 일	☐	☐	☐	
		2016년 작업형(동영상) 출제문제	월 일	☐	☐	☐	
		2017년 작업형(동영상) 출제문제	월 일	☐	☐	☐	
		2018년 작업형(동영상) 출제문제	월 일	☐	☐	☐	
		2019년 작업형(동영상) 출제문제	월 일	☐	☐	☐	
PART 3. 최신 기출문제	2020년 필답형+작업형(동영상) 출제문제		월 일	☐	☐	☐	
	2021년 필답형+작업형(동영상) 출제문제		월 일	☐	☐	☐	
	2022년 필답형+작업형(동영상) 출제문제		월 일	☐	☐	☐	
	2023년 필답형+작업형(동영상) 출제문제		월 일	☐	☐	☐	
부록	1. 변경법규 및 신규법규		월 일	☐	☐	☐	
	2. 수소 및 수소 안전관리 관련 출제예상문제		월 일	☐	☐	☐	
별책부록	핵심요점 정리집		월 일	☐	☐	☐	

D+PLUS

더플러스+

더 쉽게 더 빠르게 합격 플러스

가스기사 실기

양용석 지음

BM (주)도서출판 성안당

도서 A/S 안내

성안당에서 발행하는 모든 도서는 저자와 출판사, 그리고 독자가 함께 만들어 나갑니다.

좋은 책을 펴내기 위해 많은 노력을 기울이고 있습니다. 혹시라도 내용상의 오류나 오탈자 등이 발견되면 **"좋은 책은 나라의 보배"**로서 우리 모두가 함께 만들어 간다는 마음으로 연락주시기 바랍니다. 수정 보완하여 더 나은 책이 되도록 최선을 다하겠습니다.

성안당은 늘 독자 여러분들의 소중한 의견을 기다리고 있습니다. 좋은 의견을 보내주시는 분께는 성안당 쇼핑몰의 포인트(3,000포인트)를 적립해 드립니다.

잘못 만들어진 책이나 부록 등이 파손된 경우에는 교환해 드립니다.

저자 문의 e-mail : 3305542a@daum.net(양용석)
본서 기획자 e-mail : coh@cyber.co.kr(최옥현)
홈페이지 : http://www.cyber.co.kr　전화 : 031) 950-6300

가스기사 자격증을 취득하려고 하는 수험생 공학도 여러분 반갑습니다.

이 교재는 새롭게 개편된 한국산업인력공단의 가스기사 출제기준에 맞추어 새로 발행된 최신판 교재입니다. 1차 필기시험에 합격하신 수험생 여러분들의 2차 실기시험 합격을 위해 수년 간 집필하여 현재의 수험서를 발행하게 되었습니다.

오랜 현장 실무경험과 고압가스 분야에서의 끊임없는 연구를 바탕으로 2차 실기시험에 필요한 내용을 모두 수록하여 시험대비에 만전을 기했습니다.

이 교재는 가스기사 국가기술자격 2차 실기시험에 대비하여 수험생들이 짧은 기간에 꼭 합격할 수 있도록 집필하였으며, 특히 필답형 및 작업형(동영상) 문제와 관련된 실무와 코드, 안전관리 분야에 부합되는 핵심문제를 수록하였고, 한국산업인력공단의 출제기준을 최대한 반영하도록 노력하였습니다.

이 책의 특징은 다음과 같습니다.

1. 필답형 및 작업형(동영상) 중요 이론과 암기사항을 일목요연하게 정리하였습니다.
2. 시험에 자주 출제되는 필답형 및 작업형(동영상) 출제예상문제를 선별하여 실었습니다.
3. 2010~2023년까지 14년간의 기출문제를 컬러사진과 함께 정확한 해설을 수록하여 실전시험에 완벽하게 대비가 가능하도록 하였습니다.
4. 혼자 공부하기 어렵거나 빠른 합격을 원하는 수험생들을 위해 전 과목 이론과 문제의 저자직강 동영상 강의가 개설되어 있습니다.

끝으로 이 책이 발간되도록 도움을 주신 도서출판 성안당 회장님과 편집부 관계자에게 깊은 감사를 드리며, 독자 여러분이 시험에 꼭 합격하시길 진심으로 기원합니다.

이 책을 보면서 궁금한 점이 있으시면 **저자 직통(010-5835-0508), 저자 이메일(3305542a@daum.net)**이나 **성안당 홈페이지(www.cyber.co.kr)**에 언제든 질문을 주시면 성실하게 답변드리겠습니다. 또한, 이 책 출간 이후의 정오사항에 대해서는 성안당 홈페이지에 올려 놓겠습니다.

양용석 씀

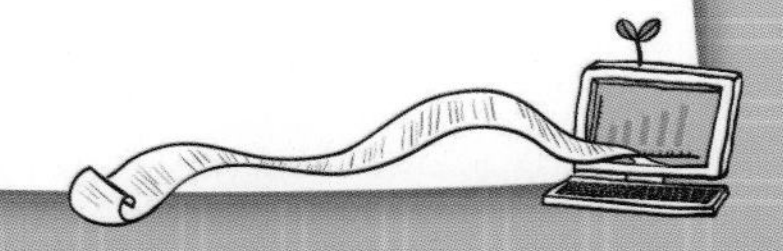

시험 안내

✦ **자격명** : 가스기사(과정평가형 자격 취득 가능 종목)
✦ **영문명** : Engineer Gas
✦ **관련부처** : 산업통상자원부
✦ **시행기관** : 한국산업인력공단

1 기본 정보

(1) 개요

고압가스가 지닌 화학적, 물리적 특성으로 인한 각종 사고로부터 국민의 생명과 재산을 보호하고 고압가스의 제조과정에서부터 소비과정에 이르기까지 안전에 대한 규제대책, 각종 가스용기, 기계, 기구 등에 대한 제품검사, 가스취급에 따른 제반 시설의 검사 등 고압가스에 관한 안전관리를 실시하기 위한 전문인력을 양성하기 위하여 제정되었다.

(2) 수행직무

고압가스 및 용기제조의 공정관리, 가스의 사용방법 및 취급요령 등을 위해 예방을 위한 지도 및 감독 업무와 저장, 판매, 공급 등의 과정에서 안전관리를 위한 지도 및 감독 업무를 수행한다.

(3) 진로 및 전망

① 고압가스 제조업체 · 저장업체 · 판매업체에 기타 도시가스 사업소, 용기제조업소, 냉동기계 제조업체 등 전국의 고압가스 관련업체로 진출할 수 있다.

② 최근 국민생활 수준의 향상과 산업의 발달로 연료용 및 산업용 가스의 수급 규모가 대형화되고 있으며, 가스시설의 복잡 · 다양화됨에 따라 가스 사고 건수가 급증하고 사고 규모도 대형화되는 추세이다. 한국가스안전공사의 자료에 의하면 가스사고로 인한 인명 피해가 해마다 증가하고 있고, 정부의 도시가스 확대 방안으로 인천, 평택 인수기지에 이어 통영기지 건설을 추진하는 등 가스 사용량 증가가 예상되어 가스 관련 자격증의 인력 수요는 증가할 것이다.

(4) 연도별 검정현황

연도	필기			실기		
	응시	합격	합격률	응시	합격	합격률
2022	3,698명	716명	19.4%	1,712명	527명	35.5%
2021	4,068명	1,455명	35.8%	2,096명	743명	35.5%
2020	3,534명	1,352명	38.3%	2,370명	1,004명	42.4%
2019	3,483명	1,307명	37.5%	2,375명	452명	19%
2018	2,853명	1,048명	36.7%	1,527명	394명	25.8%
2017	2,740명	1,092명	39.9%	1,732명	942명	54.4%
2016	2,558명	741명	29%	1,514명	505명	33.4%

2 시험 정보

(1) 시험 수수료

- 실기 : 24,100원

(2) 출제 경향

- 필답형

① 가스제조에 대한 전문적인 지식 및 기능을 가지고 각종 가스를 제조, 설치 및 정비작업을 할 수 있는지 평가한다.

② 가스설비, 운전, 저장 및 공급에 대한 취급과 가스장치의 고장 진단 및 유지관리를 할 수 있는지 평가한다.

③ 가스기기 및 설비에 대한 검사업무 및 가스안전관리에 관한 업무를 수행할 수 있는지 평가한다.

- 작업형

가스제조 및 가스 설비, 운전, 저장 및 공급에 대한 취급과 가스장치의 고장 진단 및 유지관리와 가스기기 및 설비에 대한 검사업무 및 가스안전관리에 관한 업무를 수행할 수 있는지의 능력을 평가한다.

(3) 취득방법

① 시행처 : 한국산업인력공단

② 관련학과 : 대학과 전문대학의 화학공학, 가스냉동학, 가스산업학 관련학과

③ 시험과목

- 실기 : 가스 실무

④ 검정방법

- 실기 : 복합형[필답형(1시간 30분)+작업형(1시간 30분 정도)]

⑤ 합격기준

- 실기 : 100점을 만점으로 하여 60점 이상
- 배점 : 필답형 60점, 작업형(동영상) 40점

(4) 시험 일정

회별	원서접수	필기시험	합격발표	원서접수	실기시험	합격발표
제1회	1.23. ~ 1.26.	2.15. ~ 3.7.	3.13.	3.26. ~ 3.29.	4.27. ~ 5.12.	1차 : 5.29. 2차 : 6.18.
제2회	4.16. ~ 4.19.	5.9. ~ 5.28.	6.5.	6.25. ~ 6.28.	7.28. ~ 8.14.	1차 : 8.28. 2차 : 9.10.
제3회	6.18. ~ 6.21.	7.5. ~ 7.27.	8.7.	9.10. ~ 9.13.	10.19. ~ 11.8.	1차 : 11.20. 2차 : 12.11.

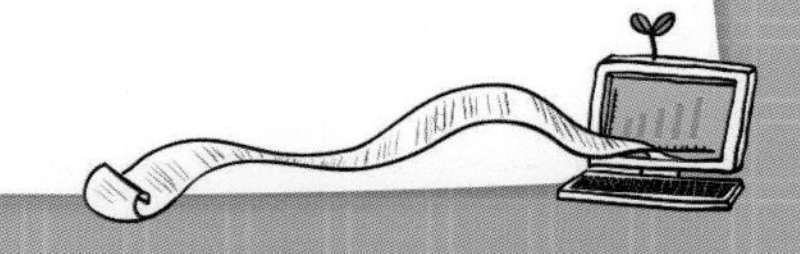

3 시험 접수에서 자격증 수령까지 안내

☑ **원서접수 안내 및 유의사항입니다.**

- 원서접수 확인 및 수험표 출력기간은 접수당일부터 시험시행일까지 출력 가능(이외 기간은 조회불가)합니다. 또한 출력장애 등을 대비하여 사전에 출력 보관하시기 바랍니다.
- 원서접수는 온라인(인터넷, 모바일앱)에서만 가능합니다.
- 스마트폰, 태블릿 PC 사용자는 모바일앱 프로그램을 설치한 후 접수 및 취소/환불 서비스를 이용하시기 바랍니다.

STEP 01 실기시험 원서접수

- Q-net(www.q-net.or.kr) 사이트에서 원서 접수
- 응시자격서류 제출 후 심사에 합격 처리된 사람에 한하여 원서 접수 가능
(응시자격서류 미제출 시 필기시험 합격예정 무효)

STEP 02 실기시험 응시

- 수험표, 신분증, 필기구, 공학용 계산기, 종목별 수험자 준비물 지참
(공학용 계산기는 허용된 종류에 한하여 사용 가능하며, 수험자 지참 준비물은 실기시험 접수기간에 확인 가능)

STEP 03 실기시험 합격자 확인

- 문자 메시지, SNS 메신저를 통해 합격 통보
(합격자만 통보)
- Q-net(www.q-net.or.kr) 사이트 및 ARS (1666-0100)를 통해서 확인 가능

STEP 04 자격증 교부 신청

- 상장형 자격증, 수첩형 자격증 형식 신청 가능
- Q-net(www.q-net. or.kr) 사이트를 통해 신청

STEP 05 자격증 수령

- 상장형 자격증은 합격자 발표 당일부터 인터넷으로 발급 가능
(직접 출력하여 사용)
- 수첩형 자격증은 인터넷 신청 후 우편수령만 가능
(수수료 : 3,100원/배송비 : 3,010원)

※ 자세한 사항은 Q-net 홈페이지(www.q-net.or.kr)를 참고하시기 바랍니다.

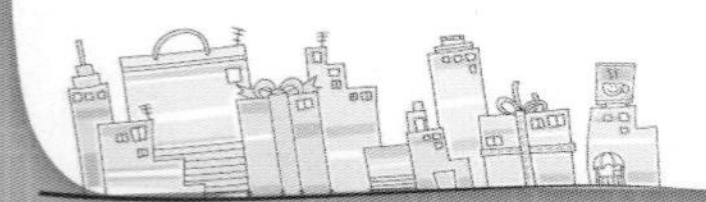

직무 분야	안전관리	중직무 분야	안전관리	자격 종목	가스기사	적용 기간	2024.1.1.~2027.12.31.
실기 검정 방법	복합형(필답형+작업형)			시험 시간	(필답형 : 1시간 30분, 작업형 : 1시간 30분 정도)		

실기 과목명	주요 항목	세부 항목	세세 항목
가스 실무	1. 가스설비 실무	(1) 가스설비 설치하기	① 고압가스설비를 설계·설치 관리할 수 있다. ② 액화석유가스설비를 설계·설치 관리할 수 있다. ③ 도시가스설비를 설계·설치 관리할 수 있다. ④ 수소설비를 설계·설치 관리할 수 있다.
		(2) 가스설비 유지관리하기	① 고압가스설비를 안전하게 유지관리할 수 있다. ② 액화석유가스설비를 안전하게 유지관리할 수 있다. ③ 도시가스설비를 안전하게 유지관리할 수 있다. ④ 수소설비를 안전하게 유지관리할 수 있다.
	2. 안전관리 실무	(1) 가스안전 관리하기	① 용기, 가스용품, 저장탱크 등 가스 설비 및 기기의 취급운반에 대한 안전대책을 수립할 수 있다. ② 가스폭발 방지를 위한 대책을 수립하고, 사고발생시 신속히 대응할 수 있다. ③ 가스시설의 평가, 진단 및 검사를 할 수 있다.
		(2) 가스안전검사 수행하기	① 가스관련 안전인증대상 기계·기구와 자율안전 확인대상 기계·기구 등을 구분할 수 있다. ② 가스관련 의무안전인증대상 기계·기구와 자율안전확인대상 기계·기구 등에 따른 위험성의 세부적인 종류, 규격, 형식의 위험성을 적용할 수 있다. ③ 가스관련 안전인증대상 기계·기구와 자율안전대상 기계·기구 등에 따른 기계·기구에 대하여 측정장비를 이용하여 정기적인 시험을 실시할 수 있도록 관리계획을 작성할 수 있다. ④ 가스관련 안전인증대상 기계·기구와 자율안전대상 기계·기구 등에 따른 기계·기구 설치방법 및 종류에 의한 장·단점을 조사할 수 있다. ⑤ 공정진행에 의한 가스관련 안전인증대상 기계·기구와 자율안전확인대상 기계·기구 등에 따른 기계·기구의 설치, 해체, 변경 계획을 작성할 수 있다.
		(3) 가스안전조치 실행하기	① 가스설비의 설치 중 위험성의 목적을 조사하고 계획을 수립할 수 있다. ② 가스설비의 가동 전 사전 점검하고 위험성이 없음을 확인하고 가동할 수 있다. ③ 가스설비의 변경 시 주의사항의 기본개념을 조사하고 계획을 수립할 수 있다. ④ 가스설비의 정기, 수시, 특별 안전점검의 목적을 확인하고 계획을 수립할 수 있다. ⑤ 점검 이후 지적사항에 대한 개선방안을 검토하고 권고할 수 있다.

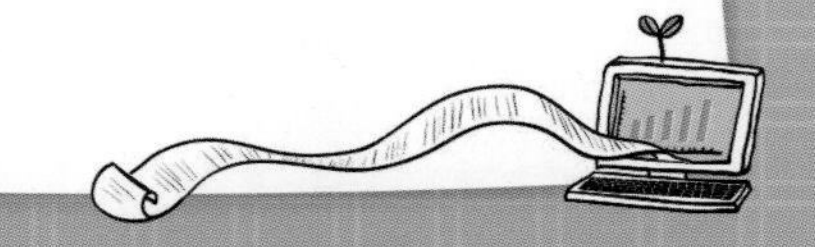

차 례

PART 1 필답형 총정리

PART 2. 작업형(동영상) 총정리

Chapter 01 작업형(동영상) 핵심요약 및 출제예상문제

Chapter 02 작업형(동영상) 과년도 출제문제

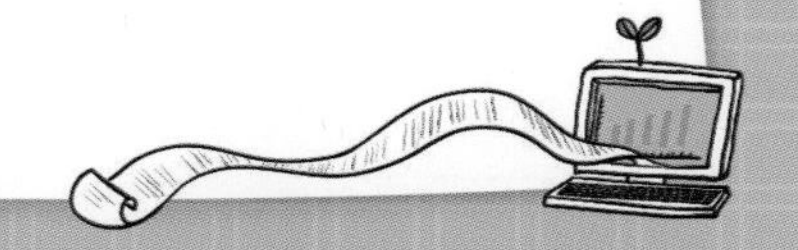

PART 3 최신 기출문제

부록 변경법규 및 신규법규 외

별책부록 핵심요점 정리집

PART 1

필답형 총정리

Part 1은 한국산업인력공단 출제기준 가스설비 실무부분 (가스설비 설치 및 유지관리)에 해당하는 필답형 핵심요약, 예상문제, 기출문제 부분입니다.

Chapter 01 핵심요약

Chapter 02 출제예상문제

Chapter 03 과년도 출제문제

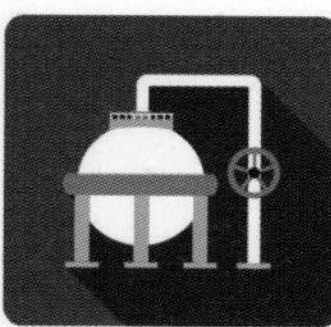

가스기사 실기

PART 01 필답형 총정리

이 편의 학습 Point

1. 실기시험에 빈번하게 출제되는 공식 및 단위 정리하기
2. 이론에 따른 관련 문제 숙지하기
3. 적중률 높은 예상문제 풀어보기
4. 다년간의 출제문제로 실전시험 대비하기

필답형 핵심요약

01 보일–샤를의 법칙

일정량의 기체가 차지하는 부피는 절대압력에 반비례, 절대온도에 비례한다.

$$\frac{P_1 V_1}{T_1} = \frac{P_2 V_2}{T_2}$$

여기서, P_1, V_1, T_1 : 처음 상태의 절대압력, 부피, 절대온도
P_2, V_2, T_2 : 변한 후 상태의 절대압력, 부피, 절대온도

예제 1 20℃, 100kPa(g) 50m³를 가지는 가스가 온도 50℃, 500kPa(g)로 변할 때 부피는 몇 m³가 되는가? (단, 1atm=101.325kPa이다.)

해답 $\frac{P_1 V_1}{T_1} = \frac{P_2 V_2}{T_2}$ 에서

$$\therefore V_2 = \frac{P_1 V_1 T_2}{T_1 P_2} = \frac{(100+101.325)\times 50\times(273+50)}{(273+20)\times(500+101.325)} = 18.454 = 18.45\text{m}^3$$

보일–샤를의 공식에는 절대압력, 절대온도로 대입하므로 게이지압력은 절대압력으로 환산하여 대입한다. ℃는 K로 환산하여 대입함.

1. 절대압력=대기압력+게이지압력
2. K=℃+273
3. 표준대기압 1atm=1.0332kg/cm²=14.7PSI=760mmHg
=101.325kPa=0.101325MPa=101325Pa(N/m²)

예제 2 대기압이 750mmHg 하에 게이지압력이 3.25kg/cm²일 때 절대압력은 몇 lb/in² (PSI)인가?

해답 절대압력 = 대기압력 + 게이지압력 = 750mmHg + 3.25kg/cm²

$$= \frac{750}{760} \times 14.7 + \frac{3.25}{1.0332} \times 14.7 = 60.746 = 60.75 \text{PSI(a)}$$

압력단위 환산 시

1. 기본으로 표준대기압
   각 단위를 암기하고, 같은 단위의 대기압은 나누고, 환산하고자 하는 대기압력은 곱한다.
   예 mmHg를 kPa로 환산 시 mmHg의 대기압 760으로 나누고, kPa 대기압력 101.325는 곱한다.
2. 압력값을 계산 뒤
   절대압력에는 (a), 게이지압력에는 (g), 진공압력에는 (v)를 붙여서 표시하여야 정답으로 처리된다.

02 돌턴의 분압법칙

(1) 정의

혼합기체가 나타내는 전체의 압력은 각 성분기체가 같은 온도, 압력에서 나타내는 각각의 분압의 합과 같다.

(2) $$P = \frac{P_1 V_1 + P_2 V_2}{V}$$

여기서, P : 전압, P_1, P_2 : 각각의 분압
V : 전 부피, V_1, V_2 : 각각의 부피

(3) $$\text{분압} = \text{전압} \times \frac{\text{성분 몰수}}{\text{전 몰수}} = \text{전압} \times \frac{\text{성분 부피}}{\text{전 부피}}$$

예제 1 5L 용기에는 10atm, 10L 용기에는 9atm의 기체가 있다. 이 기체를 연결 시 전압은 몇 atm인가?

해답 $P=\dfrac{(10\times5)+(9\times10)}{5+10}=9.33$atm

예제 2 전압이 10atm인 용기에 (P_O)산소와 (P_N)질소가 (1 : 4)로 혼합되어 있다. 각각의 분압을 계산하여라.

해답 ① $P_O=10\times\dfrac{1}{4+1}=2$atm

② $P_N=10\times\dfrac{4}{4+1}=8$atm

TiP

〈예제 1〉에서 용기를 연결하지 않고, 20L 용기에 담을 때의 전압은

$P=\dfrac{(10\times5)+(9\times10)}{20}=7$atm이 된다.

예제 3 C_3H_8이 22g, C_4H_{10}이 58g 혼합되어 있는 기체의 전 압력이 10MPa일 때 C_3H_8과 C_4H_{10}의 분압을 구하여라.

해답 ① $P_{C_3H_8}=10\times\dfrac{\left(\dfrac{22}{44}\right)}{\left(\dfrac{22}{44}\right)+\left(\dfrac{58}{58}\right)}=3.33$MPa

② $P_{C_4H_{10}}=10\times\dfrac{\left(\dfrac{58}{58}\right)}{\left(\dfrac{22}{44}\right)+\left(\dfrac{58}{58}\right)}=6.67$MPa

다른 풀이 $10-3.33=6.67$

[열역학의 법칙]

구분	정의	관련식
제0법칙 (열평형의 법칙)	온도가 서로 다른 물체를 접촉 시 높은 온도의 물체는 온도가 내려가고, 낮은 온도의 물체는 온도가 올라가 두 물체 사이에 온도차가 없게 되며 이것을 열평형되었다고 한다.	$t=\frac{G_1C_1t_1+G_2C_2t_2}{G_1C_1+G_2C_2}$ t : 열평형 온도 G_1, G_2 : 물질의 무게(kg) C_1, C_2 : 물질의 비열(kcal/kg·℃) t_1, t_2 : 각각의 온도(℃)
제1법칙 (에너지보존의 법칙)	일(kg·m)과 열(kcal)은 상호변환이 가능하며, 그때의 일량과 열량과의 관계는 일정하다.	$Q=AW$ $W=JQ$ Q : 열량(kcal) W : 일량(kg·m) A : 일의 열당량$\left(\frac{1}{427}\text{kcal/kg}\cdot\text{m}\right)$ J : 열의 일당량(427kg·m/kcal)
제2법칙 (에너지흐름의 법칙)	일은 열로 변환이 가능하고 열은 일로 변환이 불가능하며, 열은 스스로 고온에서 저온으로 이동하고 100% 효율을 가진 열기관은 존재하지 않는다.	–
제3법칙	어떠한 방법으로도 절대온도를 0에 이르게 할 수 없다.	–

예제 1 50℃의 물 50L, 60℃의 물 100L를 혼합 시의 혼합온도를 계산하면?

해답

$$t=\frac{G_1C_1t_1+G_2C_2t_2+G_3C_3t_3}{G_1C_1+G_2C_2+G_3C_3}$$

$$=\frac{(50\times1\times50)+(100\times1\times60)}{(1\times50)+(1\times100)}=56.666\fallingdotseq56.67℃$$

참고 물은 비중이 1이므로 1L=1kg임.

예제 2 500kg·m의 일량을 열량(kcal)로 환산하여라.

해답 $500\text{kg}\cdot\text{m}\times\frac{1}{427}\text{kcal/kg}\cdot\text{m}=1.17\text{kcal}$

【 이상기체와 실제기체 】

구분 \ 항목	특징	관련공식	기호 설명	
이상기체 (완전가스)	① 보일–샤를의 법칙을 만족 ② 아보가드로의 법칙에 따른다. ③ 내부에너지는 체적에 무관하며, 온도만의 함수이다. ④ 압축하여도 액화하지 않는다.	① $PV=Z\frac{W}{M}RT$ ② $PV=GRT$	① P : 압력(atm) V : 부피(L) Z : 압축계수 W : 질량(g) M : 분자량(g) R : 0.082atm·L/mol·K T : 온도(K) ※ R=0.082atm·L/mol·K =1.987cal/mol·K =8.314J/mol·K	② P : 압력(kg/m^2) V : 부피(m^3) G : 질량(kg) R : $\frac{848}{M}$kgf·m/kg·K T : 온도(K) ※ R=848kgf·m/kmol·K $=\frac{8314}{M}$J/kg·K $=\frac{8.314}{M}$kJ/kg·K 이때의 P는 Pa(N/m^2)과 kPa(kN/m^2)이 된다.
실제기체 (반 데르 발스의 방정식)	① 저온, 고압에서 분자간의 인력이 존재 ② 압축 시 액화 가능	$\left(P+\frac{n^2a}{V^2}\right)(V-nb)=nRT$	P : 압력(atm) n : 몰수$\left(\frac{W}{M}\right)$ b : 기체분자 자신이 차지하는 부피(L/mol)	V : 부피(L) $\frac{a}{V^2}$: 기체, 분자 간의 인력
보충설명	① 이상기체가 실제기체처럼 행동하는 온도, 압력의 조건(저온·고압) ② 실제기체가 이상기체처럼 행동하는 온도, 압력의 조건(고온·저압)			

예제 1 다음 [조건]으로 산소의 질량(kg)을 계산하여라.

[조건]
- V : 40L
- T : 27℃
- P : 150kg/cm^2(g)
- Z : 0.4

해답 $PV=Z\cdot\frac{W}{M}RT$ 이므로

$$\therefore\ W=\frac{PVM}{ZRT}=\frac{\frac{(150+1.033)}{1.033}\times0.04\times32}{0.4\times0.082\times(273+27)}=19.018=19.02\text{kg}$$

$PV=Z\cdot\frac{W}{M}RT$에서

1. V : L이면 W : g, V : m^{3}이면 W : kg이 된다.
2. P는 절대압력 atm이므로
   150kg/cm^2(g)는 절대압력 (150+1.033)으로 계산 후 atm으로 환산하여야 한다.

예제 2 산소가 10^4kPa에서 100kg 충전되어 있다. 20℃에서 부피(m^3)는 얼마인가? (단, $R = \frac{8.314}{M}$ kJ/kg·K이다.)

해답 $PV = GRT$이므로

$$\therefore V = \frac{GRT}{P} = \frac{100\text{kg} \times \frac{8.314}{32}\text{kJ/kg} \cdot \text{K} \times (273+20)\text{K}}{10^4\text{kN/m}^2} = 0.76\text{m}^3$$

[단위 확인] $\frac{[\text{kg}] \times [\text{kN} \cdot \text{m/kg} \cdot \text{K}] \cdot \text{K}}{[\text{kN/m}^2]} = \text{m}^3$

kJ = kN·m

예제 3 O_2 32g을 내용적 5L 용기에 충전 시 30℃ 압력(atm)을 계산하여라. (단, 반 데르 발스식을 사용 $a = 4.17\text{L}^2 \cdot \text{atm/mol}^2$, $b = 3.72 \times 10^{-2}$L/mol)

해답 $\left(P + \frac{n^2 a}{V^2}\right)(V - nb) = nRT$

$$\therefore P = \frac{nRT}{V - nb} - \frac{n^2 a}{V^2} = \frac{(1) \times 0.082 \times (273+30)}{5 - \left(\frac{32}{32}\right) \times 3.72 \times 10^{-2}} - \frac{(1)^2 \times 4.17}{5^2}$$

$= 4.839 = 4.84$atm

[저장능력 산정식]

가스별 \ 시설별	용기	용기 이외의 설비 (가스홀더, 저장탱크 및 배관 등)
압축가스	$Q = (10P + 1)V$ Q : 저장능력(m^3) P : 35℃의 F_P(MPa) V : 내용적(m^3)	$M = P_1 V$ 또는 $M = 10 P_2 V$ M : 저장능력(m^3) V : 내용적(m^3) P_1 : 충전된 압력(kg/cm^2)(a) P_2 : (MPa)(a)
액화가스	$W = \frac{V}{C}$ W : 저장능력(kg) V : 용기 내용적(L) C : 충전상수 ※ NH_3 : 1.86, C_3H_8 : 2.35, C_4H_{10} : 2.05, CO_2 : 1.47, Cl_2 : 0.8	$W = 0.9dV$ W : 저장능력(kg) d : 액비중(kg/L) V : 내용적(L) ※ LPG 소형저장탱크 : $W = 0.85dV$임.

예제 1 O_2 가스 50L 용기에 법정압력으로 (F_P만큼) 충전 시 다음 물음에 답하시오.

(1) 저장능력(m^3)은 얼마인가?

(2) 이 값을 표준상태의 질량(kg) 값으로 환산하여라.

해답 (1) $Q=(10P+1)V=(10\times15+1)\times0.05=7.55\text{m}^3$

(2) $\dfrac{7.55\text{m}^3}{22.4\text{m}^3}\times32\text{kg}=10.785=10.79\text{kg}$

예제 2 V : 40L 산소용기에 100kg/cm²(a) 충전 후 2kg 사용 시 용기의 압력은 얼마인가?

해답 $M_1=P_1V=100\times40=4000\text{L}$

$\therefore\ 4000\text{L}-\dfrac{2000}{32}\times22.4\text{L}=2600\text{L}$

$\therefore\ M_2=P_2V$에서

$P_2=\dfrac{M_2}{V}=\dfrac{2600}{40}=65\text{kg/cm}^2$

$\therefore\ 65-1.0332=63.966=63.97\text{kg/cm}^2\text{(g)}$

1. 용기 내 압력은 게이지압력으로 계산하여야 한다.
2. $M=PV$에서
   P의 단위는 (kg/cm²)이나 문제의 조건에서 표준상태에서 계산하는 단서 조건이 있을 때는 atm으로 환산하여야 한다.
   예를 들어 100kg/cm²(g) 40L이면 STP(표준상태)에서 계산 시
   $\dfrac{100+1.033}{1.033}\times40=3912.216$L가 된다.

예제 3 C_3H_8 47L 용기에 충전되는 법정 질량(kg), 충전(%), 안전공간(%)을 계산하여라. (단, 액비중은 0.5이다.)

해답 ① 질량 : $W=\dfrac{V}{C}=\dfrac{47}{2.35}=20\text{kg}$

② 충전$=\dfrac{20\text{kg}\div0.5\text{kg/L}}{47}=85.106=85.11\%$

③ 안전공간$=100-85.11=14.89\%$

예제 4 내용적 50000L 액화산소 용기에 대해 다음 물음에 답하시오.

(1) 충전가능한 질량(kg)은? (단, 액비중은 1.14이다.)

(2) 이때 1종 보호시설과의 안전거리는?

해답 (1) $W=0.9dV=0.9\times1.14\times50000=51300\text{kg}$

(2) 20m

[산소의 안전거리]

저장능력	1종	2종
1만 이하	12m	8m
1만 초과 2만 이하	14m	9m
2만 초과 3만 이하	16m	11m
3만 초과 4만 이하	18m	13m
4만 초과	20m	14m

[초저온용기의 단열성능 시험 시 침투열량]

<table>
<tr><th>공식</th><th>기호</th><th colspan="2">내용적에 따른 단열성능 시험의 합격기준</th><th>시험용 가스</th><th>시험방법</th></tr>
<tr><td rowspan="3">$Q=\dfrac{W\cdot q}{H\cdot \Delta t\cdot V}$</td><td rowspan="3">$Q$: 침투열량(kcal/hr·℃·L)
W : 기화가스량(kg)
q : 기화잠열(kcal/kg)
H : 측정시간(hr)
Δt : 온도차(℃)
V : 내용적(L)</td><td>내용적</td><td>침입열량 (kcal/hr·℃·L)</td><td>• 액화질소
• 액화산소
• 액화아르곤</td><td rowspan="3">용기에 시험용 저온액화가스를 충전해서 모든 밸브는 닫고 가스방출밸브만 열어 대기 중으로 가스를 방출하면서 기화방출되는 양을 측정</td></tr>
<tr><td>1000L 이상</td><td>0.002 이하</td><td>시험 시 충전량</td></tr>
<tr><td>1000L 미만</td><td>0.0005 이하</td><td>저온액화가스 용적이 용기 내용적의 1/3 이상 1/2 이하일 것</td></tr>
</table>

예제 1 액화산소 탱크에 산소가 200kg 충전되어 있다. 내용적이 100L, 10시간 방치 시 100kg이 남았다. 단열성능 시험의 합격여부를 계산으로 판별하시오. (단, 외기온도는 20℃이며, 액체산소의 비점은 −183℃, 증발잠열은 51kcal/kg이다.)

해답 $Q=\dfrac{W\cdot q}{H\cdot \Delta t\cdot V}=\dfrac{(200-100)\text{kg}\times 51\text{kcal/kg}}{10\text{hr}\times(20+183)℃\times 100\text{L}}=0.025$kcal/hr·℃·L

내용적 1000L 미만의 용기로서 0.0005kcal/hr·℃·L 이하가 합격이므로 불합격이다.

[배관의 유량식]

구분	공식	기호	
저압배관	$Q=k\sqrt{\dfrac{D^5H}{SL}}$	Q : 가스유량(m^3/h) k : 폴의 정수(0.707) D : 관경(cm)	H : 압력손실(mmH_2O) S : 가스비중 L : 관길이(m)
	$Q=k\sqrt{\dfrac{1000D^5H}{SLg}}$	g : 중력가속도(9.81)(m/s^2)	H : 압력손실(kPa)
중·고압배관	$Q=k\sqrt{\dfrac{D^5(P_1{}^2-P_2{}^2)}{SL}}$	Q : 가스유량(m^3/h) k : 콕의 정수(52.31) D : 관경(cm) L : 관길이(m)	P_1 : 초압(kg/cm^2(a)) P_2 : 종압(kg/cm^2(a)) S : 가스비중
	$Q=k\sqrt{\dfrac{10000D^5(P_1{}^2-P_2{}^2)}{SLg^2}}$	g : 중력가속도(9.81)(m/s^2)	P_1 : 초압(MPa(a)) P_2 : 종압(MPa(a))

예제 1 다음 [조건]으로 저압배관의 압력손실(mmH_2O)을 계산하시오.

[조건]
- 가스유량 : 2.03kg/h
- 관내경 : 1.61cm
- 관길이 : 20m
- 비중 : 1.58
- 밀도 : 2.04kg/m^3

해답 $Q=k\sqrt{\dfrac{D^5H}{SL}}$ 이므로

$$\therefore\ H=\frac{Q^2\cdot S\cdot L}{k^2\cdot D^5}=\frac{\left(\dfrac{2.03}{2.04}\right)^2 m^3/h\times 1.58\times 20}{0.707^2\times(1.61)^5}=5.786=5.79mmH_2O$$

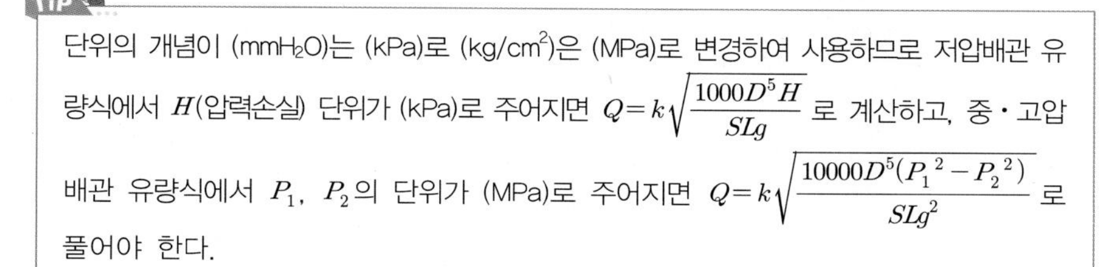

TIP

단위의 개념이 (mmH_2O)는 (kPa)로 (kg/cm^2)은 (MPa)로 변경하여 사용하므로 저압배관 유량식에서 H(압력손실) 단위가 (kPa)로 주어지면 $Q=k\sqrt{\dfrac{1000D^5H}{SLg}}$ 로 계산하고, 중·고압배관 유량식에서 P_1, P_2의 단위가 (MPa)로 주어지면 $Q=k\sqrt{\dfrac{10000D^5(P_1{}^2-P_2{}^2)}{SLg^2}}$ 로 풀어야 한다.

예제 2 다음 [조건]으로 중·고압배관의 유량(m^3/h)을 계산하시오.

[조건]
- 관경 : 200mm
- 비중 : 1.58
- 관길이 : 10m
- 초압 : $10kg/cm^2(g)$
- 종압 : $5kg/cm^2(g)$
- $1atm = 1kg/cm^2$로 간주

해답 $Q = k\sqrt{\frac{D^5(P_1^{\,2} - P_2^{\,2})}{SL}}$

$= 52.31 \times \sqrt{\frac{(20)^5 \times \{(10+1)^2 - (5+1)^2\}}{1.58 \times 10}} = 217040.42m^3/h$

예제 3 LP가스 저압배관 유량 산출식에서 다음 [조건]에 대하여 변화하는 압력손실값을 계산하시오.

[조건]
- 가스유량 : 1/2
- 가스비중 : 2배
- 관의 길이 : 2배
- 관경 : 1/2배

해답 $H = \frac{Q^2 \cdot S \cdot L}{k^2 \times D^5}$에서

① $H : \left(\frac{1}{2}\right)^2 = \frac{1}{4}$배

② $H : 2S = 2$배

③ $H : 2L = 2$배

④ $H : \frac{1}{\left(\frac{1}{2}\right)^5} = 32$배

예제 4 LP가스 배관이 조건 ①에서 조건 ②로 변화 시 변화된 압력손실(mmH_2O)을 계산하시오. (단, 소수점 첫째자리에서 반올림하여 구한다.)

[조건]
① 관경 : 1B, 관길이 : 30m, 비중 : 1.5, C_3H_8 : $5m^3/h$, H : $14mmH_2O$
② C_4H_{10} : $6m^3/h$, 비중 : 2.0

해답 변화 전의 경우를 1, 변화 후의 경우를 2라고 하면

$Q = k\sqrt{\frac{D^5 H}{SL}}$ 에서 $(D_1 = D_2,\ L_1 = L_2,\ k_1 = k_2)$이므로

$D_1 = D_2 = \frac{Q_1^{\,2} \cdot S_1 \cdot L_1}{K_1^{\,2} \cdot H_1} = \frac{Q_2^{\,2} \cdot S_2 \cdot L_2}{K_2^{\,2} \cdot H_2}$

$\therefore\ H_2 = \frac{H_1 \cdot Q_2^{\,2} \cdot S_2}{Q_1^{\,2} \cdot S_1} = \frac{14 \times 6^2 \times 2.0}{5^2 \times 1.5} = 26.88 = 27mmH_2O$

[배관의 압력손실]

구분	공식	특징
마찰저항(직선배관)에 의한 압력손실	$H=\frac{Q^2 \cdot S \cdot L}{K^2 \cdot D^5}$ H : 압력손실 Q : 유량 S : 비중 L : 관길이 K : 유량계수 D : 관경	① 유량(유속)의 2승에 비례한다. ② 관의 길이에 비례한다. ③ 관내경의 5승에 반비례한다. ④ 유체의 점도에 관계한다. ⑤ 가스비중에 비례한다.
입상(수직상향)배관에 의한 압력손실	$h=1.293(S-1)H$ h : 압력손실(mmH_2O) 1.293 : 공기의 밀도(kg/m^3) S : 가스비중 H : 입상높이(m)	(1) 가스의 흐름방향이 위로 향하거나 아래로 향하거나 관계없이 모두 입상관으로 간주함 (2) 가스방향 및 비중에 따른 압력손실값의 구분 ① 공기보다 무거운 가스 • 상향 시 : 손실 발생(압력손실값 +) • 하향 시 : 손실의 역수값 발생(압력손실값 −) ② 공기보다 가벼운 가스 • 상향 시 : 손실의 역수값 발생(압력손실값 −) • 하향 시 : 손실 발생(압력손실값 +)

• 안전밸브에 의한 압력손실
• 가스미터, 콕 등에 의한 압력손실

예제 1 비중 1.58인 C_3H_8의 입상 30m 지점에서의 압력손실(mmH_2O)은?

해답 $h=1.293(1.58-1)\times 30=22.498=22.50$$mmH_2O$

예제 2 배관의 최초압력 160mmH_2O, 비중 0.55인 CH_4이 입상 30m 지점에서의 압력값(mmH_2O)은 얼마인가?

해답 손실(h)$=1.293(S-1)H=1.293(0.55-1)\times 30=-17.4555$$mmH_2O$
$\therefore 160+17.455 \fallingdotseq 177.46$$mmH_2O$

최초압력 160mmH_2O에서 입상손실 $h=1.293(S-1)$ 계산값이
1. +값이면 160 − 손실값 = 최종압력이 된다.
2. −값이면 160 + 손실값 = 최종압력이 된다.

【 배관관련 암기사항 】

구분	내용
가스배관 시설 유의사항	① 배관 내 압력손실 ② 가스소비량 결정 ③ 배관경로의 결정 ④ 감압방식의 결정 및 조정기 산정
저압배관 설계 4요소	① 배관 내 압력손실 ② 가스유량 ③ 배관길이 ④ 관지름
가스배관 경로 4요소	① 최단거리로 할 것 ② 직선배관으로 시공할 것 ③ 노출하여 시공할 것 ④ 가능한 옥외에 시공할 것
배관에 생기는 응력의 원인	① 열팽창에 의한 응력 ② 냉간가공에 의한 응력 ③ 용접에 의한 응력 ④ 관내를 흐르는 유체의 중량에 의한 응력
배관에서 발생하는 진동의 원인	① 펌프 압축기에 의한 진동 ② 안전밸브 분출에 의한 진동 ③ 관의 굴곡에 의한 힘의 영향 ④ 바람, 지진에 의한 영향 ⑤ 관내를 흐르는 유체의 압력변화에 의한 영향
배관 내면에서 수리하는 방법	① 관내 시일액을 가압충전 배출하여 이음부의 미소 간격을 폐쇄시키는 방법 ② 관내 플라스틱 파이프를 삽입하는 방법 ③ 관벽에 접합제를 바르고, 필름을 내장하는 방법 ④ 관내 시일제를 도포하여 고화시키는 방법
배관재료의 구비조건	① 관내 가스유통이 원활할 것 ② 절단가공이 용이할 것 ③ 토양 지하수 등에 내식성이 있을 것 ④ 관의 접합이 용이하고 누설이 방지될 것 ⑤ 내부가스압 및 외부의 충격하중에 견딜 것

【 노즐에서 가스분출유량(m^3/h) 계산식 】

구분	공식 설명
$Q=0.009D^2\sqrt{\frac{h}{d}}$	Q : 노즐에서 가스분출량(m^3/h) D : 노즐직경(mm) h : 분출압력(mmH_2O) d : 가스비중 K : 유량계수
$Q=0.011KD^2\sqrt{\frac{h}{d}}$	

예제 1 다음 [조건]으로 노즐에서의 가스분출량(L)을 계산하여라.

[조건]
- 노즐직경 : 0.3mm
- 분출압력 : 280mmAq
- 유출시간 : 3시간
- 비중 : 1.7

해답 $Q = 0.009 \times (0.3)^2 \sqrt{\frac{280}{1.7}} = 0.01039\text{m}^3/\text{h}$

$\therefore\ 0.01039 \times 10^3 \times 3 = 31.186 = 31.19\text{L}$

예제 2 다음 [조건]으로 노즐에서의 가스분출량(m^3/h)을 계산하시오.

[조건]
- 노즐직경 : D=2cm
- 유량계수 : K=0.8
- 분출압력 : h=250mmAq
- 가스비중(d) : 0.55

해답 $Q = 0.011KD^2\sqrt{\frac{h}{d}} = 0.011 \times 0.8 \times (20)^2 \sqrt{\frac{250}{0.55}} = 75.05\text{m}^3/\text{h}$

예제 3 다음 [조건]으로 버너의 노즐직경(mm)을 계산하시오.

[조건]
- 가스의 총 발열량 : 30000kcal/hr
- 진발열량 : 20000kcal/Nm^3
- 가스비중 : 1.5
- 분출압력 : 100mmAq
- 유량계수(K) : 0.8

해답 가스분출량 $Q = \frac{30000\text{kcal/hr}}{20000\text{kcal/Nm}^3} = 1.5\text{Nm}^3/\text{hr}$

$Q = 0.011 \times K \times D^2 \sqrt{\frac{h}{d}}$ 에서

$$D^2 = \frac{Q}{0.011 \times K \times \sqrt{\frac{h}{d}}} = \frac{1.5}{0.011 \times 0.8 \times \sqrt{\frac{100}{1.5}}} = 20.876$$

$\therefore\ D = \sqrt{20.876} = 4.569 = 4.57\text{mm}$

[기체의 확산속도에 관한 법칙(그레이엄)]

구분	내용
정의	기체의 확산속도는 일정온도, 일정압력 하에서 그 기체의 밀도, 분자량의 제곱근에 반비례, 시간에 반비례한다.
$\frac{u_A}{u_B}=\sqrt{\frac{d_B}{d_A}}=\sqrt{\frac{M_B}{M_A}}=\frac{t_B}{t_A}$	u_A, u_B : A 및 B 기체의 확산속도 d_A, d_B : A 및 B 기체의 밀도 M_A, M_B : A 및 B 기체의 분자량 t_A, t_B : A 및 B 기체의 확산시간

예제 1 어떤 기체의 확산속도가 SO_2의 2배일 때 이 기체가 탄화수소라면 이 기체의 분자식은?

해답

$$\frac{U_x}{U_{SO_2}}=\sqrt{\frac{64}{M_x}}=\frac{2}{1}$$

$$\frac{64}{M_x}=\frac{4}{1}$$

$\therefore\ M_x=\frac{64}{4}=16$ 이므로 CH_4(메탄)

예제 2 어떤 기체를 60mL 확산 시 10초가 소요되며, 같은 조건의 수소 480mL 확산 시 20초가 소요된다면 이 기체는 무엇인가?

해답

$$U_x=\frac{60\text{mL}}{10\text{sec}}=6$$

$$U_H=\frac{480\text{mL}}{20\text{sec}}=24$$

$$\frac{U_x}{U_H}=\frac{6}{24}=\sqrt{\frac{2}{M_x}}$$

$$\left(\frac{1}{4}\right)^2=\frac{2}{M_x}$$

$\therefore\ M_x=\frac{16\times 2}{1}=32$ 이므로 산소

[안전밸브 분출면적(cm^2) 계산식]

구분	공식	기호 설명
압축기용 안전밸브의 분출면적	$a=\dfrac{w}{2300P\sqrt{\dfrac{M}{T}}}$	a : 분출면적(cm^2) w : 시간당 분출가스량(kg/h) P : 분출압력(MPa) M : 분자량 T : 분출 직전의 절대온도(K)
냉동장치의 압축기 발생기에 부착된 안전밸브로서 양정이 구경의 1/5 이상인 안전밸브의 분출면적	$A=\dfrac{0.1W}{CKP\sqrt{\dfrac{M}{T}}}$ ※ K : 분출계수 측정법에 따라 공칭분출계수를 구한 경우는 그 값의 0.9배, 그 외는 안전밸브 표에 따라 구한 값	A : 분출면적(cm^2) W : 분출 냉매가스량(kg/h) C : 단열지수 P : 분출압력(MPa) M : 분자량 T : 절대온도(K)

[용기 내장형 가스난방기 안전밸브 분출유량(m^3/min)]

공식	기호 설명
$Q=0.0278P \cdot W$	Q : 분출유량(m^3/min) P : 작동절대압력(MPa(a)) W : 용기 내용적(L)

예제 1 공기액화분리장치에서 산소를 시간당 6000kg 분출할 때 27℃에서의 안전밸브 작동압력이 8MPa이다. 이 때의 안전밸브 분출면적(cm^2)을 계산하여라. (단, 1atm=0.1MPa로 한다.)

해답 $a=\dfrac{w}{2300P\sqrt{\dfrac{M}{T}}}=\dfrac{6000}{2300\times(8+0.1)\sqrt{\dfrac{32}{300}}}=0.986=0.99\text{cm}^2$

예제 2 다음 [조건]으로 NH_3 냉매가스 압축기의 안전밸브 분출면적(cm^2)을 계산하시오.

[조건]
- 압축기에 부착된 안전밸브로서 그 양정이 구경의 1/5 이상
- 분출압력(P) : 2.5MPa
- 분출가스량 : 50kg/hr
- 단열지수 : 1.36
- 분출계수 측정법에 의한 계수 : 3
- 1atm=0.1MPa로 계산
- 분출 직전의 온도 : 20℃

해답 $A=\dfrac{0.1W}{CKP\sqrt{\dfrac{M}{T}}}=\dfrac{0.1\times50}{1.36\times(3\times0.9)\times(2.5+0.1)\sqrt{\dfrac{17}{(273+20)}}}=2.17\text{cm}^2$

예제 3 안전밸브 작동압력이 10MPa인 가스난방기에 부착된 용기의 내용적이 $0.3m^3$일 때 시간당 안전밸브 분출유량(m^3/h)를 계산하여라. (단, 1atm=0.1MPa이다.)

해답 $Q=0.0278PW=0.0278\times(10+0.1)\times 300=84.234m^3/min$
$\therefore\ 84.234\times 60=5054.04m^3/hr$

TIP 안전밸브 작동압력은 게이지압력(g)이므로 계산공식 대입 시 절대압력으로 계산하여야 한다.

(4) LPG 용기 안전밸브 분출량 계산식(내용적 40L 이상 125L 이하 용기에 한함)

$$Q=0.01154V(10P\times 14.223+14.70)$$

여기서, Q : 소요분출량(m^3/h)
V : 용기 내용적(L)
P : 취출량 결정압력(MPa)$=T_P\times 0.8\times 1.2=$분출개시압력$\times 1.2$

예제 1 내용적 120L인 C_3H_8 용기의 $T_P=3.0$MPa일 때 안전밸브 분출량(m^3/h)을 계산하시오.

해답 $Q=0.01154V(10P\times 14.223+14.70)$
$=0.01154\times 120\times(10\times 2.88\times 14.223+14.70)=587.60m^3/hr$

TIP $P=3\times 0.8\times 1.2=2.88$MPa

(5) 압력용기 안전밸브의 직경(mm)

$$d=C\sqrt{\left(\frac{D}{1000}\right)\times\left(\frac{L}{1000}\right)}$$

여기서, d : 안전밸브의 직경(mm)
C : 가스의 정수$\left(C=35\sqrt{\frac{1}{P}}\right)$
D : 압력용기의 외경(mm)
L : 압력용기의 길이(mm)

예제 1 고압수소용기에 파열판식 안전밸브를 부착 시 용기의 외경 0.5m, 길이 1.5m일 때 이때의 안전밸브 직경(mm)은? (단, 정수 $C=0.96$이다.)

해답 $d=C\sqrt{\left(\frac{D}{1000}\right)\times\left(\frac{L}{1000}\right)}=0.96\sqrt{\left(\frac{500}{1000}\right)\times\left(\frac{1500}{1000}\right)}=0.83\text{mm}$

[유량계]

구분	종류
직접식	습식 가스미터, 건식 가스미터
간접식	오리피스, 벤투리, 피토관, 로터미터
차압식	오리피스, 플로노즐, 벤투리

[유량계산식]

구분	관련식	기호 설명
체적유량	$Q=A\cdot V$	Q : 체적유량(m^3/sec) A : 단면적$\left(=\frac{\pi}{4}d^2,\ d:\text{ 관경(m)}\right)$
중량유량	$G=\gamma\cdot A\cdot V$	G : 중량유량(kgf/sec) γ : 비중량(kgf/m^3) V : 유속(m/s)
차압식 유량	$Q=C\cdot\frac{\pi}{4}{d_2}^2\sqrt{\frac{2gH}{1-m^4}\left(\frac{S_m}{S}-1\right)}$	Q : 유량(m^3/sec) C : 유량계수 d_2 : 교축부 작은 단면적 m : $\frac{d_2}{d_1}$(지름비) g : 중력가속도 S : 주관의 비중 S_m : 마노미터 비중 H : 압력차$(m)=\frac{\Delta P}{\gamma}$

예제 1 관경 40cm의 관에 10m/s의 유속이 흐를 때 유량(m^3/h)을 계산하여라.

해답 $Q=\frac{\pi}{4}\times(0.4\text{m})^2\times 10\text{m/s}\times 3600\text{s/h}=4523.89\text{m}^3/\text{h}$

예제 2 위의 문제에서 흐르는 유체가 물일 때 중량유량(kgf/s)은?

해답 $G=\gamma AV=1000\text{kgf/m}^3\times\frac{\pi}{4}\times(0.4\text{m})^2\times 10\text{m/s}=1256.637=1256.64\text{kgf/s}$

예제 3 내경 0.3m 원관 중 오리피스 직경 0.15m에 물이 흐를 때 수은마노미터 차압이 376mm이면 유량(m^3/h)은? (단, $\pi=3.14$, 유량계수 $C=0.624$이다.)

해답

$$Q=C\cdot\frac{\pi}{4}d_2^{\,2}\sqrt{\frac{2gH}{1-m^4}\left(\frac{S_m}{S}-1\right)}\times 3600$$

$$=0.624\times\frac{3.14}{4}\times(0.15\text{m})^2\sqrt{\frac{2\times 9.8\times 0.376}{1-\left(\frac{0.15}{0.3}\right)^4}\left(\frac{13.6}{1}-1\right)}\times 3600$$

$$=394.876=394.87\text{m}^3/\text{h}$$

[가스미터 분류]

구분	종류		
실측식	건식형	막식(다이어프램식)	독립내기식, 클로버식
		회전자식	루트형, 오벌형, 로터리피스톤형
추량식	델타형, 터빈형, 선근차형, 벤투리형, 오리피스형, 와류형		

[가스미터의 고장과 원인]

구분	내용
기차불량	기차가 변하여 계량법에 규정한 사용공차를 넘어서는 경우의 고장 ① 계량실의 부피변화 및 막에서의 누설 ② 밸브와 밸브시트 사이 누설 ③ 패킹부의 누설
감도불량	가스미터에 감도유량을 흘렸을 때 지침의 시도에 변화가 나타나지 않는 고장 ① 계량막과 밸브와 밸브시트 사이 패킹 누설
부동	가스는 가스미터를 통과하나 눈금이 움직이지 않는 고장 ① 계량막의 파손 ② 밸브의 탈락, 밸브와 밸브시트 사이 누설 ③ 계량부분 누설 발생 시 지시장치의 기어 불량
불통	가스가 가스미터를 통과하지 않는 고장 ① 크랭크축이 녹이 슬거나 밸브와 밸브시트가 타르, 수분 등에 의하여 점착되거나 고착동결하여 움직일 수 없게 된 경우 날개조절기의 납땜이 떨어지는 등 회전장치 부분에 고장 시 일어남.
누설	날개축이나 평축이 각 격벽을 관통하는 시일 부분의 기밀이 파손된 경우
이물질에 의한 불량	크랭크축에 이물질이 들어가거나 밸브와 밸브시트 사이에 유분 등의 점성 물질이 부착한 경우

【 용접용기의 동판 및 경판의 두께 계산식(KGS AC 211) 】

구분		관련식	기호
용접용기의 동판		$t=\dfrac{PD}{2S\eta-1.2P}+C$	t : 두께(mm) P : 최고충전압력(MPa) (단, C_2H_2는 $F_P\times1.62$배) D : 내경(mm) • 스테인리스강 : 인장강도$\times\dfrac{1}{3.5}$ • 그 밖의 것 : 인장강도$\times\dfrac{1}{4}$ S : 허용응력 η : 용접효율 C : 부식여유치
용접용기의 경판	접시형 경판	$t=\dfrac{PDW}{2S\eta-0.2P}+C$ ※ $W=\dfrac{3+\sqrt{n}}{4}$ ※ n : 경판 중앙만곡부의 내경과 경판 둘레 단곡부의 내경의 비	
	반타원형 경판	$t=\dfrac{PDV}{2S\eta-0.2P}+C$	$V=\dfrac{2+m^2}{6}$ m : 반타원형 내면의 장축부와 단축부의 길이의 비

※ 용접용기 동판의 최대두께와 최소두께의 차이는 평균두께의 10% 이하(무이음용기의 경우는 20% 이하)

【 최고충전압력의 1.7배의 압력에서 항복을 일으키지 아니하는 이음매 없는 용기의 동체 두께 계산식 】

구분	관련식	기호
외경기준 계산식	$t=\dfrac{D}{2}\left(1-\sqrt{\dfrac{S-1.3P}{S+0.4P}}\right)$	t : 동체 두께(mm) D : 외경(mm) d : 내경(mm) S : T_P에서의 동체 재료 허용응력 P : 내압시험압력(MPa)
내경기준 계산식	$t=\dfrac{d}{2}\left(\sqrt{\dfrac{S+0.4P}{S-1.3P}}-1\right)$	

※ 이음매 없는 용기 동체의 최대두께와 최소두께의 차이는 평균두께의 20% 이하로 한다.

예제 1 $F_P=10$MPa, $D=7$mm, 인장강도 60N/mm^2, 용접효율 70%, 부식여유 1mm일 때 용접용기의 동판 두께(mm)를 계산하여라. (단, 용기의 재료는 스테인리스강으로 한다.)

해답 $t=\dfrac{PD}{2S\eta-1.2P}+C=\dfrac{10\times7}{2\times\left(60\times\dfrac{1}{3.5}\right)\times0.7-1.2\times10}+1=6.83\text{mm}$

TIP

용기가 C_2H_2일 경우는 $F_P\times1.62$배$=16.2$MPa로 용기의 재료가 스테인리스 이외의 강일 때는 인장강도 $60\times\dfrac{1}{4}=15$N/mm^{2}으로 계산

예제 2 다음 [조건]으로 C_2H_2 용기의 접시형 경판의 두께를 계산하시오.

[조건]
- 접시형 장축부와 단축부의 길이의 비$(m)=1.8$
- 경판 중앙만곡부의 내경과 경판 둘레단곡부의 내경의 비$(n)=9$
- $D=0.5\text{cm}$
- $\eta=70\%$
- 부식여유 1mm
- 인장강도 4N/mm^2
- $F_P=1.5\text{MPa}$

해답 $t=\dfrac{PDW}{2S\eta-0.2P}+C$에서

$$W=\frac{3+\sqrt{n}}{4}=\frac{3+\sqrt{9}}{4}=1.5$$

$$\therefore\ t=\frac{(1.5\times1.62)\times5\times1.5}{2\times4\times\frac{1}{4}-0.2\times(1.5\times1.62)}+1=13.037=13.04\text{mm}$$

예제 3 다음 [조건]으로 이음매 없는 용기 동체의 두께(mm)를 계산하시오.

[조건]
- $T_P=3$
- S(허용응력) : 60N/mm^2
- D(바깥지름) : 30mm
- d(안지름) : 20mm

해답 ① 외경인 경우

$$t=\frac{D}{2}\left(1-\sqrt{\frac{S-1.3P}{S+0.4P}}\right)=\frac{30}{2}\left(1-\sqrt{\frac{60-1.3\times3}{60+0.4\times3}}\right)=0.638=0.64\text{mm}$$

② 내경인 경우

$$t=\frac{d}{2}\left(\sqrt{\frac{S+0.4P}{S-1.3P}}-1\right)=\frac{20}{2}\left(\sqrt{\frac{60+0.4\times3}{60-1.3\times3}}-1\right)=0.44\text{mm}$$

∴ 외경과 내경의 계산값 중 큰 값으로 하므로 0.64mm

[기타 용기 두께 계산식]

구분	공식	기호	
프로판용기	$t=\dfrac{PD}{0.5fn-P}+C$	t : 용기 두께(mm) D : 용기직경(mm) C : 부식여유치(mm)	P : 최고충전압력(MPa) f : 인장강도(N/mm^2) n : 용접효율
산소용기	$t=\dfrac{PD}{2SE}$	t : 용기 두께(mm) D : 용기직경(mm) E : 안전율	P : 최고충전압력(MPa) S : 인장강도(N/mm^2)

예제 1 산소용기의 $F_P = 15$MPa, 외경 226mm, 인장강도 670N/mm^{2}일 때 안전율 0.361인 산소용기의 두께는?

해답 $t = \frac{PD}{2SE} = \frac{15 \times 226}{2 \times 670 \times 0.361} = 7.0078 = 7.01$mm

[구형 가스홀더 두께]

공식	기호
$t = \frac{PD}{4fn - 0.4P} + C$	t : 구형 홀더 두께(mm) D : 홀더 내경(mm) f : 허용응력(N/mm^2) = 인장강도 $\times \frac{1}{4}$ n : 용접효율 C : 부식여유치(mm) P : 압력(MPa)
$t = \frac{PD}{400fn - 0.4P} + C$	t : 구형 홀더 두께(mm) D : 홀더 내경(mm) f : 허용응력(kg/mm^2) n : 용접효율 C : 부식여유치(mm) P : 압력(kg/cm^2)

예제 1 다음 [조건]으로 구형 가스홀더에 대한 물음에 답하여라.

[조건]
- 사용 상한압력 : 7kg/cm^2(g)
- 사용 하한압력 : 2kg/cm^2(g)
- 가스홀더 활동량(상한압력~하한압력) : 60000m^3
- 허용인장응력 : 20kg/mm^2
- 용접효율 : 95%
- 부식여유 : 2mm

(1) 이 가스홀더의 내경(m)을 구하여라.
(2) 이 가스홀더의 두께(mm)를 계산하여라.
(3) 구형 가스홀더의 부속설비 3가지를 기술하여라.

해답 (1) $M = (P_1 - P_2)V$

$$V = \frac{M}{P_1 - P_2} = \frac{\pi D^3}{6}$$

$$D^3 = \frac{6M}{(P_1 - P_2) \times \pi} = \frac{6 \times 60000}{(7-2) \times \pi} = 22918.311$$

$\therefore\ D=\sqrt[3]{22918.311}=28.404=28.40$m

(2) $t=\dfrac{PD}{400fn-0.4P}+C=\dfrac{7\times 28.40\times 10^3}{400\times 20\times 0.95-0.4\times 7}+2=28.167=28.17$mm

(3) 안전밸브, 압력계, 드레인밸브

TIP

1. 구형 가스홀더의 두께 계산 시 최고압력을 기준으로 계산하여야 한다.
2. P_1 : 0.7MPa, P_2 : 0.2MPa, 허용응력 f=200N/mm²이라 가정 시
   - $M=10PV$에서

     $V=\dfrac{M}{10\times(P_1-P_2)}=\dfrac{\pi}{6}D^3$

     $D^3=\dfrac{6M}{10\times(P_1-P_2)\times\pi}=\dfrac{6\times 60000}{10\times(0.7-0.2)\times\pi}=22918.311$

     $\therefore\ D=\sqrt[3]{22918.31}=28.40$m
   - $t=\dfrac{PD}{4fn-0.4P}+C=\dfrac{0.7\times 28.40\times 10^3}{4\times 200\times 0.95-0.4\times 0.7}+2=28.167=28.17$mm

[항구증가율]

공식	합격기준	
항구증가율(%) = $\dfrac{\text{항구증가량}}{\text{전 증가량}}\times 100$	신규검사	항구증가율 10% 이하 합격
	재검사	질량검사 시 95% 이상인 경우 (항구증가율 10% 이하 합격)
		질량검사 90% 이상 95% 이하인 경우 (항구증가율 6% 이하 합격)

예제 1 내용적 40L 용기에 30kg/cm²의 수압을 가하였더니 40.05L였다. 압력 제거 시 40.002L이면 이 용기의 내압시험 합격여부를 판정하시오.

해답 항구증가율(%) = $\dfrac{\text{항구증가량}}{\text{전 증가량}}\times 100=\dfrac{40.002-40}{40.05-40}\times 100=4\%$

∴ 항구증가율이 10% 이하이므로 합격이다.

[부취제]

<table>
<tr><th colspan="2">구분</th><th colspan="2">내용</th></tr>
<tr><td colspan="2">정의</td><td colspan="2">누설 시 조기발견을 위하여 첨가하는 향료</td></tr>
<tr><td colspan="2">착지농도</td><td colspan="2">$\frac{1}{1000}$ (0.1%)</td></tr>
<tr><td colspan="2">구비조건</td><td>① 경제적일 것
③ 물에 녹지 않을 것
⑤ 가스관의 가스미터에 흡착되지 않을 것</td><td>② 독성이 없을 것
④ 화학적으로 안정할 것
⑥ 보통 존재 냄새와 구별될 것</td></tr>
<tr><td colspan="2">부취제 냄새 측정방법</td><td>① 오드로메타법
③ 냄새주머니법</td><td>② 주사기법
④ 무취실법</td></tr>
<tr><td rowspan="2">주입 방식</td><td>액체주입식</td><td colspan="2">펌프주입방식, 적하주입방식, 미터연결 바이패스방식</td></tr>
<tr><td>증발식</td><td colspan="2">바이패스증발식, 위크증발식</td></tr>
</table>

특성 \ 종류	TBM (터시어리부틸메르카부탄)	THT (테트라하이드로티오펜)	DMS (디메틸설파이드)
냄새 종류	양파 썩는 냄새	석탄가스 냄새	마늘 냄새
강도	강함	보통	약간 약함
안정성	불안정 (내산화성 우수)	매우 안정 (산화중합이 일어나지 않음)	안정 (내산화성 우수)
혼합사용 여부	혼합 사용	단독 사용	혼합 사용
토양의 투과성	우수	보통	매우 우수

예제 1 부취제를 엎질렀을 때 처리하는 방법 3가지는?

해답 ① 활성탄에 의한 흡착법 ② 화학적 산화처리 ③ 연소법

03 레이놀드 수(Re)

$$Re = \frac{\rho d V}{\mu} = \frac{Vd}{\nu}$$

여기서, Re : 레이놀드 수
ρ : 밀도(g/cm^3)
V : 유속(cm/s)
μ : 점성계수(g/cm·s)
ν : 동점성계수(cm^2/s)

예제 1 내경 20cm, 밀도 0.1g/cm^3인 원관에 점성계수 0.01g/cm·s인 유체가 흐를 때 유속은 0.5m/s였다. 이 유체흐름은 층류인가, 난류인가를 판별하시오.

해답 $Re = \dfrac{\rho d V}{\mu} = \dfrac{0.1 \times 20 \times 50}{0.01} = 10000$

$\therefore$ Re가 2100보다 크므로 난류이다.

르 샤틀리에의 혼합가스 폭발범위 계산식

$$\frac{100}{L} = \frac{V_1}{L_1} + \frac{V_2}{L_2} + \frac{V_3}{L_3} + \cdots\cdots$$

예제 1 CH_4 10%, C_4H_{10} 30%, C_2H_6 60%인 혼합가스의 공기 중 폭발범위를 계산하여라.

해답 ① 하한 : $\dfrac{100}{L} = \dfrac{10}{5} + \dfrac{30}{1.8} + \dfrac{60}{3}$

$L = 100 \div \left(\dfrac{10}{5} + \dfrac{30}{1.8} + \dfrac{60}{3}\right) = 2.59\%$

② 상한 : $\dfrac{100}{L} = \dfrac{10}{15} + \dfrac{30}{8.4} + \dfrac{60}{12.5}$

$L = 100 \div \left(\dfrac{10}{15} + \dfrac{30}{8.4} + \dfrac{60}{12.5}\right) = 11.06\%$

$\therefore$ 2.59~11.06%

예제 2 C_3H_8 30%, C_4H_{10} 40%, 공기 30%가 혼합된 혼합가스의 폭발하한값을 계산하여라.

해답 $\dfrac{70}{L} = \dfrac{30}{2.1} + \dfrac{40}{1.8}$

$\therefore$ $L = 70 \div \left(\dfrac{30}{2.1} + \dfrac{40}{1.8}\right) = 1.917 = 1.92\%$

혼합가스의 경보 농도 계산 시 폭발하한값의 1/4 이하에서 경보하므로 $\dfrac{100}{L}$(하한)으로 계산 후 $L \times \dfrac{1}{4}$ 값이 경보 농도의 값이 된다.

[배관의 신축이음]

종류	특징
슬리브이음	관의 빈 공간을 이용, 신축을 흡수
스위블이음	두 개 이상의 엘보를 이용, 엘보의 공간에서 신축을 흡수
벨로즈(펙레스)이음	주름관을 이용, 신축을 흡수
루프(신축곡관)	Ω 신축이음 중 가장 큰 신축을 흡수
상온 스프링	배관의 자유팽창량을 미리 계산하여 관의 길이를 짧게 절단함으로써 신축을 흡수하는 방법이며, 절단길이는 자유팽창량의 1/2이다.
신축량 계산	$\lambda = l \cdot \alpha \cdot \Delta t$ 여기서, λ : 신축량, l : 관길이, α : 선팽창계수, Δt : 온도차

예제 1 대기 중 6m 배관을 상온 스프링으로 연결 시 절단길이(mm)를 계산하여라. (단, $\alpha = 1.2 \times 10^{-5}$/℃, 온도차는 50℃이다.)

해답 $\lambda = l \cdot \alpha \cdot \Delta t = 6 \times 10^3mm\times 1.2 \times 10^{-5}$/℃$\times 50$℃$= 3.6$mm
상온 스프링의 경우 자유팽창량의 1/2을 절단하므로
$\therefore\ 3.6 \times \frac{1}{2} = 1.8$mm

예제 2 교량 연장길이 100m일 때 강관을 부설 시 온도변화 폭을 60℃로 하면 신축량 30mm를 흡수하는 신축관은 몇 개가 필요한가? (단, 강의 선팽창계수 $\alpha = 1.2 \times 10^{-5}$/℃이다.)

해답 $\lambda = l \cdot \alpha \cdot \Delta t = 100 \times 10^3mm\times 1.2 \times 10^{-5}$/℃$\times 60$℃$= 72$mm
$\therefore\ 72 \div 30 = 2.4 = 3$개

[배관이음의 종류]

종류		정의	도시기호
영구이음	용접	배관의 양단을 용접하여 결합	─×─
	납땜	배관의 양단을 납땜하여 결합	─○─
일시(분해)이음	소켓	배관의 양단을 소켓으로 결합	─←─
	플랜지	배관의 양단에 플랜지를 만들고, 사이에 개스킷을 삽입하여 볼트, 너트로 결합	─‖─
	유니온	배관의 양단을 유니온으로 결합	─┼┼─

(1) 개방형 연소기구의 배기통 유효단면적

$$A = \frac{20KQ}{1400\sqrt{H}}$$

여기서, A : 유효단면적(m^2)
K : 이론 폐가스량(m^3/kg)
Q : 시간당 유량(kg/hr)
H : 높이(m)

(2) 영률에 의한 응력값

$$\sigma = \frac{E \times \lambda}{L}$$

여기서, σ : 응력(kg/cm^2)
E : 영률(kg/cm^2)
λ : 늘어난 길이(cm)
L : 처음 길이(cm)

예제 1 400A 강관을 써서 길이 30m로 양끝을 견고히 고정한 강관을 −10℃에서 설치하였으나 온도가 50℃로 상승하였을 때 판제에 생기는 응력을 구하시오. (단, 판의 선팽창계수 $\alpha = 1.2 \times 10^{-5}$/℃, $E = 2.1 \times 10^5 kg/cm^2$, $\lambda = l\alpha \Delta t$, λ = 신축량, α = 선팽창계수, Δt = 온도차)

해답 $\lambda = 30 \times 100\text{cm} \times 1.2 \times 10^{-5}/℃ \times (50 + 10) = 2.16\text{cm}$

$\therefore \ \sigma = \frac{E \times \lambda}{L} = \frac{2.1 \times 10^5 \times 2.16}{3000} = 151.2\text{kg/cm}^2$

예제 2 배기후드에 의한 급배기 설비에서 시간당 0.9kg/hr의 LPG를 개방형 연소기구로 연소 시 배기후드의 유효단면적은 몇 cm^2인가? (단, 급기구의 중심에서 외기에 개방된 중심의 높이는 3m, 이론 폐가스량은 $12m^3/kg$이다.)

해답 $A = \frac{20KQ}{1400\sqrt{H}} = \frac{20 \times 12 \times 0.9}{1400\sqrt{3}} = 0.089\text{m}^2 \fallingdotseq 0.09\text{m}^2 = 900\text{cm}^2$

(3) 웨버지수

$$WI = \frac{H}{\sqrt{d}}$$

여기서, WI : 웨버지수
H : 발열량($kcal/Nm^3$)
d : 비중

(4) 노즐구경 변경률

$$\frac{D_2}{D_1} = \sqrt{\frac{WI_1\sqrt{P_1}}{WI_2\sqrt{P_2}}}$$

여기서, D_1 : 처음상태의 노즐직경(mm)
D_2 : 변경상태의 노즐직경(mm)
WI_1 : 처음상태의 웨버지수
WI_2 : 변경상태의 웨버지수
P_1 : 처음상태의 압력(kPa or mmH_2O)
P_2 : 변경상태의 압력(kPa or mmH_2O)

예제 1 발열량 5000kcal/Nm^3인 어느 도시가스의 비중이 0.55일 때 웨버지수를 계산하시오.

해답 $WI = \frac{H}{\sqrt{d}} = \frac{5000}{\sqrt{0.55}} = 6741.998 = 6742.00$

예제 2 다음 [조건]으로 노즐구경을 구하시오.

[조건]
- H_1 : 24320kcal/Nm^3
- P_1 : 280mmH_2O
- H_2 : 5000kcal/Nm^3
- P_2 : 100mmH_2O
- D_1 : 0.5mm
- d_1 : 1.55
- d_2 : 0.65

해답 $\frac{D_2}{D_1} = \sqrt{\frac{WI_1\sqrt{P_1}}{WI_2\sqrt{P_2}}}$

$$\therefore D_2 = D_1 \times \sqrt{\frac{WI_1\sqrt{P_1}}{WI_2\sqrt{P_2}}} = 0.5 \times \sqrt{\frac{\frac{24320}{\sqrt{1.55}}\sqrt{280}}{\frac{5000}{\sqrt{0.65}}\sqrt{100}}} = 1.147 = 1.15\text{mm}$$

$\frac{D_2}{D_1}$(노즐구경 변경률)은 계산 시 단위가 없는 무차원수이다.

(5) 도시가스 월사용예정량(m^3) 계산식

$$Q=\frac{(A\times 240)+(B\times 90)}{11000}$$

여기서, Q : 월사용예정량(m^3)
A : 산업용으로 사용하는 연소기 명판에 기재된 가스소비량 합계(kcal/h)
B : 산업용이 아닌 연소기 명판에 기재된 가스소비량 합계(kcal/h)

예제 1 다음 [조건]으로 도시가스 월사용예정량(m^3)을 계산하여라.

[조건] • 산업용으로 사용되는 연소가스량 합계 : 10000kg/hr
• 비산업용으로 사용되는 연소가스량 합계 : 5000kg/hr

해답 $Q=\frac{(A\times 240)+(B\times 90)}{11000}=\frac{(10000\times 240)+(5000\times 90)}{11000}=259.09m^3$

[피크 시(최대소비수량) 사용량에 대한 용기수량 결정 및 관련식]

구분		공식	기호
피크 시 사용량	집단 공급처	$Q=q\times N\times \eta$	Q : 피크 시 사용량(kg/h) q : 1일 1호당 평균 가스소비량(kg/d) N : 소비 호수 η : 소비율
	업무용(식당, 다방)	$Q=q\times \eta$	q : 연소기의 시간당 사용량(kg/h) η : 연소기 대수
용기설치 본수(최소용기수)		$\frac{\text{최대소비수량(kg/h)}}{\text{용기 1개당 가스발생량}}$ ※ 자동교체 조정기 및 2계열 설치 시는 용기수×2	–
2일분 용기수		$\frac{\text{1일 1호당 평균 가스소비량×2일×소비호수}}{\text{용기의 질량}}$	–
표준용기수		필요 최저용기수+2일분 용기수	–
2열 합계용기수		표준용기수×2	–
용기교환주기		$\frac{\text{사용가스량(kg)}}{\text{1일 사용량(kg/d)}}$ ※ 사용가스량(%)=용기질량×용기수×사용(%)	–

예제 1 [조건]이 다음과 같을 때 다음 그래프를 이용하여 각 항목을 기술하시오.

[조건]
- 세대수 : 60세대
- 1세대당 1일의 평균 가스소비량(겨울) : 1.35kg/day
- 50kg 1개 용기의 가스발생능력은 1.07kg/hr, 이때의 외기온도는 0℃가 기준이다.

(1) 피크 시의 평균 가스소비량은?
(2) 필요한 최소용기 개수는?
(3) 2일분의 소비량에 해당되는 용기수는?
(4) 표준용기의 설치수는?
(5) 2열의 용기수는?

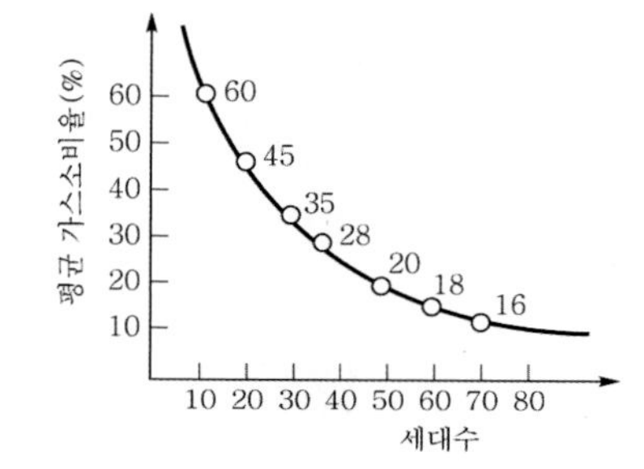

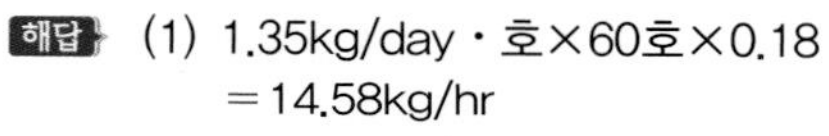

해답 (1) 1.35kg/day・호×60호×0.18
= 14.58kg/hr

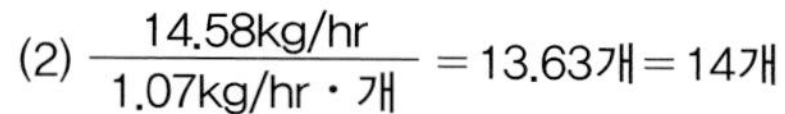

(2) $\dfrac{14.58\text{kg/hr}}{1.07\text{kg/hr}\cdot\text{개}}$ = 13.63개 = 14개

(3) $\dfrac{1.35\text{kg/day}\cdot\text{호}\times 60\text{호}\times 2\text{day}}{50\text{kg/개}}$ = 3.24개 = 4개

(4) 표준용기수 = 최소용기수 + 2일분의 용기수 = 13.63 + 3.24 = 16.87개 = 17개

(5) 2열 용기수 = 17×2 = 34개

TIP
표준용기수 계산 시는 최소용기수와 2일분의 용기수를 반올림하지 않은 원래 용기수로 계산한다.

예제 2 어느 음식점에서 시간당 0.32kg을 연소시키는 버너 10대를 설치하여 1일 5시간 사용 시 (1) 용기수와 (2) 용기교환주기를 다음 표를 참고하여 계산하시오.

[조건]
- 사용 시 최저온도 : −5℃ • 용기질량 : 50kg • 잔액 20%일 때 교환

[50kg 용기 사용 시 증발량(kg/hr)]

용기 중 잔가스량 (kg)	기온(℃)					
	−5	0	5	10	15	20
5.0	0.55	0.65	0.75	0.85	0.90	1.0
10	0.75	0.85	0.95	1.05	1.15	1.25
15	0.97	1.10	1.25	1.30	1.35	1.45
20	1.0	1.15	1.3	1.4	1.5	1.65

해답 (1) 최소용기수 $= \dfrac{\text{피크 시 양}}{\text{용기 1개당 가스발생량}} = \dfrac{0.32\text{kg/h}\times 10}{0.75} = 4.266 = 5$개

(2) 용기교환주기 $= \dfrac{\text{사용가스량}}{\text{1일 사용량}} = \dfrac{50\text{kg}\times 5\times 0.8}{0.32\text{kg/hr}\times 10\times 5\text{hr/d}} = 12.5 = 12$일

TIP
1. 용기의 잔액이 20%이므로 $50\times 0.2 = 10$kg이 잔가스량
2. 피크 시 기온 -5℃에서 잔가스량 10kg일 때 용기의 가스발생량 0.75kg/h
3. 용기수는 반올림하여 계산
4. 용기교환주기는 내려서 계산(12.5일인 경우 13일로 계산 시 반나절은 가스를 사용하지 못하게 된다.)

(6) 가스홀더 활동량에 대한 제조능력

$$M = (S\times a - \Delta H)\times \frac{24}{t}$$

여기서, M : 제조능력(m³/day)
S : 1일 사용량(m³/day)
a : t시간의 공급률
ΔH : 가스홀더의 활동량
t : 공급시간

예제 1 가스의 공급량과 제조량, 가스홀더 활동량은 관계식으로 표시할 수 있다. 현재 17～22시 공급이 40%로 가스홀더 활동량이 1일 공급량의 12%일 때 필요제조능력을 계산하여라.

해답 $M = (S\times a - \Delta H)\times \dfrac{24}{t} = (S\times 0.4 - 0.12S)\times \dfrac{24}{5} = 1.34S$배

∴ 1일 공급량의 1.34배의 제조능력이 필요하다.

예제 2 도시가스 제조소에서 17시에서 22시 공급이 40%로 가스홀더 활동량이 1일 공급량의 20%일 때 1일 최대공급량이 600m³이면 필요제조능력(m³/h)은?

해답 $M = (S\times a - \Delta H)\times \dfrac{24}{t} = (0.4\times 600 - 600\times 0.2)\times \dfrac{24}{5} = 576\text{m}^3\text{/day}$

∴ $576\text{m}^3\text{/day}\times(1\text{day/24hr}) = 24\text{m}^3\text{/hr}$

TIP
1. M : 제조능력(m³/d)
2. S : 공급량(m³/d)은 600m³/d
3. a : 17～22시 공급률은 600×0.4
4. H : 가스홀더 활동량은 600×0.2

[가스홀더의 기능]

구분	기능
공급면	① 공급설비의 지장 시 어느 정도 공급을 확보한다. ② 피크 시 도관의 수송량을 감소시킨다.
제조면	① 제조가 수요를 따르지 못할 때 공급량을 확보한다. ② 가스의 성분열량 연소성을 균일화한다.

[배관의 연신율, 가공도, 단면수축률]

구분	공식	기호
연신율(%)	$\frac{\lambda}{l}\times 100$	l : 처음의 길이 λ : 늘어난 길이
가공도(%)	$\frac{A}{A_0}\times 100$	A_0 : 처음의 단면적 A : 나중의 단면적
단면수축률	$\frac{A_0-A}{A_0}\times 100$	

예제 1 길이 100mm 시험편을 인장시험 시 150mm가 되었다. 연신율(%)을 계산하여라.

해답 연신율(%)$=\frac{\lambda}{l}\times 100=\frac{150-100}{100}\times 100=50\%$

예제 2 직경 12cm인 관을 축소관을 사용하여 10cm로 하였을 때 다음 물음에 답하시오.

(1) 단면수축률을 구하시오.

(2) 가공도를 계산하시오.

해답 (1) 단면수축률$=\frac{A_0-A}{A_0}\times 100=\frac{\frac{\pi}{4}(12^2-10^2)}{\frac{\pi}{4}\times(12)^2}\times 100=30.555=30.56\%$

(2) 가공도$=\frac{A}{A_0}\times 100=\frac{\frac{\pi}{4}\times 10^2}{\frac{\pi}{4}\times 12^2}\times 100=69.44\%$

(7) 라울의 법칙

혼합액체의 각 성분이 나타내는 증기압력은 그 성분이 단독으로 있을 때 증기압과 그 액체 속의 몰분율의 합과 같다.

$$P = P_A X_A + P_B X_B$$

여기서, P : 혼합증기압
P_A : A의 증기압
P_B : B의 증기압
X_A : A의 몰분율
X_B : B의 몰분율

예제 1 용기 내 A・B 동중량의 혼합기체가 충전되어 있다. A증기압은 20atm, B증기압은 40atm, A, B의 분자량이 각각 50, 20일 때 라울의 법칙이 성립한다면 용기의 압력(atm)은?

해답 $P = P_A X_A + P_B X_B$

$$X_A = \frac{\frac{w}{50}}{\left(\frac{w}{50} + \frac{w}{20}\right)} = \frac{2}{7}$$

$$X_B = \frac{\frac{w}{20}}{\left(\frac{w}{50} + \frac{w}{20}\right)} = \frac{5}{7}$$

$$\therefore\ P = \left(20 \times \frac{2}{7}\right) + \left(40 \times \frac{5}{7}\right) = 34.29\text{atm}$$

예제 2 용기 내 액체 A, B가 같은 몰수로 혼합되어 있고, A, B의 증기압이 각각 2atm, 8atm일 때 용기 내 증기압은?

해답 $P = P_A X_A + P_B X_B = \left(2 \times \frac{1}{2}\right) + \left(8 \times \frac{1}{2}\right) = 5\text{atm}$

04 압축기 중요 암기사항

(1) 분류방법

압축방식	용적	왕복, 회전, 나사	
	터보	원심	터보형, 레이디얼형, 다익형
		축류	
작동압력	압축기	토출압력 $1kg/cm^2$(0.1MPa) 이상	
	송풍기(블로어)	토출압력 $0.1kg/cm^2$ 이상 $1kg/cm^2$(10kPa~0.1MPa) 미만	
	통풍기(팬)	토출압력 $0.1kg/cm^2$(10kPa) 미만	

(2) 안전장치

안전두	정상압력+(0.3~0.4MPa)
고압차단스위치(HPS)	정상압력+(0.4~0.5MPa)
안전밸브	정상압력+(0.5~0.6MPa)

(3) 압축기의 특징

왕복압축기	원심압축기	나사압축기
① 용적형이다. ② 오일윤활, 무급유식이다. ③ 압축효율이 높다. ④ 소음·진동이 있고, 설치면적이 크다.	① 무급유식이다. ② 소음·진동이 없다. ③ 설치면적이 적다. ④ 압축이 연속적이다.	① 용적형이다. ② 무급유 또는 급유식이다. ③ 흡입, 압축, 토출의 3행정이다. ④ 맥동이 거의 없고, 압축이 연속적이다.

(4) 압축기의 용량조정방법

왕복압축기		원심압축기
연속적 용량조정	단계적 용량조정	
① 타임드밸브에 의한 방법 ② 바이패스밸브에 의한 방법 ③ 회전수 변경법 ④ 흡입밸브를 폐쇄하는 방법	① 흡입밸브 개방법 ② 클리어런스밸브에 의해 체적효율을 낮추는 방법	① 속도제어에 의한 조정법 ② 토출밸브에 의한 조정법 ③ 흡입밸브에 의한 조정법 ④ 베인컨트롤에 의한 조정법 ⑤ 바이패스에 의한 조정법

(5) 기타 암기사항

고속다기통 압축기의 특징	다단압축의 목적
① 체적효율이 낮다. ② 부품교환이 간단하다. ③ 용량제어가 용이하다. ④ 소형·경량이며, 동적·정적 밸런스가 양호하다.	① 일량이 절약된다. ② 가스의 온도상승이 방지된다. ③ 힘의 평형이 양호하다. ④ 이용효율이 증대된다.

압축비 증대 시 영향	실린더 냉각의 목적
① 체적효율 저하 ② 소요동력 증대 ③ 실린더 내 온도상승 ④ 윤활기능 저하	① 체적효율 증대 ② 압축효율 증대 ③ 윤활기능 향상 ④ 압축기 수명 증대

(6) 원심압축기의 서징 현상

정의	압축기와 송풍기 사이에 토출측 저항이 커지면 풍량이 감소하고, 불완전한 진동을 일으키는 현상
방지법	① 속도제어에 의한 방법 ② 바이패스법 ③ 안내깃 각도 조정법 ④ 교축밸브를 근접설치하는 방법 ⑤ 우상특성이 없게 하는 방법

(7) 압축기 중간압력

이상상승 원인	이상저하 원인
① 다음단 흡입 토출밸브 불량 ② 다음단 바이패스밸브 불량 ③ 다음단 피스톤링 불량 ④ 중간단 냉각기 능력 과소	① 전단 흡입 토출밸브 불량 ② 전단 바이패스밸브 불량 ③ 전단 피스톤링 불량 ④ 중간단 냉각기 능력 과대

(8) 압축기 가동 시

운전 중 점검사항	운전 개시 전 점검사항
① 압력 이상유무 점검 ② 온도 이상유무 점검 ③ 누설 유무 점검 ④ 소음·진동 유무 점검 ⑤ 냉각수량 점검	① 모든 볼트, 너트 조임상태 점검 ② 압력계, 온도계 점검 ③ 냉각수량 점검 ④ 윤활유 점검 ⑤ 무부하상태에서 회전시켜 이상유무 점검

<table>
<tr><th>가연성 압축기 정지 시 주의사항</th><th colspan="2">압축기의 윤활유</th><th>일반적인 압축기 정지 시 주의사항</th></tr>
<tr><td rowspan="5">① 전동기 스위치를 내린다.
② 최종 스톱밸브를 닫는다.
③ 각 단의 압력저하를 확인 후 흡입밸브를 닫는다.
④ 드레인밸브를 개방한다.
⑤ 냉각수밸브를 닫는다.</td><td>O_2</td><td>물, 10% 이하 글리세린수</td><td rowspan="5">① 드레인밸브를 개방한다.
② 응축수 및 잔류오일을 배출한다.
③ 각 단의 압력을 0으로 하여 정지시킨다.
④ 주밸브를 잠근다.
⑤ 냉각수밸브를 잠근다.</td></tr>
<tr><td>Cl_2</td><td>진한황산</td></tr>
<tr><td>LPG</td><td>식물성유</td></tr>
<tr><td>H_2, C_2H_2, 공기</td><td>양질의 광유</td></tr>
<tr><td>윤활유의 구비조건</td><td>① 경제적일 것
② 화학적으로 안정할 것
③ 점도가 적당할 것
④ 불순물이 적을 것
⑤ 항유화성이 클 것</td></tr>
</table>

[압축기 관련 계산 공식]

피스톤 압출량(토출량)		
종류	공식	기호
왕복동 압축기	$V=\frac{\pi}{4}d^2\times L\times N\times\eta\times\eta_v$	V : 피스톤 압출량(m^3/min) d : 내경(m) L : 행정(m) N : 회전수(rpm) η : 기통수 η_v : 체적효율
베인형 압축기	$V=\frac{\pi}{4}(D^2-d^2)\times t\times N$	V : 피스톤 압출량(m^3/min) D : 실린더 내경(m) d : 피스톤 외경(m) t : 회전피스톤 압축부분 두께(m) N : 회전수(rpm)
나사(스크루) 압축기	$V=C_v\times D^2\times L\times N$	V : 피스톤 압출량(m^3/min) C_v : 로터에 의한 형상계수 D : 숫로터 직경(m) N : 회전수(rpm) L : 압축기에 작용하는 로터길이(m)

예제 1 다음 [조건]으로 각 압축기의 토출량(m^3/hr)을 계산하여라.

[조건]

① 왕복동 압축기
- 실린더 내경 : 200mm
- 행정 : 200mm
- 회전수 : 1500rpm
- 기통수 : 4기통
- 효율 : 80%

② 베인형 압축기
- 실린더 내경 : 200mm
- 피스톤 외경 : 80mm
- 회전피스톤 압축부분 두께 : 150mm
- 효율 : 100%
- 회전수 : 100rpm

③ 스크루 압축기
- 로터에 의한 형상계수 : $C_v=0.476$
- 숫로터 직경 : 0.2m
- 로터길이 : 0.1m
- 회전수 : 350rpm

(1) 왕복동 압축기의 토출량을 구하여라.
(2) 베인형 압축기의 토출량을 구하여라.
(3) 스크루 압축기의 토출량을 구하여라.

해답 (1) $V=\frac{\pi}{4}d^2\times L\times N\times\eta\times\eta_v\times 60$

$=\frac{\pi}{4}\times(0.2\text{m})^2\times(0.2\text{m})\times 1500\times 0.8\times 60=1809.557=1809.56\text{m}^3/\text{hr}$

(2) $V=\frac{\pi}{4}(D^2-d^2)\times t\times N\times 60$

$=\frac{\pi}{4}(0.2^2-0.08^2)\times 0.15\times 100\times 60=23.75\text{m}^3/\text{hr}$

(3) $V=C_v\times D^2\times L\times N\times 60$

$=0.476\times(0.2\text{m})^2\times(0.1\text{m})\times 350\times 60=39.984=39.98\text{m}^3/\text{hr}$

[압축비 관련 계산식 모음]

<table>
<tr><th colspan="3">압축비</th><th rowspan="2">기호 설명</th></tr>
<tr><th>1단</th><th>다 단</th><th>압력손실 고려 시</th></tr>
<tr><td>$a=\frac{P_2}{P_1}$</td><td>$a=\sqrt[n]{\frac{P_2}{P_1}}$</td><td>$a=k\sqrt[n]{\frac{P_2}{P_1}}$</td><td>$a$: 압축비
P_1 : 흡입절대압력
P_2 : 토출절대압력
n : 단수
k : 압력손실의 크기
(보통 1.1값으로 사용)</td></tr>
<tr><td colspan="2">2단 압축기의 중간압력(P_o) 계산
P_1 → 1단 → P_o → 2단 → P_2
$P_o=\sqrt{P_1\times P_2}$</td><td colspan="2">P_1 : 최초흡입압력
P_o : 중간압력
P_2 : 최종토출압력</td></tr>
<tr><td colspan="2" rowspan="4">3단 압축기의 각 단의 토출압력
P_1 → 1 → P_{o1} → 2 → P_{o2} → 3 → P_2</td><td>압축비</td><td>$a=\sqrt[3]{\frac{P_2}{P_1}}$</td></tr>
<tr><td>1단 토출압력(P_{o1})</td><td>$P_{o1}=a\times P_1$</td></tr>
<tr><td>2단 토출압력(P_{o2})</td><td>$P_{o2}=a\times a\times P_1$</td></tr>
<tr><td>3단 토출압력(P_2)</td><td>$P_2=a\times a\times a\times P_1$</td></tr>
</table>

예제 1 흡입압력이 1kg/cm²(a), 토출압력이 26kg/cm²(g)인 3단 압축기의 압축비를 구하여라. (단, 1atm=1kg/cm²로 한다.)

해답 $a=\sqrt[3]{\frac{P_2}{P_1}}=\sqrt[3]{\frac{(26+1)}{1}}=3$

예제 2 흡입절대압력 1kg/cm², 토출압력 16kg/cm²(a)인 2단 압축기의 중간압력은 몇 kg/cm²(g)인가? (단, 1atm=1kg/cm²이다.)

해답 $P_o=\sqrt{P_1\times P_2}=\sqrt{1\times 16}=4\text{kg/cm}^2$

$\therefore$ 4−1=3kg/cm²(g)

예제 3 흡입압력 1kg/cm^2, 압축비 3인 3단 압축기의 각 단의 토출압력(kg/cm^2(g))을 구하여라. (단, 1atm=1kg/cm^{2}로 한다.)

해답 (1) 1단 토출압력 $P_{o1}=a\times P_1=3\times1=3$kg/cm^2
$\therefore$ 3−1=2kg/cm^2(g)
(2) 2단 토출압력 $P_{o2}=a\times a\times P_1=3\times3\times1=9$kg/cm^2
$\therefore$ 9−1=8kg/cm^2(g)
(3) 3단 토출압력 $P_2=a\times a\times a\times P_1=3\times3\times3\times1=27$kg/cm^2
$\therefore$ 27−1=26kg/cm^2(g)

예제 4 4단 압축기에서 흡입압력 P_1=1kg/cm^2(a) 공기를 토출압력 90kg/cm^2(a)까지 압축 시 각 단의 압력손실을 10%로 하면 실제적인 흡입토출압력을 절대압력으로 계산하여라. (단, 압력손실계수는 1.1로 한다.)

해답 압축비 $a=k\sqrt[4]{\frac{90}{1}}=1.1\times\sqrt[4]{\frac{90}{1}}=1.1\times3.08=3.39$
(1) 각 단의 흡입
① 1단 흡입압력(P_1)= 1kg/cm^2(a)
② 2단 흡입압력(P_2)= 3.08kg/cm^2(a)
③ 3단 흡입압력(P_3)= 9.49kg/cm^2(a)
④ 4단 흡입압력(P_4)= 29.22kg/cm^2(a)
⑤ 최종압력 $P_o=90$kg/cm^2(a)
(2) 각 단의 토출
① 1단 토출(P_{o1})= $1.1\times P_2=1.1\times3.08=3.39$kg/cm^2(a)
② 2단 토출(P_{o2})= $1.1\times P_3=1.1\times9.49=10.44$kg/cm^2(a)
③ 3단 토출(P_{o3})= $1.1\times P_4=1.1\times29.22=32.14$kg/cm^2(a)
④ 4단 토출(P_{o4})= $1.1\times P_o=1.1\times90=99$kg/cm^2(a)

05 펌프(펌프 관련 주요 암기사항)

(1) 펌프의 분류

터보식	원심	볼류트(안내날개 없음), 터빈(안내날개 있음)
	사류	−
	축류	−
용적식	왕복	피스톤, 플런저, 다이어프램
	회전	기어, 나사, 베인
특수	재생(마찰, 웨스크), 제트, 기포, 수격	

(2) 터보형 펌프의 비교

종류	특징	비속도(m^3/min, m·rpm)
원심	고양정에 적합	100~600
사류	중양정에 적합	500~1300
축류	저양정에 적합	1200~2000

(3) 펌프의 크기

표시방법	흡입구경 D_1(mm), 토출구경 D(mm)로 표시
흡입토출구경이 동일한 경우	100 원심펌프 : 흡입구경 100mm, 토출구경 100mm
흡입토출구경이 다른 경우	100×90 원심펌프 : 흡입구경 100mm, 토출구경 90mm

(4) 펌프 정지 시 순서

원심펌프	왕복펌프	기어펌프
① 토출밸브를 닫는다. ② 모터를 정지시킨다. ③ 흡입밸브를 닫는다. ④ 펌프 내의 액을 뺀다.	① 모터를 정지시킨다. ② 토출밸브를 닫는다. ③ 흡입밸브를 닫는다. ④ 펌프 내의 액을 뺀다.	① 모터를 정지시킨다. ② 흡입밸브를 닫는다. ③ 토출밸브를 닫는다. ④ 펌프 내의 액을 뺀다.

(5) 펌프의 이상현상

구분	정의	발생조건(원인)	방지법	발생에 따른 현상
캐비테이션 (공동현상)	유수 중에 그 수온의 증기압보다 낮은 부분이 생기면 물이 증발을 일으키고 기포를 발생하는 현상	① 회전수가 빠를 때 ② 흡입관경이 좁을 때 ③ 펌프 설치위치가 높을 때	① 회전수를 낮춘다. ② 흡입관경을 넓힌다. ③ 양흡입펌프를 사용한다. ④ 두 대 이상의 펌프를 사용한다. ⑤ 압축펌프를 사용하고 회전차를 수중에 완전히 잠기게 한다.	① 소음·진동 ② 깃의 침식 ③ 양정·효율 곡선 저하
베이퍼록 현상	저비점 액체 등을 이송 시 펌프 입구에서 발생하는 현상으로 일종의 액의 끓음에 의한 동요를 말한다.	① 흡입배관 외부온도 상승 시 ② 흡입관경이 좁을 때 ③ 펌프 설치위치가 부적당 시 ④ 흡입관로의 막힘 등에 의해 저항이 증대할 때	① 실린더라이너를 냉각시킨다. ② 흡입관경을 넓힌다. ③ 펌프 설치위치를 낮춘다. ④ 외부와 단열조치한다.	

서징현상		수격작용(워터해머)	
정의	펌프를 운전 중 주기적으로 운동, 양정, 토출량 등이 규칙 바르게 변동하는 현상	정의	펌프를 운전 중 심한 속도변화에 따른 큰 압력변화가 생기는 현상
발생원인	① 펌프의 양정곡선이 산고곡선이고 곡선의 산고 상승부에서 운전했을 때 ② 배관 중에 물탱크나 공기탱크가 있을 때 ③ 유량조절밸브가 탱크 뒤쪽에 있을 때	방지법	① 관내 유속을 낮춘다. ② 펌프에 플라이휠을 설치한다. ③ 조압수조를 관선에 설치한다. ④ 밸브를 송출구 가까이 설치하고, 적당히 제어한다.

저비점 액체용 펌프 사용 시 주의사항	펌프의 소음·진동 원인	펌프에 공기흡입 시 발생현상	펌프의 공기흡입 원인
① 펌프는 가급적 저조 가까이 설치한다. ② 펌프의 흡입토출관에는 신축조인트를 설치한다. ③ 밸브와 펌프 사이 기화가스를 방출할 수 있는 안전밸브를 설치한다. ④ 운전개시 전 펌프를 청정 건조한 다음 충분히 냉각시킨다.	① 캐비테이션 발생 시 ② 공기 흡입 시 ③ 서징 발생 시 ④ 임펠러에 이물질 혼입 시	① 펌프 기동 불능 ② 소음·진동 발생 ③ 압력계 눈금 변동	① 탱크 수위가 낮을 때 ② 흡입관로 중 공기 체류부가 있을 때 ③ 흡입관의 누설 시

흡입양정 종류	정의
유효흡입양정	펌프의 흡입구에서의 전압력과 그 수온에 상당하는 증기압력에서 어느 정도 높은가를 표시하는 것
필요흡입양정	펌프가 캐비테이션을 일으키기 위해 이것만은 필요하다고 하는 수두를 필요흡입양정이라고 함

(6) 펌프의 계산 공식

구분	해당 공식	기호 설명
수동력(이론동력)	$L_{PS}=\dfrac{\gamma\cdot Q\cdot H}{75\times 60}$ $L_{kW}=\dfrac{\gamma\cdot Q\cdot H}{102\times 60}$	γ : 비중량(kgf/m^3) Q : 유량(m^3/min) H : 전양정(m) ※ 수동력은 이론동력으로 효율이 100%
축동력	$L_{PS}=\dfrac{\gamma\cdot Q\cdot H}{75\times 60\times\eta}$ $L_{kW}=\dfrac{\gamma\cdot Q\cdot H}{102\times 60\times\eta}$	η(효율)$=\dfrac{\text{수동력}}{\text{축동력}}$ η(전효율)$=\eta_v\times\eta_m\times\eta_h$ η_v(체적효율), η_m(기계효율), η_h(수력효율)
비속도(N_s) 유량(1m^3/min), 양정(1m) 발생 시 설계한 임펠러의 매분 회전수	$N_s=\dfrac{N\sqrt{Q}}{\left(\dfrac{H}{n}\right)^{\frac{3}{4}}}$	N : 회전수(rpm) Q : 유량(m^3/min) H : 양정(m) n : 단수
전동기 직결식 펌프 회전수(N)	$N=\dfrac{120\times f}{P}\left(1-\dfrac{S}{100}\right)$	N : 회전수(rpm) f : 전원주파수(60Hz) P : 모터 극수 S : 미끄럼률

펌프를 운전 중 회전수가 $N_1 \rightarrow N_2$로 변경 시		펌프를 운전 중 회전수가 $N_1 \rightarrow N_2$로 변경, 관경이 $D_1 \rightarrow D_2$로 변경하여 상사로 운전 시	기호 설명
송수량(유량)(Q_2)	$Q_2 = Q_1 \times \left(\frac{N_2}{N_1}\right)^1$	$Q_2 = Q_1 \times \left(\frac{N_2}{N_1}\right)^1 \left(\frac{D_2}{D_1}\right)^3$	Q_1, N_1, D_1 : 변경 전 송수량, 회전수, 관경 Q_2, N_2, D_2 : 변경 후 송수량, 회전수, 관경
양정(H_2)	$H_2 = H_1 \times \left(\frac{N_2}{N_1}\right)^2$	$H_2 = H_1 \times \left(\frac{N_2}{N_1}\right)^2 \left(\frac{D_2}{D_1}\right)^2$	
동력(P_2)	$P_2 = P_1 \times \left(\frac{N_2}{N_1}\right)^3$	$P_2 = P_1 \times \left(\frac{N_2}{N_1}\right)^3 \left(\frac{D_2}{D_1}\right)^5$	

(7) 관마찰손실수두

달시 바이스 바하에 의한 손실	$h_f = \lambda \frac{L}{D} \cdot \frac{V^2}{2g}$	h_f : 관마찰손실수두(m) λ : 관마찰계수 H_L : 패닝에 의한 손실수두 f : 패닝에 의한 마찰계수	L : 관길이(m) D : 관경(m) V : 유속(m/s) g : 중력가속도(m/s^2)
Fanning에 의한 손실	$H_L = 4f \cdot \frac{L}{D} \cdot \frac{V^2}{2g}$		

(8) 수격작용에 의한 수관 속의 압축파 전파속도

공식	기호 설명	
$a = \sqrt{\dfrac{K/\rho}{1 + \dfrac{K}{E} \cdot \dfrac{D}{\delta}}}$	a : 음속(전파속도)(m/s) K : 물의 체적탄성계수(kg/cm^2) ρ : 물의 밀도(kg·sec^2/m^4)	D : 관의 내경(m) δ : 관벽의 두께(m) E : 관의 종탄성계수(kg/m^2)

예제 1 송수량 6000L/min, 양정 45m인 원심펌프의 수동력(L_{kW})을 계산하여라.

해답 $L_{\text{kW}} = \dfrac{1000 \times 6 \times 45}{102 \times 60} = 44.117 = 44.12\text{kW}$

예제 2 [예제 1]에서 효율이 80%이면 축동력은 얼마인가?

해답 $\eta = \dfrac{\text{수동력}}{\text{축동력}}$

$\therefore$ 축동력$= \dfrac{\text{수동력}}{\eta} = \dfrac{44.12}{0.8} = 55.14\text{kW}$

예제 3 효율 80%, 양수량 $0.8m^3$/min, 손실수두 4m인 펌프에 지하 5m 있는 물을 25m 송출액면에 양수 시 축동력(kW)을 구하여라.

해답 $L_{\text{kW}} = \dfrac{\gamma \cdot Q \cdot H}{102\eta} = \dfrac{1000 \times \left(\dfrac{0.8}{60}\right) \times 34}{102 \times 0.8} = 5.56\text{kW}$

예제 4 모터 극수 4극인 전동기 직결식 원심펌프에서 미끄럼률이 없을 때 펌프의 회전수는?

해답 $N = \dfrac{120f}{P}\left(1 - \dfrac{S}{100}\right) = \dfrac{120 \times 60}{4}\left(1 - \dfrac{0}{100}\right) = 1800\text{rpm}$

예제 5 관경 10cm인 관을 5m/s로 흐를 때 길이 15m 지점의 손실수두는 몇 m인가? (단, $\lambda = 0.03$이다.)

해답 $h_f = \lambda \dfrac{l}{d} \cdot \dfrac{V^2}{2g} = 0.03 \times \dfrac{15}{0.1} \times \dfrac{5^2}{2 \times 9.8} = 5.739\text{m} = 5.74\text{m}$

예제 6 관경 10mm, 유속 10m/s일 때 관 1m당 마찰손실 H_L(kN/m^2)은? (단, 관은 수평이며, Fanning 마찰계수 $f = 0.0056$이다.)

해답 $H_L = 4f \dfrac{L}{D} \cdot \dfrac{V^2}{2g} = 4 \times 0.0056 \times \dfrac{1}{0.01} \times \dfrac{10^2}{2 \times 9.8} = 11.4285\text{m}$

$\Delta P = \gamma H_L = 1000\text{kg/m}^3 \times 11.4285\text{m} = 11428.5\text{kgf/m}^2$

$\therefore \dfrac{11428.5}{10332} \times 101.325 = 112.08\text{kN/m}^2$

예제 7 비교회전도 175, 회전수 3000rpm, 양정 210m인 3단 원심펌프의 유량은?

해답 $N_s = \dfrac{N\sqrt{Q}}{\left(\dfrac{H}{n}\right)^{\frac{3}{4}}}$

$\therefore Q = \left\{\dfrac{N_s \times \left(\dfrac{H}{n}\right)^{\frac{3}{4}}}{N}\right\}^2 = \left\{\dfrac{175 \times \left(\dfrac{210}{3}\right)^{\frac{3}{4}}}{3000}\right\}^2 = 1.99\text{m}^3/\text{min}$

예제 8 양정 10m, 회전수 1000rpm, 유량 $5m^3$/s인 원심펌프에서 축동력은 몇 kW인가? (단, 효율은 80%이다.)

해답 $L_{\text{kW}} = \dfrac{\gamma \cdot Q \cdot H}{102\eta} = \dfrac{1000 \times 5 \times 10}{102 \times 0.8} = 612.75\text{kW}$

예제 9 상기 펌프에서 회전수를 2000rpm으로 변경 시 변경된 송수량, 양정, 축동력은 얼마인가?

해답 (1) $Q' = Q \times \left(\frac{N'}{N}\right)^1 = 5 \times \left(\frac{2000}{1000}\right)^1 = 10\text{m}^3/\text{s}$

(2) $H' = H \times \left(\frac{N'}{N}\right)^2 = 10 \times \left(\frac{2000}{1000}\right)^2 = 40\text{m}$

(3) $P' = P \times \left(\frac{N'}{N}\right)^3 = 612.75 \times \left(\frac{2000}{1000}\right)^3 = 4902\text{kW}$

예제 10 상기 펌프에서 회전수를 2000rpm으로 변경하여 치수를 2배로 했을 때, 변경된 송수량, 양정, 축동력은 얼마인가?

해답 (1) $Q' = Q \times \left(\frac{N'}{N}\right)^1 \left(\frac{D'}{D}\right)^3 = 5 \times \left(\frac{2000}{1000}\right)^1 \left(\frac{2}{1}\right)^3 = 80\text{m}^3/\text{s}$

(2) $H' = H \times \left(\frac{N'}{N}\right)^2 \left(\frac{D'}{D}\right)^2 = 10 \times \left(\frac{2000}{1000}\right)^2 \left(\frac{2}{1}\right)^2 = 160\text{m}$

(3) $P' = P \times \left(\frac{N'}{N}\right)^3 \left(\frac{D'}{D}\right)^5 = 612.75 \times \left(\frac{2000}{1000}\right)^3 \left(\frac{2}{1}\right)^5 = 156864\text{kW}$

예제 11 $D = 5\text{m}$, 탄성계수 $E = 2.1 \times 10^8\text{kg/m}^2$, 물의 체적탄성계수 $K = 2.07 \times 10^6\text{kg/m}^2$이며, 두께 δ가 20mm일 때 강관 내부 수중의 음속(m/s)을 계산하여라.

해답 $a = \sqrt{\dfrac{K/\rho}{1 + \dfrac{K}{E} \cdot \dfrac{D}{\delta}}} = \sqrt{\dfrac{\dfrac{2.07 \times 10^6}{(1000/9.8)}}{1 + \dfrac{2.07 \times 10^6}{2.1 \times 10^8} \times \dfrac{5}{0.02}}} = 76.52\text{m/s}$

06 자유 피스톤식 압력계 구조

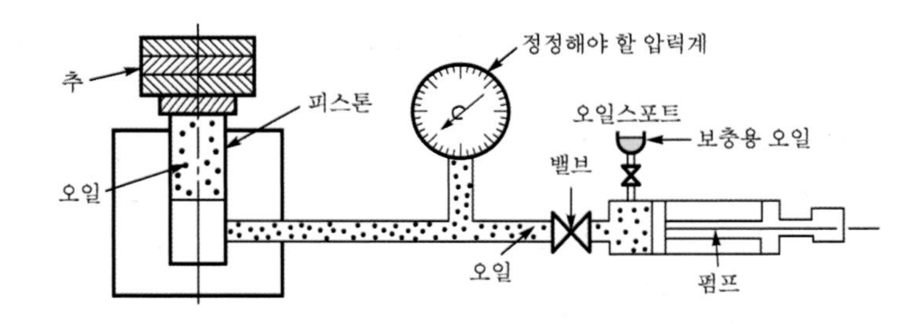

(1) 용도

부르동관 압력계의 눈금 교정용, 연구실용

(2) 게이지압력 $= \dfrac{\text{추와 피스톤 무게}}{\text{실린더 단면적}}$ $\left[\text{오차값(\%)} = \dfrac{\text{측정값} - \text{진실값}}{\text{진실값}} \times 100\right]$

$$P = \frac{W + w}{a}$$

여기서, P : 게이지압력, a : 실린더 단면적
W : 추의 무게, w : 피스톤 무게

(3)

$$P = \frac{W + w}{AT}$$

여기서, P : 게이지압력, W : 추의 무게
A : 피스톤 단면적, w : 피스톤 무게
T : 온도 함수

(4) 압력계의 원리

피스톤 위에 추를 올려놓고 실린더 내의 액압과 균형을 이루면 게이지압력으로 나타낸다.

(5) 눈금교정방법

추의 중량을 통해 측정압력값이 계산되므로 눈금과 비교하여 교정한다.

07 상압증류장치로부터 LPG회수 생산공정도

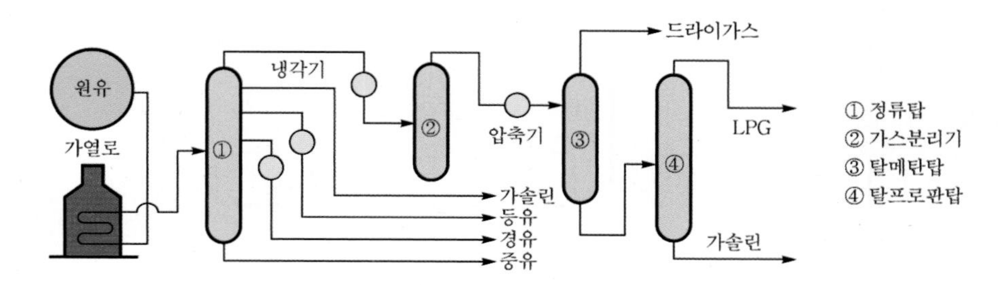

08 LP가스 10ton 저장탱크

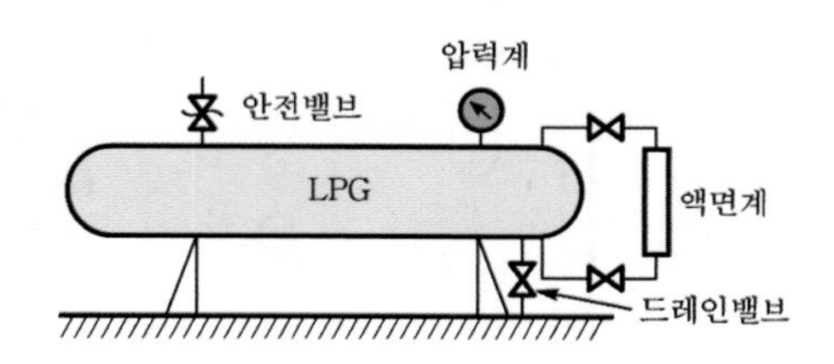

(1) 탱크 도색

은백색(회색)

(2) 글자크기

지름의 1/10 이상

(3) • 저장탱크 크기가 10ton인 저장탱크 : 저장능력 9ton

• **저장능력이 10ton인 저장탱크** : 저장능력 10ton

(4) 1종 보호시설과 안전거리

17m

09 흡수식 냉동장치

(1) 흡수제

LiBr, H_2O

※ 흡수제가 LiBr일 때 냉매는 H_2O이고, 흡수제가 H_2O일 때 냉매는 NH_3이다.

(2) 냉매

NH_3, H_2O

(3) 증발기압력

5mmHg(v)

(4) 냉매순환

10 가연성 가스를 제조저장탱크에 저장 후 탱크로리에 충전하는 계통도

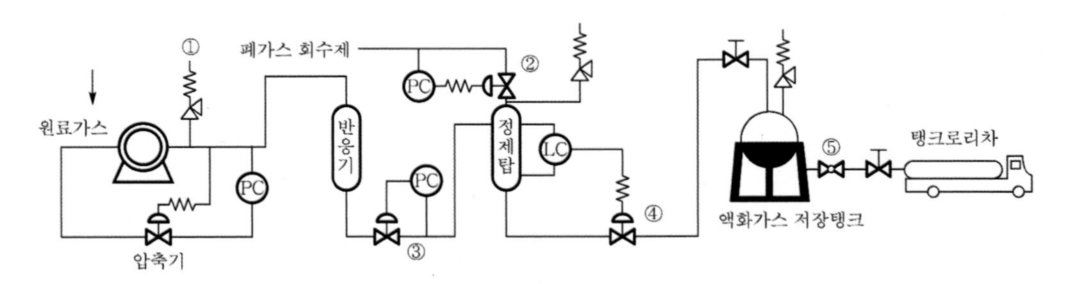

(1) 밸브의 명칭 및 역할(앞의 그림 ①~⑤)

① 안전밸브 : 토출압력 이상상승 시 작동, 내부가스를 분출하여 압력을 정상압력으로 회복시킨다.
② 압력조절밸브 : 압력상승 시 작동하여 방출량을 조절한다.
③ 압력조절밸브 : 압력상승 시 작동하여 유입량을 조절한다.
④ 액면조절밸브 : 액면상승 시 작동하여 액화가스를 방출시킨다.
⑤ 긴급차단밸브 : 이상사태 발생 시 가스유동을 정지시키므로 피해확산을 막는다.

[배관에서의 응력 계산식]

구분		공식	기호 설명
축방향응력 (σ_z)	D(외경) 기준 시	$\sigma_z = \frac{P(D-2t)}{4t}$	σ_z : 축방향응력 P : 배관의 내압 D : 외경(mm) t : 배관의 두께(mm) d : 배관의 내경(mm)
	d(내경) 기준 시	$\sigma_z = \frac{Pd}{4t}$	
원주방향응력 (σ_t)	D(외경) 기준 시	$\sigma_t = \frac{P(D-2t)}{2t}$	σ_t : 원주방향응력 P : 배관의 내압 D : 외경(mm) t : 배관의 두께(mm) d : 배관의 내경(mm)
	d(내경) 기준 시	$\sigma_t = \frac{Pd}{2t}$	

1. 배관의 외경(D) = 내경(d) + $2t$의 관계가 성립된다.
2. 응력의 단위는 내압의 단위가 결정한다.
   P가 kg/cm²이면 σ(응력)이 kg/cm²,
   P가 MPa(N/mm²)이면 σ은 MPa가 된다.
3. P의 단위를 kg/cm²로 주고, 응력을 kg/mm²로 계산 시는 100으로 나누어야 하므로 $\sigma_t = \frac{P(D-2t)}{200t}$ 이 된다.
   여기서, P(kg/cm²), σ(kg/mm²)

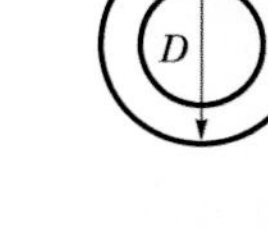

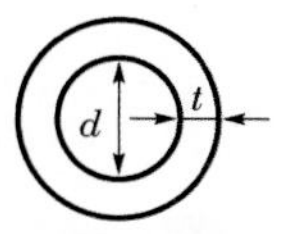

예제 1 200A 강관(외경 216.3mm, 두께 5.8mm)에 9.9MPa의 압력을 가했을 때 배관에 발생하는 원주방향응력과 축방향응력(N/mm²)을 구하시오.

해답 (1) 원주방향응력 : $\sigma_t = \frac{P(D-2t)}{2t} = \frac{9.9\times(216.3-2\times5.8)}{2\times5.8} = 174.70$N/mm²

(2) 축방향응력 : $\sigma_z = \frac{P(D-2t)}{4t} = \frac{9.9\times(216.3-2\times5.8)}{4\times5.8} = 87.35$N/mm²

[배관의 외경 · 내경의 비에 따른 두께 계산식]

구분	공식	기호 설명
외경 · 내경의 비가 1.2 미만	$t=\dfrac{PD}{2\cdot\dfrac{f}{S}-P}+C$	t : 배관두께(mm) P : 상용압력(MPa) D : 내경에서 부식여유부에 상당하는 부분을 뺀 부분(m) f : 재료의 인장강도(N/mm^2) 규격최소치이거나 항복점 규격최소치의 1.6배 C : 부식여유치(mm) S : 안전율
외경 · 내경의 비가 1.2 이상	$t=\dfrac{D}{2}\left[\sqrt{\dfrac{\dfrac{f}{S}+P}{\dfrac{f}{S}-P}}-1\right]+C$	

예제 1 외경 · 내경의 비가 1.2 이상인 배관의 두께를 다음 [조건]으로 계산하여라.

[조건]
- P(상용압력) : 2MPa
- D : 15mm
- f(인장강도) : 200N/mm^2
- C(부식여유치) : 1mm
- S(안전율) : 4

해답 $t=\dfrac{D}{2}\left[\sqrt{\dfrac{\dfrac{f}{S}+P}{\dfrac{f}{S}-P}}-1\right]+C=\dfrac{15}{2}\left[\sqrt{\dfrac{\dfrac{200}{4}+2}{\dfrac{200}{4}-2}}-1\right]+1=3.165=3.17\text{mm}$

11 저장탱크의 내용적(V) 계산식

(1) 원통형 저장탱크

① 경판부분까지 계산

$$V=\frac{\pi}{4}D^2\left(l_1+\frac{2l_2}{3}\right)$$

② 경판을 평판으로 할 경우

$$V=\frac{\pi}{4}D^2\times L$$

여기서, V : 탱크 내용적(m^3)
D : 저장탱크 직경(m)
l_1 : 원통부의 길이(m)
l_2 : 원통형 저장탱크 경판부분의 길이(m)
L : 경판을 평판으로 하는 경우 원통부 전길이(m)

(2) 구형 저장탱크 및 구형 가스홀더

$$V=\frac{\pi}{6}D^3=\frac{4}{3}\pi r^3$$

여기서, V : 탱크 내용적(m^3)
D : 저장탱크 직경(m)
r : 구형 저장탱크 내측 반지름(m)
R : 구형 저장탱크 외측 반지름(m)

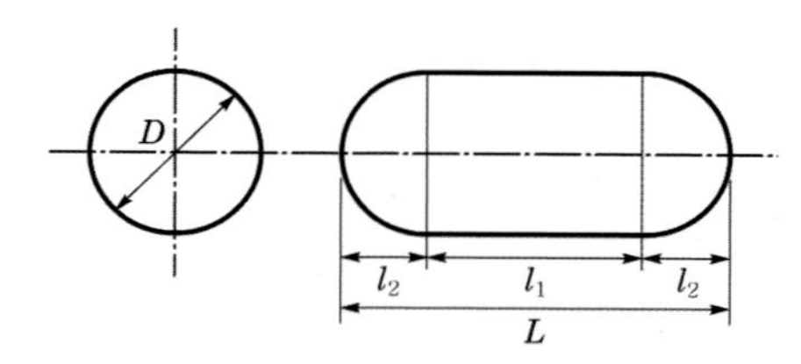

[원통형 저장탱크]

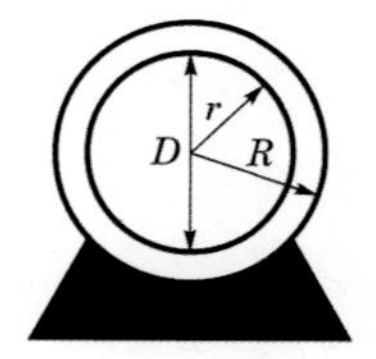

[구형 저장탱크]

예제 1 다음 [조건]으로 원통형 탱크의 내용적(m^3)을 계산하시오.

[조건]
- 직경(D) = 2m
- 원통부 길이(l_1) = 5m
- 경판부분의 길이(l_2) = 1m

해답 $V=\frac{\pi}{4}D^2\left(l_1+\frac{2l_2}{3}\right)$

$=\frac{\pi}{4}(2\text{m})^2\left(5+\frac{2\times1}{3}\right)\text{m}=17.80\text{m}^3$

예제 2 구형 저장탱크의 내측반경 2m, 외측반경 2.3m일 때 탱크 내용적은 몇 kL인가?

해답 $V=\frac{4}{3}\pi r^3$

$=\frac{4}{3}\times\pi\times(2\text{m})^3=33.51\text{m}^3=33.51\text{kL}$

12 저장탱크의 표면적 계산

(1) 횡형 저장탱크

$$A = \pi DL + \frac{\pi}{4}D^2 \times 2$$

여기서, πDL : 횡형 탱크의 동판의 면적(m^2)

$\frac{\pi}{4}D$: 횡형 탱크의 경판의 면적(m^2)

(2) 구형 저장탱크

$$A = 4\pi R^2$$

R : 구형 탱크의 외측의 반경(m)

TIP

1. 횡형 저장탱크 경판의 면적에 2를 곱한 것은 경판부분이 양측에 있기 때문이다.
2. 구형 탱크 표면적 계산에서 R은 외측의 반경인데 물분무장치나 냉각살수장치 가동 시 물을 분무 또는 살수할 때 탱크 외부가 냉각되어야 하므로 외측반경으로 표면적을 계산한다.

예제 1 원통형 탱크직경 2m, 길이 5m인 경우 표면적(m^2)을 계산하시오. (단, $\pi = 3.14$이다.)

해답 $A = \pi DL + \frac{\pi}{4}D^2 \times 2$

$= 3.14 \times (2m) \times (5m) + \frac{3.14}{4} \times (2m)^2 \times 2 = 37.68m^2$

예제 2 내경이 4.5m, 외경이 5m인 구형 저장탱크의 표면적(m^2)은? (단, $\pi = 3.14$이다.)

해답 $A = 4\pi R^2$

$= 4 \times 3.14 \times \left(\frac{5}{2}\right)^2 = 78.5m^2$

필답형 출제예상문제

01 가스설비의 고압가스 기초부분

01 대기압력 700mmHg에서 절대압력이 0.052kg/cm^{2}일 때 다음을 구하여라.

(1) 진공압력(kg/cm^2)을 구하여라.

(2) 진공도(%)를 구하여라.

해답 (1) 절대압력 = 대기압력 − 진공압력

진공압력 = 대기압력 − 절대압력 = $\frac{700\text{mmHg}}{760\text{mmHg}} \times 1.033\text{kg/cm}^2 = 0.952$

$\therefore\ 0.952 - 0.052 = 0.9$kg/cm^2(v)

(2) 진공도(%) = $\frac{0.9}{0.952} \times 100 = 94.54$%

02 대기압력이 750mmHg이고, 진공도가 90%일 때 절대압력은 몇 kPa인가?

해답 절대압력 = 대기압 − 진공압력 = 750 − 750×0.9 = 75mmHg(a)

$\therefore\ \frac{75}{760} \times 101.325 = 9.999 = 10.00$kPa(a)

1. 계산문제에서 소수점 발생 시 셋째자리에서 반올림하여 둘째자리까지 구한다.
2. 압력값에는 절대압력에는 (a), 게이지압력에는 (g), 진공압력에는 (v)를 붙여 표시한다.

03 두 용기의 압력차가 0.5kg/cm^2, 액비중이 0.5인 용기에서 모든 가스가 소형 용기로 충전되기 위하여 두 용기간의 높이차는 몇 m이어야 하는가?

해답 $P = \gamma H$이므로

$\therefore\ H = \frac{P}{\gamma} = \frac{0.5 \times 10^4\text{kg/m}^2}{0.5 \times 10^3\text{kg/m}^3} = 10$m

04 20℃ 물 100kg을 가열하여 1/2 증발 시 필요열량을 계산하여라. (단, 물의 비열은 1, 증발열은 539cal/g이다.)

해답 20℃ 물 → 100℃ 물 → 100℃ 수증기$\left(\frac{1}{2}\right.$ 증발$\left.\right)$

$Q_1 = GC\Delta t = 100 \times 1 \times (100-20) = 8000\text{kcal}$

$Q_2 = G\gamma = 100 \times 539 \times \frac{1}{2} = 26950$

$\therefore\ Q = Q_1 + Q_2 = 8000 + 26950 = 34950\text{kcal}$

05 다음 ( ) 안에 적당한 값을 넣으시오.

(1) 36cmHg(v) ………… (①) kg/cm²(a)
(2) 1.0332kg/cm² ………… (②) cmAq
(3) 1atm ………… (③) lb/in²
(4) −40℃ ………… (④) ℉
(5) 150kg/cm² ………… (⑤) kg/mm²

해답 ① $P = \left(1 - \frac{h}{76}\right) \times 1.033 = \left(1 - \frac{36}{76}\right) \times 1.033 = 0.54\text{kg/cm}^2\text{(a)}$

② 1033.2cmAq

③ 14.7lb/in²

④ ℉ = 9/5℃ + 32 = 9/5(−40) + 32 = −40℉

⑤ $\frac{150\text{kg}}{1\text{cm}^2} \times \frac{1\text{cm}^2}{100\text{mm}^2} = 1.5\text{kg/mm}^2$

06 2kg의 물을 15℃에서 95℃까지 가열하면 0.011m³의 LP가스가 연소되는데 이 때의 열효율(%)은? (단, C_3H_8 발열량은 24000kcal/m³이다.)

해답 $Q = GC\Delta t = 2 \times 1 \times (95-15) = 160\text{kcal}$

$\therefore\ \eta = \frac{160\,\text{kcal}}{24000\text{kcal/m}^3 \times 0.011\text{m}^3} \times 100 = 60.606 = 60.61\%$

07 0℃, 1atm에서 C_4H_{10}의 비중은 2이다. 온도가 50℃로 상승 시의 비중은 얼마인가?

해답 기체비중은 온도에 반비례하므로

$\therefore\ 2 \times \frac{273}{273+50} = 1.69$

08 분젠시링식 비중계로 가스비중 측정 시 공기유출시간이 10초, 시료가스 유출시간이 20초이면 시료가스의 비중은 얼마인가?

해답 $S = \left(\frac{T_s}{T_a}\right)^2 = \left(\frac{20}{10}\right)^2 = 4$

09 다음 [조건]으로 C_3H_8, C_4H_{10}의 조성(%)을 계산하여라.

> [조건]
> - 표준상태(0℃, 1atm) 혼합가스 밀도 : 2.34g/L
> - 같은 조건의 C_3H_8 밀도 : 1.96g/L
> C_4H_{10} 밀도 : 2.59g/L

해답 C_3H_8이 x(%), C_4H_{10}이 $(1-x)$%이므로

$1.96x+2.59(1-x)=2.34$

$1.96x+2.59-2.59x=2.34$

$0.63x=0.25$

$x=0.4$

∴ C_3H_8 : 40%, C_4H_{10} : 60%

10 20℃, 740mmHg에서의 CO 밀도(g/L)를 계산하여라.

해답 $PV=\frac{w}{M}RT$에서

$$\therefore \left(\frac{w}{V}\right)=\frac{PM}{RT}=\frac{\frac{740}{760}\times 28}{0.082\times(273+20)}=1.134=1.13\text{g/L}$$

11 액체 C_3H_8 1L가 기체로 변하면 몇 L가 되는가? (단, 액비중은 0.5이다.)

해답 1L×0.5kg/L=500g

$$\therefore \frac{500}{44}\times 22.4=254.55\text{L}$$

12 공기 1000kg 중 산소는 몇 kg인가? (단, 공기 중 산소의 체적은 21%이다.)

해답 $1000\text{kg}\times\frac{22.4\text{m}^3}{29\text{kg}}\times 0.21\times\frac{32\text{kg}}{22.4\text{m}^3}=231.72\text{kg}$

∴ 231.72kg

13 물 1kg을 1atm, 100℃에서 증발 시 수증기 체적(m^3)은?

해답 $V=\frac{wRT}{PM}$

$$=\frac{1\times 0.082\times(273+100)}{1\times 18}=1.699 \fallingdotseq 1.70\text{m}^3$$

∴ 1.70m^3

14 물의 증발열이 1atm, 100℃에서 539cal/g일 때, 물 1mol이 1atm, 100℃에서 증발 시의 엔트로피 변화값(cal/g·K)은?

해답 $\Delta S = \frac{dQ}{T} = \frac{18\,\mathrm{g} \times 539\,\mathrm{cal/g}}{(273+100)\,\mathrm{K}} = 26\mathrm{cal/g \cdot K}$

15 다음 [조건]으로 표준상태 산소의 용적(L)을 계산하여라. (단, 소수점 이하는 버리고 정수로 구하며, 공기 중 산소의 농도는 20%이다.)

[조건] 공기의 V : 40L, P : 100kg/cm^2(g), t : 25℃

해답 $\frac{P_1V_1}{T_1} = \frac{P_2V_2}{T_2}$ 이므로

$$V_2 = \frac{P_1V_1T_2}{T_1P_2} = \frac{(100+1.033) \times 40 \times 273}{(273+25) \times 1.033} = 3584\mathrm{L}$$

∴ 산소의 용적은 $3584 \times 0.2 = 716.8 = 716\mathrm{L}$

소수점 이하는 버린다.

16 F_P = 150kg/cm^2(g)인 산소를 35℃에서 150kg/cm^2(g)으로 충전 시 용기온도가 상승하여 안전밸브가 작동하면 이때의 산소온도는 몇 ℃인가?

해답 안전밸브 작동압력 $150 \times \frac{5}{3} \times \frac{8}{10} = 200\mathrm{kg/cm^2}$

$\frac{P_1V_1}{T_1} = \frac{P_2V_2}{T_2}$ 에서

$V_1 = V_2$

$$\frac{150+1.033}{273+35} = \frac{200+10.33}{T_2}$$

$$T_2 = \frac{308 \times (200+1.033)}{150+1.033} = 409.96\mathrm{K}$$

∴ $409.96\mathrm{K} - 273 = 136.96℃$

17 물을 전기분해하여 1기압, 27℃에서 100L의 산소가 발생할 때 몇 g의 물이 분해되는가?

해답 1atm, 27℃에서 산소의 체적 100L → 표준상태의 체적

$$\frac{P_1V_1}{T_1} = \frac{P_2V_2}{T_2}$$

$$V_2 = \frac{P_1V_1T_2}{T_1P_2} = \frac{1 \times 100 \times 273}{300 \times 1} = 91\mathrm{L}$$

그러므로 $2H_2O \longrightarrow 2H_2 + O_2$

$2\times18g$: $22.4L$

X : $91L$

$\therefore X = \dfrac{2\times18\times91}{22.4} = 146.25g$

18 50kg C_3H_8이 있는 용기를 가스계량기에 연결, 50kg을 전량 소비 시 가스미터의 계량수치는 몇 m^3인가? (단, 가스미터 입구에서 가스의 온도는 17℃, 압력은 $200mmH_2O$, $1atm = 10330mmH_2O$이다.)

해답 C_3H_8 50kg 표준상태 기화량

$\dfrac{50kg}{44kg}\times22.4 = 25.455m^3$

$\dfrac{P_1V_1}{T_1} = \dfrac{P_2V_2}{T_2}$ 이므로

$\therefore V_2 = \dfrac{P_1V_1T_2}{T_1P_2} = \dfrac{10330\times25.455\times(273+17)}{273\times(10330+200)} = 26.526 = 26.53m^3$

19 LP가스 배관의 용적 20L에 기밀시험 시 관내 압력 900mmAq까지 승압하였다. 5분 경과 후 관내 압력이 945mmAq이면 관내 온도는 몇 ℃까지 상승하였는가? (단, 기밀시험 개시 시 온도는 18℃였다. 대기압 $1atm = 1.033kg/cm^2$이다.)

해답 $\dfrac{P_1V_1}{T_1} = \dfrac{P_2V_2}{T_2}$ 에서 $(V_1 = V_2)$

$T_2 = \dfrac{T_1P_2}{P_1} = \dfrac{(273+18)\times(945+10330)}{(900+10330)} = 292.166K$

$292.166 - 273 = 19.166℃$

∴ 상승온도는 $19.166 - 18 = 1.166 = 1.17℃$

20 내용적 46L의 산소용기에 $120kg/cm^2(g)$의 산소가 20℃라고 할 때 다음 물음에 답하시오.

(1) 표준상태로 환산한 산소의 부피는 몇 m^3인가?

(2) 충전되어 있는 산소의 무게는 몇 kg인가?

해답 (1) $\dfrac{P_1V_1}{T_1} = \dfrac{P_2V_2}{T_2}$

$\therefore V_2 = \dfrac{P_1V_1T_2}{T_1P_2} = \dfrac{\dfrac{121.033}{1.033}\times0.046\times273}{293\times1} = 5.02m^3$

(2) $PV = \dfrac{W}{M}RT$

$\therefore W = \dfrac{PVM}{RT} = \dfrac{\dfrac{121.033}{1.033}\times0.046\times32}{0.082\times293} = 7.18kg$

21 내용적 118L LP가스에 C_3H_8 50kg이 충전되어 있다. 이 C_3H_8을 소비 후 잔압이 27℃에서 3kg/cm²(g)이면 다음 물음에 답하시오.

(1) 남아 있는 C_3H_8의 질량(kg)은?

(2) 소비한 C_3H_8의 질량(kg)은?

해답 (1) $PV=\frac{W}{M}RT$이므로

$$\therefore W=\frac{PVM}{RT}=\frac{\frac{(3+1.033)}{1.033}\times 0.118\times 44}{0.082\times 300}=0.82\text{kg}$$

(2) 소비량 : $50-0.82=49.18$kg

22 용적 100L인 밀폐된 용기 속에 온도 0℃에서 8몰 산소와 12몰 질소가 혼합 시 압력(atm)과 무게(g)는 얼마인가?

해답 ① $PV=nRT$이므로

$$\therefore P=\frac{nRT}{V}=\frac{(8+12)\times 0.082\times 273}{100}=4.48\text{atm}$$

② $w=(8\times 32)+(12\times 28)=592$g

23 표준상태에서 내용적 40L의 용기에 질소가 120kg/cm²(g) 충전되어 있다. 사용 후의 압력이 80kg/cm²(g)가 되었다면 소비한 질소는 표준상태에서 몇 m³인가? (단, 온도의 변화는 무시한다.)

해답 $M_1=\frac{(120+1.033)}{1.033}\times 40=4686.66\text{L}=4.686\text{m}^3$

$M_2=\frac{(80+1.033)}{1.033}\times 40=3137.77\text{L}=3.137\text{m}^3$

$\therefore (4.686-3.137)=1.549=1.55\text{m}^3$

TIP

압축가스 충전량 계산식
$M=PV$에서는 표준상태 값으로 계산 시 P의 단위는 atm이다.

24 밀폐용기 내 1atm, 27℃ 프로판과 산소가 2 : 8의 비율로 혼합되어 다음의 반응에서 3000K가 되었다. 이 용기 내 발생한 압력은 몇 atm인가?

$$2C_3H_8 + 8O_2 \rightarrow 6H_2O + 4CO_2 + 2CO + 2H_2$$

해답 밀폐용기이므로 $(V_1 = V_2)$

$$(V_1 = V_2) = \frac{n_1 R_1 T_1}{P_1} = \frac{n_2 R_2 T_2}{P_2} (R_1 = R_2)$$

$$\therefore P_2 = \frac{P_1 n_2 T_2}{n_1 T_1} = \frac{1 \times 14 \times 3000}{10 \times (273+27)} = 14\text{atm}$$

$2C_3H_8 + 8O_2 \rightarrow 6H_2O + 4CO_2 + 2CO + 2H_2$
- $n_1 = (2+8) = 10\text{mol}$
- $n_2 = 6+4+2+2 = 14\text{mol}$

25 내용적 $10m^3$ 용기에 N_2 : 10kg, O_2 : 5kg 혼합가스가 있다. 온도가 27℃일 때 이 용기의 압력계 눈금은 몇 kg/cm^2인가? (단, 이때 N_2, O_2의 정수는 30.2kg·m/kg·K, 26.5kg·m/kg·K이다.)

해답 $P = \frac{(G_1R_1 + G_2R_2)T}{V} = \frac{(10 \times 30.2 + 5 \times 26.5) \times (273+27)}{10} = 13035\text{kg/m}^2 = 1.3035\text{kg/cm}^2$

압력계 눈금은 게이지압력이므로

$\therefore 1.3035 - 1.0332 = 0.27\text{kg/cm}^2\text{(g)}$

26 CO_2 1mol이 127℃에서 20L일 때 다음에 알맞게 계산하시오.

(1) 이상기체에서의 압력 P(atm)를 구하시오.

(2) 실제기체에서의 압력 P(atm)를 구하시오. (단, a : $3.61\text{L}^2\cdot\text{atm/mol}^2$, b : 0.0428L/mol)

해답 (1) $PV = nRT$

$$\therefore P = \frac{nRT}{V} = \frac{1 \times 0.082 \times (273+127)}{20} = 1.64\text{atm}$$

(2) $\left(P + \frac{a}{V^2}\right)(V-b) = RT$

$$\therefore P = \frac{RT}{V-b} - \frac{a}{V^2} = \frac{0.082 \times (273+127)}{20-0.0428} - \frac{3.61}{(20)^2} = 1.63\text{atm}$$

27 50℃, 30atm 질소 $1m^3$을 60atm, −50℃로 변경 시 체적은 몇 m^3인가? (단, 50℃, 30atm 압축계수는 1.001, −50℃, 60atm 압축계수는 0.93이다.)

해답 $PV = ZnRT$이므로

$$(R_1 = R_2) = \frac{P_1 V_1}{Z_1 n_1 T_1} = \frac{P_2 V_2}{Z_2 n_2 T_2} (n_1 = n_2)$$

$$\therefore V_2 = \frac{P_1 V_1 Z_2 T_2}{P_2 Z_1 T_1} = \frac{30 \times 1 \times 0.93 \times 223}{60 \times 1.001 \times 323} = 0.32\text{m}^3$$

28 다음 [조건]으로 이 저장시설의 1종, 2종 보호시설과의 안전거리를 구하여라.

[조건]
- 질소용기 V : 43L
- 용기수 : 150개
- 충전압력은 법정 최고충전압력으로 한다.

해답 $V = 150 \times 43 = 6450\text{L} = 6.45\text{m}^3$

$Q = (10P+1)V = (10 \times 15 + 1) \times 6.45 = 973.95\text{m}^3$

- 1종 보호시설 : 8m
- 2종 보호시설 : 5m

TiP

기타 가스의 안전거리

저장능력	1종	2종
1만 이하	8m	5m
1만 초과 2만 이하	9m	7m
2만 초과 3만 이하	11m	8m
3만 초과 4만 이하	13m	9m
4만 초과	14m	10m

29 어떤 용기에 질소 8.44w%, 산소 8.04w%일 때 각각의 분압을 계산하여라. (단, 전압은 150atm 이다.)

해답 (1) P_{N}(질소분압) $= 15 \times \dfrac{\dfrac{8.44}{28}}{\dfrac{8.44}{28} + \dfrac{8.04}{32}} = 8.18\text{atm}$

(2) P_{O}(산소분압) $= 15 - 8.18 = 6.82\text{atm}$

30 내용적 13L 용기가 2개가 있다. 한쪽에는 수소가 53atm(g), 다른 쪽에는 질소가 65atm(g)일 때 다음 물음에 답하시오.
(1) 이 용기를 연결 시 수소의 부피는 몇 %인가?
(2) 이때의 전압력은 몇 atm인가?

해답 P_{H}(수소)압력 $= 54 \times \dfrac{13}{26} = 27\text{atm}$

P_{N}(질소)압력 $= (66) \times \dfrac{13}{26} = 33\text{atm}$

(1) 수소(%) $= \dfrac{27}{60} \times 100 = 45\%$

(2) 전압력 $= 27 + 33 = 60\text{atm}$

31 C_3H_8과 C_4H_{10}의 혼합증기압이 상온에서 3.5kg/cm^2(g)일 때 혼합기체 중 C_3H_8의 몰농도(%)를 계산하여라. (단, C_3H_8의 증기압은 9.5kg/cm^2(a), C_4H_{10}의 증기압은 2.3kg/cm^2(a)로 하고 대기압 1atm=1kg/cm^{2}이다.)

해답 C_3H_8의 몰 함유량 : x
C_4H_{10}의 몰 함유량 : $(1-x)$라고 하면
$9.5\times x+2.3(1-x)=4.5$
$9.5x+2.3-2.3x=4.5$
$\therefore\ x=\dfrac{4.5-2.3}{(9.5-2.3)}=0.30555=30.56\%$

혼합증기압 $3.5+1=4.5$kg/cm^2(a)

32 프로판 60%와 부탄 40%의 용량%를 중량%로 계산하여라. (단, C_3H_8, C_4H_{10}의 액비중은 0.51, 0.558이다.)

해답 $C_3H_8(\%)=\dfrac{(0.6\times0.51)}{(0.6\times0.51)+(0.4\times0.558)}\times100=57.82\%$
$C_4H_{10}(\%)=\dfrac{(0.4\times0.558)}{(0.6\times0.51)+(0.4\times0.558)}\times100=42.18\%$
∴ C_3H_8 : 57.82%, C_4H_{10} : 42.18%

33 CO_2가 20℃, 1atm에서 물 1cc에 0.88cc가 용해 시 20℃, 40atm에서 CO_2 40%를 함유한 혼합기체에서 물 1L에 용해되는 CO_2의 중량(g)은?

해답 CO_2 분압$=40\times0.4=16$atm
1atm 물 1L에 0.88L가 용해되므로
1atm 용해하는 중량$=\dfrac{0.88}{22.4}\times44=1.72857$g
∴ 16atm에서의 녹는 중량은
$1.72857\times16=27.657=27.66$g

1. 헨리의 법칙에서 녹는 부피는 압력에 관계 없이 일정하다.
2. 녹는 질량은 압력에 비례한다.

34 다음 물음에 답하시오.
(1) 프로판의 완전연소식을 쓰시오.
(2) 11g의 프로판이 완전연소 시 몇 g의 물이 생기는가?
(3) 11g의 프로판이 완전연소 시 몇 몰의 CO_2가 생기는가?

해답 (1) $C_3H_8 + 5O_2 \rightarrow 3CO_2 + 4H_2O$

(2) $C_3H_8 + 5O_2 \rightarrow 3CO_2 + 4H_2O$

44g : 4×18g

11g : x(g)

$\therefore x = \dfrac{4 \times 18 \times 11}{44} = 18\text{g}$

(3) 44g : 3몰

11g : x

$\therefore x = 0.75\text{mol}$

35 질소와 수소를 합성하여 NH_3를 44g 생성시킬 때 필요공기는 몇 L인가? (단, 공기 중 질소는 80%이다.)

해답 $N_2 + 3H_2 \rightarrow 2NH_3$

22.4L : 17g

x(L) : 44g

$x = \dfrac{22.4 \times 44}{17} = 57.976\text{L}$

$\therefore$ 공기는 $57.976 \times \dfrac{100}{80} = 72.47\text{L}$

36 프로판 1kg이 완전연소할 때 공기량은 몇 kg인가?

해답 프로판의 완전연소 반응식은

$C_3H_8 + 5O_2 \rightarrow 3CO_2 + 4H_2O$

44kg : 5×32kg

1kg : x(kg)

$\therefore x = \dfrac{1 \times 5 \times 32}{44} = 3.63636\text{kg}$

그러므로 공기량은 $3.63636 \times \dfrac{1}{0.232} = 15.67\text{kg}$

37 C_2H_2 공기혼합 시 폭발하한계가 2.5%이다. 이 경우 혼합기체 $1m^3$에 포함된 C_2H_2의 질량(g)은 얼마인가?

해답 $1m^3 = 1000L$

$1000 \times 0.025 = 25L$

$\therefore \dfrac{25\text{L}}{22.4\text{L}} \times 26\text{g} = 29\text{g}$

38 C_3H_8 4.4kg 연소 시 필요공기는 몇 Nm^3인가? (단, 공기 중 산소는 20%이다.)

해답 프로판의 완전연소 반응식

$C_3H_8 + 5O_2 \rightarrow 3CO_2 + 4H_2O$

44kg : $5 \times 22.4m^3$

4.4kg : $x\,(m^3)$

$$x = \frac{4.4 \times 5 \times 22.4}{44} = 11.2m^3$$

$$\therefore\ 11.2 \times \frac{100}{20} = 56m^3$$

39 C_3H_8과 C_4H_{10} 1 : 1로 혼합된 가스 1L 완전연소 시 필요공기량은 몇 L인가? (단, 공기 중 산소는 21%이다.)

해답 연소반응식 $C_3H_8 + 5O_2 \rightarrow 3CO_2 + 4H_2O$

$C_4H_{10} + 6.5O_2 \rightarrow 4CO_2 + 5H_2O$

$$\therefore\ \{(5 \times 0.5) + (6.5 \times 0.5)\} \times \frac{100}{21} = 27.38L$$

40 비중이 0.528인 LP가스 $1m^3$ 연소 시 필요한 이론공기량은 표준상태에서 몇 m^3인가? (단, 공기 중 산소는 20%이다.)

해답 $0.528kg/L \times 1000L = 528kg$

$C_3H_8 + 5O_2 \rightarrow 3CO_2 + 4H_2O$

44kg : $5 \times 22.4m^3$

528kg : $x(m^3)$

$$x = \frac{528 \times 5 \times 22.4}{44} = 1344m^3$$

$$\therefore\ \text{공기량} : 1344 \times \frac{100}{20} = 6720m^3$$

41 프로판 73%, 부탄 27%인 LP가스의 이론공기량(Nm^3/Nm^3)과 이론폐가스량(Nm^3/Nm^3)을 계산하시오.

해답 연소반응식 $C_3H_8 + 5O_2 \rightarrow 3CO_2 + 4H_2O$

$C_4H_{10} + 6.5O_2 \rightarrow 4CO_2 + 5H_2O$에서

(1) 이론공기량

$$A_o = \{(5 \times 0.73) + (6.5 \times 0.27)\} \times \frac{100}{21} = 25.74Nm^3/Nm^3$$

(2) 이론폐가스량 $= (N_2 + CO_2 + H_2O)$

$$G = (1 - 0.21)A_o + 7C_3H_8 + 9C_4H_{10}$$
$$= (1 - 0.21) \times 25.74 + 7 \times 0.73 + 9 \times 0.27$$
$$= 27.87Nm^3/Nm^3$$

42 다음과 같은 조성을 가진 천연가스의 이론공기량(Nm^3/Nm^3)을 계산하시오. (단, 공기 중의 산소의 조성은 21%이다.)

성분	함유율(용적%)
CH_4	96.0
N_2	2.5
CO_2	1.5
계	100.0

해답 $CH_4 + 2O_2 \rightarrow CO_2 + 2H_2O$에서
이론공기량

$\therefore\ 2 \times 0.95 \times \dfrac{100}{21} = 9.1428 = 9.14Nm^3/Nm^3$

43 $1Nm^3$의 메탄가스를 연소 시 고위발열량은 $9400kcal/Nm^3$, 증발잠열량은 $480kcal/Nm^3$, 연소가스의 비열은 $0.34kcal/Nm^3 \cdot ℃$일 때 다음 물음에 답하시오.
(1) 이론공기량은?
(2) 저위발열량은?
(3) 20%의 과잉공기를 사용하였을 때의 습연소가스량(Nm^3)과 이론연소온도(℃)를 구하시오.

해답 (1) $CH_4 + 2O_2 \rightarrow CO_2 + 2H_2O$에서

이론공기량(A_o) $= \dfrac{2}{0.21} = 9.52Nm^3/Nm^3$

(2) 저위발열량(Hl) = 고위발열량 − 증발잠열량이고, H_2O의 mol수가 2이므로

$= 9400 - 480 \times 2 = 8440kcal/Nm^3$

(3) ① 습연소가스량 $= (m - 0.21)A_o + 3CH_4 = (1.2 - 0.21) \times 9.52 + 3 = 12.42Nm^3$

② 이론연소온도(℃)

$$t = \frac{Hl}{C_p \times G_w} = \frac{8440}{0.34 \times 12.42} = 1993.67℃$$

44 H_2S가 연소 시 다음 물음에 답하시오.
(1) 완전연소 시 및 불완전연소 시 반응식을 쓰시오.
(2) 1L가 완전연소 시 표준상태에서 소요되는 공기량(L)은? (단, 공기 중 산소는 20%이다.)

해답 (1) 완전연소식 : $2H_2S + 3O_2 \rightarrow 2SO_2 + 2H_2O$
불완전연소식 : $2H_2S + O_2 \rightarrow 2H_2O + 2S$

(2) $2H_2S + 3O_2 \rightarrow 2SO_2 + 2H_2O$

2×22.4 : 3×22.4

1 : x

$x = \dfrac{3 \times 22.4 \times 1}{2 \times 22.4} = 1.5L$

$\therefore\ 1.5 \times \dfrac{100}{20} = 7.5L$

45 공기액화분리장치에서 수산화나트륨에 의한 탄산가스 흡수법에 대하여 다음 물음에 답하시오.
(1) 반응식을 쓰시오.
(2) 탄산가스 1g을 제거하기 위해 소요되는 수산화나트륨은 몇 g이 필요한가?

해답 (1) $CO_2 + 2NaOH \rightarrow Na_2CO_3 + H_2O$
(2) $CO_2 + 2NaOH \rightarrow Na_2CO_3 + H_2O$
44g : 2×40g
1g : x(g)
$\therefore x = \dfrac{2\times 40\times 1}{44} = 1.82$g

46 중량%로 프로판 45%, 공기 55%의 혼합에서 발열량(kcal/m³)을 계산하여라. (단, 프로판의 발열량을 24000kcal/m³로 한다.)

해답 C_3H_8(%) 부피 $= \dfrac{\dfrac{0.45}{44}}{\dfrac{0.45}{44} + \dfrac{0.55}{29}} \times 100 = 35\%$
$\therefore 24000 \times 0.35 = 8400$kcal/m³

47 공기 중에서 완전연소 시 아세틸렌이 함유되었을 때 이 혼합기체 1L당 발열량은 몇 kcal인가? (단, 아세틸렌 발열량은 312.4kcal/mol이다.)

해답 연소반응식에서
$C_2H_2 + 2.5O_2 \rightarrow 2CO_2 + H_2O + 312.4$kcal/mol
공기 mol수 : $2.5 \times \dfrac{100}{21} = 11.9$mol
$C_2H_2(\%) = \dfrac{1}{(1+11.9)} \times 100 = 7.74\%$
∴ 혼합기체 1L당 발열량 : $\dfrac{312.4}{22.4} \times 0.0774 = 1.08$kcal/L

48 내용적 15m³의 가스 저장탱크를 공기압축기로서 18kg/cm²(g)로 기밀시험을 하는 경우에 대한 다음 물음에 답하시오. (단, 공기량은 표준상태로 계산하고, 공기압축기의 체적효율은 무시한다.)
(1) 기밀시험에 필요한 탱크 내의 전체공기량은?
(2) 기밀시험을 위하여 공기압축기에서 탱크로 보내야 할 공기량은?
(3) 토출량 400L/min의 공기압축기를 사용할 때의 이 기밀시험을 완료하는 데는 약 몇 시간 소요되겠는가?

해답 (1) $15\text{m}^3 \times \dfrac{18+1.033}{1.033}\text{atm} = 276.37\text{m}^3$
(2) 빈 탱크일지라도 최초 대기압만큼의 공기가 있으므로
$276.37 - 15 = 261.37\text{m}^3$
(3) 261.37m³ : x(min)
0.4m³ : 1min
$\therefore x = \dfrac{261.37 \times 1}{0.4} = 653.425\text{min} = 10.89\text{hr} = 10$시간 53분

49 액체산소 용기에 액체산소가 50kg 충전되어 있다. 이 용기의 외부로부터 액체산소에 대하여 매시 5kcal의 열량을 준다면 액체산소량이 1/2로 감소하는데 몇 시간이 걸리는가? (단, 비등할 때의 산소의 증발잠열은 1600cal/mol이다.)

해답 1600cal/mol = 1600cal/32g = 50kcal/kg

$\therefore\ 50\text{kg} \times \frac{1}{2} \times 50\text{kcal/kg}$: x(시간)

5kcal : 1시간

$$\therefore\ x = \frac{50 \times \frac{1}{2} \times 50 \times 1}{5} = 250\text{시간}$$

50 용량 5000L인 액산탱크에 액산을 넣어 방출밸브를 개방하여 12시간 방치했더니 탱크 내의 액산이 4.8kg이 방출되었다. 이때 액산의 증발잠열을 50kcal/kg이라 하면 1시간당 탱크에 침입하는 열량은 몇 kcal인가?

해답 4.8kg×50kcal/kg : 12hr

x(kcal) : 1hr

$$\therefore\ x = \frac{4.8 \times 50 \times 1}{12} = 20\text{kcal/hr}$$

51 −183℃의 액체산소 5kg을 매 시간당 20℃까지 증발시키려고 할 때 시간당 침입하는 열량(kcal)을 구하시오. (단, 산소의 증발열은 50.9cal/g이고, 비열이 0.32cal/g·℃이다.)

해답 Q_1 = −183℃ 액체산소 → −183℃ 기체산소 = 5×50.9 = 254.5kcal

Q_2 = −183℃ 기체산소 → 20℃ 기체산소 = 5×0.32×{20−(−183)} = 324.8kcal

$\therefore\ Q = Q_1 + Q_2$ = 254.5 + 324.8 = 579.3kcal/hr

52 어떤 가스 소비설비에서 프로판 75%(용량), 부탄 25%(용량)의 혼합기체를 1kg/hr를 소비한다. 이 경우 저압배관을 통과하는 가스의 1시간당 용적을 계산으로 구하시오. (단, 저압배관을 통과하는 가스의 평균압력은 수주 280mm로서 온도는 15℃로 한다.)

해답 혼합가스 분자량

(44g×0.75) + (58g×0.25) = 47.5g

표준상태에서의 부피는

$$1000\text{g/hr} \times \frac{22.4\text{L}}{47.5\text{g}} = 471.58\text{L/hr}$$

280mm 수주 및 15℃에서의 부피로 환산

$\frac{P_1 V_1}{T_1} = \frac{P_2 V_2}{T_2}$ 이므로

$$\therefore\ V_2 = \frac{P_1 V_1 T_2}{T_1 P_2} = \frac{10332 \times 471.58 \times (273+15)}{273 \times (10332+280)} = 484.36\text{L/hr}$$

배관을 통과하는 압력은 게이지(gage) 압력이므로 (1atm=10332mmH$_2$O) 대기압력을 더하여 보일－샤를의 법칙에 대입하여야 한다.

53 200℃, 산소 4kg, 등압 7kg/cm^2(g)에서 냉각용적이 최초의 2/3가 되었을 때 다음 물음에 답하시오.

(1) 산소의 최초의 용적은?
(2) 냉각 후의 온도는?
(3) 산소가 행한 일의 양은 얼마인가?

해답 (1) 최초의 용적 V는

$$V=\frac{GRT}{P}=\frac{4\times 26.5\times(273+200)}{(7+1.033)\times 10^4}=0.62\text{m}^3$$

(2) 냉각 후의 온도 T_2는

$\frac{V_1}{T_1}=\frac{V_2}{T_2}$ 에서

$$T_2=\frac{T_1V_2}{V_1}=\frac{0.62\times\frac{2}{3}\times(273+200)}{0.62}=315.33\text{K}$$

∴ ℃=315.33K－273=42.33℃

(3) 산소가 행한 일의 양 W는 등압이므로

$$W=P\times(V_2-V_1)=P\times\left(\frac{2}{3}V-V\right)=P\times\left(-\frac{1}{3}\right)V$$

$$=(7+1.033)\times 10^4\times\left(-\frac{1}{3}\right)\times 0.62=-16601.53\text{kg}\cdot\text{m}$$

54 넓이 40m^2, 높이 2.5m의 0℃의 방에 순프로판가스가 7kg 누설되었을 때 폭발의 가능성이 있는지 식을 쓰고, 판별하시오.

해답 ① C_3H_8 7kg의 부피 : $\frac{7}{44}\times 22.4=3.5636\text{m}^3$

② 공기의 부피 : $40\times 2.5=100\text{m}^3$

③ C_3H_8(%)$=\frac{3.5636}{100+3.5636}\times 100=3.44\%$

∴ C_3H_8의 폭발범위 2.1~9.5 내에 있으므로 폭발위험이 있다.

55 탱크의 내용적 2m^{3}가 대기압 0.1MPa 상태에 있다. 이 탱크에 15MPa(g), 200L 질소용기를 연결, 질소용기를 개방 시 전체설비의 압력은 몇 MPa(g)인가? (단, 1MPa=10kg/cm^{2}으로 하며, 대기압력은 0.1MPa이다.)

해답 탱크와 질소용기 내용적 : 2000 + 200 = 2200L
설비 내 공기량 : 2000L
설비 내 질소량 : $(10P+1)V=(150+1)\times 0.2=30.2\text{m}^3=30200\text{L}$
$\therefore\ 30200+2000=32200$
$\dfrac{32200}{2200}=14.636\text{kg/cm}^2=1.463\text{MPa}$
$\therefore\ 1.463-0.1=1.36\text{MPa(g)}$

56 27kg을 전기분해하여 내용적 40L 용기에 법정량으로 충전 시 필요한 전체용기 수를 계산하여라.

해답 (1) $2H_2O \rightarrow 2H_2 + O_2$
36kg　$2\times 22.4(\text{m}^3)$　$22.4(\text{m}^3)$
27kg　$x(\text{m}^3)$　$y(\text{m}^3)$
(2) 수소체적 : $x=\dfrac{27\times 2\times 22.4}{36}=33.6\text{m}^3$
(3) 산소체적 : $y=\dfrac{27\times 22.4}{36}=16.8\text{m}^3$
(4) 용기 1개당 충전량
$Q=(10P+1)V=(10\times 15+1)\times 0.04=6.04\text{m}^3$
(5) 수소용기 수 : $33.6\div 6.04=5.56=6$개
산소용기 수 : $16.8\div 6.04=2.78=3$개
$\therefore$ 전체용기 수 : 6+3=9개

57 발열량 30000kcal/m^{3}의 부탄가스에 공기를 희석하여 7500kcal/m^{3}의 천연가스를 만들었다. 이 천연가스에 대하여 물음에 답하시오.
(1) 공기의 용량(%)은 얼마인가?
(2) 부탄의 용량(%)은 얼마인가?
(3) 이 가스조성의 폭발범위는 얼마인가?
(4) 가스의 비중은 얼마인가?
(5) 가스 중의 산소의 용량(%)은 얼마인가?

해답 (1) 공기량(x)
$\dfrac{30000}{1+x}=7500$
$\therefore\ 7500(1+x)=30000$
$\therefore\ x=\dfrac{30000}{7500}-1=3\text{m}^3$
공기(%)$=\dfrac{3}{1+3}\times 100=75\%$
(2) $\dfrac{1\text{m}^3}{1\text{m}^3+3\text{m}^3}\times 100=25\%$
(3) 1.8~8.4%
(4) $2\times 0.25+1\times 0.75=1.25$
(5) 산소의 양이 $3\times 0.21=0.63$이므로
산소(%)$=\dfrac{0.63}{1+3}\times 100=15.75\%$

58 25℃에서 150atm(g)으로 충전된 고압가스 탱크 상부에 200atm(g)에서 작동되는 안전밸브를 설치하였다. 이 안전밸브가 작동하였다면, 이 탱크는 몇 kcal의 열량을 흡수하였는지 [조건]을 참고하여 계산하시오.

[조건]
• 탱크 내부가스량 : 60kg • 평균분자량 : 30 • 가스의 비열 : 20cal/gmol·K

해답 $\frac{P_1 V_1}{T_1} = \frac{P_2 V_2}{T_2} (V_1 = V_2)$

$T_2 = \frac{T_1 P_2}{P_1} = \frac{(273+25)\times(200+1)}{(150+1)} = 396.675\text{K}$

$\therefore\ Q = GC\Delta T = \frac{60\text{kg}}{30\text{kg/kmol}} \times 20\text{kcal/kg}\cdot\text{mol}\cdot\text{K} \times (396.675-298)\text{K}$

$= 3947.019 = 3947.02\text{kcal}$

59 가연성 가스의 정의를 간단히 설명하시오.

해답 공기 중에서 연소할 수 있는 농도의 체적(%)으로 폭발한계의 하한이 10% 이하이거나 폭발한계의 상한과 하한의 차가 20% 이상인 것

02 각종 가스의 성질, 제조법, 용도

01 수소(H_2)에 대한 다음 빈칸을 채우시오.

<table>
<tr><th>구분</th><th>내용</th><th>중요 기억사항</th></tr>
<tr><td>연소범위</td><td>4~75%(가연성 가스, 압축가스,
비등점 : −252℃)</td><td rowspan="4">• 부식은 고온, 고압에서 발생한다.
• 수소취성을 방지하기 위하여 5~6% Cr강에 W, Mo, Ti, V 등을 첨가한다.
• 수소취성에는 가역, 불가역의 수소취성이 있다.</td></tr>
<tr><td>부식명</td><td>수소취성(강의 탈탄)</td></tr>
<tr><td>부식이 일어날 때 반응식</td><td>$Fe_3C + 2H_2 \rightarrow CH_4 + 3Fe$</td></tr>
<tr><td>폭명기 반응식 3가지</td><td>• 수소폭명기 : (①)
• 염소폭명기 : (②)
• 불소폭명기 : (③)</td></tr>
<tr><td>제조법의 종류</td><td>• 물의 전기분해 : $2H_2O \rightarrow 2H_2+O_2$
• 수성 가스법 : $C+H_2O \rightarrow CO+H_2$
• 천연가스 분해법
• 일산화탄소 전화법 : $CO+H_2O \rightarrow CO+H_2$</td><td>제조법 중 CO의 전화법에서
• 고온전화(1단계 반응) 촉매 : $Fe_2O_3-Cr_2O_3$계
• 저온전화(2단계 반응) 촉매 : $CuO-ZnO$계</td></tr>
</table>

해답 ① $2H_2+O_2 \rightarrow 2H_2O$(수소폭명기)
② $H_2+Cl_2 \rightarrow 2HCl$(염소폭명기)
③ $H_2+F_2 \rightarrow 2HF$(불소폭명기)

02 산소(O_2)에 대한 핵심내용이다. 다음 물음에 답하여라.

<table>
<tr><th>구분</th><th>내용</th><th>중요 기억사항</th></tr>
<tr><td>가스의 종류</td><td>압축가스, 조연성, 비등점(−183℃)</td><td rowspan="3">• 고압설비 내 청소점검보수 시 유지하여야 할 농도(18% 이상 22% 이하)
• 공기액화분리장치 분리방법 3가지(전저압식 공기분리장치, 중압식 공기분리장치, 저압식 액화플랜트)
• 공기액화 시 액화순서($O_2 \rightarrow Ar \rightarrow N_2$)
• Ar까지 회수되는 공기액화분리장치 : 저압식 액산플랜트</td></tr>
<tr><td>공기 중 함유율</td><td>부피(21%), 중량(23.2%)</td></tr>
<tr><td>제조법</td><td>• 물의 전기분해법
• 공기액화분리법</td></tr>
</table>

(1) 공기액화분리장치 산소를 제조 시 폭발원인과 대책을 각각 4가지를 쓰시오.
(2) 공기액화분리장치 내 액산 35L 중 CH_4 2g, C_4H_{10} 4g 혼입 시 운전가능 여부를 판별하여라.

해답 (1) 폭발원인과 대책 4가지
① 폭발원인
– 공기취입구로부터 C_2H_2 혼입
– 압축기용 윤활유 분해에 따른 탄화수소 생성
– 액체공기 중 O_3의 혼입
– 공기 중 질소산화물(NO, NO_2)의 혼입

② 대책
  - 장치 내 여과기를 설치한다.
  - 공기취입구를 C_2H_2가 혼입되지 않은 맑은 곳에 설치한다.
  - 부근에 CaC_2 작업을 피한다.
  - 연 1회 CCl_4로 세척한다.

(2) $\frac{12}{16}\times 2000\text{mg}+\frac{48}{58}\times 4000\text{mg}=4810.3\text{mg}$

$\therefore\ 4810.3\times\frac{5}{35}=687.185\text{mg}$

액화산소 5L 중 C의 질량이 500mg을 넘으므로 즉시 운전을 중지하고 액화산소를 방출하여야 한다.

공기액화분리장치 내 산소취급 시 주의사항

1. 공기액화분리장치 내 액화산소통 내 액화산소는 1일 1회 이상 분석하고, 액화산소 5L 중 C_2H_2 질량이 5mg, 탄화수소 중 C의 질량이 500mg 넘을 때 즉시 운전을 중지하고, 액화산소를 방출한다.
2. 액화산소 5L 중 검출시약
   - C_2H_2 : 이로스베이시약
   - 탄소 : 수산화바륨

03 염소(Cl)에 관한 내용이다. 핵심정리 부분을 숙지하고, 다음 물음에 답하여라.

구분	중요 기억사항
가스의 종류	독성, 액화가스, 조연성
제조법	소금물 전기분해법 $2NaCl + 2H_2O \rightarrow 2NaOH + H_2 + Cl_2$
비등점	①
수분과 작용 시 철을 부식시키는 반응식	②
암모니아와 반응식	③

④ 염소의 용도 중 수돗물 살균소독제로 사용하는 이유와 반응식을 쓰시오.

해답 ① −34℃
② $Cl_2 + H_2O \rightarrow HCl + HClO$
   $Fe + 2HCl \rightarrow FeCl_2 + H_2$
③ $8NH_3 + 3Cl_2 \rightarrow 6NH_4Cl + N_2$
④ $Cl_2 + H_2O \rightarrow HCl + HClO$
   $HClO \rightarrow HCl + [O]$로서 발생기 산소[O]가 생성되어 소독살균작용을 일으킨다.

04 암모니아(NH_3)에 관한 내용이다. 핵심부분을 숙지하고, 물음에 답하여라.

물리적 성질
독성 가스, 가연성, 액화가스 비등점(-33.3℃) 물에 잘 녹는 염기성 물질

(1) 석회질소법의 제조반응식은?
(2) 하버보시법으로 제조 시 반응식은?
(3) 압력별 합성법에는 고압법, 중압법, 저압법이 있다. 각각 합성에 대한 압력(MPa)과 종류 2가지 이상을 쓰시오.

해답 (1) $CaCN_2 + 3H_2O \rightarrow CaCO_3 + 2NH_3$
(2) $N_2 + 3H_2 \rightarrow 2NH_3$
(3) ① 고압합성(60~100MPa) : 클로우드법, 카자레법
② 중압합성(30MPa) : IG법, 케미그법
③ 저압합성(15MPa) : 구데법, 케로그법

TIP
1. 하버보시법으로 제조 시
   • 정촉매 : Fe_3O_4
   • 보조촉매 : Al_2O_3, CaO, K_2O
2. Cu와 접촉 시 착이온 생성으로 부식을 일으키므로 Cu 사용 시 62% 미만의 동합금 및 철, 철합금 사용
3. 고온, 고압의 장치 재료에는 18-8STS 및 Ni-Cr-Mo 사용
4. 피부에 접촉 시 조치사항
   • 다량의 물로 씻고, 피크린산 용액을 바른다.
   • 눈에 침투 시 : 물로 세척 후 2% 붕산액으로 점안한다.

05 CO에 대한 내용이다. 핵심부분을 정리하고, 각각의 물음에 답하여라.

구분	내용
가스의 종류	가연성, 압축가스, 독성 가스(TLV-TWA 농도 : 50ppm)
연소범위	12.5~74%
부식명	카보닐(침탄)
부식 발생 시 반응식	• $Ni + 4CO \rightarrow Ni(CO)_4$: 니켈 카보닐 • $Fe + 5CO \rightarrow Fe(CO)_5$: 철 카보닐
부식의 방지법	①
염소와 반응식 촉매	②
가스누설 시 검지에서 발신까지 걸리는 시간	③
압력상승 시 일어나는 현상	④

해답 ① 고온 · 고압에서 CO를 사용 시
- 장치 내면을 피복하거나
- Ni－Cr계 STS를 사용

② $CO + Cl_2 \rightarrow COCl_2$
촉매 : 활성탄

③ 60초

④ 압력상승 시 폭발범위가 좁아짐

06 CH_4 가스에 대한 내용이다. 다음 빈칸을 채우시오.

구분	내용
비등점	①
연소범위	②
분자량(g/mol)	③
연소의 하한계값(mg/L)	④

해답 ① −161.5℃

② 5～15%

③ 16g/mol

④ 하한계값 5%에서
$0.05 \times 16g/mol \times 1mol/22.4L = 0.03571g/L$
$\therefore 0.03571 \times 10^3 = 35.71mg/L$

07 C_2H_2에 관한 핵심정리 내용이다. 다음 빈칸을 채우시오.

구분		내용
제조반응식		• $CaCO_3 \rightarrow CaO + CO_2$ • $CaO + 3C \rightarrow CaC_2 + CO$ • $CaC_2 + 2H_2O \rightarrow C_2H_2 + Ca(OH)_2$
가스의 종류		가연성, 용해가스
연소범위		2.5～81%
폭발성 3가지 반응식		①
아세틸라이트(화합폭발)을 일으키는 금속 3가지		②
발생기	발생형식에 따른 구분 3가지	③
	발생압력에 따른 구분 3가지와 그때의 압력	④
• 습식 C_2H_2 발생기 표면온도 • 발생기의 최적온도		⑤
• 제조과정 중 불순물의 종류 5가지 • 불순물 존재 시 영향		⑥

구분	내용
불순물을 제거하는 청정제 종류 3가지	⑦
충전 중 압력(MPa)	⑧
희석제의 종류와 희석제를 첨가하는 경우	⑨
• 역화방지기 내부에 사용되는 물질 • 용제의 종류	⑩

해답 ① 분해폭발 : $C_2H_2 \rightarrow 2C + H_2$
화합폭발 : $2Cu + C_2H_2 \rightarrow Cu_2C_2 + H_2$
산화폭발 : $C_2H_2 + 2.5O_2 \rightarrow 2CO_2 + H_2O$
② Cu, Ag, Hg
③ 주수식, 투입식, 침지식
④ 저압식 : 0.07kg/cm^2 미만
중압식 : 0.07~1.3kg/cm^2 미만
고압식 : 1.3kg/cm^2 이상
⑤ 발생기 표면온도 : 70℃ 이하
발생기 최적온도 : 50~60℃
⑥ (불순물 종류) PH_3(인화수소), SiH_4(규화수소), H_2S(황화수소), NH_3(암모니아), AsH_4
(영향) • 아세틸렌 순도 저하
• 아세틸렌이 아세톤에 용해되는 것 저해
• 폭발의 원인
⑦ 카타리솔, 리가솔, 에퓨렌
⑧ 2.5MPa 이하
⑨ • 희석제 종류 : N_2, CH_4, CO, C_2H_4
• 첨가하는 경우 : 2.5MPa 이상으로 충전 시 희석제 첨가
⑩ • 역화방지기 내부에 사용되는 물질 : 페로실리콘, 모래, 물, 자갈
• 용제 : 아세톤, DMF

08 카바이드 취급 시 주의사항을 4가지 이상 기술하시오.

해답 ① 드럼통은 정중히 취급할 것
② 저장실은 통풍이 양호하게 할 것
③ 타 가연물과 혼합적재하지 말 것
④ 전기설비는 방폭구조로 할 것
⑤ 우천 시에는 수송을 금지할 것

09 아세틸렌 충전 시 다공물질의 용적이 150m^3, 침윤 잔용적이 120m^{3}일 때 다음 물음에 답하시오.

(1) 다공도를 계산하여라.
(2) 합격여부를 판별하여라.

해답 (1) 다공도(%)$= \dfrac{V-E}{V} \times 100 = \dfrac{150-120}{150} \times 100 = 20\%$
(2) 다공도는 75% 이상 92% 미만이 되어야 하므로 불합격이다.

10 C_2H_2 충전 시 충전하는 다공물질의 종류와 구비조건을 쓰시오.

(1) 다공물질의 종류 5가지를 쓰시오.

(2) 다공물질의 구비조건 5가지를 쓰시오.

해답 (1) 석면, 규조토, 목탄, 석회, 다공성 플라스틱

(2) ① 경제적일 것

② 화학적으로 안정할 것

③ 고다공도일 것

④ 가스충전이 쉬울 것

⑤ 기계적 강도가 클 것

11 내용적 50L인 용기에 다공도 90%인 다공성 물질이 충전되어 있고 비중이 0.795, 내용적의 45%만큼의 아세톤이 차지할 때 이 용기에 충전되어 있는 아세톤 양(kg)은?

해답 50L×0.45×0.795kg/L=17.8875g

12 다음 [조건]으로 C_2H_2 용기의 안전공간(%)을 계산하시오.

[조건]
- 내용적 : 50L
- 다공도 : 90%
- 아세톤 충전량 : 14kg
- C_2H_2 충전량 : 8kg(액비중 0.613)
- 아세톤 비중 : 0.795

해답 ① 주입 아세톤 14kg의 부피(L) : 14kg÷0.795kg/L=17.61L

② 다공물질의 부피 : $\frac{50\text{L}\times(100-90)}{100}=5$L

③ C_2H_2 8kg의 부피 : 8kg÷0.613kg/L=13.05057L

∴ 안전공간(%)= $\frac{50-(17.61+5+13.05057)}{50}\times 100=28.678=28.68$%

13 다음은 HCN의 핵심정리 내용이다. 빈칸을 채우시오.

구 분		내용
가스의 종류		독성 가스, 가연성
허용농도	LC_{50}	140ppm
	TLV-TWA	10ppm
연소범위		6~41%
폭발성 2가지		①
중합폭발이 일어나는 경우와 방지법에 사용되는 중합방지제		②
순도(%)		③
충전 후 미사용 시 다른 용기에 재충전하는 경과일수		④
누설검지시험지와 변색상태		⑤
중화액		⑥

해답 ① 산화폭발, 중합폭발
② • 수분 2% 이상 함유 시 중합폭발이 일어남
• 중합방지제 : 황산, 아황산, 동, 동망, 염화칼슘, 오산화인
③ 98% 이상
④ 60일
⑤ 질산구리 벤젠지(청색)
⑥ 가성소다 수용액

14 다음 포스겐에 대한 내용에 대하여 물음에 답하여라.

구분		내용
가스의 종류		독성 가스
허용농도	LC_{50}	5ppm
	TLV-TWA	0.1ppm
가수분해 시 반응식		①
제조반응식		②
누설검지액과 변색상태		③
중화액		④

해답 ① $COCl_2 + H_2O \rightarrow CO_2 + 2HCl$
② $CO + Cl_2 \rightarrow COCl_2$
③ 하리슨 시험지, 심등색
④ 가성소다 수용액, 소석회

15 다음 황화수소(H_2S)의 핵심정리 내용이다. 빈칸을 채우시오.

구분		내용
가스의 종류		독성 가스, 가연성
허용농도	LC_{50}	712ppm
	TLV-TWA	10ppm
연소범위		4.3~45%
연소반응식	완전연소	$2H_2S + 3O_2 \rightarrow 2H_2O + 2SO_2$
	불완전연소	$2H_2S + O_2 \rightarrow 2H_2O + 2S$
누설검지액과 변색상태		①
중화액		②

해답 ① 연당지, 흑색
② 가성소다 수용액, 탄산소다 수용액

16 다음 브롬화메탄에 대하여 빈칸을 채우시오.

구분		내용
허용농도	LC_{50}	850ppm
	TLV-TWA	20ppm
연소범위		①
방폭구조 하지 않아도 되는 이유		②
충전구나사		③

해답 ① 13.5～14.5%
② 폭발하한이 높으므로 타 가연성에 비해 폭발가능성이 낮다.
③ 오른나사

17 다음 가스의 폭발성 종류를 각각 2가지 이상을 기술하여라.

폭발성 / 가스의 종류	폭발의 종류
아세틸렌	①
산화에틸렌	②
시안화수소	③

해답 ① 분해폭발, 화합폭발, 산화폭발
② 분해폭발, 중합폭발, 산화폭발
③ 중합폭발, 산화폭발

18 다음 각 가스에 대한 부식명(위해성), 방지방법에 대하여 빈칸을 채우시오.

가스명	부식명(위해성)	방지법
(1) H_2	①	②
(2) C_2H_2	①	②
(3) C_2H_4O	①	②
(4) CO	①	②
(5) Cl_2	①	②
(6) LPG	①	②

해답 (1) ① 수소취성(강의탈탄)
② 고온·고압 하에서 수소가스를 사용 시 5～6%의 Cr강에 W, Mo, To, V 등을 사용
(2) ① 약간의 충격에도 폭발의 우려가 있다.
② C_2H_2을 2.5MPa 이상으로 충전 시 N_2, CH_4, CO, C_2H_4 등의 희석제를 첨가
(3) ① 분해와 중합폭발을 동시에 가지고 있으며, 가연성 가스로서 연소범위가 3～80%로 대단히 위험
② 충전 시 45℃에서 N_2, CO_2를 0.4MPa 이상으로 충전 후 산화에틸렌을 충전

(4) ① 카보닐(침탄)
② 고온·고압 하에서 CO를 사용 시 장치 내면을 피복하거나 Ni–Cr계 STS를 사용
(5) ① 수분과 접촉 시 HCl 생성으로 급격히 부식이 진행
② Cl_2를 사용 시 수분이 없는 곳에서 건조한 상태로 사용
(6) ① 천연고무를 용해
② 패킹제로는 합성고무제인 실리콘고무를 사용

19 고압장치에 다음 사항이 발생 시 위험성과 방지방법을 기술하여라.

구분	위험성	방지방법
(1) 저온취성	①	②
(2) 저장탱크에 액화가스 충전 중 과충전 발생	①	②
(3) C_2H_2 가스에 아세틸라이트 생성	①	②

해답 (1) ① 저온장치에 부적당한 재료를 사용 시 장치의 파괴폭발의 우려가 있다.
② 저온장치에 적합한 오스테나이트계 STS, 9% Ni, Cu, Al 등의 재료를 사용한다.
(2) ① 저장탱크의 균열, 누출 등으로 인하여 폭발 및 중독의 우려가 있다.
② 법정 충전량 계산식 $W=0.9dV$로 계산하여 90% 이하로 충전하며, 소형 저장탱크에는 85% 이하로 충전하여야 한다.
(3) ① 약간의 충격에도 폭발의 우려가 있다.
② C_2H_2 장치에 Cu, Ag, Hg 62% 미만의 동합금 및 철합금을 사용하여야 한다.

03 LP가스 설비 및 고압장치

01 다음은 LP가스의 특성을 비교한 내용에 대하여 빈칸에 각각 4가지 이상을 기술하시오.

(1) LP가스의 일반적 특성	(2) LP가스의 연소 특성
①	①
②	②
③	③
④	④

해답 (1) ① 가스는 공기보다 무겁다.
② 액은 물보다 가볍다.
③ 기화, 액화가 용이하다.
④ 기화 시 체적이 커진다.
⑤ 천연고무는 용해하므로 패킹제로는 합성고무제인 실리콘고무를 사용한다.
(2) ① 연소범위가 좁다.
② 연소속도가 늦다.
③ 연소 시 다량의 공기가 필요하다.
④ 발화온도가 높다.
⑤ 발열량이 높다.

02 제유소에서 LP가스가 회수되는 장치의 종류 5가지를 쓰시오.

해답 ① 상압증류장치
② 접촉분해장치
③ 접촉개질장치
④ 수소화탈황장치
⑤ 코킹장치

03 습성 가스 및 원유에서 LP가스를 회수하는 방법 3가지는?

해답 ① 압축냉각법
② 흡수유(경유)에 의한 흡수법
③ 활성탄에 의한 흡착법

04 천연가스로부터 LP가스를 회수하는 방법 4가지를 쓰시오.

해답 ① 냉각수회수법
② 냉동법
③ 흡착법
④ 유회수법

05 제유소에서 LP가스를 제조하는 방법에는 다음과 같은 방법이 있다. 빈칸에 알맞은 내용을 쓰시오.

항목	정의
상압증류장치 (Topping gas)	
접촉개질장치 (Reforming gas)	나프타를 고온·고압 하에서 촉매와 접촉시켜 탄화수소의 구조를 변화시켜 옥탄가가 높은 휘발유를 제조하는 장치
접촉분해장치 (Cranking gas)	경유, 유분을 고온의 촉매에 접촉시켜 분해하고, 옥탄가가 높은 휘발유를 제조하는 장치

해답 원유를 증류하고 가솔린, 등유, 경유 등을 분리 시 원유 중에 용해된 가스를 다량으로 발생시키는 장치

Naphtha(나프타) : 도시가스, 석유화학, 합성비료 등의 원료로 사용되는 가솔린

06 LP가스의 공급방식에는 자연기화방식과 강제기화방식이 있다. 각각의 특징을 4가지 기술하시오.

해답

자연기화방식	강제기화방식
① 다량의 용기수가 필요하다. ② 소량소비에 적합하다. ③ 가스 조성변화가 크다. ④ 발열량의 변화가 크다.	① 기화기를 사용하여 액가스를 기화하여 사용하는 방식이다. ② 기화량을 가감할 수 있다. ③ 한냉 시 가스공급이 가능하다. ④ 설치면적이 적어진다. ⑤ 공급가스 조성이 일정하다.

강제기화방식의 특징과 기화기 사용 시 이점은 같은 의미이다.

강제기화 / 방식의 종류	세부내용	특징
생가스 공급방식	생가스가 외기에 의하여 기화되었거나 기화기에 의하여 기화된 가스를 그대로 공급하는 방식	• 장치가 간단하다. • 발생가스의 압력이 높다. • 열량조정이 필요 없다. • 재액화에 문제가 있다. • 높은 열량을 필요로 하는 경우 사용된다.
공기혼합가스 공급방식	기화한 가스와 공기를 혼합하여 열량을 조정하여 공급하는 방식	• 발열량을 조절할 수 있다. • 누설 시 손실이 감소된다. • 재액화가 방지된다. • 연소효율이 증대된다.
변성가스 공급방식	부탄을 고온의 촉매로서 분해하여 메탄수소, 일산화탄소 등의 연질가스로 공급하는 방식	참고 LP가스를 변경하여 도시가스로 공급하는 방식의 종류 1. 공기혼합방식 2. 직접혼합방식 3. 변성혼합방식

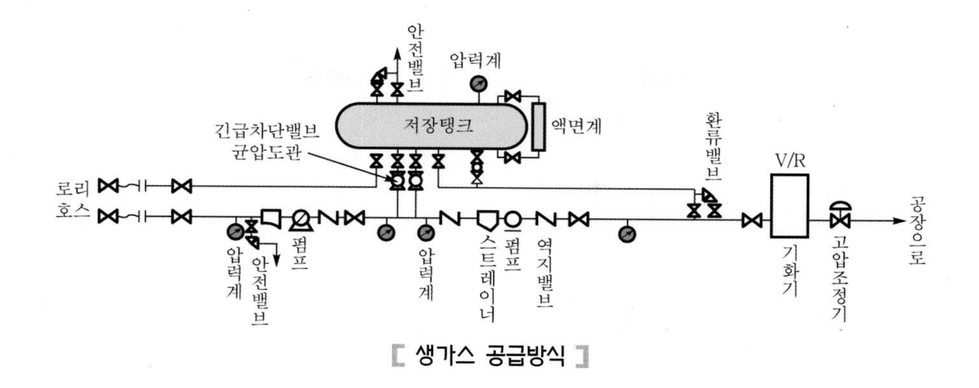

[생가스 공급방식]

• 부탄의 경우 저온(0℃ 이하)이 되면 재액화 우려가 있어 가스배관의 보온이 필수이다.

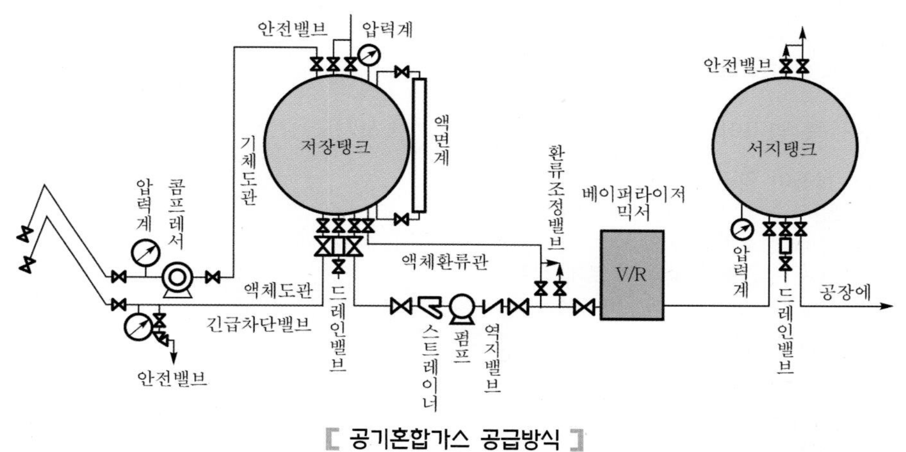

[공기혼합가스 공급방식]

• 기화된 가스를 서지탱크에서 공기와 혼합, 열량조정 후 공급

07 LP가스 공기혼합 설비의 혼합기의 종류와 세부내용이다. 이 중 벤투리 믹서의 특징에 대하여 빈칸을 채우시오.

공기혼합기의 종류	정의	특징
벤투리혼합기(믹서)	기화한 LP가스를 일정압력으로 노즐에서 분출시켜 노즐 내를 감압함으로서 공기를 흡입·혼합 하는 방식	① ②
플로우혼합기(믹서)	LP가스를 대기압으로 하여 flow로서 공기와 함께 흡입하는 방식	가스압이 저하 시 안전장치가 작동하여 flow가 정지하게 되어 있다.

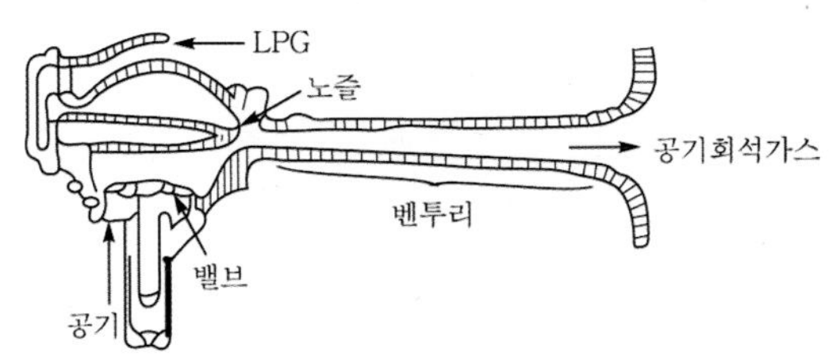

[벤투리혼합기]

해답 ① 동력을 필요로 하지 않는다.
② 가스분출 에너지조절에 의해 공기혼합비를 자유롭게 전환시킬 수 있다.

08 LP가스 연소기구가 갖추어야 할 기본조건 4가지를 기술하시오.

해답 ① LP가스를 완전연소시킬 수 있을 것
② 열을 유효하게 이용할 수 있을 것
③ 취급이 간단할 것
④ 안전성이 높을 것

09 연소기구 중 염공이 가져야 할 조건 4가지를 기술하시오.

해답 ① 불꽃이 염공 위에 안정하게 형성될 것
② 먼지 등에 의한 영향이 없을 것
③ 수리 청소가 용이할 것
④ 모든 염공에 불꽃이 빠르게 점화될 것

10 LP가스 불완전연소의 원인 5가지를 기술하시오.

해답 ① 공기량 부족
② 환기불량
③ 배기불량
④ 가스조성 불량
⑤ 가스기구, 연소기구 불량

11 C_3H_8, C_4H_{10}이 주성분인 LPG와 CH_4이 주성분인 LNG가 누설 시 다음 물음에 답하시오.
(1) 어느 쪽이 폭발우려가 높은지 쓰시오.
(2) 그 이유를 기술하여라.

해답 (1) LPG
(2) ① 공기보다 무거워 누설 시 바닥에 체류한다.
② 폭발하한이 낮아 누설 시 폭발범위 이내로 빨리 들어온다.

12 나프타의 접촉개질반응 5가지를 쓰시오.

해답 ① 나프타의 탈수소반응
② 파라핀의 탄화탈수소반응
③ 파라핀 나프타의 이성화반응
④ 탄화수소의 수소화 분해반응
⑤ 불순물의 수소화 정제반응

13 탄화수소에서 탄소수 증가 시 일어나는 변화에 대하여 (　　)를 채우시오.

구분	내용
폭발범위	①
폭발하한	②
증기압	③
비등점	④
연소열	⑤
발화점	⑥

해답 ① 좁아진다.
② 낮아진다.
③ 낮아진다.
④ 높아진다.
⑤ 커진다.
⑥ 낮아진다.

14 다음 그림은 상압증류장치로부터의 회수가스 생산 공정도이다. ①, ②, ③, ④의 장치명을 쓰시오.

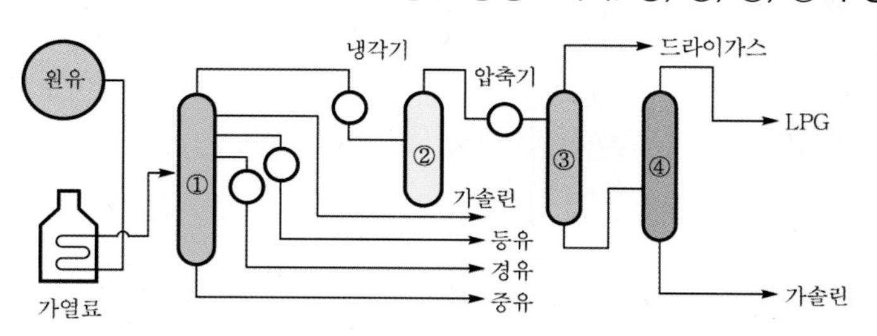

해답 ① 정류탑　　② 가스분리기
③ 탈메탄탑　　④ 탈프로판탑

15 실내에서 LP가스가 연소 시 공기의 조성 선도이다. ①, ②에 해당되는 가스의 명칭을 쓰시오.

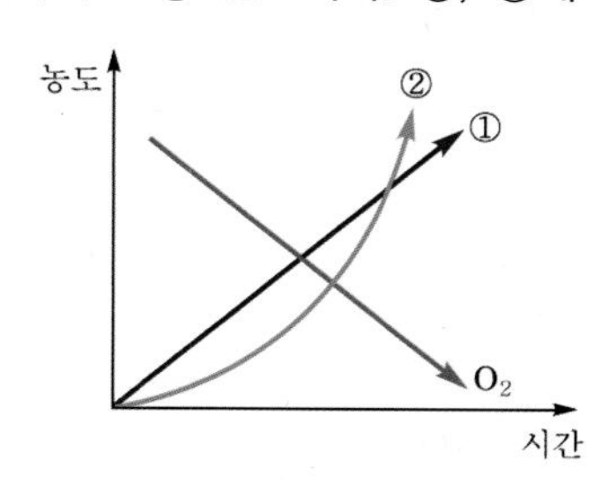

해답 ① CO_2(완전연소 시 발생되는 가스)
② CO(불완전연소 시 발생되는 가스)

16 다음 [조건]으로 LP가스 용기에 과충전 시 온도상승으로 위험에 이르게 되는 온도 좌표를 이용하여 구하여라.

[조건]
- 내용적 : 24L
- 과충전량 : 1.22kg
- C_3H_8 충전상수 : 2.35

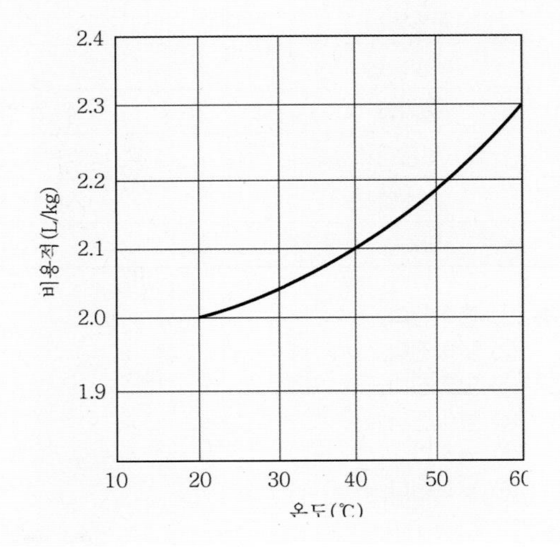

해답 $W=\dfrac{V}{C}=\dfrac{24}{2.35}=10.213\text{kg}$

∴ 10.213+1.22=11.433kg

비용적 : $\dfrac{24\text{L}}{11.433\text{kg}}=2.099 \fallingdotseq 2.1\text{L/kg}$

∴ 40℃

17 내용적 117.5L 용기에 C_3H_8 50kg 충전 시 액비중이 0.5일 때 안전공간(%)을 계산하여라.

해답 50kg÷0.5kg/L=100L

∴ $\dfrac{117.5-100}{117.5}\times 100=15\%$

18 LPG 탱크의 내용적 48m^3에 C_4H_{10} 18ton 충전 시 충전된 액상의 부탄용적은 몇 %인가? (단, C_4H_{10}의 액비중은 0.55로 한다.)

해답 18ton÷$0.55\text{t/m}^3=32.73\text{m}^3$

∴ $\dfrac{32.73}{48}\times 100=68.2\%$

19 LP가스 저압배관(관경 1B, 관길이 30m) 기밀시험을 공기압 1000mmH$_2$O, 15℃에서 직사광선으로 배관의 온도가 30℃가 되었을 때(관경 1B=2.76cm, π=3.14, 1atm=10330mmH$_2$O이다.)

(1) 배관의 내용적(cm^3)을 계산하여라.

(2) 배관이 온도상승 후 배관의 압력(mmH$_2$O)을 계산하여라.

해답 (1) 배관의 내용적 : $V=\frac{3.14}{4}\times(2.76\text{cm})^2\times 3000\text{cm}=17939.448=17939.45\text{cm}^3$

(2) $\frac{P_1V_1}{T_1}=\frac{P_2V_2}{T_2}(V_1=V_2)$

$P_2=\frac{P_1T_2}{T_1}=\frac{(1000+10330)\times(273+30)}{(273+15)}=11920.104\text{mmH}_2\text{O}$

$\therefore$ 11920.104−10330=1590.10mmH₂O(g)

TiP

1. 기밀시험압력 : 1000mmH₂O
2. 법규의 압력 Ap, Fp, Tp 등은 압력값 뒤에 절대표시가 없는 경우 모두 게이지압력이므로 보일-샤를에 대입 시 절대압력으로 변환 후 계산
3. 배관의 압력이란 압력계의 압력과 동일한 개념으로 게이지압력으로 계산하는 경우이다.

20 강관과 동관의 특징을 비교하여 쓰시오.

해답

강관	동관
① 경제적이다. ② 충격에 강하고, 강도가 높다. ③ 관의 이음 시 누설 우려가 없다. ④ 부식의 우려가 높다.	① 강관에 비하여 고가이다. ② 충격하중에 약하다. ③ 시공이 쉽다. ④ 부식에 강하다.

21 다음 [조건]으로 배관 내의 공기의 누설량(cm^3)을 계산하여라.

[조건]
- 관경 : D=2.76cm
- 관길이 : L=30m
- 처음 기밀시험압력 : 10kPa
- 기밀시험 후 : 7kPa

단, 1kPa=0.01kg/cm²로 한다. π=3.14, 1atm=1.033kg/cm²

해답 ① 기밀시험 시

$P_1=10\text{kPa}=0.1\text{kg/cm}^2$

$V=\frac{3.14}{4}\times(2.76\text{cm})^2\times 3000\text{cm}=17939.448\text{cm}^3$

$M_1=(0.1+1.033)\times 17939.448=20325.39458\text{cm}^3$

② 기밀시험 후

$P_2=7\text{kPa}=0.07\text{kg/cm}^2$

$V=17939.448\text{cm}^3$

$M_2=(0.07+1.033)\times 17939.448=19787.21114$

$\therefore$ 누설량 : $M=M_1-M_2=(20325.39458-19787.21114)=538.183=528.18\text{cm}^3$

22 다음 [조건]으로 기밀시험 개시 시 표준상태에서 몇 %의 공기량이 누설되었는가를 계산하여라.

[조건]
- $V=18\text{L}$
- $P_1=880\text{mmH}_2\text{O}$(기밀시험 시)
- $P_2=640\text{mmH}_2\text{O}$(10분 경과 후)
- $1\text{atm}=10330\text{mmH}_2\text{O}$로 한다.

해답 ① 기밀시험 시

$$\frac{(880+10330)}{10330}\times 18=19.533\text{L}$$

② 10분 경과 후

$$\frac{(640+10330)}{10330}\times 18=19.115\text{L}$$

$$\therefore \frac{(19.533-19.115)}{18}\times 100=2.32\%$$

23 가스 연소기구에 나오는 장치의 용어이다. 다음을 설명하시오.

(1) 역풍방지장치를 설명하시오.
(2) 연소안전장치를 설명하시오.
(3) 연돌효과를 설명하시오.

해답 (1) 연소 중 바람이 배기통에서 역류하는 것을 방지하는 장치
(2) 가스의 사용 중 불꽃이 꺼질 때 가스의 공급을 차단하는 장치
(3) 배기가스와 외기온도차에 의한 비중의 차이로 배기가스를 흡입하는 효과

24 순간온수기를 목욕탕 내 설치 시 발생되는 문제점에 대하여 기술하시오.

(1) 인체에 대한 영향을 쓰시오.
(2) 기구에 대한 영향을 쓰시오.

해답 (1) 욕실 내 환기불량에 의하여 불완전연소가 되어 산소의 결핍, CO 중독의 우려가 있다.
(2) 목욕탕 내 습기로 기구가 부식되어 수명이 단축된다.

04 가스장치 · 저온장치

01 나프타의 접촉개질 반응장치의 종류 5가지를 기술하시오.

해답 ① 나프텐의 탈수소반응
② 파라핀의 탄화탈수소반응
③ 파라핀 나프텐의 이성화반응
④ 각종 탄화수소의 수소화 분해반응
⑤ 불순물의 수소화 정제반응

02 다음은 레페반응장치에 대한 세부내용이다. 빈칸에 알맞은 내용을 채우시오.

레페반응장치의 정의	종류	반응온도와 반응압력
C_2H_2을 압축할 때는 위험성이 있어 이 반응을 연구하다 종래 합성되지 않았던 힘든 화합물의 제조를 가능하게 한 신반응을 레페반응이라 한다.	(1) 4가지를 쓰시오.	(2) ① 반응온도를 쓰시오. ② 반응압력을 쓰시오.

해답 (1) ① 비닐화, ② 에틸린산, ③ 환중합, ④ 카르보닐화
(2) ① 100~209℃, ② 30atm 이하

03 단면적 600mm^{2}인 봉에 600kg 추가 달려 있다. 이때의 응력이 허용응력이라고 하면 이 봉의 안전율은 얼마인가? (단, 이때의 인장강도는 500kg/cm^{2}였다.)

해답 허용응력$(\sigma)=\dfrac{W}{A}=\dfrac{600\text{kg}}{6\text{cm}^2}=100\text{kg/cm}^2$

$\therefore$ 안전율$=\dfrac{\text{인장강도}}{\text{허용응력}}=\dfrac{500}{100}=5$

04 다음 조건을 가진 원통형 용기를 안전도가 높은 순서로 나열하여라.

번호	내압	인장강도
①	50kg/cm^2	40kg/cm^2
②	60kg/cm^2	50kg/cm^2
③	70kg/cm^2	45kg/cm^2

해답 S(안전율)$=\dfrac{\text{인장강도}}{\text{허용응력}}$이므로

① $S=\dfrac{40}{50}=0.8$

② $S=\dfrac{50}{60}=0.83$

③ $S=\dfrac{55}{70}=0.79$

$\therefore$ ②-①-③

05 다음 [조건]으로 원통형 용기의 안전율을 계산하여라.

[조건]
- 내경(D) : 200mm
- 내압(P) : 40kg/cm^2
- 두께(t) : 5mm
- 인장강도 : 2000kg/cm^2

해답 허용응력 : $\sigma_t = \dfrac{PD}{2t} = \dfrac{40\text{kg/cm}^2 \times 200\text{mm}}{2 \times 5\text{mm}} = 800\text{kg/cm}^2$

$\therefore$ 안전율$=\dfrac{\text{인장강도}}{\text{허용응력}} = \dfrac{2000}{800} = 2.5$

06 다음 금속에 대한 용어의 정의를 설명하시오.

(1) 가공경화 :
(2) 시효경화 :
(3) 청열취성 :
(4) 질량효과 :
(5) 경화균열 :

해답 (1) 금속을 가공함에 따라 경도가 크게 되는 현상
(2) 재료가 시간이 경과됨에 따라 경화되는 현상으로 두랄루민, 동 등에서 현저하다.
(3) 중탄소강이 250~300℃ 범위에서 신율이나 단면수축률이 최소로 되는 현상
(4) 담금질할 때 가열한 강의 표면은 빠르게, 내부는 느리게 냉각되어 재료의 안팎에서 열처리 효과의 차이가 생기는 현상
(5) 탄소강이 많은 강을 가열 후에 갑자기 냉각시켰을 때 안·밖의 팽창차에 의해 균열이 생기는 현상

07 금속재료에 대한 용어의 정의이다. 빈칸을 채우시오.

구분	정의
줄-톰슨효과	(1)
크리프현상	(2)

해답 (1) 압축가스를 단열팽창시키면 온도와 압력이 강하하는 현상
(2) 어느 온도 이상(350℃)에서 재료에 하중을 가하면 변형이 증대되는 현상

08 산소용기가 35℃에서 15MPa, 면적 4cm^{2}에 작용 시 용기 밑면에 작용하는 힘(N)은?

해답 $P = \dfrac{W}{A}$ 이므로

$\therefore\ W = PA = 15\times10^6\text{N/m}^2 \times 4\times10^{-4}\text{m}^2 = 60\text{N}$

TIP

1. 15MPa$=15\times10^6$Pa$=15\times10^6$N/m^2
2. 4cm$^2 = 4\times\dfrac{1}{10^4}m^2 = 4\times10^{-4}$m^2

09 내경 2cm의 원통형 용기가 연결된 플랜지에 6개의 볼트로 체결되어 있다. 용기 내압이 $30kg/cm^2$이면 볼트 1개당 걸리는 하중은 몇 N인가?

해답 전체하중

$$W = PA = 30kg/cm^2 \times \frac{\pi}{4} \times (2cm)^2 = 94.247kgf$$

$94.247 \times 9.8 = 923.628N$

$\therefore\ 923.628 \div 6 = 153.94N$

10 내경 10cm의 관을 플랜지로 접속 시 이 관에 $40kg/cm^2$의 압력을 걸었을 때 볼트 1개에 걸리는 힘을 400kg 이하로 할 때 볼트 수는 몇 개가 필요한가?

해답 볼트 수 = 전체하중 ÷ 볼트 1개당 하중 $= 40kg/cm^2 \times \frac{\pi}{4} \times (10cm)^2 \div 400 = 7.85 = 8$개

11 직경 18mm의 강볼트로 고압플랜지를 조였을 때 내압에 의한 볼트의 인장응력이 $500kg/cm^2$였다. 직경 12mm의 볼트를 같은 수로 사용 시 인장응력(kg/cm^2)은 얼마인가?

해답 $\sigma_1 \times \frac{\pi}{4} {d_1}^2 = \sigma_2 \times \frac{\pi}{4} {d_2}^2$

$$\sigma_2 = \frac{{d_1}^2}{{d_2}^2} \times \sigma_1$$

$$\therefore\ \frac{500 \times 1.8^2}{1.2^2} = 1125kg/cm^2$$

12 다음 물음에 맞는 답을 [보기]에서 찾아쓰시오.

[보기]
• 인장강도 • 경도 • 항복점 • 교축 • 신율 • 충격치 • 소성변형

(1) 탄소강이 온도하강에 따라
① 증가하는 것
② 감소하는 것

(2) 동이 온도하강에 따라
① 증가하는 것
② 감소하는 것

해답 (1) ① 인장강도, 항복점, 경도
② 신율, 교축, 충격치
(2) ① 인장강도, 항복점
② 경도, 신율

13 다음 응력과 변율의 선도에 대하여 물음에 답하여라.

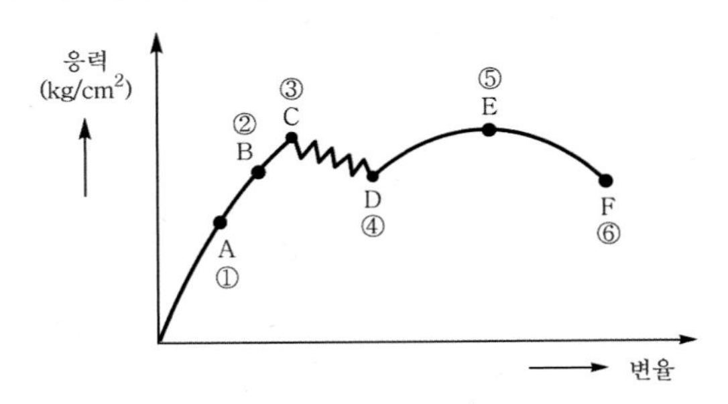

(1) ①~⑥점의 명칭은?

(2) 소성변형은 무슨 점 이상에서 발생하는가?

해답 (1) ① 비례한도 ② 탄성한도 ③ 상항복점
④ 하항복점 ⑤ 인장강도 ⑥ 파괴점

(2) 항복점 이상, C-D점 이상

05 부식과 방식

01 다음 부식과 방식에 대한 세부내용 중 빈칸을 채우시오.

구분	항목	
(1) 매설배관의 전기화학적 부식의 원인	① ③ ⑤	② ④
(2) 습식에서 발생하는 전지부식의 발생원인	① ③	② ④
(3) 금속재료의 부식을 억제하는 방법	① ③	② ④
(4) 전기방식법의 종류	① ③	② ④

해답 (1) ① 이종금속 접촉에 의한 부식 ② 국부전지에 의한 부식
③ 농염전지작용에 의한 부식 ④ 미주전류에 의한 부식
⑤ 박테리아에 의한 부식
(2) ① 이종금속의 접촉 ② 부식액의 조성 불균일
③ 금속재료 표면상태 불균일 ④ 금속재료 조직의 불균일
(3) ① 전기방식법 ② 피복에 의한 방식법
③ 부식억제제를 사용하는 방법 ④ 부식환경처리에 의한 방법
(4) ① 유전(희생) 양극법 ② 외부전원법
③ 강제배류법 ④ 선택배류법

02 다음에 해당하는 부식명의 정의를 기술하시오.

부식명	정의
에로션(erosion)	①
응력부식	②
입계부식	③
바나듐어택	④

해답 ① 에로션(erosion) : 배관 및 밴드부분 펌프의 회전차 등 유속이 큰 부분의 부식성 환경에서 마모가 현저하다. 이러한 현상을 에로션이라 한다.
② 응력부식 : 인장응력 하에서 부식환경이 되면 취성파괴가 일어나는 현상
③ 입계부식 : 오스테나이트계 스테인리스강을 450~900℃로 가열 시 결정입계로 Cr탄화물이 석출되는 현상
④ 바나듐어택 : 중유에 함유되어 있는 V_2O_5에 의해 고온에서 철이 부식되는 현상

03 다음 [조건]으로 부식속도가 크다, 작다를 판별하여라.

[조건]
① 통기성이 좋은 토양 ② 염기성 세균의 번식 토양
③ 통기 배수가 양호한 토양 ④ 전기저항이 낮은 토양

해답 ① 작다 ② 크다 ③ 작다 ④ 크다

04 다음 장치에 사용될 수 있는 금속재료의 종류를 [보기]에서 고르시오.

[보기]
① 18-8STS ② 탄소강 ③ 9% Ni ④ Cu, Al

(1) L-O_2 탱크 (2) LNG 탱크 (3) Cl_2 용기 (4) C_2H_2 용기

해답 (1) ①, ③, ④ (2) ①, ③, ④ (3) ② (4) ②
※ 저온장치에 사용될 수 있는 금속재료의 종류
18-8STS, 9% Ni, Cu, Al 등

05 수분이 존재 시 강재를 부식시키는 가스의 종류와 그 이유를 쓰시오.

해답 (1) 가스의 종류 : Cl_2, $COCl_2$, CO_2, SO_2, H_2S
(2) 이유 : 산성물질 생성으로 급격히 부식이 일어남

예 1. $CO_2+H_2O \rightarrow H_2CO_3$(탄산 생성)
2. $Cl_2+H_2O \rightarrow HCl+HClO$(염산 생성)
3. $SO_2+\frac{1}{2}O_2 \rightarrow SO_3$, $SO_3+H_2O \rightarrow H_2SO_4$(황산 생성)

06 부식의 조건은 고온·고압 및 수분, 습기 등에 의하여 생긴다. 각종 가스에 대한 부식명, 내식재료 조건에 대한 빈칸을 채우시오.

가스명	부식명	부식의 조건	부식방지 재료 및 방법
O_2	산화	고온·고압	①
H_2	수소취성(강의탈탄)	고온·고압	②
CO	카보닐화(침탄)	고온	③
NH_3	질화	고온	④
H_2S	황화	수분	⑤
Cl_2	염화	수분	⑥

해답 ① Cr, Al, Si
② 5~6% Cr강에 Mo, Ti, V 등을 첨가
③ 장치 내면을 피복하거나 고온·고압에서 Ni-Cr계 STS를 사용
④ Ni
⑤ Cr, Al, Si
⑥ 건조한 상태에서 염소를 사용

07 금속의 저온취성의 정의를 쓰시오.

해답 탄소강은 항복점, 인장강도, 경도는 온도저하에 따라 증대, 신율, 단면수축률, 충격치는 감소하며 충격치는 −70℃에서 소성변태 능력이 완전히 상실되는데 이것을 저온취성이라 하며, 저온취성에 견딜 수 있는 금속재료로는 18−8STS, 9% Ni 등이 있다.

08 가스액화의 조건을 쓰고, 액화장치의 종류를 6가지 쓰시오.

해답 (1) 액화의 조건
① 임계온도 이하로 낮춤　② 임계압력 이상으로 올림
(2) 액화장치의 종류
① 린데식　② 클로우드식　③ 필립스식
④ 캐피자식　⑤ 캐스케이트식　⑥ 가역가스식

09 가스액화분리장치의 역할을 기술하시오.

해답 액화가스를 저온에서 정류, 분축, 흡입 등의 공정을 거쳐 비등점의 차이로 순성분의 기체로 분리하는 장치

10 가스액화분리장치 구성요소 3가지는?

해답 ① 한랭발생장치
② 정류장치
③ 불순물 제거장치

11 저온장치에 사용되는 팽창기에 대하여 빈칸에 적당한 단어를 쓰시오.
(1) 왕복동식 : 팽창비가 크고 가장 큰 팽창비는 (①) 정도인 것도 있으며, 효율은 (②)% 정도이고 다기통의 처리가스량은 (③)m^3/h이다. 기통 내 윤활제는 오일이 사용되므로 오일혼입에 유의해야 한다.
(2) 터보식 : 회전수 (①)rpm 정도이고, 처리가스량 (②)m^3/h, 팽창비는 (③), 효율은 (④)% 정도이다.

해답 (1) ① 40　② 60∼65　③ 1000
(2) ① 10000∼20000　② 10000　③ 5　④ 80∼85

TIP
1. 터보 팽창기는 윤활유가 혼입되지 않는 특징이 있음.
2. 팽창기 : 저온을 발생시켜 압축가스가 외부로부터 일을 하게 하여 가스의 온도를 강하하는 장치

06 도시가스 설비

01 도시가스 연소성을 판단하는 지수

항목 / 종류	공식	기호
웨버지수(WI)	$WI=\frac{H}{\sqrt{d}}$	H : 발열량(kcal/Nm^3) d : 비중
연소속도(C_p)	$C_p=K\frac{1.0H_2+0.6(CO+C_mH_n)+0.3CH_4}{\sqrt{d}}$	H_2 : 연소가스 중 수소의 함량(%) CH_4 : 연소가스 중 CH_4의 함량(%) CO : 연소가스 중 CO의 함량(%) d : 가스의 비중 C_mH_n : 연소가스 중 탄화수소의 함량(%) K : 정수

01 다음 [조건]으로 도시가스의 연소속도를 계산하여라.

[조건]
도시가스의 함유율
- H_2 : 20%
- CO : 5%
- C_3H_8 : 5%
- CH_4 : 70%
- K : 1.7

해답 비중(d)$=\frac{\{(2\times0.2)+(28\times0.05)+(44\times0.05)+(16\times0.7)\}}{29}=0.524$

$$\therefore\ C_p=1.7\times\frac{1.0\times0.2+0.6(0.05+0.05)+0.3\times0.7}{\sqrt{0.524}}=1.103=1.10$$

02 도시가스 원료의 종류

종류	정의	특징
NG(Natural Gas) 천연가스	지하에서 발생하는 탄화수소를 주성분으로 한 가연성 가스로서 매설상태에 따라 수용성, 구조성, 탄광가스로 구분	① H_2S를 포함하고, 탈황장치가 필요하다. ② H_2O을 포함하고 있으므로 제거하여야 부식 및 수송 시 배관 폐쇄의 우려가 있다.
LNG(Liquefied Natural Gas) 액화천연가스	CH_4을 주성분으로 천연가스를 냉각액화한 것	① 비점 : −161.5℃ ② LNG에서 기화된 가스는 공기보다 가벼우나 −113℃ 이하에서는 공기보다 무겁다. ③ LNG는 천연가스를 액화 전 제진, 탈황, 탈탄산, 탈수, 탈습 등의 전처리를 하였으므로 LNG에서 기화된 가스는 불순물이 없다.

종류		정의	특징
정유가스 (업가스) (Off Gas)	석유정제의 업가스	상압증류의 가장 경질분으로서 나오는 성분 이외의 가솔린 제조를 위한 중유의 접촉분해 또는 가솔린의 접촉개질 프로세스에 있어 부생하는 가스	① 비교적 양이 일정하므로 베이스가스로 사용이 가능하다. ② 보통 홀더에 의해 수입되나 직접 수입도 가능하다. ③ 불순물이 적어 정제설비가 필요 없고, 개질용 및 증열용으로 많이 사용된다.
	석유화학의 업가스	나프타 분해에 의해 에틸렌 등을 제조하는 공정에서 발생하는 경질가스 성분	
나프타 (Naphtha, 납사)		원유의 상압증류에 의해 생산되는 비점 200℃ 이하 유분	(가스용 나프타의 특징) ① 파라핀계 탄화수소가 많을 것 ② 유황분이 적을 것 ③ 카본 석출이 적을 것 ④ 촉매의 활성에 악영향을 주지 않을 것

※ 가스(메탄) 하이트래트 : 천연가스가 수분과 결합하여 생성되는 눈과 같은 고체상의 물질

01 천연가스를 도시가스로 사용할 경우 특징 4가지를 기술하시오.

해답 ① 천연가스를 그대로 공급하는 방식
② 천연가스에 공기를 희석해서 공급하는 방식
③ 기존의 도시가스에 혼합하여 공급하는 방식
④ 기존의 도시가스에 유사한 성질로 개질하여 공급하는 방식

02 다음 공정은 LNG 제조 공정도이다. 각 공정에서 제거되는 물질 (1), (2), (3)을 쓰시오. 또한 (4)에서 발생되는 물질은 (5) 천연가스의 액화방법 2가지를 쓰고, 설명하시오.

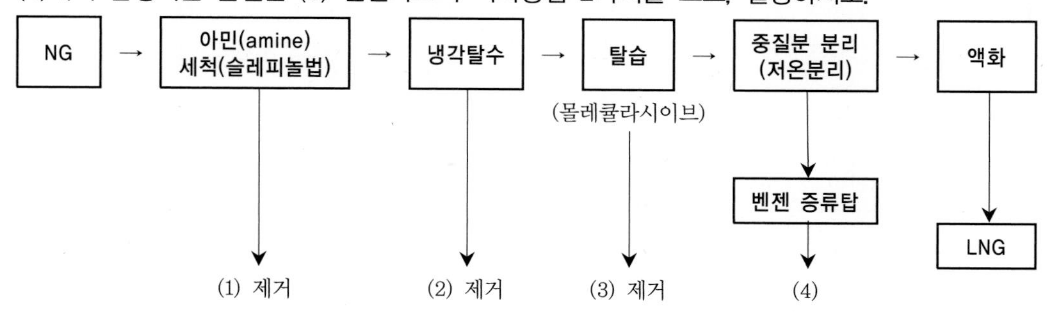

해답 (1) CO_2, H_2S
(2) H_2O
(3) H_2O
(4) 천연가솔린 및 LNG
(5) ① 팽창법 : 단열팽창에 의한 온도 강하를 이용하여 천연가스를 액화시키는 법
② 캐스케이드법 : 프로판, 에틸렌, 메탄 등 비점이 점차 낮은 냉매를 사용하여 저비점의 기체를 액화시키는 방법

03 액화천연가스가 천연가스를 액화하기 전에 시행하는 전처리 과정 5가지를 쓰시오.

해답 ① 제진 ② 탈황 ③ 탈수 ④ 탈습 ⑤ 탈탄산

04 정유가스의 정의를 기술하시오.

해답 정유가스는 업가스라고도 불리우며 메탄, 에틸렌 등의 탄화수소와 수소 등을 개질한 것으로 석유 정제의 업가스와 석유화학의 업가스 두 종류가 있다.

05 가스용 나프타로서 갖추어야 할 성질 5가지를 기술하시오.

해답 ① 파라핀계 탄화수소가 많을 것
② 카본 석출이 적을 것
③ 유황분이 적을 것
④ 촉매의 활성에 악영향을 주지 않을 것
⑤ 유출온도가 높지 않을 것

06 나프타의 성질이 가스화에 미치는 영향 중 PONA치가 있다. 다음 각각의 정의를 기술하여라.
(1) P (2) O (3) N (4) A

해답 (1) P : 파라핀계 탄화수소
(2) O : 올레핀계 탄화수소
(3) N : 나프텐계 탄화수소
(4) A : 방향족 탄화수소

07 다음은 도시가스 공급시설의 기밀시험에 관한 내용이다. 빈칸을 채우시오.

<table>
<tr><th colspan="2">대상 구분</th><th>기밀시험 실시 시기</th></tr>
<tr><td colspan="2">PE 배관</td><td rowspan="2">설치 후 15년이 되는 해 그 이후는 (①)년마다</td></tr>
<tr><td rowspan="2">폴리에틸렌 피복강관</td><td>1993.6.26. 이후 설치</td></tr>
<tr><td>1993.6.25. 이전 설치</td><td>설치 후 15년이 되는 해 그 이후는 (②)년마다</td></tr>
<tr><td colspan="2">그 밖의 배관</td><td>설치 후 15년이 되는 해 그 이후는 (③)년마다</td></tr>
</table>

해답 ① 5 ② 3 ③ 1

08 나프타를 도시가스 원료로 사용 시 특징을 4가지 쓰시오.

해답 ① 가스 중 불순물이 적다.
② 높은 가스화 효율을 얻을 수 있다.
③ 도시가스 증열용으로 사용된다.
④ 타르, 카본 등 부산물이 거의 생성되지 않는다.
⑤ 환경문제가 적다.
⑥ 취급, 저장이 용이하다.

09 도시가스 제조공정에서 사용되는 촉매의 열화원인과 구비조건을 각각 4가지 기술하시오.

해답 (1) 열화의 원인
① 카본의 생성
② 단체와 니켈과의 반응
③ 유황화합물에 의한 열화
④ 불순물의 표면적 피복에 의한 열화
(2) 구비조건
① 경제성이 있을 것
② 활성이 높을 것
③ 수명이 길 것
④ 유황 등 피독물에 대하여 강할 것

10 다음 [보기]에서 설비의 종류를 보고, 사용시설과 공급시설로 구분하여 번호로 답하여라.

[보기]
① 연소기 ② 정압기
③ 가스홀드 ④ 가스계량기
⑤ 옥내 배관 ⑥ 가스발생설비
⑦ 본관, 공급관

해답 (1) 사용시설 : ①, ④, ⑤
(2) 공급시설 : ②, ③, ⑥, ⑦

11 저압용으로 사용되는 가스홀더 중 유수식, 무수식 가스홀더의 특징을 각각 4가지씩 쓰시오.

해답 (1) 유수식 가스홀더
① 제조설비가 저압인 경우 사용한다.
② 구형 홀더에 비해 유효 가동량이 많다.
③ 다량의 물로 인한 기초공사비가 많이 든다.
④ 한냉지에는 물의 동결방지가 필요하다.
(2) 무수식 가스홀더
① 저장가스를 건조한 상태에서 저장할 수 있다.
② 대용량의 경우에 적합하다.
③ 물이 필요 없으므로 기초가 간단하고, 설비가 절감된다.
④ 가동 중 가스압력이 거의 일정하다.

03 정압기(거버너 : Geverner)

도시가스 압력을 사용처에 맞게 낮추는 감압기능, 2차측 압력을 허용 범위 내 압력으로 유지하는 정압기능, 가스흐름이 없을 때 밸브를 완전히 폐쇄하여 압력상승을 방지하는 폐쇄기능을 가진 기기로서 정압기용 압력조정기 및 그 부속설비를 말한다.

(1) 기능 및 특성

구분		내용
기능		① 도시가스 압력을 사용처에 맞게 낮추는 감압기능 ② 2차측 압력을 허용범위 내 압력으로 유지하는 정압기능 ③ 가스흐름이 없을 때 밸브를 완전히 폐쇄하여 압력상승을 방지하는 폐쇄기능
설치기준		① 입구 : 가스차단장치, 불순물 제거장치 ② 출구 : 가스압력의 이상상승방지장치, 가스압력을 측정·기록하는 장치, 가스차단장치 ③ 분해점검 : 2년 1회(사용자 시설인 경우 3년 1회) ④ 가스누설 시 경보하는 가스누설경보장치 설치 ⑤ 정압기실 전기설비는 방폭구조로 시공
정압기의 6대 장치		① 여과장치 ② 안전장치 ③ 경보장치 ④ 기록장치 ⑤ 조정장치 ⑥ 계량장치
정압기의 특성	정특성	정상상태에 있어서 유량과 2차 압력과의 관계
	동특성	부하변화가 큰 곳에 사용되며, 부하변동에 대한 응답의 신속성과 안정성
	유량특성	메인밸브의 열림과 유량과의 관계
	사용 최대차압	메인밸브에는 1차 압력과 2차 압력의 차압이 작용, 정압성능에 영향을 주나 이것이 실용적으로 사용할 수 있는 범위에서 최대로 되었을 때 차압
	작동 최소차압	정압기가 작동할 수 있는 최소차압

(2) 지역정압기의 특징과 2차 압력의 상승 및 저하 원인

종류	특징	2차 압력 상승원인	2차 압력 저하원인
레이놀드식 (Reynolds)	① 언로딩형 ② 정특성 양호 ③ 안정성 부족 ④ 크기가 대형	① 가스 중 수분 동결 ② 저압 보조정압기 Cut-off 불량 ③ 바이패스 밸브류 누설 ④ 2차압 조절과 파손	① 정압기 능력 부족 ② 필터먼지류 막힘 ③ 센트스테임 불량 ④ 저압 보조정압기 열림 불량
피셔식 (Fisher)	① 로딩형 ② 정특성, 동특성 양호 ③ 비교적 콤팩트	① 가스 중 수분 동결 ② 바이패스 밸브류 누설 ③ 메인밸브 먼지류에 의한 Cut-off 불량 ④ 메인밸브의 밸브 폐쇄부	① 정압기 능력 부족 ② 필터먼지류 막힘 ③ 센트스테임 작동 불량 ④ 주다이어프램 파손
A-F-V식 (Axidl-flow)	① 변칙 언로딩형 ② 정특성, 동특성이 양호 ③ 극히 콤팩트 ④ 고차압일수록 특성이 양호	① 파일로트 Cut-off 불량 ② 2차압 조절관 파손 ③ 바이패스 밸브류 누설 ④ 고무슬리브 하류측 파손	① 정압기 능력 부족 ② 필터먼지류 막힘 ③ 파일로트 2차측 파손 ④ 고무슬리브 상류측 파손

01 정압기의 특성 4가지를 기술하시오.

해답 ① 정특성
② 동특성
③ 유량특성
④ 작동 최소차압 및 사용 최대차압

02 레이놀드식 정압기의 2차 압력 상승원인과 저하원인을 각각 4가지를 기술하시오.

해답 (1) 2차 압력 상승원인
① 가스 중 수분 동결
② 저압 보조정압기 Cut-off 불량
③ 바이패스 밸브류 누설
④ 2차압 조절관 파손
(2) 2차 압력 저하원인
① 정압기 능력 부족
② 필터먼지류 막힘
③ 센트스테임 불량
④ 저압 보조정압기 열림 불량

03 정압기의 이상감압에 대처할 수 있는 방법 3가지를 기술하시오.

해답 ① 저압배관의 loop화
② 2차측 압력 감시장치
③ 정압기 2계열 설치

04 다음 ( ) 안을 채우시오.

AFV식 정압기 사용량이 증가하면 2차 압력이 (①)하며, 파일럿 밸브 개도가 (②)되어 압력이 (③)하고 고무슬리브 개도가 (④)된다.

해답 ① 저하 ② 증대 ③ 저하 ④ 증대

04 도시가스 제조공정의 구분

01 도시가스 제조의 가스화방식에 의한 공정(process) 5가지를 기술하시오.

해답 ① 열분해공정 ② 접촉분해공정 ③ 부분연소공정 ④ 수소화분해공정 ⑤ 대체천연가스공정

접촉분해공정
사이클링식 접촉분해공정, 저온수증기 개질공정, 중온수증기 개질공정, 고압수증기 개질공정

02 도시가스 제조공정에 대한 설명이다. 다음 물음에 해당하는 공정의 명칭을 쓰시오.

(1) 원유, 중유, 나프타 등 분자량이 큰 탄화수소 원료를 800~900℃로 분해하여 10000kcal/Nm^3 정도의 고열량이 가스를 제조하는 방식

(2) 촉매를 사용하여 반응온도 400~800℃에서 탄화수소와 수증기를 반응시켜 H_2, CO, CO_2, CH_4, C_2H_4, C_3H_6 등의 저급탄화수소로 변화하는 방식

(3) 접촉분해방식에서 공기를 주입하거나 수소를 중유, 원유 등의 중질류로부터 제조할 경우 고온, 고압으로 산소를 사용하여 제조하는 방식

(4) 수분, 산소, 수소를 원료 탄화수소와 반응시켜 수증기개질, 부분연소, 수첨분해 등에 의해 가스화하고 메탄합성, 탈탄소 등의 공정과 병용해서 천연가스의 성상과 일치하게끔 제조하는 공정

(5) C/H비가 큰 탄화수소를 수증기흐름 중에 분해시키거나 Ni 등의 수소화 촉매를 사용. 나프타 등의 비교적 C/H비가 낮은 탄화수소를 CH_4 등으로 변화시키는 방식

해답 (1) 열분해공정 (2) 접촉분해공정 (3) 부분연소공정
(4) 대체천연가스공정 (5) 수소화분해공정

03 도시가스 공급시설의 배관에서 기밀시험을 생략하여도 되는 경우 2가지를 기술하시오.

해답 ① 이미 설치된 배관으로서 노출배관 : 배관의 직상부에 가스누출 여부를 확인할 수 있는 검지공이 있는 배관에 누출유무를 검사한 때
② 배관의 노선을 따라 50m 간격으로 길이 50cm 이상으로 보정하고 수소염 이온화가스 검지기 등을 이용하여 가스의 누출유무를 확인한 때

04 도시가스 공급시설의 내압시험에 관한 설명으로 (　)을 채우시오.

(1) 내압시험은 수압으로 실시한다. 단, (①) 이하 배관 (②)m 이하로 설치하는 고압배관 및 물로서 하는 것이 부적당 시 공기 또는 불활성 기체로 할 수 있다.

(2) 공기 또는 기체로 내압시험 시 강관 용접부 전길이에 대하여 (①)시험을 실시하고, 등급분류 (②)급 이상임을 확인하고, 중압 이하 배관은 (③)급 이상임을 확인하여야 한다.

(3) 중압 이상 강관의 양끝부에는 이음부 재료와 동등 성능이 있는 배관용 (①), (②) 등으로 용접부착하고 비파괴시험을 실시한 다음 내압시험을 한다.

(4) 내압시험은 (①)의 우려가 없는 온도에서 실시한다.

(5) 내압시험의 압력은 최고사용압력의 1.5배(공기질소 사용 시 1.25배) 이상 규정압력 유지시간은 (①)분부터 (②)분까지를 표준으로 한다.

(6) 내압시험을 공기질소 사용 시 한번에 승압하지 아니하고 사용압력의 (①)%씩 단계적으로 승압하여 규정압력에서 누출 이상이 없고 압력을 내려 사용압력으로 하였을 때 누출이 없으면 합격으로 한다.

해답 (1) ① 중압, ② 50
(2) ① 방사선투과, ② 2, ③ 3
(3) ① 엔드캡, ② 막힘 플랜지
(4) ① 취성파괴
(5) ① 5, ② 20
(6) ① 10

05 도시가스 공급시설에서 내압시험을 생략할 수 있는 경우 2가지를 쓰시오.

해답 ① 내압시험을 위하여 구분된 구간과 구간을 연결하는 이음관으로서 그 용접부가 방사선투과시험에 합격했을 때
② 밸브기지 안에 설치된 배관의 원주이음 용접부 모두에 대하여 외관검사와 방사선투과시험을 실시하여 합격한 경우
③ 길이 15m 미만으로 최고사용압력이 중압 이상인 배관 및 그 부대설비로서 그들 이음부와 같은 재료, 치수, 시공방법으로 접합시킨 시험을 위한 관을 이용하여 최고사용압력의 1.5배 이상인 압력으로 실시하여 합격한 경우

06 원유를 상압증류하는 석유정제 공정이다. 빈칸 ①, ②, ③, ④에 적당한 단어를 쓰시오.

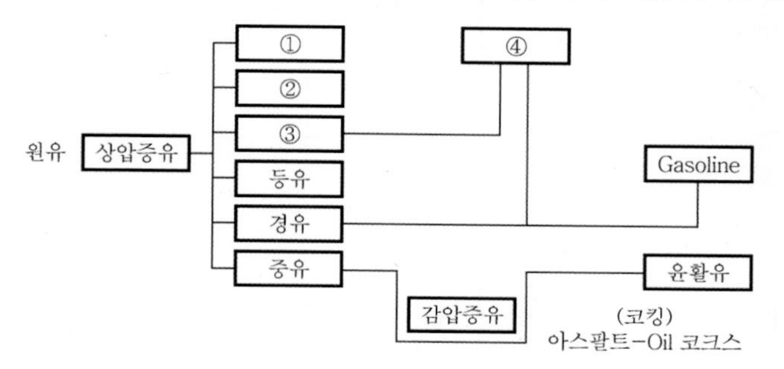

해답 ① OFF Gas
② LPG
③ 나프타
④ OFF Gas

07 가스의 제조공정에서 다음과 같이 분류될 때 해당하는 방식의 종류를 쓰시오.
(1) 원료송입법에 의한 분류(3가지)
(2) 가열방식에 의한 분류(4가지)

해답 (1) 연속식, 배치식, 사이클식
(2) 외열식, 축열식, 자열식, 부분연소식

08 도시가스의 공급방식에 의한 분류이다. 저압·고압 공급방식의 특징을 4가지씩 기술하여라.

해답 (1) 저압공급방식
① 유지관리가 쉽다.
② 공급의 안정성이 있다.
③ 압송비용이 적게 든다.
④ 수송거리가 먼 경우는 큰 관을 사용하므로 비경제적이다.
(2) 고압공급방식
① 적은 관경으로 많은 양의 가스를 수송할 수 있다.
② 압송비용이 많이 든다.
③ 유지관리가 어렵다.
④ 고압홀더가 있을 때 정전 등에 대한 공급의 안정성이 높다.

09 다음 [조건]으로 혼합가스의 비중을 계산하여라.

> [조건]
> • C_4H_{10} : 발열량 31000kcal/Nm³
> • 공기 혼합 후 : 발열량 8000kcal/Nm³

해답 $\frac{31000}{1+x}=8000$

$x=\frac{31000}{8000}-1=2.875\text{m}^3$

혼합가스의 비중$(S)=\left(2\times\frac{1}{1+2.875}\right)+\left(1\times\frac{2.875}{1+2.875}\right)=1.258=1.26$

1. C_4H_{10}의 비중 : 2　　2. 공기의 비중 : 1

05 부취설비

01 다음은 액체부취제 주입설비에 해당하는 설명이다. 각각에 해당되는 주입설비의 명칭 (1), (2), (3)을 기술하여라.

부취설비의 종류	정의
(1)	소용량의 다이어프램 펌프에 의해 부취제를 직접 가스 중에 주입하는 방식
(2)	부취제 주입용기를 Gas 압력으로 밸런스시켜 중력으로 부취제를 떨어뜨려 주입하는 방식
(3)	오리피스의 차압에 의해 바이패스라인과 가스유량을 변화시켜 바이패스라인에 설치된 가스미터에 연동하고 있는 부취제 첨가장치를 구동하여 부취제를 가스 중에 주입하는 방식

해답 (1) 펌프주입방식
(2) 적하주입방식
(3) 미터연결 바이패스방식

02 증발식 부취제 주입설비에 대해 다음 물음에 답하시오.
(1) 종류 2가지를 쓰시오.
(2) 주입하는 방식을 쓰시오.
(3) 장점과 단점을 각각 2가지 이상 기술하시오.

해답 (1) 위크증발식, 바이패스증발식
(2) 부취제의 증기를 가스가 흐르는 중에 혼입하는 방식
(3) 장점 : ① 동력이 필요 없다.
② 유지관리비가 저렴하다.
단점 : ① 부취제 첨가물이 일정하게 주입되지 않는다.
② 소규모 주입에 사용된다.

03 도시가스 제조공급소의 기밀시험압력은 얼마인가?

해답 최고사용압력의 1.1배 또는 8.4kPa 중 높은 압력

최고사용압력이 저압인 가스홀더 배관 및 그 부대설비 이외의 것으로서 최고사용압력이 30kPa 이하인 것은 시험압력을 최고사용압력으로 할 수 있다.

04 이미 설치된 제조소, 공급소 안의 배관의 기밀시험압력 기준이다. 물음에 답하시오.
(1) 자기압력기록계를 사용한 경우 최소한의 기밀시험압력 유지시간을 쓰시오.
(2) 전기다이어프램 압력계를 사용한 경우 최소한의 기밀시험압력 유지시간을 쓰시오.

해답 (1) 30분
(2) 4분

06 가스홀더 관련 계산식

01 다음 [조건]으로 구형 가스홀더의 유효활동량(Nm^3)을 계산하여라.

[조건]
- 반경(R)=10m
- 최고상한압력 : 1MPa(g)
- 최소하한압력 : 0.2MPa(g)

(단, π=3.14로 1atm=0.1013MPa이다.)

해답 $V=\frac{3.14}{6}D^3=\frac{3.14}{6}\times(20\text{m})^3=4186.666667\text{Nm}^3$

∴ 활동량 $M=(P_1-P_2)V=\frac{(1-0.2)}{0.1013}\times 4186.666667=33063.507=33063.51\text{Nm}^3$

1. 구형 탱크 내용적 : $V=\frac{\pi}{6}D^3$ 또는 $\frac{4}{3}\pi R^3$
2. 유효활동량 Nm^3는 표준상태의 계산값이므로 P의 단위를 atm으로 계산하므로 대기압 0.1013을 나눈다.
3. 1MPa, 0.2MPa는 gage 압력이나 {(1+0.1013)−(0.2+0.1013)}의 결과나 (1−0.2)의 결과가 같으므로 그냥 gage 압력으로 계산한다.

02 가스의 냄새농도 측정시기 및 방법에 대한 내용이다. 다음 물음에 답하여라.

(1) 부취제를 감지하는 농도(%)는?

(2) 냄새가 나는 물질에서 냄새 판정을 위한 시료 기계는 깨끗한 공기와 시험가스간의 희석배수의 종류 4가지를 쓰시오.

해답 (1) 0.1%

(2) 500, 1000, 2000, 4000

03 다음 [조건]으로 구형 가스홀더에서 공급된 가스량(Nm^3)을 계산하여라.

[조건]

- $D=30m$
- P_1(상한압력)$=7kg/cm^2(g)$
- P_2(하한압력)$=2kg/cm^2(g)$까지 공급하고 사용한 온도는 20℃이며, $1atm=1.0332kg/cm^2$ 이다.

해답 ① 구형 홀더 내용적

$$V=\frac{\pi}{6}\times(30m)^3=14137.16694Nm^3$$

② 공급량

$$M=(P_1-P_2)V=\frac{(7-2)}{1.0332}\times 14137.16694=68414.47416Nm^3$$

③ 사용상태는 20℃, 구하는 공급량(Nm^3)은 0℃의 표준상태값이므로

$$68414.47416\times\frac{273}{273+20}=63744.54Nm^3$$

∴ $63744.54Nm^3$

TIP

'②' 부분에서

$\frac{(7-2)}{1.0332}\times 14137.16694=\frac{\{(7+1.0332)-(2+1.0332)\}}{1.0332}\times 14137.16694$로 하여도 동일함.

04 LNG(액비중 0.46, CH_4 90%, C_2H_6 10%)를 20℃에서 기화 시 부피는 몇 m^3가 되는가?

해답 LNG 평균분자량

$16\times 0.9+30\times 0.1=17.4$

$1m^3$의 kmol수는

$$\frac{460kg/m^3}{17.4kg}=26.44kmol$$

∴ $26.44kmol\times 22.4m^3/kmol\times\left(\frac{293}{273}\right)=635.64m^3$

05 공급 도시가스의 성질이 양질이고, 안정한 것인가를 조사하기 위하여 실시하는 분석 및 시험의 종류 5가지는?

해답 ① 암모니아 정량법
② 황화수소 정량법
③ 전황분 무게법
④ 전황분 DMS법
⑤ 황화수소분 반응시험법

06 온수기의 능력이 물 5L/min을 25℃ 상승시킬 때 이 온수기의 Input량이 10000kcal/h이면 열효율은?

해답 실전달발열량(Output) $= 5 \times 1 \times 25 \times 60 = 7500$kcal/hr

$$\therefore \text{열효율}(\%) = \frac{\text{실전달발열량(output)}}{\text{전 발열량(input)}} \times 100 = \frac{7500}{10000} \times 100 = 75\%$$

물 5L/min
물은 비중이 1이므로 1L=1kg, 5L=5kg이며, 5kg/min=5kg/min×60min/hr=300kg/hr

07 50L의 물이 들어 있는 욕조에 온수를 넣은 결과 17분 후 욕조의 온도는 42℃, 온수량은 150L가 되었다. 이때 온수의 열효율(%)을 계산하여라. (단, 가스의 발열량은 5000kcal/m^3, 온수기의 가스소비량은 5m^3/h, 물의 비열은 1kcal/kg·℃, 수온의 처음온도는 5℃이다.)

해답 ① 투입온수량 150−50=100L
온수의 온도를 t(℃)라 하면
$100 \times t + 5 \times 50 = 150 \times 42$
$$t = \frac{(150 \times 42) - (5 \times 50)}{100} = 60.5℃$$
② 17분간 온수기에서 물에 가한 열량 Q는
$Q = GC\Delta T$에서
$= 100 \times 1 \times (60.5 - 5) = 5550$kcal
③ 17분간의 총 발열량(kcal)
$$5000\text{kcal/m}^3 \times 5\text{m}^3/\text{h} \times \frac{17}{60}\text{h} = 7083\text{kcal}$$

$$\therefore \text{효율}(\%) = \frac{5550}{7083} \times 100 = 78.356 = 78.36\%$$

07 가스의 분석 및 계측

01 물리 · 화학적 분석방법

구분	종류 및 특징
물리적 분석방법	① 적외선 흡수를 이용한 것 ② 빛의 간섭을 이용한 것 ③ 가스의 열전도율, 밀도, 비중, 반응성을 이용한 것 ④ 전기전도도를 이용한 것 ⑤ 가스 크로마토그래피(G/C)를 이용한 것
화학적 분석방법	① 가스의 연소열을 이용한 것 ② 용액의 흡수제(오르자트, 헴펠, 게겔)을 이용한 것 ③ 고체의 흡수제를 이용한 것

02 정성분석, 정량분석

정성분석		정량분석	
특징	가스의 특성을 이용하여 검출	특징	분석결과는 체적(%)으로 나타냄
방법	① 색, 냄새 등으로 판별 ② 시료가스 특성을 용액에 통하게 하고, 특유의 착색을 시키는 비색법 ③ 유독가스의 검지 시 시험액을 침윤하여 변색되는 착색법	표현방법	0℃, 1atm(760mmHg)로 환산한 값으로 나타냄
		환산식	$V_o = \dfrac{V(P-P_1)\times 273}{760\times(273+t)}$
		기호	V : 분석측정 시 가스의 체적 P : 대기압력 P_1 : t(℃)의 가스봉액의 증기압 t : 분석측정 시 온도

03 흡수분석법

(1) 오르자트법

분석가스명	흡수액
CO_2	33% KOH 용액
O_2	알칼리성 피로카롤 용액
CO	암모니아성 염화제1동 용액
N_2	N_2 : $100-(CO_2+O_2+CO)$ 값으로 정량

(2) 헴펠법 분석기의 분석순서와 흡수액

분석가스명	흡수액
CO_2	33% KOH 용액
C_mH_n	발연황산
O_2	알칼리성 피로카롤 용액
CO	암모니아성 염화제1동 용액

(3) 게겔법 분석기의 분석순서와 흡수액

분석가스명	흡수액
CO_2	33% KOH 용액
C_mH_n	옥소수은칼륨 용액
C_3H_6, $n-C_4H_{10}$	87% H_2SO_4
C_2H_4	취수소(HBr)
O_2	알칼리성 피로카롤 용액
CO	암모니아성 염화제1동 용액

04 독성 가스 누출검지 시험지와 변색상태

가스명	시험지	변색상태
염소	KI 전분지	청색
암모니아	적색 리트머스지	청색
시안화수소	초산벤젠지(질산구리벤젠지)	청색
포스겐	하리슨 시험지	심등색, 귤색, 오렌지색
일산화탄소	염화파라듐지	흑색
황화수소	연당지	흑색
아세틸렌	염화제1동착염지	적색

01 흡수분석법의 종류와 분석순서를 쓰시오.

해답

종류	분석 순서
오르자트법	$CO_2 \rightarrow O_2 \rightarrow CO$
헴펠법	$CO_2 \rightarrow C_mH_n \rightarrow O_2 \rightarrow CO$
게겔법	$CO_2 \rightarrow C_2H_2 \rightarrow C_3H_6$, $n-C_4H_{10} \rightarrow C_2H_4 \rightarrow O_2 \rightarrow CO$

02 다음 기구는 흡수분석법에 사용되는 오르자트 기기이다. 물음에 답하여라.

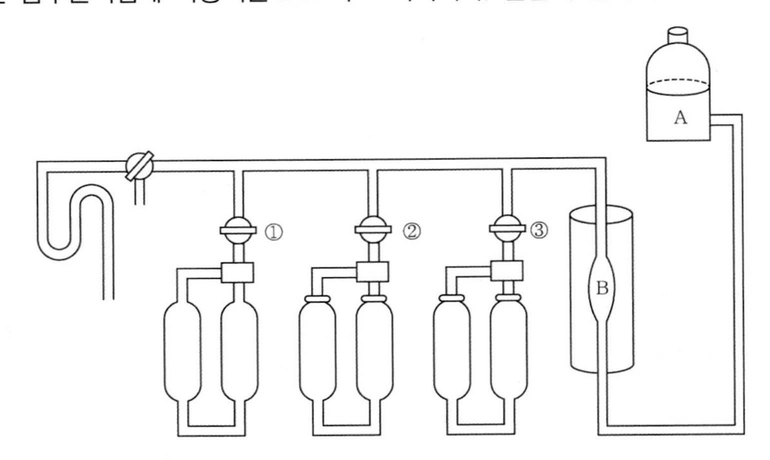

(1) 분석된 시료가스가 저장되는 저장소는?
(2) ①, ②, ③에 각각 흡수되는 가스의 명칭을 쓰시오.
(3) A의 명칭은?

해답 (1) 뷰렛(B)
(2) ① CO ② O_2 ③ CO_2
(3) 수준병

03 다음 [보기]에 맞는 가스 흡수제를 사용하여 분석 시 분석순서 및 흡수제를 쓰시오.

[보기] O_2, N_2, CO, C_2H_4, CO_2

해답

분석순서	흡수제
CO_2	33% KOH 용액
C_2H_4	발연황산
O_2	알칼리성 피로카롤 용액
CO	암모니아성 염화제1동 용액
N_2	전체를 백분율로 하여 나머지 양

04 100mL의 시료가스를 CO_2, O_2, CO 순서로 흡수 시 그때마다 남는 부피가 48mL, 24mL, 18mL일 때 각 가스의 조성 부피(%)를 계산하여라. (단, 최종적으로 남는 가스는 N_2로 한다.)

해답 ① $CO_2(\%)=\frac{100-48}{100}\times 100=52\%$

② $O_2(\%)=\frac{48-24}{100}\times 100=24\%$

③ $CO(\%)=\frac{24-18}{100}\times 100=6\%$

$\therefore N_2(\%)=100-(52+24+6)=18\%$

05 다음은 흡수분석법 중 게겔법의 분석순서이다. 우측에 해당되는 흡수액을 채우시오.

분석가스	흡수액
CO_2	33% KOH 용액
C_2H_2	①
C_3H_6, $n-C_4H_{10}$	②
C_2H_4	취수소(HBr)
O_2	③
CO	④

해답 ① 옥소수은칼륨 용액
② 87% H_2SO_4
③ 알칼리성 피로카롤 용액
④ 암모니아성 염화제1동 용액

06 다음 물음에 답하여라.
(1) C_2H_2 불순물 착색반응 검사에서 사용되는 시약은?
(2) 산소 중의 CO_2 흡수제는?

해답 (1) 질산은($AgNO_3$)시약
(2) NaOH 용액

07 다음은 가스의 검출 시 일어나는 반응에 대한 각각의 생성물을 쓰시오.
(1) 산소를 황린 속에 불어넣으면 흰연기 발생
(2) 염소가스 누설검지액으로 암모니아 사용 시 흰연기 발생
(3) 탄산가스를 석탄수 속에 불어넣으면 흰색의 침전 생성
(4) 암모니아를 황산동 수용액에 불어넣으면 청백색의 침전 생성

해답 (1) 오산화인
(2) 염화암모늄
(3) 탄산칼륨
(4) 염기성 황산동

08 다음에 사용될 수 있는 가스분석법을 쓰시오.
(1) O_2와 CO의 혼합물 중 산소의 용량분석액
(2) H_2와 CO_2의 혼합가스 속에 CO_2의 용량분석법
(3) N_2 속의 미량 수분함량 측정법

해답 (1) 티오황산나트륨용액에 의한 흡수법
(2) KOH 용액에 의한 흡수법
(3) 노점측정법

09 다음 빈칸에 알맞은 답을 쓰시오.

가스의 검지법	가연성 가스검출기의 종류	가스누설 검지경보장치의 종류
시험지법	①	④
검지관법	②	⑤
가연성 가스검출기	③	⑥

해답 ① 안전등형　② 간섭계형　③ 열선형
④ 접촉연소방식　⑤ 격막갈바니 전지방식　⑥ 반도체방식

10 열선식 가연성 가스검지기로 CH_4 가스의 누설을 검지 시 LEL 검지농도가 0.01%이었다. 이 검지기의 공기흡입량이 $2cm^3/sec$일 때 1min간 가스누설량(cm^3)은?

해답 $$가스누설량 = \frac{가스흡입량(cm^3) \times LEL\ 검지농도}{가스흡입시간(sec)} = 2cm^3/sec \times \frac{0.01}{100} = 0.0002cm^2/sec$$

$\therefore\ 0.0002 \times 60 = 0.012cm^3/min$

11 다음 물음에 답하시오.

(1) 가스누설 시 접촉연소방식에서 사용되는 연소 엘리먼트의 원리는?
(2) 누설가스를 경보하여 주는 경보기를 설치하는 장소와 그곳에 설치되어야 하는 이유를 쓰시오.

해답 (1) 백금표면을 활성화시킨 파라지움으로 처리한 것은 가연성 가스가 폭발하한계 이하의 농도에서도 산화반응이 촉진되므로 백금의 전기저항값을 변화시켜 휘스톤브리지에 의해 탐지되어 지시되는 원리이다.
(2) ① 설치장소 : 가스관계에 종사하는 안전관리자가 항상 근무하는 장소
② 누설 시 조기발견하여 신속히 조치함으로써 대형 사고를 예방하기 위함.

12 다음 가스 크로마토그래피에 대한 물음에 답하시오.

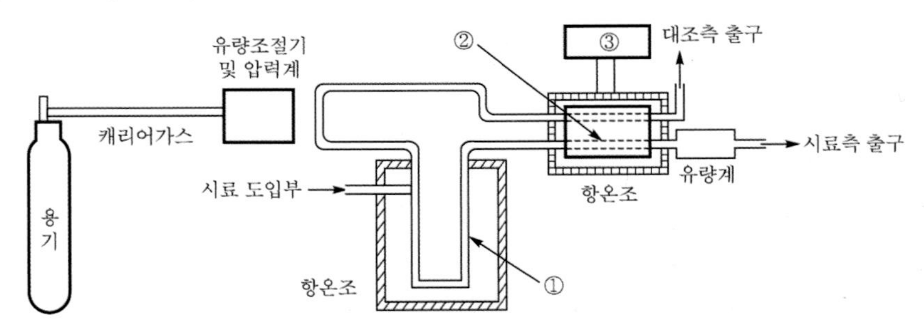

(1) G/C(가스 크로마토그래피)의 3대 구성요소 ①, ②, ③의 명칭을 쓰시오.
(2) G/C에 사용되는 검출기 종류 3가지는?
(3) G/C에 사용되는 캐리어가스의 종류 4가지는?
(4) 캐리어가스의 구비조건 4가지를 쓰시오.
(5) G/C(가스 크로마토그래피)의 종류를 2가지로 분류하고, 각각의 충전물 3가지를 쓰시오.

해답 (1) ① 분리관(칼럼)
② 검출기
③ 기록계
(2) ① TCD(열전도도형검출기)
② FID(수소이온화검출기)
③ ECD(전자포획이온화검출기)
(3) H_2, He, Ar, N_2
(4) ① 경제적일 것
② 사용되는 검출기에 적합할 것
③ 순도가 높고, 구입이 용이할 것
④ 시료가스와 반응하지 않는 불활성일 것
(5) ① 흡착형 크로마토그래피(충전물 : 활성탄, 활성알루미나, 실리카겔)
② 분배형 크로마토그래피(충전물 : DMF, DMS, TCP)

G/C에 쓰이는 검출기의 종류와 원리

종류	원리	적용
FID (수소이온화검출기)	염으로 된 시료성분이 이온화됨으로 염 중에 놓여준 전극간의 전기전도도가 증대하는 것을 이용	탄화수소 등에 최고의 강도
TCD (열전도도형검출기)	캐리어가스와 시료성분 가스의 열전도도차를 금속필라멘트의 저항변화로 검출	가장 많이 사용되고 있는 검출기
ECD (전자포획이온화검출기)	캐리어가스가 이온화되고 생긴 자유전자를 시료성분이 포획하면 이온전류가 소멸되는 것을 이용	할로겐가스, 산소화합물에서는 감도가 좋고, 탄화수소에는 감도가 저하

13 G/C를 가스분석에 사용 시 장점 3가지를 기술하시오.

해답 ① 분석시간이 짧다.
② 시료성분이 완전히 분리된다.
③ 불활성 기체로 분리관의 연속재생이 가능하다.

단점 : 강하게 분리된 성분가스는 분석이 어렵다.

14 다음 각종 가스를 분석하는 방법의 종류를 나열한 것이다. 이 중 수소 분석법의 종류 4가지를 쓰시오.

수소(H_2)	산소(O_2)	이산화탄소(CO_2)	일산화탄소(CO)	아세틸렌(C_2H_2)
① ② ③ ④	• 티오황산나트륨용액에 의한 흡수 • 알칼리성 피로카롤 용액에 의한 흡수 • 염화제1동암모니아 용액에 의한 흡수 • 탄산동의 암모니아성 용액에 의한 흡수	• NaOH 수용액에 의한 흡수 • 열전도도법 • 수산화바륨수용액에 의한 흡수	• 암모니아성 염화제1동용액에 의한 흡수	• 발연황산에 의한 흡수 • HgCN과 KOH 용액에 의한 흡수

해답 ① 폭발법 ② 열전도도법
③ 파라듐블랙에 의한 흡수 ④ 산화동에 의한 연소

15 독성 가스 누설 시 검지에 사용되고 있는 시험지와 변색상태를 쓰시오.

가스명	시험지	변색상태
Cl_2	①	①
HCN	②	②
NH_3	③	③
CO	④	④
H_2S	⑤	⑤
$COCl_2$	⑥	⑥
C_2H_2	⑦	⑦

해답 ① KI 전분지(청변)
② 질산구리벤젠지(청변)
③ 적색 리트머스지(청변)
④ 염화파라듐지(흑변)
⑤ 연당지(흑변)
⑥ 하리슨 시험지(심등색)
⑦ 염화제1동 착염지(적변)

16 다음의 압력계 중 2차 압력계 종류 4가지를 쓰시오.

해답 ① 부르동관 ② 다이어프램
③ 벨로즈 ④ 전기저항

TIP
1차 압력계 종류 : 마노미터(액주계), 자유피스톤식

17 다음 표에서 ①, ②, ③, ④, ⑤에 해당되는 압력계의 명칭을 쓰시오.

명칭	내용
①	부식성 유체에 적합한 압력계
②	2차 압력계의 눈금교정용으로 사용되는 압력계
③	로셀염과 관계가 있으며, 급격한 압력상승에 주로 사용되는 압력계
④	망간선과 관계가 있으며, 초고압 측정에 사용되는 압력계
⑤	2차 압력계 중 가장 많이 사용되는 압력계

해답 ① 다이어프램 압력계
② 자유피스톤식 압력계
③ 피에조 전기압력계
④ 전기저항 압력계
⑤ 부르동관 압력계

18 다음 압력계를 보고, 물음에 답하여라.

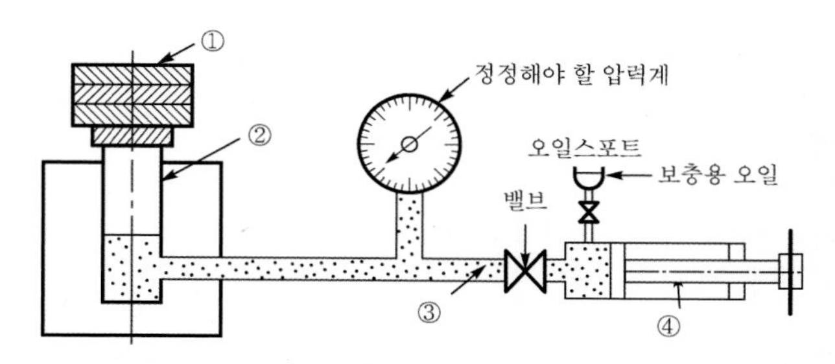

(1) 이 압력계의 명칭은?
(2) 이 압력계의 용도는?
(3) 이 압력계의 전달유체는?
(4) 이 압력계의 원리는?
(5) 지시된 ①, ②, ③, ④의 명칭은?
(6) 눈금의 교정방법을 설명하시오.
(7) ① 절대압력을 구하는 식을 완성하시오.
② 온도변화에 의한 보정계산식을 완성하시오.
(단, P : 절대압력, P_1 : 게이지압력, a : 실린더 단면적, W : 추의 무게, G : 피스톤의 무게, T : 온도함수, A : 피스톤의 단면적)

해답 (1) 자유피스톤식 압력계
(2) 부르동관 압력계의 눈금교정용 및 연구실용
(3) 오일
(4) 피스톤 위에 추를 올리고, 실린더 내의 액압과 균형을 이루면 게이지압력으로 나타남.
(5) ① 추 ② 피스톤 ③ 오일 ④ 펌프

(6) 추의 중량을 미리 측정하여 계산된 압력으로 눈금을 교정

(7) ① $P = P_1 + \frac{W+G}{a}$

② $P = P_1 + \frac{W+G}{AT}$

19 다음 [조건]으로 자유피스톤식 압력계의 추와 피스톤의 무게(W)를 구하여라.

[조건]
- 부르동관으로 측정된 압력 : 10kg/cm^2
- 실린더 직경 : 4cm
- 피스톤 직경 : 2cm
- $\pi = 3.14$

해답 게이지압력$(P) = \frac{\text{추와 피스톤 무게}(W)}{\text{피스톤의 단면적}(a)}$

$\therefore\ W = P \cdot a = 10\text{kg/cm}^2 \times \frac{3.14}{4} \times (2\text{cm})^2 = 31.4\text{kg}$

TIP
실린더 직경과 피스톤 직경이 동시에 주어질 때는 피스톤 직경을 기준으로 계산

20 다음 [조건]으로 부유피스톤형 압력계의 오차값(%)을 계산하여라. (단, 계산의 중간과정에서도 소수점 발생 시 셋째자리에서 반올림하여 둘째자리까지 계산한다.)

[조건]
- 추의 무게 : 5kg
- 피스톤의 무게 : 15kg
- 실린더 직경 : 2cm
- 이 압력계에 접속된 부르동관의 압력계 눈금 : 7kg/cm^2
- $\pi = 3.14$

해답 게이지압력$(P) = \frac{W}{a} = \frac{(5+15)}{\frac{3.14}{4} \times (2\,\text{cm})^2} = 6.36942 = 6.37\text{kg/cm}^2$

$\therefore$ 오차값(%) $= \frac{\text{측정값} - \text{진실값}}{\text{진실값}} \times 100 = \frac{7-6.37}{6.37} \times 100 = 9.89\%$

21 다음 [조건]으로 부유피스톤형 압력계의 절대압력(kg/cm^2)은?

[조건]
- 실린더 직경 : 6cm
- 피스톤 직경 : 2cm
- 대기압 : $1kg/cm^2$
- 추와 피스톤의 무게 : 30kg
- $\pi = 3.14$

해답 절대압력 = 대기압력 + 게이지압력 = $1kg/cm^2 + \dfrac{30kg}{\dfrac{3.14}{4} \times (2cm)^2} = 10.554 = 10.55kg/cm^2(a)$

반드시 절대압력 표시 a를 붙여서 표현할 것

22 다음에 해당하는 유량계의 종류를 쓰시오.

(1) 차압식 유량계 3가지를 쓰시오.
(2) 차압식 유량계의 압력손실이 큰 순서로 나열하시오.
(3) ① 오리피스 유량계의 교축기구의 종류 3가지를 쓰시오.
  ② 오리피스 유량계의 측정 시 필요조건 4가지를 쓰시오.
(4) 간접식 유량계 4가지를 쓰시오.
(5) 직접식 유량계 1가지를 쓰시오.

해답 (1) 오리피스, 플로노즐, 벤투리
(2) 오리피스 > 플로노즐 > 벤투리
(3) ① 베나탭, 코넬탭, 플랜지탭
  ② • 흐름은 정상류일 것
   • 관로는 수평을 유지할 것
   • 관속에 유체가 충만되어 있을 것
   • 유체의 전도, 압축 등의 영향이 없을 것
(4) 피토관, 로터미터, 오리피스, 벤투리
(5) 습식 가스미터

23 유체가 관로에 $2kg/cm^2$의 수압으로 5m/s를 유지할 때 다음 물음에 답하시오.

(1) 압력수두(m)를 구하시오.
(2) 속도수두(m)를 계산하시오.

해답 (1) $H = \dfrac{P}{\gamma} = \dfrac{2 \times 10^4 kg/m^2}{1000 kg/m^3} = 20m$

(2) $H = \dfrac{V^2}{2g} = \dfrac{(5m/s)^2}{2 \times 9.8m/s^2} = 1.275 = 1.28m$

24 차압식 유량계로 유량을 측정 시 차압 1936mmH_2O에서 유량이 22m^3/hr이였다. 만약 차압 1024mmH_2O에서의 유량(m^3/hr)은 얼마인가?

해답 $Q = A\sqrt{2gH}$ 에서 유량은 차압의 평방근에 비례하므로

$22 : \sqrt{1936} = x : \sqrt{1024}$

$\therefore \ x = \dfrac{\sqrt{1024}}{\sqrt{1936}} \times 22 = 16\text{m}^3/\text{hr}$

25 5cm의 관경에서 유속이 2m/s일 때 10cm의 관경에서 유속(m/s)은 얼마인가? (단, 유량은 동일하다.)

해답 연속의 법칙에서

$A_1 V_1 = A_2 V_2$이므로

$\therefore \ V_2 = \dfrac{A_1 V_1}{A_2} = \dfrac{\frac{\pi}{4} \times (5)^2}{\frac{\pi}{4} \times (10)^2} \times 2 = 0.5\text{m/s}$

26 관경 20cm 관에 유량이 200ton/hr로 수송 시 관의 유속(m/s)은 얼마인가? (단, 유량계수 C= 0.624이며, π=3.14로 한다.)

해답 $Q = C \times \dfrac{3.14}{4} \times (d)^2 \times V$이므로

$V = \dfrac{Q}{C \times \frac{3.14}{4} \times d^2}$

$\therefore \ V = \dfrac{200\text{m}^3/\text{hr}}{0.624 \times \frac{3.14}{4} \times (0.2\text{m})^2} = 10207.41\text{m/hr} = 10207.41 \div 3600 = 2.835 = 2.84\text{m/s}$

TIP

물은 비중이 1이므로 1kg=1L 또는 1ton=1m^3임.

08 안전관리 및 필답형 종합문제편

01 500℃, 50atm에서 압력평형상수 $K_P = 1.50 \times 10^{-5}$이다. 이 온도에서 농도평형상수 K_C를 구하시오.

$$N_2 + 3H_2 \rightarrow 2NH_3$$

해답 $K_C = \dfrac{K_P}{(RT)^{\Delta n}}$

($\because \Delta n = 2 - 4 = -2$이므로)

$\therefore \dfrac{1.50 \times 10^{-5}}{(773 \times 0.082)^{-2}} = 6.02 \times 10^{-2}$

02 가스가 연소할 경우 발열량에 관한 질문이다. 총 발열량과 진발열량을 간단히 설명하고, 그 관계에 대하여 답하여라.

(1) 총 발열량

(2) 진발열량

(3) 관계

해답 (1) 연소 시 생성된 수증기의 증발잠열을 합한 열량

(2) 연소 시 생성된 수증기의 증발잠열을 포함시키지 않은 열량

(3) 총 발열량−수증기 증발잠열=진(저위)발열량

03 다음은 산소제조장치의 공정도이다. ①~⑤의 명칭을 쓰시오.

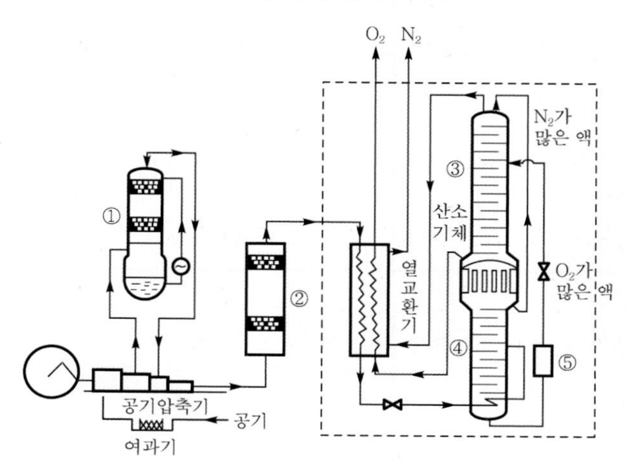

해답 ① CO_2 흡수기 ② 건조기 ③ 상부 정류탑 ④ 하부 정류탑 ⑤ 공기여과기

04 수소의 제법 중 수증기 개질법에 의해 CO 변성 시 다음 사항에 대해 쓰시오.
(1) 반응식은?
(2) 고온 전화 시, 저온 전화 시 촉매는?
(3) 고온 전화 시, 저온 전화 시 온도는?

해답 (1) $CO+H_2O \rightarrow CO_2+H_2$
(2) 고온 전화 시 : $Fe_2O_3-Cr_2O_3$계, 저온 전화 시 : $CuO-ZnO$계
(3) 고온 전화 시 : 350~500℃, 저온 전화 시 : 200~250℃

05 Lifting, Blow off, Back–Fire의 정의를 기술하시오.

해답

① 리프팅(선화)	가스의 유출속도가 연소속도보다 빨라 염공을 떠나 연소하는 현상
② 블로 오프	불꽃 기저부에 대한 공기의 움직임이 세지면서 불꽃이 노즐에 정착하지 않고 떨어지게 되어 꺼져버리는 현상
③ 백파이어(역화)	가스의 유출속도가 연소속도보다 느려 연소기 내부에서 연소되는 현상

TiP

선화의 원인	역화의 원인
• 버너 염공이 작게 된 경우 • 가스압력이 높게 된 경우 • 노즐구경이 작은 경우 • 연소가스의 배기 환기불량 시 • 공기조절장치가 많이 개방되었을 때	• 염공이 크게 되었을 때 • 노즐구경이 크거나 부식되었을 때 • 가스압력이 낮을 때 • 버너 과열 시 • 콕이 충분히 열리지 않았을 때

06 역류방지밸브와 역화방지장치를 설치하여야 하는 장소를 3가지씩 쓰시오.

해답

역류방지밸브 설치장소	역화방지장치 설치장소
① 가연성 가스를 압축하는 압축기와 충전용 주관 사이 ② 아세틸렌을 압축하는 압축기의 유분리기와 고압건조기 사이 ③ 암모니아 또는 메탄올의 합성탑 및 정제탑과 압축기 사이 배관	① 가연성 가스를 압축하는 압축기와 오토클레이브사이 배관 ② 아세틸렌의 고압건조기와 충전용 교체밸브 사이의 배관 및 아세틸렌 충전용 지관 ③ 수소, 산소, 아세틸렌 화염 사용 시설

07 원료가스의 vol%가 CO : 20%, CO_2 : 10%, H_2 : 30%, 기타 가스 : 40%이며, 변경가스 중의 CO 및 CO_2가 각각 4.3vol%, 21.7vol%일 경우 CO 전화율을 구하시오. (단, 변성반응 이외의 반응은 무시한다.)

해답 $\text{CO의 전화율(\%)} = \dfrac{\text{변경가스와 원료가스의 } CO_2 \text{ 차}}{\text{원료가스와 변경가스의 CO 차}} = \dfrac{21.7-10}{20-4.3} \times 100 = 74.52\%$

08 중압배관의 강용접부를 방사선투과시험에 의하여 검사할 때 결함의 종류에 따라 제1종 결함, 제2종 결함, 제3종 결함으로 분류한다. 제1종 결함에 해당하는 결함의 종류는 무엇인가?

해답 블로우 홀, 기공 및 이와 유사한 둥근 결함

TIP

1. 2종 결함 : 가는 slag 개입 및 유사한 결함
2. 3종 결함 : 터짐 및 유사한 결함

09 고압가스 배관의 용접부에 대하여 육안검사를 할 때 적합기준 2가지를 쓰시오.

해답 ① 보강 덧붙임은 그 높이가 모재표면보다 낮지 않도록 하고, 3mm 이하를 원칙으로 한다.
② 외면의 언더컷은 그 단면이 V자형이 되지 않도록 1개의 언더컷 길이와 깊이는 각각 30mm 이하, 0.5mm 이하가 되어야 한다.
③ 1개의 용접부에서 언더컷 길이의 합이 용접부 길이의 15% 이하가 되도록 한다.

10 원심 펌프에서 회전수가 $N=400$rpm, 전양정 $H=90$m, 유량 $Q=4$m^3/s로 물을 송출하고 있다. 이때 축동력이 10000PS, 체적효율 $\eta_v=80\%$, 기계효율 $\eta_m=95\%$라고 하면 수력효율 η_h는 얼마인가?

해답 $L_{PS}=\dfrac{\gamma\cdot Q\cdot H}{75\cdot\eta}$

① $\eta=\dfrac{\gamma\cdot Q\cdot H}{75\times L_{PS}}=\dfrac{1000\times4\times90}{75\times10000}=0.48$

② $\eta=\eta_v\times\eta_m\times\eta_h$

$\therefore\ \eta_h=\dfrac{\eta}{\eta_v\cdot\eta_m}=\dfrac{0.48}{0.8\times0.95}=0.63157=63.16\%$

11 1kmol의 이상기체($C_p=5,\ C_v=3$)가 온도 0℃, 압력 2atm, 용적 11.2m^{3}인 상태에서 압력 20atm, 용적 1.12m^{3}로 등온압축하는 경우 압축에 필요한 일(kcal)은?

해답 $R=\dfrac{1}{A}(C_p-C_v)$ 이므로

$W=GRT\times\ln\dfrac{V_1}{V_2}$

$=1\text{kmol}\times\dfrac{1}{\dfrac{1}{427}}(5-3)\times273\times\ln\dfrac{11.2}{1.12}$

$=536829.2$kcal

12 공기액화분리장치 중 복식 정류탑의 그림이다. 다음 물음에 답하시오.

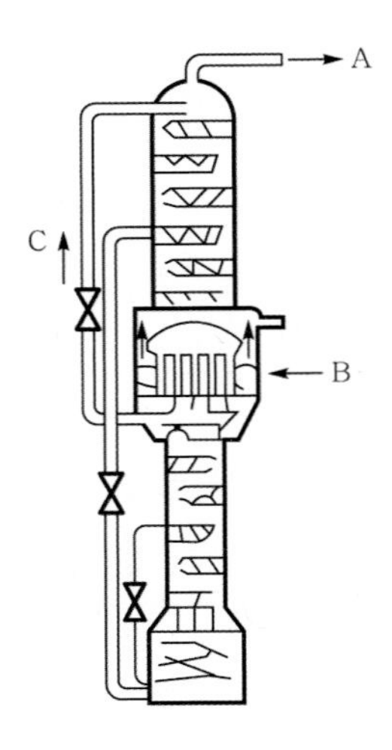

(1) A 지점에서 기체의 분자식은?
(2) 가운데 위치한 B 지점의 명칭은?
(3) C 지점에서 액체의 종류는?

해답 (1) N_2
(2) 응축기
(3) 질소가 많은 액체

13 에탄 80%, 산소 20%의 혼합기체를 완전연소시킬 때 다음 물음에 답하시오.
(1) 혼합기체의 완전연소 반응식은?
(2) 혼합기체량이 100kg · mol일 때 이론적 산소량은?
(3) 실제 공급된 산소량은 몇 kg · mol인가?
(4) 실제 공급된 공기량은 몇 kg · mol인가?

해답 (1) $C_2H_6+3.5O_2 \rightarrow 2CO_2+3H_2O$
(2) 혼합기체 100kg · mol 중 에탄 80%이므로 $80\times3.5=280$kg · mol
(3) $80\times3.5-20=260$kg · mol(원래 포함된 산소 20%는 제외)
(4) $260\times\dfrac{1}{0.21}=1238.1$kg · mol

14 용접부위를 비파괴검사하여 방사선 투과성이 그림과 같다. 결함의 종류는?

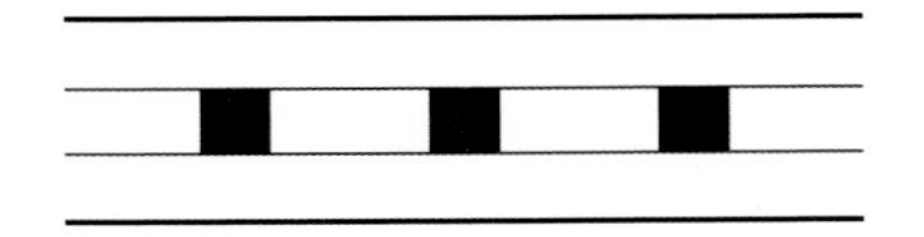

해답 슬래그 혼입

15 연소기의 실제연소에 있어서는 이론공기량만으로는 완전연소가 불가능하여 과잉의 공기가 필요하다. 과잉공기량 과대 시에 일어날 수 있는 현상을 간단히 쓰시오.

해답 노내 온도가 저하하여 배기가스에 의한 열손실이 증가한다.

16 하천수로를 횡단 시 2중관으로 설치하는 가스 종류와 독성 가스 중 2중관으로 하는 가스의 종류 7가지를 나열하시오.

해답 (1) 하천수로 횡단 시 2중관
① SO_2 ② Cl_2 ③ HCN ④ $COCl_2$ ⑤ H_2S ⑥ F_2 ⑦ 아크릴알데히드
(2) 독성 가스 중 2중관
① SO_2 ② NH_3 ③ Cl_2 ④ CH_3Cl ⑤ C_2H_4O ⑥ HCN ⑦ $COCl_2$ ⑧ H_2S

17 차압식 유량계의 종류에는 오리피스, 벤투리, 플로노즐이 있다. 이 유량계의 측정원리는 무엇인가?

해답 베르누이 정리

18 공기압축기 윤활유 구비조건에 관하여 다음 괄호를 채우시오.

잔류탄소량	인화점(℃)	교반온도	교반시간
1% 이하	① ( ) 이상	170℃	② ( ) 시간
1% 초과 1.5% 이하	③ ( ) 이상	170℃	④ ( ) 시간

해답 ① 200℃ ② 8 ③ 230℃ ④ 12

19 액화석유가스 충전시설 기준에서 가스설비에서 누출된 가연성 가스가 화기를 취급하는 장소로 유통하는 것을 방지하기 위한 시설에서 다음 물음에 답하시오.
(1) 내화성 벽의 높이는 몇 m 이상인가?
(2) 가스설비 등과 화기를 취급하는 장소와의 사이는 우회 수평거리로 몇 m인가?
(3) LPG 판매점인 경우 몇 m 이상인가?

해답 (1) 2m
(2) 8m
(3) 2m

20 LPG 공급시설의 경계표지는 다음과 같다. 물음에 답하시오.

LPG 용기저장실 (연)

(1) 위의 표지판에서 적색으로 표시하는 글자는?
(2) 위의 글자 표지판은 판매소, 영업소, 사무실에서 몇 m 떨어진 장소에 게시하는가?

해답 (1) LPG, 연
(2) 50m

21 LPG 저장탱크에서 내부압력이 외부압력보다 낮아져 저장탱크가 파괴되는 것을 방지하기 위하여 갖추는 설비를 3개 이상 기술하시오.

해답 압력계, 압력경보설비, 진공안전밸브

22 본질안전방폭구조의 폭발등급 분류에서 다음 물음에 답하시오.
(1) A, B, C 등급의 최대안전틈새 범위는 몇 mm인가?
(2) 최소점화전류비의 기준가스는?

해답 (1) A등급 : 0.8mm 이상, B등급 : 0.45mm 이상~0.8mm 미만, C등급 : 0.45mm 미만
(2) CH_4

23 다음 내압방폭구조의 최대안전틈새 범위를 A, B, C 등급으로 분류하시오.
(1) 0.9mm 이상
(2) 0.5mm 초과～0.9mm 미만
(3) 0.5mm 이하

해답 (1) A등급
(2) B등급
(3) C등급

24 비등액체팽창증기폭발(BLEVE)이 일어날 가능성이 있는 장소 3가지를 기술하시오.

해답 ① LPG 저장탱크
② LNG 저장탱크
③ 액화가스 탱크로리

25 고압차단장치는 원칙적으로 수동복귀방식을 채택한다. 고압차단장치의 설정압력 정밀도에 대하여 설정압력 범위를 기술하시오.

설정압력 범위	설정압력 정밀도
(①)MPa	−10% 이내
1.0MPa 이상 2.0MPa	−12% 이내
(②)MPa	−15% 이내

해답 ① 2.0MPa ② 1.0MPa

26 다음 중 ( )를 채우시오.

일반적으로 업가스(Off Gas)라고 불리우는 것에는 (①)의 업가스와 (②)의 업가스 두 종류가 있고, (③)나 (④) 등의 탄화수소를 주성분으로 한 가스가 있다. 즉 업가스는 메탄, 에틸렌 등의 탄화수소 및 수소 등을 개질한 것이기 때문에 석유정제와 석유화학의 부생물이다.

해답 ① 석유정제 ② 석유화학 ③ H_2 ④ CH_4

27 LP제조설비의 비상전력 보유에 있어 엔진 또는 스팀터빈 구동 시 펌프를 사용하는 경우 비상전력을 보유하지 않아도 되는 설비 3가지는?

해답 ① 살수장치 ② 소화설비 ③ 냉각수 펌프 ④ 물분무장치

28 가스설비를 설치 시 지반조사 결과에 따른 허용응력지지도에 따른 표이다. ( )를 채우시오.

지반의 종류	허용응력지지도(t/m²)
암반	(①)
단단히 응결된 모래층	50
황토흙	30
조밀한 자갈층	30
점토질 지반	(②)
단단한 롬(loam)층	(③)
롬(loam)층	(④)

해답 ① 100 ② 2 ③ 10 ④ 5

29 LPG 충전소의 용기 보수설비 설치 기준에 대한 잔가스 제거장치 기준에 대하여 물음에 답하시오.

(1) 용기에 잔류하는 액화석유가스를 회수할 수 있도록 갖추는 설비는?
(2) 압축기는 유분리기 응축기가 부착되어 있고 자동으로 정지되는 압력의 범위는 얼마인가?
(3) 액송용 펌프에서 이물질을 제거하기 위하여 설치하는 것은?
(4) 회수한 잔가스를 저장하기 위한 저장탱크의 내용적은?

해답 (1) 용기전도대
(2) 0~0.05MPa 이하
(3) 스트레나
(4) 1000L 이상

30 안전용 불활성 가스 시설에 반드시 갖추어야 할 시설은?

해답 비상전력시설

31 내진설계설비를 설치할 수 없는 경우 3가지는?

해답 ① 내진설계구조물이 활성 단층을 가로지르는 경우
② 내진 특등급구조물이 활성 단층에 극히 인접한 경우
③ 사면의 붕괴로 내진설계설비의 안전성이 위협받을 수 있는 지역

32 내진성능 평가항목 4가지는?

해답 ① 기초의 안전성 ② 사면의 안전성 ③ 가스의 유출방지 ④ 액상화 잠재성

33 도시가스 제조소의 폭발방지제 설치방법에 대하여 물음에 답하시오.

(1) 폭발방지제 두께는 몇 mm인가?
(2) 폭발방지장치의 설치 시 고려하는 항목은?
(3) 폭발방지장치의 지지구조물에 대하여 필요에 따라 하는 조치는?
(4) 탱크가 충격을 받을 경우 검토하는 항목은?

해답 (1) 114mm
(2) 탱크의 제작 공차
(3) 부식방지조치
(4) 폭발방지장치의 안전성

34 도시가스 제조소의 계기실에 대한 내용이다. 다음 물음에 답하시오.

(1) 계기실에 사용되는 내장재의 종류는?
(2) 계기실에 사용되는 바닥재료의 종류는?
(3) 계기실의 출입구는 몇 곳 이상을 두는가?

해답 (1) 불연성
(2) 난연성
(3) 2곳 이상

35 도시가스 제조소의 물분무장치에서 다음 물음에 답하시오.

(1) 저장탱크의 어느 방향에서도 방사가 가능한 소화전의 위치는 저장탱크에서 몇 m 이내에 있어야 하는가?
(2) 저장탱크 면적 $250m^2$일 때 방사할 수 있는 소화전의 개수는?
(3) 소화전의 호스끝 수압(MPa)과 방사능력(L/min)은?

해답 (1) 40m
(2) 5개
(3) 0.35MPa, 400L/min

저장탱크 간의 간격이 유지되지 않은 경우 소화전의 개수
표면적 $30m^2$당 1개, 준내화구조 $38m^2$당 1개, 내화구조 $60m^2$당 1개이며, 제조소의 물분무장치의 소화전 설치개수는 $50m^2$당 1개이다.

36 도시가스 제조소 저장탱크의 방호구조물 설치기준에 대한 것으로 다음 (　)를 채우시오.

> 높이 (①)cm 이상 두께 (②)cm 이상 철근콘크리트 구조물을 (③)m 간격으로 설치하거나 높이 (④)cm 이상 (⑤)A 이상의 강관제 구조물을 (⑥)m 간격으로 설치한 것이어야 한다.

해답 ① 60　② 30　③ 1　④ 60　⑤ 80　⑥ 1

37 압력용기의 내압부분에 대한 비파괴시험의 일종인 초음파탐상시험 대상을 5가지 쓰시오.

해답 ① 두께가 50mm 이상인 탄소강
② 두께가 38mm 이상인 저합금강
③ 두께가 13mm 이상인 2.5% 니켈강 및 3.5% 니켈강
④ 두께가 6mm 이상인 9% 니켈강
⑤ 두께가 19mm 이상 최소인장강도 568.4N/mm^2 이상인 강(오스테나이트계 스테인리스강은 제외)

38 배관의 두께 10mm인 PE관을 맞대기 융착 시 다음 물음에 답하시오.

(1) 최소, 최대 비드폭은 몇 mm인가?
(2) PE관이 1호관이다. 가정 시 최소값을 기준으로 하여 호칭경은 몇 A인가?

[호칭지름에 따른 비드폭]

호칭지름	비드폭(mm)		
	제1호관	제2호관	제3호관
75	7~11	–	–
100	8~13	6~10	–
125	–	7~11	–
150	11~16	8~12	7~11
175	–	9~13	8~12
200	13~20	9~15	8~13

해답 (1) 최소 $=3+0.5t=3+0.5\times10=8$mm 이상
최대 $=5+0.75t=5+0.75\times10=12.5$mm 이하
(2) 최대값 12.5mm 이하 최소값 8mm 이상이므로 호칭경은 100A이다.

PE관의 열융착 이음방법 중 맞대기(바트) 융착 비드폭의 최대 · 최소치

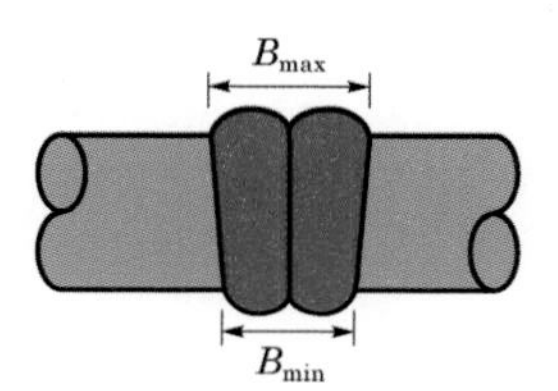

$$B_{min}=3+0.5t$$
$$B_{max}=5+0.75t$$

여기서, B_{min}(최소 비드값)
B_{max}(최대 비드값)
t : 배관의 두께
호칭지름별 비드폭은 최소치 이상 최대치 이하이어야 한다.

39 다음 도표를 참조하여 물음에 답하시오.

[호칭지름에 따른 비드폭]

호칭지름	비드폭(mm)		
	제1호관	제2호관	제3호관
75	7~11	–	–
100	8~13	6~10	–
125	–	7~11	–
150	11~16	8~12	7~11
175	–	9~13	8~12
200	13~20	9~15	8~13

(1) 배관의 두께가 12mm인 PE관을 맞대기 융착 시 발생되는 최소, 최대 비드폭은 몇 mm인가?
(2) 최대값을 기준으로 호칭경이 200A라고 하면 이 PE관은 제 몇 호관에 해당하는가?

해답 (1) ① 최소 $=3+0.5t=3+0.5\times12=9$mm 이상
② 최대 $=5+0.75t=5+0.75\times12=14$mm 이하
(2) 최대값 14mm 이하 호칭경 200A이므로 문제 도표에서 제3호관에 해당됨.

40 가스도매사업의 도시가스 공급설비에 대하여 다음 물음에 답하시오.

(1) 정압기 분해 점검주기는 2년 1회 실시한다. 이때 작동상황 점검은?
(2) 정압기의 기능 상실 시에만 사용하는 정압기 및 월 1회 이상 작동점검을 실시하는 예비정압기의 분해 점검시기는?
(3) 다음의 ( ) 안에 알맞은 단어를 채우시오.
① 정압기지, 밸브기지에 설치되는 가스누출 검지경보장치는 ( )에 1회 ( )으로 점검, ( )에 1회 이상은 ( )를 사용하여 작동상황을 점검하고 작동 불량 시 교체수리하여 정상적인 작동이 되도록 한다.
② 정압기지에 설치된 과압안전장치의 정상 작동여부를 ( )에 1회 이상 확인하고 기록을 유지하며, 작동이 불량 시 즉시 교체수리하여 ( )에서 정상 작동되도록 한다.

해답 (1) 지속적으로 작동상황 점검
(2) 3년 1회
(3) ① 1주일, 육안, 6월, 표준가스
② 2년, 설정압력

일반도시가스 정압기의 작동사항 점검은 일주일에 1회 이상

41 도시가스 공급소의 신규 설치공사 시 공사계획의 승인 대상설비를 4가지 이상 기술하시오.

해답 ① 가스발생설비 ② 배송기
③ 압송기 ④ 액화가스용 저장탱크
⑤ 가스홀더 ⑥ 정압기

42 CO_2(TLV-TWA)의 허용농도 5000ppm일 때 가로×세로×높이(3m×4m×5m)의 방에 허용농도까지 도달 시 누출되는 C_3H_8의 질량(kg)을 계산하시오.

해답 공기량$=3\times4\times5=60\text{m}^3$

CO_2량$=60\text{m}^3\times\dfrac{5000}{10^6}=0.3\text{m}^3$

연소반응식에서

$C_3H_8+5O_2 \rightarrow 3CO_2+4H_2O$

44kg : $3\times22.4\text{m}^3$

x(kg) : 0.3m^3

$\therefore\ x=\dfrac{44\times0.3}{3\times22.4}=0.196=0.20\text{kg}$

43 고압가스시설의 온도상승 방지조치를 하여야 하는 기준 중 가연성 가스 저장탱크 주위라 함은 무엇인가를 다음 기준에 대하여 기술하시오.

(1) 방류둑을 설치하였을 때

(2) 방류둑을 설치하지 아니하였을 때

(3) 가연성 물질을 취급하는 설비

해답 (1) 방류둑 외면으로부터 10m 이내

(2) 저장탱크 외면으로부터 20m 이내

(3) 가연성 취급설비 외면으로부터 20m 이내

44 배관공사 후 배관 내 존재하는 잔류 이물질을 제거하는 방법을 2가지 기술하시오.

해답 ① Pig를 통해 제거

② Pig로 불가능 시 air compressor 또는 걸레 등으로 청소

45 배관에 누설발생 시 수리방법 4가지를 쓰시오.

해답 ① 이음부에 고무륜과 압륜을 거는 방법

② 누설부를 열수축 튜브로 피복하는 방법

③ 누설부를 컬러로 덮고, 시일제로 충전하는 방법

④ 배관의 내면에서 수리하는 방법

46 배관의 누설 시 배관 내면에서 수리하는 방법 4가지를 쓰시오.

해답 ① 관내 시일액을 가압충전 배출하여 이음부의 미소간격을 폐쇄시키는 방법

② 관내 플라스틱 파이프를 삽입하는 방법

③ 관내벽에 접합제를 바르고, 필름을 내장하는 방법

④ 관내부에 시일제를 도포하여 고화시키는 방법

47 도시가스의 열량 조정방법 3가지는?

해답 유량비율제어방식, 캐스케이드방식, 서멀라이저방식

1. 유량비율제어방식 : 제조가스의 발열량이 일정한 경우에 사용. 단순한 유량비를 Control하는 방식으로 높은 열량가스의 유량변동에 맞추어 낮은 발열량 Gas의 유량을 조정
2. 캐스케이드방식 : 고열량가스나 발열량 변동 시 캐스케이드 제어로 유량비를 바꾸는 방식
3. 서멀라이저방식 : 다중의 가스를 제조하고, 열량조절을 행할 경우에 사용되는 방식

48 지하 매설배관의 부식 검사방법 5가지를 기술하시오.

해답 ① 프로브(Probe) 전류측정법
② 와류탐상법
③ 누설자속법
④ 초음파탐상법
⑤ 관내 육안검사법

49 배관의 방식관리를 위한 토양(수질)의 주요 조사종목 4가지는?

해답 ① 저항률 ② pH
③ 전위 ④ 토양의 함수율

50 길이 50m인 배관(안지름 100mm)에 5개의 엘보를 설치했을 때 전 상당길이는 얼마인가? (단, 엘보 1개의 상당길이는 32m로 한다.)

해답 전 상당길이=관길이+관경×엘보 수×1개당 상당길이
=50+32×0.1×5=66m

51 다음 $P-H$ 선도의 물음에 답하시오.

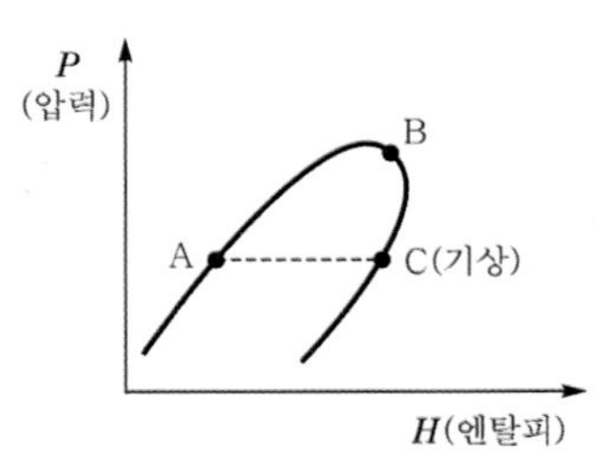

【 $P-H$ 선도 】

(1) B점은?
(2) AC의 길이는 무엇을 의미하는가?

해답 (1) 임계점
(2) 증발잠열

52 다음 그림은 LPG의 아이소 막스장치 계통이다. ①~⑥까지의 명칭을 기입하시오.

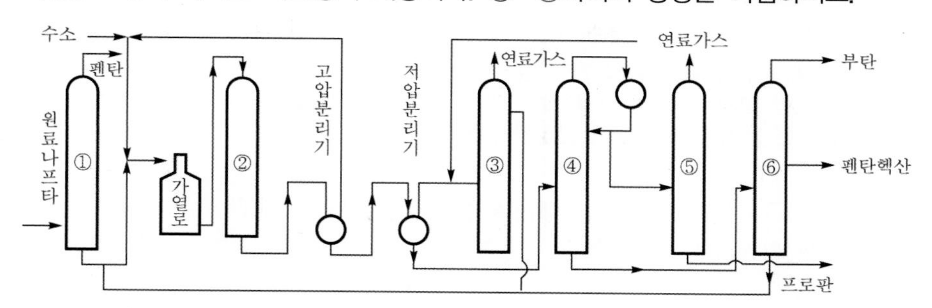

해답 ① 탈펜탄탑 ② 반응기 ③ 흡수탑
④ 탈에탄탑 ⑤ 탈프로판탑 ⑥ 탈부탄탑

53 다음 그림에서 방사선 촬영순서와 필름순서를 기호로 나타내시오.

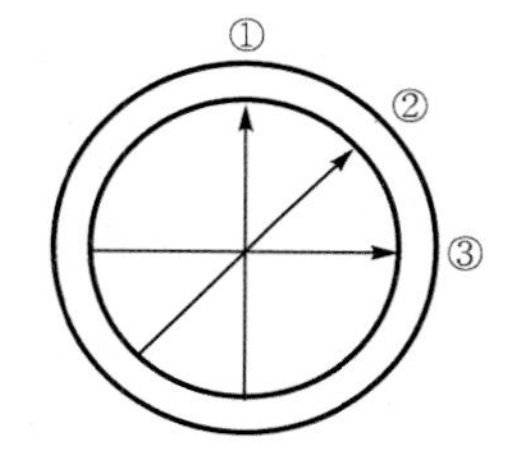

해답 ① 방사선 촬영순서 : ① → ② → ③
② 필름순서 : ① → ② → ③

54 NH_3 100g 생성 시 필요한 공기의 양(L)은? (단, 공기 중의 질소는 80%로 한다.)

해답 $N_2+3H_2 \rightarrow 2NH_3$

22.4L : 2×17g

x(L) : 100g

$\therefore x=\frac{22.4\times100}{2\times17}=65.882\text{L}$

$\therefore 65.882\times\frac{100}{80}=82.35\text{L}$

55 가스 저장탱크의 특징을 원통형과 구형으로 구분하여 3가지 이상 기술하시오.

해답

원통형	구형
① 운반이 용이하다.	① 건설비가 저렴하다.
② 동일용량일 경우 구형에 비하여 무겁다.	② 표면적이 적고, 강도가 높다.
③ 구형에 비해 제작 및 조립이 용이하다.	③ 기초구조가 단순하며, 설치공사가 용이하다.
④ 횡형일 경우 설치면적이 크다.	④ 모양이 아름답다.

56 원통형 저장탱크의 ① 입형 설치와 ② 횡형 설치 시의 특징을 간단하게 기술하시오.

해답 ① 입형 설치 : 탱크의 축방향을 지면에 대하여 수직으로 설치하는 것으로 설치면적은 적으나 바람, 지진 등에 영향을 받아 안정성이 떨어진다.
② 횡형 설치 : 탱크의 축방향을 지면에 수평이 되게 설치하는 것으로 설치면적은 커지나 바람, 지진 등에 영향이 적어 안정성이 좋다.

57 도시가스 공급시설의 중압 이상 배관을 정밀안전 진단 시 배관설계 시의 재질두께 비파괴시험 여부를 확인할 때 위험도가 높은 배관에 해당하는 경우를 4가지 이상 기술하시오.

해답 ① 관의 재질이 강관 이외 제품의 배관
② 피복이 되지 않거나 손상이 우려되는 배관
③ 용접 이외의 방법으로 접합된 배관
④ 100% 비파괴시험을 하지 않는 배관

TIP

1. 설계도면에 표시된 경우, 위험도가 높은 배관에 해당하는 경우
   - 하천통과배관
   - 교량첨가배관
2. 매설배관 주변의 토양저항 지반의 종류, 차량통행량, 배관주변, 배수상태 확인 시 위험도가 높은 배관에 해당하는 경우
   - 토양비 저항이 기준치에 미달되는 지역에 매설된 배관의 경우
   - 연약지반에 설치된 배관의 경우
   - 10t 이상 차량 통행이 빈번하거나 편도 5차선 이상의 도로에 매설된 배관
   - 상습 침수지역에 매설된 배관

58 도시가스 공급시설의 배관을 정밀안전 진단 시 배관의 운전압력, 온도, 유지보수, 타공사의 내용 확인 시 위험도가 높은 배관의 경우 3가지를 기술하시오.

해답 ① 계절에 따른 연간 공급압력의 폭이 큰 배관
② 가스의 누출 부식 등에 의해 유지보수가 이루어진 배관
③ 타공사가 진행 중인 구간의 배관과 타공사 이후 매설된 배관

59 도시가스 공급배관을 정밀안전 진단 시 매몰배관 외면 부식의 매설배관 피복손상부 탐지방법을 2가지 기술하시오.

해답 ① 매설배관 피복손상부 탐지장비를 이용하는 방법
② 배관 굴착을 통하여 조사하는 방법

60 도시가스 공급배관을 정밀안전 진단 시 매몰배관 피복손상부의 탐지장비 3가지 항목을 쓰시오.

해답 ① 직류전압구배법(DCVG ; Direct Current Voltage Grddient)
② 교류전압구배법(ACVG ; Alterngtr Current Voltage Grddient)
③ 근접간격전위측정장비(CIPS ; Close Intervdl Potentidl Survey)

도시가스 지하매몰배관의 피복손상부 조사방법
1. 직류에 의한 법
  - 직류전압구배법
  - 근접간격전위측정장비
2. 교류에 의한 법
  - 피어슨법
  - 우드베리법

61 A, B간의 유량을 구하시오. (단, 비중은 0.64, K는 0.7055)

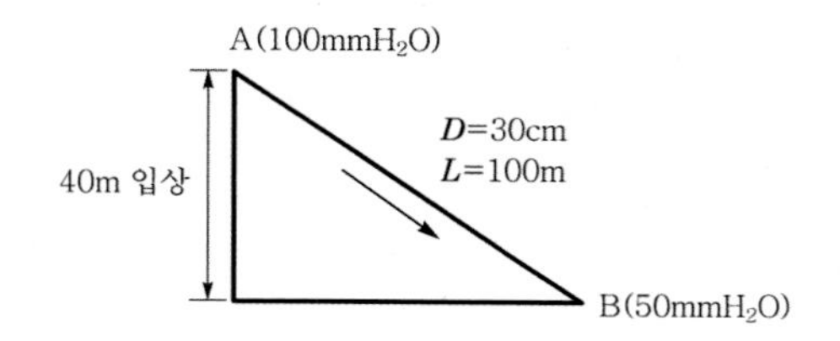

해답 공기보다 가벼운 기체는 입하일 때 손실이 발생하므로 직선관에 의한 손실 100－50＝50mmH$_2$O
입하손실 1.293(1－0.64)×40＝18.6192mmH$_2$O
총 압력손실 50＋18.6192＝68.62mmH$_2$O

$$\therefore\ Q=K\sqrt{\frac{D^5H}{SL}}=0.7055\times\sqrt{\frac{30^5\times68.62}{0.64\times100}}=3601.08\text{m}^3/\text{hr}$$

62 다음 그림에 표시한 AB 사이의 배관에 의하여 비중 0.56의 가스를 300m^3/h으로 수송할 때 B점의 압력을 Pole 유량 공식(K=0.707)으로 구하시오. (단, B점은 A점으로부터 높은 위치에 있고, A점의 송출압력은 160mmH$_2$O이고 공기밀도는 1.293g/L이며, 직선배관 손실은 Pole의 유량 공식으로 계산된 값으로 한다.)

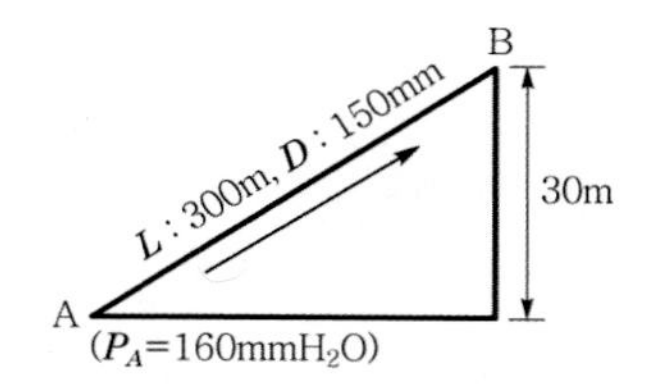

해답 직선배관손실 : $H_1=\dfrac{300^2\times0.56\times300}{15^5\times0.707^2}=39.834mmH_2$O
입상손실 : $H_2=1.293(1-0.56)\times30=17.0676mmH_2$O
(공기보다 비중이 가벼운 가스는 상향부로 향할 때 손실이 아님)
$\therefore\ P_{\rm B}=160-39.834+17.0676=137.23mmH_2$O

63 가스배관의 신축이음으로 U자형 밴드 설치 시 $L=0.0052\times R^2/\alpha$이고 α는 100℃, 1m당 1.2mm를 흡수, $d=20$cm이고 $R=15d$일 때 U형 밴드는 몇 m마다 설치해야 하는가?

해답 $L=\dfrac{0.0052R^2}{\alpha}=\dfrac{0.0052\times(15\times0.2)^2}{0.0012}=39\text{m}$

64 도시가스 공급배관의 정밀안전진단에 대하여 다음 물음에 답하시오.

(1) 정밀안전진단 대상배관의 압력은?

(2) 정밀안전진단 시 자료수집 및 분석에 해당되는 항목 4가지 이상을 기술하시오.

(3) 정밀안전진단 시 현장조사에 대한 항목 4가지 이상을 기술하시오.

해답 (1) 중압 이상 배관

(2) ① 배관설계
② 배관시공
③ 배관매설환경
④ 배관부식관리
⑤ 배관운전

(3) ① 매몰배관 외면 부식 직접조사
② 타공사 연약구간 안전성 조사
③ 노출배관부식 안정성 조사
④ 하상설치배관 심도 및 세굴 조사
⑤ 배관가스 누출조사

TIP

정밀안전진단 후 종합평가 세부 항목
자료수집 및 분석결과와 현장조사결과를 종합하여 안전상태 평가안전등급을 지정한다.

65 매몰배관 피복손상탐지방법, DCVG(직류전압구배법), ACVG(교류전압구배법), CIPS(근접간격전위측정법)에 관하여 다음 물음에 답하시오.

(1) DCVG, ACVG의 정밀안전진단 대상 전 배관의 몇 % 이상을 조사하여야 하는가?

(2) 최근 5년 이내 DCVG, ACVG에 의한 자체조사결과를 제출 시 전 배관의 몇 % 이상을 조사하여야 하는가?

(3) DCVG, ACVG에 의한 1일 조사 및 작업 범위는 3~4인을 1조로 배관길이 몇 m 이상을 조사하여야 하는가?

(4) CIPS의 정밀안전진단 대상 시 전 배관의 몇 % 이상을 조사하여야 하는가?

(5) CIPS에 의한 1일 조사 및 작업 범위는 3~4인을 1조로 배관길이 몇 m 이상을 조사하여야 하는가?

해답 (1) 30% 이상
(2) 10% 이상
(3) 300m 이상
(4) 20% 이상
(5) 1000m 이상

66 다음은 교류에 의한 매설배관 피복손상부 탐지방법이다. 물음에 답하시오.

(1) 설명에 적합한 탐지방법을 기술하시오.

① 자기장을 측정, 배관의 피복손상부에 발생되는 자기장의 변화에 의해 손상부를 탐지하는 방법

② 피복손상부의 결함부분이 있을 때 전기적 신호가 변화되는 것을 이용, 피복손상부를 탐지하는 방법

(2) 매설배관 피복손상탐지법 중 우드베리법의 장점을 2가지만 쓰시오.

해답 (1) ① 우드베리법

② 피어슨법

(2) ① 소수인원으로 탐지할 수 있다.

② 배관의 매설깊이를 정확히 알 수 있다.

TiP

피어슨법의 장점

피복손상 탐지 시 피복손상과 함께 배관의 타 결함을 동시에 탐지 가능하다.

67 액화석유가스 저장설비 설치장소를 제1차 지반조사결과 성토, 지반개량 또는 옹벽 설치 등의 조치를 강구하여야 하는 경우를 2가지만 쓰시오.

해답 ① 지반이 연약한 토지

② 부등침하의 우려가 있는 토지

③ 붕괴위험이 있는 토지

④ 습기가 있는 토지

68 방(가로 2.7m×세로 3.6m×높이 2.2m)에 불을 붙이지 않은 가스 스토브의 콕을 전부 열었다. 노즐로부터 생가스가 1시간당 얼마나 분출되겠는가? (단, 노즐지름은 3mm, CH_4의 비중은 0.55, 유량계수 0.8, 가스압력은 230mmH_2O이다.) 또한 분출을 계속할 때 몇 시간이면 폭발을 일으키는 범위가 되는가?

해답 $Q = 0.011 \times K \times D^2\sqrt{\frac{h}{d}} = 0.011 \times 0.8 \times 3^2\sqrt{\frac{230}{0.55}} = 1.62\text{m}^3/\text{hr}$

CH_4의 폭발하한 5%이므로

$\frac{x}{(2.7 \times 3.6 \times 2.2) + x} = 0.05$

$\therefore\ x = 1.13\text{m}^3$

$\therefore\ \frac{1.13}{1.62} = 0.69$시간

69 다음 그림에서 ①, ②, ③의 명칭을 쓰시오.

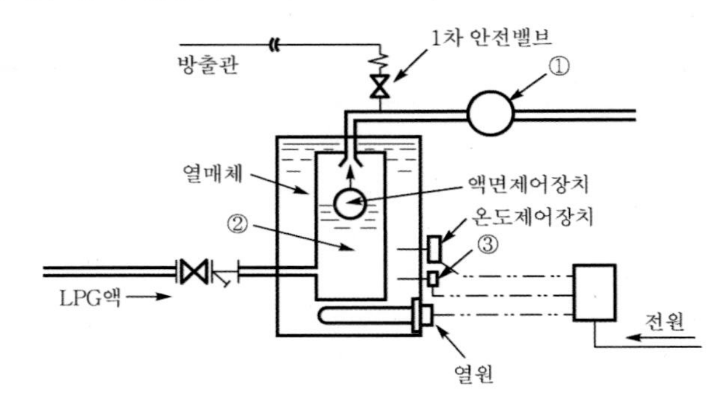

해답 ① 2단 1차 조정기
② 열교환기
③ 과열방지장치

70 스프링식 안전밸브와 파열판을 동시에 사용하는(직렬로) 이유를 쓰시오.

해답 ① 파열판 설치로 사용가스가 스프링에 닿지 않도록 하여 사용가스에 의한 부식 및 손상을 방지
② 파열판을 설치하여 스프링을 보호하므로 압력상승 시 원활한 작동을 유도
③ 파열판 설치로 스프링식 안전밸브의 수명연장
④ 작동 시 파열판을 교체

71 다음 물음에 대하여 빈칸을 채우시오.

(1) 위험장소

지속적인 위험분위기 장소	통상상태의 위험분위기	이상상태의 위험분위기
(①)종	(②)종	(③)종

(2) 방폭구조의 기호

방폭구조	기호	방폭구조	기호
내압	d	유입	o
안전증	e	특수	(①)
본질안전	ia(ib)	충전	(②)
압력	p	몰드	(③)

(3) 방폭구조 규격 표시

Ex	d	II	C	T_5
방폭기기 표시	방폭구조	①	②	③

해답 (1) ① 0종 ② 1종 ③ 2종
(2) ① s ② g ③ m
(3) ① 기기분류 ② 가스등급 ③ 온도등급

72 왕복 펌프와 터보 펌프의 ① 급유방식, ② 맥동현상, ③ 설치면적, ④ 토출변화와 용량변화를 비교하여 쓰시오.

구분	왕복 펌프	터보 펌프
① 급유방식		
② 맥동현상		
③ 설치면적		
④ 토출 및 용량변화		

해답

구분	왕복 펌프	터보 펌프
① 급유방식	기름윤활식, 물윤활식	무급유식
② 맥동현상	있다.	없다.
③ 설치면적	크다.	적다.
④ 토출 및 용량변화	작다.	크다.

73 원통형 고압설비 동판의 두께 계산식 $t=\frac{D}{2}\left(\sqrt{\frac{0.25f\eta+P}{0.25f\eta-P}}-1\right)+C$에서 f와 C의 의미를 단위와 함께 쓰시오.

해답 f : 항복점(N/mm^2), C : 부식여유두께(mm)

해설

[원통형 고압가스설비의 두께 계산식]

고압가스설비의 부분	동체 외경과 내경의 비가 1.2 미만인 것	동체 외경과 내경의 비가 1.2 이상인 것
동판	$t=\frac{PD}{0.5f\eta-P}+C$	$t=\frac{D}{2}\left(\sqrt{\frac{0.25f\eta+P}{0.25f\eta-P}}-1\right)+C$

구형의 것

$$t=\frac{PD}{f\eta-P}+C$$

여기서, t : 설비의 두께(mm)
P : 상용압력의 수치(mm)
f : 항복점(N/mm^2)
C : 부식여유두께(mm)
η : 동체 이음매 효율

필답형 과년도 출제문제

2010년 가스기사 **필답형 출제문제**

제1회 출제문제(2010. 4. 18. 시행)

01 배관의 신축량을 구할 때 $\lambda = l\alpha\Delta t$라고 한다면 λ는 신축량을 구하는 값이다. 각각의 기호의 의미를 설명하시오.

정답 ① l : 배관길이(m)
② α : 선팽창계수(1/℃)
③ Δt : 온도차(℃)

02 폭굉유도거리(DID)에 대하여 설명하시오.

정답 최초의 완만한 연소가 격렬한 폭굉으로 발전하는 때까지의 거리

03 고압냉동장치에서 냉매가스의 이상압력 상승 시 압력을 정상압력으로 되돌리는 안전장치의 종류를 기술하시오.

정답 ① 안전밸브
② 자동제어장치
③ 파열판

해설 **자동제어장치를 구비한 것으로 보는 장치**
• 고압차단장치 • 저압차단장치 • 과부하보호장치 등

04 자유 피스톤식 압력계에서 실린더 직경이 2cm 추와 피스톤의 무게가 20kg, 여기에 접속된 부르돈관 압력계의 눈금이 7kg/cm^{2}일 때 오차값(%)을 구하시오.

정답 게이지압력$= \dfrac{20\text{kg}}{\dfrac{\pi}{4}\times(2\text{cm})^2}=6.366\text{kg/cm}^2$

$\therefore$ 오차값$= \dfrac{\text{측정값}-\text{진실값}}{\text{진실값}}\times 100$

$= \dfrac{7-6.366}{6.366}\times 100 = 9.955\% \fallingdotseq 9.96\%$

05 다음 물음에 답하시오.

(1) 마늘 냄새를 가진 극인화성 액화가스이며, 납산 배터리의 제조용으로 사용되는 가스의 명칭을 쓰시오.

(2) 연소 범위가 1.2~44%이며, 석유정제시설에서 장치를 부각시키는 가스의 명칭을 쓰시오.

정답 (1) AsH_3(알진)

(2) H_2S

해설 AsH_3(알진)

- 분자량 : 77.95
- 허용농도 : LC_{50}(20ppm), TLV-TWA(0.5ppm)
- 비점 : -62℃
- 산화제, 암모니아 혼합물, 할로겐 등과 반응 시 비로소 분해
- 유기물 합성, 전자화합물, 납산 배터리 등의 제조에 이용

06 탄화수소(C_mH_n) 1Nm^3 연소 시 이론공기량(Nm^3/Nm^3)을 구하는 식을 쓰시오.

정답 탄화수소(C_mH_n)의 완전연소 반응식은

$C_mH_n + \left(m+\dfrac{n}{4}\right)O_2 \rightarrow mCO_2 + \left(\dfrac{n}{2}\right)H_2O$이므로

이론공기량(Nm^3/Nm^3)=산소량(Nm^3)$\times \dfrac{1}{0.21}$

$\dfrac{1}{0.21}\times\left(m+\dfrac{n}{4}\right)=4.76m+1.19n$

07 어느 이상기체가 압력 10kgf/cm^{2}에서 체적이 0.1m^{3}이었다. 등온팽창 후 체적이 3배로 될 때 기체가 외부로부터 받은 열량은 몇 kcal인가?

정답 $Q=APV_1\ln\dfrac{V_2}{V_1}=\dfrac{1}{427}\times 10\times 10^4\times 0.1\times \ln\dfrac{0.3}{0.1}=25.728\text{kcal}\fallingdotseq 25.73\text{kcal}$

08 20℃의 상태에서 직경 20m인 구형 탱크에 최고충전압력이 0.2MPa 압력으로 가스를 저장할 때 저장능력(ton)을 계산하시오.

정답 $V=\frac{\pi}{6}D^3=\frac{\pi}{6}\times 20^3=4188.79\text{m}^3$

압축충전량 계산식 $Q=(10P+1)V=(10\times 0.2+1)\times 4188.79=12566.37\text{m}^3$

압축가스 1m^3가 액화가스 10kg이므로

$\therefore \frac{12566.37\times 10}{1000}=125.66\text{ton}$

참고 가스 명칭이나 액비중이 문제에 주어졌을 때는 액화가스 저장능력 $W=0.9dV$로 계산한다.

09 두께 15mm, 인장강도 4200kg/cm^2인 열강판으로 8kg/cm^2의 내압을 받고 있는 원통을 만들려면 안지름(cm)은 얼마로 하면 되는가? (단, 안전계수는 5로 한다.)

정답 $\sigma=\frac{\sigma_a}{S}=\frac{4200}{5}=840\text{kg/cm}^2$

$\sigma=\frac{P\cdot D}{2t}$이므로

$\therefore D=\frac{2t\cdot\sigma}{P}=\frac{2\times 1.5\times 840}{8}=315\text{cm}$

10 200A 강관(바깥지름 216.3mm, 두께 5.8mm)의 깊이 1.2m에 매설 시 다음 [조건]에 의한 토압하중 및 바퀴하중에 의해 생기는 관의 최대굽힘응력(MPa)을 계산하시오. (단, 정수로 답할 것)

[조건]
- 흙의 단위체적당 중량 : $2.0\times 10^{-2}\text{N/mm}^3$
- 차량의 뒷바퀴하중 : $9\times 10^4\text{N}$
- 기타 조건
  - 차량 2대 동시 주행 시 뒷바퀴 간격 : 1m
  - 충격계수 0.5, 강관의 재질 및 형상, 지지조건에 따른 정수 $K_1=0.033$, $K_2=0.019$

정답 관의 최대응력(δ)

$$\delta=\frac{M_1+M_2}{Z}=\frac{(M_1+M_2)}{(t^2/6)}=\frac{K_1W+K_2W_2}{(t^2/6)}\times D^2$$

$$=\frac{6\times\{(0.033\times 24)+(0.019\times 0.06)\}}{(5.8)^2}\times(216.3)^2=6618\text{N/mm}^2=6618\text{MPa}$$

해설 W_1(흙 하중에 의한 토압)$=\gamma H=2.0\times10^{-2}\text{N/mm}^3\times1200\text{mm}=24\text{N/mm}^2=24\text{MPa}$

W_2(자동차 바퀴하중에 의한 압력)$=\dfrac{3F(1+a)}{2\pi H^2}\times\left\{1+\left(\dfrac{H}{\sqrt{H^2+X^2}}\right)^5\right\}$

$=\dfrac{3\times9\times10^4(1+0.5)}{2\pi\times1200^2}\times\left\{1+\left(\dfrac{1200}{\sqrt{1200^2+1000^2}}\right)^5\right\}$

$=0.056=0.06\text{N/mm}^2$

여기서, F : 차량 뒷바퀴하중, Z : 관의 단면계수$\left(\dfrac{t^2}{6}\right)$, t : 관의 두께(mm)

D : 관의 외경(mm), d : 충격계수, X : 차량 2대 주차 시 뒷바퀴 간격

제2회 출제문제(2010. 7. 4. 시행)

01 독성, 불연성이며 염료, 제조공정 및 의약, 농약 가소제를 만드는 데 쓰이는 가스는?

정답 $COCl_2$(포스겐)

02 부취제의 냄새 측정법 4가지를 쓰시오.

정답 ① 무취실법
② 냄새주머니법
③ 주사기법
④ 오더미터법

03 공기보다 가벼운 도시가스 정압기실을 지하에 설치 시 배기와 관련된 기준 4가지를 기술하시오.

정답 ① 배기구는 천장에서 30cm 이내에 설치한다.
② 배기관의 관경은 100mm 이상으로 한다.
③ 배기구 방출구의 높이는 지면에서 3m 이상으로 한다.
④ 배기구는 양방향으로 분산 설치한다.

04 암모니아 공업적 제조법 2가지를 반응식과 함께 쓰시오.

정답 ① 하버보시법 : $N_2+3H_2 \rightarrow 2NH_2$
② 석회질소법 : $CaCN_2+3H_2O \rightarrow CaCO_3+2NH_3$

05 고압가스 일반제조시설 중 가스 또는 압력 9.8MPa 이상 압축가스 충전 시 압축기와 당해 충전장소 사이, 압축기와 당해 충전용기 보관장소 사이, 당해 충전장소와 당해 가스충전용기 보관장소 사이에 설치하는 시설의 명칭은?

정답 방호벽

06 ① C_2H_2 가스에 동을 사용하면 안 되는 이유와 반응식을 쓰고, ② 가연성 가스 중 방폭구조가 필요 없는 가스 2가지를 쓰시오.

정답 ① $2Cu+C_2H_2 \rightarrow Cu_2C_2+H_2$
폭발성 화합물인 Cu_2C_2를 생성. 약간의 충격에도 폭발할 우려가 있으므로
② NH_3, CH_3Br

07 내용적 18L, 수주 880mm 압력으로 기밀시험을 하였다. 12분 후 압력이 수주 640mm일 경우 기밀시험 시 몇 %의 가스가 누설되었는가?

정답 $M=M_1-M_2=\dfrac{0.088-0.064}{1.033}\times 18=0.418\text{L} \quad \therefore \dfrac{0.418\text{L}}{18\text{L}}\times 100=2.32\%$

08 밀도 103g/cm^3이며, 수중 높이가 1m 내려갔을 때 절대압력(atm)을 쓰시오. (단, 대기압은 1atm이다.)

정답 $P_a=P_g+\gamma H=1\text{atm}+0.103\text{kg/cm}^3\times 100\text{cm}=1\text{atm}+10.3\text{kg/cm}^2$
$=1\text{atm}+\dfrac{10.3}{1.033}\text{atm}=10.97\text{atm}$

09 이음매 없는 용기를 최고충전압력의 1.7을 곱한 수치 이상의 압력에서 항복을 일으키지 않는 두께 이상으로 제조 시 허용인장응력 500N/mm^2, 외경 20mm, 내압시험압력이 15MPa인 이음매 없는 용기의 동체두께(mm)는 얼마인가?

정답 $t=\dfrac{D}{2}\left(1-\sqrt{\dfrac{S-1.3P}{S+0.4P}}\right)=\dfrac{20}{2}\left(1-\sqrt{\dfrac{500-1.3\times 15}{500+0.4\times 15}}\right)=0.255\text{mm}=0.26\text{mm}$

해설 최고충전압력의 1.7배 압력에서 항복을 일으키지 아니하는 이음매 없는 용기의 동체두께 계산식
- $t=\dfrac{D}{2}\left(1-\sqrt{\dfrac{S-1.3P}{S+0.4P}}\right)$
- $t=\dfrac{d}{2}\left(\sqrt{\dfrac{S+0.4P}{S-1.3P}}-1\right)$

여기서, t : 동체두께(mm), D : 외경(mm), d : 내경(mm)
S : 내압시험에서의 동체의 허용응력(N/mm^2), P : 내압시험압력(MPa)

10 어느 유체를 0℃에서 100℃까지 올리는 데 6.9kcal/mol・K가 발생한다. 1kcal/mol・K가 발생하려면 0℃에서 몇 K까지 올려야 하는가?

정답 ① 1℃ 올리는 데 6.9÷100=0.069kcal/mol・K이므로
② 1kcal/mol・K÷0.069kcal/mol・K=14.49℃
∴ 14.49+273.15=287.64K

제3회 출제문제(2010. 10. 31. 시행)

01 배관의 흐름이 다음 그림과 같이 변하였다. B점의 면적은 $6m^2$, 유속은 0.8m/s이다. A점의 유속은 1.2m/s일 때, A점의 관경(D)은 몇 mm인가?

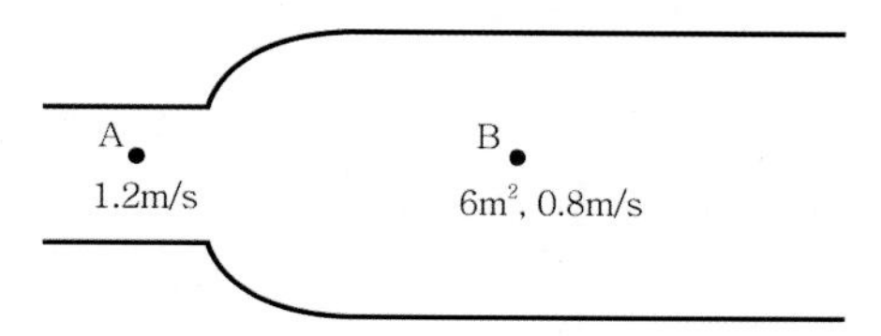

정답 2256.76mm

해설 $AV_A = BV_B$이므로

$$\frac{\pi}{4}{D_A}^2 V_A = BV_B$$

$${D_A}^2 = \frac{4 \cdot B \cdot V_B}{\pi \cdot V_A} = \frac{4 \times 6 \times 0.8}{\pi \times 1.2} = 5.092\text{m}^2$$

∴ D_A =2.256m=2256.758mm=2256.76mm

02 내조와 외조로 구성된 2중 단열 액화가스 저장탱크의 공간부분은 진공작업 후 단열재를 이용하여 단열을 실시한다. 이때 단열재로 사용하는 재료는?

정답 ① 펄라이트 ② 경질폴리우레탄폼 ③ 폴리염화비닐폼

03 액화석유가스 설비의 재검사에 대한 내압시험 시 압력을 유지해야 하는 표준시간은?

정답 5~20분

해설 액화석유가스 안전관리기준 통합 고시 〈액화석유가스의 충전집단 공급저장판매 사용시설에 대한 내압시험 규정〉에서 내압시험은 상용압력의 1.5배(공기 등 기체로 실시할 경우에는 1.25배) 이상으로 하며, 규정압력 유지시간은 5~20분간을 표준으로 하여야 한다.

04 기화기의 구조별 형식에 따른 분류를 4가지 적으시오.

정답 ① 다관식 ② 단관식 ③ 사관식 ④ 열판식

05 도시가스 공급 호스가 노후화되어 호스에 지름 0.5mm의 구멍이 뚫렸다면, 가스압력이 수주압 280mm일 때, 15시간 동안의 가스누출량은 몇 m^3인가? (단, LPG의 비중은 1.7이다.)

정답 $0.43m^3$

해설 노즐에서 가스분출량

$$Q=0.009D^2\sqrt{\frac{H}{d}}=0.009\times(0.5)^2\sqrt{\frac{280}{1.7}}=0.028876m^3/hr$$

$\therefore\ 0.028876\times15=0.433\fallingdotseq0.43m^3$

06 LP가스 배관이 수직으로 20m 입상 시에 압력손실은 몇 mmH_2O인가? (단, 비중은 1.5이다.)

정답 $12.93mmH_2O$

해설 $h=1.293(S-1)H=1.293(1.5-1)\times20=12.93mmH_2O$

07 급수관로의 관경이 0.0158m인 수평배관이 500m 있다. 유속이 10m/s라면, 파이프의 양 끝단에 걸리는 압력은 몇 N/m^2인가? (단, Fanning의 마찰계수는 0.0065이다.)

정답

$$\frac{P}{\gamma}=\frac{4fL}{D}\cdot\frac{V^2}{2g}$$

$$\therefore\ P=\gamma\frac{4fL}{D}\cdot\frac{V^2}{2g}=\rho g\times\frac{4fL}{D}\times\frac{V^2}{2g}$$

$$=9800\times\frac{4\times0.0065\times500}{0.0158}\times\frac{10^2}{2\times9.8}=41139.24N/m^2$$

해설 $\gamma=\rho g=1000N\cdot s^2/m^4\times9.8m/s^2=9800N/m^3$

08 송수 펌프가 유량 2000L/min으로 양정 60m로 펌핑하고자 한다. 필요한 동력은 몇 PS인가?

정답 26.67PS

해설

$$L_{PS}=\frac{\gamma\cdot Q\cdot H}{75\eta}=\frac{1000\times(2/60)\times60}{75}=26.67PS$$

09 NH_3의 특징적인 위험성에 대해서 4가지 쓰시오.

정답 ① 가연성 가스(15~28%)이다.
② 독성 가스로서 허용농도(TLV-TWA 25ppm)이다.
③ 동 및 동합금에 대하여 부식성을 나타낸다.
④ 액체암모니아가 피부에 노출되면 동상, 염증의 위험성이 있다.

10 공동 배기구를 사용한 배기 시 배기구 넓이를 구하는 공식을 쓰고, 단위를 포함하여 설명하시오.

정답 $A = Q \times 0.6 \times K \times F + P$
① A : 공동 배기구 유효단면적(mm^2)
② Q : 보일러의 가스소비량 합계(kcal/hr)
③ K : 형상계수
④ F : 보일러의 동시 사용률
⑤ P : 배기통의 수평투영면적(mm^2)

2011년 가스기사 **필답형 출제문제**

제1회 출제문제(2011. 5. 1. 시행)

01 어떤 가스가 대기 중으로 확산하는 데 20분이 소요되었다. 수소를 대기 중으로 확산시키는 데 4분이 소요되었다면 이 가스의 분자량은 몇 g인가?

정답 U_X =1L/20분, U_H =1L/4분

$$\frac{U_X}{U_H}=\frac{1L/20}{1L/4}=\frac{4}{20}=\frac{1}{5}$$

확산속도는 분자량의 제곱근에 반비례하므로

$$\frac{1}{5}=\sqrt{\frac{2}{M_x}}$$

$$\frac{1}{25}=\frac{2}{M_x}$$

$\therefore M_x = 25\times2 = 50g$

02 다음 [조건]의 구형 가스 홀더의 두께를 계산하시오.

[조건]
- 사용상한압력 : 0.7MPa
- 사용하한압력 : 0.2MPa
- 홀더 내경 : 28m
- 가스홀더 활동량 : 60,000m³
- 구형 동판의 효율 : 95%
- 허용응력 : 200N/m³
- 부식여유치 : 2mm

정답 $t=\frac{PD}{4fn-0.4P}+C=\frac{0.7\times28\times10^3}{4\times200\times0.95-0.4\times0.7}+2=27.798mm≒27.80mm$

03 독성 가스를 정의하는 LC_{50}에 대한 내용을 기술하시오.

정답 LC_{50} : 해당 가스를 성숙한 흰쥐 집단에게 대기 중에서 1시간 계속하여 노출시킨 경우 14일 이내 흰쥐의 1/2 이상이 죽게 되는 농도로서 허용농도 5000ppm 이하를 독성 가스로 정의함

참고 TLV−TWA : 건강한 성인 남자가 1일 8시간씩 주 40시간 동안 그 분위기에서 근무하여도 건강에 지장이 없는 농도로서 허용농도 200ppm 이하를 독성 가스로 정의함.

04 비중이 0.5LNG를 공급 시 입상 30m 지점의 압력손실 mmH_2O를 기술하시오.

정답 $h=1.293(S-1)H=1.293(0.5-1)\times30=-19.395mmH_2O ≒ -19.40mmH_2O$
공기보다 가벼운 가스이므로
$-19.40mmH_2O$는 가스가 상향부로 흐를 때 압력손실의 반대값이다.

05 관경 0.4m, 오리피스 직경 0.2m에 물이 흐르는 경우 수은마노미터 차압이 376mm일 때 유량(m^3/hr)은? (단, 유량계수 0.624, $\pi=3.14$이다.)

정답
$$Q=C\times\frac{\pi}{4}d^2\sqrt{\frac{2gH}{1-m^4}\left(\frac{S_m}{S}-1\right)}\times3600$$
$$=0.624\times\frac{3.14}{4}\times(0.2)^2\sqrt{\frac{2\times9.8\times0.376}{1-\left(\frac{0.2}{0.4}\right)^4}\left(\frac{13.6}{1}-1\right)}\times3600$$
$$=702.00m^3/hr$$

06 고압가스 용기의 내압시험에서 비수조식 내압시험의 전 증가량을 구하는 공식을 쓰고, 기호를 설명하시오.

정답 $\Delta V=(A-B)-\{(A-B)+V\}P\cdot B_t$

① ΔV : 전 증가량(cm^3)
② A : 수량계의 물 강하량(cm^3)
③ B : 용기 이외의 압입수량(cm^3)
④ V : 용기 내용적(cm^3)
⑤ P : 내압시험압력(MPa)
⑥ B_t : t(℃)에서 물의 압축계수

07 접촉분해(수증기개질) 프로세스에서 반응온도를 올렸을 때 영향을 기술하시오.

정답 온도를 상승시키면 CH_4, CO_2가 적어 CO, H_2가 많은 저열량의 가스가 생성된다.

해설
- 온도를 내리면 CH_4, CO_2가 많고 CO, H_2가 적은 고열량의 가스 생성
- 접촉분해(수증기개질) 프로세스 : 접촉분해는 촉매를 사용해 400~800℃로서 탄화수소와 수증기를 반응시켜 CH_4, H_2, CO, CO_2로 변환하는 방법

08 저장탱크에 LP가스를 충전하기 위하여 탱크로리와 저장탱크 사이를 연결하여 탱크로리의 LP가스를 저장탱크로 이송시키는 금속배관을 무엇이라 하는가?

정답 로딩암

09 건축물 내에 설치되어 있는 저장탱크의 설비군 바닥면 둘레가 50m일 때 가스누출 검지경보장치의 설치 개수는?

정답 5개 이상

해설
- 건축물 내에 설치되어 있는 경우 : 설비군 바닥면 둘레 10m마다 1개씩 설치
- 건축물 밖에 설치되어 있는 경우 : 설비군 바닥면 둘레 20m마다 1개씩 설치
- 도시가스 정압기실 : 바닥면 둘레 20m마다 1개씩 설치

10 폭발 범위 측정 시 최대안전틈새의 정의를 기술하시오.

정답 최대안전틈새는 틈새 조정장치를 이용하여 내부 폭발이 25mm의 틈새 길이를 통하여 외부로 유출되어지는 최고 틈새를 실험적으로 측정하는 것으로 폭발 외부 유출틈새라고도 한다.

해설
- 안전간격 : 8L의 구형 용기 안에 폭발성 혼합가스를 채우고 화염 전달여부를 측정하였을 때, 화염이 전파되지 않는 한계의 틈 안전간격이 적은 가스일수록 최고점화에너지가 적고, 폭발우려가 높다.
- 안전간격 측정방법 : 그림과 같은 장치를 이용하는 데 틈 사이는 8개의 블록 게이지를(게이지 폭은 10mm, 길이는 30mm, 틈 사이의 깊이는 25mm) 끼워서 조정하여 간극을 변화시키면서 내부 A의 화염이 틈 사이를 통하여 외부로의 이동여부를 압력계 또는 들창으로 확인하면서 실험한다.

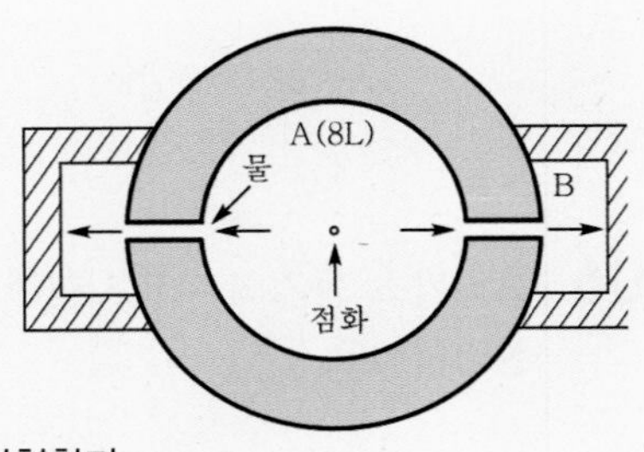

제2회 출제문제(2011. 7. 24. 시행)

01 내진설계에서 평균재현주기가 500년 지진지반운동 수준에 대한 평균재현주기별 지반운동 수준의 비로 나타내는 것은?

정답 위험도계수

02 액화가스 저장탱크의 저장능력을 구하는 식을 쓰고, 기호를 설명하시오.

정답 $W=0.9dV$

① W : 저장능력(kg) ② d : 액화가스의 비중(kg/L) ③ V : 탱크의 내용적(L)

03 도시가스의 열량 측정에 의한 규정과 연소속도 측정에 의하여 비중을 구한 다음 웨버지수를 계산한다. 웨버지수의 계산식을 쓰고, 기호를 설명하시오.

정답 $WI=\frac{H_g}{\sqrt{d}}$

① WI : 웨버지수
② H_g : 도시가스의 총 발열량(kcal/m^3)
③ d : 도시가스의 공기에 대한 비중

04 2단 감압조정기를 사용 시 장점을 4가지 기술하시오.

정답 ① 공급압력이 안정하다.
② 중간배관이 가늘어도 된다.
③ 배관의 입상에 의한 압력강하를 보정할 수 있다.
④ 각 연소기구에 알맞은 압력으로 공급이 가능하다.

05 다음 정압기 정특성에 관하여 시프트를 설명하시오.

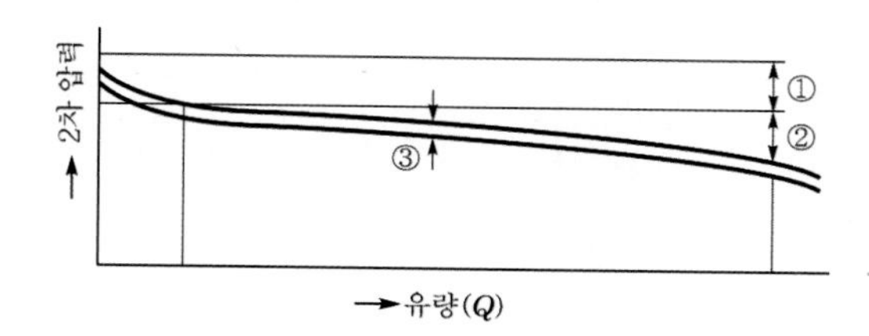

정답 시프트 : 1차 압력변화에 의해 정압곡선이 전체적으로 어긋나는 것

참고 1. 정특성 : 정상상태에서 유량과 2차 압력과의 관계(시프트, 오프셋, 로크업 등)
2. 오프셋 : 정특성에서 기준유량이 Q일 때 2차 압력을 P에 설정했다고 하면 유량이 변화했을 경우 2차 압력 P로부터 어긋난 것
3. 로크업 : 유량이 영(0)이 되었을 때 끝맺은 압력과 2차 압력 P의 차이

06 전기방식법 중 강제배류법의 장점 4가지를 쓰시오.

정답 ① 대용량의 외부전원법보다는 경제적이다.
② 전압전류 조정이 가능하다.
③ 방식의 효과 범위가 넓다.
④ 전철의 운휴기간에도 방식이 가능하다.

참고 **강제배류법의 단점**
1. 전원이 필요하다.
2. 전철의 신호장애에 대한 충분한 검토가 필요하다.
3. 과방식에 대한 배려가 필요하다.

07 상용온도가 40℃ 이상인 배관을 시공 시 조치해야 할 사항은?

정답 파이프, 슬리브 등으로 신축이음 시공을 하거나 곡관(Bent pipe)을 사용하여 신축을 흡수하여야 하며, 압력 2MPa 이하인 배관으로서 곡관 사용이 곤란한 곳은 벨로즈나 슬라이드형의 신축이음을 할 수 있다.

08 내용적 1.5m^3 산소용기에서 산소 1kg이 35℃에서 15MPa로 충전되어 있다. 이 용기가 Tp의 압력에서 파열된다면 다음 물음에 답하시오.

(1) 그때의 온도는 몇 ℃인가? (단, Fp=15MPa(a), 1MPa=10kg/cm^{2}이다.)

(2) 파열 시 일량 MJ를 구하여라.

정답

(1) $\text{Tp}=\text{Fp}\times\frac{5}{3}=15\times\frac{5}{3}=25\text{MPa}$

$\frac{P_1}{T_1}=\frac{P_2}{T_2}$에서 $T_2=\frac{T_1P_2}{P_1}=\frac{(273+35)\times25}{15}=513\text{K}=240.33℃$

(2) 나중 체적 $V_2=\frac{P_1V_1T_2}{T_1P_2}=\frac{15\times1.5\times(273+240.33)}{(273+35)\times25}=1.499\text{m}^3≒1.50\text{m}^3$

(∵ 용기의 내용적이므로 $V_1=V_2$임)

엔탈피 변화량 $h_2-h_1=(u_2-u_1)+(P_2V_2-P_1V_1)$

$u_1=u_2$라 가정 시 $h_2-h_1=P_2V_2-P_1V_1=(25\times1.5)-(15\times1.5)=15\text{MJ}$

참고 $\text{MPa}=\text{MN/m}^2$, $PV=\text{MN/m}^2\times\text{m}^3=\text{MN}\cdot\text{m}=\text{MJ}$

09 내용적 1m^3 미만의 도시가스 제조소 및 공급소에서 자기압력기록계로 기밀시험 시 기밀시험 유지시간은?

정답 24분

해설 **압력측정기구별 기밀시험 유지기간**

압력측정기구	최고사용압력	용적	기밀유지시간
수은주게이지	0.3MPa 미만	1m^3 미만	2분
		1m^3 이상 10m^3 미만	10분
		10m^3 이상 300m^3 미만	V분(다만, 120분을 초과한 경우에는 120분으로 할 수 있다.)
수주게이지	저압	1m^3 미만	1분
		1m^3 이상 10m^3 미만	5분
		10m^3 이상 300m^3 미만	0.5×V분(다만, 60분을 초과한 경우에는 60분으로 할 수 있다.)

압력측정기구	최고사용압력	용적	기밀유지시간
전기식 다이어프램형 압력계	저압	$1m^3$ 미만	4분
		$1m^3$ 이상 $10m^3$ 미만	40분
		$10m^3$ 이상 $300m^3$ 미만	$4\times V$분(다만, 240분을 초과한 경우에는 240분으로 할 수 있다.)
압력계 또는 자기압력 기록계	저압 중압	$1m^3$ 미만	24분
		$1m^3$ 이상 $10m^3$ 미만	240분
		$10m^3$ 이상 $300m^3$ 미만	$24\times V$분(다만, 1440분을 초과한 경우에는 1440분으로 할 수 있다.)
	저압 고압	$1m^3$ 미만	48분
		$1m^3$ 이상 $10m^3$ 미만	480분
		$10m^3$ 이상 $300m^3$ 미만	$48\times V$분(다만, 2880분을 초과한 경우에는 2880분으로 할 수 있다.)

[비고] 1. V는 피시험부분의 용적(단위 : m^3)이다.
2. 전기식 다이어프램형 압력계는 공인기관으로부터 성능인정을 받아 합격한 것이어야 한다.

10 단열압축에서 $P_1=$1MPa, 온도는 10℃일 때 $P_2=$4MPa이다. 이때 다음 물음에 답하시오.

(1) 1단 압축에서 토출온도는 몇 ℃인가? (단, $C_p=$0.664kcal/kg·℃, $K=$1.4)

(2) C_v(kcal/kg·℃)는 얼마인가?

(3) 2단 압축을 하는 경우 1단에서 2MPa까지 압축 시 토출가스 온도는 몇 ℃인가?

정답 (1) $T_2=T_1\times\left(\frac{P_2}{P_1}\right)^{\frac{K-1}{K}}=283\times\left(\frac{4}{1}\right)^{\frac{0.4}{1.4}}$=420.536K=147.536℃≒147.54℃

(2) $K=\frac{C_p}{C_v}$에서

$C_v=\frac{C_p}{K}=\frac{0.664}{1.4}$=0.474kcal/kg·℃

(3) $283\times\left(\frac{2}{1}\right)^{\frac{0.4}{1.4}}$=344.98K=71.98℃

제3회 출제문제(2011. 10. 16. 시행)

01 C_3H_8 1mol의 공기 중에서 연소할 때 공기 중 가연성의 부피는 몇 %인가?

정답 $C_3H_8+5O_2 \rightarrow 3CO_2+4H_2O$

$1 : 5\times\frac{1}{0.21}$ $\quad \therefore C_3H_8(\%)=\frac{1}{1+5\times\frac{1}{0.21}}\times100=4.03\%$

02 저장탱크를 제조하는 특정설비 제조자의 수리 범위를 3가지 쓰시오.

정답 ① 특정설비 몸체의 용접
② 특정설비 부속품의 부품교체 및 가공
③ 단열재 교체

03 저압 LNG 지하저장식 탱크와 외면과 사업소 경계까지 유지하여야 하는 안전거리를 구하는 공식을 쓰고, 기호를 설명하시오.

정답 $L=0.240\sqrt[3]{143000\,W}$ 상기의 계산값이 50m 미만인 경우 50m 이상거리 유지
① L : 유지하여야 할 거리(m)
② W : 저장탱크의 저장능력(ton)의 제곱근, 그 외는 시설 내의 액화천연가스의 질량

해설 W=10만ton이면, $L=0.240\sqrt[3]{143000\times\sqrt{100000}}$=85.50m

04 배관경(외경 D=220mm, 두께 t=5mm), 압력 P=10kg/cm^{2}일 때 원주방향응력(kg/cm^2)을 구하시오.

정답 $\sigma_t=\frac{P(D-2t)}{2t}=\frac{10(220-2\times5)}{2\times5}$=210kg/cm^2

05 발열량 5000kcal/Nm^3, 비중 0.61, 압력 200kPa인 가스를 발열량 11000kcal/Nm^3, 비중 0.66, 압력 100kPa인 가스로 변경 시 노즐구경의 변경률을 구하시오.

정답 $\frac{D_2}{D_1}=\sqrt{\frac{WI_1\sqrt{P_1}}{WI_2\sqrt{P_2}}}=\sqrt{\frac{\frac{5000}{\sqrt{0.61}}\sqrt{200}}{\frac{11000}{\sqrt{0.66}}\sqrt{100}}}$=0.817

06 CH_4 50%, C_3H_8 30%, C_4H_{10} 20%인 혼합가스의 폭발하한을 구하시오.

정답 $\frac{100}{L}=\frac{50}{5}+\frac{30}{2.1}+\frac{20}{1.8}=35.396$

$\therefore L=2.825 \fallingdotseq 2.83\%$

07 다음 도면은 카르노 사이클의 4대 주기이다. ①, ②, ③, ④의 명칭을 쓰시오.

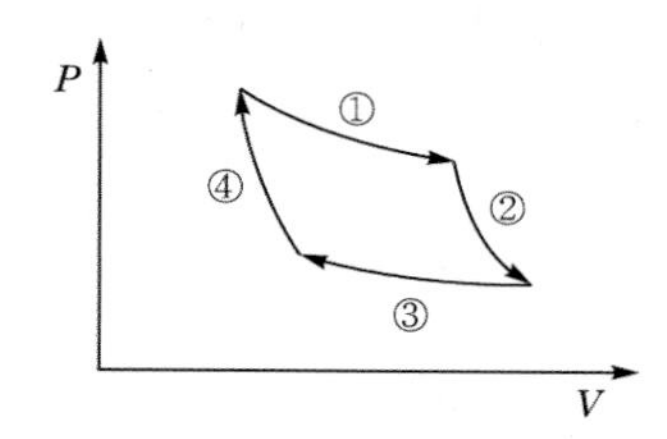

정답 ① 등온팽창 ② 단열팽창 ③ 등온압축 ④ 단열압축

08 LPG 또는 석유로부터 수소가스를 제조하는 방법 2가지를 쓰시오.

정답 ① 수증기 개질법 ② 부분산화법

09 도시가스용 반밀폐 강제배기식 보일러에 대하여 물음에 답하시오.

(1) 배기통톱의 전방 측변 상하주위 몇 cm 이내 가연물이 없도록 하여야 하는가? (단, 방열판이 설치되지 않은 경우이다.)

(2) 배기통톱에 새, 쥐 등이 들어가지 않도록 설치하는 방조망의 직경은 몇 mm 이상인가?

(3) 배기통톱 개구부로부터 몇 cm 이내에 배기가스가 실내로 유입할 우려가 있는 개구부가 없도록 하는가?

정답 (1) 60cm (2) 16mm (3) 60cm

참고 (1)번의 방열판이 설치된 경우는 30cm 이내

10 도시가스 사업소(제조소, 공급소를 말함) 외의 가스 공급시설에서 배관설치 시 공사계획의 승인 대상이 되는 부분을 기술하시오.

정답 ① 본관 또는 최고사용압력이 중압 이상인 공급관을 20m 이상 설치하는 공사
② 본관 또는 최고사용압력이 중압 이상인 공급관을 20m 이상 변경하는 공사
③ 최고사용압력의 변경을 수반하는 공사로서 공사 후 최고사용압력이 고압 또는 중압이 되는 변경공사

2012년 가스기사 필답형 출제문제

제1회 출제문제(2012. 4. 22. 시행)

01 1단 감압식 저압조정기의 입구압력, 출구압력의 범위를 쓰시오.

정답 ① 입구압력 : 0.07~1.56MPa　　② 출구압력 : 2.3~3.3kPa

02 최고사용압력이 3.1MPa이고, 내경 60cm인 용접용기의 동판두께를 계산하시오. (단, 항복응력 600N/mm^2, 용접효율 0.75, 부식여유치는 1mm이다.)

정답 $t=\dfrac{PD}{2Sn-1.2P}+C=\dfrac{3.1\times 600}{\left(2\times 600\times \dfrac{1}{4}\times 0.75\right)-(1.2\times 3.1)}+1$ =9.405mm≒9.41mm

03 특수제조용기에서 초저온저장탱크(액화천연가스 제외)의 용접부 기계적 시험 3가지를 쓰시오.

정답 ① 이음매 인장시험
② 표면굽힘시험
③ 측면굽힘시험
④ 이면굽힘시험

04 공기액화분리장치의 폭발원인을 4가지 쓰시오.

정답 ① 공기취입구로부터 C_2H_2 혼입
② 액체공기 중 O_3의 혼입
③ 압축기용 윤활유 분해에 따른 탄화수소의 생성
④ 공기 중 질소화합물의 혼입

05 가스배관의 접합이나 저장탱크 등의 용접부분에 대한 비파괴검사법 중 가장 신뢰성이 높은 검사방법은 무엇인가?

정답 방사선투과검사

06 구형 탱크의 직경이 30m이고, 가스의 온도 20℃일 경우 0.7MPa(g)에서 0.25MPa(g)까지 공급시 공급량(Sm³)을 계산하시오. (단, 온도는 20℃로 변화가 없고, 대기압은 0.1MPa이다.)

정답 $\frac{\{(0.7+0.1)-(0.25+0.1)\}}{0.1}\times\frac{\pi}{6}\times(30\text{m})^3\times\frac{273}{273+20}$=59274.776Sm³≒59274.78Sm³

07 A구역에 가스안전관리가 필요한 20만 가구(사업소)가 있다. 이 중 11만 가구가 공동주택이며, 공동주택 중 3만 가구는 다기능 가스안전계량기를 사용하고 있다. A구역의 안전관리를 위하여 채용해야 하는 안전점검원의 인원은 모두 몇 명인가?

정답 ① 다기능 가스계량기 세대 : 6000가구당 1인
② 공동주택 세대 : 4000가구당 1인
③ 기타 세대 : 3000가구당 1인
30000÷6000=5
80000÷4000=20
90000÷3000=30
∴ 5+20+30=55명

08 도시가스 공급압력의 종류를 구분하고, 해당 압력을 기술하시오.

정답 ① 고압 : 1MPa(g) 이상
② 중압 : 0.1MPa(g) 이상 1MPa(g) 미만
③ 저압 : 0.1MPa(g) 미만

09 압축천연가스를 압축하여 자동차에 충전하는 장치에서 압축기의 입·출구측에 설치해야 하는 장치는 무엇인가?

정답 ① 입구측 : 공기가 흡입되는 것을 방지하는 장치
② 출구측 : 유분리기와 필터

참고 **KGS Fp 651 2.4.4.2.2 압축장치**
1. 압축장치에는 흡입측 가스압력 맥동이 가스배관으로 전파되는 것을 방지하기 위한 완충탱크 등을 설치한다. 이 경우 완충탱크 용량은 가스가 노즐장치 등으로부터 완충탱크로 회수될 때의 회수압력이 흡입압력 완충탱크의 안전장치 개방압력에 도달하지 아니하는 용량으로 한다.
2. 압축장치의 입구측에는 공기가 흡입되는 것을 방지하는 장치를 설치한다.
3. 압축장치에는 입·출구측의 압력이 설정압력 이상 도달할 경우 압력조절장치 및 압축장치를 자동으로 정지시키는 장치를 설치한다.
4. 압축장치에는 압축장치의 출구측 온도가 설정온도 이상 도달할 경우 압축장치를 자동으로 정지시키는 장치를 설치한다.

5. 압축장치에서 발생하는 오일을 제거하기 위하여 압축장치의 출구측에는 유분리기와 필터를 설치하고, 우선순위 패널(전단이나 후단)과 충전기(전단이나 내부)에는 필터를 설치한다. 다만, 무급유식 압축기의 경우에는 그러하지 아니 한다.
6. 압축가스 설비에는 수동조작밸브 설치
7. 압축장치 입구측 배관에는 역류방지밸브를 설치

10 자연기화방식과 강제기화방식을 선정할 때의 기준을 각각 2가지씩 쓰시오.

정답 (1) 자연기화방식
① 가스의 사용량이 많지 않은 경우(가정용)
② 공급가스 조성변화가 있어도 공급에 지장이 없는 경우
(2) 강제기화방식
① 가스의 사용량이 많은 경우(집단 공급처)
② 용기를 다량으로 설치하기 어려운 경우
③ 공급가스 조성이 일정하게 공급되어야 하는 경우

제2회 출제문제(2012. 7. 8. 시행)

01 0℃, 10kg의 O_2를 0.5m^{3}까지 압축 시 압력은 몇 kg/cm^{2}인가? (단, $R=26.5$kgf·m/kg·K이다.)

정답 $PV=GRT$

$$\therefore P=\frac{GRT}{V}=\frac{10\times26.5\times273}{0.5}=144690\text{kg/m}^2$$

$$=144690\times10^{-4}=14.469\text{kg/cm}^2 \fallingdotseq 14.47\text{kg/cm}^2$$

02 C_2H_2의 폭발성 3가지를 기술하시오.

정답 ① 산화폭발
② 분해폭발
③ 화합폭발(아세틸라이드 폭발)

03 C_2H_2 70%, C_3H_8 20%, C_4H_{10} 5%, CH_4 5%의 용량(%)를 갖는 혼합가스의 폭발하한을 구하시오. (단, 각각의 하한은 2.5%, 2.1%, 1.8%, 5%이다.)

정답 $$\frac{100}{L}=\frac{70}{2.5}+\frac{20}{2.1}+\frac{5}{1.8}+\frac{5}{5}=41.30$$

$$\therefore L=\frac{100}{41.30}\fallingdotseq 2.42\%$$

04 면적 2.0m^2, 풍속 20cm/sec에서 전압이 300mmH_2O이다. 여유정도가 10%일 때 동력(kW)은 얼마인가? (단, 송풍기의 효율은 60%이다.)

정답 $L_{kW}=\dfrac{P\cdot Q}{102\eta}=\dfrac{300\times 0.4}{102\times 0.6}=1.96078$

$\therefore$ 1.96078×1.1=2.156≒2.16kW

해설
- P : 300mmH_2O=300kg/m^2
- Q : $A\times V$=2.0m^2×0.2m/sec=0.4m^3/s

05 C_3H_8 10kg의 연소 시 필요한 이론공기량은 몇 Sm^{3}인가? (단, 공기 중 산소는 20%이다.)

정답 $C_3H_8+5O_2 \rightarrow 3CO_2+4H_2O$

44kg : 5×22.4m^3

10kg : x(m^3)

$x=\dfrac{10\times5\times22.4}{44}=25.4545$

$\therefore$ 공기량$=25.4545\times\dfrac{100}{20}=127.27$Sm^3

06 다음 [조건]으로 저압배관의 관경(cm)을 구하시오.

[조건]
- 가스유량 : 200m^3/h
- 관길이 : 100m
- 압력손실 : 100mmH_2O
- K=0.7이며, 관 내부에는 천연가스의 주성분인 CH_4가 흐르고 있다.

D^5	관경(cm)
3130	5
16810	7
78196	10

정답 $Q=K\sqrt{\dfrac{D^5H}{SL}}$ 에서

$D^5=\dfrac{Q^2\cdot S\cdot L}{K^2\cdot H}=\dfrac{200^2\times0.55\times100}{0.7^2\times100}=44897.959$

16810 < 44897 < 78196이므로

$\therefore$ D=10cm

07 내용적 1000L의 액화산소 탱크 A에 액산 200kg이 있다. 이 탱크에 연결된 입상 10m 배관을 통하여 액산을 8시간 수송한 결과 내용적 1000L 액화산소 탱크 B에 액산 100kg만 수송되었다. 수송 중 발생된 침입열량을 소수점 4째자리까지 답하시오. (단, 외기온도는 20℃, 산소의 비점은 −183℃, 증발잠열은 51kcal/kg이다.)

정답 $Q=\dfrac{W\cdot q}{H\cdot \Delta t\cdot V}=\dfrac{(200-100)\times 51}{8\times(20+183)\times 1000}$=0.0031kcal/hr·℃·L

해설
- 내용적 1000L 이상 용기 : 침입열량 0.002kcal/hr·℃·L을 초과하였으므로 불합격
- 내용적 1000L 미만 용기 : 침입열량 0.0005kcal/hr·℃·L 이하가 합격

08 정전기 제거장치에서 단독으로 접지해야 하는 경우 3가지를 쓰시오.

정답 ① 탑류 ② 저장탱크 ③ 열교환기 ④ 회전기계 ⑤ 벤트스택

09 건물의 내진설계 중 내진성능 평가항목 4가지를 쓰시오.

정답 ① 내진설계 구조물에 발생한 응력변형 상태 ② 내진설계 구조물의 변위
③ 가스의 유출방지 ④ 액체표면의 요동
⑤ 사면의 안전성 ⑥ 액상화 잠재성

해설
- **내진설계 시 압력지반운동의 고려사항**
  - 수평 2축 방향과 수직방향 지반운동의 영향
  - 지반운동의 공간적 변화 특성
  - 국지적인 토질조건과 지질지형 조건이 지반운동에 미치는 영향
- **내진설계의 검토항목**
  - 기본구조 계획
  - 구조계산
  - 상세설계
- **내진설계구조물의 시공 전반에 대하여 검사항목**
  - 중간검사
  - 안정성 확인
  - 완성검사
  - 시공감리
- **정압기지 및 밸브기지에 설치하는 가열설비, 계량설비, 정압설비에 연결된 노출배관은 지진에 대하여 안전한 구조의 구조물로 고정**

10 가스 제조장치에서 발생하는 정전기 제거설비 유지를 위하여 검사하는 항목 3가지를 쓰시오.

정답 ① 인입전류 ② 출력전류 ③ 출력전압

제3회 출제문제(2012. 10. 14. 시행)

01 도시가스의 월사용 예정량을 구하는 식을 쓰고, 기호를 설명하시오.

정답 $Q=\dfrac{(A\times 240)+(B\times 90)}{11000}$

① Q : 월사용 예정량(m^3)
② A : 산업용으로 사용하는 연소기 명판에 기재된 가스소비량의 합계(kcal/h)
③ B : 산업용이 아닌 연소기 명판에 기재한 가스소비량의 합계(kcal/h)

02 다음 [조건]으로 공동 배기구의 넓이(mm^2)를 계산하시오.

[조건]
- Q(보일러의 가스소비량 합계) : 160000kcal/h
- K(형상계수) : 1
- F(보일러 동시 사용률) : 0.81
- P(배기통의 수평투영면적) : 20000mm^2

정답 $A=0.6\times Q\times K\times F+P=0.6\times 160000\times 1\times 0.81+20000=97760mm^2$

03 용기내장형 가스난방기 중 세라믹버너 난방기가 갖추어야 하는 장치를 모두 쓰시오.

정답 거버너장치

해설 **KGS Code AB 232 용기내장형 가스난방기가 갖추어야 하는 장치**
- 정전안전장치
- 소화안전장치
- 그 밖의 장치
  - 거버너(세라믹버너를 사용하는 난방기만을 말한다.)
  - 불완전연소 방지장치 또는 산소결핍 안전장치[가스소비량이 11.6kW(kcal/h) 이하인 가정용 및 업무용의 개방형 난방기만을 말한다.]
  - 전도안전장치

04 캐비테이션 현상을 설명하고, 방지법 5가지를 쓰시오.

정답 (1) 정의 : 유수 중에 그 수온의 증기압보다 낮은 부분이 발생하면 물이 증발을 일으키고 기포를 발생하는 현상
(2) 방지법
① 펌프 설치위치를 낮춘다.
② 흡입관경을 크게 한다.
③ 양흡입 펌프를 사용한다.
④ 두 대 이상의 펌프를 설치한다.
⑤ 회전수를 낮춘다.

05 매설 금속배관의 전기화학적 부식 발생요인 3가지를 쓰시오.

정답 ① 이종금속 접촉에 의한 부식 ② 국부전지에 의한 부식
③ 미주전류에 의한 부식 ④ 박테리아에 의한 부식
⑤ 농염전지에 의한 부식

06 폭발방지장치 설치 시 알루미늄합금 박판의 모양을 쓰시오.

정답 다공성 벌집형 모양

07 저장능력 80ton의 가연성 가스 저온저장 탱크에서 1종 보호시설과의 안전거리(m)를 계산하시오.

정답 $\frac{3}{25}\sqrt{x+10000}$ 이므로 $\therefore \frac{3}{25}\sqrt{80000+10000}$=36m

해설 **고압가스 안전관리법 시행규칙**
저장능력 5만 초과 99만 이하의 1종 : 30m, 2종 : 20m
단, 가연성 가스 저온저장 탱크는 1종 : $\frac{3}{25}\sqrt{x+10000}$ 2종 : $\frac{2}{25}\sqrt{x+10000}$
여기서, 저장능력의 액화가스 단위는 kg이고, 압축가스 단위는 m^3이다.

08 소형 저장탱크에 설치하는 안전밸브의 가스방출관의 위치는?

정답 지면에서 2.5m, 탱크 정상부에서 1m 중 높은 위치

09 1단 피스톤 압축량이 1000m^3/h이며, 대기 중 20℃에서 공기를 흡입 최종단에서 30kgf/cm(g), 40℃에서 30m^3/h로 되었을 때 토출 시 체적효율은? (단, 대기압은 1.033kg/cm^2이다.)

정답 $\eta = \frac{\text{실제가스 흡입량}}{\text{이론가스 흡입량}} \times 100$
이론가스 흡입량은 1단 압축량 1000m^3/h이고, 실제가스 흡입량은 대기 중 1.033kg/cm^2, 20℃ 공기를 흡입한 체적이므로
$V_2 = \frac{(30+1.033)\times 30\times(273+20)}{(273+40)\times 1.033} = 843.67\text{m}^3/\text{h}$ $\therefore \eta = \frac{843.67}{1000}\times 100 = 84.366\% \fallingdotseq 84.37\%$

참고 $\frac{P_1V_1}{T_1} = \frac{P_2V_2}{T_2}$ 에서 $V_2 = \frac{P_1V_1T_2}{T_1P_2}$

2013년 가스기사 필답형 출제문제

제1회 출제문제(2013. 4. 21. 시행)

01 LPG 저장탱크의 내부압력이 외부압력보다 낮아져 저장탱크가 파괴되는 것을 방지하기 위하여 설치하는 설비 4가지를 쓰시오.

정답 ① 압력계
② 압력경보설비
③ 진공안전밸브
④ 다른 저장탱크 시설로부터 가스 도입배관
⑤ 압력과 연동하는 긴급차단장치를 설치한 냉동제어설비 및 송액설비

02 A기체 0.5L의 압력이 10atm, B기체 1L의 압력이 5atm일 때 이 기체를 10L의 용기에 담았을 때 혼합기체의 압력(atm)은?

정답 $P=\frac{P_1V_1+P_2V_2}{V}=\frac{(10\times0.5)+(5\times1)}{10}=1\text{atm}$

03 LPG 탱크로리가 충전작업을 위하여 정차 시 상부에 설치된 냉각살수장치는 표면적 1m^2당 살수능력(L/min)은 얼마인가?

정답 5L/min

04 공기와 혼합된 아세틸렌의 폭발하한은 2.5%이다. 표준상태에서 혼합기체 1m^3 중 아세틸렌이 차지하는 중량은 몇 g인가?

정답 $1\text{m}^3=1000\text{L}$
$1000\times0.025=25\text{L}$
$\therefore \frac{25}{22.4}\times26=29\text{g}$

05 고압가스 특정설비의 안전밸브를 재검사 시 검사항목을 3가지 쓰시오.

정답 ① 구조 및 치수 검사
② 기밀검사
③ 작동성능검사

06 펌프 송풍량이 430m³/hr에서 500m³/h로 변경 시 ① 회전수의 변경률은 몇 배이고 ② 축동력의 변경률은 몇 배인가?

정답 ① $Q_2 = Q_1 \times \left(\frac{N_2}{N_1}\right)$이므로

$\therefore \frac{N_2}{N_1} = \frac{Q_2}{Q_1} = \frac{500}{430} = 1.16$배

② $P_2 = P_1 \times \left(\frac{N_2}{N_1}\right)^3$ 이므로

$\therefore \frac{P_2}{P_1} = \left(\frac{N_2}{N_1}\right)^3 = (1.16)^3 = 1.56$배

07 어떤 기체 50kg이 250℃에서 25℃로 변할 때 외부에너지 변화량(kcal)을 구하시오. (단, 이때의 비열은 0.17kcal/kg·℃이다.)

정답 $Q = GC\Delta t$ =50kg×0.17kcal/kg·℃×(250−25)℃=1912.5kcal

08 가스설비 중 반응기 또는 이와 유사한 설비로서 현저한 발열반응 또는 부차적으로 발생하는 2차 반응에 의하여 폭발 등의 위해가 발생할 가능성이 크거나 반응온도, 반응압력 상승 시 폭발을 일으킬 수 있는 설비의 종류 4가지를 쓰시오.

정답 ① 암모니아 2차 개질로
② 메탄올의 합성 반응탑
③ 저밀도 폴리에틸렌중합기
④ 에틸렌 제조시설의 아세틸렌수첨탑
⑤ 사이클론헥산 제조시설의 벤젠수첨반응기

참고 이러한 설비를 특수반응설비라 한다.

09 이음매 없는 용기의 제조방법으로서 이음매 없는 강관을 재료로 용기와 같은 지름두께를 가진 강관을 적당한 길이로 절단하고 900℃ 이상의 고온으로 가열 공기해머 등으로 특수 금형을 제조한 후 다른 한쪽을 단접하여 제조하는 방법은?

정답 만네스만식

참고
1. 만네스만식(이음매 없는 강관을 재료로 하는 방법)
2. 에르하르트식(각 강편을 재료로 하는 방법) : 사각의 각 강편을 백열상태까지 가열하여 대각선의 길이와 같은 안지름을 가진 금형에 넣고 심봉으로 눌러 바닥면을 만들고 인발작업으로 이음매 없는 용기를 제조하는 방법
3. 디프드로잉식 : 두께가 두꺼운 철판을 재료로 하여 제조하는 방법
4. 쿠핑(Copping)식 : 강판을 펀치로 둥근 판을 제작하고 가열하면서 수압 프레스에 의해 원형으로 제조 다른 한쪽을 단접하여 이음매 없는 용기를 제조하는 방법

10 관이 열을 흡수함에 따라 길이가 늘어나는 데 이런 팽창을 방지하기 위하여 배관의 일부를 말아서 만곡을 준 것으로 간단하며 고압에도 견딜 수 있고 진동 등에 대하여도 어느 정도의 완충 효과를 가지며, 곡률반경이 관경의 6배 정도로 시공하는 신축흡수조치 방법은?

정답 루프이음

참고 **신축이음의 종류**
1. 상온 스프링(Cold spring) : 배관의 자유팽창량을 미리 계산하여 관의 길이를 짧게 절단하는 강제배관함으로써 신축을 흡수하는 방법. 이때 절단길이는 자유팽창량의 $\frac{1}{2}$로 한다.
2. 슬리브(미끄럼)형 신축이음 : 이음 본체 속에 슬리브 배관을 넣고, 석면, 흑연으로 처리한 패킹제를 끼워 seal한 신축이음방법
3. 벨로즈(팩레스)식 신축이음 : 인청동제 스테인리스제의 파형 주름이 신축을 흡수하는 것으로 전부 밀폐되어 있어 미끄럼형과 같은 누설 우려는 없으나 가스에 따라 부식성을 고려하여야 하며, 고압에 사용은 곤란한 신축이음방법
4. 스위블형 신축이음 : 배관 중에 로딩암처럼 관절을 만들고 두 개 이상의 엘보를 이용. 엘보의 공간을 이용한 신축이음방법

제2회 출제문제(2013. 7. 14. 시행)

01 기밀시험압력 5MPa, 내경 10cm, 인장강도 600N/mm², 용접효율 60%, 부식여유치 3mm인 초저온용기의 동판두께(mm)는? (단, 용기의 재질은 스테인리스강이다.)

정답 $t=\frac{PD}{2Sn-1.2P}+C=\frac{\left(\frac{5}{1.1}\times 100\right)}{2\times 600\times\frac{1}{3.5}\times 0.6-1.2\times\left(\frac{5}{1.1}\right)}+3=5.209=5.21\text{mm}$

해설

P : 최고충전압력(MPa) 초저온용기 : $AP = FP \times 1.1$이므로 $\quad \therefore \ FP = \dfrac{AP}{1.1}$

S : 허용응력 초저온 용기에서

- 재료가 스테인리스강 : 허용응력 = 인장강도 $\times \dfrac{1}{3.5}$
- 재료가 알루미늄합금 : 재료의 인장강도와 내력의 합의 1/5 수치 또는 내력의 2/3 수치 가운데 적을 것

참고문제

액화염소 1500L이고, 최고충전압력이 15MPa, 내경 60cm, 인장강도 600N/mm^2, 용접효율 75%일 때 동판두께(mm)를 계산하시오. (단, 법규 내의 부식여유치 C(mm)를 계산하는 것으로 간주하며, 허용응력은 인장강도의 1/4배로 한다.)

정답 $t = \dfrac{PD}{2fn - 1.2P} + C = \dfrac{15 \times 600}{2 \times 600 \times \dfrac{1}{4} \times 0.75 - 1.2 \times 15} + 5 = 48.478 \fallingdotseq 48.48$mm

해설

f(허용응력) = s(인장강도) $\times \dfrac{1}{4}$

C(부식여유치)(mm)

NH_3	1000L 이하	1mm
	1000L 초과	2mm
Cl_2	1000L 이하	3mm
	1000L 초과	5mm

02 다음 물음에 답하시오.

(1) 고정식 압축천연가스 긴급분리장치에서 긴급분리장치는 수평방향으로 당길 때 몇 N의 힘으로 분리되지 않아야 하는 인장력(N)이 있어야 하는가?

(2) 저압배관을 설계할 때 필요한 설계 4요소를 쓰시오.

정답 (1) 666.4N

(2) 가스유량, 압력손실, 관길이, 관지름

03 도시가스의 원료인 정유(off) 가스의 정의를 쓰시오.

정답 메탄, 에틸렌 등의 탄화수소 및 수소 등을 개질한 것이므로 석유정제와 석유화학의 부생물이다. 석유정제의 업가스란 상압증류의 가장 경질분으로서 나오는 성분 이외에 가솔린 생산을 목적으로 한 중유의 접촉분해 또는 가솔린의 옥탄가 상승 접촉개질 프로세스에 부생하며, 나프타 분해 시 생성되는 가스이다.

04 긴급차단장치의 차단성능 점검 시 수압 대신 공기 또는 질소 등의 기압사용 시 분당 누출량(mL/min)을 다음 [조건]으로 계산하시오.

[조건]
- 호칭경 : 50mm
- 공기 또는 질소가스의 차압 : 0.5~0.6MPa

정답 $50\text{mL} \times \left(\frac{\text{호칭경}}{25\text{mm}}\right)$ 이므로

$\therefore 50\text{mL} \times \left(\frac{50}{25}\right) = 100\text{mL/min}$

해설 긴급차단장치의 차단성능 검사 시 분당 누출량(mL/min)
$50\text{mL} \times \left(\frac{\text{호칭경}}{25\text{mm}}\right)$
(330mL를 초과하는 경우에는 330mL를 초과하지 않도록 해야 한다.)

05 강을 제조 시 녹은 강속에 알루미늄 규소를 첨가하고 탈산처리하고 산소를 전부 제거 강괴를 만들 때 남아 있는 가스가 없어 서서히 굳어 전체의 성분이나 여러 성질이 균일하게 되어 기계적 성질이 우수한 재질의 강을 무엇이라고 하는가?

정답 킬드강

06 가소성이 부족하고 유기용제에 잘 녹지 않으므로 가소제를 혼합 시 가소성이 좋아지며, 종류로는 DOP, DBP, TCP 등이 있는 합성수지 물질의 명칭은?

정답 폴리염화비닐(PVC)

07 다음 반응식을 이용하여 C_3H_8 1kg당 발열량(kcal)을 계산하시오.

$$C_3H_8 + 5O_2 \rightarrow 3CO_2 + 4H_2O + 581\text{kcal}$$

정답 $C_3H_8 + 5O_2 \rightarrow 3CO_2 + 4H_2O + 581\text{kcal}$
44g : 581kcal
1kg(1000g) : x(kcal)

$\therefore x = \frac{1000 \times 581}{44} = 13204.545 = 13204.55\text{kcal}$

08 구형 가스홀더의 사용상한압력이 10kg/cm^3(g), 사용하한압력이 5kg/cm^2(g)이며, 활동량이 100000Nm^{3}일 때 홀더의 내경(m)을 구하시오. (단, $\pi=3.14$, 1atm=1.0336kg/cm^2 공급 시 온도는 20℃(소수점 첫째자리에서 반올림하여 정수로 구한다.))

정답 $M=\frac{P_1-P_2}{P_0}\times\frac{3.14}{6}\times D^3\times\frac{T_2}{T_1}$ 이므로

$$D^3=M\times\frac{P_0}{P_1-P_2}\times\frac{6}{3.14}\times\frac{T_1}{T_2}=100000\times\frac{1.0336}{10-5}\times\frac{6}{3.14}\times\frac{273+20}{273}$$

$$=42394.456$$

$\therefore\ D=(42394.46)^{\frac{1}{3}}=34.86\text{m}\fallingdotseq 35\text{m}$

09 가스용품 중 염화비닐호스의 내경(mm)과 허용차(mm)를 기입하시오.

정답 ① 1종 : 6.3mm ② 2종 : 9.5mm
③ 3종 : 12.7mm ④ 허용차 : ±0.7mm

참고 KGS AA 534

10 온도가 20℃일 때 엔탈피 변화량이 4000kcal/kg이다. 이때 엔트로피 변화량(kcal/kg·K)는?

정답 $\Delta S=\frac{dQ}{T}=\frac{4000}{(273+20)}=13.651=13.65\text{kcal/kg}\cdot\text{K}$

참고문제

다음 물음에 답하시오.

(1) 질소 10kg이 일정압력 하에서 체적이 1.0m^{3}에서 0.2m^{3}으로 감소하였다. 엔트로피 변화량(kJ/kg·K)은? (단, $C_p=14.3$kJ/kg·K이다.)

(2) 공기 1kg이 100℃에서 일정체적 하에서 400℃로 변화하였다. $C_p=0.781$kJ/kg·K일 때 엔트로피 변화량(kJ/kg·K)은?

정답 (1) $dS=\frac{dQ}{T}=GC_p\ln\frac{V_2}{V_1}=10\times 14.3\ln\frac{0.2}{1}=-230\text{kJ/kg}\cdot\text{K}$

(2) $dS=C_p\ln\frac{T_2}{T_1}=0.781\times\ln\frac{273+400}{273+100}=0.46\text{kJ/kg}\cdot\text{K}$

제3회 출제문제(2013. 10. 6. 시행)

01 C_2H_2에 대하여 다음 물음에 답하시오.

(1) 습식 아세틸렌가스 발생기 온도(℃)는?
(2) 충전 중의 압력(MPa)는?
(3) 충전 후 (①)℃ 이하에서 (②)MPa 될 때까지 방치하는가?

정답 (1) 70℃ (2) 2.5MPa (3) ① 15 ② 1.5

02 배관에 부식이 발생하여 내경이 2% 감소하였다. 처음에 비하여 유량의 감소율(%)을 계산하시오. (단, 이때의 압력마찰계수는 변화가 없다.)

정답 $h_f = f\dfrac{L}{D}\cdot\dfrac{V^2}{2g}$에서 ($f_1 = f_2$, $L_1 = L_2$, $2g$가 같으며) D는 V^2에 비례, V는 $\sqrt{D}$에 비례하므로 $Q=\dfrac{\pi}{4}D^2V$ 식에서 V는 $\sqrt{D}$에 비례 즉, $D^2\cdot D^{\frac{1}{2}} = D^{2.5}$에 비례

$\dfrac{Q_1}{Q_2} = \dfrac{D^{2.5}}{\{(1-0.02)D\}^{2.5}}$ $\therefore Q_2 = \dfrac{0.98^{2.5}D^{2.5}}{D^{2.5}}Q_1 = 0.9507\,Q_1$

∴ 유량의 감소율 : 1－0.9507＝0.04925 ∴ 4.925＝4.93%

03 내압시험 시 전 증가량 0.5L, 영구증가량 0.04L일 때 다음 물음에 답하시오.

(1) 영구증가율(%)을 구하시오.
(2) 내압시험의 합격, 불합격 여부를 판정하시오.

정답 (1) $\dfrac{0.04}{0.5}\times 100 = 8\%$ (2) 10% 이하이므로 합격

04 초압 20℃, 1atm에서 종압 $3kg/cm^2(g)$로 단열압축 시 절대온도(K)는? (단, 비열비는 1.4이다.)

정답 $T_2 = T_1\times\left(\dfrac{P_2}{P_1}\right)^{\frac{K-1}{K}} = (273+20)\times\left(\dfrac{\dfrac{4.0332}{1.0332}}{1}\right)^{\frac{1.4-1}{1.4}} = 432.37K$

05 이동식 부탄연소기의 작성검사항목을 쓰시오.

정답
① 전기점화 성능 ② 연소상태 성능
③ 소화 성능 ④ 온도상승 성능
⑤ 가스소비량 성능

참고 KGS AB 336 p12

06 독성 가스 운반차량에서 리프트를 설치하지 않아도 되는 경우 2가지를 쓰시오.

정답 ① 적재능력 1톤 이하의 차량
② 가스를 공급받는 업소용기 보관실 바닥이 운반차량 적재함. 최저높이로 설치되어 있거나 컨베이어벨트 등 상하차 설비가 설치된 업소에 공급하는 경우

07 비중이 0.6인 가스를 $200mmH_2O$로 공급 시 입상 80m 지점에서 압력(mmH_2O)은?

정답 비중이 가벼운 가스가 상향으로 진행 시 압력이 증가하므로 입상손실
$h=1.293(1-0.6)\times80=41.376mmH_2O$
$\therefore\ P=200+41.376=241.376=241.38mmH_2O$

참고 비중이 1보다 큰 경우는 $P=200-41.376=159mmH_2O$

08 도시가스 배관을 매설 시 다음 물음에 답하시오.
(1) 배관의 침하를 방지하기 위하여 배관 하부에 10cm 정도 포설하는 재료는?
(2) 배관에 작용하는 하중을 수직 및 횡방향에서 지지하고 하중을 기초 아래로 분산시키기 위하여 배관 하단에서 상단 30cm까지 포설하는 재료는?
(3) 배관에 작용하는 하중을 분산시켜 주고, 도로의 침하를 방지하기 위해 노상재(침상재료) 위에서 노면까지 포설하는 재료는?

정답 (1) 기초재료 (2) 침상재료 (3) 되메움재료

참고 되메움재료에는 모래, 보호판, 보호포 등이 있다.

09 직경 100mm, 행정 180mm, 회전수 700rpm인 4기통 왕복압축기의 토출량(m^3/h)을 계산하시오. (단, 효율은 85%이다.)

정답 $Q=\frac{\pi}{4}\times L\times N\times n\times\eta_v\times60=\frac{\pi}{4}\times(0.1m)^2\times(0.18m)\times700\times4\times0.85\times60=201.88m^3/h$

10 직경 10cm, 전체압력이 $40kg/cm^2$인 배관을 플랜지로 이음 시 볼트 1개당 인장력을 400kg 이하로 볼 때 볼트수를 구하시오.

정답 전체하중(w)$=PA=40kg/cm^2\times\frac{\pi}{4}\times(10cm)^2=3141.592654kg$
$\therefore\ 3141.592654\div400=7.85=8$개

2014년 가스기사 필답형 출제문제

제1회 출제문제(2014. 4. 20. 시행)

01 베인형 가스압축기의 압축부분 두께 150mm, 회전수 300rpm, 실린더 내경 200mm, 피스톤 외경 80mm인 베인형 압축기의 피스톤 압출량(m^3/h)은 얼마인가?

정답 $V=\frac{\pi}{4}(D^2-d^2)\times t\times N\times 60\text{m}^3/\text{h}$

$=\frac{\pi}{4}\times(0.2^2-0.08^2)\times0.15\times300\times60=71.25\text{m}^3/\text{h}$

02 내진 설계 시 제2종 독성 가스의 정의에 대하여 기술하시오.

정답 염화수소, 삼불화붕소, 이산화유황, 불화수소. 브롬화메틸, 황화수소와 그 밖에 허용농도가 1ppm 초과 10ppm 이하인 것

03 독성 가스 중 2중관으로 설치하여야 하는 경우 다음 물음에 답하시오.

(1) 가스의 종류 8가지를 기술하시오.
(2) 2중관 규격을 기술하시오.
(3) 외층관과 내층관 사이에 설치되는 가스기구는 무엇인가?

정답 (1) 아황산, 암모니아, 염소, 염화메탄, 산화에틸렌, 시안화수소, 포스겐, 황화수소
(2) 외층관 내경=내층관 외경×1.2배 이상
(3) 가스누출 검지경보장치

04 에탄 60%, 메탄 30%, 부탄 10%의 부피조성을 중량(W)%으로 계산하시오.

정답 ① $C_2H_6(\%)=\frac{30\times0.6}{30\times0.6+16\times0.3+58\times0.1}\times100=62.937=62.94\%$

② $CH_4(\%)=\frac{16\times0.3}{30\times0.6+16\times0.3+58\times0.1}\times100=16.783=16.78\%$

③ $C_4H_{10}(\%)=100-(62.94+16.78)=20.28\%$

05 산화에틸렌 충전에 대한 다음 물음에 답하시오.

(1) 산화에틸렌의 저장 탱크는 그 내부의 질소 탄산가스 및 (①)가스를 질소가스 또는 (②)로 치환하고, (③)℃ 이하를 유지한다.
(2) 산화에틸렌을 저장 탱크 또는 용기에 충전할 때에는 미리 그 내부가스를 질소가스 또는 탄산가스로 바꾼 후에 (①) 또는 (②)를 함유하지 아니 하는 상태로 충전한다.
(3) 산화에틸렌의 저장 탱크 및 충전용기에는 (①)℃에서 그 내부가스 압력이 (②)MPa 이상이 되도록 질소 탄산가스를 충전한다.

정답 (1) ① 산화에틸렌 분위기 ② 탄산가스 ③ 5
(2) ① 산 ② 알칼리
(3) ① 45 ② 0.4

참고 (KGS Fp 111 3.2.2.5) 산화에틸렌 충전

06 차량에 고정된 탱크로 산소가스를 운반 시 휴대하여야 할 경우 다음 물음에 답하시오.

(1) 소화제의 종류를 쓰시오.
(2) 소화능력 단위를 쓰시오.
(3) 비치 개수를 기술하시오.

정답 (1) 분말소화제
(2) BC용 B-8 이상 또는 ABC용 B-10 이상
(3) 차량 좌우에 각각 1개 이상

참고 **가연성 가스인 경우**
1. 분말소화제, BC용 B-10 이상 또는 ABC용 B-12 이상
2. 차량 좌우에 각각 1개 이상 비치

07 도시가스 배관을 지하에 매설 시 배관의 매설 심도를 확보할 수 없는 경우 설치하여야 하는 가스 시설물의 명칭은?

정답 보호판

해설 **보호판 설치 기준**
- 중압 이상의 배관을 설치하는 경우
- 배관의 매설 심도를 확보할 수 없는 경우
- 타 시설물과 이격거리를 유지하지 못했을 경우

08 독성 가스를 사용하는 냉동능력 50RT 냉동기가 있다. 다음 물음에 답하시오.

(1) 자연통풍구의 면적(m^2)을 계산하시오.
(2) 강제통풍장치의 통풍능력(m^3/min)을 계산하시오.

정답 (1) 50톤×0.05m^2/톤=2.5m^2 이상
(2) 50톤×2m^3/min·톤=100m^3/min 이상

해설 • 냉동장치의 통풍구 면적 : 냉동능력 1톤당 0.05m^2 이상
• 강제통풍장치 통풍능력 : 1톤당 2m^3/min 이상

09 비파괴검사 중 RT검사의 (1) 정의와 (2) 장점을 2가지 기술하시오.

정답 (1) 정의 : X선이나 γ(감마)선의 필름을 이용하여 시험체 내부 결함을 알아내는 검사법으로 직접 촬영법, 간접촬영법, 투시법이 있다.
(2) 장점
① 신뢰성이 있다. ② 영구보존이 가능하다.

해설 비파괴검사의 장·단점

검사법	장점	단점
RT	• 신뢰성이 있다. • 영구보존이 가능하다.	• 비경제적이다. • 시간이 소요된다. • 내부 결함 검출이 우수하다.
UT	• 시험결과를 즉시 알 수 있다. • 건강에 문제가 없다. • 면상결함도 검출이 가능하다.	• 개인능력의 차이가 있다. • 결함의 크기는 알아도 종류는 알 수 없다.
MT	• 검사방법이 쉽다. • 미세한 표면결함 검출능력이 우수하다.	• 결함의 크기, 형상위치, 검출능력은 우수하나 결함의 깊이는 알 수 없다.
PT	• 시험방법이 간단하다. • 크기 형상의 영향이 없다.	• 주위온도의 영향을 받는다. • 시험체 표면이 열려 있어야 한다.

10 가스용품의 세이프 티 커플링에서 암수 카플링의 설치위치를 기술하시오.

정답 암 커플링은 호스가 분리되었을 경우 자동차 충전구 쪽에, 수 커플링은 충전기 쪽에 설치할 수 있는 구조로 한다.

참고 KGS AA 235

11 다음 물음에 답하시오.

(1) 황화수소의 제거방법 중 습식 제거방법의 종류를 4가지 기술하시오.
(2) 황화수소의 분석법 중 흡광광도법으로 분석 시의 흡수용액을 기술하시오.

정답 (1) ① 시볼트법 ② 알카지드법 ③ 카볼트법 ④ 티록스법 ⑤ 알카티드법
(2) 아연아민착염용액

해설
- 시볼트법 : 3%의 탄산나트륨용액으로 황화화합물 흡수
  $Na_2CO_3 + H_2S \rightleftarrows NaHS + NaHCO_3$
- 알카지드법 : 석탄산소다용액에 흡수시키는 법
  $C_6H_5ONa + H_2S \rightleftarrows NaHS + C_6H_5OH$
- 카볼트법 : 에탄올아민 수용액에 의해 저온에서 H_2S를 흡수하고, 고온에서 H_2S를 방출하는 법
  $2RNH_2 + H_2S \rightleftarrows (RNH_3)_2S$
- 티록스법 : 황비산나트륨용액을 사용 H_2S를 흡수하고, 다시 공기로 산화함으로 재생시킨다.

참고 **건식 탈황법의 종류**
1. 흡착법
2. 수산화제2철에 의한 탈황법

12 다음에서 설명하는 밸브의 종류는?

(1) 용도는 중고압용이며, 개폐가 신속하나 차단효과가 불량하다.
(2) 압력손실이 크나 기밀유지가 양호하고, 유량조절이 용이하다.
(3) 배관의 내경과 동일하며, 관내 흐름이 양호하고 압력손실이 적다.
(4) 개폐에 시간이 많이 소요되고, 완전개방하지 않으면 손실이 생겨 유량조절에 부적당하다.

정답 (1) 플러그밸브
(2) 글로브밸브
(3) 볼밸브
(4) 슬루스(게이트)밸브

13 오토 사이클은 전기점화 기관의 이상 사이클로 일정체적 하에서 동작유체의 열공급과 방출이 행하여지므로 정적 사이클이라 한다. 다음 물음에 답하시오.

(1) 2개의 단열과정 2개의 정적과정 1개의 정압과정으로 구성된 사이클로 2중 연소 사이클이며, 고속 디젤기관의 기본 사이클은 무엇인가?
(2) 1개의 정적 · 정압 과정 2개의 단열과정으로 이루어진 가스터빈의 이상 사이클은?

정답 (1) 사바테 사이클
(2) 아트킨슨 사이클

14 액화석유가스 집단공급사업의 허가 대상은 공동주택단지 전체 세대수가 얼마 이상의 수요가에게 공급되는 경우인가?

정답 70세대 이상

15 다기능 가스안전계량기의 유량차단 성능에서 ① 합계유량차단값, ② 증가유량차단값을 기술하시오.

정답 ① 합계유량차단 : 연소기구소비량 총합×1.13
② 증가유량차단 : 연소기구 중 최대소비량×1.13

제2회 출제문제(2014. 7. 6. 시행)

01 내경이 406.4mm, 두께가 7.9mm의 배관을 맞대기 용접 시 평행한 용접 이음매의 간격(mm)을 계산하시오.

정답
$$R_m(\text{두께 중심반경})=\left(\text{내경}\times\frac{1}{2}\right)+\left(\text{관두께}\times\frac{1}{2}\right)$$
$$=\left(406.4\times\frac{1}{2}\right)+\left(7.9\times\frac{1}{2}\right)=207.15\text{mm}$$
$$\therefore\ D=2.5\sqrt{R_m\times t}=2.5\sqrt{207.15\times 7.9}=101.13\text{mm}$$

02 다음 용어의 정의를 기술하시오.

(1) AG
(2) PG
(3) LG

정답 (1) AG : 아세틸렌가스를 충전하는 용기의 그 부속품
(2) PG : 압축가스를 충전하는 용기의 그 부속품
(3) LG : LPG 이외에 액화가스를 충전하는 용기의 그 부속품

03 C_3H_8 10kg이 연소 시 생성되는 습연소가스량(Nm^3)은?

정답
$$C_3H_8 + 5O_2 \rightarrow 3CO_2 + 4H_2O$$
44kg　$5\times22.4Nm^3$　$3\times22.4Nm^3$　$4\times22.4Nm^3$
10kg　$x(Nm^3)$　$y(Nm^3)$　$z(Nm^3)$
$$\therefore\ (x)N_2=\frac{10\times5\times22.4}{44}\times\frac{(1-0.21)}{0.21}=95.757$$
$$(y)CO_2=\frac{10\times3\times22.4}{44}=15.272$$
$$(z)H_2O=\frac{10\times4\times22.4}{44}=20.363$$
$\therefore$ 습연소가스량 : $x+y+z=95.757+15.272+20.363=131.39Nm^3$

04 정압기의 정특성 중 off-set을 설명하시오.

정답 정특성에서 기준유량이 Q일 때 2차 압력을 P에 설정했다고 하면 유량이 변화했을 경우 2차 압력 P로부터 어긋난 것

05 다음의 [조건]으로 배관의 응력(kg/cm^2) 값을 계산하시오.

[조건]
- 영률 : $E = 2.1\times10^6$kg/cm^2
- 관길이 : 1.5m
- 늘어난 길이 : 0.46mm

정답 $\sigma = E\varepsilon = 2.1\times10^6\times\frac{0.46}{1500} = 644$kg/cm^2

06 내진 등급의 기준을 3가지 분류하고, 정의를 쓰시오.

정답
① 내진 특등급 : 설비의 손상기능 상실이 공공의 생명재산에 막대한 피해를 초래할 수 있는 경우
② 내진 1등급 : 설비의 손상기능 상실이 사업소 경계 밖에 있는 공공의 생명과 재산에 상당한 피해를 초래할 수 있는 경우
③ 내진 2등급 : 설비의 손상기능 상실이 공공의 생명재산에 경미한 피해를 초래할 수 있는 경우

07 가스 매설배관은 일정간격으로 T/B 박스를 설치한다. 일정배관 외에 T/B 박스를 설치하는 장소 4개소를 쓰시오.

정답
① 직류전철 횡단부 주위
② 지중에 매설되어 있는 배관 절연부 양측
③ 도시가스 도매사업자 시설의 밸브기지 및 정압기
④ 다른 금속구조물과 근접교차 부분

08 독성 액화가스 1000kg 이상 운반 시 염화수소를 운반하는 경우 중화제의 종류와 보유량은?

정답 소석회 40kg 이상

해설 독성 가스 운반 시 휴대 제독제와 양

품명	운반 독성 가스량		해당 독성 가스
	액화가스 질량 1000kg		
	미만	이상	
소석회	20kg 이상	40kg 이상	염소, 염화수소, 포스겐, 아황산 등에 적용

09 배관을 건축물 내에 매설 시 사용가능한 배관의 종류 3가지는?

정답 ① 가스용 폴리에틸렌관
② 폴리에틸렌 피복강관
③ 분말융착식 폴리에틸렌 피복강관

10 고압가스 용기보관실의 안전유지기준 5가지 이상을 쓰시오.

정답 ① 충전용기, 잔가스용기는 구분하여 용기보관장소에 놓을 것
② 가연성, 독성, 산소의 용기는 구분하여 용기보관장소에 놓을 것
③ 용기보관장소 2m 이내에는 화기, 인화성, 발화성 물질을 두지 않을 것
④ 용기보관장소에는 계량기 등 작업에 필요한 물건 이외는 두지 않을 것
⑤ 충전용기는 40℃ 이하를 유지하고, 직사광선을 받지 않도록 할 것
〈고법 시행규칙 별표 8〉

11 다음 용기의 종류에 따른 Fp(최고충전압력)을 기술하시오.

(1) 저온용기
(2) 액화가스용기

정답 (1) 저온용기 : 상용압력 중 최고압력
(2) LG(액화가스) 용기 : 내압시험압력× $\frac{3}{5}$

해설 (1), (2) 이외에 PG(압축가스) 용기 : 35℃에서 그 용기에 충전할 수 있는 가스압력 중 최고압력

참고 KGS Ac 212

12 8L의 용기에는 20MPa(a)의 압력이, 18L의 용기에는 18.8MPa(a)의 압력이 형성되어 있다. 이 용기를 연결 시 연결 후의 최종압력은 몇 MPa(a)인가?

정답 $P=\frac{P_1V_1+P_2V_2}{V}=\frac{20\times8+18.8\times18}{(8+18)}=19.169=19.17\text{MPa}$

13 다기능 가스안전계량기가 신호를 송신 또는 송수신 하여야 하는 경우 4가지를 기술하시오.

정답 ① 합계 증가가 차단한 경우
② 연속사용시간을 차단한 경우
③ 미소누출검지한 경우
④ 전지전압 저하 시
⑤ 공급압력 저하 차단 시
⑥ 자동검침기능 작동 시

14 배관의 피복손상을 방지하기 위하여 설치하여야 하는 (1) 직류전압에 의한 방법 2가지와 (2) 교류전압에 의한 방법 2가지를 쓰시오.

정답 (1) 직류전압 : ① 직류전압구배법, ② 근접간격 전위측정법
(2) 교류전압 : ① 피어슨법, ② 우드베리법

15 미국 국립산업안전보건연구소(NIOSH) 독성 가스 농도에 따른 30분 노출 시에도 안전한 허용농도 기준값의 정의는?

정답 IDLH

해설
- IDLH(Immediately Dangerous to Life and Health) : 생명이나 건강에 급성으로 위험한 농도. 타인의 도움 없이 30분간 대피가 가능하며, 대피 시 영구적 장애 발생 없음
- Ceiling(최고노출허용기준), TLV(노출허용기준)
- 독성값의 강도 기준은 LC_{50} > IDLH > Ceiling > TLV
- IDLH 초과 시는 에어라인마스크 착용, IDLH 이하 시는 공기여과식 호흡기 및 일반보호구 착용

참고 **TLV(노출허용기준)** : 반복 노출 시 모든 사람에게 악영향을 끼치지 않는 대기 중의 농도
1. TLV－TWA(시간가중 평균농도) : 매일 일하는 근로자가 1일 8시간씩 주 40시간 그 분위기에 작업 시 건강에 지장이 없는 농도(허용농도 200ppm 이하를 독성 가스라 정의)
2. TLV－STEL(단시간 노출허용농도) : 짧은 시간에 노출될 수 있는 최고허용농도로서 근로자가 15분 동안 계속하여 노출되어도 참을 수 없는 자극, 사고를 일으킬 수 있는 혼수상태, 만성적 또는 비가역적 조직의 변화, 작업능률의 감소, 최고 60분 노출시간 사이에 하루 4번 이상 휴식은 허용되지 않으며, TLV－TWA는 초과하지 않아야 함
3. TLV－C(최고허용농도) : 최고허용한도로서 단 한순간이라도 초과하지 않아야 하는 농도
4. TLV는 독성 가스의 상대지표 공기오염작업 : 계속적으로 노출되는 독성, 위험성 평가에는 사용하지 않아야 한다.

제3회 출제문제(2014. 10. 5. 시행)

01 독성 가스 중 이중관으로 이송하여야 하는 독성 가스를 4가지 이상 쓰시오.

정답 아황산, 암모니아, 염소, 염화메탄, 산화에틸렌, 시안화수소, 포스겐, 황화수소

02 2단 감압식 조정기의 장점 4가지를 쓰시오.

정답 ① 각 연소기구에 알맞은 압력은 공급이 가능하다.
② 중간배관이 가늘어도 된다.
③ 관의 입상에 의한 압력손실이 보정된다.
④ 공급압력이 안정하다.

참고 **단점**

1. 설비가 복잡하다.
2. 검사방법이 복잡하다.
3. 조정기가 많이 든다.
4. 부탄의 경우 재액화에 문제가 있다.

03 Tp=300kg/cm²인 오토클레이브에 수소가 20℃에서 100kg/cm²(g) 충전되어 있다. 이 오토클레이브에 온도를 상승 시 안전밸브에서 가스가 분출되었다. 이 때의 온도는 몇 ℃인가? (단, 1atm=1.033kg/cm²이다.)

정답 안전밸브 작동압력 $=\text{Tp}\times\frac{8}{10}=300\times\frac{8}{10}=240\text{kg/cm}^2$

$\frac{P_1}{T_1}=\frac{P_2}{T_2}$ 이므로

$\therefore\ T_2=\frac{T_1P_2}{P_1}=\frac{(273+20)(240+1.033)}{(100+1.033)}=699.005\text{K}=426.005=426.01℃$

04 LPG 충전용기 50kg을 차량에 적재 시 몇 개 이상을 운반 시 운반책임자를 동승시켜야 하는가?

정답 3000kg÷50kg=60개

해설 가연성 액화가스 운반 시 3000kg 이상 적재하여 운반 시 동승

05 1시간에 3000kg/h를 분출하는 산소가스의 안전밸브가 27℃에서 분출 시 분출부의 유효면적(cm²)은 얼마인가? (단, 분출압력은 5MPa(g), 1atm=0.1MPa로 한다.)

정답 $a=\frac{w}{2300P\sqrt{\frac{M}{T}}}=\frac{3000}{2300\times(5+0.1)\sqrt{\frac{32}{(273+27)}}}=0.78\text{cm}^2$

06 다음 조건으로 구형 가스홀더의 내용으로 다음 물음에 답하시오.

(1) 내용적을 구하여라. (단, 직경은 24.2m이다.)

(2) 사용상한압력 0.7MPa, 사용하한압력 0.4MPa일 때 표준상태 공급량(Nm³)을 구하여라. (단, 1atm=0.1013MPa이다.)

정답 (1) $V=\frac{\pi}{6}D^3=\frac{\pi}{6}(24.2\text{m})^3=7420.697=7420.70\text{m}^3$

(2) $M=\frac{(P_1-P_2)}{0.1013}\times V=\frac{\{(0.7+0.1013)-(0.4+0.1013)\}}{0.1013}\times 7420.70$

$=21976.4067=21976.41\text{Nm}^3$

07 다음 [조건]으로 펌프의 비교회전도(N_s)를 계산하시오.

[조건]
- 양정 : 200m
- 회전수 : 3000rpm
- 유량 : 1.5m³/min
- 단수 : 4단

정답 $N_s = \dfrac{N\sqrt{Q}}{\left(\dfrac{h}{m}\right)^{\frac{3}{4}}} = \dfrac{3000\times\sqrt{1.5}}{\left(\dfrac{200}{4}\right)^{\frac{3}{4}}} = 195.406 = 195.41$

08 폭굉유도거리(DID)의 정의를 쓰고, 폭굉유도거리가 짧아지는 조건을 쓰시오.

정답 (1) 정의 : 최초의 완만한 연소가 격렬한 폭굉으로 발전하는 거리
(2) 짧아지는 조건
① 정상연소속도가 큰 혼합가스일수록
② 관속에 방해물이 있거나 관경이 가늘수록
③ 점화원의 에너지가 클수록
④ 압력이 높을수록

09 다음 [조건]으로 입상배관의 압력손실(Pa)값을 구하시오.

[조건]
- 비중 : 1.65
- 입상높이 : 10m

정답 $h = 1.293(s-1)H = 1.293(1.65-1)\times 10 = 8.4045\text{mmH}_2\text{O}$

$\therefore \dfrac{8.4045}{10332}\times 101325 = 82.422\text{Pa}$

10 다기능 가스안전계량기에서 다음 빈칸 ①, ②를 채우시오.

입출구간 거리(mm)		나사규격
90	①	②
100		
130		

정답 ① ±0.5mm
② M 34×1.5

11 다음의 방호벽에 대한 내용이다. 빈칸을 채우시오.

종류 \ 규격	높이	두께	세부사항
철근콘크리트	(①)mm 이상	(②)mm 이상	기초높이 350mm, 직경 (③)mm 철근을 가로×세로 (④)mm 이하 간격으로 배근 결속 되메우기 깊이는 300mm 이상, 기초는 일체로 된 철근콘크리트 기초의 두께는 방호벽 최하부 두께는 120% 이상

정답 ① 2000 ② 120 ③ 9 ④ 400

12 탄소와 수증기를 이용하여 수소를 제조하는 공정의 화학반응식을 쓰시오.

(1) 고온일 때
(2) 저온일 때

정답 (1) 고온 : $C + H_2O \rightarrow CO + H_2 - 31.4kcal$
(2) 저온 : $C + H_2O \rightarrow CO + H_2 - 29.6kcal$

- 고온 : 수성 가스법으로 1400℃ 정도로 적열된 코크스에 수증기를 작용시키면 일산화탄소와 수소의 혼합가스가 얻어짐
- 저온 : 석탄의 완전가스화법으로 미분탄에 수증기와 산소를 반응시키면 흡열과 발열을 동시에 일으키고, 1100℃ 이상을 유지 연속적으로 수성 가스를 발생시킴

참고문제

수소의 제법 중 일산화탄소 전화법을 설명하시오.

정답
- 수소제법 중 가장 경제적인 방법
- 일산화탄소에 수증기를 작용, 철, 크롬계 촉매와 함께 가열
  $CO + H_2O \rightarrow CO_2 + H_2$
- 상기 반응은 2단계로 진행
  (1단계) 고온전화반응
  ① 고온전화 촉매 : $Fe_2O_3 - Cr_2O_3$계
  ② 온도 : 350~500℃
  (2단계) 저온전화반응
  ① 저온전화 촉매 : $CuO - ZnO$계
  ② 온도 : 200~250℃

13 원심압축기에 맥동(surging) 현상의 방지법을 4가지 쓰시오.

정답 ① 우상특성이 없게 하는 방법
② 방출밸브에 의한 방법
③ 베인컨트롤에 의한 방법
④ 회전수를 변화시키는 방법
⑤ 교축밸브를 기계에 근접 설치하는 방법

참고 **Surging의 정의**

구분	정의
압축기	압축기와 송풍기 사이에 토출측 저항이 커지면 풍량이 감소하고 어느 풍량에 대하여는 일정압력으로 운전되나 우상특성의 풍량까지 감소 시 관로에 심한 공기의 맥동 진동이 발생하는 현상
펌프	펌프를 운전 중 주기적으로 양정, 토출량 등이 규칙 바르게 변동을 일으키는 현상 (운전 중 한숨을 쉬는 것과 같은 현상이 일어남.)

14 LP가스용으로 사용되는 기화장치 중 감압가온방식의 기화기의 방식을 설명하시오.

정답 액상의 LP가스를 조정기 감압밸브로 감압 열교환기로 보내 온수 등으로 가열하는 방식

참고 **가온감압식** : 열교환기에 의해 액상의 LP가스를 보내 온도를 가하고 기화된 가스를 조정기로 감압공급하는 방식

[기화기의 분류방법]

구분	분류방법
장치구성형식	• 단관식 • 다관식 • 사관식 • 열판식
증발형식	• 순간증발식 • 유입증발식
작동원리	• 가온감압식 • 감압가온식
가열방식	• 간접가열방식 • 대기온도이용방식

15 황염(Yellow Tip)과 선화(Lifting)의 발생원인과 방지방법을 기술하시오.

정답

구분	발생원인	방지방법
황염	• 1차 공기 부족 시 • 주물 아래 철가루 등이 존재 시	• 충분한 공기량 공급 • 연소기 및 부품의 청소·청결 유지
선화	• 가스공급압력이 높을 때 • 공기조절장치가 많이 열렸을 때 • 배기환기가 불량할 때 • 염공이 작아졌을 때	• 가스공급압력 낮춤 • 공기조절장치를 적당히 개방 • 배기를 양호하게 하여 2차 공기공급을 원활하게 함. • 노즐콕의 구경을 적당히 조절

2015년 가스기사 필답형 출제문제

제1회 출제문제(2015. 4. 18. 시행)

01 포스겐에 대하여 다음 물음에 답하시오.

(1) 분자식은?

(2) 제조반응식, 촉매를 쓰시오.

(3) 허용농도(TLV–TWA)(LC_{50})을 쓰시오.

정답 (1) $COCl_2$

(2) 반응식 : $CO+Cl_2 \rightarrow COCl_2$

촉매 : 활성탄

(3) TLV–TWA : 0.1ppm, LC_{50} : 5ppm

참고 1. 중화액 : 가성소다 수용액, 소석회

2. 누설검지 시험지 : 하리슨 시험지(심등색)

3. 윤활제 : 진한 황산

4. 제조 반응식 : $CO+Cl_2 \rightarrow COCl_2$

5. 가수분해 반응식 : $COCl_2+H_2O \rightarrow CO_2+2HCl$

02 전기방식법 중 강제배류법의 장점 4가지를 쓰시오.

정답 ① 전기방식의 효과범위가 넓다.

② 전압전류 조정이 가능하다.

③ 전철의 운휴에도 방식이 가능하다.

④ 외부전원법에 의하여 경제적이다.

참고 **단점**

1. 타 매설물의 장애가 있다.

2. 과방식의 우려가 있다.

3. 전원이 필요하다.

4. 전철의 신호장애에 의한 검토가 필요하다.

03 염소의 공업적 제조방법을 2가지 쓰시오.

정답 ① 소금물 전해법 : $2NaCl+2H_2O \rightarrow 2NaOH+H_2+Cl_2$

② 염산의 전해법 : $2HCl \rightarrow H_2+Cl_2$

참고 **실험적 제법**

1. 염산에 산화제를 분해하는 방법
   $MnO_2 + 4HCl \rightarrow MnCl_2 + 2H_2O + Cl_2$
2. 염화나트륨에 진한 황산과 이산화망간을 넣어 가열
   $2NaCl + 2H_2SO_4 + MnO_2 \rightarrow Na_2SO_4 + MnSO_4 + 2H_2O + Cl_2$
3. 표백분에 염산을 가한다.
   $CaOCl_2 + 2HCl \rightarrow CaCl_2 + H_2O + Cl_2$

04 액화 독성 가스를 1000kg 이상 운반 시 갖추어야 할 보호구의 종류 4가지를 쓰시오.

정답 ① 방독마스크 ② 공기호흡기 ③ 보호의
④ 보호장화 ⑤ 보호장갑

참고

품명	규격	운반하는 독성 가스의 양 압축가스 용적 $100m^3$ 또는 액화가스 질량 1000kg		비고
		미만인 경우	이상인 경우	
방독마스크	독성 가스의 종류에 적합한 격리식 방독마스크(전면형, 고농도용의 것)	○	○	공기호흡기를 휴대한 경우는 제외한다.
공기호흡기	압축공기의 호흡기(전면형, 고농도용의 것)	–	○	빨리 착용할 수 있도록 준비된 경우는 제외한다.
보호의	비닐피복제 또는 고무피복제의 상의 등을 신속히 착용할 수 있는 것	○	○	압축가스의 독성 가스 경우는 제외한다.
보호장갑	고무제 또는 비닐피복제의 것(저온가스의 경우는 가죽제의 것)	○	○	압축가스의 독성 가스 경우는 제외한다.
보호장화	고무제의 장화	○	○	압축가스의 독성 가스 경우는 제외한다.

[비고] 표 가운데의 ○은 비치하는 것을 나타낸다.

05 고압가스 기계장치의 압축기 가동 시 압축비가 증대 시 영향 4가지를 기술하시오.

① 체적효율 저하
② 소요동력 증대
③ 실린더 내 온도상승
④ 윤활유 열화탄화 발생
⑤ 윤활기능 저하

06 냉동장치에 사용되는 냉매가스가 다음과 같을 때 부식발생 우려가 있어 사용에 금지된 금속의 종류를 각각 기술하시오.

(1) 염화메탄(CH_3Cl)
(2) 프레온

정답 (1) 알루미늄합금
(2) 2%를 넘는 마그네슘을 함유한 알루미늄합금

참고 **암모니아의 경우** : 동 및 동함유량 62% 이상의 동합금

07 LPG 저장탱크 내부에 폭발을 방지하기 위하여 설치되는 폭발방지제의 재료를 쓰시오.

정답 알루미늄합금 박판 또는 다공성 벌집형 알루미늄합금 박판

참고 **알루미늄합금 박판의 모양** : 다공성 벌집형

08 저장능력이 3톤 미만인 LPG 소형 저장탱크에 액비중 0.5, 내용적 7000L일 때 충전질량(kg)은?

정답 $W=0.85dV=0.85\times0.5\text{kg/L}\times7000\text{L}=2975\text{kg}$
(관련 code) KGS Fp 331

해설

[저장능력]

구분	공식
액화가스 저장탱크	$W=0.9dV$
LPG 소형 저장탱크	$W=0.85dV$
액화가스 용기	$W=\frac{V}{C}$

여기서, W : 저장능력(kg)
d : 상용온도에서 액화가스 비중(kg/L)
C : 충전상수

09 위험장소로 분류되는 3가지를 기술하시오.

정답 ① 0종 ② 1종 ③ 2종

10 가연성과 독성 가스 누설 시 경보하는 가스누설 경보기의 각각 경보농도와 경보기의 정밀도를 기술하시오.

정답 (1) 가연성
① 경보농도 : 폭발하한의 1/4 이하
② 정밀도 : ±25% 이하
(2) 독성
① 경보농도 : (TLV-TWA) 기준 농도 이하
② 정밀도 : ±30% 이하

참고 **경보기의 지시계눈금**
1. 가연성 : 0~폭발하한계값
2. 독성 : TLV－TWA 기준농도 3배값
3. 가스누설 시 경보를 발신 후 그 농도가 변하더라도 계속 경보하고 대책을 강구한 후 경보가 정지하게 된다.

11 가스사용시설에서 반밀폐식의 보일러 설치 시 자연배기의 단독배기통으로 설치하는 경우 배기통 입상의 높이는 몇 m 이하인가?

정답 10m 이하

참고 1. 배기통의 굴곡수 : 4개 이하, 배기통 가로길이 : 5m 이하
2. 반밀폐 가연배기의 단독 배기통 방식의 배기통 높이

$$h=\frac{0.5+0.4n+0.1l}{\left(\frac{1000A_v}{6Q}\right)^2}$$

여기서, h : 배기통의 높이(m)
n : 배기통의 굴곡수
l : 역풍방지장치 개구부 하단으로부터 배기통 끝의 개구부까지의 전 길이(m)
A_v : 배기통의 유효단면적(cm^2)
Q : 가스소비량(kcal/h)

3. 다음 조건으로 반밀폐 자연배기의 단독 배기통의 높이(m) 계산
• 배기통 굴곡수 : 4개
• 역풍방지장치 개구부 하단에서 개구부까지 전 길이 : 200m
• 배기통 유효면적 : $50cm^2$
• 가스소비량 : 5000kcal/h

$$\therefore\ h=\frac{0.5+0.4\times4+0.1\times200}{\left(\frac{1000\times50}{6\times5000}\right)^2}=7.956=7.96\text{m}$$

12 도시가스에서 사용되는 정압기의 기능 3가지를 기술하시오.

정답 ① 도시가스 압력을 사용처에 맞게 낮추는 감압기능
② 2차측 압력을 허용 범위 내의 압력으로 유지하는 정압기능
③ 가스흐름이 없을 때 밸브를 완전히 폐쇄하여 압력상승을 방지하는 폐쇄기능

13 액화산소 용기에 액화산소가 60kg 충전되어 있다. 이때 용기 외부로부터 액화산소에 시간당 5kcal/h 열량이 가해진다면 액화산소량이 1/3로 감소되는 데 소요시간(hr)을 계산하여라. (단, 액화산소의 증발잠열은 1600cal/mol이다.)

정답 ① 1600cal/mol = 1600cal/32g = 50cal/g = 50kcal/kg
② 산소량 $\frac{1}{3}$ 증발량

60kg × $\frac{1}{3}$ × 50kcal/kg : x시간

5kcal : 1시간이므로

$$\therefore\ x = \frac{60\times\frac{1}{3}\times 50\times 1}{5} = 200\text{시간}$$

14 다음 [조건]으로 중고압 배관의 관경(mm)을 계산하여라.

[조건]
- 공급 가구수 : 3000세대
- 1호당 가스소비량 : $2.0\text{m}^3/\text{hr}$, 관길이 : 1000m
- 동시 사용률 : 70%
- 초압 : $5\text{kg/cm}^2(\text{g})$, 종압 : $3\text{kg/cm}^2(\text{g})$
- Cox의 정수 : 52.31, 비중은 0.5이다. (단, $1\text{atm}=1\text{kg/cm}^2$이다.)

정답 $Q = K\sqrt{\frac{D^5(P_1{}^2 - P_2{}^2)}{SL}}$ 이므로

$$\therefore\ D = \left[\left(\frac{Q}{K}\right)^2 \frac{SL}{P_1{}^2 - P_2{}^2}\right]^{\frac{1}{5}}$$

$$= \left[\left(\frac{3000\times 2.0\times 0.7}{52.31}\right)^2 \times \frac{0.5\times 1000}{\{(5+1)^2-(3+1)\}^2}\right]^{\frac{1}{5}}$$

= 11cm = 110mm

15 고압장치의 운동하는 부위와 배관과 같이 고정된 부분에 각각 누설을 방지하기 위하여 사용하는 누설방지용 기자재의 명칭을 쓰시오.

정답 ① 운동 부분 : 패킹
② 고정된 부분 : 개스킷

해설
- 패킹 : 압축기 펌프 등의 접합면이나 회전 왕복운동을 하는 축의 관통부분에 기밀유지를 위해 사용
- 개스킷 : 플랜지와 플랜지 사이 유니언 부속품 등과 같이 고정부분에 누설을 방지하기 위해 사용
- 축봉장치 : 펌프축과 케이싱을 관통하는 부분에 누설을 방지하기 위해 사용되며, 그랜드 패킹형 메커니컬 시일형이 있음

참고문제

관의 접속 시 배관의 누설을 방지하기 위하여 접속부 또는 관 끝에 사용되는 부품의 명칭은?

정답 접속부 : 패킹 또는 개스킷
관끝 : 캡 또는 플러그, 막음 플랜지
[(KGS) Fs451]
※ 중압 이상의 강관 양끝부에는 이음부의 재료와 동등 이상의 성능이 있는 배관용 엔드캡(END cap), 막음 플랜지 등으로 용접부착하고 비파괴시험 실시 후 내압시험을 실시

제2회 출제문제(2015. 7. 12. 시행)

01 고압가스 제조장치 중 (1) 사고예방설비와 (2) 피해저감설비를 각각 4가지 이상 쓰시오.

정답 (1) 사고예방설비
① 과압안전장치
② 가스누출경보 및 차단장치
③ 긴급차단장치
④ 역류방지장치
⑤ 역화방지장치
⑥ 전기방폭설비
(2) 피해저장설비
① 방류둑 ② 방호벽 ③ 살수장치
④ 제독설비 ⑤ 중화이송설비 ⑥ 소화설비

참고 KGS Fp 111 (2.6) (2.7) 관련

02 가스장치 기화기의 작동원리에 따른 분류 중 감압가열방식의 원리를 설명하시오.

정답 액상의 가스를 조정기 및 감압밸브로 감압 후 열교환기로 보내어 온수 등의 열매체로 가열하는 방식

해설 **기화장치 분류방법**

장치구성 형식	증발 형식
작동원리에 따른 분류	
가온감압식	열교환기에 의해 액상의 LP가스를 보내 온도를 가하고 기화된 가스를 조정기로 감압하는 방식
감압가열(온)식	액상의 LP가스를 조정기 감압밸브로 감압 열교환기로 보내 온수 등으로 가열하는 방식
작동유체에 따른 분류	• 온수가열식(온수온도 80℃ 이하) • 증기가열식(증기온도 120℃ 이하)

참고 **가열감압식**
열교환기에 의해 액상의 가스를 보내 온도를 가열하고, 기화된 가스를 조정기로 감압공급하는 방식

03 가스 제조장치에서 사용되는 가연성 가스, 독성 가스에 대한 (1) 가스누출검지기의 경보방식, (2) 검지농도 기준, (3) 정밀도를 각각 기술하시오.

정답 (1) 가연성 가스 : 접촉연소방식
독성 가스 : 반도체 방식
(2) 가연성 가스 : 폭발하한계의 1/4 이하
독성 가스 : TLV-TWA 기준농도 이하(단, 암모니아를 실내에서 사용하는 경우 50ppm)
(3) 가연성 가스 : ±25% 이하
독성 가스 : ±30% 이하
(KGS Fp 111) (2.6.2.1) 관련

참고 **검지에서 발신까지 걸리는 시간**
1. 경보 농도 1.6배의 농도에서 30초
2. CO, NH_3 등은 60초

04 부피비로 CH_4 20%, C_2H_6 30%, C_3H_8 30%, C_4H_{10} 20%의 혼합기체의 공기 중 폭발범위 하한(%), 상한(%)값을 계산하시오. (단, 각 가스의 폭발범위는 다음과 같다.)

가스명	폭발범위(%)
CH_4	5~15
C_2H_6	3~12.5
C_3H_8	2.1~9.5
C_4H_{10}	1.9~8.5

정답 ① 하한값 : $\frac{100}{L}=\frac{20}{5}+\frac{30}{3}+\frac{30}{2.1}+\frac{20}{1.9}$

$\therefore\ L=\frac{100}{\frac{20}{5}+\frac{30}{3}+\frac{30}{2.1}+\frac{20}{1.9}}$=2.576=2.56%

② 상한값 : $\frac{100}{L}=\frac{20}{15}+\frac{30}{12.5}+\frac{30}{9.5}+\frac{20}{8.5}$

$\therefore\ L=\frac{100}{\frac{20}{15}+\frac{30}{12.5}+\frac{30}{9.5}+\frac{20}{8.5}}$=10.817=10.82%

∴ 2.56~10.82%

05 공기액화분리장치의 (1) 폭발원인 4가지와 (2) 분리장치에 여과기를 설치하는 이유를 쓰시오.

정답 (1) ① 공기취입구로부터 C_2H_2 혼입
② 압축기용 윤활유 분해에 따른 탄화수소 생성
③ 액체공기 중 O_3의 혼입
④ 공기 중 질소화합물의 혼입

(2) 원료공기 중에 포함된 각종 불순물을 제거하여 분리장치 내의 폭발을 예방하기 위함

06 다음 [조건]으로 구형 가스홀더의 가스량(m^3)을 계산하여라.

[조건]
• 홀더반경 : 25m • 충전압력 : 5MPa(a)

정답 충전량 $M=10PV$에서

$V=\frac{\pi}{6}D^3$이므로

$\therefore\ M=10\times5\times\frac{\pi}{6}\times(2\times25)^3$=3272492.347=3272492.35$m^3$

07 특정설비의 종류인 역화방지장치의 부속장치를 2가지 이상 쓰시오.

정답 ① 소염소자
② 역류방지장치 및 방출장치

참고 **역화방지장치**
아세틸렌, 수소, 그 밖의 가연성 가스 제조 및 사용설비에 부착하는 건식 또는 수봉식(아세틸렌에만 적용)의 역화방지장치로서 상용압력이 0.1MPa 이하의 것
(KGS AA 211) (3.4.1) 관련

08 설치된 중압배관으로부터 신규 중압배관을 설치 C점의 가스 수요를 충당할 때 다음 [조건]으로 중압배관의 BC간의 관경(cm)을 계산하여라.

[조건]

- Q_{AB} : 4500m^3/hr(A-B간의 유량값)
- P_A : 2kg/cm^2(g)(A지점의 압력)
- D_{AB} : 200mm
- Q_{BC} : 1500m^3/hr(B-C간의 유량값)
- L_{BC} : 2000m(B-C간의 관길이)
- P_C : 1.5kg/cm^2(g)(C지점의 압력)
- k : 콕의 정수 52.31
- L_{AB} : 1000m(A-B간의 관길이)
- S : 가스비중 0.55

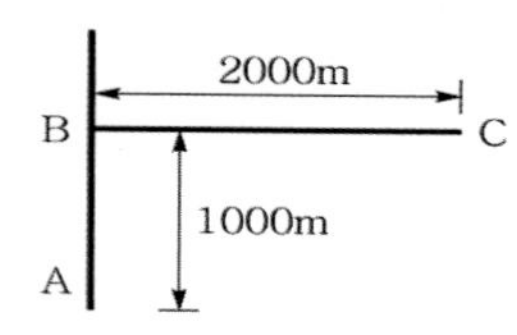

정답 $P_A{}^2 - P_B{}^2 = \dfrac{Q^2 \times S \times L_{AB}}{D_{AB}{}^5 \times k^2}$ 이므로

$$P_B{}^2 = P_A{}^2 - \frac{Q^2 \times S \times L_{AB}}{D_{AB}{}^5 \times k^2} = (3.033)^2 - \frac{(4500+1500)^2 \times 0.55 \times 1000}{20^5 \times 52.31^2} = 6.93785$$

$$P_B = \sqrt{6.93785} = 2.633 \fallingdotseq 2.633\text{kg/cm}^2$$

$$\therefore\ D_{BC} = \sqrt[5]{\frac{Q^2 \times S \times L_{AB}}{k^2(P_B{}^2 - P_C{}^2)}} = \sqrt[5]{\frac{1500^2 \times 0.55 \times 2000}{52.31^2\{(2.633)^2 - (2.533)^2\}}} = 17.727\text{cm} = 17.73\text{cm}$$

해설 A와 B 사이의 유량은 전체의 유량(4500+1500)이 흘러가야 하므로 Q=6000을 대입하고, BC 사이의 유량값은 AB 간의 유량 4500을 감한 나머지 1500을 대입한다.

참고문제 (이런 식으로 출제되었다고 하는 의견이 있습니다.)

기 설치된 중압배관에 유량 4500m^3/h를 사용하고 있는데 신규로 1500m^3/h 유량이 필요한 경우의 중압배관 구경(mm)을 계산하여라. (단, 비중 0.55, 관길이 1000m에서 500m가 연장되었고 시점의 압력은 3kg/cm^2(g), 종점의 압력은 2kg/cm^2(g)이고 콕의 상수 k=52.31, 1atm=1kg/cm^{2}으로 한다.)

정답 $Q = k\sqrt{\dfrac{D^5(P_1{}^2 - P_2{}^2)}{SL}}$

$$\therefore\ D = \sqrt[5]{\frac{Q^2 \cdot S \cdot L}{k^2(P_1{}^2 - P_2{}^2)}} = \sqrt[5]{\frac{6000^2 \times 0.55 \times 1500}{52.31^2\{(4)^2 - (3)^2\}}} = 17.302\text{cm} = 173.02\text{mm}$$

09 다음 연소기의 형식에 따른 연소용 공기를 취하는 장소와 폐가스를 방출하는 장소를 각각 기술하시오.

(1) 반밀폐식(FE)
(2) 밀폐식(FF)

정답 (1) 연소용 공기를 실내에서 취하고, 폐가스를 옥외로 방출
(2) 연소용 공기를 옥외에서 취하고, 폐가스를 옥외로 방출

참고 **개방식** : 연소용 공기를 실내에서 취하고, 폐가스는 실내로 방출

10 도시가스 제조공정 중 수증기 개질법에 의한 (1) 탄화수소와 수증기의 반응식을 쓰고, (2) 카본 생성을 방지하기 위한 2가지 반응식과 반응온도, 반응압력의 조건을 쓰시오.

정답 (1) $A(C_mH_n)+B(H_2O) \rightarrow C(H_2)+D(CO)+E(CO_2)+F(CH_4)+G(C)+H(H_2O)$
(2) 반응식
① $2CO \rightarrow CO_2+C$: 반응온도 높게, 반응압력 낮게
② $CH_4 \rightarrow 2H_2+C$: 반응온도 낮게, 반응압력 높게

참고 수증기 개질(접촉분해) 공정의 반응온도 · 압력(CH_4-CO_2, H_2-CO), 수증기 변화(CH_4-CO, H_2-CO_2)에 따른 가스량 변화의 관계

온도 압력 변화 / 가스량 변화	반응온도		반응압력		수증기의 변화 / 가스량 변화	수증기비		카본 생성을 어렵게 하는 조건	
	상승	하강	상승	하강		증가	감소	$2CO \rightarrow CO_2+C$	$CH_4 \rightarrow 2H_2+C$
$CH_4 \cdot CO_2$	가스량 감소	가스량 증가	가스량 증가	가스량 감소	$CH_4 \cdot CO$	가스량 감소	가스량 증가	상기 반응식은 반응온도는 높게, 반응압력은 낮게 하면 카본 생성이 안 됨	상기 반응식은 반응온도는 낮게, 반응압력은 높게 하면 카본 생성이 안 됨
$H_2 \cdot CO$	가스량 증가	가스량 감소	가스량 감소	가스량 증가	$H_2 \cdot CO_2$	가스량 증가	가스량 감소		

※ 암기 방법
(1) 반응온도 상승 시 $CH_4 \cdot CO_2$의 양이 감소하는 것을 기준으로
① $H_2 \cdot CO$는 증가
② 온도 하강으로 본다면 $CH_4 \cdot CO_2$가 증가이므로 $H_2 \cdot CO$는 감소일 것임
(2) 반응압력 상승 시 $CH_4 \cdot CO_2$가 증가하는 것을 기준으로
① $H_2 \cdot CO$는 감소일 것이고
② 압력하강 시 $CH_4 \cdot CO_2$가 감소이므로 $H_2 \cdot CO$는 증가일 것임
(3) 수증기비 증가 시 $CH_4 \cdot CO$가 감소이므로
① $H_2 \cdot CO_2$는 증가일 것이고
② 수증기비 하강 시 $CH_4 \cdot CO$가 증가이므로 $H_2 \cdot CO_2$는 감소일 것임
∴ 반응온도 상승 시 : $CH_4 \cdot CO_2$ 감소를 암기하면 나머지 가스($H_2 \cdot CO$)와 온도하강 시는 각각 역으로 생각할 것
반응압력 상승 시 : $CH_4 \cdot CO_2$ 증가를 암기하고 가스량이나 하강 시는 역으로 생각하고 수증기비에서는 ($CH_4 \cdot CO$)($H_2 \cdot CO_2$)를 같이 묶어 한 개의 조로 생각하고 수증기비 증가 시 $CH_4 \cdot CO$가 감소이므로 나머지 가스나 하강 시는 각각 역으로 생각할 것

11 비점이 점차 낮은 냉매를 사용, 저비점의 기체를 액화하는 사이클의 명칭은 무엇인가?

정답 캐스케이드 액화사이클

해설 **가스 액화사이클**

종류	작동원리
클라우드 액화사이클	단열 팽창기를 이용하여 액화하는 사이클
린데식 액화사이클	줄-톰슨 효과를 이용하여 액화하는 사이클
필립스식 액화사이클	피스톤과 보조 피스톤이 있어 양 피스톤의 작용으로 액화하는 사이클로 압축기에서 팽창기로 냉매가 흐를 때는 냉각, 반대일 때는 가열되는 액화사이클
캐피자식 액화사이클	공기의 압축압력을 7atm 정도로 열교환에 축냉기를 사용하여 원료공기를 냉각하여 수분과 탄산가스를 제거함으로써 액화하는 사이클
캐스케이드 액화사이클	비점이 점차 낮은 냉매를 사용하여 저비점의 기체를 액화하는 사이클

12 액화석유가스의 압력조정기에서 폐쇄압력의 정의를 쓰시오.

정답 액화석유가스 사용이 중단되었을 때, 즉 가스의 유출을 차단한 때의 조정압력

해설 조정기에서 사용되는 용어

용어	정의
기압	LP가스 사용 시 기준이 되는 압력
조정기 입구압력	조정기 입구의 고압측 압력
조정기 출구압력	조정기로서 조정되어 나오는 측의 압력
폐쇄압력	가스 유출을 정지한 때의 조정압력
용량	조정기의 가스 유출량
안전장치	조정기 및 입구에 과도한 압력이 걸리는 것을 막기 위한 가스 방출장치

참고 **조정기별 폐쇄압력**

조정기 명칭	압력
1단 감압식 저압 2단 감압식, 2차용 저압 및 자동절체식 일체형 저압	3.5kPa 이하
2단 감압식 1차용	95.0kPa 이하
1단 감압식 준저압·자동절체식 일체형 준저압 그 밖의 조정기	조정압력의 1.25배 이하

13 고압가스 설비의 기초는 지반침하로 그 설비에 유해한 영향을 끼치지 않도록 지반조사를 하도록 되어 있는데 1차 지반조사 후 4가지 경우가 발생 시 특별한 조치를 하여야 하는데 (1) 그 경우 4가지와 (2) 조치사항 3가지를 기술하시오.

정답 (1) ① 습윤한 토지
② 매립지로서 지반이 연약한 토지
③ 급경사지로 붕괴우려가 있는 토지
④ 부등침하가 일어나기 쉬운 토지
(2) ① 성토　② 지반개량　③ 옹벽설치
(KGS Fp 111) (2.2.1.3)

참고 **2차 지반조사 실시사항**
1. 보링조사에 따른 지반의 종류에 따라 필요한 깊이까지 굴착한다.
2. 표준관입시험 흙의 표준관입 시험방법에 따라 N값을 구한다.
3. 베인시험은 베인시험용 베인을 흙 속으로 밀어넣고, 이를 회전시켜 최대 토크 또는 모멘트를 구한다.
(그 이외에 평판재하시험, 파일재하시험 등이 있음)

14 도시가스 공급소의 신규설치 공사 시 공사계획 승인대상에 해당하는 설비의 설치공사 4가지를 쓰시오.

정답 ① 가스홀더　② 압축기
③ 정압기　④ 호칭경 150mm 이상의 배관

참고 **도시가스 제조소의 신규설치 공사 시 공사계획 승인대상 설비의 설치공사**
1. 가스발생설비, 가스정제설비
2. 가스홀더
3. 배송기, 압송기
4. 저장탱크 또는 액화가스용 펌프
5. 최고사용압력이 고압인 열교환기
6. 가스압축기, 공기압축기, 송풍기
(도시가스법 시행규칙 [별표 2] 공사계획의 승인대상)

참고문제

도시가스 사업관(제조소, 공급소를 말함) 외의 가스공급시설에서 배관설치 공사계획의 승인대상이 되는 부분을 기술하시오.

정답 ① 본관 또는 최고사용압력이 중압 이상인 공급관을 20m 이상 설치하는 공사
② 본관 또는 최고사용압력이 중압 이상인 공급관을 20m 이상 변경하는 공사
③ 최고사용압력의 변경을 수반하는 공사로서 공사 후 최고사용압력이 고압 또는 중압이 되는 변경공사

15 도시가스 원료로서 나프타의 특징을 4가지 쓰시오.

정답 ① 취급 · 저장이 용이하다.
② 타르, 카본 등의 부산물이 생성되지 않는다.
③ 높은 가스화 효율을 얻을 수 있다.
④ 도시가스 중열용으로 이용된다.
⑤ 대기 수질의 환경오염문제가 적다.
⑥ 가스 중 불순물이 적어 정제설비가 필요 없는 경우가 많다.

참고 **나프타**
원유의 상압증류에 의해 생성되는 비점 200℃ 이하 유분을 말하며, 도시가스 석유화학 합성 비료의 원료로 널리 사용된다.

제3회 출제문제(2015. 10. 4. 시행)

01 정압기의 특성 중 동특성에 대하여 설명하시오.

정답 부하변화가 큰 곳에 사용되며, 부하변동에 대한 응답의 신속성과 안정성을 말한다.

해설 **정압기의 특성**(정압기를 평가 선정 시 고려하여야 할 사항)

특성 종류		개요
정특성		정상상태에 있어서 유량과 2차 압력과의 관계
관련 동작	오프셋	정특성에서 기준유량 Q일 때 2차 압력 P에 설정했다고 하여 유량이 변하였을 때 2차 압력 P로부터 어긋난 것
	로크업	유량이 0으로 되었을 때 끝맺음 압력과 P의 차이
	시프트	1차 압력의 변화 등에 의하여 정압곡선이 전체적으로 어긋난 것
동특성		부하변화가 큰 곳에 사용되는 정압기에 대하여 부하변동에 대한 응답의 신속성과 안정성
유량 특성		메인밸브의 열림(스트로크-리프트)과 유량과의 관계
관련 동작	직선형	(유량)= K×(열림) 관계에 있는 것(메인밸브 개구부 모양이 장방형)
	2차형	(유량)= K×(열림)^2 관계에 있는 것(메인밸브 개구부 모양이 삼각형)
	평방근형	(유량)= K×(열림)$^{\frac{1}{2}}$ 관계에 있는 것(메인밸브가 접시형인 경우)
사용 최대차압		메인밸브에는 1차 압력과 2차 압력의 차압이 정압성능에 영향을 주나 이것이 실용적으로 사용할 수 있는 범위에서 최대로 되었을 때 차압
작동 최소차압		1차 압력과 2차 압력의 차압이 어느 정도 이상이 없을 때 파일럿 정압기는 작동할 수 없게 되며, 이 최소값을 말함

02 고압가스 제조시설의 (1) 플레어스택과 (2) 벤트스택에 대하여 설명하시오.

정답 (1) 플레어스택 : 가연성·독성·고압가스설비 중 특수반응설비와 긴급차단장치를 설치한 고압가스설비에서 이상사태 발생 시 설비 안 내용물을 설비 밖으로 긴급 안전하게 이송하는 설비로서 가연성 가스를 연소시켜 버리는 탑으로서 발생 복사열이 타 제조시설에 나쁜 영향을 미치지 아니하도록 안전한 높이 및 위치에 설치한다.

(2) 벤트스택 : 가연성·독성·고압가스설비 중 특수반응설비와 긴급차단장치를 설치한 고압가스설비에 이상사태 발생 시 설비 안 내용물을 설비 밖으로 긴급 안전하게 이송시키는 설비로서 고압가스, 가연성 가스 및 독성 가스를 폐기하여 버리는 탑으로서 방출가스의 착지농도는 가연성을 폭발하한계 미만으로 독성 가스는 TLV-TWA 기준 농도 미만으로 방출시킨다.

03 공동 배기구를 사용한 배기 시 넓이(면적)를 구하는 공식을 쓰고, 단위를 설명하시오.

정답 $A = Q \times 0.6 \times K \times F + P$

① A : 공동 배기구 유효단면적(mm^2)
② Q : 보일러의 가스소비량 합계(kcal/h)
③ K : 형상계수
④ F : 보일러의 동시 사용률
⑤ P : 배기통의 수평부 연면적(mm^2)

04 전기방식법 중 희생양극법의 정의를 기술하시오.

정답 지중 또는 수중에 설치된 양극금속과 매설배관을 전선으로 연결해 양극금속과 매설배관 사이 전지작용으로 부식을 방지하는 방법을 말한다.

05 가스의 용품 중 퓨즈콕의 기능을 설명하시오.

정답 가스유로를 볼로 개폐하고 과류차단 안전기구가 부착된 것으로서 배관과 호스, 호스와 호스, 배관과 배관 또는 배관과 카플러를 연결하는 구조로 한다.

참고 KGS AA 334 3.4.2

06 LPG 자동차충전기(고정충전설비)의 보호대 설치기준(재질, 높이, 두께)에 대하여 기술하시오.

정답 ① 재질 : 철근콘크리트 또는 강관제
② 높이 : 45cm 이상
③ 두께
- 철근콘크리트제(12cm 이상)
- 강관제(80A 이상)

참고

구분 \ 규격	재질	높이	두께
LPG 소형저장탱크	철근콘크리트 또는 강관제	100cm 이상	• 철근콘크리트 : 12cm 이상 • 강관제 : 100A 이상
이동식 압축도시가스 충전의 충전기	철근콘크리트제 또는 이와 동등 이상 구조물	30cm 이상	• 철근콘크리트 : 두께 12cm 이상

07 위험장소 중 0종 장소에 대하여 설명하시오.

정답 상용의 상태에서 가연성 가스의 농도가 연속해서 폭발하한계 이상으로 되는 장소(폭발상한계를 넘는 경우에는 폭발한계 내로 들어갈 우려가 있는 경우를 포함한다)를 말한다.

08 저장탱크를 설치 시 기초를 고정, 연결하는 방법을 기술하시오.

정답 저장탱크를 기초에 고정할 때는 앵커볼트(Anchor bolt, 기초 중의 철근에 용접하거나 콘크리트로 기초에 고정한 것에 한정한다) 또는 앵커스트랩(Anchor strap, 기초 중의 철근에 용접하거나 콘크리트로 기초에 고정한 것 또는 기초를 관통시켜 기초의 바닥면에 고정한 것에 한정한다)으로 고정시킨다.

참고 KGS Fp 331 2.2.3.1

09 액화석유가스의 사용시설에서 압력조정기 출구에서 연소기 입구까지의 호스 기밀시험압력은?

정답 8.4kPa 이상

해설 (KGS Fp 2.4.5.2)
압력조정기 출구에서 연소기 입구까지의 호스는 8.34kPa 이상의 압력(압력이 3.3kPa 이상 30kPa 이하인 것을 35kPa 이상의 압력)으로 기밀시험을 실시하여 누출이 없도록 한다.

10 반밀폐형 강제배기식 보일러에서 역풍방지장치가 없을 경우 설치가능한 안전장치는?

정답 과대풍압 안전장치

참고 **가스보일러에 설치되는 안전장치**
1. 정전안전장치
2. 소화안전장치
3. 역풍방지장치(반밀폐형 강제배기식의 경우 과대풍압 안전장치 가능)
4. 공기조절장치
5. 공기감시장치

11 LP가스 수송 시 (1) 용기에 의한 방법, (2) 탱크로리에 의한 방법의 장·단점을 각각 쓰시오.

정답

구분 \ 특징	장점	단점
용기	① 용기 자체가 저장설비로 이용될 수 있다. ② 소량 수송의 경우 편리하다.	① 수송비가 높게 된다. ② 취급 시 주의를 요한다.
탱크로리	① 기동성이 있어 장·단거리 모두 유리하다. ② 용기에 비해 다량 수송이 가능하다.	① 탱크가 부설되어야 한다. ② 사고 시 용기에 비해 대형 사고이다.

12 내용적 70%가 충전된 LPG 탱크에서 온도 20℃, C_3H_8의 증기압 7.4kg/cm^2(g), C_4H_{10}의 증기압 1.0kg/cm^2(g)일 때 혼합액화가스의 증기압이 6.12kg/cm^2(g)일 때 C_3H_8과 C_4H_{10}의 mol%를 구하여라. (단, 1atm=1kg/cm^{2}이다.)

정답 라울의 법칙에 의해 C_3H_8 mol%가 x이면 혼합증기압

$P=P_A\times x+P_B\times(1-x)$에서

$P=P_Ax+P_B-P_Bx$

$P-P_B=x(P_A-P_B)$

$$\therefore\ x=\frac{P-P_B}{P_A-P_B}$$

여기서, P=6.12+1=7.12

P_A=7.4+1=8.4

P_B=1.0+1=2.0

$$\therefore\ x=\frac{7.12-2.0}{8.4-2.0}=0.8=80\%$$

∴ C_3H_8 : 80mol%, C_4H_{10} : 20%

참고 내용적 70%에서 C_3H_8, C_4H_{10}의 증기압이 각각 7.4, 2.0이므로 70%는 계산값과 관련이 없음.

13 단면적이 600mm^2, 하중이 700kgf인 추를 달았더니 허용응력에 도달했다. 인장강도가 400kgf/cm^{2}일 때 안전율을 계산하여라.

정답 $$허용응력=\frac{700\text{kgf}}{600\text{mm}^2}=1.166\text{kgf/mm}^2$$

$$\therefore\ 안전율=\frac{인장강도}{허용응력}=\frac{400\text{kgf/cm}^2}{1.166\times100\text{kgf/cm}^2}=3.428=3.43$$

14 가스계량기에서 다음 문구에 대하여 설명하시오.

(1) Q_{max} : 1.3m³/h

(2) V : 0.5L/Rev

(3) 병용

(4) 2018. 11

정답 (1) 시간당 최대유량이 $1.3m^3$

(2) 계량실 1주기 체적이 0.5L

(3) LPG, 도시가스 동시 사용 가능

(4) 검정유효기간 : 2018년 11월까지

15 가스누설경보기 형식에 대한 다음 용어의 정의를 기술하시오.

(1) 즉시경보형

(2) 반시한 경보형

(3) 지연경보형

정답 (1) 즉시경보 : 가스농도가 설정값 이상 시 즉시 경보하는 형식으로 주로 접촉연소식 경보기에서 사용

(2) 반시한 경보 : 지연시간을 두고 농도가 급격히 증가 시 즉시 경보하고 농도가 작을 때 지연경보하는 형식

(3) 지연경보 : 지연시간을 두어 지연시간 이후에도 계속 가스농도가 감지되는 경우 경보하며, 지연시간 내에 잠시 설정값 이상이 되더라도 경보하지 않는 형식

2016년 가스기사 **필답형 출제문제**

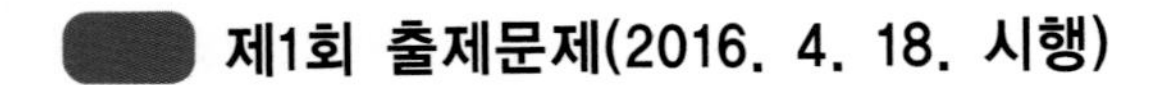

제1회 출제문제(2016. 4. 18. 시행)

01 NH_3의 위험성에 대하여 4가지를 쓰시오.

정답 ① 가연성 가스이다. (폭발범위 15~28%)
② 독성 가스이다. (TLV-TWA 농도 25ppm)
③ 동과 결합 시 착이온 생성으로 부식을 일으킨다.
④ 비등점 -33℃로 액체에 접촉 시 동상의 우려가 있다.

02 피셔식 정압기의 2차 압력상승 원인을 4가지 쓰시오.

정답 ① 가스 중 수분 동결
② 바이패스 밸브류의 누설
③ 센터스탬과 메인밸브의 접촉 불량
④ 메인밸브에 먼지류 등에 의한 Cut off 불량

03 LP가스 사용 시 공기혼합의 목적을 4가지 쓰시오.

정답 ① 발열량 조절
② 연소효율 증대
③ 누설 시 손실 감소
④ 재액화 방지

04 탄화수소(C_mH_n) 1Nm^3 연소 시 이론공기량(Nm^3/Nm^3) 계산식을 쓰시오.

정답 $C_mH_n + \left(m + \frac{n}{4}\right)O_2 \rightarrow mCO_2 + \frac{n}{2}H_2O$에서

공기량(A_0)$= \left(m + \frac{n}{4}\right) \times \frac{1}{0.21} = 4.76m + 1.19n$

$\therefore$ $(4.76m + 1.19n)$(Nm^3/Nm^3)

05 C_3H_8의 1mol 연소 시 공기 중의 C_3H_8 화학 (1) 양론의 농도와 (2) 하한값을 구하시오.

$$C_3H_8 + 5O_2 \rightarrow 3CO_2 + 4H_2O$$

정답 (1) 공기 중 C_3H_8의 양론농도

$$\frac{1}{1+5\times\frac{1}{0.21}}\times 100 = 4.03\%$$

(2) 하한값

$4.03\times 0.55 = 2.213 = 2.22\%$

해설
- 화학 양론비 $C_{st} = \frac{\text{연료 몰수}}{\text{연료 몰수}+\text{이론공기 몰수}}\times 100$
- LFL(폭발하한값)$= 0.55\,C_{st}$
- UFL(폭발상한값)$= 3.50\,C_{st}$
- MOC(최소산소농도)=산소의 양론계수×LFL$= 5\times 2.22 = 11.1\%$

06 지상의 고압가스 배관은 황색으로 도색하여야 하는데 황색으로 도색을 하지 않을 경우 조치사항을 기술하시오.

정답 바닥에서 1m 높이, 폭 3cm의 황색 띠를 이중으로 표시하여 가스배관임을 알아보게 한다.

07 공기액화분리장치에서 CO_2를 제거하는 이유와 방법을 설명하여라.

정답 ① 제거 이유 : 공기액화분리장치 내에서 CO_2는 고형의 드라이아이스가 되어 장치 내를 폐쇄시킨다.
② 제거방법 : $2NaOH + CO_2 \rightarrow Na_2CO_3 + H_2O$

08 도시가스 제조 중 가스의 열량조정 방식을 3가지 쓰시오.

정답 ① 유량비율 제어 방식
② 캐스케이드 방식
③ 서멀라이저 방식

09 정압기의 기능을 기술하시오.

정답 ① 도시가스 압력을 사용처에 맞게 낮추는 감압 기능
② 2차측 압력을 허용범위 내의 압력으로 유지하는 정압 기능
③ 가스흐름이 없을 때 밸브를 완전히 폐쇄하여 압력 상승을 방지하는 폐쇄 기능을 가진 기기로서 정압기용 압력조정기와 그 부속설비를 말함.

10 가스배관을 접합 시 용접접합을 하여야 한다. 용접이 부적당할 시 접합할 수 있는 방법은?

정답 ① 플랜지 접합　② 기계적 접합　③ 나사접합

해설 (KGS Fs 551)

플랜지 접합, 기계적 또는 나사접합으로 할 수 있는 경우

- 용접접합을 실시하기가 매우 곤란한 경우
- 최고사용압력이 저압으로서 호칭지름 50A 미만의 노출 배관을 건축물 외부에 설치하는 경우
- 공동주택 등의 가스계량기를 집단으로 설치하기 위하여 가스계량기로 분기하는 T연결부와 그 후단 연결부의 경우
- 공동주택 입상관의 드레인캡 마감부의 경우

11 다음 물음에 답하시오.

(1) C_2H_2, H_2, CH_4, C_3H_8의 위험도를 계산하시오.

(2) 위험도가 큰 순서대로 나열하시오.

정답 (1) C_2H_2 위험도 $= \frac{81-2.5}{2.5} = 31.4$

H_2 위험도 $= \frac{75-4}{4} = 17.75$

CH_4 위험도 $= \frac{15-5}{5} = 2$

C_3H_8 위험도 $= \frac{9.5-2.1}{2.1} = 3.318 = 3.32$

(2) 순서 : C_2H_2, H_2, C_3H_8, CH_4

12 0℃부터 100℃까지 산소의 평균 몰(mol) 열용량(C_p)은 6.988cal/mol·K이다. 산소를 이상기체라 할 때 온도가 0℃부터 시작하여 몇 ℃가 되어야 산소의 엔트로피가 1cal/mol·K 만큼 증가되겠는가?

정답 엔트로피 변화량 : $\Delta S = C_p \ln \frac{T_2}{T_1}$

$$\ln \frac{T_2}{T_1} = \frac{\Delta S}{C_p} = \frac{1}{6.988} = 0.143102461$$

$$T_2 = T_1 \times e^{0.143102461} = 273 \times e^{0.14310} = 315.00\text{K}$$

$$\therefore\ 315 - 273 = 42.00℃$$

13 보일러장치에서 팽창된 물을 흡수하는 장치는 무엇인가?

정답 팽창탱크

14 다음 [조건]으로 STS(스테인리스) 용접용기의 동판두께를 계산하여라. (단, 스테인리스강의 경우 허용응력은 인장강도의 1/3.5이다.)

[조건]
- Ap : 5MPa
- f(인장강도) : 700N/mm²
- C(부식여유치) : 3mm
- D(내경) : 10cm
- η(용접효율) : 0.6

정답 $t=\dfrac{PD}{2S\eta-1.2P}+C$에서

초저온용기 Ap=Fp×1.1

P(Fp)$=\dfrac{\text{Ap}}{1.1}=\dfrac{5}{1.1}$(초저온용기 Ap=Fp×1.1)

D=100mm

S(허용응력)$=700\times\dfrac{1}{3.5}=200$N/m²

$$\therefore\ t=\frac{\frac{5}{1.1}\times 100}{2\times 200\times 0.6-1.2\times\frac{5}{1.1}}+3=4.937\fallingdotseq 4.94\text{mm}$$

15 주로 LPG 지하 저장탱크에 설치되는 액면계로서 액면이 차 있는 부분의 관을 상하로 이동시켜 관내에서 분출되는 기체, 액체의 경계면으로서 액면을 측정하는 액면계의 명칭은?

정답 슬립튜브식 액면계

참고 **인화 중독의 우려가 없는 곳에 설치되는 액면계의 종류**
슬립튜브식, 회전튜브식, 고정튜브식

제2회 출제문제(2016. 6. 26. 시행)

01 직경 10cm의 피스톤에 2000N 힘이 작용 시 직경이 5cm의 피스톤에 작용하는 힘(kgf)를 계산하시오.

정답 $\dfrac{F_1}{A_1}=\dfrac{F_2}{A_2}$

$$\therefore\ F_2=\frac{A_2}{A_1}\times F_1=\frac{\frac{\pi}{4}\times(5)^2}{\frac{\pi}{4}\times(10)^2}\times 2000=500\,\text{N}=500\text{N}\times 1\text{kgf}/9.8\text{N}=51.02\text{kgf}$$

02 공기액화분리장치에서의 불순물의 종류 4가지와 제거방법을 쓰시오.

정답

종류	제거방법
C_2H_2	C_2H_2 흡착기로 제거
CO_2	탄산가스 흡수기에서 가성소다로 제거
수분	건조기에서 건조제(실리카겔, 알루미나, 소바비드)로 제거
먼지, 이물질	장치 내 여과기에서 제거

03 LP가스 연소기에 연결된 고무관이 노후하여 직경 0.3mm의 구멍이 뚫렸다. 280mmAq 압력으로 LP가스가 15시간 유출 시 분출량(L)을 구하여라. (단, 비중은 1.7이다.)

정답 $Q=0.009D^2\sqrt{\frac{h}{d}}=0.009\times(0.3)^2\sqrt{\frac{280}{1.7}}=0.01039\text{m}^3/\text{hr}$

$\therefore\ 0.01039\text{m}^3/\text{hr}\times 15\text{hr}\times 10^3\text{L/m}^3=155.93\text{L}$

04 LPG 자동차 충전시설에서 차량에 고정된 탱크에서 LPG를 저장탱크로 이입, 이충전할 수 있도록 건축물 외부에 설치하는 설비는 무엇인가?

정답 로딩암

05 고압가스 냉동제로 기준에서 아래 냉매가스에 사용 불가능한 금속재료를 쓰시오.

(1) CH_3Cl(염화메탄)
(2) 프레온

정답 ① 알루미늄합금
② 2%를 넘는 마그네슘을 함유한 알루미늄합금

06 액화천연가스(LNG)를 제외한 저장탱크 압력용기 등에 맞대기 용접부분의 기계적 시험방법 3가지를 기술하시오.

정답 ① 표면굽힘시험 ② 이면굽힘시험 ③ 측면굽힘시험
④ 충격시험 ⑤ 이음매인장시험

07 가스용 염화비닐호스 ① 1종, ② 2종, ③ 3종의 안지름(mm), ④ 허용차(mm)를 기술하시오.

정답 ① 1종 : 6.3mm ② 2종 : 9.5mm ③ 3종 : 12.7mm ④ ±0.7mm

08 다음 [조건]으로 고압가스 용기의 비수조식 내입시험장치에서 전 증가량을 구하는 공식을 쓰시오.

[조건]
- ΔV : 전 증가량(cm^3)
- V : 용기 내용적(cm^3)
- P : 내압시험압력(MPa)
- A : 내압시험압력 P에서 압입수량(cm^3)
- B : 내입시험압력 P 수압펌프에서 용기입구까지 연결된 관에 압입된 수량(cm^3)
- β : 내압시험 시 물의 온도에서 압축계수
- t : 내압시험 시 물의 온도(℃)

정답 $\Delta V=(A-B)-\{(A-B)+V\}\times P\times\beta$

09 관경 1B, 길이 30m의 저압배관에 C_3H_8 $10m^3/h$ 공급 시 압력손실이 $14mmH_2O$이다. 이 배관에 C_4H_{10} $6m^3/h$ 공급 시 압력손실을 구하여라. (단, C_3H_8, C_4H_{10}의 비중은 각각 1.5, 2.0이다.)

정답 $H=\dfrac{Q^2\cdot S\cdot L}{K^2\cdot D^5}$에서

$L_1=L_2$, $K_1=K_2$, $D_1=D_2$이므로

$H=Q^2\times S$에 비례한다.

$14 : 10^2\times 1.5 = H_2 : 6^2\times 2.0$

$\therefore H_2=\dfrac{14\times 6^2\times 2.0}{10^2\times 1.5}=6.72mmH_2O$

10 다음 물음에 답하여라.

(1) 방폭기기의 본질안전구조의 폭발등급의 ① 기준, ② 그때의 기준이 되는 가스는?

(2) 내압방폭구조의 폭발등급에서 최대안전틈새의 ① 내용적(L)과 ② 틈새의 깊이(mm)는?

정답 (1) ① 최소점화전류비 ② CH_4

(2) ① 8 ② 25

11 이상 현상의 폭발 중 증기운 폭발의 정의를 기술하시오.

정답 대기 중 다량의 가연성 가스 및 액체가 유출되어 발생한 증기가 공기와 혼합해서 가연성 혼합기체를 형성하여 발화원에 의해 발생하는 폭발

12 불활성화(이너팅) 방법 중 진공 퍼지의 (1) 정의와 (2) 순서를 기술하시오.

정답 (1) 정의 : 내부압력을 진공 후 대기압과 같아지도록 반복하는 이너팅 방법
(2) 순서
① 용기가 원하는 진공도에 이르기까지 용기를 진공시킨다.
② 이너팅가스를 주입시켜 용기를 대기압과 같게 한다.
③ 원하는 산소농도(MOC)가 될 때까지 반복 실시한다.

13 다음 중 (1), (2)가 설명하는 배관의 명칭을 기술하시오.

(1) 건물의 천장, 벽, 바닥 속에 설치되는 배관으로서 배관 주위에 콘크리트, 흙 등이 채워져 배관의 점검 교체가 불가능한 배관을 말함. 다만, 천장, 벽체 등을 관통하기 위해 이음부 없이 설치되는 배관은 그러하지 아니하다.

(2) 건물 내 천장, 벽체, 바닥 등의 공간에 외부에서 배관이 보이지 않게 설치된 배관으로서 배관의 점검, 교체 등이 가능한 배관을 말함. 다만, 상자콕 설치를 위해 일부가 매립되는 경우는 제외한다.

정답 (1) 매립배관
(2) 은폐배관

14 토지의 굴착공사(구멍뚫기, 말뚝박기, 터파기)로 인하여 일어날 수 있는 도시가스 배관의 파손사고를 예방하기 위하여 정보제공 홍보 등에 필요한 굴착공사지원정보망의 구축 운영 그 밖에 매설배관 확인에 대한 정보지원 업무를 효율적으로 수행하기 위하여 한국가스안전공사에 설치하는 기구는?

정답 굴착공사정보지원센터

15 SNG(대체천연가스) 프로세스에 대하여 물음에 답하여라.

(1) SNG 원료의 종류를 쓰시오.
(2) SNG 제조 시 첨가 또는 제거하여야 하는 것은?
(3) 도시가스 접촉분해(수증기개질) 공정에서 일정온도 압력 하에서 수증기비 증가 시 적어지는 가스 2가지는?
(4) 도시가스 접촉분해(수증기개질) 공정에서 일정온도 압력 하에서 수증기비 증가 시 많아지는 가스 2가지는?

정답 (1) LPG, 나프타, 원유, 석탄
(2) 수소를 첨가, 탄소를 제거
(3) CH_4, CO
(4) CO_2, H_2

해설 원료(NG, LPG, 나프타, 원류) 등의 C/H비는 4.5~16이며, 주성분인 메탄의 C/H비는 3이므로 수소 첨가 또는 탄소를 제거하여야 한다.

참고 **PONA치** : C/H비와 같이 원료 가스화의 용이함을 나타내는 수치

제3회 출제문제(2016. 10. 9. 시행)

01 도시가스 사업법에서 적용되는 내진설계를 하여야 하는 대상시설물을 기술하시오.

정답 액화가스 3t 이상, 압축가스 300m^3 이상의 저장탱크, 가스홀더 연결부와 지지구조물

02 발열량 5000kcal/Nm^3, 비중 0.61, 압력 200mmH_2O인 가스를 발열량 11000kcal/Nm^3, 비중 0.66, 압력 100mmH_2O 가스로 변경 시 노즐구경 변경률을 구하시오.

정답 $\frac{D_2}{D_1}=\sqrt{\frac{WI_1\sqrt{P_1}}{WI_2\sqrt{P_2}}}=\sqrt{\frac{\frac{5000}{\sqrt{0.61}}\sqrt{200}}{\frac{11000}{\sqrt{0.66}}\sqrt{100}}}=0.817 \fallingdotseq 0.82$

03 노즐직경이 3.2mm 이하이고, 조정압력이 3.3kPa 이하인 안전장치의 분출용량은 얼마인가?

정답 140L/h 이상

해설 노즐직경이 3.2mm 초과 시
$Q=4.4D$
- Q : 안전장치 분출용량(L/h)
- D : 조정기 노즐직경(mm)

04 입상배관의 압력손실을 구하는 공식을 쓰고, 기호를 설명하시오.

정답 $h=1.293(S-1)H$
- h : 입상압력손실(mmH_2O)
- S : 가스비중
- H : 입상높이(m)

05 독성 가스 중 이중관으로 설치하여야 할 독성 가스 종류를 4가지 이상 쓰시오.

정답 ① 아황산 ② 암모니아 ③ 염소 ④ 염화메탄
⑤ 산화에틸렌 ⑥ 시안화수소 ⑦ 포스겐 ⑧ 황화수소

참고 **분자식**
SO_2, NH_3, Cl_2, CH_3Cl, C_2H_4O, HCN, $COCl_2$, H_2S

06 폭굉의 정의를 쓰시오.

정답 가스 중 음속보다 화염전파속도가 큰 경우로 파면선단에 충격파라고 하는 솟구치는 압력파가 발생, 격렬한 파괴작용을 일으키는 원인

참고 **폭연** : 충격파가 미반응 매질 속으로 음속보다 느리게 이동하는 것

07 도시가스의 제조 공급시설 중 가스홀더 기능을 4가지 쓰시오.

정답 ① 가스 수요의 시간적 변동에 대하여 일정 제조가스량을 안정하게 공급하고 남는 가스는 저장한다.
② 정전 배관공사 공급설비의 일시적 지장에 대하여 어느 정도 공급을 확보한다.
③ 조성이 변동하는 제조가스를 저장·혼합하여 공급가스의 열량 성분 연소성을 균일화한다.
④ 홀더 설치 시, 피크 시 각 지구 공급을 가스 홀더에 의해 공급함과 동시에 배관의 수송효율을 높인다.

08 내용적 40L에 에탄 3000g을 충전하였다. 온도 1000℃, 압력이 20MPa(g)에서의 압축계수는 얼마인가? (단, 1atm=0.1MPa로 한다.)

정답 $PV = Z \cdot \frac{W}{M}RT$이므로

$$\therefore Z = \frac{PVM}{WRT} = \frac{\frac{20+0.1}{0.1} \times 40 \times 30}{3000 \times 0.082 \times (273+1000)} = 0.77$$

09 펌프에서 발생하는 진동, 소음의 원인을 4가지 쓰시오.

정답 ① 캐비테이션 발생 시
② 서징 현상 발생 시
③ 공기 흡입 시
④ 임펠러에 이물질 혼입 시

10 내용적 40L, C_2H_2 용기에 다공도가 90%인 다공성 물질이 충전되어 있고, 내용적의 43.4% 만큼 아세톤이 차지할 때 이 용기에 충전되어 있는 아세톤의 양(kg)은? (단, 비중은 0.795이다.)

정답 40L×0.434×0.795kg/L=13.80kg

참고 상기 용기에 C_2H_2 7kg 충전 시 다공도 90%일 때의 안전공간(%)은? (단, C_2H_2의 액비중 0.613)

1. 아세톤 부피 : $\frac{13.80}{0.795}$
2. C_2H_2 부피 : $\frac{7}{0.613}$
3. 다공물질의 부피 : $40 \times 0.1 = 4L$

∴ 안전공간$= \frac{40 - \left\{ \left(\frac{13.80}{0.795} \right) + \left(\frac{7}{0.613} \right) + 4 \right\}}{40} \times 100 = 18.06\%$

11 연료전지 제조설비의 종류 3가지를 기술하시오.

정답 ① 단위셀 및 스택 제작 설비
② 연료개질기 제작 설비
③ 그 밖에 필요한 가공 설비

참고 1. 연료전지는 목욕탕 및 환기가 잘 되지 않는 곳에 설치하지 아니함
2. 연료전지는 연료전지실에 설치함(단, 밀폐식 및 옥외에 설치 시 연료전지실에 설치하지 않아도 된다.)
(KGS AB 934 p2)

12 가연성 가스, 독성 가스 누출 시 가스누출 검지경보장치에서 검지하는 경보농도를 쓰시오.

정답 ① 가연성 : 폭발하한계의 1/4 이하
② 독성 : TLV−TWA 기준농도 이하

13 관경 1B, 관길이 30m인 저압배관에 C_3H_8 60%, C_4H_{10} 40%인 가스 $10m^3$를 공급 시 압력손실이 $45mmH_2O$이었다. 이 관에 C_3H_8 95%, C_4H_{10} 5%인 가스 $45m^3$를 공급 시 압력손실(mmH_2O)은?

정답 $S_1 = \frac{44 \times 0.6 + 58 \times 0.4}{29} = 1.71$, $S_2 = \frac{44 \times 0.95 + 58 \times 0.05}{29} = 1.54$

$H = \frac{Q^2 \cdot S \cdot L}{K^2 \cdot D^5}$ 에서 $(L_1 = L_2)(K_1 = K_2)(D_1 = D_2)$ 이므로

$H = Q^2 \times S$ 에 비례하므로

$45 : 10^2 \times 1.71 = H_2 : 45^2 \times 1.54$

∴ $H_2 = \frac{45^2 \times 1.54 \times 45}{10^2 \times 1.71} = 820.657 = 820.66mmH_2O$

14 관경 30cm, 관길이 400m인 중압배관을 자기압력 기록계를 사용 시 기밀시험 유지시간은 몇 분인가?

정답 배관의 내용적 $V=\frac{\pi}{4}D^2\times L$에서

$$V=\frac{\pi}{4}\times(0.3\text{m})^2\times 400\text{m}=28.274\text{m}^3$$

$\therefore\ 24\times 28.274=678.58\text{min}$

해설 **압력계 또는 자기압력 기록계 사용 기밀시험 유지시간**

압력	내용적	기밀시험 유지시간
저압 중압	1m^3 미만	24분
	1m^3 이상 10m^3 미만	240분
	10m^3 이상 300m^3 미만	$24\times V$(단, 1440분 초과 시는 1440분)
고압	1m^3 미만	48분
	1m^3 이상 10m^3 미만	480분
	10m^3 이상 300m^3 미만	$48\times V$(단, 2880분 초과 시는 2880분으로 할 수 있다.)

15 신규로 설치되는 배관(본관, 공급관, 내관) 등의 가스누출에 대비한 기밀시험에서 가스누설 시 조사방법 1가지를 기술하여라.

정답 발포액을 이음부에 도포하여 거품의 발생 유무로 판정

참고 **가스배관의 가스누설 검사방법**

1. 검사지법
2. 검지기법
3. 할로겐디텍터법
4. 비눗물 및 누설검지액 사용법

2017년 가스기사 필답형 출제문제

제1회 출제문제(2017. 4. 15. 시행)

01 폭굉 유도거리의 정의를 쓰시오.

정답 최초의 완만한 연소가 격렬한 폭굉으로 발전할 때까지의 거리

02 다음은 가스도매사업의 제조소 공급소 밖 긴급차단 장치간 거리이다. 지역간 긴급차단밸브의 설치 거리 ①, ②, ③과 ④ 밀도지수의 정의를 쓰시오.

지역구분	지역분류기준	차단밸브 설치거리
(가)	지상 4층 이상의 건축물 밀집지역 또는 교통량이 많은 지역으로서 지하에 여러 종류의 공익시설물(전기, 가스, 수도 시설물 등)이 있는 지역	(①)km
(나)	(가)에 해당하지 아니하는 지역으로서 밀도지수가 46 이상인 지역	(②)km
(다)	(가)에 해당하지 아니하는 지역으로서 밀도지수가 46 미만인 지역	(③)km

정답 ① 8 ② 16 ③ 24
④ 밀도지수 : 배관의 임의의 지점에서 길이 방향으로 1.6km, 배관 중심으로부터 좌우로 각각 폭 0.2km의 범위에 있는 가옥수(아파트 등 복합 건축물의 가옥숫자는 건축물 안의 독립된 가구수로 한다)를 말한다.

참고 지상 4층 이상의 건축물 밀집지역 또는 교통량이 많은 지역으로 지하에 여러 종류의 공익시설물(전기, 가스, 수도) 등이 있는 지역의 경우 긴급차단 밸브의 설치거리가 8km이나 10km로 늘릴 수 있는 경우 3가지는?
1. 배관 두께를 지상 4층 건축물 밀집지역 교통량이 많은 지역으로 지하에 여러 종류의 공익 시설물 등이 있는 지역의 설계 기준으로 적용하는 경우
2. 매설 배관의 충격 및 누출감지를 위한 실시간 감시 시스템을 설치하는 경우
3. 매설 배관 피복 손상 탐지를 매 5년 마다 실시하는 경우

03 도시가스 정압기의 특성 4가지를 쓰시오.

정답 ① 정특성
② 동특성
③ 유량특성
④ 사용최대 차압 및 작동최소 차압

04 반밀폐식 보일러의 급배기 방식에 따른 종류 3가지를 쓰시오.

정답 ① 강제배기식
② 자연배기식
③ 챔버방식
④ 복합배기통방식

참고 KGS Code Fu 551(P100) 반밀폐형 보일러 급배기 설비 설치기준

05 비파괴 검사의 종류를 4가지 쓰시오.

정답 ① RT(방사선투과검사)
② PT(침투탐상검사)
③ UT(초음파탐상검사)
④ MT(자분탐상검사)

06 C_3H_8의 완전연소 반응식을 쓰고 C_3H_8 10kg 연소 시 필요한 공기량(m^3)을 계산하여라(계산식 포함).

정답 ① $C_3H_8 + 5O_2 \rightarrow 3CO_2 + 4H_2O$
10kg : x(m^3)
44kg : $5 \times 22.4m^3$

$$x = \frac{10 \times 5 \times 22.4}{44} = 25.454m^3$$

$$\therefore \text{공기량} = 25.454 \times \frac{100}{21} = 121.21m^3$$

07 가스 누설검지기 경보장치에서 접촉연소식의 원리를 기술하시오.

정답 백금 필라멘트 주변에 백금 파라듐 등의 촉매를 놓고 검지소자에 산소를 함유한 가연성 가스가 접촉시 검지기 소자의 온도가 변화, 전기 저항의 변화가 비례하는 것을 이용하는 원리

참고 반도체 방식 : 검출소자가 환원성 가스에 접촉 시 화학흡착이 생겨 반도체 소자 내의 자유전자 이동이 다른 전기전도도가 증대하는 원리

08 기화 장치 중 감압 가열식의 원리를 기술하시오.

정답 액상의 LP가스를 조정기 감압밸브로 감압하여 열교환기로 보내 온수 등으로 가열하는 방식

09 가스누설 검지기에 대하여 아래 물음에 답하시오.

(1) 가연성 가스의 경보농도
(2) 독성가스의 경보농도
(3) 가연성 가스의 정밀도
(4) 독성가스의 정밀도

정답 (1) 폭발하한계의 1/4 이하
(2) TLV-TWA 기준농도 이하
(3) ±25% 이하
(4) ±30% 이하

10 내용적 40L, 압력 15MPa, 온도 35℃에서의 CH_4 가스의 질량은 몇 kg인가?

정답 $PV = GRT$

$$G = \frac{PV}{RT} = \frac{15 \times 10^3 (\text{kPa}) \times 0.04 (\text{m}^3)}{\frac{8.314}{16} (\text{KJ/kg} \cdot \text{k}) \times (273 + 35)\text{K}} = 3.748 = 3.75\text{kg}$$

11 아래의 조건으로 저압배관의 유량(kg/h)을 계산하여라.

[조건]
- 관경 : 4.5cm
- 관길이 : 20m
- 압력손실 : 17mmH_2O
- 가스비중 : 1.58
- 밀도 : 2.03kg/m^3
- 유량계수 : 0.436

정답 $Q = K\sqrt{\frac{D^5 H}{SL}} = 0.436 \times \sqrt{\frac{4.5^5 \times 17}{1.58 \times 20}} = 13.737\text{m}^3/\text{hr}$

∴ 13.737(m^3/hr) × 2.03(kg/m^3) = 27.886 = 27.89kg/hr

12 LP가스 저장설비의 종류 3가지를 기술하시오.

 ① 저장탱크
② 마운드형 저장탱크
③ 소형저장탱크 및 용기
④ 용기집합장치

13 도시가스 배관에 설치되어야 할 비상전력 등이 필요한 설비의 종류 4가지를 쓰시오.

정답 ① 자동제어장치
② 긴급차단장치
③ 살수장치
④ 물분무장치
⑤ 비상조명설비

참고 **도시가스 배관의 비상전력 등**
1. 타처공급전력
2. 자가발전
3. 축전지장치
4. 엔진구동발전
5. 스팀터빈 구동발전

14 고압가스 제조설비의 내부반응 감시 장치의 설치기준을 3가지 이상 쓰시오

정답 ① 온도감시장치 : 해당 특수반응설비 안의 국부파열 등으로 인한 이상온도 변화상태를 정확히 측정할 수 있는 장소에 그 온도를 측정하기에 충분한 수로 한다.
② 압력감시장치 : 해당 특수반응설비 안의 상용압력이 상당한 정도로 달라지거나 또는 달라질 우려가 있는 부위 2곳 이상에 설치한다. 다만, 기존 제조시설에 압력감시장치가 설치되어 있는 특수반응설비에 새로 압력감시장치를 추가로 설치함으로써 설비 자체의 안전확보에 지장이 있는 경우에는 압력감시장치를 설치하지 아니할 수 있다.
③ 유량감시장치 : 해당 특수반응설비와 관련되는 원재료의 송 · 출입계통 부위마다 1곳 이상 설치한다.
④ 가스의 밀도, 조성 등의 감시장치 : 해당 특수반응설비 안의 가스의 밀도, 조성 등을 정확하게 측정할 수 있는 장소에 1개 이상 설치한다.

15 다음에 해당하는 부식의 명칭을 쓰시오.

① 오스테나이트계 스텐레스 강은 450~900℃ 범위에서 가열 시 결정입계로 Cr탄화물 이 석출되며 이때 스테인레스 용접부 등 이음부의 열영향부에서 잘 일어나는 부식
② 중유나 연료유의 회분 중에 있는 V_2O_5(오산화바나듐)이 고온에서 용융할 때 발생되는 다량의 산소가 금속 표면을 산화시켜 일으키는 부식
③ 배관 및 밴드부분 펌프의 회전차 등 유속이 큰 부분은 부식성 환경에서 마모가 현저하게 일어나며 황산의 이송배관에서 일어나는 부식을 말한다.

정답 ① 입계부식 ② 바나듐어택 ③ 에로숀

제2회 출제문제(2017. 6. 25. 시행)

01 운반하는 액화 독성가스의 질량이 1000kg인 경우 보호구의 종류 4가지 이상을 쓰고 독성가스 운반 시 2개 이상을 보유하여야 하는 자재의 명칭을 쓰시오.

정답 (1) ① 방독마스크, ② 공기호흡기, ③ 보호의, ④ 보호장갑, ⑤ 보호장화
(2) 차바퀴고정목

해설 KGS GC 206 고압가스운반 등의 기준

독성가스 용량	보호구 종류
1000kg(100m^3) 이상 시	방독마스크, 공기호흡기, 보호의, 보호장화, 보호장갑
1000kg(100m^3) 미만	방독마스크, 보호의, 보호장화, 보호장갑

02 독성가스의 정의 중 LC_{50}의 내용이다. ( ) 안에 적당한 단어 또는 숫자를 기입하시오.

LC_{50}이란 성숙한 (①)의 집단에 대해 대기 중에서 (②)시간 동안의 흡입실험에 의하여 (③)일 이내에 실험동물의 (④)%를 사망시킬 수 있는 가스의 농도이다.

정답 ① 흰쥐, ② 1, ③ 14, ④ 50

03 압축가스인 산소의 충전용기에 대하여 아래 물음에 답하시오.
① 공업용인 경우 용기색
② 의료용인 경우 용기색
③ 안전밸브의 형식은?

정답 ① 녹색, ② 백색, ③ 파열판식

04 무색의 독성가스로 마늘냄새가 나며 납산배터리 및 전자화합물의 재료로 쓰이는 액화가스를 분자식으로 답하여라.

정답 A_sH_3(알진)

05 가스연소 중의 이상현상 중 블로우오프(Blow-off)에 대하여 설명하시오.

정답 불꽃주위, 특히 불꽃 기저부에 대한 공기의 움직임이 강해지면 불꽃이 노즐에 정착하지 않고 꺼져버리는 현상

06 가연성 가스의 연소범위에 대하여 설명하시오.

정답 가연성 가스와 공기가 혼합 시 이 중 가연성 가스가 차지하는 부피 %로 가장 낮은 값을 하한, 높은 값을 상한이라하며 이 범위를 말한다.

07 과류차단 안전기구가 부착된 콕의 종류 2가지를 쓰시오.

정답 ① 퓨즈콕
② 상자콕

08 C_2H_2에 대하여 아래 물음에 답하시오.
(1) 제조반응식을 쓰시오.
(2) 발생기를 ① 형식에 따른 분류 3가지와 ② 압력에 따른 분류 3가지를 쓰시오.
(3) ③ 발생기의 최적온도, ④ 법의 규정에 의한 습식 아세틸렌 발생기의 표면 유지온도는 몇 ℃ 이하인가를 쓰시오.

정답 (1) $CaC_2 + 2H_2O \rightarrow C_2H_2 + Ca(OH)_2$
(2) ① 형식 : 주수식, 투입식, 침지식
② 압력 : 고압식, 중압식, 저압식
(3) ③ 50~60℃, ④ 70℃ 이하

09 LP가스 배관의 구비조건 4가지를 쓰시오.

정답 ① 관내 가스 유통이 원활할 것
② 절단 가공이 용이할 것
③ 토양지하수 등에 내식성이 있을 것
④ 관의 접합이 용이하고 누설이 방지될 것
⑤ 내부가스 압력 및 외부의 충격하중에 견딜 것

10 C_3H_8 가스비중이 1.65일 때 입상높이 20m지점의 압력손실(Pa)은?

정답 $h = 1.293(s-1)H = 1.293(1.65-1) \times 20$
$= 16.809\text{mmH}_2\text{O}$

$\therefore \dfrac{16.809}{10332} \times 101325 = 164.84\text{Pa}$

11 액비중 0.52, C_3H_8 $1m^3$를 연소시키기 위한 이론 공기량(sm^3)을 계산하여라.

정답 액비중 $0.52(t/m^3) \times 1m^3 = 0.52t = 520kg$

$C_3H_8 + 5O_2 \rightarrow 3CO_2 + 4H_2O$

44kg : $5 \times 22.4sm^3$

520kg : $x(sm^3)$

$$x = \frac{520 \times 5 \times 22.4}{44} = 1323.636sm^3$$

∴ 공기량은 $1323.636 \times \frac{1}{0.21} = 6303.03sm^3$

12 액화가스를 사용하는 배관에 사용중지 시 ① 밸브를 완전히 폐쇄하지 않는 이유는 무엇이며 ② 그 현상을 설명하고 ③ 폐쇄하여 둘 경우의 설치 안전장치의 종류를 쓰시오.

정답 ① 액봉현상

② 액화가스는 비압축성이므로 주위의 온도상승 시 액이 오갈데가 없어 팽창하여 배관의 파열을 일으키는 현상

③ 릴리프 밸브, 바이패스 밸브, 드레인 밸브

13 LP가스 저장실에 자연 통풍구의 면적은 $1m^2$당 몇 cm^2인가?

정답 $300cm^2$ 이상

14 막식(다이어프램) 가스미터의 작동원리를 설명하시오.

정답 가스를 일정 용적의 2개의 공간을 이용하여 교대로 충만 후 배출 그 횟수를 체적단위로 환산해 가스량을 계량하며 다이어프램의 입 · 출구 압력차에 의해 다이어프램과 밸브의 연동작용으로 계량식의 유입과 배출이 이루어진다.

15 부식에 관련된 설명이다. ( ) 안에 적당한 단어를 쓰시오.

> 가스배관이 다른 금속과 접해 이 두 금속과 (①)을 방지해야 한다. 그래서 맞닿는 부분을 방식테이프나 절연물로 감아 절연시키고 이 둘과의 (②)은 환경 변화에 따라 방식법을 선택하여야 하며 전위차가 높은 서로 다른 금속끼리 (③)을 피해야 하며 접속부 부근의 철부분이 (④)가 되지 않도록 해야 한다.

정답 ① 접촉, ② 접촉, ③ 접촉, ④ 애노우드(anode)

제3회 출제문제(2017. 10. 14. 시행)

01 비파괴 검사 방법 중 방사선 투과시험(RT)의 장점, 단점을 각각 2가지 이상 쓰시오.

정답 (1) 장점
① 신뢰성이 있다.
② 영구 보존이 가능하다.
③ 내부 결함 검출이 우수하다.
(2) 단점
① 비용이 고가이다.
② 시간 소요가 많다.
③ 건강상 문제가 있다.

02 아래의 각 가스에 대한 누설검지 시험지와 변색 상태를 쓰시오.

가스명	누설 검지 시험지	변색
포스겐($COCl_2$)	①	②
시안화수소(HCN)	③	④
아세틸렌(C_2H_2)	⑤	⑥
일산화탄소(CO)	⑦	⑧

정답 ① 하리슨 시험지 ② 심등색
③ 초산벤젠지 ④ 청색
⑤ 염화제1동 착염지 ⑥ 적색
⑦ 염화파라듐지 ⑧ 흑색

03 아세틸렌을 취급하는 공장에 동을 사용하지 않는 이유를 화학반응식과 함께 구체적으로 설명하시오.

정답 ① 반응식 : $2Cu + C_2H_2 \rightarrow Cu_2C_2 + H_2$
② 이유 : 폭발성 화합물인 Cu_2C_2(동아세틸라이트)가 생성되어 약간의 충격에도 폭발을 일으키므로

04 용접부에서 발생할 수 있는 결함의 종류 4가지를 쓰시오.

정답 ① 언더컷
② 오버랩
③ 용입불량
④ 슬러그혼입
⑤ 기공

05 고압가스 일반제조 시 가연성 가스를 압축하는 충전용 주관사이 아세틸렌을 압축하는 압축기의 유분리기와 고압건조기 사이 암모니아 또는 메탄올의 합성탑 및 압축기 사이의 배관에 설치되어야 할 장치는?

정답 역류방지 밸브

06 30℃ 압축공기의 엔탈피 변화값이 5000kcal/kg일 때 엔트로피 변화값(ΔS)[kcal/kg · K]을 구하여라.

정답 $\Delta S = \dfrac{dQ}{T} = \dfrac{5000}{(273+30)} = 16.50\text{kcal/kg} \cdot \text{K}$

07 정압기 중 가장 기본이 되는 직동식 정압기가 2차 압력이 설정압력보다 낮을 때의 작동 원리를 설명하시오.

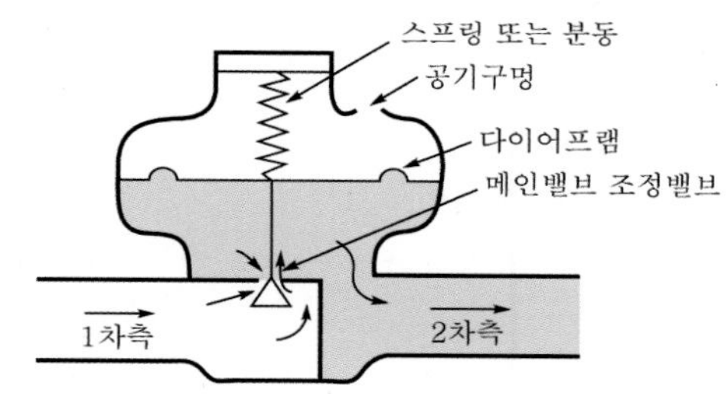

정답 소비측에서 가스를 사용하고 있는 경우로서 스프링의 힘이 다이어프램의 힘을 이기고 조절밸브가 아래로 내려옴에 따라 가스의 유량이 증가 2차 압력을 설정압력으로 회복시킨다.

08 원심식 펌프의 송수량이 400Nm^3/h에서 500Nm^3/h로 변경 시 아래 물음에 답하시오.
(1) 회전수의 변경률
(2) 축동력의 변경률을 계산하시오.

정답
(1) $Q_2 = Q_1 \times \left(\dfrac{N_2}{N_1}\right)$

$\dfrac{N_2}{N_1} = \dfrac{Q_2}{Q_1} = \dfrac{500}{400} = 1.25$배

(2) $L_{kw2} = L_{kw1} \times \left(\dfrac{N_2}{N_1}\right)^3$

$\therefore \dfrac{L_{kw2}}{L_{kw1}} = \left(\dfrac{N_2}{N_1}\right)^3 = (1.25)^3 = 1.95$배

09 U자관 마노미터로 오리피스의 압력차를 계산하였다. 차압식 오리피스에 물이 흐르고 있으며 수은(비중13.6)이 담겨져 있는 U자관 마노미터의 압력차(gf/cm^2)를 측정하여라. (단, 마노미터의 눈금차는 50cm이다.)

정답 $\Delta P = (13.6 - 1)(gf/cm^3) \times 50cm = 630 gf/cm^2$

10 고압가스 안전관리의 1종 보호시설에 대한 설명이다. 다음 (　) 안에 알맞은 것을 쓰시오.

(1) 1종 보호시설이란 학교, 유치원, 어린이집, 놀이방, 어린이, 놀이터, 학원, 병원, 도서관, 청소년수련시설, 경로당, 시장, 공중목욕탕, 호텔, 여관, 극장, 교회 및 공회당
(2) 사람을 수용하는 건축물(가설 건축물은 제외)로서 사실상 독립된 부분의 연면적이 (①)m^2 이상인 것
(3) 예식장, 장례식장 그밖에 유사한 시설로서 (②)명 이상을 수용할 수 있는 건축물
(4) 아동복지시설 또는 장애인 복지시설로서 (③)명 이상을 수용할 수 있는 건축물
(5) 문화재 보호법에 따라 지정 문화재로 지정된 건축물

정답 ① 1000
② 300
③ 20

11 가스의 연소방식 중 전1차 공기식 연소장치의 특징을 2가지 이상 쓰시오.

정답 ① 구조가 복잡하여 가격이 고가이다.
② 압력조정기를 설치하여야 한다.
③ 연소속도가 분젠식보다 빨라 특수버너를 사용하여야 한다.
④ 고온의 노 내부에 버너 설치가 불가능하다.

참고 전1차 공기식의 용도 : 고압식, 공업용, 프리믹서식, 블라스트식

12 압력조정기에서 조정 압력이 3.30kPa 이하인 안전장치 작동 압력의 종류 3가지와 그때의 압력을 기술하시오.

정답 ① 작동 표준압력 : 7.0kPa
② 작동 개시압력 : 5.60~8.40kPa
③ 작동 정지압력 : 5.04~8.40kPa

13 LP가스의 연소특성 4가지를 쓰시오.

정답
① 연소 범위가 좁다.
② 연소 속도가 늦다.
③ 연소 시 다량의 공기가 필요하다.
④ 발화온도가 높다.
⑤ 발열량이 크다.

14 터보 압축기에서 서징이 발생하는 원인 2가지를 기술하시오.

정답
① 토출 저항이 커졌을 때
② 사용측 부하가 급격히 감소했을 때
③ 경사각도가 커 우상 특성이 발생 시

15 관경이 동일한 배관을 연결하는 이음 부속품을 4가지 쓰시오.

정답
① 소켓
② 니플
③ 유니언
④ 플랜지

2018년 가스기사 필답형 출제문제

제1회 출제문제(2018. 4. 14. 시행)

01 다음에서 설명하는 신축흡수방법은 무엇인지 쓰시오.

- 배관의 자유팽창량을 미리 계산
- 팽창량의 $\frac{1}{2}$ 정도 절단
- 강제 배관하여 신축을 흡수하는 방법

정답 상온스프링

참고 관 길이 60m, 선팽창계수 $\alpha=1.2\times10^{-5}$/℃, 온도차 50℃의 배관을 상온스프링으로 연결 시 절단길이(mm)
$\lambda=l\alpha\Delta t=60\times10^3\text{(mm)}\times1.2\times10^{-5}/℃\times50℃=36\text{mm}$
$\therefore$ 절단길이 $=36\times\frac{1}{2}=18\text{mm}$

02 내용적이 13L인 용기 2개가 있다. 한쪽에는 수소 53atm(g), 다른 쪽에는 질소 65atm(g)일 때 다음 물음에 답하시오.
(1) 이 용기를 연결 시 수소의 부피(%)를 쓰시오.
(2) 이때의 전압력 atm을 구하시오.

정답 P_H(수소)압력 $=54\times\frac{13}{26}=27\text{atm}$

P_N(질소)압력 $=66\times\frac{13}{26}=33\text{atm}$

(1) 수소의 부피(%) $=\frac{27}{27+33}\times100=45\%$

(2) 전압력 $=27+33=60\text{atm}$

03 부유피스톤식 압력계에서 실린더 직경이 4cm, 추와 피스톤의 무게가 100kg이었다. 이 압력계에 접속된 부르동관 압력계가 10kg/cm^{2}를 지시할 때, 부르동관 압력계의 오차값(%)을 계산하여라. (단, 계산과정에서 소수점이 발생 시 셋째자리에서 반올림, 둘째자리까지 계산한다).

정답 게이지압력$(P)=\frac{W}{A}=\frac{100\text{kg}}{\frac{\pi}{4}\times(4\text{cm})^2}=7.9577=7.96\text{kg/cm}^2$

오차값 $=\frac{\text{측정값}-\text{진실값}}{\text{진실값}}=\frac{10-7.96}{7.96}\times100=25.628=25.63\%$

04 에어졸 제조 시험방법 중 불꽃길이 시험에 대하여 물음에 답하시오.

(1) 버너에 사용할 수 있는 연료 2가지는 무엇인지 쓰시오.
(2) 버너의 간격은 몇 cm인지 쓰시오.
(3) 버너의 불꽃길이는 몇 cm인지 쓰시오.

정답 (1) LPG, 도시가스
(2) 15cm
(3) 4.5cm 이상 5.5cm 이하

참고 **에어졸 용기 제조 시 불꽃길이 시험장치**

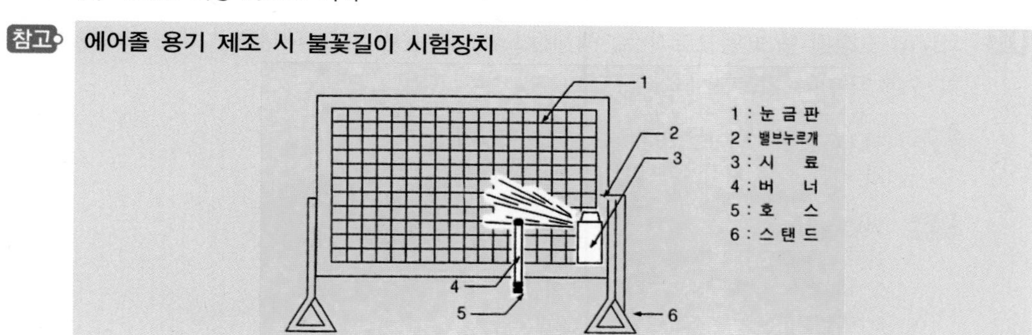

05 1일 처리능력이 70000m^{3}인 가스도매사업시설의 압축기가 가동되고 있는 설비에서 액화천연가스의 질량이 3ton인 저장설비 외면에서 사업소 경계까지의 유지거리(m)를 계산하여라.

정답 $L = C\sqrt[3]{143000W} = 0.576 \times \sqrt[3]{143000 \times 3} = 43.44\text{m}$
∴ 50m 미만이므로 유지거리는 50m 이상

해설 **가스도매사업의 액화천연가스 처리 · 저장 설비의 외면에서 사업소 경계까지 유지거리**
액화천연가스(기화된 천연가스를 포함한다)의 저장설비와 처리설비(1일 처리능력이 52500m^3 이하인 펌프 · 압축기 · 응축기 및 기화장치는 제외한다)는 그 외면으로부터 사업소 경계까지 다음 계산식에서 얻은 거리(그 거리가 50m 미만의 경우에는 50m) 이상을 유지한다.
$L = C \times \sqrt[3]{143000W}$
여기서, L : 유지하여야 하는 거리(m)
C : 저압 지하식 저장탱크는 0.240, 그 밖의 가스저장설비 및 처리설비는 0.576
W : 저장탱크는 저장능력(톤)의 제곱근, 그 밖의 것은 그 시설 안의 액화천연가스의 질량(톤)

06 가연성 가스를 연소 시 발생하는 선화(리프팅)현상을 설명하고, 원인을 2가지 이상 쓰시오.

정답 (1) 선화(리프팅) : 가스의 유출속도가 연소속도보다 커서 염공을 떠나 연소하는 현상
(2) 원인
① 노즐구멍이 작을 때
② 염공이 작을 때
③ 가스공급압력이 높을 때
④ 공기조절장치가 많이 개방되었을 때

07 고압가스 제조시설의 배관 감시장치에서 경보장치가 작동되어야 하는 경우를 4가지 기술하시오.

정답 ① 배관 내의 상용압력이 1.05배 초과 시
② 배관 내 압력이 정상압력보다 15% 이상 강하 시
③ 배관 내 유량이 정상유량보다 7% 이상 변동 시
④ 긴급차단밸브의 조작회로가 고장 시

08 차량에 고정된 탱크(탱크로리)로, 액체산소가스를 운반 시 휴대하여야 하는 소화능력단위와 비치 수에 대하여 기술하시오.

정답 (1) BC용 B−8 이상 또는 ABC용 B−10 이상
(2) 차량 좌우 각각 1개 이상

참고 **가연성인 경우**
1. 소화능력단위 : BC용 B−10 이상 또는 ABC용 B−12 이상
2. 비치 수 : 차량 좌우 각각 1개 이상
3. 가연성, 산소의 소화제 종류 : 분말소화제

09 가연성 전기설비에 설치하여야 하는 방폭구조의 종류와 기호를 4가지 이상 쓰시오.

정답 ① 내압방폭구조(d)
② 압력방폭구조(p)
③ 유입방폭구조(o)
④ 안전증방폭구조(e)
⑤ 본질안전방폭구조(ia, ib)
⑥ 특수방폭구조(s)

10 LP가스를 기화기를 이용하여 공급하는 강제기화방식 중 변성가스 공급방식을 설명하여라.

정답 부탄을 고온의 촉매로써 분해하여 메탄, 수소, 일산화탄소 등의 연질가스로 변성시켜 공급하는 방식

참고 1. LP가스를 이용하는 강제기화방식의 종류
- 생가스 공급방식
- 공기혼합가스 공급방식
- 변성가스 공급방식

2. LP가스를 변성하여 도시가스로 공급하는 방식
- 직접혼입방식
- 공기혼입방식
- 변성혼입방식

11 고압장치에서 압축기용 안전밸브 작동 시 안전밸브의 분출면적(cm^2)을 계산하는 공식을 쓰고, 기호를 설명하시오.

정답 $a = \dfrac{w}{2300P\sqrt{\dfrac{M}{T}}}$

여기서, a : 분출부 유효면적(cm^2), w : 시간당 분출가스량(kg/hr)
P : 분출압력(MPa)(a), T : 분출 직전의 절대온도
M : 분자량

참고 P : (kg/cm^2 · a)일 때

$$a = \frac{w}{230P\sqrt{\dfrac{M}{T}}}$$

12 도시가스 정압기 중 피셔식 정압기의 2차 압력 이상 저하원인을 4가지 쓰시오.

정답 ① 정압기 능력부족
② 필터 먼지류 막힘
③ 센터 스템 불량
④ 저압 보조정압기 열림 불량

참고 **피셔식 정압기 2차 압력 상승원인**
1. 가스 중 수분동결
2. 저압 보조정압기 Cut-Off 불량
3. 바이패스 밸브류 누설
4. 메인밸브 폐쇄 무

13 희생양극법에 의한 전기방식 설계를 위해 다음의 데이터를 얻었다. 데이터를 이용하여 필요 마그네슘의 개수를 구하여라.

[data]
- 구조물(철)의 자연전위 : −550mV
- 가전극에서 방식하였을 때 전위 : −600mV
- 가전극에서 흐른 전류 : 20mA

여기서, 마그네슘 양극의 접지저항은 경험치에서 50Ω이며, 한 개의 마그네슘이 발생시키는 전류는 철과 마그네슘의 전위차를 0.8V로 하며, 시험에 있어 20mA의 전류를 얻은 전위 변화는 50mV이다.

정답 ① 완전방식을 위한 전위 변화 값
850 − 550 = 300mV

② 방식에 필요한 전류

$$20\text{mA} \times \frac{300\text{mV}}{50\text{mV}} = 120\text{mA}$$

③ 구조물의 접지저항

$$R = \frac{E}{i} = \frac{50\text{mA}}{20\text{mA}} = 2.5\Omega$$

④ 철과 마그네슘의 전위차가 0.8V이므로

$$i = \frac{E}{R} = \frac{0.8\text{V}}{2.5 + 50\Omega} = 0.0512\text{A} = 15.2\text{mA}$$

$$\therefore \text{ 필요 마그네슘 개수} = \frac{120\text{mA}}{15.2\text{mA}} = 8\text{개}$$

14 가스설비 중 반응기 또는 이와 유사한 설비로서 현저한 발열반응 또는 부차적으로 발생하는 2차 반응에 의하여 폭발 등의 위해가 발생할 가능성이 크거나 반응온도, 반응압력 상승 시 폭발을 일으킬 수 있는 특수반응설비의 종류를 4가지 이상 쓰시오.

정답 ① 암모니아 2차 개질로
② 메탄올의 합성반응탑
③ 저밀도 폴리에틸렌중합기
④ 에틸렌 제조시설의 아세틸렌수첨탑
⑤ 사이클론헥산 제조시설의 벤젠수첨반응기

참고 고법 시행규칙 별표 4 참조

15 액화석유가스 자동차에 고정된 탱크충전의 안정성 평가기준에서 마운드형 저장탱크의 정의를 기술하시오.

정답 액화석유가스를 저장하기 위하여 지상에 설치된 원통형 탱크에 흙과 모래를 사용하여 덮은 탱크로서, 자동차에 고정된 탱크충전사업의 시설에 설치되는 탱크를 말한다.

참고 저장탱크의 분류

가스명	형식	지상 또는 지하 구분
LNG	맴브레인식 금속이중각식 철근콘크리트	지상식
LPG	일반저장탱크 마운드형식	지상식
	매몰식 격납식 동굴식	지하식

제2회 출제문제(2018. 6. 30. 시행)

01 고압장치 내 수리 · 청소를 위하여 내부가스를 방출 후 퍼지용(치환용)으로 사용될 수 있는 불활성 가스의 종류를 2가지 이상 쓰시오.

정답 ① N_2(질소)
② Ar(아르곤)
③ Ne(네온)
④ He(헬륨)

02 염소의 공업적 제법 중 소금물을 전기분해하여 제조하는 방법 2가지는 무엇인지 쓰시오.

정답 ① 수은법
② 격막법

해설 $2NaCl + 2H_2O \rightarrow \underline{2NaOH + H_2\uparrow} + \underline{Cl_2}$
(음극) (양극)
- 소금물을 전기분해 시 양극에서 염소 발생, 음극에서 수소 발생, 그 주위에 가성소다가 생김
- 생성염소가 음극의 NaOH와 반응하여 소금이나 NaClO로 돌아가는 것을 방지하기 위해 격막법, 수은법을 쓴다.
  $2NaOH + Cl_2 \rightarrow NaCl + NaClO + H_2O$

참고 1. 염소의 공업적 제법
- 소금물 전기분해법
- 염산의 전해
- 액체염소의 제조

2. 염소의 실험적 제법
- 염산에 산화제를 작용
- 표백분에 염산을 가함.

03 도시가스 정압기실의 안전장치 설정압력에 대한 내용이다. (　)에 알맞은 숫자를 쓰시오.

구분		상용압력이 2.5kPa인 경우
이상압력 통보설비	상한값	(①)kPa 이하
	하한값	(②)kPa 이상
주정압기에 설치하는 긴급차단장치		(③)kPa 이하
안전밸브		(④)kPa 이하
예비정압기에 설치하는 긴급차단장치		4.4kPa 이하

정답 ① 3.2　② 1.2
③ 3.6　④ 4.0

04 가스배관을 용접 후 용접의 결함유무를 검사하는 비파괴검사방법을 4가지 쓰시오.

정답 ① 음향검사
② 방사선투과검사
③ 침투탐상검사
④ 자분탐상검사
⑤ 초음파검사

05 구형의 저장탱크 내용적을 계산하는 공식을 쓰시오. (단, V : 내용적(m^3), D : 탱크의 내경(m)이다.)

정답 $V = \frac{\pi}{6}D^3$

참고 원통형 저장탱크
1. 경판을 평판으로 간주 시 내용적
$$V = \frac{\pi}{4}D^2 \times L$$
여기서, D : 내경(m)
L : 경판을 평판으로 하는 경우, 원통부 전길이(m)
V : 내용적(m^3)
2. 경판으로 계산 시 내용적
$$V = \frac{\pi}{4}D^2(L_1 + \frac{2L_2}{3})$$
여기서, L_1 : 원통부 길이
L_2 : 원통형 저장탱크 경판부분 길이(m)

06 아래는 전기방식 시설물이다. 각각의 점검주기에 해당하는 시설물을 쓰시오.
(1) 1년에 1회 이상하는 시설물(1가지)
(2) 6개월에 1회 이상하는 시설물(2가지)

정답 (1) 관대지전위
(2) ① 절연부속품
② 역전류방지장치
③ 결선
④ 보온체절연효과

참고 **3개월에 1회 점검항목**
1. 외부전원법에 따른, 외부전원점 관대지전위, 정류기출력전압전류, 배선접속계기류 확인
2. 배류법에 따른, 배류점 관대지전위, 정류기출력전압전류, 배선접속계기류 확인

07 액화독성가스를 1000kg 이상 운반 시, 차량에 갖추어야 할 보호구를 4가지 이상 쓰시오.

정답 ① 방독마스크
② 공기호흡기
③ 보호의
④ 보호장갑
⑤ 보호장화

해설 **독성가스용기 운반기준(KGS. GC 206)의 차량비치 보호구**

운반가스량	보호구 종류
압축가스 100m³ 이상 액화가스 1000kg 이상	방독마스크 공기호흡기, 보호의, 보호장갑, 보호장화
압축가스 100m³ 미만 액화가스 1000kg 미만	방독마스크, 보호의, 보호장갑, 보호장화

참고 **독성가스 중 가연성 가스를 차량에 적재 · 운반 시 휴대소화설비** (단, 질량 5kg 이하 운반 시는 제외)

운반하는 가스량에 따른 구분	소화기의 종류		비치개수
	소화약제의 종류	능력단위	
압축가스 100m³ 또는 액화가스 1000kg 이상인 경우	분말소화제	BC용 또는 ABC용, B−6(약재중량 4.5kg) 이상	2개 이상
압축가스 15m³ 초과 100m³ 미만 또는 액화가스 150kg 초과 1000kg 미만인 경우			1개 이상
압축가스 15m³ 또는 액화가스 150kg 이하인 경우		B−3 이상	1개 이상

08 발열량이 5000kcal/Nm³, 비중이 0.61, 공급압력이 200mmH₂O인 가스를 발열량이 11000kcal/Nm³, 비중이 0.66, 공급압력이 100mmH₂O인 가스로 변경 시 노즐구경 변경률을 계산하시오.

정답 $$\frac{D_2}{D_1} = \sqrt{\frac{WI_1\sqrt{P_1}}{WI_2\sqrt{P_2}}} = \sqrt{\frac{\frac{5000}{\sqrt{0.61}}\sqrt{200}}{\frac{11000}{\sqrt{0.66}}\sqrt{100}}} = 0.817 = 0.82$$

09 고압가스 제조시설이 건축물 내에 있는 경우 바닥면 둘레가 49m일 때, 가스누출 경보장치 검지부 설치 수는 몇 개인지 쓰시오.

정답 49÷10=4.9=5개

해설 **고압가스 제조시설의 가스누출 경보장치 검지부 설치 수**
- 건축물 내, 특수반응설비의 경우 : 바닥면 둘레 10m마다 1개
- 건축물 밖, 가열로 발화원의 제조설비 주위 : 바닥면 둘레 20m마다 1개

10 고정식 압축도시가스 자동차 충전시설의 충전호스에 설치하는 긴급분리장치에 대한 다음 물음에 답하시오.

(1) 수평방향으로 당길 때 분리되는 힘(N)을 쓰시오.

(2) 설치장소를 쓰시오.

정답 (1) 666.4N 미만
(2) 각 충전설비마다 설치

11 저장설비와 가스설비는 그 외면으로부터 화기를 취급하는 장소까지 8m 이상 우회거리를 두거나 화기를 취급하는 장소 사이에 그 저장설비와 가스설비로부터 누출된 가스가 유동하는 것을 방지하기 위한 조치를 한다. 다음 물음에 답하시오.

(1) 누출된 가연성 가스가 화기를 취급하는 장소로 유동하는 것을 방지하기 위한 시설은 높이 몇 m 이상의 내화성 벽으로 하여야 하는지 쓰시오.

(2) 이때, 저장설비 및 화기를 취급하는 장소 사이는 우회수평거리를 몇 m 이상으로 하여야 하는지 쓰시오.

정답 (1) 2m 이상
(2) 8m 이상

12 25℃, 500kPa(g) 100kg이 충전되어 있는 산소탱크에서 사용 후 압력이 20℃, 200kPa(g)로 변화했을 때 사용산소가스의 질량(kg)은 얼마인가? (단, 1atm=101kPa, $R=\frac{8.314}{M}$ kN·m/kg·K이다.)

정답 ① 처음의 내용적(V)

$$V=\frac{GRT}{P}=\frac{100\times\frac{8.314}{32}\times(273+25)}{500+101}=12.882\text{m}^3$$

② 20℃, 200kPa(g) 상태의 질량 G_2

$$G_2=\frac{P_2V}{R_2T_2}=\frac{(200+101)\times 12.882}{\frac{8.314}{32}\times(273+20)}=50.9378\text{kg}$$

∴ 사용량 = 100 − 50.9378 = 49.062 = 49.06kg

13 다음 문제의 전기방식법 명칭을 각각 쓰시오.

(1) 외부직류 전원장치의 양극(+)은 매설배관이 설치되어 있는 토양이나 수중에 설치한 외부전원용 전극에 접속하고 음극(−)은 매설배관에 접속시켜 부식을 방지하는 방법을 쓰시오.

(2) 매설배관의 전위가 주위의 타금속 구조물의 전위보다 높은 장소에서, 매설배관과 주위의 타금속 구조물을 전기적으로 접속시켜 매설배관에 유입된 누출전류를 전기회로적으로 복귀시키는 방법을 쓰시오.

정답 (1) 외부전원법
(2) 배류법

14 분진폭발의 정의와 방지대책을 4가지 이상 쓰시오.

정답 (1) 가연성의 고체미분이 공기 중에서 부유하고 있을 때 어떤 착화원에 의해 에너지가 주어지면 폭발하는 현상
(2) ① 분진의 퇴적 및 분진운의 생성방지
② 점화원의 제거
③ 불활성 물질의 첨가
④ 집진장치로 분진물질제거
⑤ 접지시설 설치

참고 **분진폭발의 성립조건**
1. 충분한 점화원이 있어야 한다.
2. 분진이 화염을 전파할 수 있는 크기와 분포여야 한다.
3. 가연성인 동시에 폭발 범위 내에 있어야 한다.
4. 지연성 가스 중에서 교반과 유동이 있어야 한다.

15 구조형식에 따른 열교환기 종류를 3가지 이상 쓰시오.

정답 ① 셸 앤드 튜브식 ② 2중관식
③ 증발식 ④ 통로식

제3회 출제문제(2018. 10. 7. 시행)

01 왕복압축기의 체적효율에 영향을 주는 요소 4가지를 쓰시오.

정답 ① 클리어런스에 의한 영향
② 밸브 하중과 가스의 마찰에 의한 영향
③ 불완전 냉각에 의한 영향
④ 가스누설에 의한 영향

02 LPG 충전의 시설기술기준에 대하여 다음 용기 및 저장탱크의 저장능력 산정식을 기호와 함께 설명하고 용기 또는 탱크의 몇 % 이하로 충전이 가능한지를 쓰시오.

(1) 3t 이상의 저장탱크
(2) 3t 미만의 저장탱크(소형저장탱크)
(3) 용기

정답 • 공식 및 기호

(1) $W=0.9dV$
W : 저장탱크의 충전량(kg), d : 액비중(kg/L), V : 탱크내용적(L)

(2) $W=0.85dV$
W : 소형저장탱크 충전량(kg), d : 액비중(kg/L), V : 소형저장탱크 내용적(L)

(3) $W=\dfrac{V}{C}$
W : 용기충전량(kg), V : 용기내용적(L), C : 충전상수

• 충전 가능한 비율
(1) 90% 이하 충전
(2) 85% 이하 충전
(3) 85% 이하 충전

03 도시가스 제조 프로세스에서 가열방식에 의한 분류 4가지를 쓰시오.

정답 ① 외열식 ② 축열식
③ 자열식 ④ 부분연소식

참고 **원료송입법에 의한 분류 3가지**
1. 연속식
2. 배치식
3. 사이크링식

04 공기액화 분리장치의 폭발원인 4가지와 방지대책 4가지를 각각 쓰시오.

정답 (1) 폭발원인
① 공기취입구로부터 C_2H_2 혼입
② 압축기용 윤활유 분해에 따른 탄화수소 생성
③ 공기 중 질소화합물의 혼입
④ 액체 공기 중 오존의 혼입

(2) 대책
① 공기취입구를 맑은 곳에 설치
② 장치 내 여과기를 설치
③ 윤활유는 양질의 광유를 사용
④ 연 1회 사염화탄소로 세척

05 원심압축기의 맥동(서징)현상의 정의와 방지법을 4가지 이상 각각 쓰시오.

정답 (1) 압축기와 송풍기 사이에 토출측 저항이 커지면 풍량이 감소하고 불완전한 진동을 일으키는 현상
(2) ① 속도제어에 의한 방법
② 바이패스법
③ 안내깃 각도 조정법
④ 교축밸브를 근접설치하는 방법
⑤ 우상특성이 없게 하는 방법

06 가스미터 선정 시 고려해야 할 사항 4가지를 쓰시오.

정답 ① 사용가스에 적합한 가스미터일 것
② 용량에 여유가 있을 것
③ 계량법에 정한 유효기간을 만족할 것
④ 기타 외관검사를 행할 것

참고 **가스미터 암기사항**

가스미터 검정사항	가스미터 설치장소
• 외관검사 • 구조검사 • 기타검사	• 검침 교체 유지관리 및 계량이 용이하고 환기가 양호한 장소 • 직사광선 빗물을 받을 우려가 있는 곳은 보호상자 안에 설치 • 30m^3/hr 미만의 계량기는 바닥에서 1.6m 이상 2m 이내 수직수평으로 설치, 밴드 등으로 고정한다. • 보호상자 내 기계실, 보일러실에 설치 시 바닥에서 2.0m 이내에 설치한다.
가스미터 설치 시 주의사항 3가지	**가스미터 구비조건**
• 입상배관을 하지 말 것 • 배관에 연결 시 무리한 힘을 가하지 말 것 • 가스미터를 소중히 다룰 것	• 정확히 계량될 것 • 내구성이 있을 것 • 소형이며 용량이 클 것 • 감도가 예민할 것 • 취급이 쉽고 수리가 용이할 것

07 UNCV(증기운폭발)의 정의를 기술하시오.

정답 대기 중 다량의 가연성 액체가 유출되어 발생한 증기가 공기와 혼합해서 가연성 혼합기체를 형성하고, 발화원에 의해 발생하는 폭발을 말한다.

08 도시가스 정압기용 압력조정기의 종류를 다음의 출구압력에 따라 그 압력값을 기술하시오.

(1) 중압
(2) 준저압
(3) 저압

정답 (1) 0.1~1MPa 미만
(2) 4~100kPa 미만
(3) 1~4kPa 미만

참고 1. 도시가스 정압기용 압력조정기 : 도시가스 정압기에 설치되는 압력조정기이다.
2. 도시가스용 압력조정기 : 도시가스 정압기 이외에 설치되는 압력조정기로서 입구를 호칭지름이 50A 이하, 최대 표시유량 $300Nm^3/hr$ 이하인 것을 말한다.

09 독성가스 중 2중관으로 배관시공을 하여야 할 독성가스의 종류 8가지를 기술하시오.

정답 ① 아황산 ② 암모니아 ③ 염소 ④ 염화메탄
⑤ 산화에틸렌 ⑥ 시안화수소 ⑦ 포스겐 ⑧ 황화수소

참고 **하천수로 횡단 시 2중관으로 시공하여야 할 가스의 종류**
1. 아황산 2. 염소 3. 시안화수소 4. 포스겐
5. 황화수소 6. 불소 7. 아크릴알데히드

10 저장탱크에 설치되는 긴급차단장치에 대한 다음 물음에 답하시오.

(1) 긴급차단장치의 설치위치를 주의사항과 함께 기술하시오.
(2) 긴급차단장치를 작동시키는 동력원 4가지를 기술하시오.

정답 (1) ① 설치위치 : 탱크 내부, 탱크와 원밸브 사이
② 주의사항 : 원밸브의 외측에 설치하되 원밸브와 겸용으로 설치하지 않는다.
(2) ① 액압
② 공기압
③ 전기압
④ 스프링압

11 도시가스 사용시설에서 정의하는 배관에서 매립배관과 은폐배관의 정의를 기술하시오.

정답 (1) 건축물의 천장, 벽, 바닥 속에 설치되는 배관으로서, 배관 주위에 콘크리트, 흙 등이 채워져 배관의 점검교체가 불가능한 배관을 말하며 다만, 천장, 벽체 등을 관통하기 위해 이음부 없이 설치되는 경우는 제외한다.
(2) 건축물 내 천장, 벽체, 바닥 등의 공간에 외부에서 배관이 보이지 않게 설치된 배관으로서 배관의 점검, 교체 등이 가능한 배관을 말한다. 단, 상자콕 설치를 위해 일부가 매립되는 경우는 배관 전체를 매립배관으로 본다.

12 그림과 같이 설치되어 있는 도시가스 공급배관이 있다. 이 배관 B점의 유출압력(mmH_2O)을 다음 조건을 이용하여 계산하여라. (단, pole의 정수 K=0.7로 계산한다.)

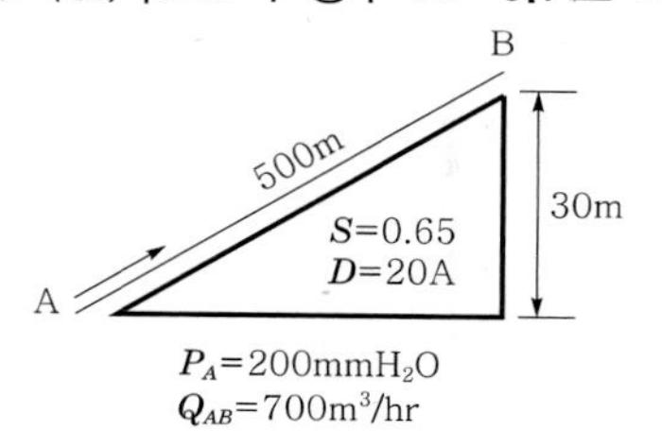

정답 (1) 마찰저항(직선배관)에 의한 압력손실

$$h_1 = \frac{Q^2 \cdot S \cdot L}{K^2 \cdot D^5} = \frac{700^2 \times 0.65 \times 500}{0.7^2 \times 20^5} = 101.5625\text{mmH}_2\text{O}$$

(2) 입상배관에 의한 압력손실

$h = 1.293(1-S)H = 1.293(1-0.65)\times 30 = 13.5765\text{mmH}_2\text{O}$

$\therefore P_B = P_A -$ 직선배관에 의한 손실 + 입상배관에 의한 손실

$= 200 - 101.5625 + 13.5765 = 112.014 = 112.01\text{mmH}_2\text{O}$

해설 입상배관의 손실값에서

구분 / 가스흐름	공기보다 가벼울 때	공기보다 무거울 때
상향↑	손실의 반대방향값 처음의 유출압력(+)값	손실값 발생 처음의 유출압력(−)값
하향↓	손실값 발생 처음의 유출압력(−)값	손실의 반대방향값 처음의 유출압력(+)값

13 400A 강관으로, 길이가 30m이며 양끝을 고정한 강관을 −10℃에서 설치 시 온도가 50℃로 상승하였다. 이때 판제에 생기는 응력(kg/cm^2)을 구하시오. (단, 판의 선팽창계수 $\alpha = 1.2\times10^{-5}$/℃, $E = 2.1\times10^5 kg/cm^2$이다.)

정답 $\lambda = 30\times100\text{cm}\times1.2\times10^{-5}/℃\times(50+10) = 2.16\text{cm}$

$$\therefore \sigma = \frac{E\times\lambda}{L} = \frac{2.1\times10^5\times2.16}{3000} = 151.2\text{kg/cm}^2$$

14 LP가스 수송방법에 관한 다음 빈칸을 채우고, 물음에 답하시오.

(1) 탱크로리에 의한 수송, 용기에 의한 수송, (①)에 의한 수송, (②)에 의한 수송 방법이 있다.

(2) ① 탱크로리에 의한 수송의 장점 2가지와 단점 2가지를 쓰시오.

② 용기에 의한 수송의 장점 2가지와 단점 2가지를 쓰시오.

정답 (1) ① 철도차량
② 유조선(탱커)
(2) ① 탱크로리 수송의 장단점

장점	단점
• 기동성이 있어 장 · 단거리 모두 적합하다. • 철도 전용성과 같은 특별한 설비가 필요 없다. • 용기에 비해 다량수송이 가능하다.	• 탱크가 부설되어야 한다. • 사고발생 시 용기에 비하여 대형사고가 발생한다.

② 용기 수송의 장단점

장점	단점
• 용기 자체가 저장설비로 이용될 수 있다. • 소량수송에 유리하다.	• 수송비가 높게 된다. • 여러 개의 용기로 인하여 사고확률이 높다.

15 용접부의 방사선투과검사 후 나타난 용접부 결함부분의 명칭을 쓰시오.

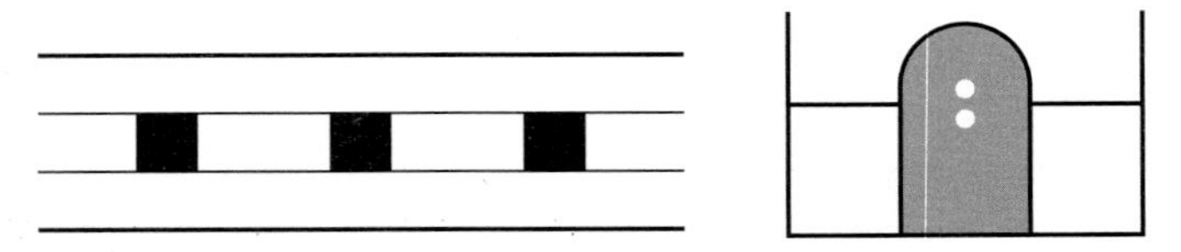

정답 슬래그 혼입

참고 1. 내부기공

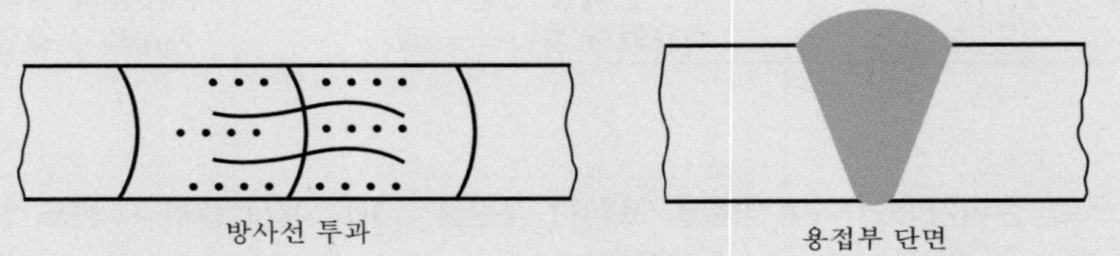

2. 용접부 단면 결함의 종류

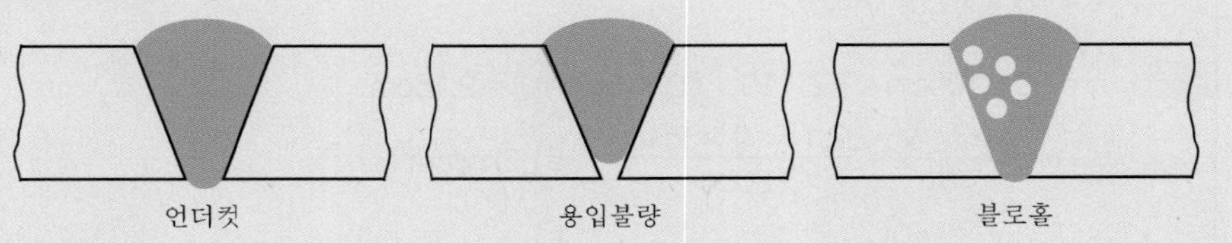

3. 용접결함 용어의 정의
- 언더컷 : 용접부에 용착금속이 채워지지 않은 결함
- 슬래그 혼입 : 용접부에 이물질 혼입
- 오버랩 : 용착금속이 모재에 융합되지 않고 겹쳐있는 결함
- 균열 : 용접 부위에 갈라지는 금이 생김
- 크레이터 : 아크용접의 비드 끝이 오목하게 파인 것
- 블로홀 : 용접 부위에 기공이 생긴 것

2019년 가스기사 필답형 출제문제

제1회 출제문제(2019. 4. 17. 시행)

01 관지름 40A, 길이 20m인 강관이 외기온도가 10℃인 상태에서 60℃가 되었다. 배관에 작용하는 응력(kg/cm²)은? (단, 선팽창계수 $\alpha = 1.2 \times 10^{-5}$, 영률=$2.1 \times 10^6$kgf/cm²이다.)

정답 신축량 $\lambda = l \times \alpha \times \Delta t = 20 \times 10^2 \times 1.2 \times 10^{-5} \times (60-10) = 1.2\text{cm}$

응력 $\sigma = \frac{E \cdot \lambda}{l} = \frac{2.1 \times 10^6 \text{kg/cm}^2 \times 1.2\text{cm}}{2000\text{cm}} = 1260\text{kg/cm}^2$

02 다음 기호의 의미를 쓰시오.

(1) LG
(2) AG
(3) LT

정답 (1) LG : 액화석유가스 이외의 액화가스를 충전하는 용기의 부속품
(2) AG : 아세틸렌 가스를 충전하는 용기의 부속품
(3) LT : 초저온 용기 및 저온용기의 부속품

03 표준상태에서 암모니아의 비체적(L/g)은 얼마인지 쓰시오.

정답 NH_3 : 분자량 17g이 22.4L이므로 22.4L/17g=1.317=1.32L/g

04 다음 조건의 구형 홀더에서의 활동량 (Nm³)을 계산하시오. (단, 계산 시 소수점 이하는 버린다.)

$$D = 40\text{m},\ P_1 = 7\text{kg/cm}^2\text{a},\ P_2 = 3\text{kg/cm}^2\text{a},\ 1\text{atm} = 1.0332\text{kg/cm}^2$$

정답 활동량 $M = \frac{(7-3)}{1.0332} \times \frac{\pi}{6} \times (40)^3 = 139734\text{Nm}^3$

05 가연성 가스나 산소보관실의 지붕은 폭발력이 위로 방출될 정도의 가벼운 불연재료로 하고 천장을 만들지 아니하여야 한다. 지붕을 가벼운 불연재료로 하지 않을 수 있는 조건 2가지를 쓰시오.

정답 ① 허가관청이 건축물의 구조로 보아 가벼운 지붕을 설치하기가 현저히 곤란하다고 인정 시 허가관청이 정하는 구조시설을 갖춘 경우
② 폭발예방을 위하여 규정된 방폭구조와 환기설비 및 유사 시 필요한 강제통풍시설을 갖춘 경우

06 산업통상자원부령으로 정하는 특정고압설비 5가지 쓰시오.

정답 ① 안전밸브, 긴급차단장치, 역화방지장치
② 기화장치
③ 압력용기
④ 자동차용 가스자동주입기
⑤ 독성가스배관용 밸브
⑥ 특정고압가스용 실린더 캐비닛
⑦ 액화석유가스용 용기잔류가스회수장치
⑧ 차량에 고정된 탱크

07 브레이튼 사이클은 가스터빈의 이상 사이클로 사용되며 필요에 따라 역브레이튼 사이클도 사용되고 있다. 역브레이튼 사이클의 4단계를 기술하시오.

정답 ① 단열팽창 → ② 정압흡열 → ③ 단열압축 → ④ 정압방열

해설 역브레이튼=공기냉동 사이클

08 독성가스별 제독제이다. 다음의 빈칸을 채우시오.

가스별	제독제	보유량
염소	가성소다수용액	(①) [저장탱크 등이 2개 이상 있을 경우 저장탱크에 관계되는 저장탱크의 수의 제곱근 수치. 그 밖에 제조설비와 관계되는 저장설비 및 처리설비(내용적이 $5m^2$ 이상의 것에 한정한다) 수의 제곱근 수치를 곱하여 얻은 수량, 이하 염소는 탄산소다수용액 및 소석회에 대하여도 같다.]
	탄산소다수용액	870
	소석회	620
(②)	가성소다수용액	390
	소석회	360
황화수소	(③)	1140
	(④)	1500
시안화수소	(⑤)	250
	가성소다수용액	530
	탄산소다수용액	700
	물	다량
암모니아 산화에틸렌 염화메탄	(⑥)	다량

정답 ① 670kg
② 포스겐
③ 가성소다수용액
④ 탄산소다수용액
⑤ 가성소다수용액
⑥ 물

09 웨버지수의 계산식을 쓰고, 기호를 설명하시오.

정답 $WI = \frac{H_g}{\sqrt{d}}$

① WI : 웨버지수
② H_g : 도시가스의 총 발열량($kcal/m^3$)
③ d : 도시가스의 공기에 대한 비중

10 아세틸렌 충전 시 첨가되는 희석제는 2가지이다. 희석제와 용제(침윤제)를 2가지씩 쓰시오.

정답 ① 희석제 : 질소, 메탄　　② 용제 : 아세톤, DMF

11 동일장소에 설치하는 소형저장탱크의 수는 6기 이하로 하고, 충전질량의 합계는 5000kg 미만이 되게 한다. 이 경우 "동일장소에 설치하는 소형저장탱크"란 어떤 경우인지 3가지 쓰시오.

정답 ① 하나의 독립된 건축물(공동주택은 1개동)에 가스를 공급하는 소형저장탱크
② 배관으로 연결된 소형저장탱크
③ 탱크 중심 사이의 거리가 30m 이하이거나 같은 건축물에 설치되어 있는 소형저장탱크

12 C_3H_8이 연소 시 최저산소농도(MOC)를 구하시오.

정답 $C_3H_8 + 5O_2 \rightarrow 3CO_2 + 4H_2O$
1 : 5
$\therefore$ MOC$=5\times2.1=10.5\%$

13 가스연소 시 블루오프가 발생하였다. 연소기가 파이롯트의 점화방식일 경우 몇 초 이네에 버너의 작동이 정지되고 가스통로가 차단되어야 하는가?

정답 14초

참고 KGS A B931

14 가스배관을 매설하기 위하여 줄파기공사를 할 때 확인해야 할 사항을 4가지를 쓰시오.

정답 ① 타 지하매설물을 확인한다.
② 줄파기 시작점에서 끝지점까지 약간의 경사를 주었을 때 평탄하게 되는가를 확인한다.
③ 도시가스관계업체에 연락을 취하여 주의사항을 확인한다.
④ 작업 전 도시가스배관의 길이, 방향 등을 확인 후 작업한다.

참고 다음과 같은 문제가 출제되었다는 견해도 있었습니다.
1. 가스배관이 있을 것으로 예상되는 지점 몇 m 이내에서 줄파기를 할 때 안전관리전담자가 입회하여야 하는지 쓰시오. 2m 이내
2. 줄파기 심도는 주로 몇 m 이상으로 하는지 쓰시오. 1.5m 이상

15 가정용 도시가스 사용 중 도시가스가 누설되었을 때의 대처순서 3가지를 쓰시오.

정답 ① 즉시 사용을 중지하고 연소기와 연결된 가스밸브를 차단한다.
② 창문을 열어 환기시킨다.
③ 도시가스 공급자에게 신고한다.

제2회 출제문제(2019. 6. 29. 시행)

01 시안화수소 충전 시 필요한 안정제를 2가지 쓰시오.

정답 ① 황산, ② 아황산

02 도시가스 공급시설 중 일부공정 시공감리대상이 되는 시설물 3가지를 쓰시오.

정답 ① 가스도매사업자의 가스공급시설
② 일반도시가스 사업자, 나프타부생가스 및 바이오가스 제조사업자, 합성천연가스 제조사업자, 도시가스사업자 외의 가스공급시설 설치자의 가스공급시설 중 주요공정 감리대상 시설을 제외한 가스공급시설
③ 공사계획승인대상물의 시공감리대상이 되는 사용자 공급관(부속시설물 포함)

참고 **주요공정 감리대상**
1. 일반도시가스 사업자 및 도시가스사업자 외의 가스공급시설 설치자의 배관(그 부속시설을 포함)
2. 나프타부생가스, 바이오가스 제조사업자 및 합성천연가스 제조사업자의 배관(부속시설물 포함)

참고문제

1. 도시가스 공급시설에서 시공감리대상의 공사계획 승인을 받아야 할 제조소에 해당하는 시설물을 4가지 쓰시오.

정답 ① 가스발생설비 또는 가스정제설비 ② 가스홀더
③ 배송기, 압송기 ④ 저장탱크 또는 액화가스용 펌프

2. 도시가스 공급시설에서 시공감리대상의 공사계획 승인을 받아야 할 공급소에 해당하는 시설물 4가지를 쓰시오.

정답 ① 가스홀더 ② 압송기
③ 정압기 ④ 배관(최고사용압력이 중압 이상인 경우 호칭지름 150mm 이상인 것)

03

내용적 20L인 가스배관에서 공기를 주입 시 수주 880mm, 온도는 15℃였다. 1분 경과 후 압력이 수주 620mm로 되었다면 누설량은 몇 %인가?

정답 ① 처음 공기량

$$20L \times \frac{(10332+880)}{10332} = 21.70L$$

② 나중 공기량

$$20L \times \frac{(10332+620)}{10332} = 21.20L$$

$$\therefore \text{누설량(\%)} = \frac{(21.70-21.20)}{20} \times 100 = 2.5\%$$

04

나프타(naphtha)의 가스화에 따른 영향으로 PONA치를 사용 시 (1) PONA의 의미를 쓰고, (2) 가스화의 효율을 향상시키기 위하여 증가, 감소하여야 할 성분을 쓰시오.

정답 (1) P : 파라핀계 탄화수소
O : 올레핀계 탄화수소
N : 나프텐계 탄화수소
A : 방향족 탄화수소

(2) 파라핀계 탄화수소의 함유량은 증가되어야 하고, 올레핀계와 나프텐계, 방향족 탄화수소는 감소되어야 한다.

참고 **도시가스 제조원료가 가지는 특성**
1. 파라핀계 탄화수소가 많다.
2. C/H비가 작다.
3. 유황분이 적다.
4. 비점이 낮다.

05 가스 연소 시 총 발열량에서 수증기의 증발잠열을 제외한 열량이 무엇인지 쓰시오.

정답 진발열량

06 차량에 고정된 액화석유가스탱크(3t 이상)로 가스를 운반 시 탱크파열을 방지하기 위하여 탱크 내부에 다공성 벌집형 알루미늄박판으로 된 폭발방지제를 설치하여야 한다. 이 폭발방지제를 시공할 때의 설치기준을 쓰시오.

정답 알루미늄합금박판에 일정 간격으로 슬릿을 내고 이것을 팽창시켜 다공성 벌집형으로 한다.

07 압축기 운전 시 압축비가 증가하게 되는 원인 4가지를 쓰시오.

정답 ① 소요동력 증대 ② 실린더 내 온도 상승
③ 윤활기능 저하 ④ 체적효율 감소

08 다음의 전기방식법을 쓰시오.

지중 또는 수중에 설치된 양극금속과 매설배관을 전선으로 연결하여 양극금속과 매설배관 사이의 전지작용으로 부식을 방지하는 방법

정답 희생양극법

09 가스제조설비에 정전기 제거설비를 설치할 때 피뢰설비가 있는 경우의 접지저항치는 몇 Ω 이하인지 쓰시오.

정답 10Ω 이하

해설 **접지저항치**
- 총합 : 100Ω 이하
- 피뢰설비가 있을 때 : 10Ω 이하
- 본딩용 접지접속선의 단면적 : 5.5mm^2 이상(단선은 제외)

10 가스설비 내에 수리보수 후 누설여부를 측정하기 위하여 기밀시험용 가스로 산소를 사용 할 때의 위험성에 대하여 기술하시오.

정답 산소는 조연성이므로 가연성과 결합하여 폭발범위 조성 시 인화폭발의 우려가 있다.

11 다음의 방폭구조 종류를 쓰시오.

(1) 정상운전 중 가연성 가스의 점화원이 될 전기불꽃아크 또는 고온부분 등의 발생을 방지하기 위해 기계적, 전기적 구조상 온도상승에 대해 특히 안전도를 증가시킨 방폭구조

(2) 방폭구조의 폭발등급 측정 시 최소점화전류비(mm)의 기준이 되는 가스를 쓰시오.

정답 (1) 안전증방폭구조
(2) 메탄

12 방폭전기기기에 사용하는 갈바닉 절연이란 무엇인지 쓰시오.

정답 본질안전기기 또는 본질안전 관련 전기기기 내부의 2개의 회로 사이에 직접적인 전기적 접속없이 신호 또는 전력이 전달되도록 한 구조

13 공기와 혼합된 C_2H_2 폭발하한이 2.5%이다. 표준상태에서 혼합기체 $1m^3$ 중 C_2H_2이 차지하는 중량을 계산하시오.

정답 $1m^3 = 1000L$

$1000 \times 0.025 = 25L$이므로 $\frac{25}{22.4} \times 26 = 29g$

14 내용적(V)이 $285m^3$인 설비에 Fp(최고충전압력)까지 충전 시 압축가스의 저장능력(m^3)을 계산하시오.

정답 $Q=(10P+1)V=(10\times15+1)\times285=43035m^3$

15 레이저 메탄검지기(RMLD)에 대하여 다음 물음에 답하시오.

(1) 응답시간
(2) 측정범위
(3) 측정거리

정답 (1) 0.1초 이내
(2) 0~50000ppm
(3) 0.5~30m

제3회 출제문제(2019. 10. 12. 시행)

01 메탄과 에탄으로 이루어지는 LP가스를 충전밸브에 주입했다. 충전밸브가 27.92g이며 건조공기가 들어갔을 때의 질량은 28.05g, LP가스가 주입되었을 때의 질량은 28.01g이다. 이때의 LP가스에서 메탄과 에탄의 몰분율을 각각 구하여라. (단, 1atm, 25℃ 상태)

정답 공기량 : 28.05−27.92=0.13g, LP가스량 : 28.01−27.92=0.09g

공기의 몰수 : $\frac{0.13}{29}$, CH_4의 몰수 : $\frac{0.09}{16}$, C_2H_6의 몰수 : $\frac{0.09}{30}$

∴ 메탄의 몰분율 : $\dfrac{\frac{0.09}{16}}{\frac{0.13}{29}+\frac{0.09}{16}+\frac{0.09}{30}}=0.429=0.43$

∴ 에탄의 몰분율 : $\dfrac{\frac{0.09}{30}}{\frac{0.13}{29}+\frac{0.09}{16}+\frac{0.09}{30}}=0.228=0.23$

02 액화산소용기에 액화산소가 50kg 충전되어 있다. 이때, 용기 외부로부터 액화산소에 시간당 5kcal/h의 열량이 가해진다면, 액화산소량이 $\frac{1}{2}$로 감소하는 데 소요되는 시간(hr)을 구하여라. (단, 액화산소의 증발잠열은 1600cal/mol이다.)

정답 ① 1600cal/mol=1600cal/32g=50cal/g=50kcal/kg

② 산소량 $\frac{1}{2}$ 증발량

$50\text{kg}\times\frac{1}{2}\times 50\text{kcal/kg} : x(\text{hr})$

$5\text{kcal} : 1\text{hr}$이므로,

$x=\dfrac{50\times\frac{1}{2}\times 50\times 1}{5}=250\text{hr}$

03 다음에서 설명하는 엔진을 쓰시오.

- 이 엔진은 피스톤과 실린더로 이뤄진 공간 내에 헬륨 또는 수소를 넣어 밀봉하고, 외부에서 가열·냉각을 반복해 피스톤을 구동하는 방식이다.
- 높은 열효율을 낼 수 있으며, 내연기관에 비해 조용하고 진동이 적다.
- 외연기관이기 때문에 화석연료뿐 아니라 석유, 천연가스를 비롯하여 목질계 연료, 공장 폐열, 태양열 등 모든 열원을 이용할 수 있는 열기관이다.

정답 스털링 엔진

04 water hammering의 방지대책 4가지를 쓰시오.

정답 ① 펌프에 플라이휠을 설치한다.
② 관 내 유속을 낮춘다.
③ 조압수조를 관선에 설치한다.
④ 밸브를 송출구 가까이에 설치하고 적당히 제어한다.

05 초음파탐상시험의 장점과 단점을 각각 2가지씩 쓰시오.

정답 (1) 장점
① 시험의 결과를 즉시 알 수 있다.
② 인체에 무해하다.
(2) 단점
① 결함의 종류는 알 수 없다.
② 개인의 차이가 발생한다.

06 각 열처리방식의 목적을 쓰시오.
① 담금질 ② 뜨임 ③ 풀림 ④ 불림

정답 ① 담금질 : 강도 및 경도의 증가
② 뜨임 : 내부응력제거, 인장강도 및 연성 부여
③ 풀림 : 잔류응력제거 및 조직의 연화강도 증가
④ 불림 : 결정조직의 미세화

07 자동차 충전설비의 세이프티 커플링에서 암커플링은 호스가 분리되었을 경우 (①)에 수커플링은 (②)에 설치할 수 있다.

정답 ① 자동차 충전구
② 충전기

08 염소용기에 수분이 접촉 시 문제점을 반응식을 포함하여 이유를 설명하시오.

정답 $Cl_2 + H_2O \rightarrow HCl + HClO$
$Fe + 2HCl \rightarrow FeCl_2 + H_2$
염소가스에 수분이 접촉 시 염산을 생성하고 이 염산이 철과 접촉하여 염화제2철을 생성하고, 그리하여 급격한 부식을 일으킨다.

09 다음의 전기방식에 관한 내용 중 (　　)에 적합한 단어를 넣으시오.

- 전기방식시설의 (①) 등을 1년 1회 점검한다.
- 외부전원법에 따른 전기방식시설은 외부전원점, 관대지전위 정류기의 출력전압배선의 접속상태, 계기류 확인 등을 (②)개월에 1회 이상 점검한다. 다만, 기준전극 설치 시 기준전극을 매설하고 데이터로커 등을 이용하여 전위를 측정한 후 이상이 없는 경우 (③)개월에 1회 이상 점검할 수 있다.
- 배류법에 의한 전기방식시설은 배류점, 관대지전위 배류기의 출력전압전류배선의 접속상태 및 계기류 확인 등을 (④)개월에 1회 이상 점검한다. 다만, 기준전극 설치 시 기준전극을 매설하고 데이터로커 등을 이용하여 전위를 측정한 후 이상이 없는 경우 (⑤)개월에 1회 이상 점검할 수 있다.
- 절연부속품, 역전류방지장치 결선(BOND) 및 보호절연체 효과는 (⑥)개월에 1회 이상 점검한다.

정답 ① 관대지전위　② 3　③ 6　④ 3　⑤ 6　⑥ 6

10 위험성평가기법이란 사업장 안에 존재하는 위험성에 대하여 정성 · 정량적으로 위험성을 평가하는 기법으로, 전기설비 등에도 위험성을 평가하여야 하는데, 위험성평가기법 중 정량적 평가기법 4가지를 쓰시오.

정답 ① 결함수(FTA)분석　② 사건수(ETA)분석
③ 원인결과(CCA)분석　④ 작업자실수(HEA)분석

참고 **정량적 평가기법**
1. 체크리스트　2. 상대위험순위결정
3. 사고예방질문분석　4. 위험과 운전분석(HAZOP)
5. 이상위험도분석(FMECA)

11 자동제어에서 사용되는 정특성, 동특성을 설명하여라.

정답 정특성 : 소자 또는 최초의 정상상태에서의 여러 특성
동특성 : 소자 또는 회로의 과도상태와 관련된 특성과 같이 시간적으로 변화하는 특성

해설
- **정특성의 예**
  - 스위치개폐특성
  - 스위치회로의 입출력특성
  - 부하특성
  - 논리회로의 논리특성
- **동특성의 예**
  스위치의 개방 또는 닫히는 순간의 특성. 즉, open에서 close되는 순간의 특성

참고 **정압기의 정특성, 동특성**
1. 정특성 : 정상상태에 있어서 유량과 2차 압력과의 관계
2. 동특성 : 부하변화가 큰 곳에 사용되는 정압기에 대하여 부하변동에 대한 응답의 신속성과 안정성

12 도시가스의 제조 · 공급 시설 중 가스홀더의 기능 4가지를 쓰시오.

정답 ① 가스수요의 시간적 변동에 대하여 일정제조 가스량을 안정하게 공급하고 남는 가스는 저장한다.
② 정전배관공사, 공급설비의 일시적 지장에 대하여 어느 정도 공급을 확보한다.
③ 조성 · 변동하는 제조가스를 저장 · 혼합하여 공급가스의 열량성분 연소성을 균일화한다.
④ 홀더설치 시 피크일 때 각 지구공급을 가스홀더에 의해 공급함과 동시에 배관의 수송효율을 높인다.

13 절대압력이 20kgf/cm^{2}이고, 온도가 25℃일 때, 산소의 비중량(N/m^3)을 구하시오. (단, 산소의 기체상수는 267J/kg · K이다.)

정답 $PV = GRT$에서 $P = \frac{G}{V}RT$

비중량$(G/V) = \frac{P}{RT} = \frac{20 \times 9.8 \times 10^4 (\text{N/m}^2)}{267\text{N} \cdot \text{m/kg} \cdot \text{K} \times (273+25)\text{K}} = 24.6336\text{kg/m}^3$

$\therefore 24.633 \times 9.8\text{N/m}^3 = 241.409 = 241.41\text{N/m}^3$

해설
- J = N · m
- 1kgf = 9.8N에서 20kgf/cm^2 = 20 × 9.8N/cm^2 = 20 × 9.8 × 10^4(N/m^2)

14 용접부에서 발생할 수 있는 결함의 종류 4가지를 쓰시오.

정답 ① 언더컷 ② 오버랩 ③ 용입불량
④ 슬러그혼입 ⑤ 기공

15 가스용 폴리에틸렌관의 온도가 40℃ 이상일 때 설치 가능한 기준을 쓰시오.

정답 파이프, 슬리브 등을 이용하여 단열조치를 하여야 한다.

MEMO

PART 2

작업형(동영상) 총정리

Part 2는 한국산업인력공단
출제기준 가스안전관리의
작업형(동영상) 핵심요약 및
예상문제, 기출문제 부분입니다.

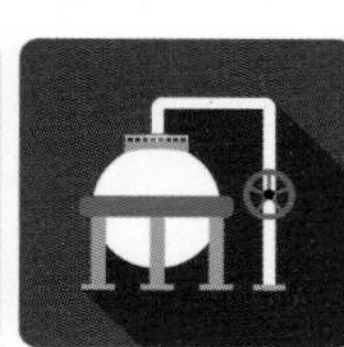

가스기사 실기

PART 2 작업형(동영상) 총정리

이 편의 학습 Point

1. 고압가스, 액화석유가스, 도시가스 법규에 해당하는 핵심이론과 그에 따른 중점 내용(특히 숫자부분) 암기하기
2. 적중률 높은 예상문제를 반복적으로 풀어보기
3. 실전시험을 치르는 듯한 컬러사진과 정확한 해설로 실기시험에 완벽 대비하기

작업형(동영상) 핵심요약 및 출제예상문제

일반도시가스 제조소·공급소의 시설, 기술검사 기준

KGS Code Fp 551 (2.5.4)

1 배관설비

동영상의 PE 배관에 대하여 다음 빈칸을 채우시오.

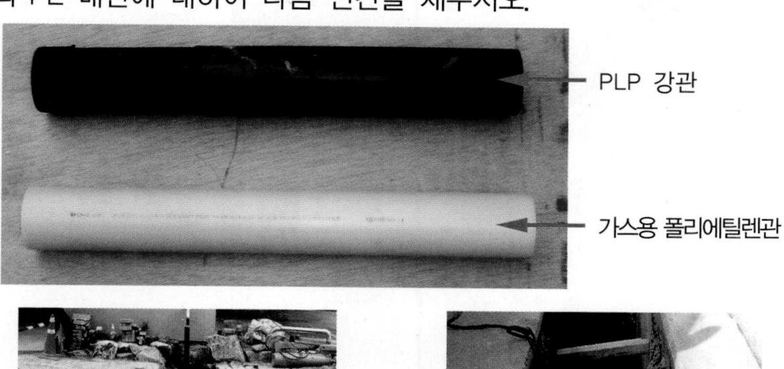

(1) PE관의 시공방법은?

(2) PE관의 굴곡허용 반경은 외경의 20배 이상이다. 굴곡허용 반경이 20배 미만일 경우 사용되는 부속품은?

(3) PE관의 매설위치를 탐지할 수 있는 가스시설물의 종류 2가지는?

(4) PE관의 매설위치를 탐지할 수 있는 로케팅와이어의 굵기는?

(5) PE 배관은 온도 몇 ℃ 이상 되는 장소에는 설치하지 않는가?

해답 (1) 매몰시공
(2) 엘보
(3) ① 탐지형 보호포　　　② 로케팅와이어
(4) $6mm^2$ 이상
(5) 40℃ 이상

보충설명
1. PE 배관의 지상연결을 위하여 금속관을 사용하여 보호조치를 한 경우는 지면에서 30cm 이하로 노출시공을 할 수 있다.
2. PE 배관은 파이프, 슬리브 등으로 단열조치를 한 경우 40℃ 이상의 장소에 설치할 수 있다.

문제 02 다음 표는 PE 배관에 대한 압력범위에 따른 두께이다. 빈칸을 채우시오.

SDR	압력
11 이하 (1호관)	(①) MPa 이하
17 이하 (2호관)	(②) MPa 이하
21 이하 (3호관)	(③) MPa 이하

해답 ① 0.4　　② 0.25　　③ 0.2

1. SDR = D(외경) / t(최소두께)
2. PE관과 금속관의 접합은 T/F(Transition/Fitting)을 사용한다.

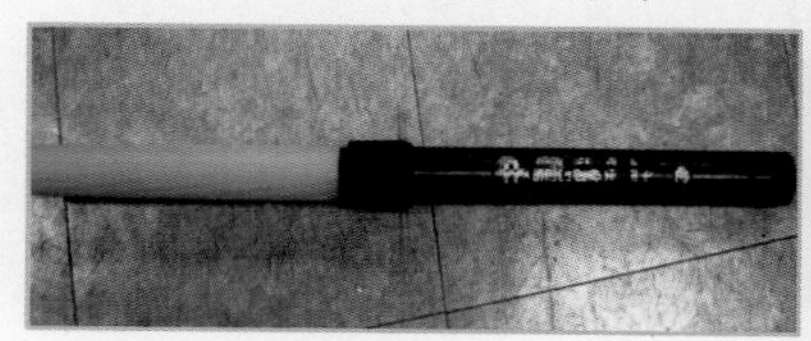

1. • PE 배관은 수분, 먼지 등의 이물질을 제거한 후 접합한다.
   • PE 배관의 접합 전 접합부를 접합 전용 스크레이퍼를 사용하여 다듬질한다.
   • 금속관의 접합은 T/F(Transition/Fitting)를 사용하여 접합한다.
   • 호칭지름이 상이할 경우 관이음매(Fitting)를 사용하여 접합한다.
2. 최고사용압력 2MPa 이상 배관두께 산출식

$$t = \frac{PD}{2SEFT}$$

여기서, t : 배관의 최소두께(mm), P : 설계압력(MPa)
D : 배관의 외경(mm), S : 재료의 최소항복강도(MPa)
E : 용접효율, F : 설계계수, T : 온도계수

문제 03

PE관의 융착 방법에서 열융착 방법 3가지는?

①
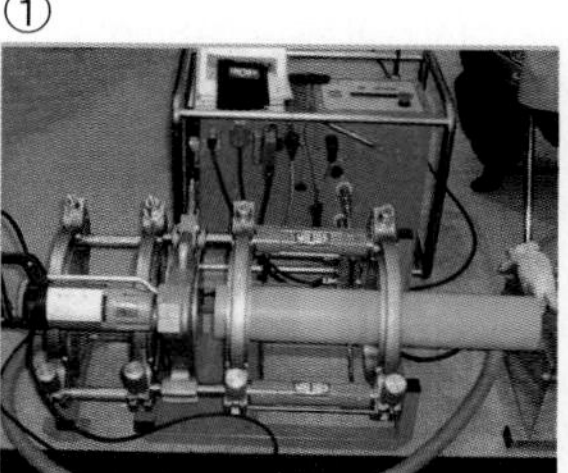
②

③

해답 ① 맞대기(바트)융착 ② 소켓융착 ③ 새들융착

1. PE관의 융착법(열융착, 전기융착이 있다.)
2. 열융착 이음의 기준
   • 맞대기 융착은 공칭외경 90mm 이상 직관과 이음관 연결에 사용한다.
   • 비드는 좌우 대칭형으로 둥글고 균일하게 형성되도록 한다.
   • 이음부 연결오차는 PE관 두께의 10% 이하가 되도록 한다.

문제 04

PE 배관두께가 3mm일 때 배관 비드폭의 최대치, 최소치를 계산하여라.

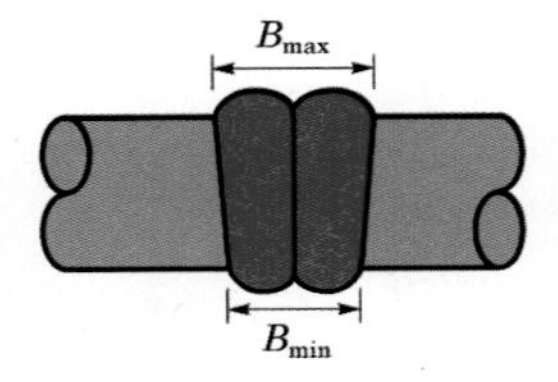

$$B_{min} = 3 + 0.5t$$
$$B_{max} = 5 + 0.75t$$

여기서, B_{min} : 최소 비드값, B_{max} : 최대 비드값

※ 호칭지름별 비드폭은 최소치 이상 최대치 이하이어야 한다.

해답 ① 최소 : $3+0.5t=3+0.5\times3=4.5$mm
② 최대 : $5+0.75t=5+0.75\times3=7.25$mm

TIP

구분		세부내용
열융착	소켓	① 용융된 비드는 접합부 전면에 고르게 형성 관내부로 밀려나오지 않게 한다. ② 배관 및 이음관의 접합부는 일직선을 유지한다. ③ 융착작업은 홀더 등을 사용하고 관의 용융부위는 소켓 내부 경계턱까지 완전히 삽입되도록 한다. ④ 시공이 불량한 융착이음부는 절단하여 제거하고 재시공한다.
	맞대기 (공칭외경 90mm 이상 직관과 이음관 연결에 적용)	① 비드는 좌우대칭형으로 둥글고 균일하게 형성되도록 한다. ② 비드의 표면은 매끄럽고 청결하도록 한다. ③ 접합면의 비드와 비드사이 경계부위는 배관의 외면보다 높게 형성되도록 한다. ④ 이음부의 연결 오차는 배관 두께의 10% 이하로 한다.
	새들 융착	① 접합부의 전면에는 대칭형의 둥근 형상 이중 비드가 고르게 형성되어 있도록 한다. ② 비드의 표면은 매끄럽고 청결하도록 한다. ③ 접합된 새틀의 중심선과 배관의 중심선이 직각을 유지한다. ④ 비드의 높이는 이음관 높이 이하로 한다.
전기융착	소켓	① 융착의 이음부는 배관과 일직선 유지 ② 이음부에는 배관 두께가 일정하게 표면산화층을 제거할 수 있도록 스크래퍼를 사용 표면층을 제거 ③ 관의 용융부위는 소켓 내부 경계턱까지 완전히 삽입되도록 한다.
	새들	이음매 중심선과 배관 중심선은 직각 유지
	융착 시는 융착기준 가열온도, 가열유지시간, 냉각시간 등을 준수한다.	

문제 05

PE관의 융착기준 3가지를 쓰시오.

해답 ① 가열온도 ② 가열유지시간 ③ 냉각시간

문제 06

모든 도시가스 배관은 용접접합하고, 용접부에 대하여 비파괴시험을 하여야 하는데 하지 않아도 되는 경우 2가지를 쓰시오.

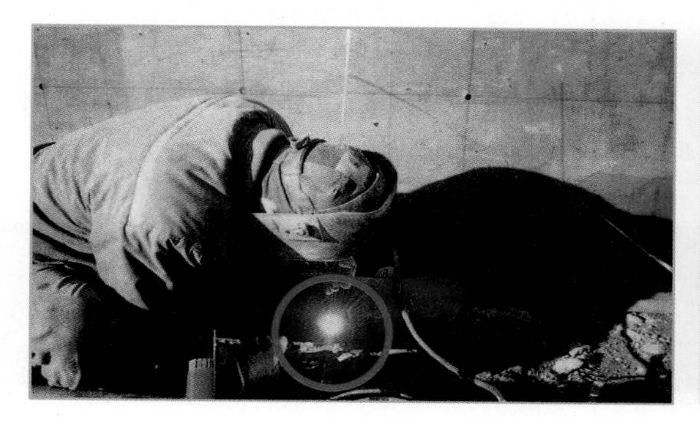

해답 ① PE 배관 ② 저압으로 노출된 사용자 공급관 ③ 호칭경 80mm 미만 저압배관

참고 Tig 용접(불활성 아크용접)

비파괴검사 시행을 위하여 행하는 용접(플랜지 용접 부위는 자분탐상검사 실시)

문제 07

배관을 공동구 안에 설치 시 ( )에 적당한 단어를 쓰시오.

- 공동구 안에는 (①)를 한다.
- 배관은 (②)형 신축이음매나 주름관으로 온도변화에 따른 신축흡수 조치를 한다.
- 배관에는 가스유입을 차단하는 장치를 설치하되 그 장치를 옥외 공동구 안에 설치하는 경우 (③)을 설치한다.

해답 ① 환기장치 ② 벨로즈 ③ 격벽

참고

그 이외에 전기설비가 있는 곳은 방폭구조로 한다.

문제 08

다음 (   ) 안에 알맞은 숫자 및 단어를 쓰시오.

일반도시가스 제조공급소에 대한 가스공급시설 중 가스가 통하는 부분으로서 내면에 (①)Pa을 초과하는 압력을 받는 부분의 용접부는 용입이 충분하고 (②), (③), (④), 슬러그 혼입, 블로어홀, 그 밖에 유사한 결함이 없는 용접강도를 가지는 것으로 한다.

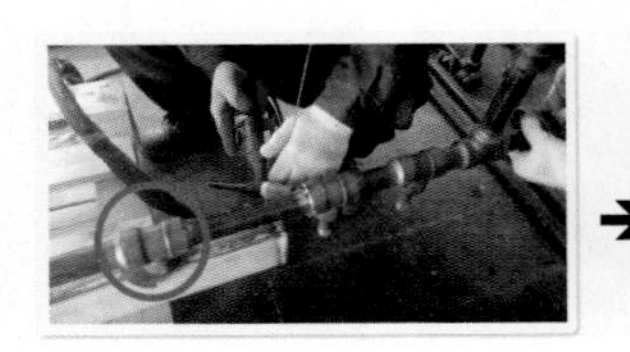 ➔ 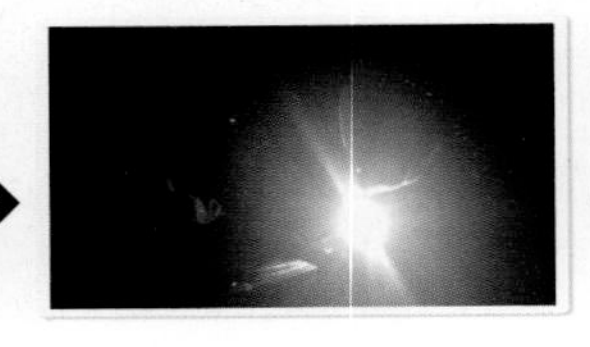 ➔ 

해답 ① 0　② 갈라짐　③ 언더컷　④ 크레이터

문제 09

ㄷ자로 가공한 방호철판에 대한 내용이다. 물음에 답하시오.

구분	항목	기타
방호철판 두께	(①)mm 이상	방호철판에는 부식을 방지하는 조치를 한다.
외면에 표시하는 사항	(②)	
방호철판 크기	(③)m 이상	

해답 ① 4
② 야간식별이 가능한 야광테이프, 야광페인트로 배관임을 알려주는 경계표지
③ 1

문제 10

ㄷ자 형태로 가공한 강관재 방호파이프 구조물 및 철근콘크리트 방호조치에 대한 내용이다. 빈칸을 채우시오.

구분	항목		기타
ㄷ자형의 강관재	파이프 호칭지름	(①)	구조물에는 야간식별이 가능한 야광테이프, 야광페인트로 도시가스 배관임을 알려주는 경계표지 설치
ㄷ자형태 철근콘크리트재	두께	(②)	
	높이	(③)	

해답 ① 50A ② 10cm 이상 ③ 1m 이상

2 배관의 고정조치(브래킷) 관련(KGS Fp 551)

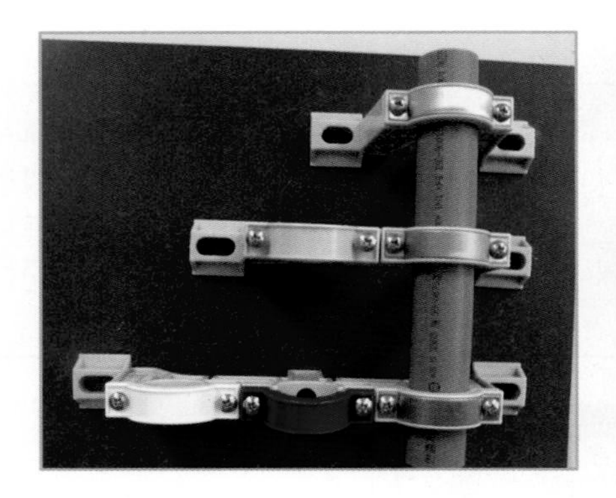

(1) 일반설치 배관

관경	고정간격
13mm 미만	1m마다
13mm 이상 33mm 미만	2m마다
33mm 이상	3m마다

※ 100mm 이상은 3m 이상으로 할 수 있다.

(2) 교량설치 배관

호칭지름(A)	지지간격(m)
100	8
150	10
200	12
300	16
400	19
500	22
600	25
600A 초과 시	배관처짐량 500배 미만이 되는 지점마다 지지

(3) 배관을 교량에 설치 시 기준

① 온도변화에 따른 열응력 수직·수평 하중을 고려하여 설계한다.
② 배관의 재료는 강재를 사용, 접합은 용접으로 한다.
③ 지지대 U볼트 등의 고정장치와 배관 사이에는 고무판, 플라스틱 등 절연물을 삽입한다.

(4) 배관의 부대설비

물이 체류할 우려가 있는 배관에는 콘크리트 박스 내 수취기를 설치한다.

(5) 가스차단장치 및 밸브 박스 설치 기준

① 밸브 박스의 내부는 밸브의 조작이 쉽도록 충분한 공간을 확보한다.
② 밸브 박스 뚜껑은 충분한 강도를 가지고, 긴급 시 신속하게 개폐할 수 있는 구조로 한다.
③ 밸브 박스는 내부에 물이 고여있지 아니하도록 하고, 부식방지 도장을 한다.

문제 01 동영상은 관경 25mm 배관이다. 이 배관에 고정장치인 브래킷을 설치 시 몇 m마다 설치하여야 하는가?

해답 2m

문제 02 동영상의 배관 종류 ①, ②, ③, ④의 명칭을 쓰시오.

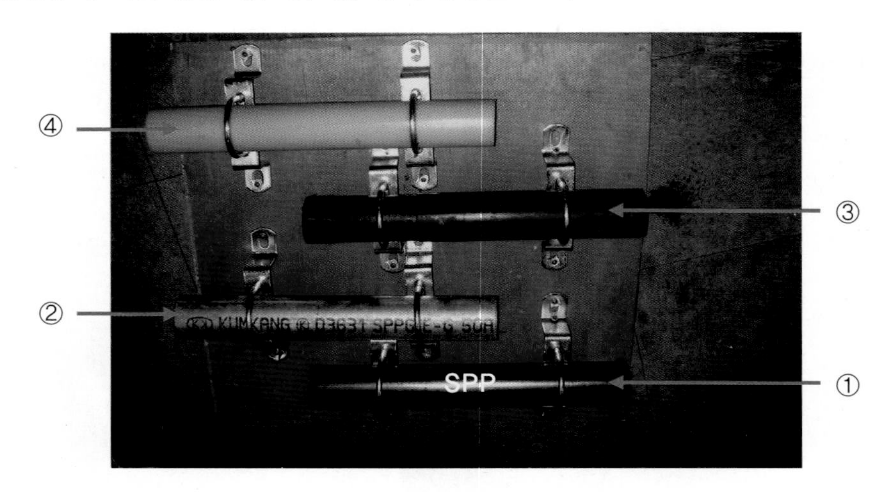

해답 ① SPP(배관용 탄소강관)
② SPPG(압력배관용 탄소강관)
③ 폴리에틸렌 피복강관(PLP강관)
④ 가스용 폴리에틸렌관(PE관)

KGS 259

배관에 표시사항

(1)

<table>
<tr><th>배관 외부 표시사항</th><th colspan="3">배관의 표면색상</th><th>기타사항</th></tr>
<tr><td>사용가스명</td><td>지상배관</td><td colspan="2">매설배관</td><td rowspan="3">지상배관 중 건축물 내·외벽에 노출된 것으로 바닥 1m 이상 높이에 폭 3cm의 황색띠를 2중으로 표시한 경우는 표면색상을 황색으로 하지 않을 수 있다.</td></tr>
<tr><td>최고사용압력</td><td rowspan="2">황색</td><td>저압</td><td>중압</td></tr>
<tr><td>가스흐름방향</td><td>황색</td><td>적색</td></tr>
</table>

(2) 보호포

<table>
<tr><td colspan="2">종류</td><td colspan="2">① 일반형 보호포
② 탐지형 보호포(지면에 매설된 보호포의 설치위치를 탐지할 수 있도록 제조된 것)</td></tr>
<tr><td rowspan="4">규격</td><td>두께</td><td colspan="2">0.2mm 이상</td></tr>
<tr><td rowspan="2">폭</td><td>사용시설 및 공급시설의 제조소 공급소 밖</td><td>15cm 이상</td></tr>
<tr><td>공급시설의 제조소 공급소 내</td><td>15~35cm</td></tr>
<tr><td>바탕색</td><td colspan="2">저압배관(황색), 중압 이상(적색)</td></tr>
<tr><td colspan="2">보호포의 표시내용</td><td colspan="2">가스명, 사용압력, 공급자명</td></tr>
<tr><td colspan="2">기타사항</td><td colspan="2">보호포는 호칭지름에 10cm를 더한 폭으로 하고, 2열 이상 설치 시 보호포 간격을 보호포 넓이 이내로 한다.</td></tr>
<tr><td colspan="2" rowspan="2">보호포 설치위치</td><td>저압배관</td><td>① 배관 매설 깊이 1m 이상 : 배관 정상부에서 60m 이상
② 1m 미만 및 공동주택 부지 안 : 40cm 이상</td></tr>
<tr><td>중압 이상 배관</td><td>① 배관에서 보호판 상부 : 30cm 이상
② 보호판 상부에서 보호포 : 30cm 이상</td></tr>
</table>

(3) 보호판

보호판 설치(KGS Fs 551 굴착공사로 인한 배관손상방지 조치)

<table>
<tr><th colspan="2">구분</th><th>내용</th></tr>
<tr><td colspan="2">설치대상 배관</td><td>① 중압 이상 도로 밑 매설배관
② 배관의 매설 심도를 확보할 수 없는 경우
③ 타 시설물과 이격거리를 유지하지 못했을 때</td></tr>
<tr><td colspan="2">설치목적</td><td>굴착공사로 인한 배관손상을 방지하기 위함.</td></tr>
<tr><td colspan="2">재료</td><td>KSD 3503(일반구조용 압연 강재) 또는 이와 동등 이상의 성능이 있는 것</td></tr>
<tr><td rowspan="3">보호판에
뚫는 구멍</td><td>규격</td><td>직경 30mm 이상 50mm 이하</td></tr>
<tr><td>간격</td><td>3m 이하 간격</td></tr>
<tr><td>이유</td><td>가스누출 시 가스가 지면으로 확산이 되도록 하기 위함.</td></tr>
<tr><td colspan="2">설치위치</td><td>배관 정상부에서 30cm 이상 높이</td></tr>
</table>

KGS Fp 551 (2.5.10.3.2)

라인마크

【 LM-1 】직선방향

【 LM-2 】양방향

【 LM-3 】삼방향

【 LM-4 】일방향

【 LM-5 】135°방향

【 LM-6 】관말지점

설치이유	포장도로에 도시가스 배관을 매설 시(비포장도로, 포장도로 측구에는 보호포 설치)
설치수	배관길이 50m마다 1개씩(비개착공법에 의하여 배관을 지하에 매설하는 그 시점, 종점 및 시점과 종점 사이 배관길이 10m마다 1개 이상의 라인마크 설치, 상기 규정에 따라 라인마크 설치가 곤란한 경우 배관 길이 30m마다 1개 이상의 표지판 설치)
설치장소	주요분기점, 굴곡지점, 관말지점 주위 50m 이내에 설치

라인마크 규격			
기호	종류	직경×두께	핀의 길이×직경
LM-1	직선방향	60mm×7mm	140mm×20mm
LM-2	양방향	60mm×7mm	140mm×20mm
LM-3	삼방향	60mm×7mm	140mm×20mm
LM-4	일방향	60mm×7mm	140mm×20mm
LM-5	135°방향	60mm×7mm	140mm×20mm
LM-6	관말지점	60mm×7mm	140mm×20mm

KGS Fp 551

표지판

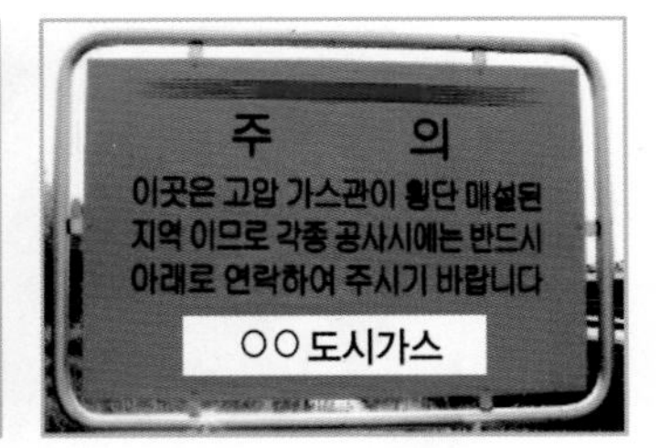

<table>
<tr><th colspan="2">구분</th><th colspan="2">설치위치</th><th colspan="2">기타사항</th></tr>
<tr><td colspan="2" rowspan="2">고법</td><td>지상배관</td><td>1000m마다</td><td>치수</td><td>가로×세로=200mm×150mm 이상</td></tr>
<tr><td>지하배관</td><td>500m마다</td><td>색상</td><td>황백바탕에 흑색글씨</td></tr>
<tr><td rowspan="4">도시가스사업법</td><td rowspan="2">가스도매사업</td><td>제조소 공급소 내</td><td rowspan="2">500m마다</td><td>지면에서 높이</td><td>700mm</td></tr>
<tr><td>제조소 공급소 밖</td><td colspan="2" rowspan="3">200mm
주 의
도시가스 배관
150mm
700mm</td></tr>
<tr><td rowspan="2">일반도시가스사업법</td><td>제조소 공급소 내</td><td>500m마다</td></tr>
<tr><td>제조소 공급소 밖</td><td>200m마다</td></tr>
</table>

KGS Fp 551 (2.6.1.3)

1 압력상승 방지장치 설치

① 가스발생 설비에 압력상승 방지장치 설치
② 압력상승 방지장치 종류 : 폭발구, 파열판, 안전밸브, 제어장치 등

다음 가스배관을 보고 물음에 답하시오.

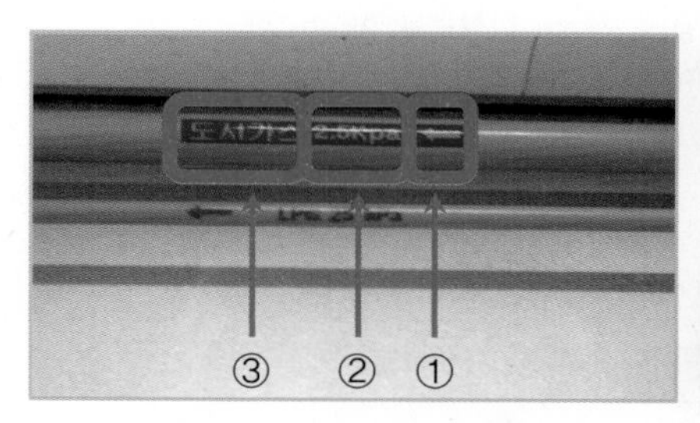

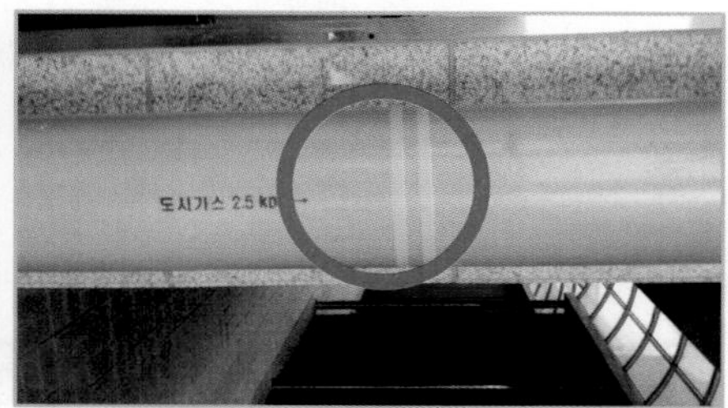

(1) 동영상에서 ①, ②, ③은 무엇을 의미하는지 쓰시오.
(2) 동영상의 배관에서 황색띠를 두 줄로 표시한 의미를 쓰시오.

해답 (1) ① 가스흐름방향 ② 최고사용압력 ③ 사용가스명
(2) 지상배관을 황색으로 표시하지 아니한 경우 : 건축물 내・외벽에 노출된 배관으로서 바닥 1m 이상, 폭 3cm의 황색띠를 2중으로 표시하여 가스배관임을 알려주는 표시

동영상의 보호판에 대하여 다음 물음에 답하시오.

1

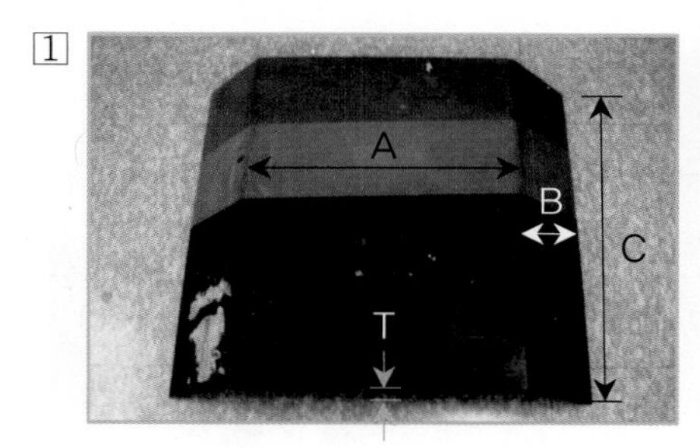

2

(1) 보호판의 설치목적을 기술하시오.
(2) ① 보호판에 뚫어야 하는 구멍의 직경(mm)과 간격(m)을 쓰시오.
② 구멍을 뚫어야 하는 이유를 기술하시오.
③ 가스배관 주위에 타 매설물이 복잡하게 있어 보호판으로 가스배관의 보호가 곤란 시 보호관으로 보호한다. 이때 보호관에 표시문구 2가지를 기술하시오.
(3) 동영상 1에서
① 관경이 90mm일 때 A, B, C의 치수를 쓰시오.
② T의 치수를 중압, 고압 배관으로 구분하여 쓰시오. (T : 보호판 두께)

해답 (1) 굴착공사로 인한 배관의 손상방지
(2) ① 직경 30mm 이상 50mm 이하를 3m 이하 간격으로 뚫음.
② 매설배관에 가스누출 시 지면으로 확산시켜 폭발을 방지하기 위함.
③ 도시가스 배관 보호관, 최고사용압력 ○○MPa
(3) ① A : 190mm, B : 100mm, C : 1500mm 이상
② 중압배관 : 4mm, 고압배관 : 6mm 이상

참고

1. PE 배관인 경우 A는 D(직경)+75mm 이상으로 할 수 있다.
2. 관경 D일 때 A : D+100(mm), B : 100(mm), C : 1500(mm) 이상

문제 03 동영상에서 ①, ②의 이격거리(m)를 각각 쓰시오.

폴리에틸렌 피복강관
(PLP강관)

해답 ① 30cm ② 30cm

문제 04 동영상은 도시가스 제조소 공급소 밖에 설치되어 있는 시설물이다. 물음에 답하여라.

①

②

(1) 동영상에서 보여주는 가스품명의 명칭 ①, ②를 구분하여 쓰시오.
(2) 법규상의 종류 2가지는?
(3) 도시가스 제조소 공급소 밖의 공급시설일 때 두께와 폭의 규격은?
(4) 표시하여야 하는 3가지 사항은?

해답 (1) ① 중압배관용 보호포 ② 저압배관용 보호포
(2) 일반형 보호포, 탐지형 보호포
(3) 두께 : 0.2mm 이상, 폭 : 15cm 이상
(4) 가스명, 사용압력, 공급자명

문제 05

동영상에서 보여주는 시설물에 대하여 다음 물음에 답하시오.

① ② ③

④ ⑤

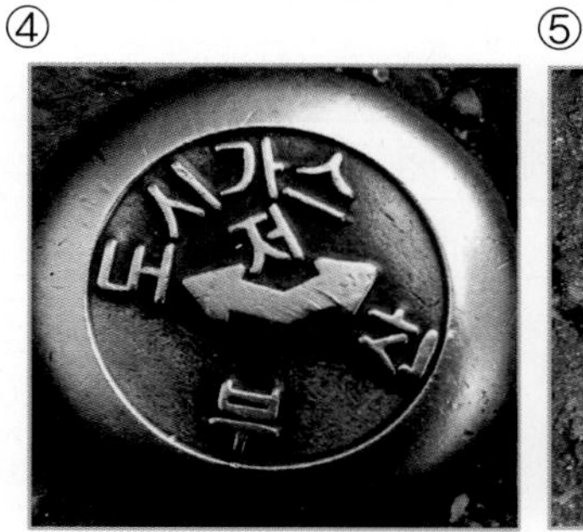

(1) 시설물의 명칭은?
(2) ①, ②, ③, ④, ⑤의 세부 명칭을 쓰시오.
(3) 누락된 1가지의 명칭과 도시기호를 화살표만으로 표시하시오.
(4) 설치수에 대한 규정을 쓰시오.
(5) 직경×두께 및 핀의 길이×직경(mm)의 수치를 쓰시오.
(6) 설치장소에 대하여 기술하시오.

해답 (1) 라인마크
(2) ① 양방향 ② 일방향 ③ 삼방향 ④ 135° 방향 ⑤ 관말지점
(3) 직선방향 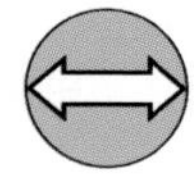
(4) 배관길이 50m마다 1개씩
(5) ① 직경×두께(60mm×7mm)
② 핀의 길이×직경(140mm×20mm)
(6) ① 주요분기점 ② 굴곡지점 ③ 관말지점

참고

단독주택 분기점은 제외. 밸브 박스 또는 배관의 직상부에 설치된 전위측정용 터미널이 라인마크 설치기준에 적합한 기능을 갖도록 설치된 경우에는 라인마크로 간주한다.

2 고압장치 설비

(1) 가스누출경보장치 및 자동차단장치 설치

<table>
<tr><th colspan="2">항목</th><th colspan="2">간추린 세부 핵심내용</th></tr>
<tr><td colspan="2">설치대상 가스</td><td colspan="2">독성 가스 공기보다 무거운 가연성 가스 저장설비</td></tr>
<tr><td colspan="2">설치 목적</td><td colspan="2">가스누출 시 신속히 검지하여 대응조치하기 위함</td></tr>
<tr><td rowspan="2">검지경보장치</td><td>기능</td><td colspan="2">가스누출을 검지농도 지시함과 동시에 경보하되 담배연기, 잡가스에는 경보하지 않을 것</td></tr>
<tr><td>종류</td><td colspan="2">접촉연소방식, 격막갈바니 전지방식, 반도체방식</td></tr>
<tr><td rowspan="3">가스별 경보농도</td><td>가연성</td><td colspan="2">폭발하한계의 1/4 이하에서 경보</td></tr>
<tr><td>독성</td><td colspan="2">TLV-TWA 기준농도 이하</td></tr>
<tr><td>NH_3</td><td colspan="2">실내에서 사용 시 TLV-TWA 50ppm 이하</td></tr>
<tr><td rowspan="2">경보기 정밀도</td><td>가연성</td><td colspan="2">±25% 이하</td></tr>
<tr><td>독성</td><td colspan="2">±30% 이하</td></tr>
<tr><td rowspan="2">검지에서 발신까지 걸리는 시간</td><td>NH_3, CO</td><td rowspan="2">경보농도의 1.6배 농도에서</td><td>60초 이내</td></tr>
<tr><td>그 밖의 가스</td><td>30초 이내</td></tr>
<tr><td rowspan="3">지시계 눈금</td><td>가연성</td><td colspan="2">0 ~ 폭발하한계값</td></tr>
<tr><td>독성</td><td colspan="2">TLV-TWA 기준농도의 3배값</td></tr>
<tr><td>NH_3</td><td colspan="2">실내에서 사용 시 150ppm</td></tr>
</table>

(2) 가스누출 검지경보장치의 설치장소 및 검지경보장치 검지부 설치수

<table>
<tr><th colspan="3" rowspan="2">법규에 따른 항목</th><th colspan="3">설치 세부내용</th></tr>
<tr><th>장소</th><th>설치간격</th><th>개수</th></tr>
<tr><td rowspan="7">고압가스
(KGS Fp 111)
(p66)</td><td rowspan="7">제조
시설</td><td>건축물 내</td><td rowspan="4">바닥면 둘레</td><td>10m</td><td>1개</td></tr>
<tr><td>건축물 밖</td><td>20m</td><td>1개</td></tr>
<tr><td>가열로 발화원의 제조설비 주위</td><td>20m</td><td>1개</td></tr>
<tr><td>특수반응 설비</td><td>10m</td><td>1개</td></tr>
<tr><td rowspan="3">그 밖의 사항</td><td>계기실 내부</td><td colspan="2">1개 이상</td></tr>
<tr><td>방류둑 내 탱크</td><td colspan="2">1개 이상</td></tr>
<tr><td>독성 가스
충전용 접속군</td><td colspan="2">1개 이상</td></tr>
</table>

<table>
<tr><th colspan="4" rowspan="2">법규에 따른 항목</th><th colspan="3">설치 세부내용</th></tr>
<tr><th>장소</th><th>설치간격</th><th>개수</th></tr>
<tr><td rowspan="2">고압가스
(KGS
Fp 111)
(p66)</td><td colspan="3" rowspan="2">배관</td><td colspan="3">경보장치의 검출부 설치장소</td></tr>
<tr><td colspan="3">① 긴급차단장치부분
② 슬리브관, 이중관 밀폐 설치부분
③ 누출가스가 체류되기 쉬운 부분
④ 방호구조물 등에 의하여 밀폐되어 설치된 배관부분</td></tr>
<tr><td rowspan="2">LPG
(KGS
Fp 331)
(p153)</td><td colspan="3">경보기의 검지부 설치장소</td><td colspan="3">① 저장탱크, 소형 저장탱크 용기
② 충전설비 로딩 암 압력용기 등 가스설비</td></tr>
<tr><td colspan="3">설치해서는 안 되는 장소</td><td colspan="3">① 증기, 물방울, 기름기 섞인 연기 등이 직접 접촉 우려가 있는 곳
② 온도 40℃ 이상인 곳
③ 누출가스 유동이 원활치 못한 곳
④ 경보기 파손 우려가 있는 곳</td></tr>
<tr><td rowspan="3">도시가스
사업법
(KGS
Fp 451)</td><td rowspan="3">설치
개수</td><td>건축물 안</td><td rowspan="3">바닥면
둘레</td><td colspan="3" rowspan="2">10m마다 1개 이상
20m마다 1개 이상</td></tr>
<tr><td>지하의 전용탱크
처리설비실</td></tr>
<tr><td>정압기(지하 포함)실</td><td colspan="3">20m마다 1개 이상</td></tr>
<tr><td colspan="2" rowspan="2">가스누출 검지경보장치의 연소기 버너 중심에서 검지부 설치 수</td><td colspan="2">공기보다 가벼운 경우</td><td colspan="3">8m마다 1개</td></tr>
<tr><td colspan="2">공기보다 무거운 경우</td><td colspan="3">4m마다 1개</td></tr>
</table>

(3) 그 밖의 사항

공급시설에 설치된 가스누출경보기는 1주일 1회 이상 육안점검하고, 6월 1회 이상 표준가스를 사용하여 작동상황을 점검, 불량 시는 즉시 교체하여 항상 정상적인 작동이 되도록 한다.

문제 01

도시가스 공급시설에 설치하여야 할 가스누출 검지경보장치의 기능, 구조, 설치 장소에 대한 내용이다. 빈칸을 채우시오.

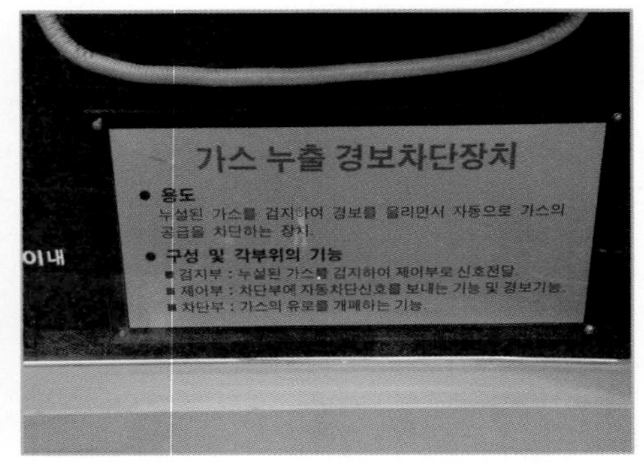

(KGS Fp 551) (2.6.2.1.1)

기능	구조
(1) 가스누출을 검지하여 그 농도를 지시함과 동시에 경보를 울리는 것으로 한다. (2) 설정된 농도 폭발하한계의 (①)의 이하값에서 경보를 울리도록 한다. (3) 경보가 울린 후 그 농도가 변화되어도 계속 경보하고, (②)함에 따라 경보가 정지되도록 한다. (4) (③) 등에는 경보를 울리지 아니하는 것으로 한다.	(1) 가스누출을 검지하여 그 (④)를 지시함과 동시에 경보가 울리는 것으로 한다. (2) 충분한 강도를 가지며, (⑤)의 교체가 용이한 것으로 한다. (3) 경보부와 검지부는 분리하여 설치할 수 있는 것으로 한다. (4) 경보는 램프의 (⑥) 또는 (⑦)과 동시에 경보를 울리는 것으로 한다.

해답 ① 1/4 ② 대책을 강구 ③ 담배연기, 잡가스 ④ 농도 ⑤ 엘리먼트 ⑥ 점등 ⑦ 점멸

문제 02

가스누출 검지경보장치의 검지부 설치장소와 설치하지 않아야 할 장소를 구분하여 빈칸을 채우시오.

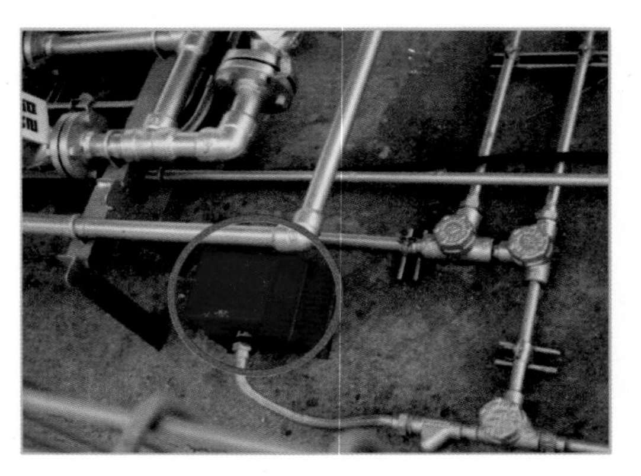

설치장소	설치하지 않아야 할 장소
(1) (①) 및 (②) 중 가스가 누출하기 쉬운 설비가 설치되어 있는 장소의 주위로써 누출한 가스가 체류하기 쉬운 장소	(1) (③) 등이 직접 접촉될 우려가 있는 곳 (2) 주위온도, 복사열 등에 의한 온도가 (④)℃ 이상인 곳 (3) 설비등에 가려져 (⑤)의 유통이 원할하지 못한 곳 (4) 경보기의 파손우려가 있는 곳

해답 ① 저장설비 ② 처리설비 ③ 증기, 물방울, 기름섞인 연기 ④ 40 ⑤ 누출가스

문제 03

다음은 법규 내용에 따른 가스누출 검지경보장치의 설치장소 및 검지부의 설치개수에 대한 내용이다. 빈칸을 채우시오.

법규	구분	설치수
고압가스법	건축물 내	바닥면 둘레 (①)마다 1개
	건축물 밖	바닥면 둘레 (②)마다 1개
	가열로 발화원이 있는 제조설비 주위	바닥면 둘레 (③)마다 1개
	계기실 내부	1개 이상
	독성 가스 충전용 접속군 주위	1개 이상
	방류둑 내 설치된 저장탱크	저장탱크마다 1개
	특수반응 설비	바닥면 둘레 10m마다 1개
액화석유 가스법	검지부가 건축물 안	바닥면 둘레 10m마다 1개
	검지부가 용기보관소, 용기저장실 및 건축물 밖	바닥면 둘레 (④)마다 1개
도시가스법	정압기(지하 포함)실	바닥면 둘레 (⑤)마다 1개

해답 ① 10m ② 20m ③ 20m ④ 20m ⑤ 20m

문제 03-1

도시가스의 가스누출 자동차단장치(KGS Fu 551 2.8.2.2)

설치대상	설치 제외대상
(1) 특정가스 사용시설 (2) 식품접객업소 영업장 면적 (①)m^2 이상 가스사용시설 및 지하의 가스사용시설	(1) 월사용예정량 (②)m^3 미만 연소기가 연결된 배관에 퓨즈콕, 상자콕의 안전장치가 있고, 각 연소기에 (③)가 부착되어 있는 경우 (2) 공급차단 시 막대한 손실발생 우려가 있는 가스 사용시설 및 동 시설에 설치되는 산업용의 가스보일러 (3) 가스누출경보기, 연동차단 기능의 (④)를 설치하는 경우

해답 ① 100
② 2000
③ 소화안전장치
④ 다기능 가스안전계량기

문제 03-2

가스누출차단장치의 검지부 설치개수에 대한 설명이다. (　　)를 채우시오.

> 소화안전장치가 부착되지 않은 연소기 버너 중심으로부터 수평거리 (　　)m 이내(공기보다 무거운 경우 4m마다 1개 이상)

해답 8

TiP

1. 가스누출검지 통보설비에서 안전을 위한 확인사항
   • 설치장소 및 개소를 확인
   • 작동기능이 양호한지 확인
2. 공급시설에 설치된 가스누출경보기의 안전을 위하여 확인하여야 할 사항
   • 1주일 1회 이상 육안점검
   • 6월 1회 이상 표준가스를 사용하여 작동상황 점검, 불량 시는 즉시 교체하여 항상 정상적인 작동이 되도록 한다.

3 긴급차단장치(2.6.3)

문제 01 긴급차단장치에 대한 핵심정리 내용이다. 빈칸을 채우시오.

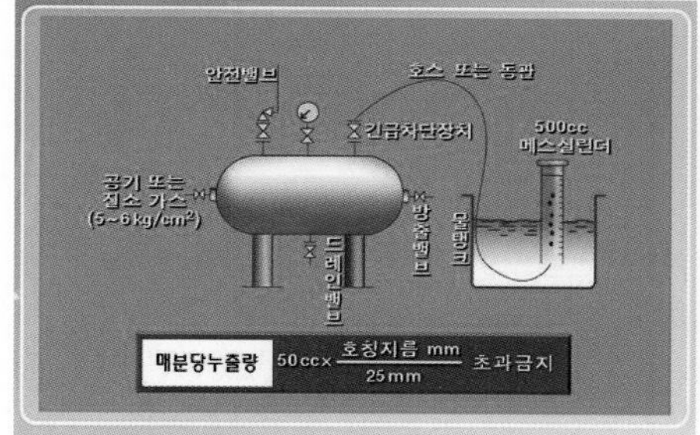

구분	내용
설치대상	• 탱크 내용적 5000L 이상에 부착된 배관으로 액상의 가스를 송출 또는 이입하는 경우(단, 액상의 가스를 이입하기 위하여 설치된 배관에는 역류방지밸브로 갈음이 가능) • 최고사용압력이 고압 또는 중압인 가스홀더에 설치된 배관(가스를 송출 또는 이입하는 경우)
설치장소	저장탱크, 가스홀더로부터 5m 이상 떨어진 위치
부착위치	저장탱크 주밸브의 외측으로 저장탱크 가까운 위치로서 저장탱크 내부에 설치하고, 주밸브와 겸용하지 않도록
차단조작기구의 동력원 4가지	(1)

구분		내용
긴급차단장치를 조작할 수 있는 장치		(2) 해당 저장탱크로부터 (①)m 떨어진 곳, 방류둑을 설치한 곳은 방류둑의 (②)측에 설치한다.
차단조작기구의 설치장소		안전관리자가 상주하는 사무실 내부, 충전기 주변, 가스 대량유출에 대비, 충분히 안전이 확보되고 조작이 용이한 곳
누출검사 방법	수압시험	(3) 제조 수리한 경우 ( ) 밸브검사 통칙에서 정한 방법으로 밸브시트 누출을 검사하여 누출하지 않는 것을 사용
	공기·질소의 압력시험	(4) 분당 누출량이 차압 (①)MPa에서 50mL×[호칭경 mm/(②)mm](330mL 초과 시에는 330mL)를 초과하지 아니하도록
기타사항		(5) 긴급차단장치는 그 차단에 따라 해당 긴급차단장치 및 접속하는 배관 등에 ( )가 발생하지 아니하는 조치를 강구한 것으로 한다. (6) 부착된 상태의 긴급차단장치는 (①)에 1회 이상 (②) 검사 및 (③) 검사를 실시 (7) 시가지 주요 하천, 호수를 횡단하는 배관으로서 횡단거리 (①)m 이상인 배관에는 배관 횡단부 양끝으로부터 가까운 거리에 설치. 상기 배관 중 독성, 가연성 배관에 대하여는 배관이 (②)km 연장구간마다 긴급차단장치를 설치한다.

해답 (1) 액압, 기압, 전기압, 스프링압
(2) ① 5m ② 외측
(3) KSB 2304
(4) ① 0.5~0.6 ② 25
(5) 워터해머
(6) ① 1년 ② 작동 ③ 누출
(7) ① 500 ② 4

참고 일반도시가스 제조공급소의 역류방지장치

1. 설치대상(가스가 통하는 경우에 해당)
   - 가스발생설비
   - 가스정제설비
   - 공기를 흡입하는 구조의 기화장치
2. 부착위치
   저장탱크 주밸브의 외측으로 저장탱크의 가까운 위치, 저장탱크의 내부, 저장탱크의 주밸브와 겸용하지 않도록
3. 긴급차단장치와 역류방지장치 설치 시 고려사항
   저장탱크의 침하, 부상, 배관의 열팽창, 지진 그 밖에 외력에 따른 영향을 고려

문제 02 동영상을 보고 다음 물음에 답하시오.

(1) 긴급차단장치의 형식은?

(2) 동영상의 장치는 밸브 몸통, 구동부 전기배선 등의 화재 시 견딜 수 있어야 하는 온도와 시간은?

해답 (1) 전기식 긴급차단장치 (2) 1093℃에서 20분

[도시가스 배관의 지역구분별 긴급차단장치 간 거리]

지역구분	지역분류 기준	차단밸브 설치거리
(가)	지상 4층 이상의 건축물 밀집지역 또는 교통량이 많은 지역으로서 지하에 여러 종류의 공익시설물(전기 · 가스 · 수도 시설물 등)이 있는 지역	8km
(나)	"(가)"에 해당하지 아니하는 지역으로서 밀도지수가 46 이상인 지역	16km
(다)	"(가)"에 해당하지 아니하는 지역으로서 밀도지수가 46 미만인 지역	24km

[참고] ① "밀도지수"란 배관의 임의의 지점에서 길이방향으로 1.6km, 배관 중심으로부터 좌우로 각각 폭 0.2km의 범위에 있는 가옥수(아파트 등 복합건축물의 가옥숫자는 건축물 안의 독립된 가구수로 한다)를 말한다.

② (가), (나), (다) 지역이 혼재한 지역의 경우에는 배관 상의 임의의 지점으로부터 짧은 지역을 기준한다.

참고

긴급차단밸브에 설치거리가 (가)지역에 해당 시 실제 설치거리 10kW 기준 방출시간이 60분인 경우 차단밸브가 설치된 배관의 가스방출시간(min)은?

$$V = V_s - \left[\frac{V_s \times (L - L_s)}{L_s}\right] = 60 - \left[\frac{60 \times (10-8)}{8}\right] = 15\text{min}$$

여기서, V : 방출시간 　　V_s : 기준 방출시간(60min)

L : 긴급차단장치 실제 설치거리(km) 　　L_s : 기준 긴급차단밸브 설치거리((가)인 경우 8km)

문제 03

다음 동영상의 가스누설검지기의 검지부에서 검지 시 경보 및 이상사태에 대한 세부내용이다. 빈칸을 채우시오.

항목 \ 구분	경보장치의 경보가 울리는 경우	이상사태가 발생한 경우로 보는 경우
상용압력	(①)배 초과 시	(②)배 초과 시
압력	15% 이상 강하 시	30% 이상 강하 시
유량	7% 이상 변동 시	15% 이상 변동 시
기타	(③) 고장 또는 폐쇄 시	(④) 작동 시

해답
① 1.05
② 1.1
③ 긴급차단밸브
④ 가스누설 검지경보장치

참고 가스발생설비, 가스정제설비, 가스홀더, 배송기, 압송기, 부대설비 등의 경보장치가 작동하는 경우

1. 자동조정장치용 조작유체의 압력이 정상 이하로 떨어진 경우
2. 수봉기를 부착한 설비는 급수가 정지되거나 수봉기의 액면이 정상 이하로 떨어진 경우
3. 고압 또는 중압의 설비는 가스가 유통하는 부분의 압력이 정상 이상으로 올라간 경우
4. 노내 증기를 불어넣는 경우 그 압력이 정상 이하로 떨어진 경우

문제 04 일반도시가스의 환기설비에 대한 내용이다. 빈칸을 채우시오.

<table>
<tr><th colspan="7">공급시설이 지상에 설치된 경우</th></tr>
<tr><th colspan="3">(1) 자연환기설비</th><th colspan="4">(2) 기계환기설비</th></tr>
<tr><td rowspan="2">통풍구 위치</td><td>공기보다 무거운 경우</td><td>바닥면에 접할 것</td><td rowspan="2">배기구 위치</td><td colspan="2">공기보다 무거운 경우</td><td>바닥면 가까이</td></tr>
<tr><td>공기보다 가벼운 경우</td><td>천장 및 벽면 상부 30cm 이내</td><td colspan="2">공기보다 가벼운 경우</td><td>천장면 가까이</td></tr>
<tr><td>통풍가능 면적합계</td><td colspan="2">바닥면적 $1m^2$당 (①)cm^2 (철망 등의 면적을 뺀) 비율</td><td>통풍능력</td><td colspan="3">바닥면적 $1m^2$당 (①)m^3/min 이상</td></tr>
<tr><td>1개당의 환기구 면적</td><td colspan="2">(②)cm^2 이하</td><td>배기가스 방출구 위치</td><td colspan="3">5m 이상</td></tr>
<tr><td>기 타</td><td colspan="2">사방을 방호벽으로 설치한 경우 환기구를 2방향 분산 설치</td><td colspan="2">배기가스 방출구를 3m 이상으로 하는 경우</td><td colspan="2">②
③</td></tr>
</table>

해답 (1) ① 300 ② 2400

(2) ① 0.5

② 공기보다 비중이 가벼운 가스로서 배기가스 방출구를 3m 이상의 위치에 설치한 경우

③ 전기시설물의 접촉 등으로 사고의 우려가 있는 장소에 위치한 정압기로서 정압기의 안전밸브 방출구의 위치를 3m 이상에 설치한 경우

참고 LPG 저장탱크, 도시가스 정압기실 안전밸브 가스 방출관의 방출구 설치 위치

<table>
<tr><th colspan="3">LPG 저장탱크</th><th colspan="2">도시가스 정압기실</th><th rowspan="2">고압가스 저장탱크</th></tr>
<tr><th colspan="2">지상설치탱크</th><th>지하설치 탱크</th><th>지상설치</th><th>지하설치</th></tr>
<tr><td>3t 이상 일반탱크</td><td>3t 미만 소형 저장탱크</td><td rowspan="4">지면에서 5m 이상</td><td colspan="2" rowspan="2">지면에서 5m 이상
(단, 전기시설물과 접촉 등으로 사고 우려 시 3m 이상</td><td>설치능력</td></tr>
<tr><td rowspan="3">지면에서 5m 이상, 탱크 정상부에서 2m 중 높은 위치</td><td rowspan="3">지면에서 2.5m 이상, 탱크 정상부에서 1m 중 높은 위치</td><td>$5m^3$ 이상 탱크</td></tr>
<tr><th colspan="2">지하정압기실 배기관의 배기가스 방출구</th><th>설치 위치</th></tr>
<tr><td>공기보다 무거운 도시가스
① 지면에서 5m 이상
② 전기시설물 접촉 우려 시 3m 이상</td><td>공기보다 가벼운 도시가스
지면에서 3m 이상</td><td>지면에서 5m 이상, 탱크 정상부에서 2m 이상 중 높은 위치</td></tr>
</table>

문제 05

공기보다 가벼운 일반도시가스 공급시설로서 지하에 설치된 경우의 통풍구조에 대하여 다음 물음에 답하여라.

(1) 통풍구조 설치기준은?
(2) 배기구의 위치는?
(3) 흡입·배기구의 관경은?
(4) 배기가스 방출구의 위치는?

해답 (1) 2방향 분산 설치
(2) 천장면 30cm 이내
(3) 100mm 이상
(4) 지면에서 3m 이상의 높이

TIP

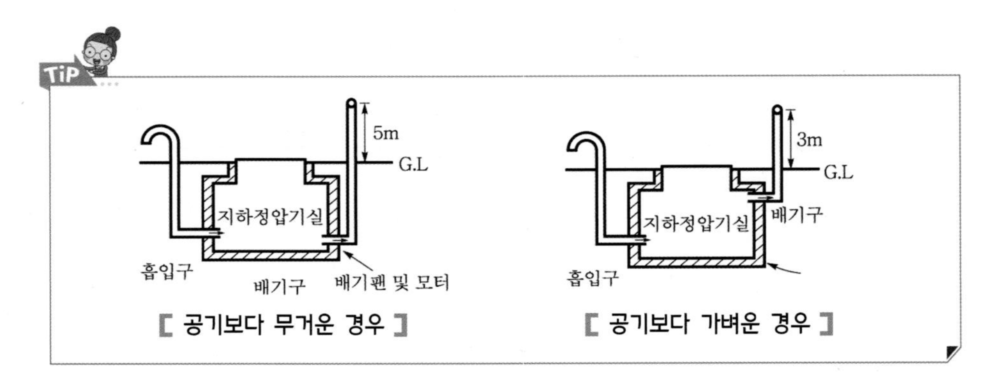

[공기보다 무거운 경우]

[공기보다 가벼운 경우]

4 방류둑

문제 01 동영상은 방류둑에 관한 것이다. 다음 빈칸을 채우시오.

(1) 방류둑 설치에 대한 저장탱크 및 가스홀더의 용량

<table>
<tr><th colspan="3">법규 구분</th><th>저장탱크 및 가스홀더의 용량</th></tr>
<tr><td rowspan="6">고압가스
안전관리법</td><td rowspan="3">특정제조</td><td>독 성</td><td>5t 이상</td></tr>
<tr><td>가연성</td><td>①</td></tr>
<tr><td>산 소</td><td>1000t 이상</td></tr>
<tr><td rowspan="3">일반제조</td><td>독 성</td><td>5t 이상</td></tr>
<tr><td>가연성</td><td>②</td></tr>
<tr><td>산 소</td><td>1000t 이상</td></tr>
<tr><td rowspan="2">도시가스
사업법</td><td colspan="2">가스도매사업법</td><td>③</td></tr>
<tr><td colspan="2">일반도시가스 사업법</td><td>④</td></tr>
<tr><td colspan="3">액화석유가스 안전관리 및 사업법</td><td>⑤</td></tr>
<tr><td colspan="3">냉동제조</td><td>수액기의 용량 (⑥)</td></tr>
</table>

(2) 방류둑 재료 및 구조
① 재료의 종류는?
② 성토의 각도는?
③ 출입구 설치기준은?
④ 방류둑 안에 고인물의 배수조치 시 배수하는 장소는?
⑤ 배수할 때 이외의 배수밸브의 개폐상태는?
⑥ 집합 방류둑 시 조치사항은?

(3) 방류둑의 차단능력(방류둑의 용량)은?
① 가연성 · 독성 ② 산소

(4) 방류둑의 안전을 위하여 확인하여야 할 사항을 3가지 쓰시오.

해답 (1) ① 500t 이상 ② 1000t 이상 ③ 500t 이상
④ 1000t 이상 ⑤ 1000t 이상 ⑥ 10000L 이상

(2) ① 철근콘크리트, 철골·철근콘크리트, 금속 또는 이들이 혼합된 것
② 45° 이하
③ 계단, 사다리 등의 출입구를 둘레 50m마다 한 개 이상, 전 둘레가 50m 미만인 경우 출입구 2곳을 분산 설치
④ 방류둑 밖에서 배수 및 차단 조치
⑤ 배수할 때 이외는 닫혀 있어야 함
⑥ 가연성, 조연성 또는 독성 가스 저장탱크를 혼합 배치하지 말 것

(3) ① 저장능력 상당용적　　② 저장능력 상당용적의 60% 이상

TIP

두 개 이상의 저장탱크를 집합 방류둑 안에 설치한 저장탱크는 해당 저장탱크 중 최대저장탱크의 저장능력 상당용적+잔여저장탱크, 총 저장능력 상당용적 합계의 10% 용량

(4) ① 균열, 파손 유무 확인
② 배관 관통부에 손상 부식 등 이상이 없는지를 확인
③ 방류둑 내·외측에 설치되어 있는 설비 시설이 규정과 적정한지 확인

5 액면계

문제 01 LPG 공급시설에 설치하는 액면계에 대하여 물음에 답하시오.

(1) 설치할 수 없는 액면계의 종류는?
(2) 액면계가 유리제일 때 할 수 있는 조치는?

해답 (1) 환형 유리제 액면계
(2) ① 파손방지장치 설치
② 저장탱크와 유리제를 접속하는 상하 배관에 자동·수동 스톱밸브 설치

> **참고** 액면계의 종류
>
> 1. 평형방사식 유리제 액면계, 평형투시식 유리제 액면계
> 2. 플로트식, 차압식, 정전용량식, 편위식

6 벤트스택, 플레어스택

항목	벤트스택	
	긴급용(공급시설) 벤트스택	그 밖의 벤트스택
개요	가연성 또는 독성 가스의 고압가스 설비 중 특수 반응설비와 긴급차단장치를 설치한 고압가스 설비에 이상사태 발생 시 설비 안 내용물을 설비 밖으로 긴급 안전하게 이송하는 설비로서 독성, 가연성 가스를 방출시키는 탑	
착지농도	가연성 : 폭발하한계값 미만의 높이 독성 : TLV-TWA 기준농도값 미만이 되는 높이	
독성 가스 방출 시	제독조치 후 방출	
정전기 낙뢰의 영향	착화방지조치를 강구, 착화 시 즉시 소화조치 강구	
벤트스택 및 연결배관의 조치	응축액의 고임을 제거 및 방지조치	
액화가스가 함께 방출되거나 급랭 우려가 있는 곳	연결된 가스공급 시설과 가장 가까운 곳에 기액분리기 설치	액화가스가 함께 방출되지 아니하는 조치
방출구 위치 (작업원이 정상작업의 필요장소 및 항상 통행장소로부터 이격거리)	10m 이상	5m 이상

항목	플레어스택
개요	가연성 또는 독성 가스의 고압가스 설비 중 특수반응 설비와 긴급차단장치를 설치한 고압가스 설비에 이상사태 발생 시 설비 안 내용물을 설비 밖으로 긴급 안전하게 이송하는 설비로서 가연성 가스를 연소시켜 방출시키는 탑
발생 복사열	제조시설에 나쁜 영향을 미치지 아니하도록 안전한 높이 및 위치에 설치
재료 및 구조	발생 최대열량에 장시간 견딜 수 있는 것
파일럿 버너	항상 점화하여 폭발을 방지하기 위한 조치가 되어 있는 것
지표면에 미치는 복사열	$4000kcal/m^2 \cdot hr$ 이하
긴급이송설비로부터 연소하여 안전하게 방출시키기 위하여 행하는 조치사항	① 파일럿 버너를 항상 작동할 수 있는 자동점화장치 설치 및 파일럿 버너가 꺼지지 않도록 자동점화장치 기능이 완전히 유지되도록 설치 ② 역화 및 공기혼합 폭발방지를 위하여 갖추는 시설 ㉠ Liquid Seal 시설 ㉡ Flame Arrestor 설치 ㉢ Vapor Seal 설치 ㉣ Purge Gas의 지속적 주입 ㉤ Molecular 설치

문제 01 동영상의 벤트스택에 관한 내용에 대하여 물음에 답하시오.

항목 \ 구분		긴급용 및 공급시설의 벤트스택	그 밖의 벤트스택
작업원이 정상작업을 하는데 필요한 장소 및 작업원이 통행하는 장소로부터 설치되는 방출구의 위치		①	②
방출된 가스의 착지농도를 기준으로 하는 벤트스택의 높이는	독 성	③	
	가연성	④	
액화가스가 방출되거나 급랭될 우려가 있는 벤트스택에는 그 벤트스택과 연결된 가스공급시설의 가까운 것에 설치되는 것		기액분리기	
벤트스택 또는 연결배관에 하여야 하는 조치		응축액의 고임을 방지하는 조치	
기타사항		벤트스택에는 정전기, 낙뢰 등으로 착화를 방지하는 조치를 하고 착화 시에는 즉시 소화할 수 있는 조치를 강구	

해답
① 10m 이상
② 5m 이상
③ TLV-TWA 기준농도 미만
④ 폭발하한계 미만

문제 02 다음 동영상은 플레어스택에 대한 내용이다. ( )에 적당한 단어를 쓰시오.

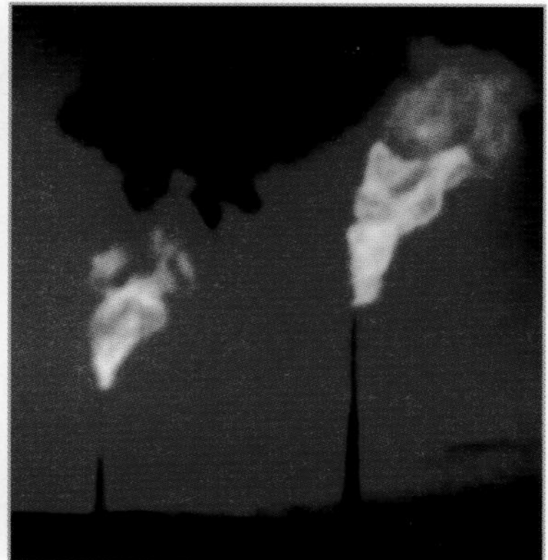

(1) 연소능력은 가스를 안전하게 연소시킬 수 있는 것으로 한다.
(2) 플레어스택에 발생하는 복사열이 다른 공급시설에 나쁜 영향을 미치지 않도록 안전한 높이 및 위치에 설치한다.
(3) 플레어스택의 설치 위치 및 높이는 지표면에 미치는 복사열이 (①) 이하가 되도록 한다. 단, (②)을 초과하는 경우로서 출입이 통제되어 있는 지역은 (③) 및 (④)를 제한하지 아니할 수 있다.
(4) 플레어스택에서 발생하는 (⑤)에 장시간 견딜 수 있는 재료 및 구조로 한다.
(5) 파일럿 버너나 항상 작동할 수 있는 (⑥)를 설치하고 파일럿 버너가 꺼지지 아니하는 것으로 하거나 (⑦)의 기능이 완전하게 유지되는 것으로 한다.

해답 ① $4000\text{kcal/m}^2\cdot\text{h}$
② $4000\text{kcal/m}^2\cdot\text{h}$
③ 설치위치
④ 높이
⑤ 최대열량
⑥ 자동점화장치
⑦ 자동점화장치

플레어스택은 역화 및 혼합폭발을 방지하기 위하여 그 제조시설의 가스의 종류 및 구조에 따라 하나 또는 둘 이상 설치하여야 하는 것의 종류를 쓰시오.

해답 ① Liquid Seal
② Flame Arresstor
③ Vapor Seal
④ Purge Gas(N_2, Off Gas 등)의 지속적인 주입 등

플레어스택의 안전을 위하여 확인하여야 할 사항 3가지를 기술하시오.

해답 ① 설치 위치 및 높이 확인
② 자동점화장치 기능 유지여부 확인
③ 역화 등에 대비한 혼합폭발 방지조치의 적정여부 확인

7 가스보일러 및 연소기(KGS Fu 551)

(1) 종류

명칭	작동원리
FF(강제급배기식 밀폐형)	연소용 공기를 옥외에서 흡입하고, 폐가스를 옥외로 배출
FE(강제배기식 반밀폐형)	연소용 공기를 실내에서 흡입하고, 폐가스를 옥외로 배출
BF(자연급배기식 밀폐형)	급배기통을 외기와 접하는 벽을 관통하여 옥외로 빼고, 자연통기력에 의해 급배기하는 방식
CF(자연배기식 반밀폐형)	연소용 공기는 실내에서 취하고 연소 후 배기가스는 배기통을 통하여 자연통기력으로 옥외로 배출하는 방식

(2) 연소기구별 필요장치

구분	장치
개방식	환기구, 환풍기
반밀폐형	급기구, 배기통
밀폐식	배기통

문제 01 동영상을 보고 다음 물음에 답하시오.

①

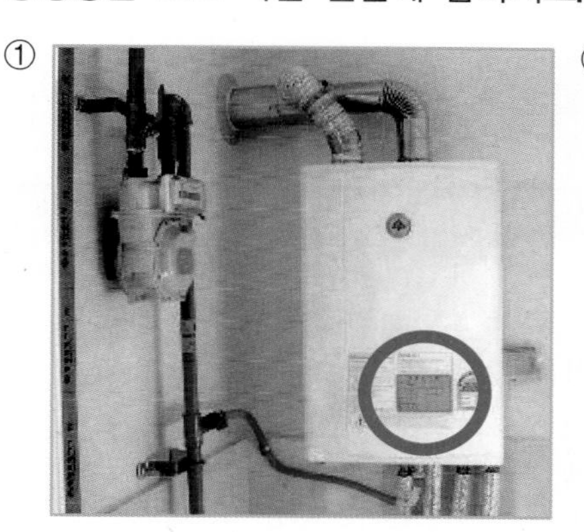

②

(1) 동영상 ①, ② 보일러의 형식은?
(2) 동영상 ①에서 표시된 부분은 무엇인가를 쓰시오.
(3) 동영상 ②에서 표시된 부분 입상높이(m)는?
(4) 가스보일러에 설치하는 일반적 안전장치는?
(5) 가스보일러에 반드시 갖추어야 하는 안전장치는?

해답 (1) ① FF(강제급배기식 밀폐형)
② FE(강제배기식 반밀폐형)
(2) 시공표지판
(3) 10m 이하
(4) ① 정전안전장치
② 소화안전장치
③ 역풍방지장치(반밀폐형 강제배기식의 경우 과대풍압안전장치 가능)
④ 공기조절장치
⑤ 공기감시장치
(5) ① 조절서모스탯 및 과열방지안전장치
② 점화장치
③ 물빼기장치
④ 가스 거버너
⑤ 온도계
⑥ 동결방지장치
⑦ 난방수여과장치

8 가스보일러(KGS Fu 551)

문제 01

다음은 가스보일러에 대한 설명이다. 빈칸을 채우시오.

(1) 공동 설치기준

① 세부 핵심내용	② 항목별 중요사항
• 전용 보일러실에 설치 • 지하실, 반지하실에 설치하지 않는다(단, 밀폐식, 급배기시설을 갖춘 전용 보일러실에 설치된 반밀폐식의 경우는 지하실, 반지하실에 설치 가능). • 가스 접속배관은 금속배관 및 (㉠) 사용 • 보일러 설치·시공한 자는 (㉡)을 부착하고, 설치 시공 및 보험가입 확인서를 (㉢)년간 보관한다. • 단독 배기통톱, 공동 배기구톱에는 (㉣)을 부착하지 아니 한다. • 보일러실 내에 통화방지 열선 설치 시 전기적 안전장치 (㉤)를 설치한다. • 덕트 상부 끝부분은 눈, 비가 들어가지 않는 구조로 하고 새·쥐 등이 들어가지 않도록 (㉥)mm 이상의 물체가 들어가지 않는 (㉦)을 설치한다.	• 전용 보일러실에 설치하지 않아도 되는 경우 (㉠) (㉡) (㉢) • 전용 보일러실에는 부압형성의 원인이 되는 (㉣)을 설치하지 아니하며, 사람이 거주하는 거실, 주방 등과 통기될 수 있는 가스레인지의 (㉤)를 설치하지 아니 한다.

(2) 밀폐식 가스보일러

방, 거실, 목욕탕, 샤워장 환기불량으로 질식우려장소에 설치하지 않는다. 단, 다음의 경우는 설치가 가능하다.

- 보일러와 배기통의 접합을 나사식 또는 (①)으로 하여 배기통이 보일러에서 이탈하지 않도록 설치하는 경우
- 막을 수 없는 구조의 환기구가 외기와 직접 통하도록 설치되어 있고, 바닥면적 $1m^2$당 (②)cm^2 비율로 계산된 면적 이상인 곳에 설치하는 경우

(3) 반밀폐식 가스보일러

- 자연배기식의 단독 배기통 방식에서 배기통의 굴곡수는 (①)개 이하로 한다.
- 배기통의 입상높이는 (②)m 이하로 한다.
- 배기통의 가로길이는 (③)m 이하로서 될 수 있는 한 짧고 물고임이나 배기통 앞끝의 기울기가 없도록 한다.
- 공동 배기방식에서 공동 배기구 유효단면적

$$A = Q \times 0.6 \times K \times F + P$$

여기서, A : 공동 배기구 유효단면적(mm^2)
Q : 보일러의 가스소비량 합계(kcal/h)
K : 형상계수
F : 보일러의 동시 사용률
P : 배기통의 수평투영면적(mm^2)

해답 (1) ① ㉠ 가스용 금속플렉시블 호스
㉡ 시공표지판
㉢ 5
㉣ 동력팬
㉤ 과류차단기 또는 퓨즈
㉥ 16
㉦ 방조망
② ㉠ 밀폐식 보일러
㉡ 가스보일러를 옥외 설치 시
㉢ 전용 급기통을 부착시키는 구조로서 검사에 합격한 강제배기식 보일러
㉣ 환기팬
㉤ 배기후드
(2) ① 플랜지식
② 300
(3) ① 4
② 10
③ 5

문제 02

동영상은 용기 내장형 가스난방기이다. 용기 내장형 가스난방기의 구조에 대하여 (　)에 알맞은 단어를 채우시오.

(1) 용기 내장형 가스난방기는 용기와 (　)되지 않는 구조이어야 한다.
(2) 난방기의 콕은 항상 (　) 상태를 유지하여야 한다.
(3) 난방기는 버너 (　)에 용기를 내장할 수 있는 공간이 있는 것으로 한다.
(4) 난방기의 통풍구 면적은 용기 내장실 바닥면적에 대하여 하부 (①)%, 상부 (②)% 이상으로 한다.
(5) 난방기 하부에는 쉽게 이동할 수 있도록 (　)개 이상의 바퀴를 부착한다.

해답
(1) 직결
(2) 열림
(3) 후면
(4) ① 5　② 1
(5) 4

참고 용기 내장형 가스난방기에 설치하는 안전장치

1. 정전안전장치
2. 소화안전장치
3. 그 밖의 장치
   - 거버너(세라믹 버너를 사용하는 난방기만을 말한다.)
   - 불완전연소 방지장치, 산소결핍안전장치
     [가스소비량이 11.6kW(10000kcal/h) 이하인 가정용 및 업무용의 개방형 가스난방기만을 말한다.]
   - 전도안전장치
   - 저온차단장치(촉매식 용기 내장형 난방기에 한함)

9 보호대

구분	재질 및 규격
LPG 자동차 충전기 (고정충전설비)	① 재질 : 철근콘크리트 또는 강관재 ② 높이 : 80cm 이상 ③ 두께 : 철근콘크리트(12cm 이상) 배관용 탄소강관(100A 이상)
LPG 소형저장탱크	① 재질 : 철근콘크리트 또는 강관재 ② 높이 : 80cm 이상 ③ 두께 : 철근콘크리트(12cm 이상) 배관용 탄소강관(100A 이상)
이동식 압축도시가스 충전의 충전기	① 높이 : 80cm 이상 ② 두께 : 12cm 이상 철근콘크리트재 100A 이상 배관용 탄소강관

문제 01 다음 동영상에서 충전기에 설치된 강관제 보호대의 직경과 높이는 얼마인가?

해답 ① 직경 : 100A 이상
② 높이 : 80cm 이상

문제 02

동영상의 CNG(압축도시가스) 충전기 보호대에서 강관재의 높이는?

해답 80cm 이상

문제 03

동영상의 소형저장탱크 보호대 설치에 대하여 물음에 답하여라.

(1) 높이는?
(2) 강관재의 두께는?
(3) 철근콘크리트재 두께는?
(4) 철근콘크리트재 보호대는 기초를 몇 cm 이상 깊이로 묻는가?

해답 (1) 80cm 이상
(2) 100A 이상
(3) 12cm 이상
(4) 25cm 이상

1. LPG 자동차 충전기 보호대

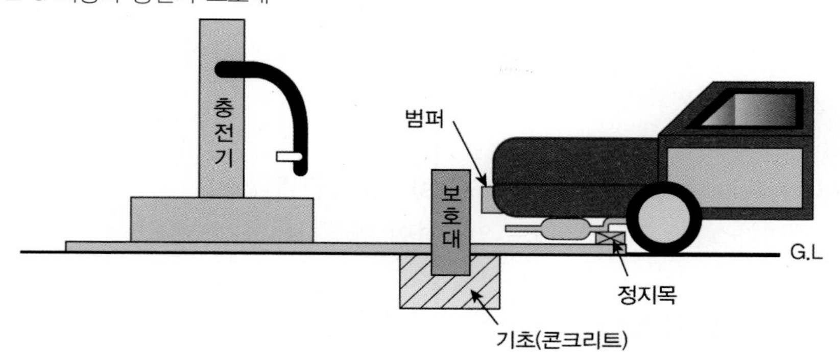

• 충전기 상부에는 캐노피를 설치하고, 그 면적은 공지면적의 2분의 1 이하로 한다.
• 배관의 캐노피 내부를 통과하는 경우에는 1개 이상의 점검구를 설치한다.
• 캐노피 내부의 배관으로서 점검이 곤란한 장소에 설치하는 배관은 용접이음으로 한다.
• 충전기 주위에는 정전기방지를 위하여 충전 이외의 필요 없는 장비는 시설을 금지한다.

2. LPG 소형저장탱크 보호대

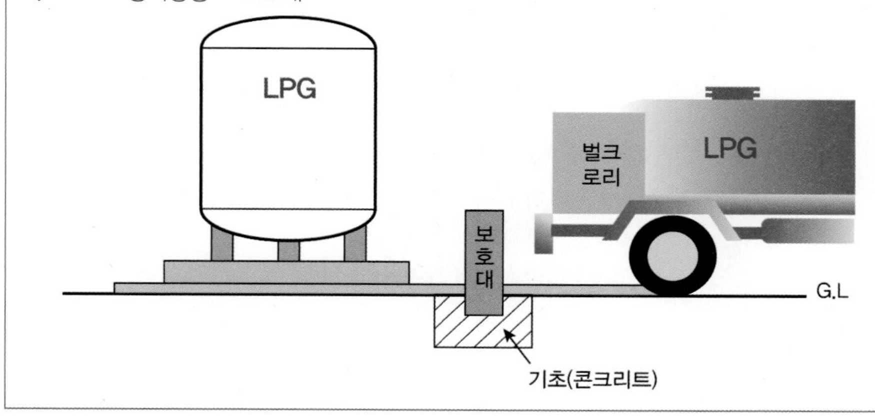

10 천연가스 용어정리

1. NG(Natural Gas) : 천연가스

일반 기체상태의 천연가스이며, 메탄이 주성분이다.

2. LNG(Liquefide Natural Gas) : 액화천연가스

기체천연가스를 -162℃ 상태에서 약 600배로 압축액화시켜 이동하기 편리하게 만든 상태. 이 과정에서 정제과정을 거쳐 순수 CH_4의 성분이 매우 높고 수분함량과 오염물질이 없는 청정연료가 된다.

3. CNG(Compressed Natural Gas) : 압축천연가스

천연가스를 200~250배로 압축하여 저장하는 가스이다.

4. PNG(Pipe Natural Gas) : 배관천연가스

천연가스를 산지에서 파이프를 통하여 이동하여 사용하는 가스이다.

5. LPG(Liquefied Petroluem Gas) : 액화석유가스

6. NGV(Natural Gas Vehicle) : 천연가스 자동차

7. 나프타

원유의 상압증류에 의해 생산되는 비점 200℃ 이하 유분으로 도시가스 석유화학 합성비료의 원료로 널리 사용된다.

11 CNG 관련

고정식 압축도시가스, 이동식 압축도시가스, 고정식 압축도시가스의 이동식 충전 · 액화 도시가스

[자동차 충전의 시설 기술검사기준]

<table>
<tr><th colspan="3">항목 ＼ 법규 구분</th><th>고정식 압축도시가스 자동차 충전의 시설 기술검사기준(KGS Fp 651)</th></tr>
<tr><td rowspan="5">화기와 거리</td><td rowspan="5">저장처리 압축가스 충전설비</td><td>고압전선</td><td>수평거리 5m 이상</td></tr>
<tr><td>저압전선</td><td>수평거리 1m 이상</td></tr>
<tr><td>화기취급장소</td><td>8m 이상 우회거리</td></tr>
<tr><td>인화 · 가연성 물질저장소</td><td>8m 이상 거리</td></tr>
<tr><td>유동방지시설</td><td>높이 2m 이상 우회 수평거리 8m 이상</td></tr>
<tr><td rowspan="4">사업소 경계</td><td rowspan="3">저장처리 압축가스 충전설비</td><td>사업소 경계</td><td>10m 이상 안전거리</td></tr>
<tr><td>방호벽 설치 시</td><td>5m 이상 안전거리</td></tr>
<tr><td>철 도</td><td>30m 이상 거리</td></tr>
<tr><td>충전설비</td><td>도로 경계</td><td>5m 이상 거리</td></tr>
</table>

<table>
<tr><th colspan="2">항목 ＼ 법규 구분</th><th>이동식 압축도시가스 자동차 충전의 시설 기술검사기준(KGS Fp 652)</th></tr>
<tr><td rowspan="4">처리설비 이동충전차량 충전설비</td><td>고압전선</td><td>수평거리 5m 이상</td></tr>
<tr><td>저압전선</td><td>수평거리 1m 이상</td></tr>
<tr><td>화기취급장소</td><td>8m 이상 우회거리</td></tr>
<tr><td>인화 · 가연성 물질저장소</td><td>8m 이상 거리</td></tr>
<tr><td colspan="2">가스배관구와 가스배관구 이동충전차량과 충전설비 사이</td><td>8m 이상 거리</td></tr>
<tr><td rowspan="3">이동충전차량 및 충전설비</td><td>사업소 경계</td><td>10m 이상 안전거리</td></tr>
<tr><td>방화판 및 방호벽 설치 시</td><td>5m 이상 안전거리</td></tr>
<tr><td>철 도</td><td>15m 이상 거리</td></tr>
<tr><td>충전설비</td><td>도로 경계</td><td>5m 이상 거리
(방호벽 설치 시 2.5m 이상)</td></tr>
</table>

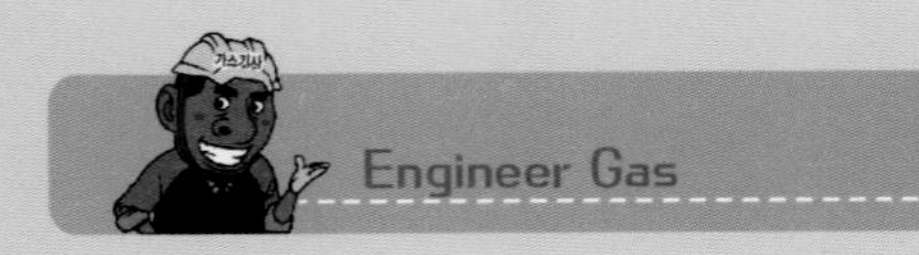

항목 \ 법규 구분		고정식 압축도시가스 이동식 충전차량 충전의 시설 기술검사기준(KGS Fp 653)
처리설비 압축가스설비 충전설비	고압전선	수평거리 5m 이상
	저압전선	수평거리 1m 이상
	화기취급장소	8m 이상 우회거리
	인화·가연성 물질저장소	8m 이상 거리
이동충전차량 충전설비 사이		8m 이상 거리
이동충전차량 충전설비	이동충전차량 진입구, 진출구	12m 이상 거리
처리설비 압축가스설비 충전설비	사업소 경계	10m 이상 안전거리
	방호벽 설치 시	5m 이상 안전거리
	철 도	30m 이상 거리
충전설비	도로 경계	5m 이상 거리

항목 \ 법규 구분		액화도시가스 자동차 충전의 시설 기술검사기준(KGS Fp 654)
저장설비 처리설비 충전설비	고압전선	수평거리 5m 이상
	저압전선	수평거리 1m 이상
	화기취급장소	8m 이상 우회거리
	인화·가연성 물질저장소	8m 이상 거리
처리 및 충전설비	사업소 경계	10m 이상 안전거리
	방호벽 설치 시	5m 이상 안전거리
저장설비, 처리설비, 충전설비	철 도	30m 이상 거리
충전설비	도로 경계	5m 이상 거리

[상기 내용의 요점정리사항]

항목	이격거리(m)	항목		이격거리(m)
고압전선	수평거리 5m 이상	유동방지시설		높이 2m 이상 우회수평거리 8m 이상
저압전선	수평거리 1m 이상	도로 경계		5m 이상 거리
화기취급장소	8m 이상 우회거리	철도	이동식 압축도시가스 자동차 충전의 시설 기술검사기준	15m 이상 거리
인화가연물 저장소	8m 이상 거리			
사업소 경계	10m 이상 안전거리		그 밖의 시설 기술검사기준	30m 이상 거리
방호벽 설치된 사업소 경계	5m 이상 안전거리			

도시가스 자동차 충전시설의 종류

1 압축도시가스 충전소

(1) 고정식 충전소

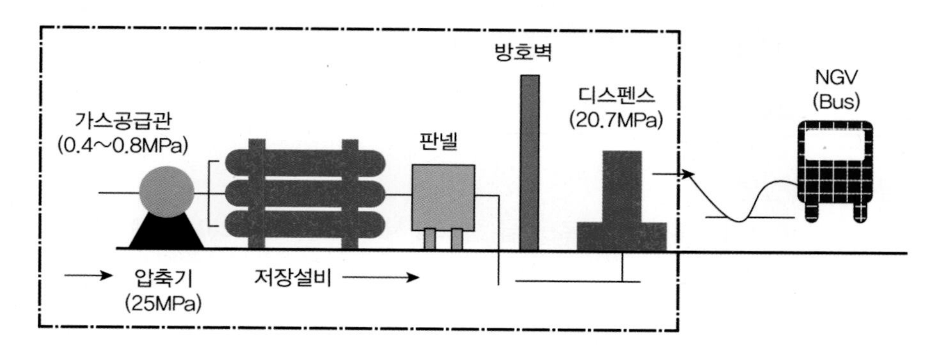

[공정흐름 설명]

도시가스 배관에서 0.4~0.8MPa 가스를 공급받아 콤프레서로 압축 후 25MPa로 압력용기 저장 후 디스펜스(충전기)로 차량에 20.7MPa로 충전

(2) 이동식 충전소

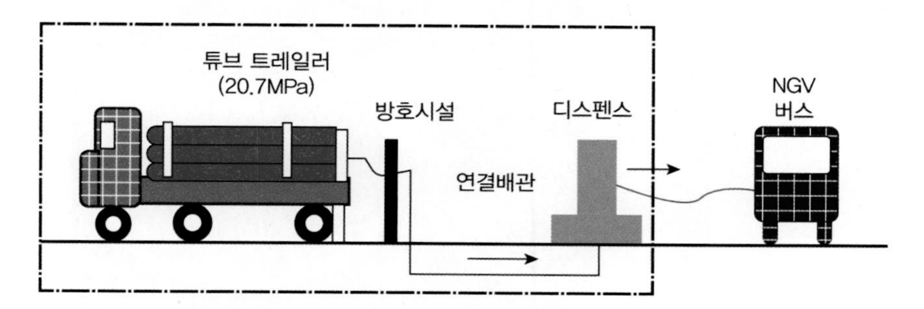

[공정흐름 설명]

도시가스 배관망이 없는 경우 이동식 충전차량 충전소에서 튜브 트레일러를 통해 압력 20.7MPa로 충전 후 충전소로 이동 후 자체압력으로 차량(NGV)에 공급하는 방식

(3) 고정식 이동충전차량 충전소

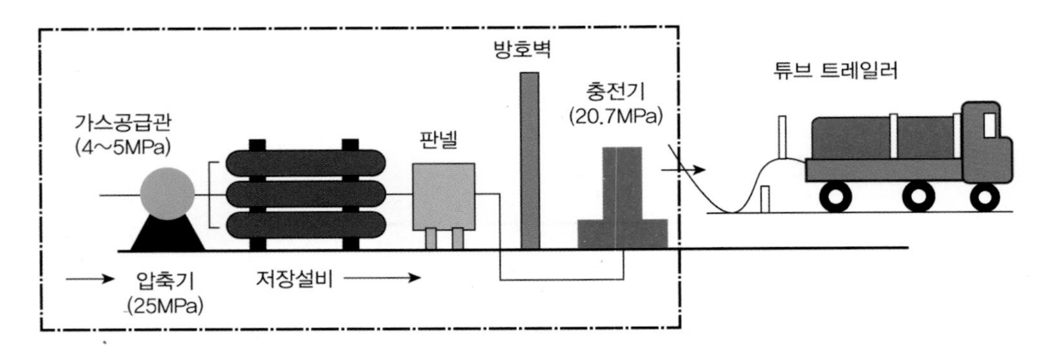

[공정흐름 설명]

도시가스 배관에서 4~5MPa로 공급 콤프레서로 압축하여 25MPa로 압력용기에 저장 후 튜브 트레일러에 20.7MPa로 충전

2 LNG 충전소

① LNG를 연료로 사용하는 자동차에 공급하기 위한 충전소

② LNG를 LNG 용기에 저장, LNG Pump를 이용, 차량에 액상태의 천연가스를 공급함

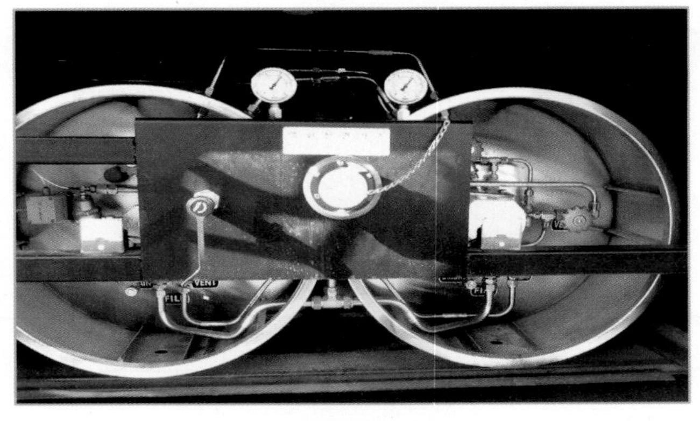

[LNG 용기]

3 CNG 충전소

LNG 상태에서 차량에 충전 시 극저온 LNG Pump를 이용. 31MPa로 압축 후 V/R(베이퍼라이저)를 거쳐 충전기(디스펜스)를 통해 20.7MPa 압축천연가스 상태로 차량에 충전하는 방식

문제 01

동영상을 보고 물음에 답하시오.

(1) CNG의 용어는 무엇을 뜻하는가?

(2) CNG 충전기 보호대에 대하여 기술하시오. (단, 높이, 두께, 재질)

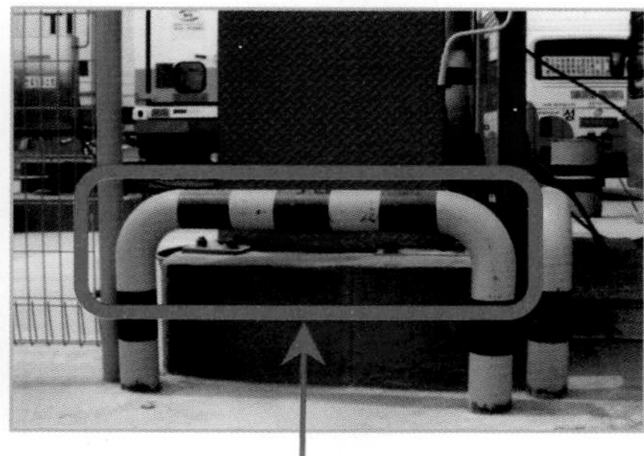

해답
(1) 압축천연가스
(2) 높이 80cm 이상, 두께 12cm 이상, 재질 철근콘크리트재 100A 이상 강관재

문제 02

고정식 압축도시가스 자동차 충전시설이다. 물음에 답하시오.

(1) 충전기 외면에서 사업소 경계까지 안전거리는 몇 m인가?

(2) 충전기 주위에 방호벽을 설치할 경우의 안전거리는 몇 m인가?

(3) 충전기는 철도로부터 몇 m 이상을 유지하는가?

(4) 충전기는 인화성, 가연성 물질로부터 유지하는 우회거리는?

(5) 충전설비는 도로 경계와 몇 m 이상을 유지하여야 하는가?

(6) 충전소에서 잘못된 점 1가지를 지적하여라.

해답 (1) 10m (2) 5m (3) 30m (4) 8m (5) 5m
(6) 화기엄금은 백색바탕에 적색글씨로 표기하여야 한다.

참고

이동식 압축도시가스 자동차 충전의 시설 기술기준에서 가스설비와 철도 간의 이격거리는 15m 이상

문제 03

동영상을 보고, 고정식 압축도시가스 저장탱크 이외의 긴급차단장치에 대하여 다음 물음에 답하여라. (단, 관련이론 : KGS Fp 651)

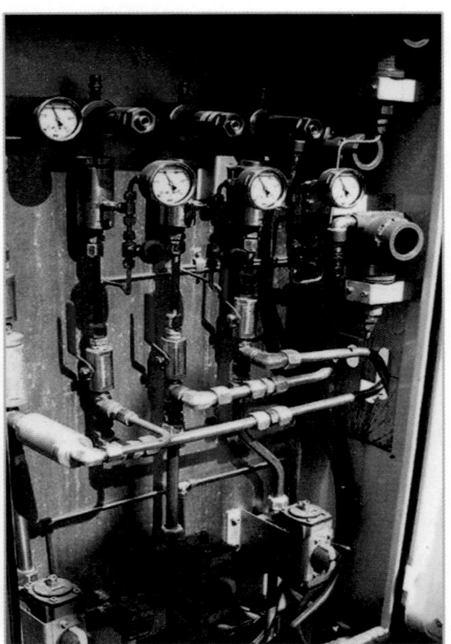

(1) ① 충전시설에는 충전설비 근처 충전설비로부터 몇 m 이상 떨어진 장소에 수동 긴급차단장치를 설치하여야 하는가?
② 또한 수동차단장치가 작동 시 전원 및 가스공급이 자동차단되어야 하는 기계설비 명칭 3가지는?

(2) 제조자, 수리자가 긴급차단장치를 수리 시 공기질소로 누출검사에서 차압 몇 MPa에서 누출량이 50mL×호칭경(mm)/25mm(330mL 초과 시는 330mL)을 초과하지 않는 것으로 하는가?

(3) 압축가스설비에 수동조작밸브 설치 시 수동조작밸브의 위치는?

(4) 고정식 압축(도시)가스, 압축가스설비 인입배관, 압축장치, 입구측 배관 위험성이 높은 고압설비 사이 등에 가스의 역류방지를 위해 설치하여야 하는 설비는?

해답 (1) ① 5m 이상
② 압축기, 펌프, 충전 설비
(2) 0.5~0.6MPa
(3) 역류방지밸브 후단
(4) 역류방지밸브

문제 04

동영상의 고정식 압축도시가스 충전소에 대하여 물음에 답하시오.

(1) 고정식 압축도시가스 충전소의 가연성 저온저장탱크 저장능력이 100만m^3일 경우 1종, 2종 보호시설과의 안전거리(m)는?
(2) 처리·압축가스 설비 주위에 방호벽을 설치하는 경우와 설치하지 않아도 되는 경우를 구분하여 답하시오.
(3) 저장·처리·압축·충전 설비 외면과 고압전선, 저압전선과의 이격거리(m)는?
(4) 저장·처리·압축·충전 설비 외면으로부터 다음 물음에 답하시오.
① 화기취급장소까지 우회거리(m)는?
② 인화성, 가연성 물질 저장소로부터 유지하여야 할 거리는?
(5) ① 유동방지시설의 높이(m)와 벽의 재질은?
② 저장설비 등과 화기를 취급하는 장소 사이 우회 수평거리(m)는?
(6) 저장 처리·압축가스 설비 및 충전설비 외면에서 사업소 경계까지 안전거리(m)는? (단, 처리·압축가스 설비 주위에 방호벽이 설치되지 않는 경우이다.)
(7) 충전설비와 도로 경계까지 유지거리(m)는?
(8) 저장·처리 압축가스 충전설비와 철도까지 유지거리(m)는?
(9) 충전호스의 길이(m)는?

해답 (1) 1종 : 120m, 2종 : 80m

(2) ① 설치하여야 하는 경우 : 처리 · 압축가스 설비 30m 이내에 보호시설이 있는 경우
② 설치하지 않는 경우 : 처리 · 압축가스 설비 30m 이내에 보호시설이 있는 경우에 처리설비 주위에 방류둑이 설치된 경우

(3) ① 고압전선 : 5m 이상 ② 저압전선 : 1m 이상

(4) ① 8m 이상 ② 8m 이상

(5) ① 2m 이상 내화성의 벽 ② 8m 이상

(6) 10m 이상

참고

방호벽이 설치된 경우는 5m 이상

(7) 5m 이상

(8) 30m 이상

(9) 8m 이하

보충설명 고정식 압축도시(천연)가스의 보호시설과 저장설비와 이격거리

처리 및 저장능력	1종 보호시설(m)	2종 보호시설(m)
1만 이하	17	12
1만 초과 2만 이하	21	14
2만 초과 3만 이하	24	16
3만 초과 4만 이하	27	18
4만 초과 5만 이하	30	20
5만 초과 99만 이하	30m(가연성 저온저장탱크는 $\frac{3}{25}\sqrt{X+10000}$ (m)	20m(가연성 저온저장탱크는 $\frac{2}{25}\sqrt{X+10000}$ (m)
99만 초과	30m (가연성 저온저장탱크는 120m)	20m (가연성 저온저장탱크는 80m)

문제 05

동영상의 이동식 압축도시(천연)가스 자동차 충전의 시설 기술검사기준에 대하여 물음에 답하여라.

(1) 이동충전차량 주위에 방호벽을 설치하여야 하는 경우를 설명하여라.
(2) 처리 · 압축가스 설비, 충전설비는?
① 고압전선과 수평 이격거리(m)는?
② 저압전선과 수평 이격거리(m)는? (단, 고압전선 : 직류 750V 초과, 교류 600V 초과 전선이며 저압전선은 그 이하를 말한다.)
(3) 처리설비 이동충전차량 및 충전설비 외면으로부터 화기취급장소의 우회거리(m)는?
(4) 처리설비 이동충전차량 및 충전설비는 인화성, 가연성 물질 저장소로부터 유지하여야 할 거리(m)는?
(5) 가스배관구와 가스배관구 사이 또는 이동충전차량과 충전설비 사이에 유지하여야 할 거리는? (단, 가스배관구 사이 이동충전차량 충전설비 사이에 방호벽을 설치하지 않은 경우이다.)
(6) ① 이동 충전차량 및 충전설비는 그 외면으로부터 사업소 경계까지 유지하여야 할 안전거리(m)는?
② 이 경우 이동충전차량 외부에 방화판을 설치하거나 충전설비 주위에 방호벽을 설치한 경우 안전거리(m)는?
(7) 충전설비와 도로 경계와의 유지거리는? (단, 방호벽이 있는 경우이다.)
(8) 이동충전차량 및 충전설비는 철도에서 몇 m 이상 거리를 유지하여야 하는가?
(9) 충전소 내 충전작업을 하는 이동충전차량의 설치 대수는 몇 대 이하이어야 하는가?

해답 (1) 이동충전차량 및 충전설비로부터 30m 이내 보호시설이 있는 경우
(2) ① 5m 이상
② 1m 이상
(3) 8m 이상
(4) 8m 이상
(5) 8m 이상
(6) ① 10m 이상
② 5m 이상
(7) 2.5m 이상

참고
방호벽이 없는 경우 충전설비와 도로 경계와는 5m 이상 거리 유지

(8) 15m 이상
(9) 3대 이상

문제 06

동영상의 CNG 충전소에서 가스의 누출원인을 5가지 기술하시오.

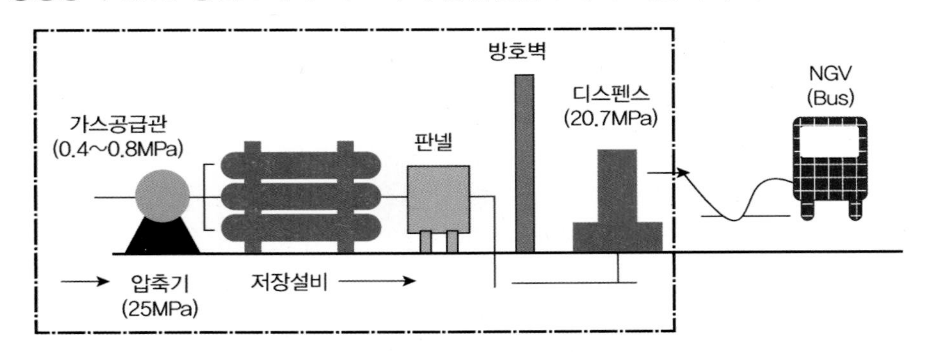

해답
① 충전호스의 마모·침식에 의한 누출
② 충전 중 오발진에 의한 사고로 누출
③ 노후 부식, 충격, 개스킷 마모에 의한 누출
④ 안전밸브 등의 고장에 의한 누출
⑤ 압축기 등의 고장에 의한 누출

문제 07

다음의 동영상 액화도시가스 자동차 충전의 기술기준에 대하여 다음 물음에 답하여라. (단, KGS Fp 215)

(1) 처리설비로부터 몇 m 이상 보호시설이 있는 경우 방호벽을 설치하는가?
(2) 저장설비와 사업소 경계와의 거리(m)에 대한 ( )를 채우시오.

저장능력	사업소 경계와 안전거리(m)
25톤 이하	(①)
25톤 초과 50톤 이하	(②)
50톤 초과 100톤 이하	(③)
100톤 초과	40m

(3) 고정식 압축천연(도시)가스 시설에 가스누출 검지경보장치의 설치장소 및 개수를 기술하시오.

(1) 30m
(2) ① 10
② 15
③ 25
(3) ① 압축설비 주변 충전설비 내부 1개 이상
② 배관접속부마다 1m 이내 1개
③ 펌프 주변 1개 이상
④ 압축가스 설비 주변 2개

처리설비 주의 방류둑 설치 등 액확산 방지조치를 한 경우는 방호벽을 설치하지 않을 수 있다.

동영상은 CNG 버스에 CNG를 충전하고 있다. 고정식 압축도시가스 긴급분리장치에 대한 다음 물음에 답하여라.

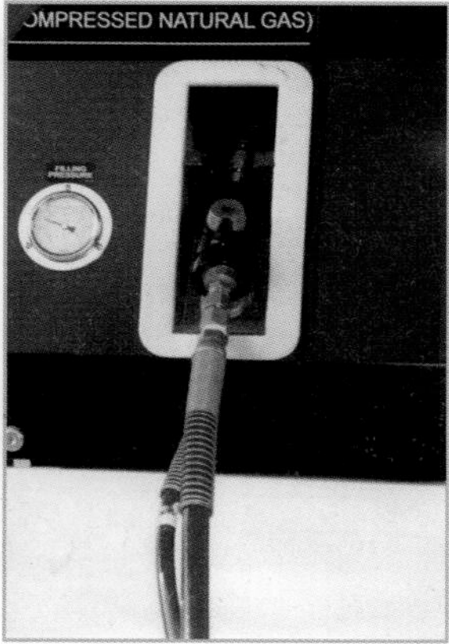

(1) 긴급분리장치 설치 목적은?
(2) 긴급분리장치 설치 장소는?
(3) 긴급분리장치는 수평방향으로 당길 때 몇 N의 힘으로 분리되지 않아야 하는가?

해답 (1) 충전호스에 충전 중 오발진으로 인한 충전기 및 충전호스 파손방지를 위하여
(2) 각 충전설비마다 설치
(3) 666.4N

4 CNG 자동차 연료장치

(1) 노즐

천연가스를 자동차에 충전하기 위하여 리셉터클에 연료공급용 호스를 안전한 방법으로 신속하게 연결, 분리할 수 있도록 제작한 부품

(2) 리셉터클(가스충전구)

연료주입 노즐을 받은 차량에 장착되어 CNG 용기로 연결하여 안전하게 이송할 수 있는 부품

(3) 포지티브 잠금장치

노즐과 리셉터클을 연결 또는 분리하기 위하여 연동기구의 작동을 요구하는 잠금장치

① 사용압력 : 21℃에서 20.7MPa

② 사용온도 조건 : 노즐 리셉터클이 사용되어지는 온도로서 최소작동온도는 -40℃, 최고작동온도는 85℃

문제 01

다음 동영상은 CNG를 차량에 충전하고 있다. 다음 물음에 답하시오.

(1) CNG의 가스충전구 부근에 표시하여야 하는 것 3가지를 쓰시오.
(2) 충전 중 자동차가 충전호스에 연결된 상태로 출발 시 가스흐름을 차단하는 장치의 명칭은?
(3) (2)의 장치는 수평방향으로 당길 때 분리되는 힘(N)은 얼마인가?
(4) 동영상에서 보여주는 CNG 장치의 명칭과 사용 중 문제점을 기술하시오.

해답 (1) ① 충전하는 연료의 종류(압축천연가스)
② 충전유효기간
③ 최고충전압력(MPa)
(2) 긴급분리장치
(3) 666.4N
(4) ① 명칭 : 가스충전구(리셉터클)
② 문제점 : 충전 시 수분침입으로 인하여 동결되어 충전 후 가스의 연속누출 또는 압력조정기 작동 불량 유발

문제 02

다음 동영상은 CNG(압축천연가스)를 충전하는 다단압축기이다. 다음 물음에 답하시오.

(1) 다단압축을 하는 목적 4가지는 무엇인가?
(2) 압축비가 커질 때의 단점 4가지를 쓰시오.

해답 (1) 다단압축의 목적
① 일량이 절약된다.
② 가스의 온도상승을 피한다.
③ 힘의 평형이 양호하다.
④ 이용효율이 증대된다.
(2) 압축비 증가 시 단점
① 소요동력이 증대된다.
② 체적효율이 감소된다.
③ 실린더 내 온도가 상승한다.
④ 윤활기능이 저하된다.

KGS 가스 3법 공통분야

1 가스시설 전기방폭기준

다음은 방폭구조에 대한 설명이다. 해당 방폭구조의 명칭을 쓰고, 기호를 쓰시오.

(1) 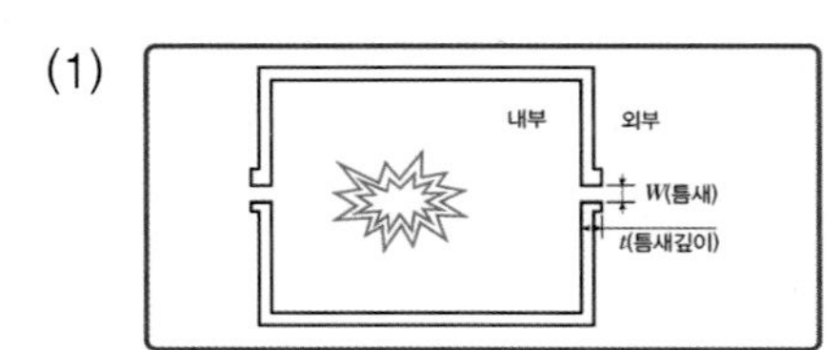

용기 내부에서 가연성 가스의 폭발이 발생할 경우 그 용기가 폭발압력에 견디고 접합면 개구부 등을 통해 외부의 가연성 가스에 인화되지 않도록 한 구조

(2) 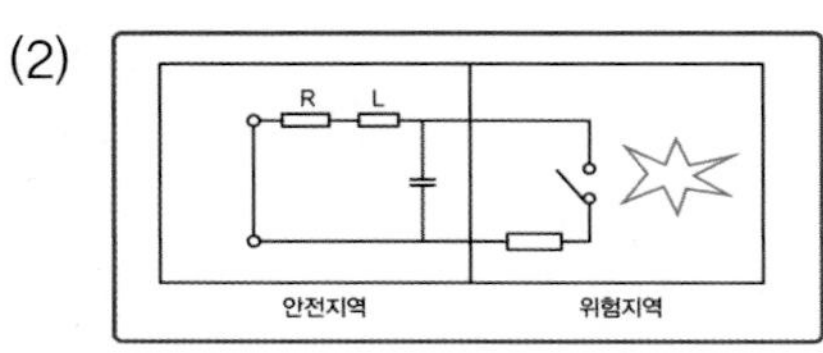

정상 및 사고(단선, 단락, 지락 등) 시에 발생하는 전기불꽃 아크 또는 고온부로 인하여 가연성 가스가 점화되지 않는 것이 점화시험 그 밖의 방법으로 확인된 구조

(3) 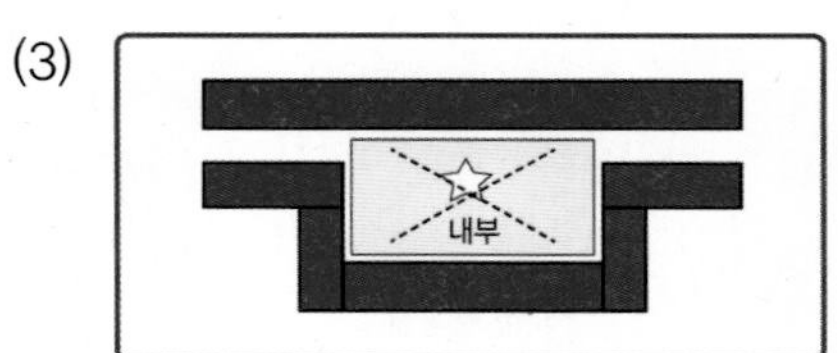

가연성 가스의 점화원이 될 전기불꽃 아크 또는 고온부분 등의 발생을 방지하기 위해 기계적, 전기적 구조상 온도상승에 대해 특히 안전도를 증가시킨 구조

(4) 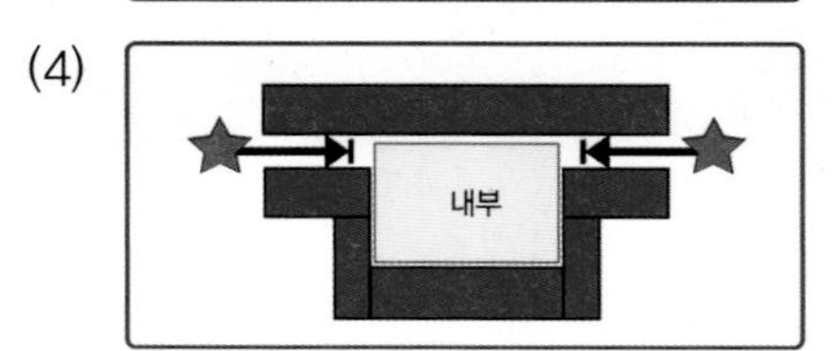

용기 내부에 보호가스(신선한 공기 불활성 가스)를 압입하여 내부압력을 유지함으로써 가연성 가스가 용기 내부로 유입되지 않도록 한 구조

(5) 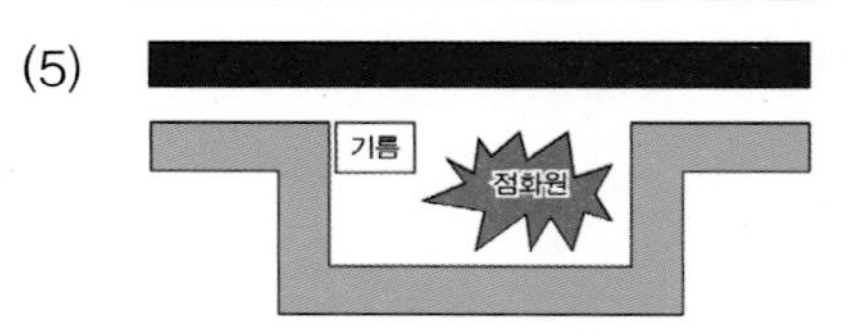

용기 내부에 절연유를 주입하여 불꽃 아크 또는 고온발생 부분이 기름 속에 잠기게 함으로써 기름면 위에 존재하는 가연성 가스에 인화되지 않도록 한 구조

(6) 

기타 방폭구조로서 가연성 가스에 점화를 방지할 수 있다는 것이 시험 그 밖의 방법으로 확인된 구조

해답 (1) 내압방폭구조(d) (2) 본질안전방폭구조(ia), (ib) (3) 안전증방폭구조(e)
(4) 압력방폭구조(p) (5) 유입방폭구조(o) (6) 특수방폭구조(s)

동영상에 표시된 방폭구조의 명칭을 쓰시오.

①

②

해답 ① 안전증방폭구조
② 압력방폭구조

다음 동영상의 방폭구조 명칭을 쓰고, ⅡB, T_6 의 의미를 쓰시오.

해답 ① 방폭구조의 명칭 : 내압방폭구조(d)
② ⅡB : 내압방폭전기기기의 폭발등급으로 최대안전틈새의 범위가 0.5mm 초과 0.9mm 미만
③ T_6 : 방폭전기기기의 온도등급으로 가연성 가스 발화도의 범위가 85℃ 초과 100℃ 이하

다음 동영상의 방폭구조의 명칭을 쓰고, 표시되어 있는 ① ia, ② ⅡA, ③ T_4의 의미를 쓰시오. ④ 이 방폭구조는 몇 종 위험장소에 사용되어야 하는가?

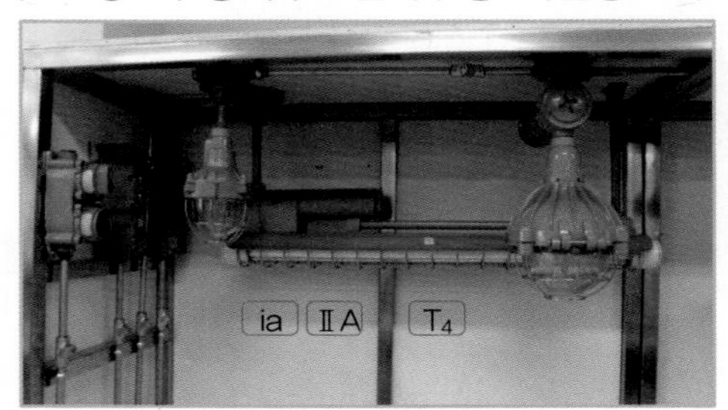

해답 ① ia : 본질안전방폭구조
② ⅡA : 본질안전방폭 전기기기의 폭발등급으로 최소점화전류비의 범위가 0.8mm 초과
③ T_4 : 방폭전기기기의 온도등급으로 가연성 가스 발화온도의 범위가 135℃ 초과 200℃ 이하
④ 0종(0종 장소에는 원칙적으로 본질안전방폭구조의 것을 사용)

TiP

1.

Ex	d	Ⅱ	B	T_4
(방폭구조)	(방폭구조 종류)	(기기분류)	(가스등급)	(온도등급)

2. 가연성 가스의 폭발등급 및 발화도 범위에 따른 방폭전기기기의 온도등급

• 가연성 가스의 폭발등급 및 이에 대응하는 내압방폭구조의 폭발등급

최대안전틈새의 범위(mm)	0.9 이상	0.5 초과 0.9 미만	0.5 이하
가연성 가스의 폭발등급	A	B	C
방폭전기기기의 폭발등급	ⅡA	ⅡB	ⅡC

[비고] 최대안전틈새는 내용적이 8L이고, 틈새깊이가 25mm인 표준용기 안에서 가스가 폭발할 때 발생한 화염이 용기 밖으로 전파하여 가연성 가스에 점화되지 않는 최대값

• 가연성 가스의 폭발등급 및 이에 대응하는 본질안전방폭구조의 폭발등급

최소점화전류비의 범위(mm)	0.8 초과	0.45 이상 0.8 이하	0.45 미만
가연성 가스의 폭발등급	A	B	C
방폭전기기기의 폭발등급	ⅡA	ⅡB	ⅡC

[비고] 최소점화전류비는 메탄가스의 최소점화전류를 기준으로 나타낸다.

• 가연성 가스의 발화도 범위에 따른 방폭전기기기의 온도등급

가연성 가스의 발화도(℃) 범위	방폭전기기기의 온도등급	가연성 가스의 발화도(℃) 범위	방폭전기기기의 온도등급
450 초과	T1	135 초과 200 이하	T4
300 초과 450 이하	T2	100 초과 135 이하	T5
200 초과 300 이하	T3	85 초과 100 이하	T6

동영상을 보고 방폭구조에 대하여 물음에 답하시오.

①

②

(1) 동영상 ①에서 보여주는 방폭구조의 종류는?
(2) 정션 또는 풀박스의 접속함에 선택하는 방폭구조의 종류는?
(3) 동영상 ②에서 표시된 부분의 명칭은?
(4) 동영상 ①의 방폭등을 벽에 매달 경우 유의점을 2가지 쓰시오.
(5) 방폭전기기기 본체에 있는 전선인입구 방폭성능이 손상되지 않도록 하는 조치사항을 쓰시오.

해답 (1) 안전증방폭구조
(2) 내압방폭구조 또는 안전증방폭구조
(3) 실링피팅
(4) ① 바람·진동에 견디게 할 것 ② 메달리는 관의 길이는 가능한 짧게 할 것
(5) 인입배선에 실링피팅을 설치, 실링콤파운드로 충전 밀봉

동영상은 상용상태에서 가연성 가스 농도가 연속해서 폭발하한계 이상으로 되는 장소(폭발상한계를 넘는 경우 폭발한계 이내로 들어갈 우려가 있는 경우를 포함한다)이다. 이 장소는 위험장소 분류상 몇 종의 위험장소에 해당하는가?

해답 0종

위험장소의 구분

1. 0종 장소란 상용의 상태에서 가연성 가스의 농도가 연속해서 폭발하한계 이상으로 되는 장소(폭발상한계를 넘는 경우에는 폭발한계 내로 들어갈 우려가 있는 경우를 포함한다)를 말한다.
2. 1종 장소는 상용상태에서 가연성 가스가 체류하여 위험하게 될 우려가 있는 장소, 정비보수 또는 누출 등으로 인하여 위험하게 될 우려가 있는 장소를 말한다.
3. 2종 장소는 다음을 말한다.
   - 밀폐된 용기 또는 설비 내에서 밀봉된 가연성 가스가 그 용기설비 등의 사고로 인해 파손되거나 오조작의 경우에만 노출할 위험이 있는 장소
   - 확실한 기계적 환기조치에 의하여 가연성 가스가 체류하지 않도록 되어 있으나 환기장치에 이상이나 사고가 발생한 경우에는 가연성 가스가 체류하여 위험하게 될 우려가 있는 장소
   - 1종 장소의 주변 또는 인접한 실내에서 위험한 농도의 가연성 가스가 종종 침입할 우려가 있는 장소

문제 07

동영상의 방폭구조에 대하여 (　　)에 적당한 단어를 쓰시오.

(1) 용기에는 방폭성능을 손상시킬 우려가 있는 유해한 흠, 부식, 균열, 기름 등의 누출부위가 없도록 한다. 방폭전기기기 결합부의 나사류를 외부에서 쉽게 조작함으로써 방폭성능을 손상시킬 우려가 있는 것은 드라이버, 스패너, 플라이어 등 일반공구로 조작할 수 없도록 (　　　　)구조로 하여야 한다.

(2) 방폭전기기기 설치에 사용되는 정션박스, 풀박스, 접속함 등은 (①)구조 또는 (②)구조로 한다.

(3) 조명기구를 천장이나 벽에 매어달 경우 바람 등에 의한 진동에 충분히 견디고, 매달리는 관의 길이는 가능한 (　　　　)한다.

(4) 방폭전기기기의 설비 부속품은 (①)구조 또는 (②)구조로 한다.

해답
(1) 자물쇠식 죄임
(2) ① 내압방폭　② 안전증방폭
(3) 짧게
(4) ① 내압방폭　② 안전증방폭

2 전기방식기준

문제 01 동영상을 보고 물음에 답하시오.

(1) 전기방식의 정의를 쓰시오.
(2) 동영상의 기구의 명칭과 이러한 전기방식법의 명칭은?
(3) 이 전기방식법의 정의를 쓰시오.

해답 (1) 지중 및 수중에 설치하는 강재배관 및 저장탱크 외면에 전류를 유입시켜 양극반응을 저지함으로써 배관의 전기적 부식을 방지하는 방법
(2) 방식정류기, 외부전원법
(3) 외부 직류전원장치의 양극(+)은 매설배관이 설치되어 있는 토양이나 수중에 설치한 외부 전원용 전극에 접속, 음극(−)은 매설배관에 접속시켜 부식을 방지하는 방법

외부전원법의 장 · 단점

장점	단점
• 방식효과 범위가 넓다. • 장거리 배관에 경제적이다. • 전압 · 전류 조절이 가능하다. • 전식에 대한 방식이 가능하다.	• 타 매설물의 간섭이 있다. • 교류 전원이 필요하다. • 비용이 많이 든다. • 과방식의 우려가 있다.

문제 02 동영상을 보고 물음에 답하시오.

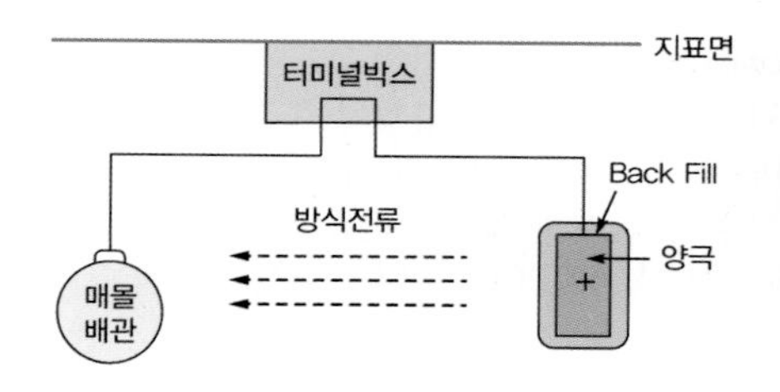

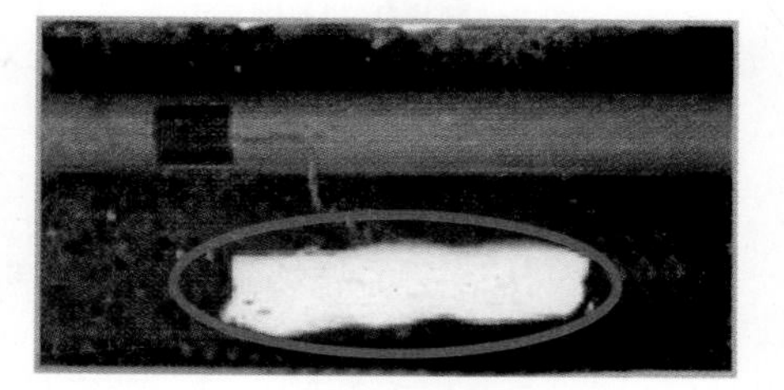

(1) 동영상의 전기방식법의 종류는?
(2) 이 방식법의 정의를 기술하시오.

해답 (1) 희생양극법
(2) 지중 또는 수중에 설치된 양극금속과 매설배관을 전선으로 연결해 양극금속과 매설배관 사이의 전지작용으로 부식을 방지하는 방법

TIP

희생양극법의 장·단점

장점	단점
• 시공이 간단하다. • 타 매설물의 간섭이 없다. • 단거리 배관에 경제적이다. • 과방식의 우려가 없다.	• 효과범위가 좁다. • 전류조절이 어렵다. • 강한 전식에는 효과가 없다. • 양극의 보충이 필요하다.

문제 03 동영상을 보고 물음에 답하시오.

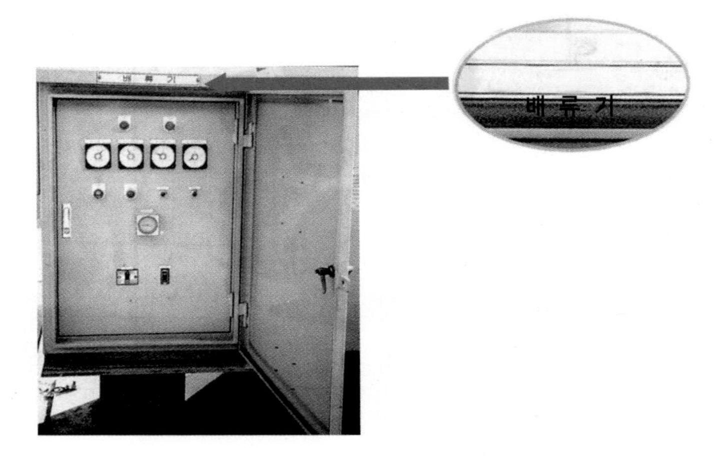

(1) 동영상의 전기방식법은?
(2) ① 이 방법의 종류 2가지와 ② 각각의 정의를 기술하시오.

해답 (1) 배류법
(2) ① 강제배류법, 선택배류법
② • 강제배류법 : 외부전원법과 선택배류법의 중간 형태로 레일에서 멀리 떨어져 있는 경우, 외부전원장치로 가까운 경우 전기방식하는 방법
• 선택배류법 : 직류전철에서 누설되는 전류에 의한 전식을 방지하기 위해 배관의 직류전원의 (−)선을 레일에 연결함으로 전기부식을 억제하는 방법

1. 강제배류법의 장·단점

장점	단점
• 전기방식의 효과범위가 넓다. • 전압, 전류 조정이 가능하다. • 전철의 운휴에도 방식이 가능하다.	• 타 매설물의 장애가 있다. • 과방식의 우려가 있다. • 전원이 필요하다.

2. 선택배류법의 장·단점

장점	단점
• 전철의 전류로 인한 비용이 절감된다. • 시공비가 저렴하다. • 전철의 위치에 따라 효과범위가 넓다.	• 타 매설물의 간섭이 있다. • 과방식의 우려가 있다. • 전철운행 중지 시는 효과가 없다.

문제 04 동영상을 보고 물음에 답하여라.

(1) 동영상의 가스시설물의 명칭은 무엇인가?

(2) 동영상 시설물의 설치간격에 대하여 (   )에 적당한 단어를 쓰시오.

> 희생양극법, 배류법은 (①)m 이내의 간격으로 (②)은 500m의 간격으로 저장탱크의 경우 당해 (③)마다 설치

(3) 8m 이하 도로에 설치된 배관과 사용자 공급관으로 밸브 또는 입상관, 절연부 등의 시설물이 있어 전위측정 가능 시 대체할 수 있는 시설의 종류 4가지를 기술하시오.

해답 (1) 전위측정용 터미널(T/B)

(2) ① 300　② 외부전원법　③ 저장탱크

(3) ① 직류전철 횡단부 주위
② 지중에 매설되어 있는 배관 등 절연부의 양측
③ 타 구조 금속물과 근접교차 부분
④ 강재보호관 부분이 배관과 강재보호관(단, 가스배관 등과 보호관 사이에 절연 및 유동방지 조치가 된 보호관 제외)
⑤ 도시가스 도매사업자 시설의 밸브기지 및 정압기지

전기방식 방법에 대하여 물음에 답하시오.

(1) 직류전철에 따른 누출전류의 영향이 없는 경우의 전기방식법은?
(2) 직류전철 등에 따른 누출전류의 영향을 받는 경우 배류법으로 하는데 이 경우 방식효과가 충분하지 않을 경우의 전기방식법은?

해답 (1) 외부전원법 또는 희생양극법
(2) 외부전원법 또는 희생양극법을 병용한다.

전기방식의 기준에 대하여 ( )에 적당한 단어 및 숫자를 쓰시오.

(1) 방식전류가 흐르는 상태에서 토양 중에 있을 경우, 다음 물음에 답하시오.
① 고압가스시설의 방식전위는 포화황산동 기준 전극으로 −5V 이상 ( )V 이하로 하며, 황산염 환원박테리아가 번식하는 토양에서는 ( )V 이하로 한다.
② 액화석유가스시설의 방식전위는 포화황산동 기준 전극으로 ( )V 이하로 하고 황산염 환원박테리아가 번식하는 토양에서는 ( )V 이하로 한다.
③ 도시가스 배관의 방식전위 상한값은 포화황산동 기준 전극으로 ( )V 이하 황산염 환원박테리아가 번식하는 토양에서는 −0.95V 이하, 방식전위 하한값은 전기철도 등의 간섭을 받는 곳을 제외하고 포화황산동 기준 전극으로 ( )V 이상이 되도록 한다.
(2) 방식전류가 흐르는 상태에서 자연전위와 전위변화가 최소한 ( )mV 이하로 한다. (단, 다른 금속과 접촉하는 시설은 제외한다.)

해답 (1) ① −0.85, −0.95 ② −0.85, −0.95 ③ −0.85, −2.5
(2) −300

방식전위 측정 및 시설 점검에 대하여 다음 물음에 답하시오.

(1) 1년 1회 점검시설
(2) 외부전원법에 따른 외부전원점의 관대지전위 정류기 출력, 전압, 배선의 접속상태, 계기류 확인의 점검주기는?
(3) 6개월 1회 점검시설의 종류는?
(4) 배류법에 따른 배류기의 출력, 전압, 전류 배선의 접속상태 점검주기는?

해답 (1) 관대지전위
(2) 3개월 1회
(3) 절연부속품, 역전류방지장치, 결선, 보호절연체의 효과
(4) 3개월 1회

3 가스시설 내진설계

문제 01

동영상의 도시가스 저장탱크에서 내진설계로 시공하여야 할 탱크의 용량은 몇 톤 이상인가?

해답 3톤 이상

보충설명

법규별 내진설계로 시공하여야 할 탱크 및 시설의 용량기준

법규 구분		저장탱크, 가스홀더 및 그 지지물과 연결부
고압가스 안전관리법	독성 및 가연성	5톤, 500m^3 이상
	비독성, 비가연성	10톤, 1000m^3 이상
	반응분리 정제, 증류 등을 행하는 탑류	높이 5m 이상의 저장탱크 및 압력용기
액화석유가스의 안전관리 및 사업법		3톤, 300m^3 이상
도시가스 안전관리 및 사업법		3톤, 300m^3 이상
• 액화도시가스 자동차 충전시설 • 고정식 압축도시가스 충전시설 • 고정식 압축도시가스 이동식 충전차량의 충전시설 • 이동식 압축도시가스 자동차 충전시설		5톤, 500m^3 이상

내진설계에 대한 등급별 기준의 정의를 기술하시오.

(1) 설비의 손상이나 기능 상실이 사업소 경계 밖에 있는 공공의 생명과 재산에 막대한 피해를 초래할 수 있을 뿐만 아니라 사회의 정상적인 기능 유지에 심각한 지장을 가져올 수 있는 것
(2) 설비의 손상이나 기능 상실이 사업소 경계 밖에 있는 공공의 생명과 재산에 상당한 피해를 초래할 수 있는 것
(3) 설비의 손상이나 기능 상실이 사업소 경계 밖에 있는 공공의 생명과 재산에 경미한 피해를 초래할 수 있는 것

(1) 내진 특등급
(2) 내진 1등급
(3) 내진 2등급

내진성능 평가항목
1. 내진설계 구조물에 발생한 응력과 변형상태
2. 내진설계 구조물의 변위
3. 액상화의 잠재성
4. 기초의 안정성

다음 정의를 기술하시오.

(1) 제1종 독성 가스
(2) 제2종 독성 가스

(1) 염소, 시안화수소, 이산화질소 및 포스겐과 그 밖에 허용농도가 1ppm 이하인 것
(2) 염화수소, 삼불화붕소, 이산화유황, 불화수소, 브롬화메틸 및 황화수소와 그 밖에 허용농도가 1ppm 초과 10ppm 이하인 것

4 가스배관 내진설계

문제 01 동영상은 가스배관의 최고사용압력이 0.5MPa 이상의 배관이다. 이 배관의 내진 등급은 몇 등급인가?

해답 내진 1등급

해설
- 독성 가스를 수송하는 고압가스 배관의 중요도 : 내진 특등급
- 가연성 가스를 수송하는 고압가스 배관의 중요도 : 내진 1등급
- 독성, 가연성 가스 이외의 가스를 수송하는 고압가스 배관의 중요도 : 내진 2등급

가스배관의 내진등급

1. 내진 특등급 : 배관의 손상이나 기능 상실로 인해 공공의 생명과 재산에 막대한 피해를 초래할 뿐만 아니라 사회의 정상적인 기능 유지에 심각한 지장을 가져올 수 있는 것으로서 도시가스 배관의 경우 가스도매사업자가 소유하거나 점유한 제조소 경계 외면으로부터 최초로 설치되는 차단장치 또는 분기점에 이르는 최고사용압력이 6.9MPa 이상인 배관
2. 내진 1등급 : 배관의 손상이나 기능 상실이 공공의 생명과 재산에 상당한 피해를 초래할 수 있는 것으로서 도시가스 배관의 경우에는 내진 특등급 이외의 고압가스 배관과 가스도매사업자가 소유한 정압기(지)에서 일반도시가스 사업자가 소유하는 정압기까지에 이르는 배관 및 일반도시가스 사업자가 소유하는 최고사용압력 0.5MPa 이상인 배관

문제 02

용접부의 비파괴시험 규정(KGS Fs 331)(KGS Fs 551)(2.5.5.1)에 대한 내용이다. 관경에 따른 용접부의 비파괴검사 종류 (1), (2)의 빈칸을 채우시오.

<table>
<tr><th rowspan="2">구분</th><th colspan="3">도시가스</th><th colspan="2">LPG</th></tr>
<tr><th>가스
도매사업</th><th>일반도시
가스사업</th><th>사용시설</th><th>충전</th><th>집단공급
사용시설</th></tr>
<tr><td>용접시공
배관</td><td>중압 이상
배관</td><td colspan="2">• 지하매설배관(PE관 제외)
• 최고사용압력 중압 이상 노출배관
• 최고사용압력 저압 호칭지름 50A 이상 노출배관</td><td colspan="2">플랜지, 기계접합배관을 제외한 모든 배관</td></tr>
<tr><td>비파괴 대상
배관</td><td colspan="3">좌측의 모든 용접부</td><td colspan="2" rowspan="2">용접시공배관 모두
• 압력 0.1MPa 이상 배관용접부
• 압력 0.1MPa 미만 80A 이상 배관용접부</td></tr>
<tr><td>비파괴 제외
대상 배관</td><td colspan="2">• PE배관
• 저압으로 노출된 사용자 공급관 및 호칭지름 80mm 미만 저압배관</td><td>• 최고사용압력 저압의 지하매설 호칭경 80mm 미만 배관
• 최고사용압력저압 노출배관 용접부</td></tr>
<tr><td rowspan="2">요점정리</td><td>비파괴 대상</td><td colspan="2">• PE관 제외 중압 이상 배관
• 저압 80mm 이상 지하매설배관
• 저압 50A 이상 노출배관</td><td colspan="2">• 0.1MPa 이상 배관
• 0.1MPa 미만 80A 이상 용접부</td></tr>
<tr><td>비파괴 제외</td><td colspan="2">• PE 배관
• 저압 매설 80mm 미만 배관
• 저압 노출 50A 미만 배관</td><td colspan="2">건축물 외부 노출 0.01MPa 미만 배관</td></tr>
<tr><td>비파괴검사
종류</td><td colspan="3">(1) 호칭지름 80mm 이상 배관의 용접부는 (①)의 비파괴검사를 실시</td><td colspan="2">(2) 호칭지름 80mm 미만 배관의 용접부의 경우 (①), (②), (③), (④)의 비파괴검사를 실시</td></tr>
</table>

해답 (1) ① RT

(2) ① RT ② UT ③ PT ④ MT

배관의 용접방법(KGS Fp 112)(KGS Fs 331)에 대한 다음 빈칸 ①, ②, ③을 채우시오.

구분	내용
고법 (KGS Fp 112)	• 사업소 밖에 설치하는 배관 등의 접합부분은 용접으로 한다. 용접이 적당하지 않은 경우 안전확보에 필요한 강도를 갖는 플랜지 접합으로 할 수 있으며, 이 경우 점검을 할 수 있는 조치를 한다. • 압력계, 액면계, 온도계 그 밖에 계기류를 부착하는 부분은 반드시 용접으로 한다. (단, 호칭지름 25mm 이하는 제외)
액화석유가스 (KGS Fs 331)	• 지하매설 배관과 호칭지름 50A를 초과하는 노출배관의 접합부는 (①) 용접으로 하되 접합부 중 계기류 등의 설치를 위한 이음쇠의 접합부, 플랜지 접합부, 나사타입 제품 연결부위는 제외 • 지하매설 배관 이외의 배관으로서 용접이 곤란한 사용압력 30kPa 이하 호칭경 40A 이하의 경우 (②) 접합 또는 (③) 접합으로 할 수 있다.
도시가스 분야 (KGS Fs 551)	• 도시가스 배관의 접합부는 용접시공 • 플랜지 접합, 기계적 접합, 나사접합으로 할 수 있는 경우 (공급시설) – 용접접합을 실시하기가 매우 곤란한 경우 – 최고사용압력이 저압으로서 호칭지름 50A 미만의 노출배관을 건축물 외부에 설치하는 경우 – 공동주택 등의 가스계량기를 집단으로 설치하기 위하여 가스계량기로 분기하는 T연결부와 그 후단 연결부의 경우 (사용시설) – 공동주택 입상관의 드레인 캡 마감부의 경우 – 입상밸브를 접합하는 경우 – 노출배관으로 용접접합이 곤란한 경우 – 가스계량기를 집단으로 설치 시 사용처별 가스계량기로 분기되는 주배관의 경우

해답 ① 맞대기　② 플랜지　③ 기계적

용접부의 1종, 2종, 3종, 4종 결함에 대하여 기술하시오.

해답
① 1종 결함 : 블로홀 및 이와 유사한 결함
② 2종 결함 : 가늘고 긴 슬래그 개입 및 이와 유사한 결함
③ 3종 결함 : 균열(터짐) 및 이와 유사한 결함
④ 4종 결함 : 텅스텐 개입

문제 05 가스 배관의 내진등급 분류 시 지반의 분류에 대한 다음 내용에 따른 기호를 쓰시오.

(1) 경암지반
(2) 보통암지반
(3) 매우 조밀한 토사지반 또는 연약지반
(4) 단단한 토사지반
(5) 연약한 토사지반
(6) 이탄 또는 유기성이 높은 지반, 매우 높은 소성을 가진 점토지반

해답 (1) S_A
(2) S_B
(3) S_C
(4) S_D
(5) S_E
(6) S_F

TIP

고압가스의 모든 배관은 용접접합을 원칙으로 하되 용접이 불가능시 기계적 플랜지 접합으로 할 수 있다.

1. 용접접합

구분	내용
고법(KGS Fp 112)	• 사업소 밖에 설치하는 배관 등의 접합부분은 용접으로 한다. 용접이 적당하지 않은 경우 안전확보에 필요한 강도를 갖는 플랜지 접합으로 할 수 있으며, 이 경우 점검을 할 수 있는 조치를 한다. • 압력계, 액면계, 온도계 그 밖에 계기류를 부착하는 부분은 반드시 용접으로 한다. (단, 호칭지름 25mm 이하는 제외)
LPG 도시가스	지하매설배관과 호칭지름 (①)A를 초과하는 노출배관 용접부는 (②)용접으로 하되 접합부 중 계기류 등의 설치를 위한 이음쇠 접합부, 플랜지 접합부의 나사타입은 제외한다.

① 50, ② 맞대기

2. 플랜지, 기계적 접합으로 할 수 있는 경우

구분		내용
LPG		지하매설 외의 배관으로서 용접이 곤란한 사용압력 (①)kPa 이하 호칭지름 (②)A 이하 배관의 접합부
도시가스	일반도시가스	• 용접이 곤란한 경우 • 최고사용압력저압으로 호칭지름 (③)A 미만 노출배관을 건축물 외부에 설치하는 경우 • 공동주택 등의 가스계량기를 집단으로 설치하기 위하여 가스계량기로 분기하는 T의 연결부와 그 후단 연결부의 경우
	사용시설	• (④)밸브 접합 시 • 가스계량기를 집단으로 설치 시 사용처별 가스계량기로 분기되는 주배관의 경우 • 입상관의 드레인 캡 마감부의 경우 • 노출배관으로 용접 불가능 시

① 30 ② 40 ③ 50 ④ 입상

5 비파괴검사

문제 01

다음 동영상을 보고 물음에 답하시오.

①

②

③

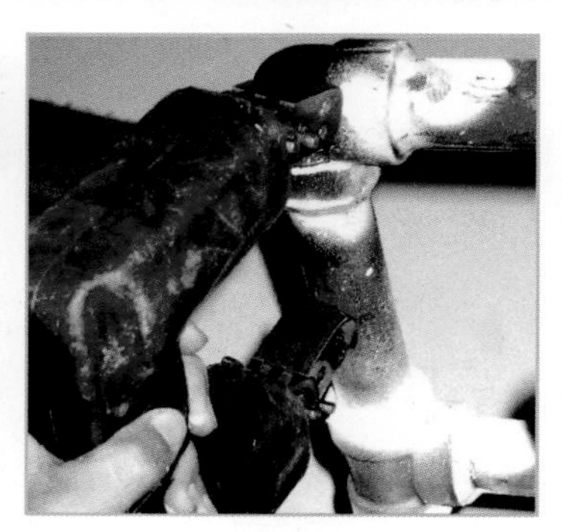

④

(1) ①~④의 비파괴검사의 명칭을 쓰시오.

(2) 장・단점을 2가지씩 쓰시오.

(3) 비파괴검사법 중 X선 검사법의 원리는?

해답 (1) ① 방사선투과검사(RT)
② 침투탐상검사(PT)
③ 자분탐상시험(MT)
④ 초음파탐상시험(UT)

(2) 장·단점

구분	장점	단점
① 방사선투과검사(RT)	• 신뢰성이 있다. • 영구보존이 가능하다. • 내부결함 검출이 우수하다.	• 비용이 고가이다. • 시간소요가 많다. • 건강상에 문제가 있다.
② 침투탐상검사(PT)	• 시험방법이 간단하다. • 크기 형상의 영향이 없다. • 표면에 생긴 미소결함 검출이 가능하다.	• 주위온도의 영향을 받는다. • 내부결함 검출이 되지 않는다. • 결과가 즉시 나오지 않는다.
③ 자분탐상시험(MT)	• 시험체 형상의 크기와 관계 없이 검사가 가능하다. • 검사방법이 쉽다. • 미세한 표면결함 검출능력이 우수하다.	• 비자성체에는 적용할 수 없다. • 전원이 필요하다. • 종료 후 탈지처리가 필요하다.
④ 초음파탐상시험(UT)	• 내부결함 또는 불균일 층의 검사가 가능하다. • 용입부의 결함을 검출할 수 있다. • 검사비용이 저렴하다.	• 결함의 형태가 부정확하다. • 결과의 보존성이 없다.

(3) X선, γ(감마)선 또는 중성자선의 급수가 재질 및 두께에 따라 틀리다는 것을 이용하여 결함의 유무를 조사하는 방법

음향검사(AE)

1. 정의
   테스트, 해머 등을 사용하여 두드린 후 발생되는 음향으로 결함유무를 판단하는 비파괴 검사법
2. 장점
   • 시험방법이 간단하다.
   • 비용이 저렴하다.
3. 단점
   • 숙련을 요하고, 개인차가 있다.
   • 결과가 기록되지 않는다.

6 고압가스 운반차량의 시설 기술기준

문제 01

동영상을 보고 다음 물음에 답하시오.

(1) 동영상은 차량에 고정된 탱크로 가스를 운반하는 차량이다. 고압가스 운반차량의 시설 기술기준에 적용되는 차량의 경우에 해당되는 나머지 2가지를 기술하시오.
(2) 독성 가스 등을 운반 시 운행거리 몇 km마다 휴식을 취하여야 하는가?

해답
(1) ① 허용농도가 100만분의 200 이하인 독성 가스를 운반하는 차량
② 차량에 고정된 2개 이상을 이음매 없이 연결한 용기로 고압가스를 운반하는 차량
(2) 200km

문제 02

동영상은 용기운반 시 용기 승하차용 리프트와 밀폐된 구조의 적재함이 부착된 전용차량이다. 물음에 답하여라.

(1) 이러한 차량으로 운반하는 용기의 종류는?
(2) 내용적이 몇 L 이상인 충전용기는 이러한 차량으로 운반하지 않아도 되는가?
(3) 가스운반 전용차량에 리프트를 설치하지 않아도 되는 차량의 적재능력은 몇 톤 이하의 차량인가?

해답 (1) 허용농도 200ppm 이하 독성 가스 충전용기 운반차량
(2) 내용적 1000L 이상
(3) 적재능력 1.2톤 이하

문제 03 동영상은 충전용기를 운반 시 설치되어야 할 부분이다. 다음 물음에 답하시오.

(1) ①, ②의 명칭을 쓰시오.　　(2) 각각의 규격(크기)을 쓰시오.

해답 (1) ① 적색삼각기　　② 경계표지
(2) ① 적색삼각기 규격 : 가로 40cm, 세로 30cm
② 경계표지 규격
• 직사각형인 경우 : 가로 – 차폭의 30% 이상
세로 – 가로의 20% 이상
• 정사각형인 경우 : 면적 600cm^2 이상

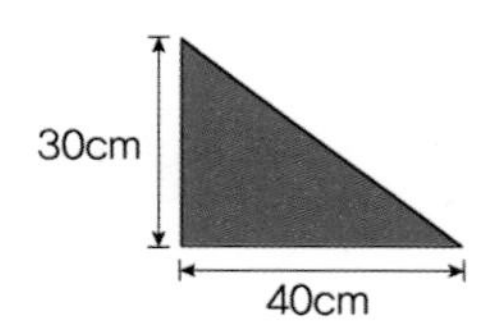

[경계표지 규격]

TIP

허용농도가 100만분의 200 이하인 독성 가스 용기 운반차량의 경우
1. 적색삼각기

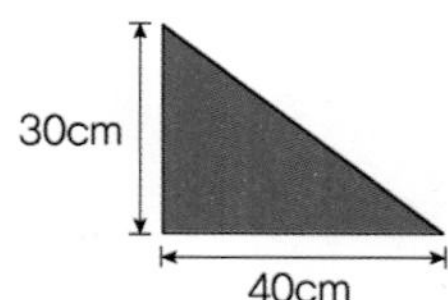

2. 경계표지는 차량 앞뒤에서 명확하게 볼 수 있도록 붉은 글씨로 “위험 고압가스”, “독성 가스”라는 경계표지와 위험을 알리는 도형 및 전화번호를 표시(단, RTC는 차량의 경우 좌우에서 볼 수 있도록 한다.)

문제 04

동영상을 보고 다음 물음에 답하여라.

①

②

(1) 동영상 ①의 용기와 동일차량에 적재할 수 없는 용기 3가지는?

(2) 동영상 ②의 용기를 운반 시 배치하는 소화기의 종류에 대하여 빈칸을 채우시오.

<table>
<tr><th rowspan="2">운반하는 가스량에 따른 구분</th><th colspan="2">소화기의 종류</th><th rowspan="2">비치 개수</th></tr>
<tr><th>소화약제의 종류</th><th>능력단위</th></tr>
<tr><td>압축가스 $100m^3$ 또는 액화가스 1000kg 이상인 경우</td><td rowspan="3">(①)</td><td>BC용 또는 ABC용 B-6(약제중량 4.5kg) 이상</td><td>(③)개 이상</td></tr>
<tr><td>압축가스 $15m^3$ 초과 $100m^3$ 미만 또는 액화가스 150kg 초과 1000kg 미만인 경우</td><td>(②)</td><td>1개 이상</td></tr>
<tr><td>압축가스 $15m^3$ 또는 액화가스 150kg 이하인 경우</td><td>B-3 이상</td><td>1개 이상</td></tr>
</table>

해답 (1) 아세틸렌, 암모니아, 수소

(2) ① 분말소화제

② BC용 또는 ABC용 B-6(약제중량 4.5kg) 이상

③ 2

해설 독성가스 중 가연성가스 및 가연성 산소를 차량에 적재하여 운반하는 경우의 소화설비임.

[차량고정탱크로 운반 시 소화설비]

가스 구분	소화기 종류		비치 개수
	소화약제	소화기 능력단위	
가연성	분말소화제	BC용, B-10 이상 또는 ABC용 B-12 이상	차량 좌우에 각각 1개 이상
산소	분말소화제	BC용, B-8 이상 또는 ABC용 B-10 이상	차량 좌우에 각각 1개 이상

TIP

1. 가연성 산소는 동일차량에 적재하여 운반 시 충전용기밸브가 마주보지 않게 한다.
2. 충전용기와 위험물안전관리법에 따른 위험물과는 동일차량에 적재하여 운반하지 않는다.

문제 05 동영상은 독성 가스 중 가연성 가스를 운반하는 차량에 비치하여야 할 보호구의 종류이다. 다음 물음에 답하여라.

(1) 보호구의 종류 5가지를 쓰시오.
(2) 보호구를 정상상태로 유지하기 위한 점검주기는?
(3) 독성 가스 충전저장시설에서 보호구를 착용하고 훈련하는 주기는?

해답 (1) ① 방독마스크 ② 공기호흡기 ③ 보호의 ④ 보호장갑 ⑤ 보호장화
(2) 매월 1회 이상
(3) 3개월에 1회 이상

TiP

1. 독성 가스 운반 시 보호구의 종류

품명	규격	운반하는 독성 가스의 양 압축가스 용적 $100m^3$ 또는 액화가스 질량 1000kg 미만인 경우	 이상인 경우	비고
방독 마스크	독성 가스의 종류에 적합한 격리식 방독마스크(전면형, 고농도용의 것)	○	○	산업안전보건법 제34조에 따른 안전인정 대상이 아닌 경우 인정을 받지 않은 것으로 할 수 있다.
공기 호흡기	압축공기의 호흡기(전면형의 것)	–	○	모든 독성 가스에 대하여 방독마스크가 준비된 경우는 제외한다.
보호의	비닐피복제 또는 고무피복제의 상의 등을 신속히 착용할 수 있는 것	○	○	압축가스의 독성 가스인 경우는 제외
보호 장갑	산업안전보건법 제34조에 따른 안전인정을 받은 것으로 화학물질용일 것	○	○	압축가스의 독성 가스인 경우는 제외
보호 장화	고무제의 장화	○	○	압축가스의 독성 가스인 경우는 제외

[주] 표 가운데의 ○은 비치하는 것을 나타낸다.

2. 보호구의 종류

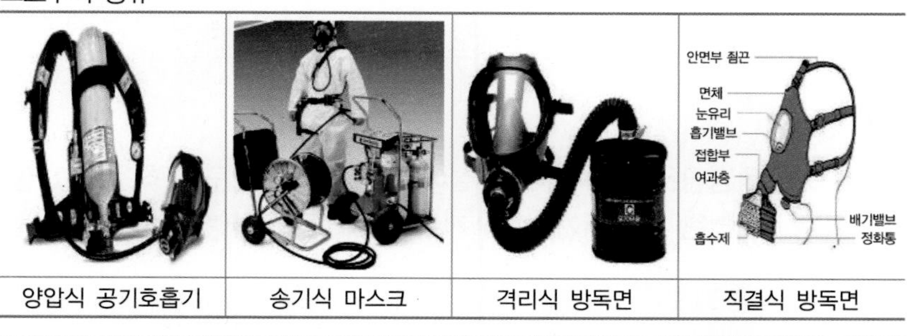

양압식 공기호흡기	송기식 마스크	격리식 방독면	직결식 방독면

문제 06

다음 표지는 독성 가스 용기를 운반하는 차량에 부착된 표지판이다. 물음에 답하시오.

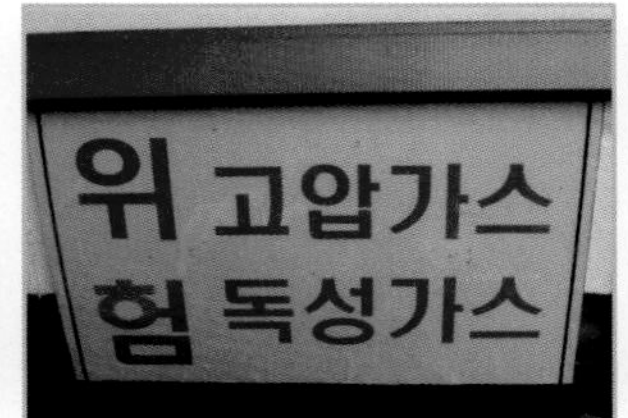

(1) 다음 표시된 의미를 쓰시오.

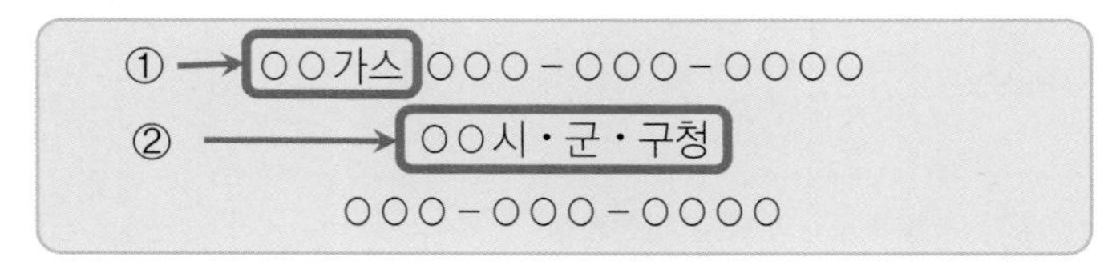

(2) 다음 표시 전화번호의 바탕색, 글자색, 크기를 쓰시오.

(3) 적색삼각기에 ① 표시된 글자와 ② 바탕색과 글자색은?

해답 (1) ① 사업자의 상호　　　② 등록관청
(2) 바탕색 : 흰색, 글자색 : 흑색, 크기 : 가로×세로 5cm 이상
(3) ① 위험고압가스·독성 가스
② 바탕색 : 적색, 글자색 : 황색

TIP
독성 가스 중 가연성 가스를 운반하는 차량에는 소화설비 및 재해발생 방지를 위한 응급조치에 필요한 자재공구 등을 비치한다. 경계표지의 글자색은 적색

문제 07

동영상은 독성 가스 누설에 대비하여 보호구를 착용하고 실시하는 훈련장면이다. 이러한 훈련주기는 몇 개월에 1회 실시하여야 하는가?

해답 3개월 1회 이상

문제 08

다음 동영상은 독성 가스 운반에 필요한 자재이다. 물음에 답하시오.

(1) 이 자재의 명칭은?
(2) 휴대하여야 할 수량은?
(3) 독성 가스 중 염소 및 포스겐을 1000kg 이상 운반 시 휴대하여야 하는 소석회의 양은 몇 kg 이상인가?

해답 (1) 차바퀴 고정목 (2) 2개 이상 (3) 40kg 이상

TIP

1. 독성 가스 운반 시 휴대하는 자재

품명	규격	비고
비상삼각대 비상신호봉	도로교통법 제66조에 따른 고장 자동차의 표시	–
휴대용 손전등	–	–
메가폰 또는 휴대용 확성기	–	–
자동안전바	–	–
완충판	–	–
누설검지기	가연성 가스의 경우 누설검지기를 갖추되 자연발화성 가스의 경우는 갖추지 않아도 된다.	
물통	–	–
누출검지액	비눗물 및 적용하는 가스에 따라 10% 암모니아수로는 5% 염산	–
차바퀴 고정목	2개 이상	–
통신기기	–	–

2. 독성 가스 운반 시 휴대하는 제독제

품명	운반하는 독성 가스의 양 액화가스 질량 1000kg 미만인 경우	운반하는 독성 가스의 양 액화가스 질량 1000kg 이상인 경우	비고
소석회	20kg 이상	40kg 이상	염소, 염화수소, 포스겐가스, 아황산가스 등 효과가 있는 액화가스에 적용한다.

문제 09 동영상의 차량에 고정된 탱크에 대하여 물음에 답하여라.

(1) 내용적의 한계범위를 쓰시오. (단, 가연성, 독성, 산소, LPG, NH_3에 관하여)

(2) 설치하여야 할 계기류는?

(3) 액면요동방지를 위하여 필요한 것은?

(4) 탱크 정상부 높이가 차량 정상부보다 높을 경우 설치하여야 하는 것은?

(5) 돌출부속품의 보호를 위하여 탱크 주밸브와 차량 뒷범퍼의 수평거리(m)를 ①, ②, ③에 대하여 쓰시오.

① 후부취출식 탱크

② 후부취출식 이외의 탱크

③ 조작상자와의 거리

(6) 2개 이상의 탱크를 동일차량에 설치 시 조치사항 3가지를 쓰시오.

해답 (1) ① LPG를 제외한 가연성 및 산소 탱크로리 내용적 : 18000L 초과금지

② NH_3를 제외한 독성 탱크로리 내용적 : 12000L 초과금지

(2) 온도계, 액면계

(3) 방파판

(4) 높이를 측정하는 검지봉

(5) ① 40cm 이상

② 30cm 이상

③ 20cm 이상

(6) ① 탱크마다 주밸브 설치

② 탱크 상호간 탱크와 차량과 단단하게 부착하는 조치

③ 충전관에는 안전밸브, 압력계, 긴급탈압밸브 설치

문제 10 동영상의 LPG 탱크로리에서 내부에 설치하는 장치 2가지는?

해답 ① 방파판
② 폭발방지장치

TiP

1. 탱크 외부에 LPG 글자크기의 1/2 이상 폭발방지장치 설치라고 표시하여야 함.
2. 운반 시 온도는 40℃ 이하를 유지

문제 11 동영상을 보고 물음에 답하여라.

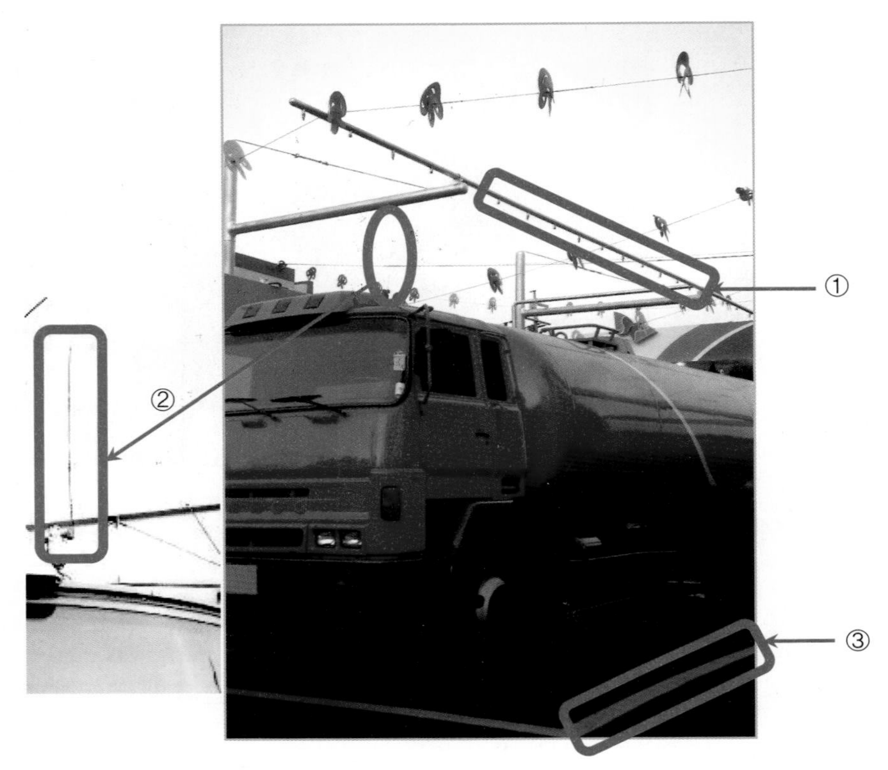

(1) ①, ②, ③의 명칭은?
(2) 내부에 설치된 방파판에 대하여 ( )에 적당한 단어를 쓰시오.

- 차량의 진행방향과 (①)이 되도록 방파판을 설치한다.
- 면적은 탱크 횡단면적의 (②)% 이상이 되어야 한다.
- 방파판의 두께는 (③)mm 이상, 내용적 (④)m^3마다 1개씩 설치하여야 한다.
- 방파판 부착 지점은 탱크 상부 원호부 면적이 횡단면의 (⑤)% 이하가 되는 지점이어야 한다.

(3) LPG 충전시설 중 탱크로리 이입, 이충전 장소의 중심으로부터 사업소 경계까지 유지거리는 몇 m인가?

해답 (1) ① 살수장치
② 높이 검지봉(높이를 측정하는 기구)
③ 주정차선
(2) ① 직각 ② 40 ③ 3.2 ④ 5 ⑤ 20
(3) 24m 이상

7 고압가스 운반 등의 기준

문제 01 고압가스 운반 기준에 대한 다음 물음에 답하여라.

(1) 충전용기 적재차량이 주정차 시 ① 1종 보호시설과 이격거리와 ② 피하여야 할 장소 3가지를 쓰시오.
(2) 충전용기를 차에서 내릴 때 충격완화를 위하여 비치하여야 하는 자재는?
(3) 충전용기를 차에서 내려 운반할 때 사용하는 도구는?
(4) 독성 가스 용기를 운반 시 운반책임자 동승 기준에 대하여 빈칸을 채우시오.

가스의 종류		기준
압축가스	허용농도 100만분의 200 초과 100만분의 5000 이하	(①) 이상
	허용농도가 100만분의 200 이하	(②) 이상
액화가스	허용농도 100만분의 200 초과 100만분의 5000 이하	(③) 이상
	허용농도가 100만분의 200 이하	(④) 이상

(5) 독성 가스 용기 이외의 가스 운반 시 운반책임자 동승 기준에 대해 빈칸을 채우시오.

가스의 종류		기준
압축가스	가연성 가스	(①) 이상
	조연성 가스	(②) 이상
액화가스	가연성 가스	(③) 이상(납붙임 및 접합용기는 2000kg 이상)
	조연성 가스	(④) 이상

해답 (1) ① 1종 보호시설과 이격거리 : 15m 이상
② 피하여야 할 장소 : 2종 보호시설 밀집지역, 육교 아래, 고가차도 아래
(2) 완충판
(3) 손수레
(4) ① $100m^3$ ② $10m^3$ ③ 1000kg ④ 100kg
(5) ① $300m^3$ ② $600m^3$ ③ 3000kg ④ 6000kg

고압가스 용기

관련사진

① 염소용기

② LPG 용기

③ C_2H_2 용기

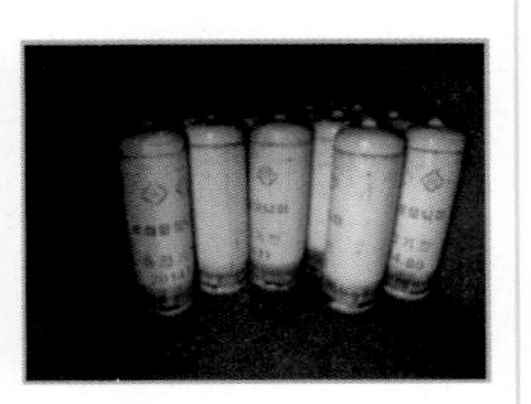

④ NH_3 용기

【 용접 용기 】

① 산소용기

② 이산화탄소용기

③ 수소용기

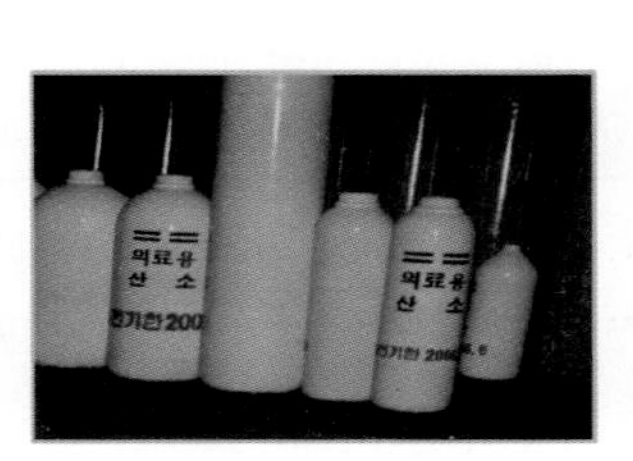

④ 의료용 산소용기

⑤ 의료용 아산화질소용기

⑥ 의료용 질소용기

【 무이음 용기 】

1 용접용기의 제조시설(KGS Ac 211)

1. 용어 정의

문제 01

다음 물음에 답하시오.

(1) 비열처리 재료의 정의를 쓰시오.

> 용기제조에 사용되는 재료로서 (①), (②), (③) 등과 같이 열처리가 필요 없는 것

(2) 최고충전압력에 대하여 물음에 답하시오.
① 압축가스를 충전하는 용기 (①)
② 저온용기 (②)

(3) 기밀시험압력의 정의를 쓰시오.
① 저온용기 (①)
② C_2H_2 용기 (②)

해답 (1) ① 오스테나이트계 스테인리스강
② 내식 알루미늄합금판
③ 내식 알루미늄합금 단조품
(2) ① 35℃에서 그 용기에 충전할 수 있는 가스의 압력 중 최고의 압력
② 상용압력 중 최고의 압력
(3) ① Fp×1.1배의 압력
② Fp×1.8배의 압력

문제 02

용기에 부식도장을 하기 전에 하는 전처리의 종류 5가지를 쓰시오.

해답 ① 탈지
② 피막화성 산화처리
③ 쇼트브라스팅
④ 산세척
⑤ 에칭프라이머

보충설명

내용적 10L 이상 125L 미만 LPG 용기의 경우에는 쇼트브라스팅을 하고, 부식도장에 유해한 스케일 기름 그 밖의 이물질을 제거할 수 있도록 표면세척을 실시

문제 03 용기 도색에 대한 빈칸을 채우시오.

가스특성	가스종류	도색
가연성·독성	액화석유가스	회색
	수소	①
	아세틸렌	②
	액화암모니아	③
	액화염소	④
	그 밖의 가스	회색
의료용 가스	산소	⑤
	액화탄산가스	⑥
	질소	⑦
	아산화질소	⑧
	헬륨	갈색
	에틸렌	자색
	사이크로프로판	⑨
그 밖의 가스	산소	⑩
	액화탄산가스	⑪
	질소	회색
	소방용 용기	소방법에 의한 도색

해답 ① 주황색 ② 황색 ③ 백색 ④ 갈색
⑤ 백색 ⑥ 회색 ⑦ 흑색 ⑧ 청색
⑨ 주황색 ⑩ 녹색 ⑪ 청색

문제 04 용기에 각인하여야 하는 사항에 대하여 다음의 기호와 단위를 쓰시오.

(1) 내용적
(2) 밸브 및 부속품(분리가능한 것)을 포함하지 아니한 용기의 질량
(3) 내압시험압력
(4) 압축가스의 경우 최고충전압력
(5) 내용적 500L를 초과하는 용기의 경우 동판의 두께

해답 (1) V(L) (2) W(kg) (3) Tp(MPa)
(4) Fp(MPa) (5) t(mm)

다음은 용기의 시험방법 중 재료검사에 대한 내용이다. 다음 빈칸을 채우시오.

(1) 인장시험은 용기에서 채취한 ( )에 대하여 실시한다.
(2) 충격시험은 강제로 제조한 것 중 두께가 ( )mm 이상의 것에 한하여 실시한다.
(3) 압궤시험 (①) 후의 용기에 대하여 실시한다. (단, 압궤시험이 부적당한 용기는 용기에서 채취한 시험편으로 (②)시험으로 갈음할 수 있다.

해답 (1) 시험편
(2) 13
(3) ① 열처리
② 굽힘

다음은 비수조식 내압시험장치이다. 전 증가량(ΔV)를 다음 [조건]으로 계산하여라.

[조건]
- 용기 내용적(V) : 1000cm^3
- 내압시험압력(P) : 10MPa
- 내압검사압력 P에서 압입수량 : 100cm^3(A)
- 내압검사압력 P에서의 수압 펌프에서 용기입구까지 연결관에 압입된 수량(cm^3) : 50cm^3(B)
- 압축계수(β) : 4×10^{-3}

해답 $\Delta V = (A-B) - \{(A-B)+V\}P \cdot \beta$
$= (100-50) - \{(100-50)+1000\} \times 10 \times 4 \times 10^{-3} = 8$cm^3

2. 이음매 없는 용기제조시설

문제 01

다음은 이음매 없는 강제용기의 재료에 따른 열처리와 동체의 허용응력(S)의 값이다. 빈칸을 채우시오.

강의 종류	열처리	동체의 허용응력값
탄소강	①, ②	인강강도 $\times \frac{5}{12}$
망간강	③, ④	인장강도 $\times \frac{5}{9}$
	⑤	인장강도 $\times \frac{5}{6}$
크롬 몰리브덴강	노멀라이징	항복점 $\times \frac{5}{6}$
그 밖의 저합금강	담금질 템퍼링	항복점 $\times \frac{5}{6}$
스테인리스강	–	인장강도 $\times \frac{5}{12}$

해답 ① 어닐링 ② 노멀라이징 ③ 노멀라이징 ④ 담금질 ⑤ 템퍼링

문제 02

동영상은 용기제조 검사에 필요한 장치이다. 다음 물음에 답하시오.

(1) 이 장치의 명칭은?
(2) 이 장치의 구성요소 2가지는?

해답 (1) 자동밸브 탈착기
(2) ① 용기고정설비 ② 밸브탈착장치

문제 03

동영상 (1), (2) 용접용기의 장점을 2가지씩 쓰시오.

(1)

(2)

해답 (1) 용접용기의 장점 : ① 경제적이다. ② 모양치수가 자유롭다.
(2) 무이음용기의 장점 : ① 고압에 견딜 수 있다. ② 응력분포가 균일하다.

문제 04

고압가스 용기저장실에서 용기보관의 기준을 4가지 이상 기술하여라.

해답 ① 충전용기와 잔가스용기는 구분하여 용기보관장소에 놓을 것
② 가연성, 독성 및 산소용기는 구분하여 용기보관장소에 놓을 것
③ 용기보관장소에는 계량기 등 작업에 필요한 물건 이외는 두지 않을 것
④ 충전용기는 40℃ 이하를 유지, 직사광선을 받지 않도록 할 것
⑤ 충전용기에는 넘어짐에 의한 충격 및 밸브의 손상을 방지하는 조치를 하고, 난폭한 취급을 하지 아니할 것

문제 05 동영상의 용기에 대하여 물음에 답하여라.

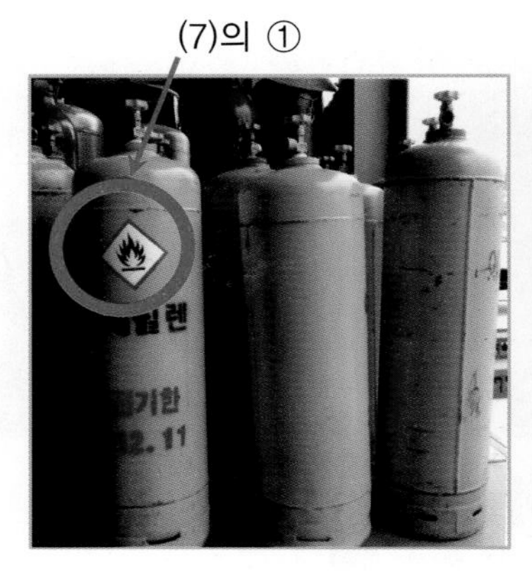

(1) 용기의 명칭은?
(2) 상태 연소성별로 구분하는 가스의 종류는?
(3) 제조방법에 따른 용기의 종류는?
(4) Fp, Ap, Tp의 값(MPa)은?
(5) 품질검사 시 ① 순도 및 ② 시약과 검사방법은?
(6) 이 용기의 성분함량 C, P, S의 함유량(%)을 쓰시오.
(7) 지시부분 ①은 무엇을 나타내는가?
(8) 용기의 각인 Tw의 의미와 단위는?
(9) 표시된 부분 ①은 무엇이며, ② 그 형식과 ③ 작동 시의 온도를 쓰시오.
(10) 용기밸브의 AG의 의미는 무엇인가?

해답 (1) C_2H_2 용기 (2) 상태 : 용해가스, 연소성 : 가연성 가스
(3) 용접용기 (4) Fp=1.5, Ap=2.7, Tp=4.5
(5) ① 98% 이상 ② 발연황산시약(오르자트법), 브롬시약(뷰렛법), 질산은시약(정성시험)
(6) C : 0.33% 이하, P : 0.04% 이하, S : 0.05% 이하
(7) 가연성 가스임을 표시
(8) Tw : C_2H_2 용기에 있어 밸브 및 부속품, 다공물질, 용제 등을 합산한 용기의 질량(kg)
(9) ① 안전밸브 ② 가용전식 ③ 105±5℃
(10) AG : 아세틸렌가스를 충전하는 용기의 부속품

TiP

1. 품질검사 대상가스 : O_2, H_2, C_2H_2
2. 용기의 C, P, S의 함유량(%)

용기 종류 \ 성분	C(%)	P(%)	S(%)
용 접	0.33 이하	0.04 이하	0.05 이하
무이음	0.55 이하	0.04 이하	0.05 이하

문제 06

동영상의 용기저장실에서 잘못된 점을 지적하여라.

해답 용기보관 시 가연성과 조연성 가스를 함께 보관하지 않는다.

문제 07

동영상의 용기에 대하여 물음에 답하여라.

(1) 용기의 제조형태는?
(2) 밸브의 각인 기호는?
(3) 이 용기가 의료용으로 쓰일 때의 색상은?
(4) Fp＝15MPa이면 Tp(MPa)의 값은?
(5) 상태나 연소성 별로 구분 시 해당되는 가스의 종류는?

해답 (1) 무이음용기
(2) PG : 압축가스를 충전하는 용기의 부속품
(3) 백색
(4) 25MPa
(5) ① 상태별 : 압축가스　② 연소성별 : 조연성 가스

문제 08 동영상의 용기에 대하여 물음에 답하여라.

(1) 용기의 제조에서 내력비의 정의는?
(2) 액화석유가스를 충전하기 위한 내용적 (①)L 이상 (②)L 미만의 강으로 만든 용접용기를 액화석유가스용 강제용기라 한다. ( )에 알맞는 숫자는?
(3) 동영상 용기에 따른 통기를 위하여 필요한 면적, 물빼기를 위하여 필요한 면적에 대하여 ( )를 채우시오.

용기의 내용적	통기의 필요면적(mm^2)	물빼기 필요면적(mm^2)
20L 이상 25L 미만	300	50
25L 이상 50L 미만	(①)	(③)
50L 이상 125L 미만	(②)	(④)

스커터 상단 또는 중간부에 통기구멍 및 물빼기구멍을 원주에 대하여 같은 간격으로 (⑤)개소 이상 설치하여야 한다.

해답 (1) 내력과 인장강도의 비
(2) ① 20 ② 125
(3) ① 500 ② 1000 ③ 100 ④ 150 ⑤ 3

동영상의 갈색용기에 대하여 물음에 답하여라.

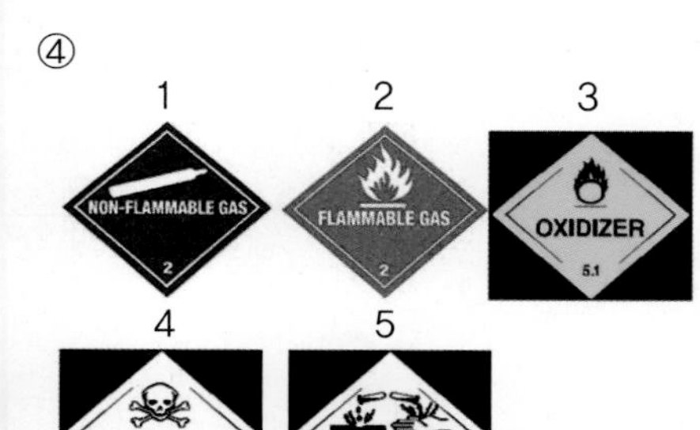

(1) 어떤 가스를 충전하는 용기인가?

(2) 허용농도 ppm을 TLV-TWA와 LC_{50}으로 구분하여 쓰시오.

(3) 충전된 가스의 중화액 2가지는?

(4) 표시된 ①의 명칭과 그때의 용융온도(℃)는?

(5) ②에서 이 가스가 누설 시 백색연기가 발생한 장면이다. 누설검지액과 그때의 반응식을 쓰시오.

(6) 이 용기밸브의 각인사항과 그 의미를 설명하시오.

(7) V(내용적) : 1200L이면 충전량(kg)은?

(8) 용기 동판의 최대두께와 최소두께는 평균두께의 몇 % 이하인가?

(9) 사진 ①, 사진 ③에서 표시하는 도형을 ④에서 1, 2, 3, 4, 5 중 고르시오.

(10) 다음 [조건]으로 이 용기의 동판두께를 계산하여라. (단, 부식여유치는 법의 규정에 의한 두께로 계산한다.)

[조건]
- P(최고충전압력) : 10MPa
- D(내경) : 500mm
- S(인장강도) : 600N/mm^2
- n(용접효율) : 95%
- 허용응력은 인장강도의 1/4 값이다.

해답 (1) Cl_2

(2) TLV−TWA : 1ppm
LC_{50} : 293ppm

(3) 가성소다 수용액, 탄산소다 수용액

(4) 가용전식 안전밸브, 65~68℃

(5) 누설검지액 : 암모니아 수용액
반응식 : $3Cl_2 + 8NH_3 \rightarrow 6NH_4Cl + N_2$

(6) LG : LPG 이외의 액화가스를 충전하는 용기의 부속품

(7) $W = \frac{V}{C} = \frac{1200}{0.8} = 1500\text{kg}$

(8) 10% 이하

(9) ① : 4(독성 표시)　　③ : 2(가연성 표시)

(10) $t = \frac{PD}{2Sn - 1.2P} + C = \frac{10 \times 500}{2 \times 600 \times \frac{1}{4} \times 0.95 - 1.2 \times 10} + 5 = 6.83\text{mm}$

TIP

1. 염소용기의 충전상수 : 0.8
2. 부식여유치(C)

용기 종류		부식여유치(mm)
NH_3 충전용기	내용적 1000L 이하	1
	내용적 1000L 초과	2
Cl_2 충전용기	내용적 1000L 이하	3
	내용적 1000L 초과	5

3. 이음매 없는 용기 동체 최대두께와 최소두께 차이로 평균두께의 20% 이하
   용접용기의 동판의 최대두께와 최소두께는 평균두께의 10% 이하

문제 **10** 동영상은 독성 가스의 용기이다. 이 용기에 대하여 물음에 답하시오.

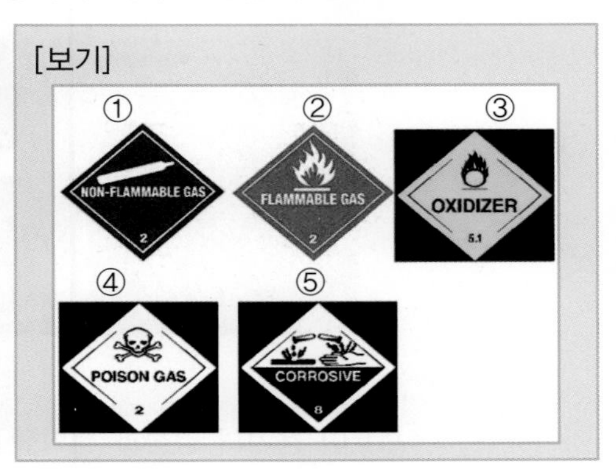

(1) 이 용기에 충전되는 가스는?
(2) 이 용기에 표시되어야 할 부분을 [보기]에서 번호로 고르시오.
(3) 이 용기에 충전되는 가스의 제조법 2가지와 그때의 반응식을 쓰시오.
(4) 이 용기밸브의 충전구와 나사형식(왼나사, 오른나사)을 답하시오.
(5) 이 용기에 충전되는 가스의 허용농도(TLV-TWA)는 몇 ppm인가?
(6) 이 용기의 내용적이 1000L일 때 부식여유치는 몇 mm인가?

해답
(1) 암모니아(NH_3)
(2) ②, ④
(3) 하버보시법($N_2+3H_2 \rightarrow 2NH_3$)
석회질소법($CaCN_2+3H_2O \rightarrow 2NH_3+CaCO_3$)
(4) 오른나사
(5) 25ppm
(6) 1mm

해설
1. NH_3 부식여유치

내용적(L)	부식여유치(mm)
1000L 이하	1
1000L 초과	2

2. 가스의 성질표시법
- 불연성
- 가연성
- 산화성
- 독성
- 부식성

동영상의 용기에 대하여 물음에 답하여라.

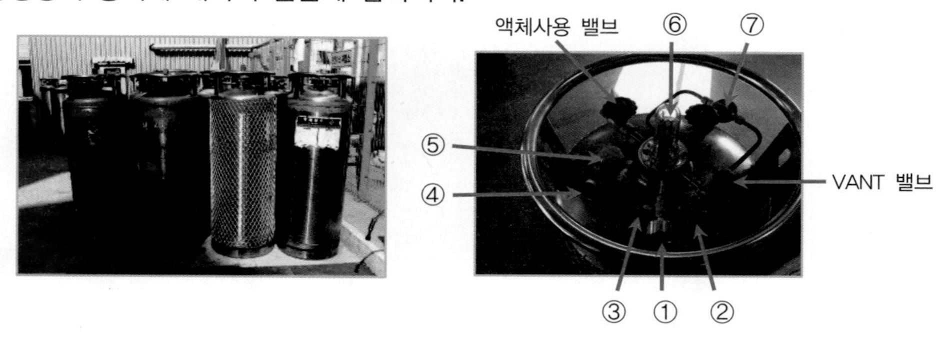

(1) 이 용기의 명칭과 정의를 쓰시오.

(2) 지시한 ①, ②, ③, ④, ⑤, ⑥, ⑦ 각각의 명칭을 쓰시오.

(3) 진공단열법의 종류를 쓰시오.

(4) 단열성능시험용 가스 3가지를 쓰시오.

해답 (1) 명칭 : 초저온용기

정의 : 섭씨 영하 50도 이하인 액화가스를 충전하기 위한 용기로써 단열재로 피복하거나 냉동설비로 냉각하여 용기 내 가스온도가 상용온도를 초과하지 아니하도록 조치한 용기

(2) ① 압력계 ② 1차 안전밸브(스프링식 안전밸브)
③ 2차(파열판식) 안전밸브 ④ 진공배기구 ⑤ 외조파열판식 안전밸브
⑥ 액면계 ⑦ 승압조절기

(3) 고진공단열법, 분말진공단열법, 다층진공단열법

(4) 액화산소, 액화아르곤, 액화질소

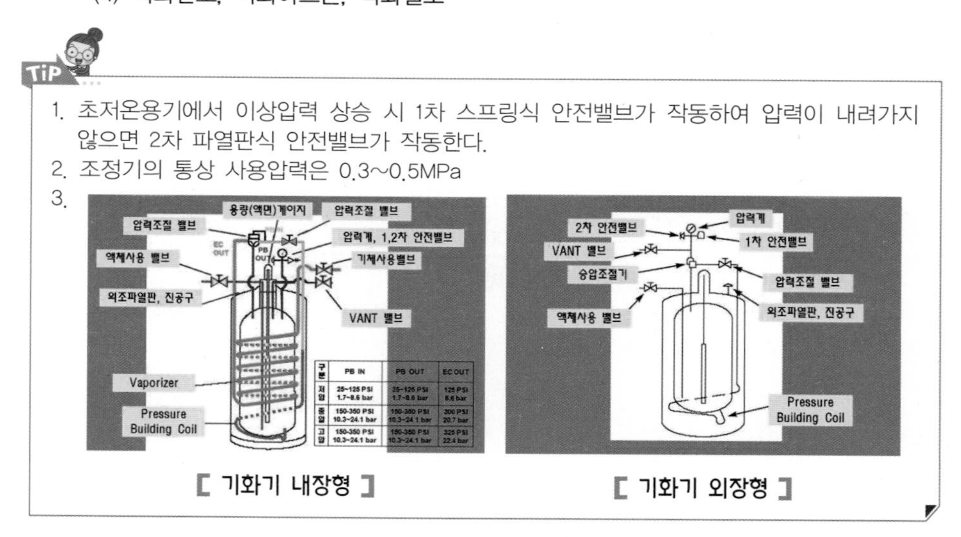

TIP

1. 초저온용기에서 이상압력 상승 시 1차 스프링식 안전밸브가 작동하여 압력이 내려가지 않으면 2차 파열판식 안전밸브가 작동한다.
2. 조정기의 통상 사용압력은 0.3~0.5MPa
3.

구분	PB IN	PB OUT	EC OUT
저압	25~125 PSI 1.7~8.6 bar	25~125 PSI 1.7~8.6 bar	125 PSI 8.6 bar
중압	150-350 PSI 10.3~24.1 bar	150-350 PSI 10.3~24.1 bar	300 PSI 20.7 bar
고압	150-350 PSI 10.3~24.1 bar	150-350 PSI 10.3~24.1 bar	325 PSI 22.4 bar

[기화기 내장형]

[기화기 외장형]

LPG 용기 사용시설에 관한 내용이다. 물음에 답하여라.

1

3

2

(1) 2개 이상의 용기를 집합 LPG를 저장하기 위한 설비로서 (①), (②), (③)와 이를 접속하는 관 및 그 부속설비는 용기집합설비이다. 빈칸에 적당한 단어를 쓰시오.

(2) 2에서 LPG 사용시설의 화살표가 지시하는 ①, ②, ③, ④, ⑤, ⑥에 적당한 단어 및 숫자를 쓰시오.

(3) LPG 사용시설에 대한 소비설비의 정의이다. 빈칸에 적당한 단어를 쓰시오.

- 체적판매방법의 경우 (①) 출구에서 (②)까지 설비
- 중량판매방법의 경우 (③) 출구에서 (④)까지 설비

(4) 가스누출차단장치의 3대 요소에 대한 설명이다. 적당한 단어를 쓰시오.
  ① 누출된 가스를 검지하여 제어부로 신호를 보내는 기능
  ② 제어부로부터 보내진 신호에 따라 가스유로를 개폐하는 기능
  ③ 차단부에 자동차단신호를 보내는 기능, 차단부를 원격 개폐할 수 있는 기능 및 경보기능을 가진 것을 말한다.

(5) 수용가에 가스를 공급하기 위해 건축물에 수직으로 부착된 배관을 말하며, 가스흐름방향과 관계 없이 수직배관은 (　　　)으로 본다.

(6) 용기집합설비 저장능력에 따른 조치사항을 기술하시오.
① 저장능력 100kg 이하인 경우
② 저장능력 100kg 초과인 경우
(7) ③은 LPG 용기 50kg 8개가 보관, 저장능력 400kg이다. 50kg 용기 10개를 보관할 수 없는 이유를 설명하여라.
(8) LPG 사용시설의 안전확보와 정상작동을 위하여 설치하는 중간밸브에 대하여 물음에 답하여라.

> 연소기 각각에 대하여 퓨즈콕, 상자콕의 안전장치를 설치. 단, 가스소비량 (①)kcal/hr를 초과하는 연소기가 연결된 배관 또는 연소기압력 (②)kPa를 초과한 배관에는 배관용 밸브를 설치할 수 있다.

(9) 호스의 길이는 연소기까지 (①)m 이내로 하며, (②)형으로 연결하지 않는다.
(10) 저장능력에 따른 화기와의 우회거리이다. (   ) 안에 적당한 숫자는?

저장능력	우회거리(m)
1톤 미만	(①)m
1톤 이상 3톤 미만	(②)m
3톤 이상	(③)m

해답 (1) ① 용기 ② 용기집합장치 ③ 자동절체기
(2) ① 자동절체기 ② 차단부 ③ 트윈호스 ④ 검지부 ⑤ 30cm ⑥ 제어부
(3) ① 가스계량기 ② 연소기 ③ 용기 ④ 연소기

> 공급설비
> 1. 체적판매 : 용기에서 가스계량기 출구 2. 중량판매 : 용기에서 연소기까지

(4) ① 검지부 ② 차단부 ③ 제어부
(5) 입상관
(6) ① 용기, 용기밸브, 압력조정기가 직사광선, 빗물에 노출되지 않도록 한다.
② 옥외에 용기보관실을 설치하고, 용기를 보관한다.
(7) 500kg 초과 시는 저장탱크 또는 소형저장탱크를 설치하여야 한다.

> 용기보관실의 설치
> 시장, 군수, 구청장이 저장탱크, 소형저장탱크 설치가 곤란하다고 인정한 방호벽을 설치하거나 안전거리를 유지하는 경우 500kg 초과하는 용기보관실을 설치할 수 있다.

(8) ① 19400 ② 3.3
(9) ① 3 ② T
(10) ① 2 ② 5 ③ 8

3. LPG 충전시설

문제 01 동영상 LPG 저장탱크를 보고 물음에 답하여라.

(1) 이 저장탱크의 명칭은?
(2) 이 탱크를 포함하여 저장설비에 해당되는 항목 3가지를 기술하여라.

해답 (1) 마운드형 저장탱크
(2) 저장탱크, 마운드형 저장탱크, 소형저장탱크 및 용기

TIP

마운드형 저장탱크
액화석유가스를 저장하기 위하여 지상에 설치된 원통형 탱크에 흙과 모래를 사용하여 덮은 탱크

문제 02 동영상을 보고 물음에 답하여라.

(1) 이 탱크의 명칭은?
(2) 저장능력은?

(3) 동일장소에 설치하는 탱크의 수는 몇 기 이하이며, 충전질량의 합계는 몇 kg 미만인가?
(4) 이 탱크의 안전밸브에 설치하는 배관은?
(5) 이 탱크의 가스방출관 방출구의 위치는?
(6) 탱크설치 시 바닥이 지면보다 몇 cm 이상 높게 설치된 콘크리트 바닥 위에 설치하여야 하는가?

해답 (1) 소형저장탱크
(2) 3톤 미만
(3) 6기 이하 5000kg 미만
(4) 가스방출관
(5) 지면에서 2.5m 이상 탱크 정상부에서 1m 중 높은 위치
(6) 5cm

4. 안전밸브의 가스방출관

1. 가스방출관의 방출구 방향 : 수직 상방향
2. 안전밸브 규격에 따라 수평거리 이내 장애물이 없는 곳으로 분출하는 구조
3. 가스방출관 끝에는 빗물이 유입되지 않도록 캡을 설치, 캡은 방출가스흐름에 방해되지 않도록 설치
4. 가스방출관 하부에는 드레인밸브 설치(단, 안전밸브에 드레인 기능이 내장 시는 설치하지 않을 수 있다.)

문제 01

안전밸브 가스방출관의 호칭지름에 가스방출 수평거리(m)에 대한 내용이다. (　)에 적당한 수평거리(m)를 쓰시오.

호칭지름(A)	수평거리(m)
15A 이하	(①)m
15A 초과 20A 이하	(②)m
20A 초과 25A 이하	(③)m
25A 초과 40A 이하	(④)m
40A 초과	2m

해답 ① 0.3　② 0.5　③ 0.7　④ 1.3

문제 02

LPG 충전시설의 가스누출경보기의 검지부이다. 경보기의 검지부는 가스설비 중 누출이 쉬운 설비 주위에 설치하여야 하는데 그 설비의 (1) 종류 4가지 이상을 쓰고, (2) 설치하지 않는 장소를 4가지 쓰시오.

해답 (1) 설치장소

① 저장탱크　② 마운드형 저장탱크　③ 소형저장탱크
④ 충전설비　⑤ 로딩암　⑥ 압력용기

(2) 설치하지 않는 장소

① 증기, 물방울, 기름기 섞인 연기 등 직접 접촉될 우려가 있는 곳
② 주위온도 또는 복사열에 따른 온도가 40℃ 이상이 되는 곳
③ 설비 등에 가려져 노출가스의 유동이 원활하지 못한 곳
④ 차량, 그 밖의 작업 등으로 경보기가 파손될 우려가 있는 곳

문제 03 LPG 충전시설에 대하여 다음 물음에 답하시오.

[1]

② ①

[2]

③

[3]

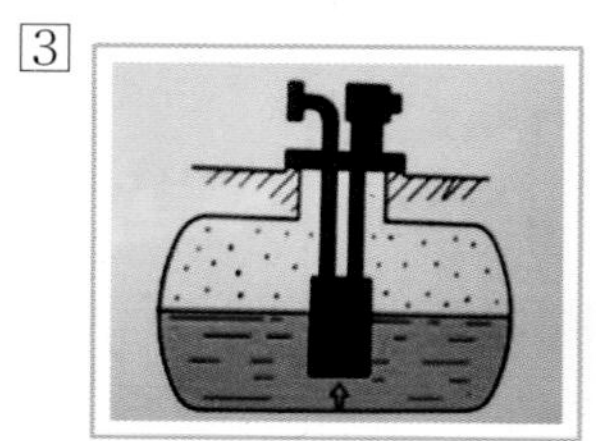

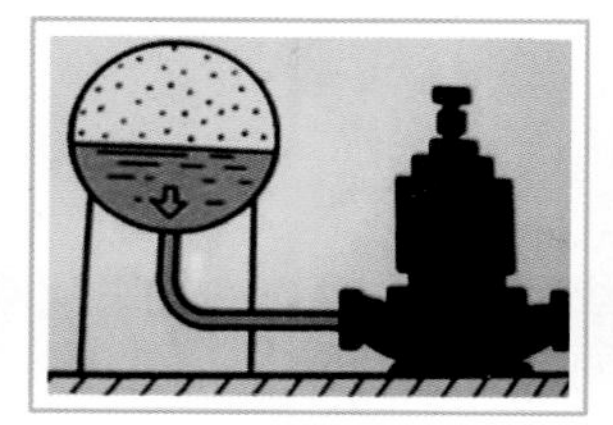

(1) LPG 충전시설 중 저장설비 외면에서 사업소 경계까지 저장능력에 따른 유지하여야 할 거리이다. 빈칸에 알맞은 숫자를 쓰시오.

저장능력	사업소 경계와의 거리(m)
10톤 이하	24
10톤 초과 20톤 이하	(①)
20톤 초과 30톤 이하	(②)
30톤 초과 40톤 이하	(③)
40톤 초과 200톤 이하	(④)
200톤 초과	39

(2) 충전시설 중 충전설비는 그 외면으로부터 사업소 경계까지 몇 m 이상 유지하여야 하는가?

(3) 표시된 ①, ②가 지시하는 부분이 무엇인지 쓰시오.

(4) 충전기는 사업소 도로가 접한 경우 충전기 외면에서 가까운 도로 경계선까지 몇 m 유지하여야 하는가?

(5) 자동차에 고정된 탱크 이입이 충전장소에는 정차위치를 지면에 표시, 정차위치 중심에서 사업소 경계까지 거리는 몇 m인가?

(6) 지면에 표시된 정차위치 중심은 사업소 경계가 도로에 접한 경우 그 중심에서 도로 경계선까지 몇 m 유지하여야 하는가?
(7) ③의 길이는?
(8) ③에 설치된 장치 및 역할은?
(9) 충전시설에 화기엄금과 충전 중 엔진정지의 바탕색과 글자색은?
(10) 저장능력 30t인 LPG 충전시설 중 저장설비 내 영상 3과 같은 시설이 있는 경우 사업소 경계와의 거리(m)는?

(1) ① 27　② 30　③ 33　④ 36
(2) 24m
(3) ① 주정차선　② 디스펜스
(4) 4m
(5) 24m
(6) 4m
(7) 5m 이내
(8) • 장치 : 세이프티커플링
• 역할 : 충전호스에 과도한 인장력이 걸렸을 때 충전호스와 가스주입기가 분리되는 역할
(9) • 화기엄금 : 백색바탕에 적색글씨
• 충전 중 엔진정지 : 황색바탕에 흑색글씨
(10) 30×0.7=21m

KGS Fp 332 p12
1. 저장설비를 지하에 설치하거나 지하에 설치된 저장설비 안에 액중 펌프를(영상 3) 설치한 경우에는 저장능력별 사업소 경계거리에 0.7을 곱한 거리 이상을 유지할 것
2. LPG 저장탱크에 의한 사용시설에서 저장탱크와 사업소 경계까지 유지하여야 할 거리 및 판매사업, 집단공급사업, 저장설비충전사업자 영업소에 설치하는 용기저장소 외면으로부터 사업소 경계까지 유지하여야 할 거리(단, 지하는 규정거리의 1/2로 유지)

저장능력	사업소 경계와의 거리
10톤 이하	17m
10톤 초과 20톤 이하	21m
20톤 초과 30톤 이하	24m
30톤 초과 40톤 이하	27m
40톤 초과	30m

3. 세이프티커플링
• 제조기술상 연결상태에서 분리될 수 있는 압력 : 2.7~3.3MPa
• 연결상태에서 법의 규정속도로 당겼을 때 분리되는 힘 : 490.4~588.4N
• 분리결함을 60회 이상 반복작동 후 공기, 불활성 등으로 누설여부를 판단하는 Ap : 1.8MPa

문제 04 동영상의 액화석유가스의 자동차충전시설 기준에 대하여 물음에 답하여라.

(1) 지시하는 ①의 명칭과 설치면적의 기준을 쓰시오.
(2) 화기엄금의 ① 규격과 ② 통제구역의 글자색, ③ 설치수량을 쓰시오.
(3) LPG 충전사업소의 ① 규격과 ② 설치수량, ③ 게시위치를 쓰시오.

해답 (1) ① 캐노피, 설치면적 : 공지면적의 1/2 이하
(2) ① 가로×세로 : 150cm×40cm 이상
② 청색
③ 3개소 이상
(3) ① 가로×세로 : 200cm×50cm 이상
② 2개소 이상
③ 사업장 출입구

TIP

LPG 판매사업소의 화기엄금 표시
1. 규격 : 60cm×30cm 이상
2. 글자크기 : 세로 10cm 이상
3. 색상 : 적색바탕, 흰색글씨
4. 수량 : 2개소 이상
5. 게시위치 : 사업소 출입구

문제 **05** 동영상 LPG 자동차 충전소의 충전호스에 대하여 물음에 답하여라.

(1) 지시부분 ①, ②에 설치된 가스기구의 명칭과 역할을 설명하여라.
(2) 이 충전호스의 길이는 몇 m 이내인가?

해답 (1) ① 세이프티커플링 : 충전호스에 과도한 인장력이 가해졌을 때 충전기와 충전호스가 분리되는 역할

② 퀵카플러 : 가스호스를 원터치로 탈착이 가능하도록 하는 가스기구. 가스압력이 3.3kPa 이하인 도시가스 또는 액화석유가스용 연소기와 콕을 안지름 9.5mm인 호스로 실내에서 접속할 때 사용되는 것

(2) 5m 이내

문제 06 동영상 LP가스 충전시설 기준에 대한 내용이다. 물음에 답하여라.

(1) 지시하는 ①의 규격을 쓰시오.
(2) 지시하는 ②의 기기명칭은?
(3) ②의 시설에서 저장탱크 가스설비 기계실 등으로부터 유지하여야 할 수평거리(m)는?
(4) 차량에 고정된 탱크 및 배관의 정전기 제거 조치기준 3가지를 쓰시오.

해답 (1) 가로×세로 : 15cm×30cm 이상
(2) 명칭 : 방폭형 접속금구
(3) 8m 이내
(4) ① 접지선은 단선이 아닌 단면적 5.5mm^2 이상이어야 한다.
② 접지저항치는 총합 100Ω 이하, 피뢰설비가 있는 경우 10Ω 이하이어야 한다.
③ 접속금구가 위험장소에 있는 때는 방폭구조여야 한다.

다음 동영상의 저장탱크를 보고 물음에 답하여라.

1

2

(1) 동영상 1을 보고 답하시오.

① 탱크로리로 가스를 충전 시 이격거리는 몇 m인가?

② 동영상에서 철망의 경계책 높이는 몇 m 이상인가?

③ 이 탱크에 부착된 밸브의 종류 3가지와 계기류 3가지를 쓰시오.

④ 지시된 부분의 명칭을 쓰고, 탱크 정상부 높이가 3.5m일 때 이 부분의 최정상 높이는 지면에서 몇 m 이상이 되어야 하는가?

(2) 동영상 2를 보고 답하시오.

① 지시부분의 명칭은?

② LP가스가 주로 사용되는 액면계의 종류를 지상탱크, 지하탱크로 구분하여 답하시오.

③ 인화 중독의 우려가 없는 곳에 사용되는 액면계의 종류 3가지를 쓰시오.

④ 액면계의 파손을 방지하기 위하여 하는 조치를 기술하시오.

해답 (1) ① 3m 이상

② 1.5m 이상

③ 밸브의 종류 : 안전밸브, 긴급차단밸브, 드레인밸브
계기류의 종류 : 액면계, 압력계, 온도계

④ 가스방출관, 5.5m 이상

(2) ① 클린카식 액면계

② 지상 : 클린카식 액면계
지하 : 슬립튜브식 액면계

③ 슬립튜브식 액면계, 고정튜브식 액면계, 회전튜브식 액면계

④ 액면계의 상하 배관에 자동 또는 수동식 스톱밸브를 설치한다.

문제 08

동영상은 고정식 압축도시가스 충전소에서 충전기에 설치되어 있는 ① 보호대의 높이, ② 두께와 재질에 대하여 기술하시오.

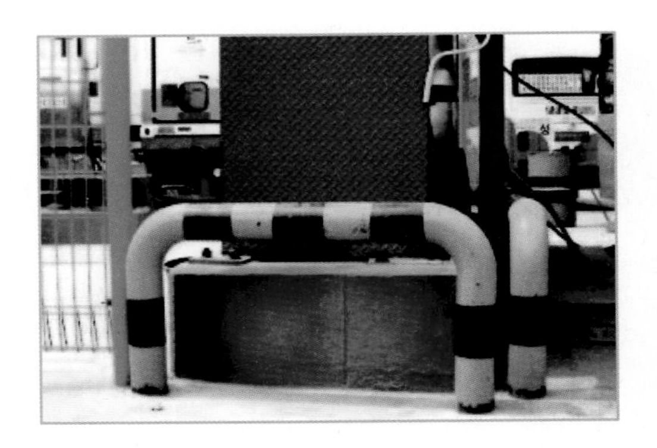

해답 ① 80cm 이상
② 12cm 이상 철근콘크리트재 100A 이상 강관재

문제 09

동영상은 LPG 용기에 LPG를 충전하는 회전식 충전기이다. 다음 물음에 답하시오.

(1) 이 충전기에 주로 충전되는 가스의 종류는?
(2) 저장설비와 가스설비 외면으로부터 화기취급장소까지 우회거리(m)는?
(3) 누출가연성 가스와 화기취급장소까지 유동하는 것을 방지하기 위한 내화성의 벽 높이(m)는?
(4) 화기를 사용하는 장소가 불연성 건축물 안에 있는 경우 저장설비 및 가스설비로부터 수평거리 8m 이내에 있는 건축물의 개구부에 하여야 하는 조치는?

해답 (1) C_3H_8 (2) 8m 이상 (3) 2m 이상
(4) 방화문이나 망입유리를 사용하여 폐쇄, 사람이 출입하는 출입문은 2중문으로 한다.

문제 10 동영상에서 지시하는 부분에 대해서 물음에 답하여라.

(1) 동영상에서 지시하는 장치의 명칭은?
(2) 조작위치는 해당 시설물의 외면으로부터 이격거리(m)는?
(3) 이 장치를 설치하여야 되는 장소는?
(4) 저장탱크 표면적 $1m^2$당 전표면 분무수량(L/min)은?
(5) 준내화 저장탱크인 경우 표면적 $1m^2$당 분무수량(L/min)은?
(6) 살수관식으로 설치하여야 하는 조치는?
(7) 확산판식으로 설치 시 확산판의 부착위치는?
(8) 소화전의 ① 호스끝 수압(MPa), ② 방수능력(L/min), ③ 해당 저장탱크 외면에서 이내거리(m)를 쓰시오.
(9) 이 장치에 연결된 입상배관에 설치하여야 하는 ① 밸브와 ② 그 이유를 쓰시오.

해답 (1) 살수장치
(2) 5m 이상
(3) 저장탱크, 그 받침대 저장탱크에 부속된 펌프압축기 등이 설치된 가스설비실 및 자동차에 고정된 탱크의 이입·이충전 장소
(4) 5
(5) 2.5
(6) 배관에 직경 4mm 이상의 다수의 작은 구멍을 뚫거나 살수노즐을 배관에 부착
(7) 살수노즐 끝
(8) ① 0.25
② 350
③ 40
(9) ① 드레인밸브
② 겨울철 동결방지

TiP

살수장치의 분무 시 보유하여야 할 수량 계산

저장탱크 직경 3m, 길이 5m인 경우

저장탱크 표면적 $= \frac{\pi}{4}D^2 \times 2 + \pi DL$이므로

$\frac{\pi}{4} \times (3\text{m})^2 \times 2 + \pi \times 3\text{m} \times 5\text{m} = 61.261\text{m}^2$

$\therefore$ 61.261×5L/min×30min=9189.1585L=9.189m^3=9.19m^3=9.19ton

문제 **11** 동영상의 LPG 저장탱크에 설치된 물분무장치에 대하여 물음에 답하여라.

(1) 이 장치를 설치하지 않아도 되는 경우를 기술하시오.

(2) 다음의 경우 적당한 숫자를 기입하시오.

<table>
<tr><th colspan="3">구분</th><th>분무량(L/min)</th></tr>
<tr><td rowspan="6">두 LPG 탱크가 인접한 경우 또는 LPG 저장탱크와 산소저장탱크가 인접한 경우</td><td rowspan="3">1m 또는 인접한 저장탱크의 최대지름의 1/4을 m단위로 표시한 거리 중 큰쪽과 거리를 유지하지 못한 경우</td><td>전표면</td><td>(①)</td></tr>
<tr><td>준내화구조</td><td>(②)</td></tr>
<tr><td>내화구조</td><td>(③)</td></tr>
<tr><td rowspan="3">두 저장탱크 최대직경을 합산한 길이의 1/4을 유지하지 못한 경우</td><td>전표면</td><td>(④)</td></tr>
<tr><td>준내화구조</td><td>(⑤)</td></tr>
<tr><td>내화구조</td><td>(⑥)</td></tr>
<tr><td rowspan="2">소화전</td><td colspan="2">호스끝 압력(MPa)</td><td>0.35MPa</td></tr>
<tr><td colspan="2">방수능력(L/min)</td><td>400L/min</td></tr>
</table>

(3) 물분무장치의 조작위치는 몇 m 이상인가?

(4) 물분무장치가 없을 때 탱크의 직경 ① 1m, 2m인 경우 두 저장탱크와 ② 4m, 6m인 경우 두 저장탱크의 이격거리는?

(5) 인접탱크 거리가 1m 또는 인접저장탱크의 최대지름의 1/4을 m 단위로 표시한 거리 중 큰쪽과 거리를 유지하지 못한 경우 전 표면에 방사할 수 있는 수원의 양(ton)은? (단, 탱크 수량은 2개, 탱크는 구형이며, 외경 5m, 내경 4.8m이다.)

해답 (1) 두 저장탱크 최대직경을 합산한 길이의 1/4의 길이가
① 1m 이상인 경우 : 최대지름을 합산한 1/4 이상의 길이 만큼의 거리를 유지한 경우
② 1m 미만인 경우 : 1m 이상의 거리를 유지한 경우

(2) ① 8 ② 6.5 ③ 4 ④ 7 ⑤ 4.5 ⑥ 2

(3) 15m 이상

(4) ① $(1+2)\times\frac{1}{4}$=0.75m이므로 1m 이상 유지
② $(4+6)\times\frac{1}{4}$=2.5m이므로 2.5m 이상 유지

(5) 표면적$(A)=4\pi R^2=4\times\pi\times(2.5\text{m})^2=78.5398\text{m}^2$
$\therefore$ $78.5398\text{m}^2\times 8\text{L/min}\cdot\text{m}^2\times 30\text{min}\times 2=37699.1184\text{L}=37.699\text{m}^3=37.70\text{ton}$

TIP

1. 구형 탱크 표면적$=4\pi R^2$
여기서, R : 외경의 반지름
2. 원통형 탱크 표면적$=\frac{\pi}{4}D^2\times 2+\pi DL$
여기서, D : 탱크직경, L : 탱크길이

참고

인접탱크 거리가 두 저장탱크 최대직경을 합산한 길이의 1/4을 유지하지 못한 경우
D=2m, L=5m일 때
원통형 저장탱크 준내화구조의 표면적의 분무량(ton)을 계산(탱크 기수가 4기일 때)
$A=\left\{\frac{\pi}{4}\times(2\text{m})^2\times 2+\pi\times(2\text{m})\times 5\text{m}\right\}\times 4=150.796\text{m}^2$
$\therefore$ $150.796\text{m}^2\times 4.5\text{L/min}\cdot\text{m}^2\times 30\text{min}=20357.52\text{L}=20.357\text{m}^3=20.36\text{m}^3=20.36\text{ton}$

5. LPG 충전시설 사업소 경계표지

문제 01

동영상은 LP가스 충전소 사업장 출입구에 게시하는 경계표지이다. 이때 가로와 세로의 규격은?

해답 200cm×50cm 이상

TIP

LPG 충전사업소	1. 규격 : 200cm×50cm 이상 2. 색상 : 흰색(바탕), 적색(글자) 3. 수량 : 2개소 이상 4. 게시위치 : 사업장 출입구

문제 02

동영상은 LPG 충전시설의 기계실, 지상 저장탱크실, 경계책 외부 경계표지이다. 이 표지는 몇 개소 정도에 게시하여야 하는가?

해답 3개소 이상

TIP

기계실, 지상 저장탱크실, 경계책 외부

화기엄금 (통제구역)	1. 규격 : 150cm×40cm 이상 2. 색상 : 흰색(바탕), 적색(화기엄금), 청색(통제구역) 3. 수량 : 3개소 이상 4. 게시위치 : 기계실 출입문

동영상의 경계표지는 LPG 자동차에 고정된 충전장소에 설치되는 경계표지이다. 다음 물음에 답하시오.

(1) 흑색으로 표시되는 문자를 구분하시오.
(2) 적색으로 표시되는 문자를 구분하시오.

해답 (1) LPG, 이·충전 작업 중
(2) 절대금연

동영상은 LP가스 저장탱크에 설치된 하부 배관이다. 다음 물음에 답하시오.

(1) 표시된 부분의 명칭은?
(2) 설정압력은 얼마인가? (단, Tp=3MPa이다.)

해답 (1) 스프링식 안전밸브
(2) $3\times\frac{8}{10}$=2.4MPa

문제 05

동영상은 LP가스를 충전하는 자동차에 탑재된 용기이다. 다음 물음에 답하시오.

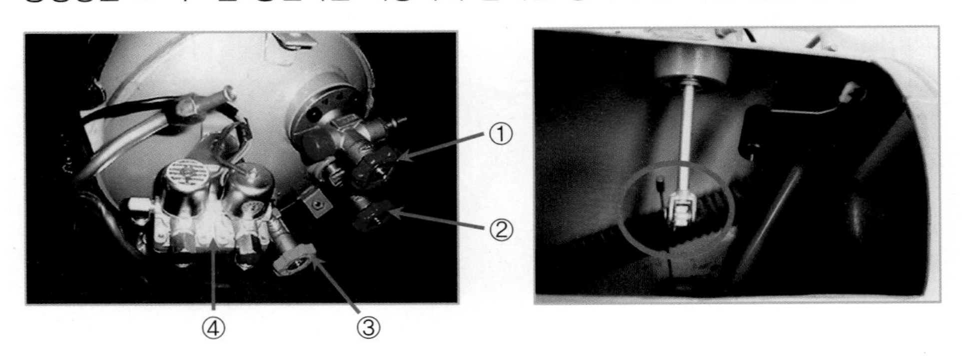

(1) 동영상에 표시된 ①, ②, ③, ④의 명칭을 쓰시오.

(2) 동영상의 ① 표시된 부분은 무엇이며, ② 이 용기에 LP가스를 충전 시 몇 % 이하로 충전하여야 하는가?

해답 (1) ① 충전밸브 ② 액상송출밸브 ③ 기상송출밸브 ④ 긴급차단 솔레노이드밸브
(2) ① 과충전방지장치 ② 85% 이하

문제 06

다음 동영상은 LPG 탱크에 설치되어 있는 장치이다. 다음 물음에 답하시오.

(1) 장치의 명칭을 쓰시오.

(2) 기능을 쓰시오.

(3) 이 장치를 사용할 때의 장·단점을 한 가지씩 쓰시오.

해답 (1) 지상형 논실펌프
(2) LPG 탱크의 흡입배관으로 LPG를 흡입, 디스펜스 또는 용기충전기에 송출
(3) 장점 : 소음진동이 적다. 펌핑압력이 일정하다.
단점 : 가격이 고가이다.

보충설명 저장탱크의 LPG를 지상형 논실펌프를 이용하여 디스펜스로 이동

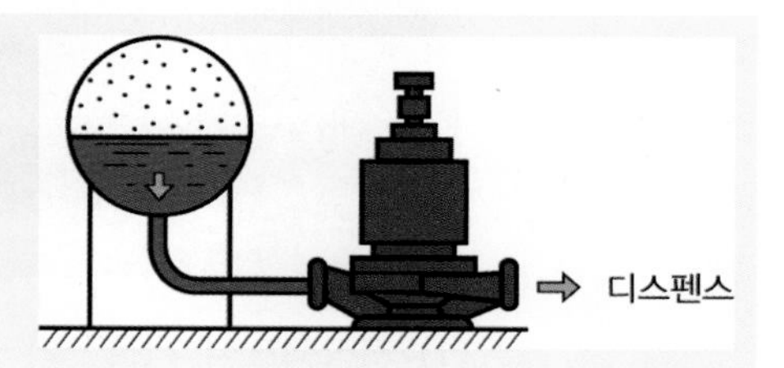

문제 07

동영상은 자동차에 고정된 탱크에 가스를 이입할 수 있도록 건축물 외부에 설치된 로딩암이다. 물음에 답하시오.

(1) 표시된 ①, ②를 액체수송관, 기체수송관으로 구분하여라.
(2) 로딩암을 건축물 내부에 설치 시의 조건을 기술하여라.

해답 (1) ① 기체관
② 액관
(2) 건축물의 바닥면에 접하여 환기구를 2방향 설치하고, 환기구면적의 합계는 6% 이상으로 한다.

문제 08

LPG 저장탱크를 지하에 설치하는 경우 다음 물음에 답하시오.

(1) 저장탱크실 천장·벽·바닥의 두께(cm)와 구조는?

(2) 저장탱크실의 재료와 시공방법은?

(3) 지하저장탱크실 재료 규격표에 대하여 빈칸을 채우시오.

항목	규격
굵은 골재의 최대치수	25mm
설계강도	(①)MPa
슬럼프	120~150mm
공기량	(②)% 이하
물-시멘트 비	(③)% 이하

해답 (1) 30cm 이상, 방수조치를 한 철근콘크리트구조

(2) ① 재료 : 레드믹스 콘크리트

② 시공방법 : 수밀성 콘크리트

(3) ① 21

② 4

③ 50

문제 09

LPG 지하저장탱크 설치 시 도면을 보고 물음에 답하시오.

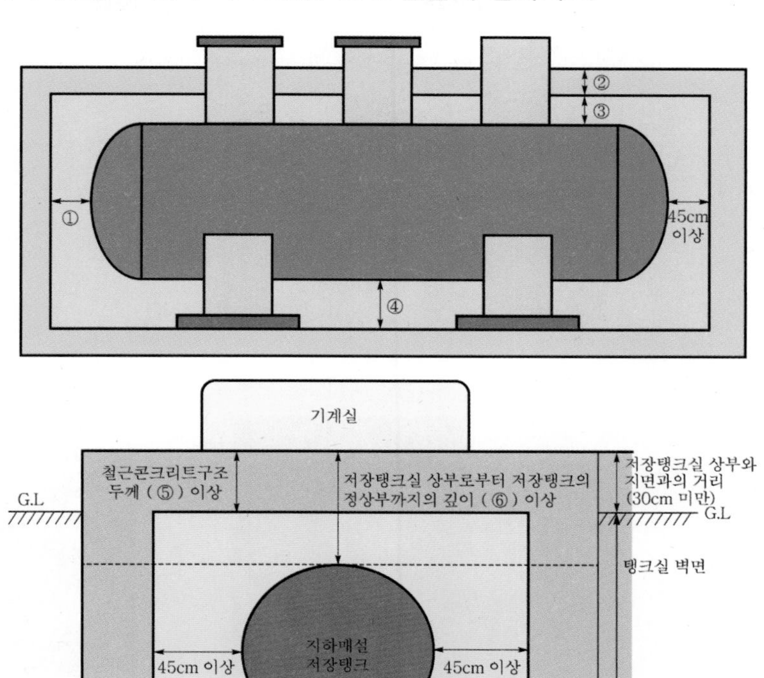

(1) ①, ②, ③, ④, ⑤, ⑥의 이격거리(cm)를 쓰시오.
(2) 저장탱크 2개를 인접설치 시 상호간의 거리는?
(3) 저장능력이 30톤인 지하 LPG 저장탱크 점검구의 개수는?
(4) 점검구의 설치위치는?
(5) 사각형 점검구의 규격은?
(6) 원형 점검구의 규격은?

해답
(1) ① 45 이상 ② 30 이상 ③ 30 이상
④ 60 이상 ⑤ 30 이상 ⑥ 60 이상
(2) 1m 이상
(3) 2개소
(4) 저장탱크 측면 상부의 지상에 설치
(5) 0.8m×1m 이상
(6) 직경 0.8m 이상

TIP

점검구 저장능력 20t 이하는 1개, 20t 초과는 2개

문제 10 LPG 지하저장탱크의 상부이다. 다음 물음에 답하시오.

1

2

3

(1) 동영상 1에서 ①, ②, ③의 밸브 명칭을 쓰시오.
(2) 동영상 1에서 ④가 지시하는 부분의 명칭과 용도를 쓰시오.
(3) 동영상 2에서 지시부분 ①, ②의 명칭과 직경 및 설치개소는?
(4) 동영상 3에서 지시 부분의 명칭은?

해답 (1) ① 릴리프밸브 ② 긴급차단밸브 ③ 역지밸브
(2) ① 명칭 : 맨홀
② 용도
• 정기검사 시 개방하여 탱크 내부 이상유무 검사
• 탱크의 수리 청소 시 개방
(3) ① 검지관 ② 집수관
• 집수관 직경 : 80A 이상
• 검지관 직경 : 40A 이상
• 검지관의 설치개소 : 4개소 이상
(4) 슬립튜브식 액면계

TiP

LPG 지하탱크 설치 시 집수구는 가로 30cm, 세로 30cm, 깊이 30cm 이상의 크기로 저장탱크실 바닥면보다 낮게 설치한다.

문제 11

동영상은 LPG 저장탱크의 상부 모습이다. 다음 물음에 답하시오.

(1) 지시 부분 ①, ②의 명칭을 쓰시오.
(2) ②의 설치위치는?
(3) 저온저장탱크는 그 저장탱크의 내부압력이 외부압력보다 저하됨에 따라 그 저장탱크가 파괴되는 것을 방지하기 위하여 갖추는 설비 3가지를 쓰시오.

해답 (1) ① 안전밸브　② 가스방출관
(2) 지면에서 5m 탱크 정상부에서 2m 중 높은 위치
(3) ① 압력계　② 압력경보설비　③ 진공안전밸브

문제 12

동영상의 용기저장실을 보고 물음에 답하시오.

[1]

[2]

(1) ①에서 표시된 ①, ②의 명칭은?
(2) 동영상 ①, ②의 차이점은?
(3) 용기보관장소의 작업수칙에 대하여 ( )을 채우시오.

- 용기보관장소에는 (①) 등 작업에 필요한 물건 외 다른 물건을 두지 아니한다.
- 용기보관장소의 주위 (②)m(우회거리) 이내에는 화기 또는 인화성 물질이나 발화성 물질을 두지 아니한다.
- 충전용기는 항상 (③)℃ 이하를 유지하고, 직사광선을 받지 아니하도록 조치한다.
- 충전용기(내용적 (④) 이하의 것을 제외한다)에는 넘어짐 등에 의한 충격이나 밸브의 손상을 방지하는 조치를 하고, 난폭한 취급을 하지 아니한다.
- 용기보관장소에는 (⑤) 외의 등화를 휴대하고 들어가지 아니한다.
- 용기보관장소에는 충전용기와 잔가스용기를 각각 구분하여 놓는다.
- 가스누출검지기와 휴대용 손전등은 방폭형으로 한다.
- 저장설비의 외면으로부터 (⑥)m 이내의 곳에 화기를 취급하지 아니한다.

해답 (1) ① 자동교체 조정기 ② 측도관
(2) ① 자동교체방식 ② 수동교체방식
(3) ① 계량기 ② 8 ③ 40 ④ 5L ⑤ 방폭형 휴대용 손전등 ⑥ 8

해설 조정기

구분		세부내용
역할		① 용기 내 압력과 관계없이 연소하기에 알맞은 압력으로 감압하여 공급한다. ② 가스소비량의 변화에 대응공급안력을 변화시키고 소비중단 시 차단(공급압력조정, 안정된 연소)
고장 시 영향		① 누설 ② 불안전 연소
감압방식	1단 감압식	용기 내 압력을 소요압력까지 한번에 감압하는 방식 [장점] – 장치가 간단하다. – 조작이 간단하다. [단점] – 배관이 굵어진다. – 최종압력에 정확을 기하기 어렵다.
	2단 감압식	용기 내 압력을 소요압력보다 높은 압력으로 감압한 다음 소요압력까지 감압하는 방식 [장점] – 공급압력이 안정하다. – 중간배관이 가늘어도 된다. – 배관의 입상에 의한 압력강하를 보정할 수 있다. – 각 연소기구에 알맞은 압력으로 공급이 가능하다. [단점] – 설비가 복잡하다. – 조정기가 많이 든다. – 재액화에 문제가 있다. – 검사방법이 복잡하다.

※ 자동교체식 조정기의 장점
– 잔액이 거의 없어질 때까지 가스를 소비할 수 있다.
– 전체 용기 수량이 수동보다 적어도 된다.
– 용기교환주기의 폭을 넓힐 수 있다.
– 분리형 사용 시 단단감압식의 경우보다 압력손실이 커도 된다.

문제 13 동영상은 LPG 판매시설의 용기저장소이다. 다음 물음에 답하시오.

(1) 표시 부분은 무엇인가?

(2) 자연환기설비에 대하여 (   )에 적합한 내용을 채우시오.

> • 환기구는 바닥면에 접하고, 외기에 면하게 설치한다.
> • 외기에 면하여 설치된 환기구의 통풍가능 면적의 합계는 바닥면적 1m^2마다 (①)cm^2의 비율로 계산한 면적 이상으로 하고, 환기구 1개의 면적은 (②)cm^2 이하로 한다. 이 경우 환기구의 통풍가능 면적은 다음 기준에 따른다.
> • 환기구에 철망, 환기구의 틀 등이 부착될 경우 환기구의 통풍가능 면적은 그 철망, 환기구의 틀 등이 차지하는 단면적을 뺀 면적으로 계산한다.
> • 환기구에 알루미늄 또는 강판제 갤러리가 부착된 경우 환기구의 통풍가능 면적은 환기구 면적의 (③)%로 계산한다.
> • 한 방향 이상이 전면 개방되어 있는 환기구의 통풍가능 면적은 개방되어 있는 부분의 바닥면으로부터 높이 (④)cm까지의 개구부 면적으로 계산한다.
> • 한 방향의 환기구 통풍가능 면적은 전체 환기구 필요 통풍가능 면적의 (⑤)%까지만 계산한다.
> • 사방을 방호벽 등으로 설치할 경우 환기구의 방향은 (⑥)방향 이상으로 분산 설치한다.
> • 환기구는 (⑦)의 길이를 (⑧)의 길이보다 길게 한다.

(3) ① 용기보관실의 면적(m^2), ② 사무실의 면적(m^2), ③ 주차장의 면적(m^2)은?

(4) 용기보관장소와 사무실은 어떻게 설치되어야 하는가?

(5) 용기보관실 ① 출입문의 구조와 ② 가로의 길이는 몇 mm 이내인가?

(6) 용기보관실의 면적이 38m^2일 때 출입문 1개로 조업에 지장이 있다면 출입문의 개수는 몇 개소 이상이 되어야 하는가?

해답
(1) 자연환기설비
(2) ① 300 ② 2400 ③ 50 ④ 40 ⑤ 70 ⑥ 2 ⑦ 가로 ⑧ 세로
(3) ① 19 ② 9 ③ 11.5
(4) 동일 부지에 설치
(5) ① 강판제 방호벽 ② 출입문 가로길이 : 1800mm 이내
(6) 2개소 이상

1. 강제환기설비 설치
   자연환기설비에 따른 통풍구조를 설치할 수 없는 경우에는 다음 기준에 따라 강제통풍장치를 설치한다.
   - 통풍능력이 바닥면적 $1m^2$마다 $0.5m^3/min$ 이상으로 한다.
   - 흡입구는 바닥면 가까이에 설치한다.
   - 배기가스 방출구를 지면에서 5m 이상의 높이에 설치한다.
2. 용기보관실 면적 $19m^2$ 이상 시 1개의 출입문으로 조업 지장 시 $19m^2$당 1개의 비율로 출입문을 설치

문제 14 동영상은 LP가스 용기보관실의 방폭설비이다. 다음 물음에 답하시오.

(1) 이 방폭설비의 전기스위치는 보관실 외부에 설치되는데 그 이유는 무엇인가?
(2) "긴급차단밸브" 표지의 규격(가로×세로)은?

해답 (1) 전기스위치를 내부에 설치 시 스위치 조작으로 정전기 등에 의한 안전사고가 발생할 우려가 있기 때문
(2) 15cm×30cm 이상

해설 긴급차단밸브, 소화기의 경계표지판 규격
① 규격 : 15cm×30cm 이상
② 색상 : 바탕 황색, 글자 검정색
③ 수량 : 긴급차단밸브의 조작밸브 수량
④ 소화기 비치장소 숫자와 동일 개수

문제 15

동영상 [1], [2]에 대하여 물음에 답하여라.

[1] ① ② ③

[2]

(1) 동영상 [1]에서 지시하는 ①, ②, ③의 명칭을 쓰시오.
(2) 동영상 [2]의 밸브는 동영상 [1]의 ① 장치로부터 어느 정도 이격되어야 하는가?

해답 (1) ① 긴급차단장치　② 역지밸브　③ 글로브밸브
(2) 5m 이상

문제 16

동영상 [1], [2]에 대하여 물음에 답하시오.

[1] ① ② ③

[2]

(1) 동영상 [1], [2]는 LP가스를 이송하는 기구이다. 각각의 이송방법을 쓰시오.
(2) 동영상 [1], [2] 이송방법의 장·단점을 쓰시오.
(3) 동영상 [1]에서 지시된 부분의 ①, ②, ③ 명칭은?
(4) 동영상 [1]에서 ①의 역할은?
(5) 동영상 [2]의 펌프 명칭은?

해답 (1) [1] 압축기에 의한 이송방법
[2] 펌프에 의한 이송방법

(2)

이송방법	장점	단점
압축기	• 충전시간이 짧다. • 잔가스 회수가 용이하다. • 베이퍼록 우려가 없다.	• 재액화 우려가 있다. • 드레인 우려가 있다.
펌프	• 재액화 우려가 없다. • 드레인 우려가 없다.	• 충전시간이 길다. • 잔가스 회수가 불가능하다. • 베이퍼록의 우려가 있다.

(3) ① 사방밸브
② 흡입압력계
③ 토출압력계

(4) 탱크로리에서 저장탱크로 액가스를 이송 후 잔가스를 다시 저장탱크로 회수하는 기능

(5) 베인펌프

문제 17

동영상은 독성 액화 500톤 NH_3 저장탱크이다. 독성 가스 종류에 따른 설비의 안전거리를 계산하여라.

해답 안전거리 $= \dfrac{4(X-5)}{995+6} = \dfrac{4(500-5)}{995+6} = 1.978\text{m} \fallingdotseq 1.98\text{m}$

TIP

독성 가스 종류에 따른 설비 안전거리

구분	저장능력	안전거리(m)
가연성	5톤 이상 1000톤 미만	$\dfrac{4(X-5)}{995+6}$
	1000톤 이상	10
그 밖의 것	5톤 이상 1000톤 미만	$\dfrac{4(X-5)}{995+4}$
	1000톤 이상	8

문제 18

동영상의 방호벽에 대하여 물음에 답하여라.

<table>
<tr><th colspan="2">구분
종류</th><th>직경</th><th>배근간격
(가로×세로)</th><th>두께</th><th>높이</th><th>기타사항</th></tr>
<tr><td colspan="2">철근콘크리트</td><td>9mm 이상</td><td>①</td><td>②</td><td>2000mm 이상</td><td>• 일체로 된 철근콘크리트 기초
• 기초높이 350, 되메우기 깊이 300mm 이상
• 기초두께 : 방호벽 최하부 두께의 120% 이상</td></tr>
<tr><td colspan="2">콘크리트 블록제</td><td>–</td><td>400mm×400mm</td><td>③</td><td>2000mm 이상</td><td>• 블록 공동부에 콘크리트 모르타르를 채움
• 보조벽은 두께 150mm 이상 간격 3200mm 이하 본체와 직각으로 설치
• 기초높이 350mm 이상 되메우기 깊이 300mm 이상</td></tr>
<tr><td rowspan="2">강판제</td><td>두께 6mm 이상</td><td colspan="3">1800mm 이하 간격으로 세운 지주와 용접 결속</td><td rowspan="2">2000mm 이상</td><td rowspan="2">지주는 1800mm 이하 간격으로 설치</td></tr>
<tr><td>두께 3.2mm 이상</td><td colspan="3">30mm×30mm 앵글강을 가로×세로 400mm 이하 간격으로 용접 보강한 강판을 1800mm 이하 간격으로 세운 지주와 용접 결속</td></tr>
</table>

해답
① 400mm×400mm
② 120mm 이상
③ 150mm 이상

독성 가스 누설부위를 점검하는 안전성 평가기법 중 정성적 평가기법과 정량적 평가기법을 각각 3가지 이상 쓰시오.

해답 ① 정성적 평가기법 : 체크리스트, 사고예방질문분석, HAZOP(위험과 운전분석), 이상위험도 분석
② 정량적 평가기법 : ETA(사건수분석), FTA(결함수분석), CCA(원인결과분석)

동영상 [1], [2]는 독성 가스 제조시설의 표지이다. 다음 물음에 답하시오.

[1]

[2]

(1) [1], [2]의 표지 명칭을 쓰시오.
(2) 다음 빈칸을 채우시오.

표지명 \ 항목	바탕색	글자색	글자크기	적색으로 표시하는 글자	식별거리
위험	흰색	흑색	①	③	⑤
식별	흰색	흑색	②	④	⑥

해답 (1) [1] 식별표지 [2] 위험표지
(2) ① 5cm×5cm ② 10cm×10cm ③ 주의
④ 가스명칭 ⑤ 10m ⑥ 30m

문제 21 동영상의 초저온 저장탱크에 대하여 다음 물음에 답하시오.

(1) 이 탱크에 저장할 수 있는 가스의 종류 3가지는?
(2) 내진설계로 시공을 하여야 하는 탱크의 용량은 몇 ton 이상 몇 m^3 이상의 탱크인가?
(3) 공기액화분리장치에서 제조된 가스를 이 탱크에 저장 시 ① 액화순서, ② 기화순서, ③ 비등점, ④ 임계온도를 쓰시오.
(4) 지시 부분의 명칭을 구체적으로 쓰시오.

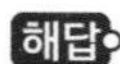

해답 (1) $L-O_2$, $L-Ar$, $L-N_2$
(2) 10ton 이상, 1000m^3 이상
(3) ① 액화순서 : $L-O_2$, $L-Ar$, $L-N_2$
② 기화순서 : $L-N_2$, $L-Ar$, $L-O_2$
③ 비등점 : O_2(−183℃), Ar(−186℃), N_2(−196℃)
④ 임계온도 : O_2(−118.4℃), Ar(−122.4℃), N_2(−147℃)
(4) 차압식 액면계

TIP

내진설계 용량(고법 기준)
1. 가연성, 독성의 저장탱크 : 5ton, 500m^3 이상
2. 비가연성, 비독성의 저장탱크 : 10ton, 1000m^3 이상

6. 도시가스 정압기

문제 01 동영상의 도시가스 정압기실이다. 정압기에 대하여 물음에 답하시오.

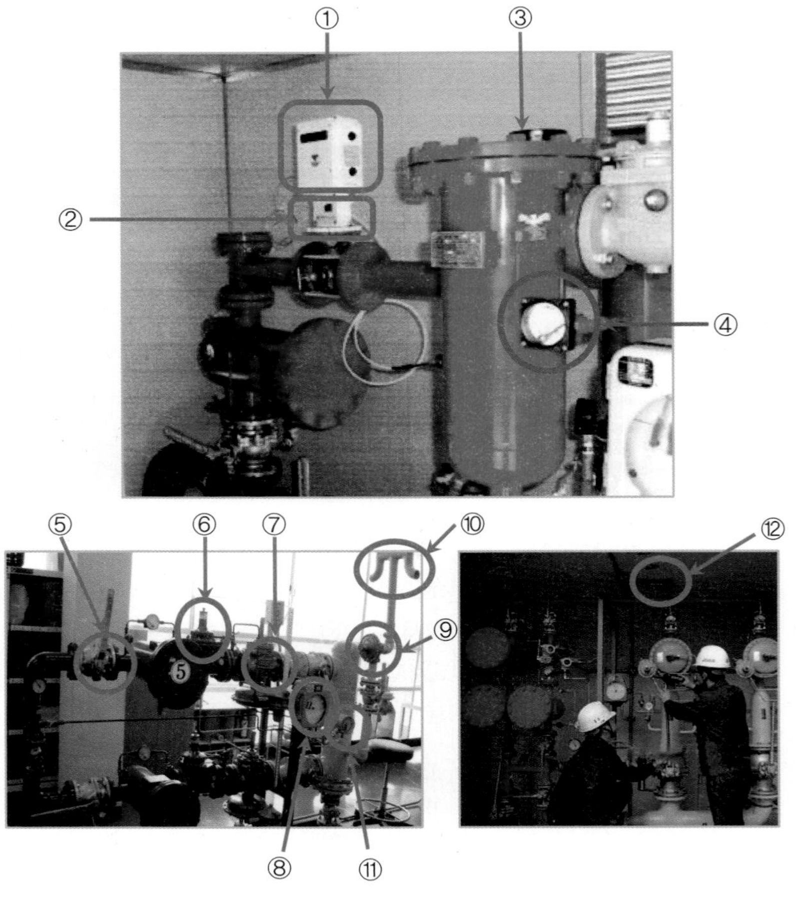

(1) 정압기(Governor)의 기능을 간단히 설명하시오.

(2) 정압기 부속설비의 정의이다. (　　)에 적당한 단어를 쓰시오.

> 정압기 부속설비란 정압기실 내부의 (㉠)측(inlet) 최초밸브로부터 (㉡)측(outlet) 말단밸브 사이에 설치된 배관 가스차단장치 정압기용 필터 (㉢), (㉣) 압력기록 장치, 각종 통보설비 및 이들과 연결된 배관과 전선을 말한다.

(3) 동영상에서 지시하는 ①~⑫까지의 명칭을 쓰시오.

(4) 지시 부분 ⑩의 설치위치에 대하여 기술하시오.

(5) 정압기지, 밸브기지에는 해당 시설에 필요 설비 이외의 설비는 설치할 수 없다. 설치가능 설비를 쓰시오.

(6) 일반도시가스 사업자의 소유시설로서 가스도매 사업자로부터 공급받은 도시가스의 압력을 1차적으로 낮추기 위해 설치된 정압기는 무엇인가?

(7) 일반도시가스 사업자 소유시설로서 지구정압기 또는 가스도매 사업자로부터 공급받은 도시가스의 압력을 낮추어 다수의 사용자에게 가스를 공급하기 위해 설치하는 정압기란 어떤 종류의 정압기인가?

해답 (1) ① 도시가스 압력을 사용처에 맞게 낮추는 감압 기능
② 2차측의 압력을 허용범위 내의 압력으로 유지하는 정압 기능
③ 가스흐름이 없을 때 밸브를 완전히 폐쇄하여 압력상승을 방지하는 폐쇄 기능

정압기
정압기용 압력조정기 및 그 부속설비를 모두 포함한다.

(2) ㉠ 1차 ㉡ 2차 ㉢ 긴급차단장치 ㉣ 안전밸브

(3) ① BVI(압력온도보정장치)
② 가스계량기
③ 정압기용 필터
④ 차압계
⑤ 가스차단용 볼밸브
⑥ SSV(긴급차단장치)
⑦ 정압기(정압기용 압력조정기)
⑧ 자기압력기록계
⑨ 안전밸브
⑩ 가스방출관
⑪ 이상압력통보설비
⑫ 가스누설검지기

(4) 방출구 주위 화기 등이 없는 안전한 위치로서 지면에서 5m 이상 높이(단, 전기시설물 접촉우려가 있는 경우 3m 이상)

(5) 태양광설비 및 감압이용 발전설비 등의 안전상 위해 우려가 없는 경우 설치 가능

(6) 지구정압기

(7) 지역정압기

1. BVI(압력온도보정장치)
주위 온도압력에 따라 실제사용량과 계량수치 차이가 생기는 오차값을 보정해 주는 장치
2. 보정값

$$V_1 = \frac{P_2 V_2 T_1}{P_1 T_2}$$

여기서, V_1 : 실제사용량, P_1 : 대기압력, P_2 : 공기압력
T_1 : 표준온도, T_2 : 현재온도, V_2 : 계량기수치(체적)

문제 02

다음 동영상은 도시가스 정압기실을 보여주고 있다. 정압기에 꼭 필요한 ①, ②, ③, ④, ⑤, ⑥, ⑦의 5대 장치를 기술하고, 설명하시오.

해답
① 계량장치(가스미터, BVI) : 가스의 체적을 측정
② 여과장치(필터, 스트레나) : 불순물을 걸러냄
③ 기록장치(자기압력기록계) : 공급하는 가스압력을 측정하여 정상압력 여부를 감시
④ 조정장치(압력조정기) : 사용자 압력에 맞게 압력을 조정
⑤ 안전장치(SSV, 긴급차단장치) : 정압기의 이상발생 등으로 출구측의 압력이 설정압력보다 이상 상승하는 경우 입구측으로 유입되는 가스를 자동차단하는 장치(복귀는 수동으로 복귀)
⑥ 안전장치(안전밸브) : 정압기의 압력이 이상 상승하는 경우 자동으로 압력을 대기 중으로 방출하기 위한 밸브
⑦ 안전장치(이상압력 통보설비) : 정압기의 출구측 압력이 설정압력보다 상승하거나 낮아지는 경우 이상유무를 상황실에서 알 수 있도록 경보음(70dB 이상) 등으로 알려주는 설비

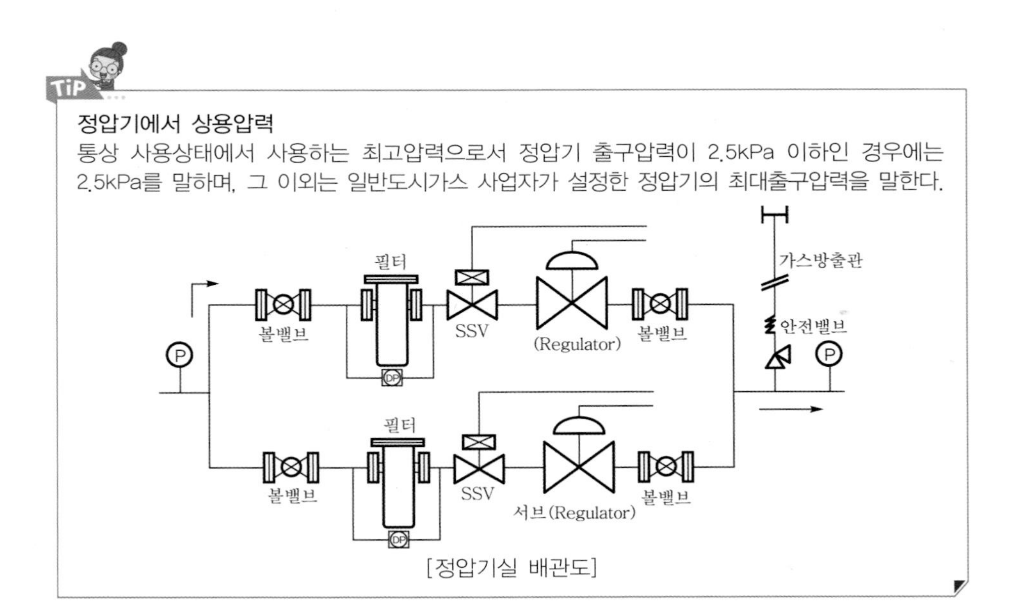

정압기에서 상용압력
통상 사용상태에서 사용하는 최고압력으로서 정압기 출구압력이 2.5kPa 이하인 경우에는 2.5kPa를 말하며, 그 이외는 일반도시가스 사업자가 설정한 정압기의 최대출구압력을 말한다.

[정압기실 배관도]

동영상 [1], [2]의 정압기실 종류를 쓰고 설명하여라.

[1]

[2]

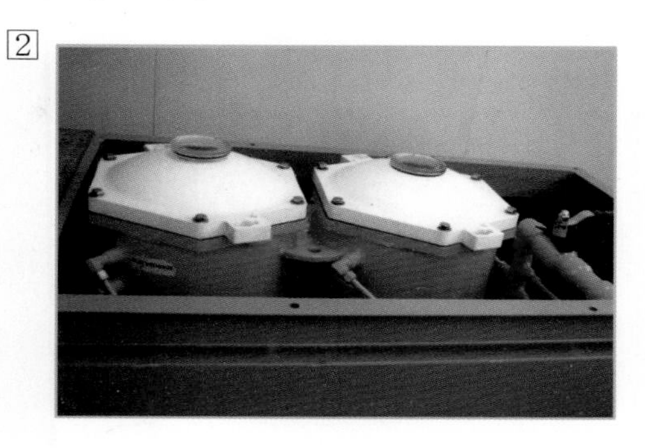

[1] 캐비닛형 구조의 정압기실 : 정압기 배관 및 안전장치 등이 일체로 구성된 정압기에 한하여 사용할 수 있는 정압기실로서 내식성 재료의 캐비닛과 철근콘크리트 기초로 구성된 정압기실을 말한다.

[2] 매몰형 정압기실 : 압력조정기 밸브, 필터, 안전장치 및 그 밖의 부품이 하나의 몸체 안에 부착하여 독립기능을 가지는 것으로 지하에 매몰되는 일체형 정압기

TIP

매몰형 정압기 압력의 조건 및 설치기준

압력의 종류					설치기준
최고입구 압력	내압성능		기밀시험		
	입구	출구	입구	출구	
1MPa 미만	최고사용 압력의 1.5배	최대출구압력 및 최대폐쇄 압력의 1.5배	최고사용 압력의 1.1배	최대출구압력 및 최대폐쇄 압력의 1.1배	굴착공사로 인한 손상 외부 파손하중에 의한 피해를 방지하기 위하여 본체의 두께 4mm 이상 부식방지 도장을 한 격납상자 안에 넣어 매설

문제 04 동영상의 정압기실에 설치되어 있는 SSV에 대한 내용이다. 다음 물음에 답하시오.

(1) SSV의 정의는?
(2) SSV는 2차측 압력상승 시 자동으로 1차측 가스흐름을 차단하는 장치이다. 작동 후의 복귀방식은?
(3) 작동여부는 육안으로 확인하는 구조이어야 한다. 단, 동영상과 같은 정압기의 SSV는 제외가 되는데 어떠한 기능이 내장되어 있는가?
(4) 정압기에는 전단에 SSV, 후단에 안전밸브를 설치하여야 하는데 ① 설치하지 않아도 되는 경우와 ② 이유를 기술하시오.

해답
(1) 긴급차단장치
(2) 수동복귀
(3) OPSO(긴급차단기능)
(4) ① 릴리프밸브가 설치되어 있고, OPSO(긴급차단성능)이 내장되어 있는 경우
② 릴리프밸브와 OPSO가 내장되어 있는 경우는 긴급 시 가스를 차단하고 외부로 가스방출이 가능하며, 내장된 안전밸브는 2차 압력 감시가 가능하다.

문제 05

동영상을 보고 다음 물음에 답하시오.

1

2

(1) 정압기 1, 2의 명칭은?
(2) 2의 정압기 특징 3가지를 쓰시오.

해답 (1) 1 AFV(액셀플로트식) 정압기
2 피셔식 정압기
(2) ① 로딩형이다.
② 정특성, 동특성이 양호하다.
③ 비교적 콤팩트하다.

문제 06

동영상의 도시가스 정압기실을 보고 물음에 답하여라.

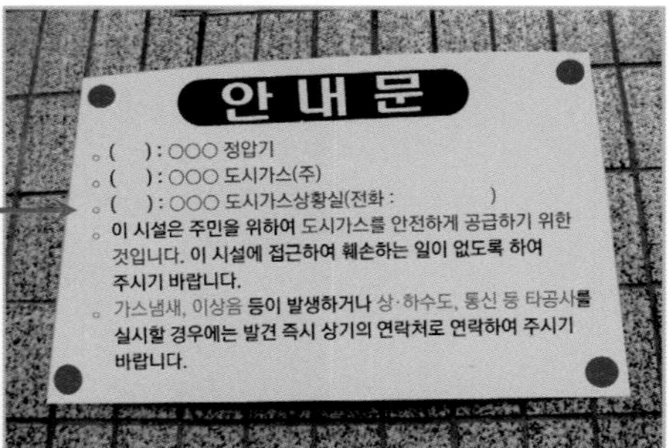

(1) 안내문 글씨의 색상 3가지는?
(2) 반드시 표시하는 3가지는?
(3) 정압기실에 설치되는 경계책의 높이는?
(4) 이 정압기실에는 경계책을 설치하지 않아도 된다. 그 이유는 무엇인가?

해답 (1) 검정, 파랑, 적색
(2) 시설명, 공급자, 연락처
(3) 높이 1.5m 이상 철책 또는 철망
(4) 철근콘크리트 및 콘크리트 블럭재로 설치된 지상의 정압기실이다.

TiP

경계책 설치가 필요 없는 경우의 정압기실

1. 철근콘크리트 및 콘크리트 블럭재로 지상에 설치된 정압기실
2. 도로의 지하 또는 도로와 인접하게 설치되어 사람과 차량의 통행에 영향을 주는 장소로서 경계책 설치가 부득이한 정압기실
3. 정압기가 건축물 안에 설치되어 있어 경계책을 설치할 수 있는 공간이 없는 정압기실
4. 상부 덮개에 시건조치를 한 매몰형 정압기
5. 경계책 설치가 불가능하다고 일반도시가스 사업자를 관찰하는 시장·군수·구청장이 인정하는 다음 경우에 해당하는 정압기실
   • 공원지역, 녹지지역 등에 설치된 경우
   • 그 밖에 부득이한 경우

문제 07 동영상의 정압기실을 보고 물음에 답하여라.

(1) 정압기의 분해점검 고장에 대비하여 설치하여야 하는 것은?
(2) 단독사용자에게 가스를 공급 시 설치하지 않아도 되는 정압기는?
(3) 이상압력 발생 시 사용 중인 정압기가 (   )에서 기능이 자동으로 전환되어야 하는 정압기는?
(4) 정압기의 ① 입구측, ② 출구측 기밀시험압력은?
(5) ①의 밸브에 하여야 하는 조치는?
(6) ②의 설비 명칭과 경보음의 크기는?

해답
(1) 예비정압기
(2) 예비정압기
(3) 예비정압기
(4) ① 최고사용압력 1.1배 이상
② 최고사용압력 1.1배 또는 8.4kPa 중 높은 압력 이상
(5) 시건조치
(6) 이상압력 통보설비 70dB 이상

TIP
상기 그림에서 Ⓐ : 주정압기, Ⓑ : 예비정압기
정압기에 바이패스관을 설치 시 밸브를 설치, 그 밸브에 시건조치를 하여야 한다.

문제 08 동영상을 보고 물음에 답하여라.

1

2

(1) 적색 부분과 황색 부분을 구분하여라.

(2) 철근콘크리트구조의 정압기실로 시공할 때 다음 물음에 답하시오.

① 벽의 두께(mm)는?

② 철근의 직경(mm)과 배근의 간격(mm)은?

③ 바닥의 두께(mm)는?

해답 (1) 적색 : 1차측(중압)

황색 : 2차측(저압)

(2) ① 120mm

② 9mm, 400mm

③ 300mm

문제 09 동영상의 정압기실 안전밸브 분출구에 대하여 다음 물음에 답하여라.

(1) 분출부 크기에서 (   )를 채우시오.

정압기 입구측압력		분출부 크기
0.5MPa 이상		(①) 이상
0.5MPa 미만	설계유량 1000Nm^3/hr 이상	(②) 이상
	설계유량 1000Nm^3/hr 미만	(③) 이상

(2) 이상압력통보설비, 긴급차단장치, 안전밸브 설정압력에서 (   )를 채우시오.

구분		상용압력이 2.5kPa인 경우	그 밖의 경우
이상압력통보설비	상한값	3.2kPa 이하	상용압력의 (①)배 이하
	하한값	1.2kPa 이상	상용압력의 (②)배 이하
주정압기에 설치하는 긴급차단장치		(⑤)kPa 이하	상용압력의 (③)배 이하
안전밸브		4.0kPa 이하	상용압력의 (④)배 이하
예비정압기에 설치하는 긴급차단장치		4.4kPa 이하	상용압력의 1.5배 이하

해답 (1) ① 50A
② 50A
③ 25A
(2) ① 1.1
② 0.7
③ 1.2
④ 1.4
⑤ 3.6

문제 **10** 동영상을 보고 다음 물음에 답하시오.

(1) 장치의 명칭과 역할을 쓰시오.
(2) 설치하지 않아도 되는 경우는?

해답 (1) ① 명칭 : 출입문 개폐통보장치
② 역할 : 근무자 이외 외부인이 정압기실 문을 개방 시 경보음으로 안전관리자가 상주하는 상황실에 알려주는 장치
(2) 단독사용자에게 가스를 공급하는 경우

TiP

1. 출입문 및 긴급차단장치 개폐여부
통보장치는 출입문 개폐여부 및 긴급차단장치 개폐여부를 안전관리자가 상주하는 곳에 통보할 수 있는 경보설비를 갖춘 것으로 한다. 단, 단독사용자에게 가스를 공급하는 정압기의 경우에는 출입 및 긴급차단장치, 개폐 통보장치를 설치하지 않을 수 있다.

2. 일반도시가스 제조소, 공급소 밖의 시설 기술검사기준(KGS Fs 551 p.13)
도시가스 압력이 비정상적으로 상용 시 안전확보를 위하여(긴급차단장치 · 안전밸브 · 가스방출관 등)

[안전장치 설정압력]

구분	설정압력
긴급차단장치	3.0kPa 이하
안전밸브	3.4kPa 이하

예비구역 압력조정기를 설치하는 경우에는 예비구역 압력조정기의 긴급차단장치 및 안전밸브 설정압력은 표에 있는 설정압력보다 0.2kPa 높게 설정할 수 있다.

3. 출입문 및 긴급차단장치 개폐통보장치(KGS Fu 551)
정압기실에는 출입문 및 정압기출구의 압력이 이상변동하는 경우에 이를 검지하여 자동으로 가스를 차단하는 긴급차단밸브를 설치하고, 그 출입문의 개폐여부 및 긴급차단밸브의 개폐여부(기존에 설치된 긴급차단밸브로서 구조상 변경이 불가능한 경우를 제외한다)를 안전관리자가 상주하는 곳에 통보할 수 있는 경보설비를 갖춘다. 다만, 단독사용자에게 가스를 공급하는 정압기의 경우에는 출입문 및 긴급차단장치 개폐통보장치를 설치하지 아니할 수 있다.

문제 11 동영상은 RTU 내부이다. 다음 물음에 답하시오.

(1) RTU가 하는 역할을 기술하시오.
(2) 지시된 ①, ②, ③의 명칭을 쓰시오.
(3) ②의 역할을 쓰시오.

해답 (1) 현장의 계측기와 시스템 접촉을 위한 터미널로서 가스누설 시 경보기능(가스누설경보기), 정전 시 전원공급(UPS), 출입문 개폐감시기능(리밋스위치) 등의 기능을 가진 원격단말감시장치이다.
(2) ① 가스누설경보기
② UPS
③ 모뎀
(3) 정전 시 전원을 공급하여 정압기 시설을 정상가동하도록 하는 무정전 전원공급장치

TIP

1. RTU(Remote Teminal Unit) : 원격단말감시장치
2. UPS : 무정전 전원공급장치(정전 시 전원을 공급하는 장치)
3. 도시가스 정압기실은 정전 등에 의하여 정압기 부대설비 등에 기능이 상실되지 않도록 비상전력 등의 조치를 취하여야 함. 단, 비상전력조치를 하지 않아도 되는 설비는 조명시설, 강제통풍시설 등

문제 12 동영상의 도시가스 정압기실에 대하여 물음에 답하여라.

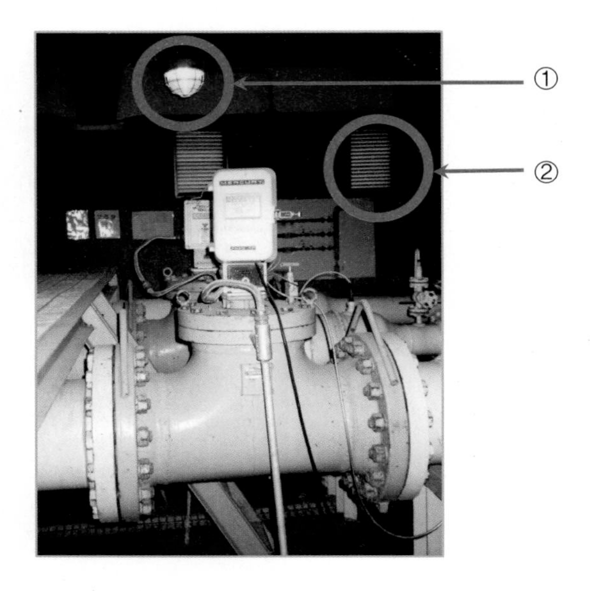

(1) ①, ②가 지시하는 부분의 명칭을 쓰시오.
(2) ①의 조명도는?
(3) 공기보다 비중이 가벼운 환기구에 대해 다음 물음에 답하시오.
  ① 설치위치는?
  ② 외기에 면하여 설치하는 환기구 통풍가능 면적은 바닥면적 $1m^2$당 몇 cm^2의 비율로 계산된 면적 이상으로 하는가?
  ③ 1개의 환기구 면적은 몇 cm^2 이하인가?
  ④ 사방을 방호벽으로 설치 시 환기구 방향의 설치방법은?
(4) 가로×세로=3m×4m인 갤러리 타입 환기구 설치 시 환기구 통풍가능 면적은 몇 cm^2 이상인지 계산하여라. (단, 갤러리의 재료는 알루미늄재이다.)

해답 (1) ① 방폭등 ② 자연환기구
(2) 150Lux
(3) ① 천장 및 벽면 상부에서 30cm 이내 ② $300cm^2$
  ③ $2400cm^2$ ④ 2방향으로 분산 설치
(4) $A_e = A \times r$ = $(3\times4)m^2 \times 0.5 = 6m^2 = 60000cm^2$

TIP

갤러리 타입 환기구 통풍가능 면적

$$A_e = A \times r$$

여기서, A : 면적, r : 개구율
갤러리 재료가 알루미늄 또는 강판재인 경우 개구율은 0.5로 계산한다.

7. 배관

문제 01

동영상은 도시가스 배관의 지하매설 광경이다. 다음 물음에 답하여라.

(1) 지표면으로부터 배관의 외면까지 다음 물음에 답하시오.
① 산과 들에서 유지하여야 할 매설깊이는?
② 그 밖의 지역에서 매설깊이는?
(2) 상기 (1)과 같은 매설깊이를 유지하지 못했을 때 방호구조물을 설치하는 경우 다음 물음에 답하시오.
① 철근콘크리트 방호구조물의 설치조건을 기술하시오.
② 가스배관 외부에 콘크리트로 타설하는 경우의 설치조건을 기술하시오.

해답 (1) ① 1m 이상
② 1.2m 이상
(2) ① 직경 9mm 이상 철근을 가로×세로 400mm 이상으로 결속하고, 두께 120mm 이상의 구조로 한 철근콘크리트 방호구조물
② 고무판 등을 사용하여 배관의 피복 부위와 콘크리트가 직접 접촉하지 않도록 한다.

TiP

배관과 다른 시설물과 수평이격거리 및 매설깊이

구분		이격거리
배관 외면	건축물	1.5m 이상
	타 시설물	0.3m 이상
매설깊이	공동주택 부지 안	0.6m 이상
	폭 8m 이상 도로	1.2m 이상
	폭 4m 이상 8m 미만 도로	1m 이상

문제 02

배관의 매설 시 지표면으로부터 각 재료의 명칭과 이격거리를 쓰시오.

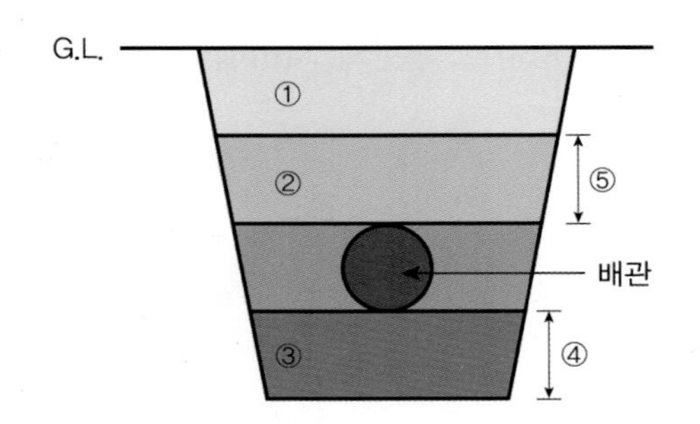

해답 ① 되메움 재료 ② 침상 재료 ③ 기초 재료 ④ 10cm ⑤ 30cm

TIP

다짐공정 재료의 명칭	정의
되메움 재료	배관에 작용하는 하중은 분산시켜 주고 도로의 침하 등을 방지하기 위해 침상재료 상단에서 도로 노면까지 암편 굵은 돌이 포함되지 않는 양질의 흙을 포설하는 재료
침상 재료	배관에 작용하는 하중을 수직방향 및 횡방향에서 지지하고 있는 하중을 기초 아래로 분산시키기 위하여 배관 하단에서 상단까지 30cm까지 모래, 도포 또는 흙으로 포설하는 재료

문제 03

동영상은 지하에 도시가스 배관을 매설 후 콤펙터, 래머 등으로 다짐작업을 하였다. 인력으로 다짐작업을 할 수 있는 도로의 폭은?

해답 4m 이하

문제 04 동영상의 도시가스 배관에 대하여 ( )에 적당한 단어 및 숫자를 기입하시오.

항목	세부내용
중압 이하 배관, 고압배관 매설 시	매설간격 (①) 이상 (철근콘크리트 방호구조물 내 설치 시 (②) 이상 배관의 관리주체가 같은 경우 3m 이상)
본관 공급관의 설치기준	(③)
천장 내부 바닥 벽 속에	공급관 설치하지 않음
공동주택 부지 안	0.6m 이상 깊이 유지
폭 8m 이상 도로	1.2m 이상 깊이 유지
폭 4m 이상 8m 미만 도로	1m 이상
배관의 기울기(도로가 평탄한 경우)	(④)

해답 ① 2m ② 1m ③ 기초 밑에 설치하지 말 것 ④ 1/500~1/1000

TIP

배관의 매설깊이

매설깊이(m)		항목
0.6m 이상		• 공동주택 부지 • 폭 4m 미만 도로 • 암반 지하매설물 등에 의한 구간으로 시장·군수·구청장이 인정하는 구간
1.2m 이상		도로 폭 8m 이상
1m 이상		• 도로 폭 8m 이상의 저압배관으로 횡으로 분기 수요가에게 직접 연결되는 배관 • 도로 폭 4m 이상 8m 미만
0.8m 이상		도로 폭 4m 이상 8m 미만 중 호칭경 300mm 이하 저압배관에서 횡으로 분기하여 수요가에게 직접 연결되는 배관
배관의 기울기	도로가 평탄 시	1/500~1/1000
	도로가 기울어졌을 때	도로의 기울기에 따름

동영상 노출 도시가스 배관에 대한 설치기준이다. (　　)에 적당한 숫자를 기입하시오.

구분		세부내용
노출 배관길이 15m 이상 점검통로 조명시설	가드레일	(①) 이상 높이
	점검통로 폭	80cm 이상
	발판	통행상 지장이 있는 각목
	점검통로 조명	가스배관 수평거리 (②) 이내 설치 (③)Lux 이상
노출 배관길이 20m 이상 시 가스누출경보 장치 설치기준	설치간격	(④)마다 설치 근무자가 상주하는 곳에 경보음이 전달되도록
	작업장	경광등 설치(현장상황에 맞추어)

도시가스 배관 파일박기 및 빼기작업

1. 항타기를 배관과 수평거리 2m 되는 곳에 설치
2. 파일을 뺀 자리는 충분히 메울 것
3. 가스배관과 수평거리 2m 이내에서 파일박기를 할 경우 사업자 입회 하에 시험굴착을 통하여 가스배관의 위치를 정확히 확인
4. 가스배관 주위 1m 이내에는 인력굴착을 실시
5. 배관을 지하매설 시 확인사항(배관의 매설깊이, 타시설물과의 이격거리)
6. 지하매설 배관 재질이 강관인 경우(T/B 위치 확인, 전기방식 시공여부 확인, 전위를 측정)

동영상의 도시가스 사용시설에서 PE관을 노출배관으로 사용할 수 있는 경우를 기술하시오.

해답 지상배관과 연결을 위하여 금속관을 사용하여 보호조치를 한 경우로 지면에서 30cm 이하로 노출하여 시공하는 경우

환상배관망에 설치되는 정압기 중 1개 이상의 정압기에는 다른 정압기의 안전밸브보다 작동압력을 낮게 설정하는 이유를 쓰시오. (단, 단독사용자 정압기는 제외되는 경우이다.)

해답 환상배관망으로 연결되어 있는 정압기의 경우 1개의 정압기에서 이상압력이 발생하면 연결된 모든 정압기에서 안전밸브가 작동 동시에 가스방출 우려가 있어 이상압력 시 위해 우려가 없는 안전한 장소에서 가스를 우선적으로 방출하기 위하여

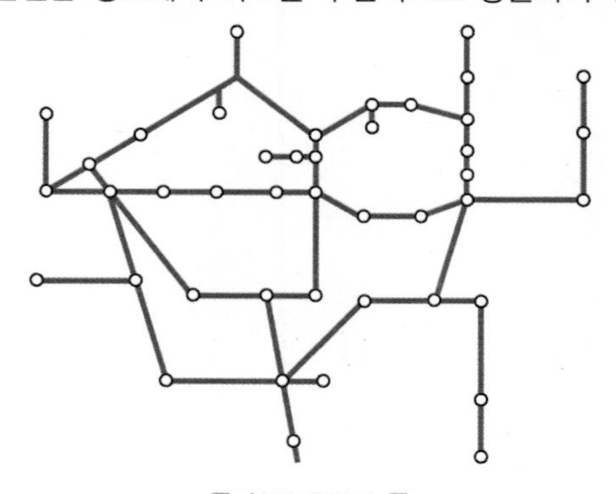

[환상배관망]

정압기실에 연결된 (1) 환상배관망의 정의를 쓰고, (2) 환상배관망을 설계하여야 하는 이유를 2가지 설명하시오.

해답 (1) 배관이 그물과 같이 복잡하게 연결된 것
(2) ① 배관의 일부분 교체 등 가스를 차단하여야 하는 경우에도 사용자에게 가스공급을 중지하지 않기 위함과 공급압력이 모든 지역에서도 일정하게 하기 위함.
② 도시가스 배관을 설치 후 그 지역에 주택인구가 증가하면 피크 시 공급압력이 저하되므로 이를 예방하기 위해 인근 배관과 연결하여 압력저하를 방지하기 위함.

환상배관망		비환상배관망	
장점	단점	장점	단점
• 배관을 효율적으로 활용할 수 있다. • 누출부위와 누설정도를 파악할 수 있다. • 가스배관 압력이 지역마다 동일하다. • 광범위하게 설치할 수 있다.	• 관리가 어렵다. • 정압기 설치수가 많아진다. • 초기 비용이 많이 든다.	• 범위가 적은 구역에 사용할 수 있다. • 유지관리가 쉽고, 유지 개소가 적다.	• 누출부위 정도를 판단하기 어렵다. • 배관의 입출구 압력차가 있다. • 1대의 정압기를 사용하므로 공급 중단의 우려가 있다.

동영상의 지하 매설배관에 대하여 다음 물음에 답하시오.

(1) 배관의 굴착공사 시 협의서를 작성하는 경우 (   )의 빈칸을 채우시오.

구분	내용
배관길이	(①) 이상인 굴착공사
압력배관	중압 이상 배관이 (②) 이상 노출이 예상되는 굴착공사
긴급굴착공사	• 천재지변 사고로 인한 긴급굴착공사 • 급수를 위한 길이 100m, 너비 3m 이하 굴착공사 시 현장에서 도시가스 사업자와 공동으로 협의, 안전점검원 입회 하에 공사 가능

(2) 도로 굴착공사에 대한 배관의 손상방지 기준에 대하여 (   )의 빈칸을 채우시오.

구분	세부내용
착공 전 조사사항	도면확인(가스배관 기타 매설물 조사)
점검통로 조명시설을 하여야 하는 노출 배관길이	(①) 이상
안전관리전담자 입회 시 하는 공사	배관이 있는 (②) 이내에 줄파기 공사 시
인력으로 굴착하여야 하는 공사	가스배관 주의 (③) 이내
배관이 하천 횡단 시 주의 흙이 사질토일 때 방호구조물 비중	물의 비중 이상의 값

해답 (1) ① 100m ② 100m
(2) ① 15m ② 2m ③ 1m

문제 10

동영상의 도시가스 배관에 대하여 물음에 답하시오.

(1) 배관의 긴급차단장치에 의하여 차단할 수 있는 구역의 설정은 수요가구 얼마 이하가 되도록 하여야 하는가?
(2) 도로와 평행하여 매설되어 있는 배관으로 가스사용자가 소유 점유한 토지에 이르는 배관으로서 호칭경 몇 mm를 초과 시 위급할 때 도시가스를 신속히 차단할 수 있는 장치를 설치하는가?
(3) 호칭경 100mm 이상 노출 도시가스 배관에서 노출부분이 100m 이상일 때 위급시 차단할 수 있는 노출부분 양끝으로부터 30m 이내 가스차단장치를 설치 또는 몇 m 이내 원격조작이 가능한 차단장치를 설치하여야 하는가?

해답 (1) 20만 이하
(2) 65mm 초과
(3) 500m

TIP

설정 후 수요 가구 증가 시 25만 미만으로 할 수 있다.

문제 11

동영상은 도시가스 배관이 공급되고 있는 가스배관이다. 다음 물음에 답하시오.

(1) 영상에서 보여주는 입상밸브의 설치높이는 지면에서 몇 m로 규정되어 있는가?
(2) 밸브 전단에 필히 설치되어야 하는 부품은 무엇인가?

해답 (1) 설치높이 : 1.6~2m 이내
(2) 부품 : 절연 SPACER

- 지하배관에는 절연조인트를 지상배관에는 절연 스페이스를 설치하여 방식 전류의 방전을 차단한다.
- 매설관과 노출관은 전기적으로 완전히 분리시켜야 한다. 즉, 매설배관에 설치된 부식방지 전원(MG ANODE)이 매설배관 내에만 머물도록 하여 부식을 방지하기 위함이다.

동영상은 자기압력기록계로 도시가스 배관의 기밀시험을 하고 있다. 다음 물음에 답하시오.

(1) 자기압력계의 역할 2가지를 쓰시오.
(2) 내용적 $5m^3$인 중압배관을 기밀시험할 때 기밀시험 유지시간은?

해답 (1) ① 배관 내에서는 기밀시험 측정
② 정압기실에서는 1주일간 운전상태 측정
(2) 240분

1. 배관 내용적에 따른 자기압력기록계 기밀시험 유지시간

압력 \ 배관 내용적	$1m^3$ 미만	$1m^3$ 이상 $10m^3$ 미만	$10m^3$ 이상 $300m^3$ 미만
저압 · 중압	24분	240분	24분× V분 (단, 1440분 초과 시는 1440분)
고압	48분	480분	48분× V분 (단, 2880분 초과 시는 2880분)

2. 도시가스 사용시설 내용적에 따른 기밀시험 유지시간

내용적	기밀시험 유지시간
10L 이하	5분
10L 초과 50L 미만	10분
50L 초과	24분

문제 **13**

동영상은 도시가스 매설배관의 누설검지 차량이다. 차량에 탑재된 OMD는 무엇을 뜻하는가?

[OMD 외부]

[OMD 내부]

해답 광학식 메탄가스 검지기

문제 **14**

동영상은 도시가스 매설배관의 누설검지 차량이다. 차량에 탑재된 누설검지기의 종류는?

해답 FID 검지기

TIP

1. FID : 수소염이온화식 가스검지기
2. CH_4 계열의 가스를 검지
3. 배관의 노선을 따라 50m 간격으로 깊이 50cm 이상의 보링을 하고, 관을 이용하여 흡인한 후 가스검지기로 누출여부를 검사

문제 15

동영상 1은 절연조인트이며, 2에서 화살표가 지시하는 부분은 지하배관 중에 설치된 절연조인트이다. 이와 같이 지하에 배관을 설치할 때 다음 물음에 답하시오.

1
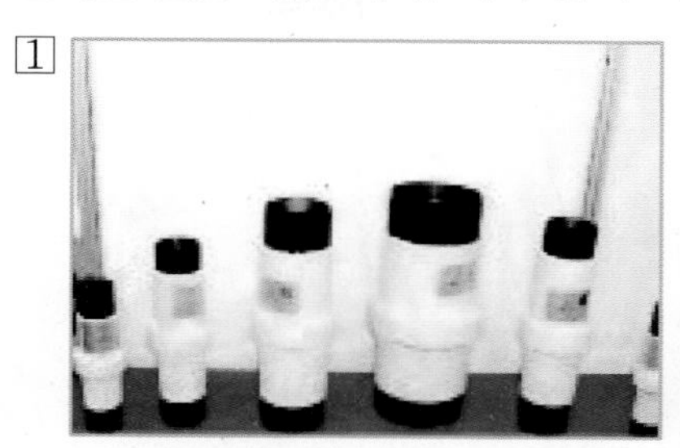

2

(1) 절연조인트를 설치하는 목적을 쓰시오.
(2) 절연조치를 하여야 하는 설치장소 3가지를 기술하시오.

해답 (1) 배관 외부로 전류를 방출시키지 않기 위함
(2) ① 배관 등과 철근콘크리트 구조물 사이 ② 배관과 강재 보호관 사이
③ 지하에 매설된 부분과 지상에 설치된 부분과의 경계(사용자에게 공급하기 위한 배관)
④ 배관과 지지물 사이 ⑤ 저장탱크와 배관 사이

보충설명

배관 외부로 전류를 방출시키지 않기 위하여 지하배관에는 절연조인트를, 지상배관에는 절연 스페이스를 설치한다.

문제 16

동영상은 지하 매설배관의 부식상태이다. 다음 물음에 답하시오.

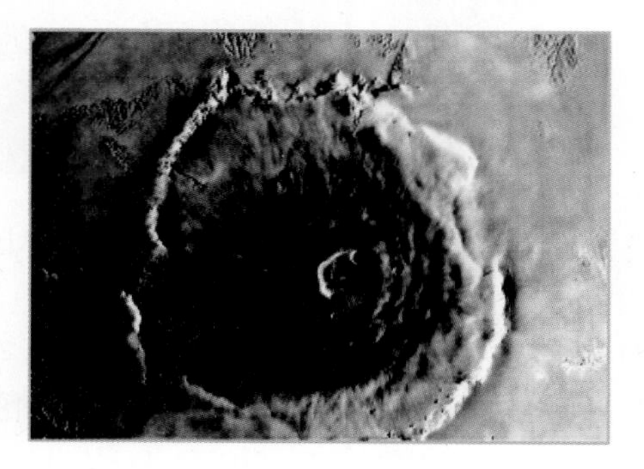

(1) 부식의 원인 5가지를 쓰시오.
(2) 방식법 4가지를 쓰시오.

해답 (1) ① 이종금속 접촉에 의한 부식 ② 미주전류에 의한 부식
③ 농염전지에 의한 부식 ④ 국부전지에 의한 부식
⑤ 박테리아에 의한 부식
(2) ① 부식환경처리에 의한 방법 ② 인히비터에 의한 방식
③ 피복에 의한 방식 ④ 전기방식법

8. 밸브 및 배관 부속품

문제 01 동영상 밸브의 각인사항과 색상을 참고하여 다음 물음에 답하시오.

1

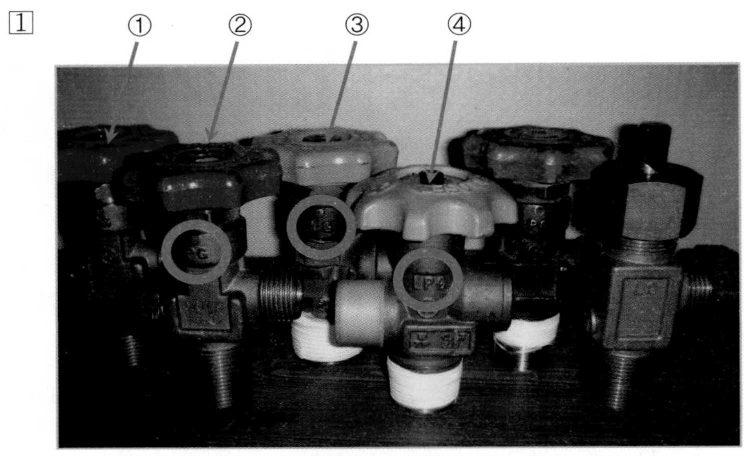

2

(1) ①, ②, ③, ④에 해당하는 가스명칭을 쓰시오.

(2) 각인되어 있는 기호의 의미를 쓰시오.

(3) 지시한 부분은 CO_2 용기의 밸브라 가정 시 각인기호 PG는 어떻게 수정되어야 하는가를 쓰고, 수정 각인기호의 의미를 쓰시오.

(4) 동영상의 각인기호 LT의 의미를 쓰시오.

해답 (1) ① 수소　② 산소　③ 아세틸렌　④ 액화석유가스

(2) PG : 압축가스를 충전하는 용기의 부속품
AG : 아세틸렌가스를 충전하는 용기의 부속품
LPG : 액화석유가스를 충전하는 용기의 부속품

(3) PG → LG
LG : LPG 이외의 액화가스를 충전하는 용기의 부속품

(4) LT : 초저온 및 저온 용기의 부속품

문제 02

동영상의 밸브 명칭을 쓰시오.

1  2  3 

해답 1 슬루스(게이트)밸브 2 볼밸브 3 체크밸브

각 밸브의 내부 모형

① 글로브밸브
② 슬루스밸브
③ 체크밸브
④ 볼밸브

문제 03

동영상 지하매몰용 폴리에틸렌 밸브이다. 다음 물음에 답하시오.

(1) 기밀시험 시 공기주입압력(MPa)은 얼마인가?
(2) 개폐용 핸들 열림표시 방향은?
(3) 밸브에 표시하여야 할 사항 3가지는?

해답 (1) 0.2~0.6MPa 정도
(2) 시계반대방향
(3) ① 최고사용압력 및 호칭지름 ② 개폐방향 ③ 재질 ④ SDR값

TiP

PE밸브 기밀시험 순서
1. 밸브를 1/2 정도 개방
2. 0.2~0.6MPa 공기주입
3. 밸브를 닫고, 1~2분 정도 기다림
4. 스템과 밸브시트에 누출여부 확인

문제 04 동영상의 밸브에 대하여 지시된 ①, ②의 의미를 쓰시오.

해답 ① 밸브 중량 : 0.71kg
② 내압시험압력 : 2.5MPa

문제 05

동영상이 보여주는 가스시설물의 명칭과 역할을 기술하시오.

해답 ① 명칭 : 피그
② 역할 : 배관 내 존재하는 이물질 제거

문제 06

다음 동영상에 있는 안전밸브의 종류를 쓰시오.

1 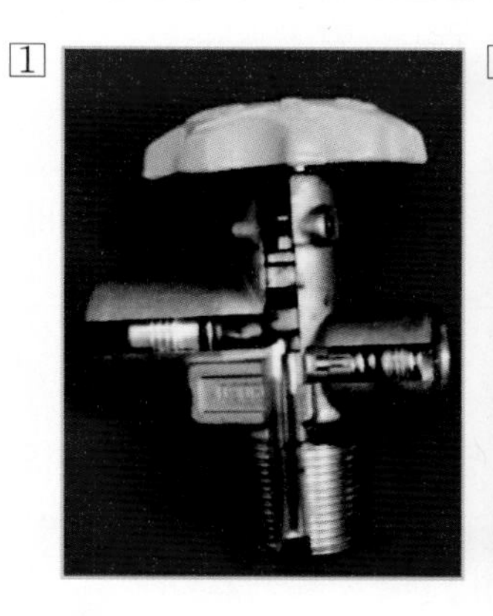 2 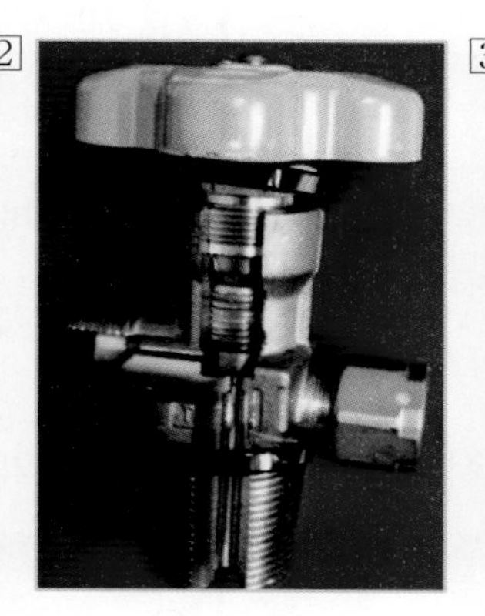 3 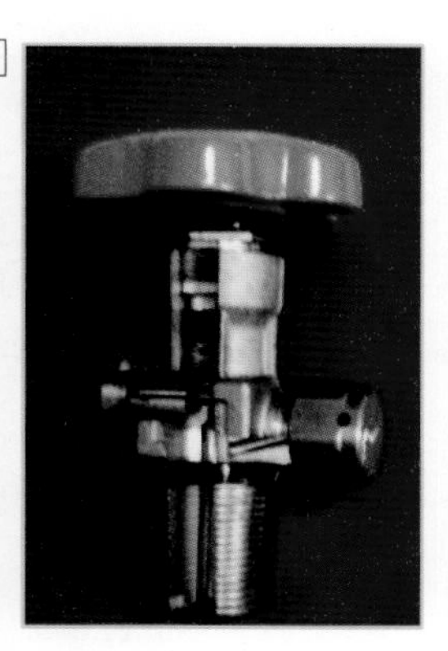

해답 1 스프링식
2 가용전식
3 파열판식

TIP

1. 가용전식 사용가스 : C_2H_2, Cl_2, C_2H_4
2. 가용전 용융온도 : C_2H_2 105±5℃, Cl_2 65~68℃

동영상에서 보여주는 ①, ②의 콕의 명칭을 쓰고, 기능을 설명하여라. ③ 이 두 가지 이외에 사용되는 콕의 종류와 기능을 설명하시오.

해답 콕의 종류 및 기능

종류	기능
① 퓨즈콕	가스유로를 볼로 개폐하고 과류차단 안전기구가 부착된 것으로 배관과 호스, 호스와 호스, 배관과 배관, 배관과 카플러를 연결하는 구조
② 상자콕	가스유로를 핸들, 누름, 당김 등의 조작으로 개폐하고 과류차단 안전기구가 부착된 것으로서 밸브, 핸들이 반개방상태에서도 가스가 차단되어야 하며, 배관과 카플러를 연결하는 구조
③ 주물연소기용 노즐콕	• 주물연소기용 부품으로 사용 • 볼로 개폐하는 구조

TIP

콕의 열림방향은 시계바늘 반대방향이며, 주물연소기용 노즐콕은 시계바늘방향이 열림방향으로 한다.

동영상에서 보여주는 ① 가스기구의 명칭, ② 역할을 기술하시오.

해답 ① 명칭 : 액체자동절체기
② 역할 : 사용 중인 액체가스 라인이 전량 소진 시 예비라인으로 전환되어 예비측 가스가 공급하게 하는 절체기

9. 가스계량기의 분류

실측식	건식형	막식	독립내기식, 클로버식
		회전자식	루트형, 오벌형, 로터리 피스톤형
	습식형		
추량식	델타형, 터빈형, 선근차형, 벤투리형, 오리피스형, 와류형		

문제 01 다음 동영상을 보고 물음에 답하시오.

1

2

3

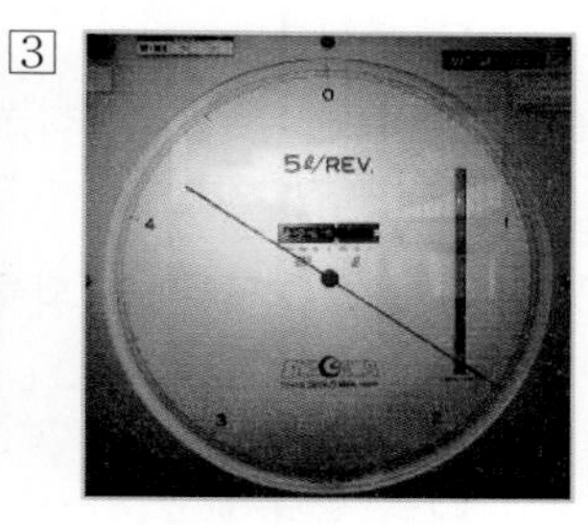

(1) 동영상 1, 2, 3의 계량기 명칭을 쓰시오.

(2) 각각의 장·단점을 기술하시오.

해답 (1) 1 막식 가스계량기 2 루트식 가스계량기 3 습식 가스계량기

(2) 가스미터의 장·단점

구분	막식	습식	루트식
장점	• 값이 저렴하다. • 설치 후의 유지관리에 시간을 요하지 않는다.	• 계량이 정확하다. • 사용 중에 기차의 변동이 크지 않다. • 원리는 드럼형이다.	• 대유량의 가스측정에 적합하다. • 중압가스의 계량이 가능하다. • 설치면적이 작다.
단점	• 대용량의 것은 설치면적이 크다.	• 사용 중에 수위조정 등의 관리가 필요하다. • 설치면적이 크다.	• 스트레이너의 설치 및 설치 후의 유지관리가 필요하다. • 소유량(0.5m^3/h 이하)의 것은 부동의 우려가 있다.

문제 02

동영상을 보고 다음 물음에 답하시오.

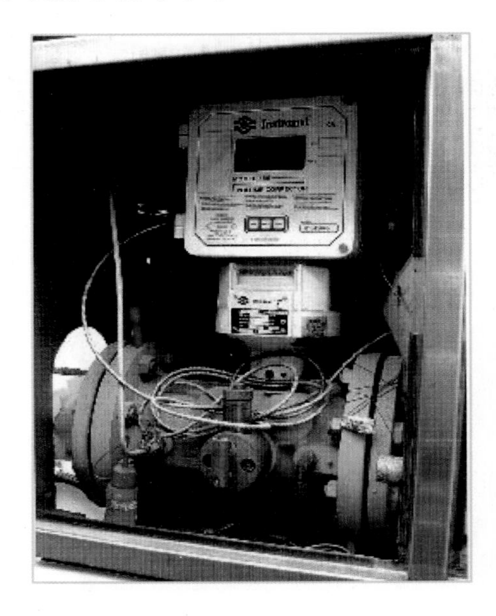

(1) 계량의 명칭을 쓰시오.
(2) 이와 같은 형식(추량식)에 해당하는 계량기 3개 이상을 쓰시오.

해답 (1) 터빈계량기
(2) ① 오리피스 ② 델타 ③ 와류형

문제 03

동영상을 보고 다음 물음에 답하시오.

1

2

(1) 동영상 1, 2에서 계량기의 설치높이를 기술하시오.
(2) 동영상 2의 경우(용량 $30m^3/h$ 미만의 경우) 설치높이는?
(3) 계량기의 설치 제한장소 3가지를 기술하시오.

해답 (1) 바닥에서 1.6m 이상 2m 이내
(2) 바닥에서 2m 이내
(3) ① 진동의 영향을 받는 장소
② 석유류 등 위험물을 저장하는 장소
③ 수전실, 변전실 등 고압전기설비가 있는 장소

해설 가스계량기(30m^3/h 미만에 한함)의 설치높이는 바닥에서 1.6~2m 이내 수직수평으로 설치하고 밴드, 보호가대 등 고정장치로 고정한다. 다만, 보호상자 내 설치, 기계실 설치, 보일러실(가정보일러실 제외) 설치 또는 문이 달린 파이프 덕트 내 설치 시 바닥으로부터 2m 이내에 설치한다.

문제 04 동영상에서 지시하는 ①, ②의 의미를 기술하시오.

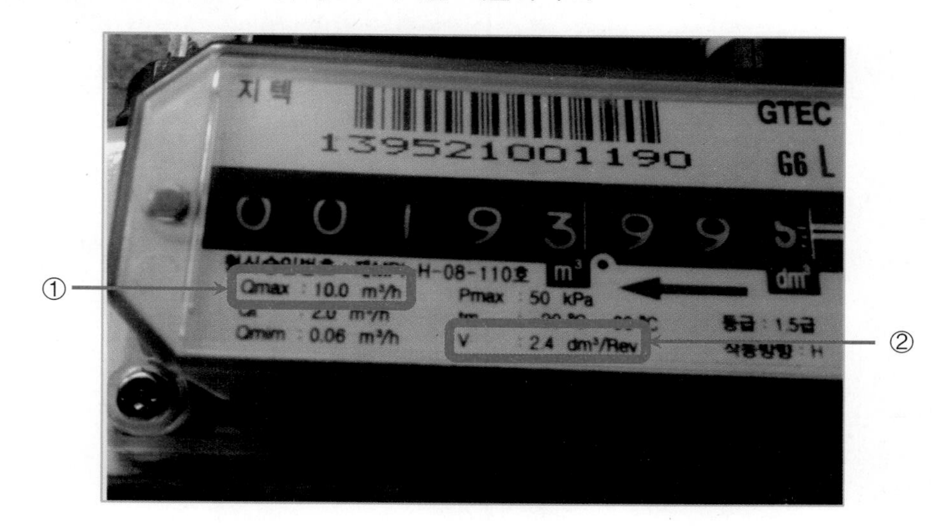

해답 ① 가스계량기 최대유량값이 시간당 10.0m^3
② 계량실 1주기 체적이 2.4dm^3

TIP

1. $Q_{\max}$: 최대유량값
2. dm^3/Rev, L/Rev : 계량실 1주기 체적

문제 **05** 동영상을 보고 다음 물음에 답하시오.

(1) 계량기 명칭을 쓰시오.
(2) 기능 4가지 이상을 쓰시오.
(3) 검사항목 4가지를 쓰시오.
(4) 3배의 직류전압을 가할 때 정격전압(MΩ)은?
(5) 상기의 가스용품은 (①)에 (②) 등, (③) 기능을 수행하는 가스안전장치가 부착된 가스용품이다.

해답 (1) 다기능 가스안전계량기
(2) ① 압력저하 차단기능
② 연속사용 차단기능
③ 합계유량 차단기능
④ 미소유량 검지기능
⑤ 미소누출 검지기능
⑥ 증가유량 차단기능
(3) ① 구조검사
② 치수검사
③ 표시적합성 검사
④ 기밀성능검사
(4) 5
(5) ① 가스계량기
② 가스누출 자동차단장치
③ 가스안전

1. 다기능 가스안전계량기는 차단밸브가 작동 후 복원조작을 하지 않는 한 열리지 않는 구조이어야 한다.
2. 사용자가 쉽게 조작할 수 없는 테스트 차단기능이 있는 것으로 한다.

10. 정전기 제거설비

동영상의 정전기 제거설비에 관한 내용에 대하여 (   )에 적당한 단어 또는 숫자를 기입하시오.

(1) 정전기 제거설비 설치에 대한 설명으로 (   )를 채우시오.

> 저장설비와 가스설비에는 그 설비에서 발생한 정전기가 점화원으로 되는 것을 방지할 수 있도록 다음 기준에 따라 정전기 제거조치를 하고, 저장설비와 가스설비 주위가 콘크리트, 아스팔트 등으로 포장되어 있어 접지저항 측정이 곤란한 경우에는 그 설비로부터 (   ) 이내에 접지저항 측정을 위한 내식성 봉을 설치한다.

(2) 저장설비 및 충전설비 정전기 제거조치에 대한 설명으로 (   )를 채우시오.

> 저장설비 및 충전설비에 규정된 것 및 접지저항치의 총합이 (   ) 피뢰설비를 설치한 것은 총합 10Ω 이하의 것을 제외한다.

(3) 탑류, 저장탱크, 열교환기, 회전기계, 벤트스택 등은 (①)으로 되어 있도록 한다. 다만, 기계가 복잡하게 연결되어 있는 경우 및 배관 등으로 연속되어 있는 경우에는 (②)으로 접속하여 접지한다.

(4) 본딩용 접속선 및 접지접속선은 단면적 (   ) 이상의 것(단선은 제외한다)을 사용하고 경납붙임, 용접, 접속금구 등을 사용하여 확실히 접속한다.

(5) 이·충전설비 정전기 제거조치에 대한 설명으로 (   )를 채우시오.

> 저장설비 및 충전설비에 이·충전하거나 가연성 가스를 용기 등으로부터 충전할 때에는 해당 설비 등에 대하여 정전기를 제거하는 조치는 다음과 같이 한다. 이 경우 접지저항치의 총합이 100Ω(피뢰설비를 설치한 것은 총합 (   )) 이하의 것은 정전기 제거조치를 하지 아니할 수 있다.

(6) 충전용으로 사용하는 저장탱크 및 충전설비는 접지한다. 이 경우 접지접속선은 단면적 $5.5mm^2$ 이상의 것(단선은 제외한다)을 사용하고, (①), (②), (③) 등을 사용하여 확실히 접속한다.

(7) 차량에 고정된 탱크 및 충전에 사용하는 배관은 반드시 충전하기 전에 다음 기준에 따라 확실하게 접지한다.

- 접속금구 등 접지시설은 차량에 고정된 탱크, 저장탱크, 가스설비, 기계실 개구부 등의 외면(차량에 고정된 탱크의 경우에는 지면에 표시된 정차위치의 중심)으로부터 수평거리 (①) 이상 거리를 두고 설치한다. 다만, 방폭형 접속금구의 경우에는 (②) 이내에 설치할 수 있다.
- 접지선은 절연전선(비닐절연전선은 제외한다)·캡타이어케이블 또는 케이블(통신케이블은 제외한다)로서 단면적 $5.5mm^2$ 이상의 것(단선은 제외한다)을 사용하고 접속금구를 사용하여 확실하게 접속한다.

해답
(1) 10m
(2) 100Ω
(3) ① 단독　② 본딩용 접속선
(4) $5.5mm^2$
(5) 10Ω
(6) ① 경납붙임　② 용접　③ 접속금구
(7) ① 8m　② 8m

정전기 제거설비를 정상상태로 유지하기 위하여 갖추어야 하는 기능
1. 지상에서 접지저항치
2. 지상에서 접속부의 접속상태
3. 지상에서의 질선 그 밖에 손상여부

11. BLEVE(블래브)와 증기운

문제 01

동영상은 LPG 충전소에서 화재가 발생하여 탱크가 가열폭발이 생겨 버섯모양의 화염을 생성하였다. 이러한 폭발을 무엇이라 하는지 ① 폭발의 용어와 ② 그 정의를 쓰시오.

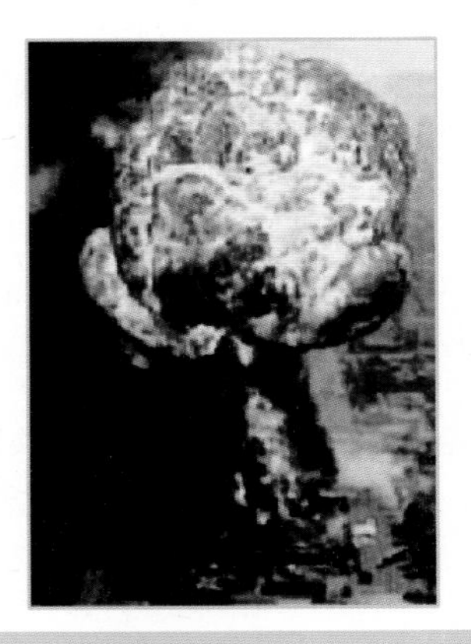

 ① BLEVE(블래브)(비등액체팽창증기폭발)
② 비점 이상으로 유지되는 액체가 충전되어 있는 탱크가 파열되면서 일어나는 폭발로 화구(Fire Ball)을 형성하면서 주위 시설물의 연쇄폭발로 이어지는 비등액체팽창증기 폭발이라고 한다.

동영상은 가연성 증기가 증발하고 있다. 이것이 폭발로 이어진다면 ① 이 폭발의 명칭과 ② 정의를 기술하시오.

 ① UNCV(증기운폭발)
② 대기 중 다량의 가연성 가스 액체가 유출되어 발생한 증기가 공기와 혼합, 가연성 혼합기체를 형성 발화원에 의해 발생한 폭발

TIP

증기운폭발의 특성	증기운폭발의 영향인자
• 증기운의 크기가 클수록 점화우려가 높다. • 증기와 공기의 난류혼합은 폭발력을 증대시킨다. • 증기운의 위험은 폭발보다 화재가 대부분이다. • 폭발효율은 낮다. • 증기의 누출점에서 멀수록 착화하면 폭발력이 증가한다.	• 방출물질의 양 • 증발된 물질의 분율 • 점화원의 위치 **증기운폭발이 일어날 수 있는 가스** LNG, LPG L-NH_3, L-Cl_2

 문제 03

동영상의 화재는 가연물의 모든 노출 표면에서 빠르게 열분해가 일어나 가연성 가스가 충만해져 이 가연성 가스가 빠르게 발화하여 격렬하게 타버리는 화재이다. 이러한 화재를 무엇이라 부르는가?

해답 전실화재(Flash Over)

12. 도시가스 압력조정기

 문제 01

동영상은 도시가스 사용시설의 압력조정기이다. 다음 물음에 답하여라.

(1) 조정기의 안전점검주기는?
(2) 필터 스트레나 설치 후 안전점검주기는?
(3) 압력조정기 점검항목 2가지를 기술하여라.

(1) 1년에 1회 이상
(2) 3년에 1회 이상
(3) ① 압력조정기의 정상작동 유무
② 필터 스트레나의 청소 및 손상 유무

도시가스 압력조정기의 기준, 공동주택 설치세대수

1. 점검 및 설치기준

<table>
<tr><th colspan="2">구분</th><th>안전점검주기</th><th>점검항목</th><th>설치기준</th></tr>
<tr><td rowspan="2">사용
시설</td><td>조정기</td><td>1년에 1회 이상</td><td rowspan="4">① 압력조정기의 정상작동 유무
② 필터 또는 스트레나의 청소 및 손상유무
③ 압력조정기 몸체 및 연결부의 가스누출유무
④ 격납상자 내부에 설치된 경우 격납상자의 견고한 고정여부
⑤ 건축물 내부에 설치시 가스방출구의 실외 안전한 장소 설치유무</td><td rowspan="6">① 압력조정기는 실외 설치, 실내일 경우 환기가 양호한 장소에 설치
② 빗물, 직사광선의 영향을 받지 않는 장소에 설치(격납상자에 설치하는 경우는 제외)
③ 배관 내의 스케일, 먼지 등을 제거한 후 설치
④ 지면으로부터 1.6m 이상 2m 이내에 설치(격납상자에 설치시는 제외)
⑤ 릴리프식 안전장치가 내장된 조정기를 건축물 내에 설치하는 경우에는 가스방출구를 실외에 안전한 장소에 설치한다.</td></tr>
<tr><td>필터
스트레나</td><td>① 설치 후 3년 1회 이상
② 그 이후 4년 1회 이상</td></tr>
<tr><td rowspan="4">공급
시설</td><td>조정기</td><td>6월 1회 이상</td></tr>
<tr><td>필터
스트레나</td><td>2년 1회 이상</td></tr>
<tr><td>구역압력
조정기</td><td>설치 후 3년 1회 분해점검 3개월 1회 정상작동여부</td><td rowspan="2">① 구역 압력조정기의 몸체와 연결부의 가스누출유무 확인
② 출구압력을 측정하고 출구압력이 명판에 표시된 출구압력 범위 이내로 공급되는지 여부 확인
③ 외함의 손상여부 확인</td></tr>
<tr><td>필터</td><td>공급개시 후 1월 이내 및 매년 1회 이상</td></tr>
</table>

2. 공동주택에 공급 시 압력에 따른 설치세대수

구분	세대수 기준	설치가능 세대수
저압	250세대 미만	249세대까지
중압	150세대 미만	149세대까지

작업형(동영상) 과년도 출제문제

2010년 가스기사 작업형(동영상) 출제문제

[제1회 출제문제 (2010. 4. 18.)]

Question 1

방폭전기기기에 대한 다음 표시방법을 설명하시오.

(1) Ex	(2) d	(3) e
(4) S	(5) ⅡC	(6) T_6

정답 (1) 방폭구조
(2) 내압방폭구조
(3) 안전증방폭구조
(4) 특수방폭구조
(5) 방폭전기기기의 폭발등급
(6) 방폭전기기기의 온도등급(85℃ 초과 100℃ 이하)

해설 Ⅱc(방폭전기기기의 폭발등급)
- 내압방폭구조인 경우(최대안전틈새 범위 0.5mm 이하)
- 본질안전방폭구조인 경우(최소점화전류비 범위 0.45mm 미만)

Question 2

동영상은 C_2H_2 용기이다. C_2H_2의 희석제 4가지를 쓰시오.

정답 ① N_2 ② CH_4 ③ CO ④ C_2H_4

동영상의 도시가스 계량기에 대하여 다음 물음에 답하시오.

(1) 화기와의 우회거리는?
(2) 설치높이는?
(3) 전기접속기와의 이격거리는?

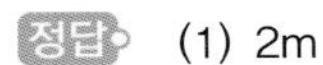

(1) 2m
(2) 지면에서 1.6m 이상 2m 이내
(3) 30cm 이상

동영상을 보고 물음에 답하시오.

①

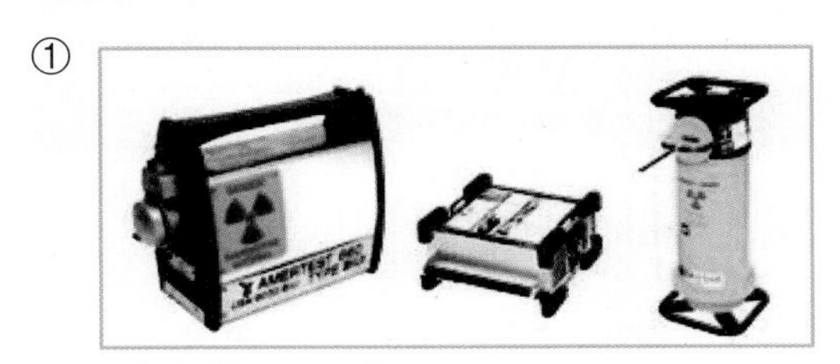

②

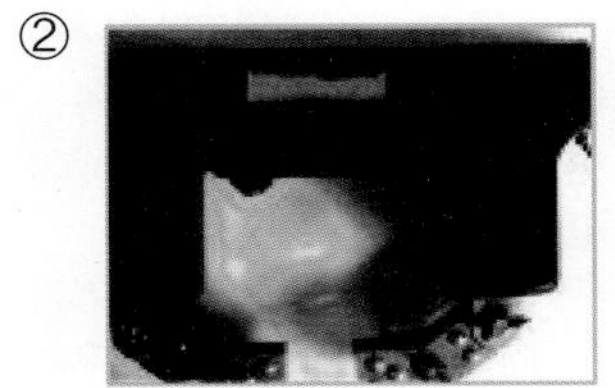

③

④

(1) 동영상 ①이 보여주는 비파괴시험의 종류를 쓰시오.
(2) 신규로 설치하는 도시가스의 제조소, 공급소 안 배관의 기밀시험에서 가스농도가 몇 % 이하에서 작동하는 가스검지기를 사용하여 해당 검지기가 작동하지 아니하는 것으로 누설되지 않았음을 판정하는지 쓰시오.

(1) 방사선투과시험(RT)
(2) 가스농도 0.2% 이하(도시가스 code 4.2.2.13 기밀시험 또는 누출검사)
※ 매몰된 배관은 시험가스를 넣어서 12시간 경과 후 판정

동영상은 가연성 저장실에 설치되어 있는 방폭등이다. 이와 같은 방폭전기기기는 결합부의 나사류를 외부에서 쉽게 조작함으로써 방폭성능을 손상시킬 우려가 있기에, 드라이버, 스패너 등의 일반 공구로 쉽게 조작할 수 없도록 하여야 한다. 이와 같은 구조를 무엇이라 하는지 쓰시오.

정답 자물쇠식 죄임구조

Question 6

동영상을 보고 다음 물음에 답하시오.

(1) 장치의 명칭을 쓰시오.
(2) 저장탱크 표면적 $1m^2$당 분무량(L/min)을 쓰시오.

정답 (1) 냉각살수장치
(2) 5L/min

Question 7

동영상은 독성 가스, 가연성 가스의 제조설비에서 이상사태 발생 시 설비 내의 내용물을 밖으로 안전하게 이송하는 긴급이송설비이다. 다음 물음에 답하시오.

(1) 이 설비의 명칭을 쓰시오.
(2) 이 설비에서 가스방출 시 작동압력에서 대기압까지 방출 소요시간은 방출에서부터 몇 분인지 쓰시오.

정답 (1) 벤트스택
(2) 60분

Question 8

동영상에서 보여주는 강제배기식의 단독배기통 방식 배기통에 배기팬을 설치하는 경우 배기통 톱에 새, 쥐 등이 들어가지 않도록 방조망을 설치할 경우 방조망의 직경은?

정답 16mm

해설
- 배기통의 구경은 배기팬 능력 이상으로 한다.
- 배기통의 수평부는 경사가 있어 응축수를 외부로 제거할 수 있는 구조로 한다.
- 배기통톱 전방 측면 상하 주의 60cm 이내에 장애물이 없는 것으로 한다.
- 배기통톱 개구부로 60cm 이내에 배기가스가 실내에 유입할 우려가 있는 개구부가 없는 것으로 한다.

Question 9

도시가스 25A, 배관 500m의 브래킷 설치수와 교량에 설치하는 배관이 100A, 8000m일 경우 배관을 지지하는 지지대의 설치 개수는 총 몇 개인가?

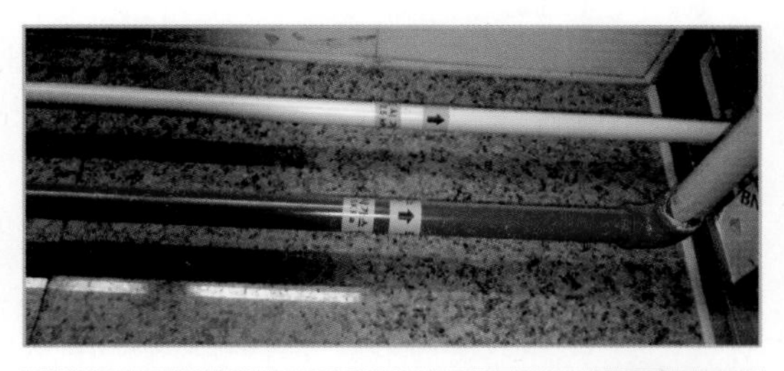

정답 250+1000=1250개

해설 500÷2=250
8000÷8=1000

배관의 고정설치 개수

- 13mm 미만 : 1m마다 고정설치
- 13~33mm 미만 : 2m마다 고정설치
- 33mm 이상 : 3m마다 고정설치(단, 100mm 이상 시는 3m 이상으로 할 수 있다.)

배관의 고정 및 지지를 위한 지지대의 최대 지지 간격

호칭지름(A)	지지간격(mm)
100	8
150	10
200	12
300	16
400	19
500	22
600	25

Question 10

동영상은 매몰형 폴리에틸렌밸브(PE)이다. 다음 물음에 답하시오.

(1) 개폐용 핸들 열림 표시의 방향을 쓰시오.
(2) 밸브에 표시하여야 할 사항 3가지를 쓰시오.

정답 (1) 시계 반대방향
(2) 최고사용압력 및 호칭지름, 개폐방향, 재질, 상당 SDR 값 중 3가지

[제 2 회 출제문제 (2010. 7. 4.)]

Question 1

동영상을 보고 다음 물음에 답하시오.

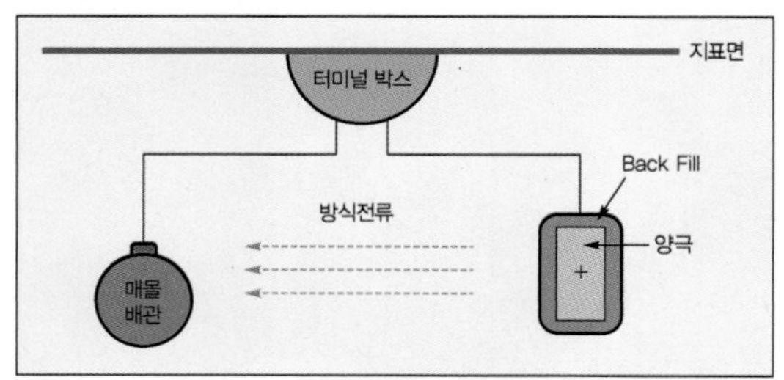

(1) 동영상이 보여주는 전기방식법을 쓰시오.
(2) 직류전철 등에 의한 누출전류의 영향을 받지 않는 도시가스 매설배관에 부식을 방지하는 전기방식법 2가지를 쓰시오.

정답 (1) 희생양극법
(2) ① 희생양극법
② 외부전원법

해설 직류전철에 누출전류의 영향을 받는 경우 전기방식법은 배류법(만약 방식효과가 충분하지 않을 때 외부전원법 또는 희생양극법 병용)을 이용한다.

Question 2

동영상의 전열온수식 기화기에서 다음 물음에 답하시오.

(1) 액이 유출하는 것을 방지하는 장치의 명칭을 쓰시오.
(2) 액유출 시 일어나는 현상 4가지를 쓰시오.

정답 (1) 액유출방지장치
(2) ① 동결
② 부식
③ 장치 내 폐쇄
④ 기화능력 불량
⑤ 저온가스에 의한 동상
⑥ 산소결핍에 의한 질식

Question 3

동영상의 라인마크의 설치거리는 배관길이 몇 m마다 설치하는가?

정답 50m마다

동영상의 가스용 PE관을 보고 물음에 답하시오.

(1) 융착이음 방법을 쓰시오.
(2) 열융착이음 방법을 3가지 쓰시오.

(1) 맞대기융착
(2) ① 맞대기융착
② 소켓융착
③ 새들융착

동영상의 LPG 판매업소의 용기보관실의 면적은 몇 m^2인가?

정답 $19m^2$

LPG 판매소
- 용기보관실 면적 $19m^2$ 이상
- 사무실 면적 $9m^2$ 이상
- 주차장 면적 $11.5m^2$ 이상

고압가스 판매업소
- 용기보관실 면적 $10m^2$ 이상
- 사무실 면적 $9m^2$ 이상
- 용기운반자동차의 원활한 통행과 원활한 하역작업을 위한 부지확보 면적 $11.5m^2$ 이상

동영상의 LNG 제조시설에서 두 개 이상의 제조소가 인접하여 있는 경우 가스공급시설이 다른 제조소 경계까지 20m 이상의 거리를 유지하여야 하지만, 15m를 유지하고 있다. 이때 설치하여야 할 시설명은?

정답 방호벽

Question 7

동영상의 용기를 차량에 적재하여 운반하려고 한다. 이 때 가연성과 산소용기를 혼합 적재 시 주의점을 기술하시오.

정답 충전용기의 밸브가 마주보지 않도록 적재

Question 8

동영상은 밀폐식 가스보일러이다. 밀폐식 보일러는 환기가 잘 되지 않는 장소에 설치하지 않아야 한다. 만약, 막을 수 없는 구조의 환기구가 외기와 직접 통하도록 설계되어 있고, 이 보일러실의 바닥면적이 5m^{2}일 때 환기구의 면적은 몇 cm^{2}인가?

정답 $5 \times 300 = 1500\text{cm}^2$

해설 **도시가스 code(2.7.1.2.4) (2)항**
막을 수 없는 구조의 환기구의 경우 환기구의 면적은 바닥면적 1m^{2}당 300cm^{2}의 비율로 계산한 면적이다.

Question 9

동영상은 전폐구조로서 용기 내부에 폭발성 가스가 폭발할 때 그 압력에 견디며, 폭발화염이 외부로 전해지지 않는 방폭구조이다. 이 방폭구조의 명칭을 쓰시오.

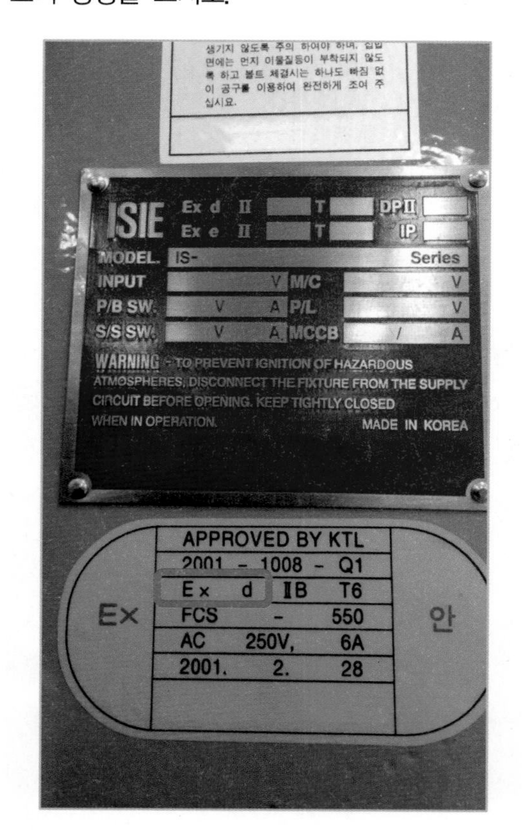

정답 내압방폭구조(d)

Question 10

동영상을 보고 물음에 답하시오.

①

②

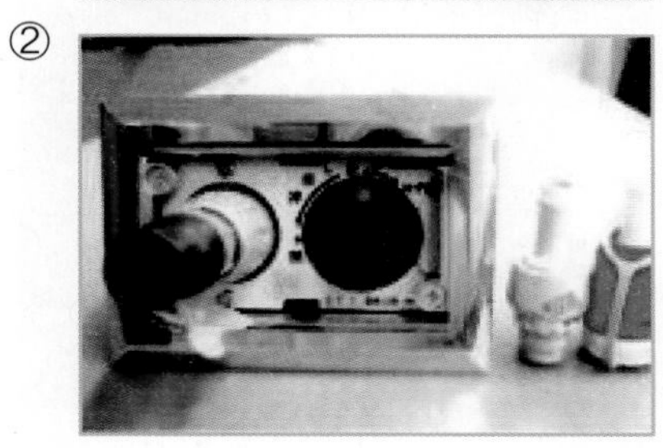

(1) 동영상에서 보여주는 가스기구 ①, ②의 명칭을 쓰시오.
(2) 동영상 가스기기의 기능을 쓰시오.

정답 (1) ① 퓨즈콕
② 상자콕
(2) 기능 : 가스유로에 볼로 개폐 과류차단 안전기구가 부착되어 일정량 이상의 가스가 흐르거나 미연소가스가 누출 시 자동으로 가스를 차단한다.

[제 3 회 출제문제 (2010. 9. 12.)]

Question 1

중압배관을 지하에 매설 시 보호관과 보호포를 덮는다. 다음 물음에 답하시오.

①

②

③

(1) 도시가스 제조공급소 밖의 중압배관 보호포의 폭을 쓰시오.
(2) 보호포의 설치기준을 쓰시오.

정답 (1) 15cm 이상
(2) 보호판 상부로부터 30cm 이상

해설 제조소공급소 내 배관매설 시는 보호포의 폭 : 15~35m

도시가스 누설검사 차량에 탑재하여 누설검사에 사용되는 장비로 다음 물음에 답하시오.

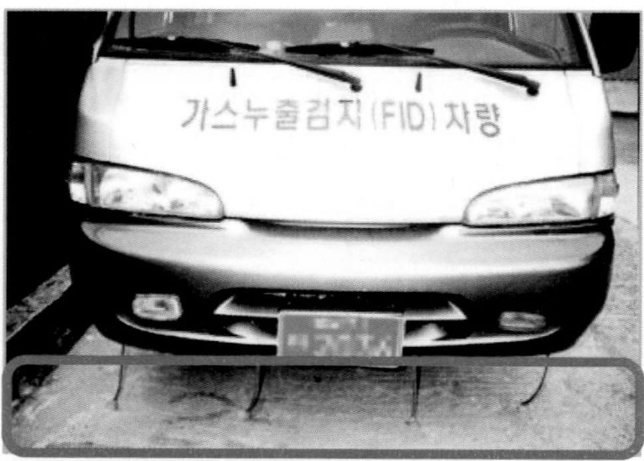

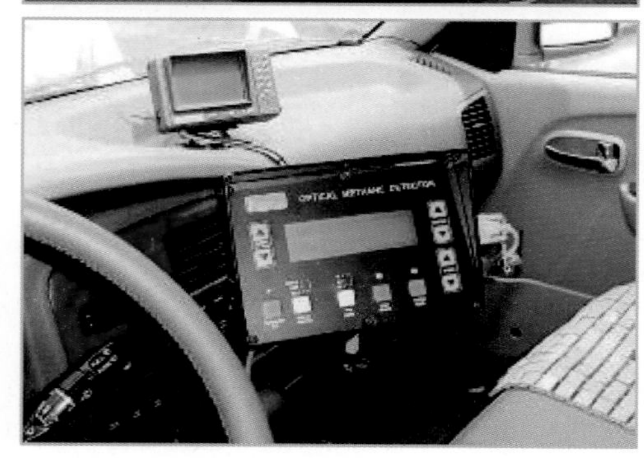

(1) 우리나라의 대부분의 도시가스 공급회사에서 사용하는 장비를 쓰시오.
(2) 최근에 도입된 OMD의 누설검지 차량에서 OMD의 의미를 쓰시오.

정답 (1) 수소염이온화식 가스검지기
(2) 광학식 메탄가스검지기

동영상과 같이 가스도매사업법에 의한 저장능력 ① 몇 톤 이상일 때 액상의 가스가 누출된 경우 ② 유출을 방지하기 위해 설치하는 것은?

정답 ① 저장능력 500톤 이상
② 방류둑

동영상에서 보여주는 LPG 충전기(Dispenser)에서 ①, ②의 명칭을 쓰시오.

정답 ① 퀵카플러
② 세이프티커플링

동영상과 같은 비파괴검사법의 명칭은?

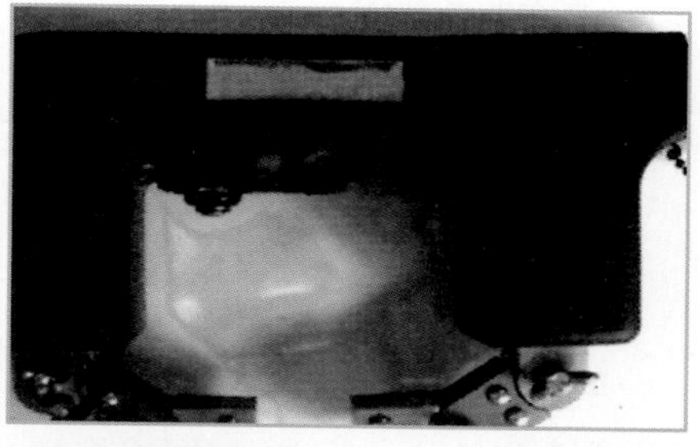

정답 자분검사

동영상에서 공동주택에 공급되는 압력조정기를 설치할 때 공급압력이 중압일 때 세대수가 몇 세대인가?

정답 150세대 미만

동영상에서와 같이 냉각살수장치의 탱크 표면적 $1m^2$당 방사량 기준(L/min)을 쓰시오.

정답 5L/min

동영상은 방폭구조로 설치되어 있는 LP 가스 저장실의 방폭등이다. 방폭구조의 종류를 쓰시오.

정답
① 내압방폭구조
② 압력방폭구조
③ 유입방폭구조
④ 안전증방폭구조
⑤ 본질안전방폭구조

Question 9

동영상에서 보여주는 무계목 용기의 재검사 시 불량 용기 폐기의 기준을 3가지 쓰시오. (단, 재검사 용기이다.)

정답 ① 절단 등의 방법으로 파기하여 원형으로 가공할 수 없도록 할 것
② 잔가스를 전부 제거한 후 절단할 것
③ 검사신청인에게 파기의 사유, 일시, 장소 및 인수시한을 통지하고 파기할 것

신규 용기 및 특정설비 파기기법

- 절단 중의 방법으로 원형으로 가공할 수 없도록 할 것
- 파기 시 검사장소에서 검사원 입회 하에 용기 및 특정설비 제조자로 하여금 실시하게 할 것

Question 10

동영상의 표지판은 가스도매사업자의 표지판이다. 다음 물음에 답하시오.

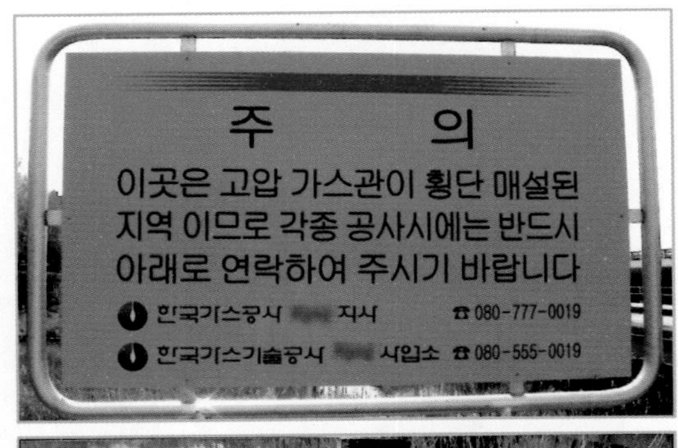

(1) 도시가스 표지판 설치거리를 쓰시오.
(2) 표지판의 규격(가로×세로)을 쓰시오.

정답 (1) 설치거리 : 500m
(2) 규격 : 200mm×150mm(가로×세로)

일반도시가스 사업자의 표지판의 경우 제조소, 공급소 밖은 200m, 제조소, 공급소 내는 500m마다 설치

2011년 가스기사 작업형(동영상) 출제문제

[제1회 출제문제 (2011. 5. 1.)]

Question 1

동영상은 가스도매사업자가 설치한 배관의 표지판이다. 다음 물음에 답하시오.

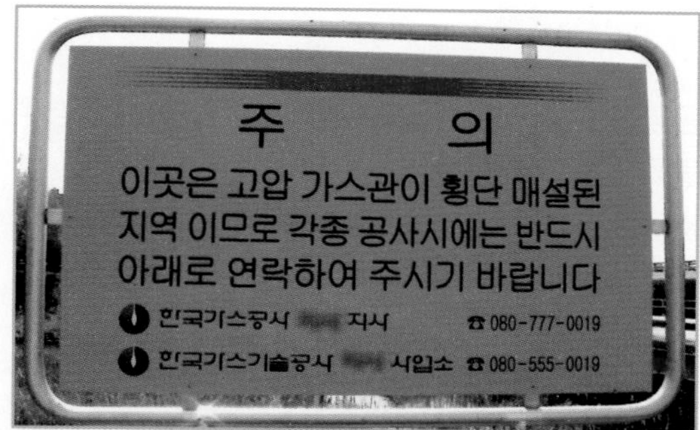

(1) 도시가스 배관의 표지판은 몇 m마다 설치하는가?
(2) 표지판의 규격은?

 정답
(1) 500m마다 설치
(2) 규격 : 200mm×150mm(가로×세로)

Question 2

동영상의 가스용 PE 배관의 압력이 0.1MPa일 때 SDR값은 얼마인가?

정답 21 이하

Question 3

동영상은 저장탱크에 액가스 유출 시 한정 범위를 벗어나지 않게 하는 방류둑이다. 다음 물음에 답하시오.

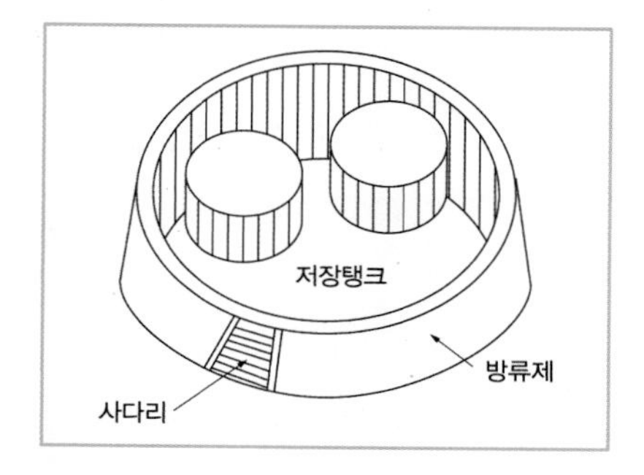

(1) 이 방류둑의 기울기 각도는?
(2) 정상부 폭은?

 정답
(1) 45° 이하
(2) 30cm 이상

Question 4

동영상에서 가스불꽃이 불완전하거나 바람에 꺼졌을 때 열전대가 식어 기전력을 잃고 전자밸브가 닫아져 모든 통로를 차단시켜 생가스의 유출을 방지하는 안전장치를 무엇이라 하는가?

정답 소화안전장치

Question 5

동영상을 보고 물음에 답하시오.

(1) 도시가스 배관에 표시해야 되는 3가지 항목을 쓰시오.

(2) 현재 배관의 관경이 50mm일 때 표시되어 있는 브래킷은 몇 m마다 설치하여야 하는가?

 (1) ① 가스흐름방향
② 최고사용압력
③ 사용가스명
(2) 3m마다

 관경이 100A 이상되는 배관은 3m 이상으로 할 수 있다.

Question 6

동영상은 가스연소기구이다. 불완전연소의 경우 불꽃색이 적황색을 띄고 있다. 이 경우 어느 부분을 조작하니 불꽃이 완전연소하는 청색화염으로 되었다. 무엇을 조작하였는가?

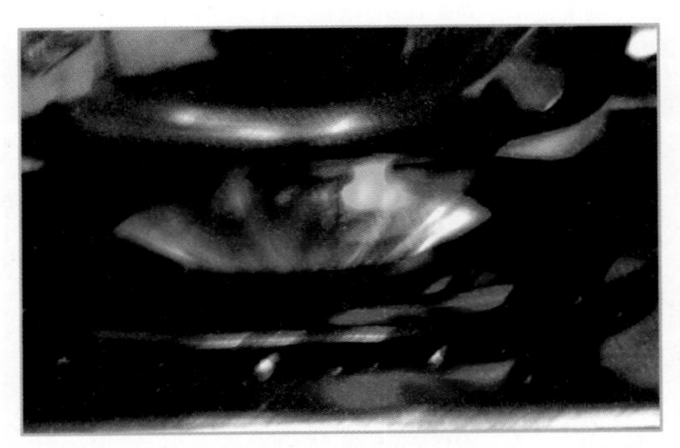

정답 공기조절장치

Question 7

동영상에서 보여주는 가스장치를 보고 물음에 답하시오.

(1) 도시가스 정압기실의 천장에서 몇 cm 이내 설치되는가?
(2) 설치 개수는 바닥면 둘레 몇 m마다 1개씩 설치하는가?

정답 (1) 천장에서 30cm 이내
(2) 바닥면 둘레 20m마다 1개씩

Question 8

도시가스 공동주택에 공급되는 압력조정기에서 압력이 저압일 경우 설치할 수 있는 세대수는?

정답 250세대 미만

Question 9

동영상에서 보여주는 압축기 또는 펌프에서 온도감시장치(열전대 온도계 설치)가 있는 동영상의 번호를 ①, ②, ③, ④ 중 선택하시오.

①

②

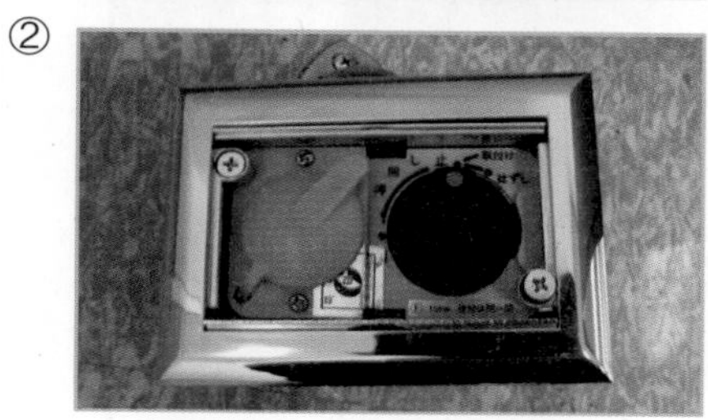

③

④

정답 ④

Question 10

동영상은 한전의 교류전원을 직류로 변환하는 정류기이다. 정류기의 형태를 2가지로 분류하시오.

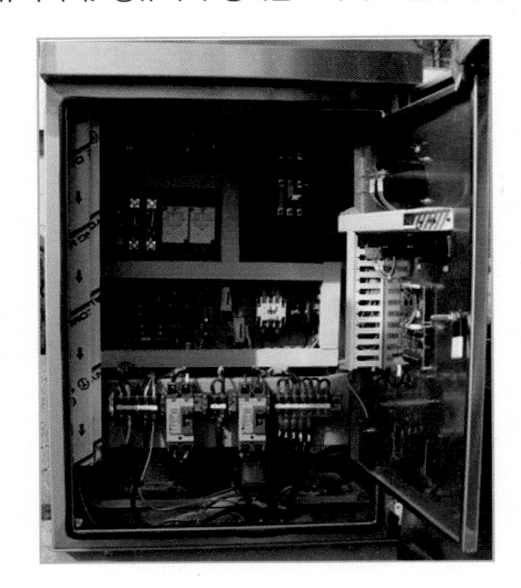

정답 ① 인버터 방식 : AC를 DC로 변환
② 컨버터 방식 : DC를 AC로 변환

해설 **정류기**
한전의 교류전원을 직류로 변환시키는 설비
• AC : 교류
• DC : 직류

[제 2 회 출제문제 (2011. 7. 24.)]

Question 1

동영상에 해당하는 용기의 명칭을 쓰시오.

①

②

③

④

정답 ① 아세틸렌(황색) 용기
② 산소(녹색) 용기
③ 이산화탄소(청색) 용기
④ 수소(주황색) 용기

Question 2

동영상의 방폭구조는 방폭성능을 손상시킬 우려가 있는 드라이버, 스패너 등의 일반 공구로 쉽게 조작할 수 없도록 하여야 한다. 다음 물음에 답하시오.

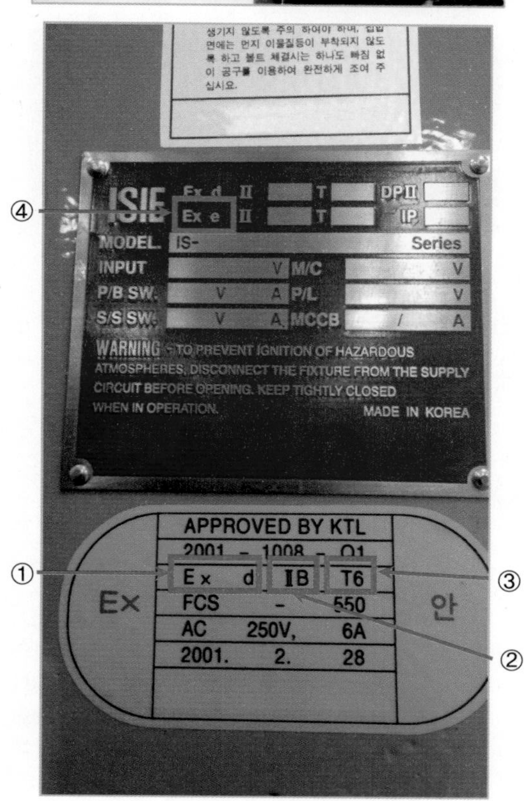

(1) 이러한 방폭구조를 무엇이라 하는가?

(2) ①, ②, ③, ④가 의미하는 뜻을 기술하시오.

(3) ③의 T_6에서 가연성 가스 발화도(℃)의 범위를 기술하시오.

정답 (1) 자물쇠식 죄임구조

(2) ① Exd(내압방폭구조)

② IIB(방폭전기기기의 폭발등급)

③ T_6(방폭전기기기의 온도등급)

④ Exe(안전증방폭구조)

(3) 85℃ 초과 100℃ 이하

해설 **방폭전기기기의 온도등급 분류**

가연성 가스의 발화도 범위(℃)	방폭전기기기의 온도등급
450 초과	T_1
300 초과 450 이하	T_2
200 초과 300 이하	T_3
135 초과 200 이하	T_4
100 초과 135 이하	T_5
85 초과 100 이하	T_6

Question 3

동영상의 전기방식법에서 전위측정용 터미널을 몇 m마다 설치하여야 하는가?

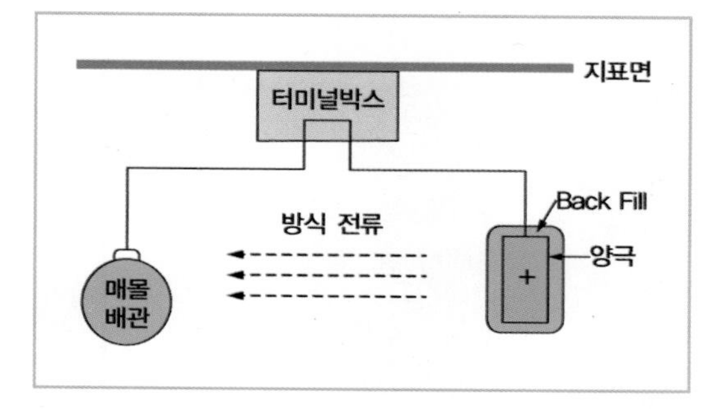

정답 300m

Question 4

동영상의 냉각용 살수장치에서 탱크 면적이 $5m^2$ 일 때 보유하여야 할 물의 양(L)을 계산하시오.

정답 $5m^2 \times 5L/min \cdot m^2 \times 30min = 750L$

Question 5

동영상이 보여주는 융착이음의 종류는?

정답 맞대기융착

Question 6

동영상에서 보여주는 도시가스 공급시설의 압력조정기에 대하여 물음에 답하여라.

(1) 조정기의 설치위치는?
(2) 조정기의 작동상황 점검주기는?

정답 (1) 지면에서 1.6m 이상 2m 이내
(2) 6월에 1회 이상

해설 **조정기의 설치위치**
지면에서 1.6m 이상 2m 이내 단, 격납상자에 설치 시 설치높이 제한이 없다.
압력조정기의 점검기준
- 도시가스 공급시설에 설치된 압력조정기는 6월 1회 이상(필터 또는 스트레나의 청소는 2년 1회 이상) 안전결함을 실시
- 사용시설에 설치된 압력조정기는 1년 1회 이상(필터 또는 스트레나의 청소는 3년 1회 이상) 안전점검을 실시

동영상은 가연성·독성 가스의 설비에서 이상사태가 발생 시 설비 내의 내용물을 설비 밖으로 긴급하고 안전하게 이송하는 설비이다. 이 중 긴급용 설비의 설치기준을 3가지 이상 쓰시오.

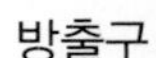

정답 ① 벤트스택의 높이는 방출된 가스의 착지농도가 폭발하한계 미만이 되도록 충분한 높이로 하고 독성인 경우 기준농도(TLV-TWA 기준) 미만이 되는 높이로 할 것
② 독성 가스는 제독 조치를 한 후 벤트스택에서 방출할 것
③ 벤트스택의 방출구 위치는 정상작업을 하는데 필요한 장소 및 작업원이 통행하는 장소로부터 10m 떨어진 곳에 설치할 것

동영상은 도시가스 정압기실이다. 물음에 답하여라.

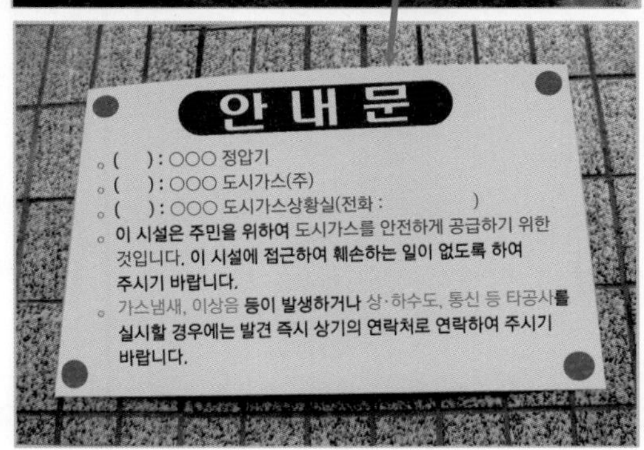

(1) 경계책의 높이는?
(2) 정압기실 안내문(표지판)에 기재할 사항 3가지는?

정답 (1) 1.5m 이상
(2) 시설명, 공급자, 연락처

Question 9

최고사용압력이 고압 또는 중압인 배관에서 방사선투과시험에 합격된 배관은 통과하는 가스를 시험가스로 사용할 때 가스농도가 몇 % 이하에서 작동하는 가스검지기를 사용하여야 하는가?

정답 0.2% 이하

Question 10

강제배기식 단독배기통 방식의 가스보일러가 설치된 곳의 통풍을 양호하게 하기 위하여 필요한 설비 2가지를 쓰시오.

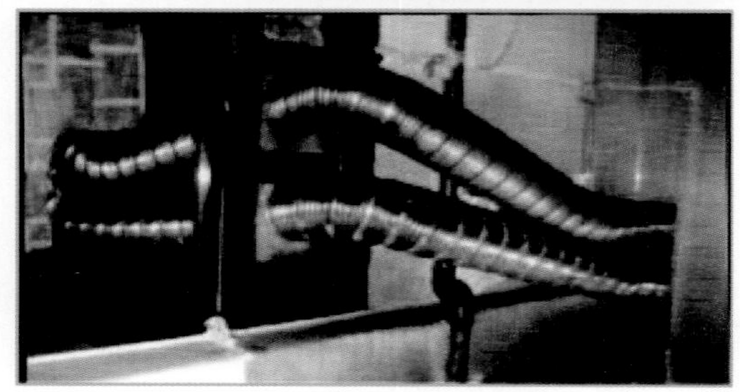

정답 ① 급기구
② 상부 환기구

[제 3 회 출제문제 (2011. 10. 16.)]

Question 1

동영상이 보여주는 기화기에는 액화가스가 넘쳐 흐르는 것을 방지하는 장치가 설치되어 있다. 다음 물음에 답하시오.

(1) 이 장치의 명칭을 쓰시오.
(2) 액화가스가 넘쳐흘렀을 때 일어나는 현상을 2가지 이상 쓰시오.

정답 (1) 액유출방지장치
(2) ① 동상
② 질식
③ 물리적 변화
④ 화학적 반응
⑤ 기화능력 불량
그 밖에 조정기 폐쇄 가연성인 경우 폭발 우려 등

Question 2

동영상은 일반도시가스 공급시설이다. 용접이음매를 제외한 배관이음부와 절연전선의 이격거리는?

정답 10cm 이상

Question 3

도시가스 정압기실 내부 조명도를 쓰시오.

정답 150Lux

Question 4

동영상의 융착이음의 공칭 외경(mm)을 쓰시오.

정답 90mm 이상

Question 5

동영상에서 보여주는 검출기의 형식은?

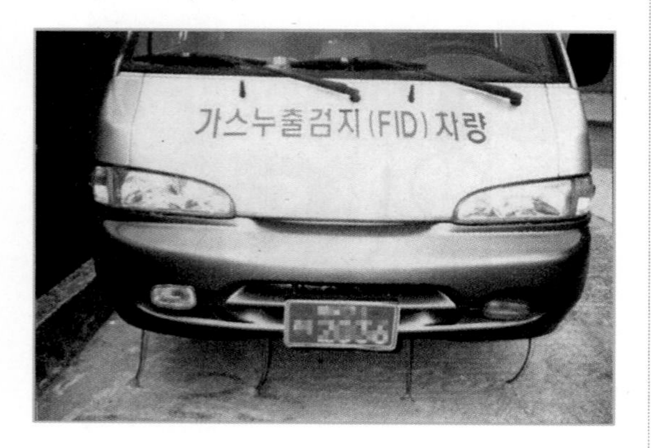

정답 FID(수소포획이온화검출기)

Question 6

LPG 안전공급 계약 시 계약자와 공급자간 계약 내용을 4가지 쓰시오.

액화석유가스 안전공급계약서

액화석유가스의 안전 및 사업관리법 시행규칙 [별표 17] 제2호 가목의 규정에 의하여 당사(점)는 고객과 안전공급에 관한 다음의 서면계약서를 교부합니다.

가스의 전달방법	LP가스의 충전된 용기를 가스사용에 지장이 없도록 계획된 배달날짜 또는 주문이 있을 때마다 신속히 배달하겠으며 사용시설에 직접 접속해 드립니다. 단, 체적으로 판매할 경우에는 사용 중인 용기 안에 가스가 떨어지면 자동적으로 다른 용기에서 가스가 공급될 수 있도록 항상 충전된 예비용기를 부착하여 그리겠습니다.

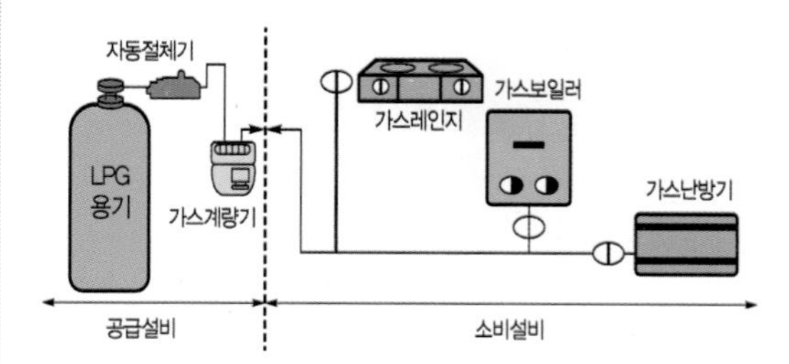

정답 ① 가스의 계량방법과 가스요금에 관한 사항
② 공급설비와 소비설비의 관리방법에 관한 사항
③ 계약의 해지에 관한 사항
④ 안전책임에 관한 사항
⑤ 긴급연락처에 관한 사항(이 중 4가지)

Question 7

동영상은 강으로 제조한 무이음용기이다. 이 용기의 제품에 대한 설계단계 검사항목을 4가지 이상 쓰시오.

정답
① 외관검사
② 내압검사
③ 기밀검사
④ 재료검사
⑤ 파열검사

해설
제품에 대한 검사
- 설계단계검사(외관검사 · 내압검사 · 기밀검사 · 재료검사 · 파열검사)
- 생산단계의 제품확인검사(외관검사 · 내압검사 · 기밀검사 · 재료검사 · 파열검사)
- 수시품질검사(외관검사 · 내압검사 · 기밀검사)

Question 8

동영상의 LPG 충전기의 ① 호스길이와 ② 형식을 쓰시오.

정답
① 5m 이내
② 원터치형

Question 9

동영상은 방폭구조의 종류이다. 방폭구조의 종류와 기호를 6가지 쓰시오.

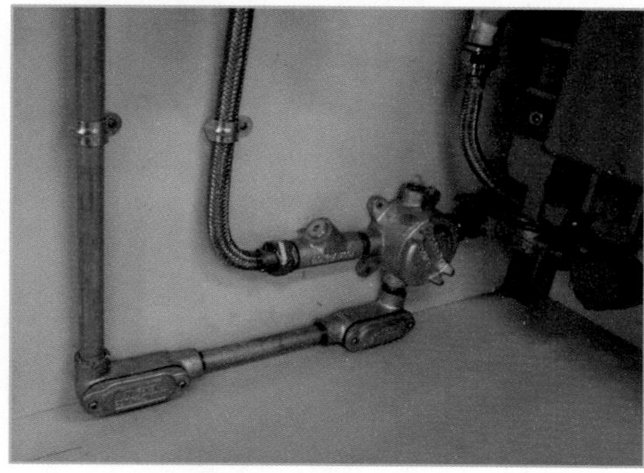

정답 ① 내압방폭구조(d)
② 압력방폭구조(p)
③ 유입방폭구조(o)
④ 안전증방폭구조(e)
⑤ 본질안전방폭구조(ia)
⑥ 특수방폭구조(s)

Question 10

동영상의 지상 LPG 저장탱크 액면계의 상하 배관에 설치하는 기구의 명칭은?

정답 액면계의 자동 및 수동식 스톱밸브

2012년 가스기사 작업형(동영상) 출제문제

[제1회 출제문제 (2012. 4. 22.)]

Question 1

동영상이 보여주는 가스기구의 명칭은?

정답 매몰용 폴리에틸렌밸브

Question 2

동영상에서 지시하는 가스장치는 연소기와 호스 사이에 가스가 과다누설 시 가스를 차단하는 장치이다. 이 장치의 명칭은?

정답 퓨즈콕

Question 3

동영상이 보여주는 ① PE관 상부 전선의 명칭과 ② 역할을 기술하시오.

정답 ① 명칭 : 로케팅와이어
② 역할 : 지하에 매설된 가스용 폴리에틸렌관은 지상에서 관의 유지관리를 위하여 탐지하는 장치

Question 4

동영상에서 보여주는 방폭구조의 종류는?

정답 내압방폭구조

Question 5

동영상에서 가연성 가스와 산소용기를 운반 시 주의할 점 1가지를 쓰시오.

정답 충전용기의 밸브가 마주보지 않도록

Question 6

동영상을 보고 다음 물음에 답하시오.

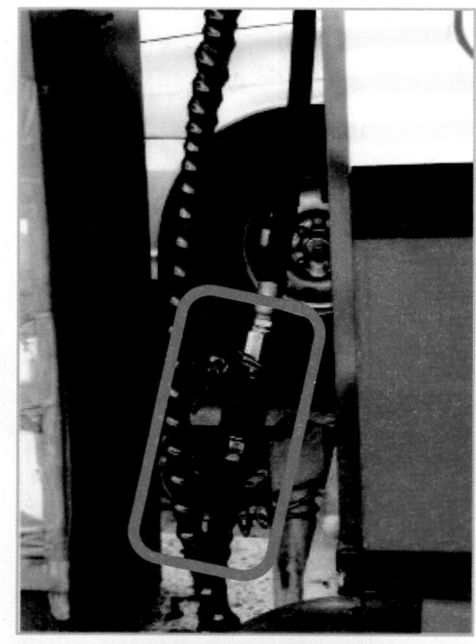

(1) 자동차용 LPG 충전기 호스길이는 몇 m인가?
(2) 지시하는 부분의 명칭을 쓰시오.

정답 (1) 5m
(2) 세이프티커플링

Question 7

동영상은 로딩암을 이용하여 LNG 탱크로리에서 저장탱크로 가스를 이송하는 장면이다. 이송방법 4가지를 기술하여라.

정답 ① 차압에 의한 방법
② 압축기에 의한 방법
③ 균압관이 있는 펌프 방식
④ 균압관이 없는 펌프 방식

Question 8

동영상의 용기 재검사에서 이음매 없는 용기의 불합격 시 파기기준을 3가지 쓰시오.

정답 ① 절단 등의 방법으로 파기하여 원형을 가공할 수 없도록 할 것
② 잔가스를 전부 제거한 후 절단할 것
③ 검사신청인에게 파기의 사유, 일시, 장소 및 인수시한을 통지하고 파기할 것
④ 파기하는 때에는 검사장소에서 검사원으로 하여금 직접 실시하게 하거나 검사원 입회 하에 용기 및 특정설비 사용자로 하여금 실시하게 할 것

해설 **신규 용기 및 특정설비 파기방법**
- 절단 등의 방법으로 원형을 가공할 수 없도록 할 것
- 파기하는 때에는 검사장소에서 검사원 입회 하에 용기 및 특정설비 제조자로 하여금 실시하게 할 것(고법 시행규칙 별표 23항)

Question 9

다음은 천연가스 압축장치이다. 동영상에서 ①과 ②를 압력으로 비교하여라.

- CNG 충전장소의 압축기 입구배관 적색 중압배관 (①) MPa(g) 미만
- CNG 충전장소의 압축기 출구배관에서 저장탱크로 가는 고압배관 (②)MPa(g) 이상

①

②

정답 ① 0.1~1
② 1

해설 CNG 충전장소에서 압축하여 충전하기 위하여 중압으로 인입된 CNG를 고압으로 승압하여 저장탱크에 충전

Question 10

동영상이 보여주는 장치의 명칭은?

정답 냉각살수장치

[제2회 출제문제 (2012. 7. 8.)]

동영상을 보고 물음에 답하시오.

(1) 동영상의 LP가스 용기보관실 가스검지기 높이는?
(2) 가스누출 검지경보장치는 바닥면 둘레 몇 m마다 1개씩 설치하여야 하는가?

정답 (1) 가스검지기 높이 : 지면에서 30cm 이내
(2) 바닥면 둘레 : 20m마다 1개씩 설치

해설 **가스누출 검지경보장치의 설치 수**
- 도시가스 정압기실 내 20m마다 1개씩 설치
- LP가스 저장실 내 20m마다 1개씩 설치
- 설비가 건축물 안에 설치되어 있는 경우 설비군 바닥면 둘레 10m마다 1개씩 설치
- 설비가 건축물 밖에 설치되어 있는 경우 설비군 바닥면 둘레 20m마다 1개씩 설치

동영상에서 보여주는 ①, ② 가스기구의 명칭을 쓰시오.

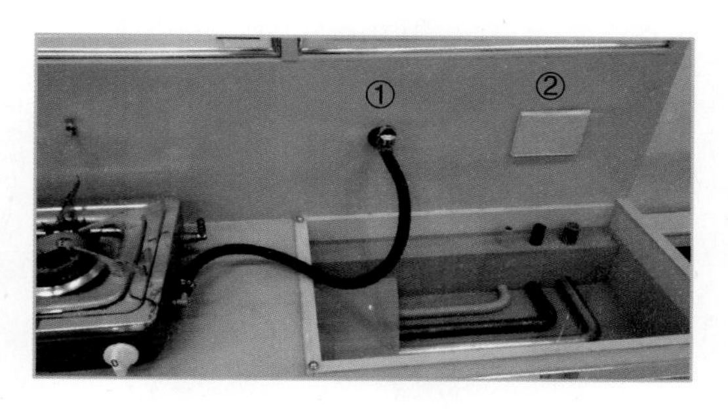

정답 ① 퓨즈콕
② 상자콕

동영상에서 보여주는 방폭구조의 종류와 기호를 쓰시오.

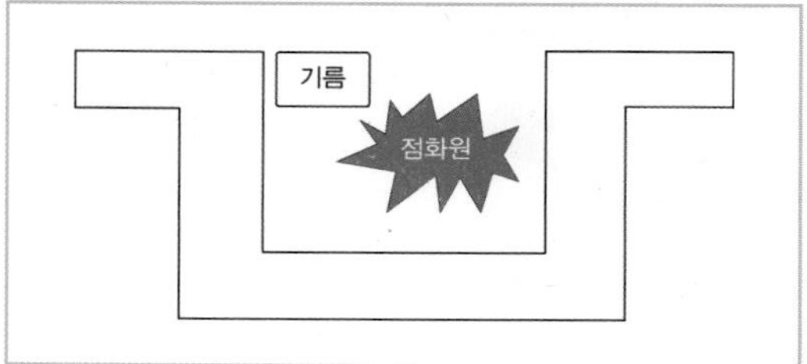

정답 유입방폭구조(o)

Question 4

동영상은 도시가스 공동주택에 공급되는 압력조정기이다. 공급압력이 중압 이상일 때 압력조정기를 사용할 수 있는 설치 세대수는 몇 세대인가?

정답 150세대 미만

Question 5

동영상에서 보여주는 비파괴시험 방법의 종류를 영문 약자로 쓰시오.

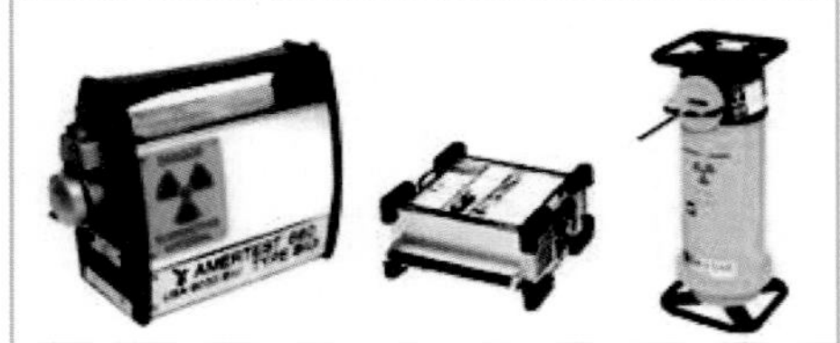

정답 RT

Question 6

동영상에서 보여주는 라인마크 방향의 종류 3가지를 쓰시오. (단, 직선방향, 양방향은 제외)

정답
① 삼방향
② 일방향
③ 135° 방향
④ 관말지점

참고 KGS Fp 451

Question 7

동영상에서 보여주는 가스용 PE 배관의 열융착 이음방법은?

정답 맞대기융착

Question 8

동영상은 가스가 연소 중 갑자기 불꽃이 꺼졌을 때 가스흐름을 차단, 생가스의 누출을 방지하는 장치이다. 이 장치의 명칭은?

정답 소화안전장치

Question 9

관경 20mm의 배관을 300m 설치 시 배관의 고정장치(브래킷)의 수는 몇 개가 필요한가?

정답 13mm 이상 33mm 미만인 경우 2m마다 설치한다.

∴ 300÷2=150개

Question 10

동영상은 정압기실 외부에 설치되어 있는 가스설비의 장치이다. 다음 물음에 답하시오.

(1) 이 설비의 명칭은?

(2) 이 설비의 기능 3가지를 서술하시오.

정답 (1) RTU 박스

(2) ① 가스누설 시 경보기능

② 정압기실의 운전상황을 계측

③ 정전 시 전원공급(UPS)

[제3회 출제문제 (2012. 10. 14.)]

Question 1

동영상에서 보여주는 초저온 탱크에서 탱크 상호간 ① 이격거리(m)와 ② 그 이유를 기술하시오.

정답 ① 산소 탱크와 불연성 탱크는 이격거리 규정 없음
② 이유 : 산소와 불연성 탱크는 상호간 폭발 우려가 없고, 불연성 가스로 인하여 화재, 폭발 등에 안전하므로

Question 2

동영상의 설비구조는 일반공구(몽키, 스패너) 등을 쉽게 분해, 조립이 불가능 하도록 된 구조이다. 다음 물음에 답하시오.

(1) 이 구조의 명칭은?
(2) T_4의 의미를 쓰시오.

정답 (1) 자물쇠식 죄임구조
(2) 내압방폭전기기기의 온도등급(발화도 범위 135℃ 초과 200℃ 이하)

Question 3

동영상에서 보여주는 용기는 온도가 몇 ℃ 이하인 액화가스를 충전하기 위한 용기인가?

정답 −50℃ 이하

동영상을 보고 다음 물음에 답하시오.

(1) 비파괴검사의 종류는?
(2) 최고사용압력이 고압 또는 중압인 배관에서 방사선투과시험에 합격된 배관은 통과하는 가스를 시험가스로 사용할 때 가스농도가 몇 % 이하에서 작동하는 가스검지기를 사용하여야 하는가?

(1) 방사선투과검사
(2) 0.2% 이하

동영상은 도시가스 공동주택에 공급되는 조정기이다. 가스압력이 저압인 경우 조정기를 설치하는 최대 세대수는 몇 세대인가?

정답 249세대(250세대 미만)

가스 폴리에틸렌관의 압력이 0.3MPa 이하일 때 SDR의 값은?

정답 11 이하

동영상을 보고 물음에 답하시오.

(1) 장치의 명칭을 쓰시오.
(2) 표면적 1m^{2}당 분무량(L/min)을 쓰시오.

정답 (1) 냉각살수장치
(2) 5L/min

저장능력이 20만m^{3}인 LNG 탱크와 압축기와의 이격거리는 몇 m 이상인가?

정답 30m

20만ton 저압지하식 LNG 저장탱크에서 이 탱크와 사업소 경계까지의 유지거리(m)는?

정답 $L = C\sqrt[3]{143000\,W}$
$= 0.240 \times \sqrt[3]{143000\sqrt{200000}}$
$= 95.975\text{m} \fallingdotseq 95.98\text{m}$

동영상은 유입방폭구조에 사용되는 절연유이다. 절연유의 역할을 쓰시오.

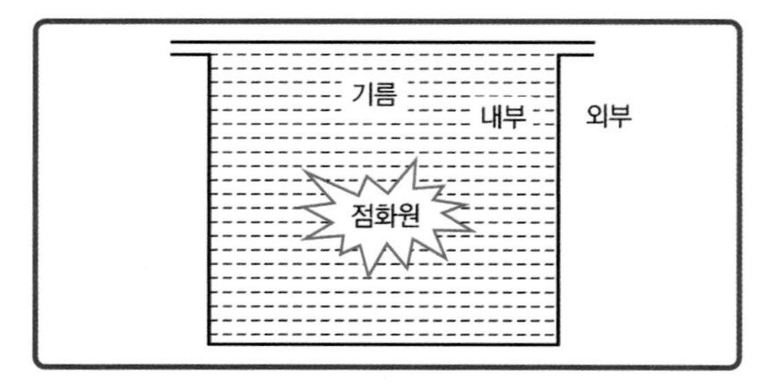

정답 용기 내부에 주입하여 불꽃 아크 또는 고온 발생부분이 기름에 잠기게 함으로써 기름면 위에 존재하는 가연성 가스에 인화되지 않도록 한다.

2013년 가스기사 작업형(동영상) 출제문제

[제1회 출제문제 (2013. 4. 21.)]

Question 1

동영상에서 보여주는 라인마크에 대하여 물음에 답하시오.

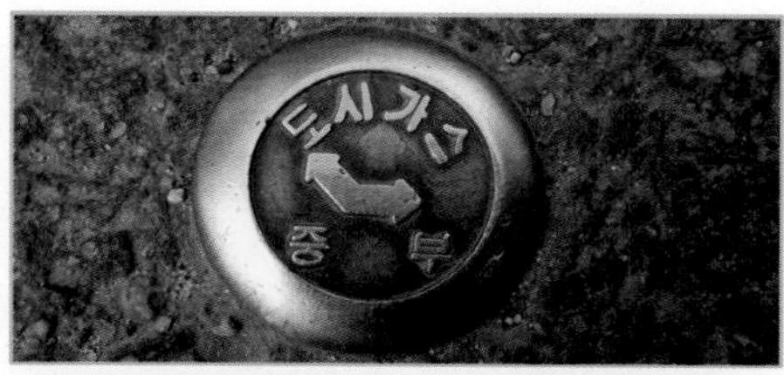

(1) 라인마크 직경과 두께는 (①)mm×(②)mm 이다.

(2) 핀의 길이와 직경은 (①)mm×(②)mm 이다.

정답 (1) ① 60 ② 7
(2) ① 140 ② 20

해설
- 라인마크 : 종류에 관계 없이 직경×두께 : 60×7, 핀의 길이×직경 : 140×20
- 종류

직선방향 (LM-1)	양방향 (LM-2)	삼방향 (LM-3)
일방향 (LM-4)	135° 방향 (LM-5)	관말 (LM-6)

Question 2

LPG 용기에 반드시 표시하여야 하는 사항 3가지 이상을 쓰시오.

정답
① 충전하는 가스의 명칭
② 내용적
③ 충전량
④ 용기의 형식
⑤ 최고충전압력
⑥ 내압시험압력

해설 (KGS Ac 211) 액화석유가스 강제용기 내용적에 따른 통기를 위하여 필요한 면적, 물빼기 면적

용기 종류	통기 필요 면적(mm^2)	물빼기 필요 면적(mm^2)
20L 이상 25L 미만	300 이상	50 이상
25L 이상 50L 미만	500 이상	100 이상
50L 이상 125L 미만	1000 이상	150 이상

Question 3

동영상과 같이 자석의 S극과 N극을 이용하여 검사하는 비파괴검사 방법의 명칭은?

정답 자분탐상시험

Question 4

동영상의 정압기실의 바닥면 둘레가 55m일 때 가스누설검지기의 설치 수량은?

정답 3개

해설 정압기실 바닥면 둘레 20m마다 1개 설치하므로
∴ 55÷20=2.75=3개

Question 5

동영상의 기화장치에서 물음에 답하시오.

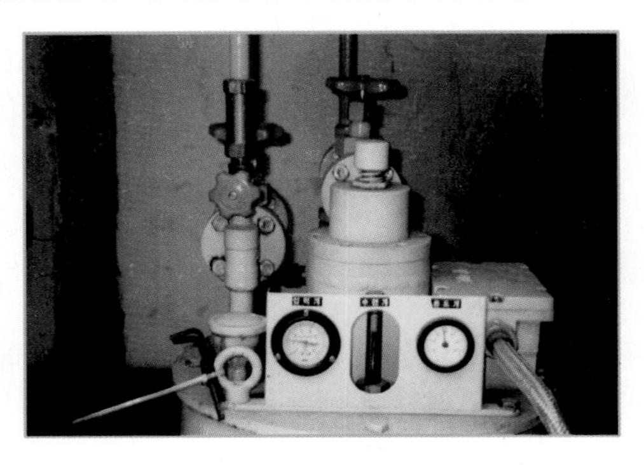

(1) 액체상태로 열교환기 외부로 유출을 방지하는 장치의 명칭은?
(2) 액체상태의 가스가 유출 시 발생되는 현상 2가지는?

정답 (1) 액유출방지장치
(2) ① 기화설비 동결
② 동상
③ 질식

Question 6

동영상의 용기에 가스를 충전 시 충전압력이 2.5MPa 이상 충전할 때 희석하는 물질 4가지를 쓰시오.

정답 질소, 메탄, 일산화탄소, 에틸렌

Question 7

동영상의 가스설비에 대하여 다음 물음에 답하시오.

(1) 명칭을 쓰시오.
(2) 가스발생 시 작동압력에서 대기압까지 방출 소요시간은 방출시작으로부터 몇 분 이내로 하는가?

 정답

(1) 벤트스택
(2) 60분 이내

해설

KGS Fs 451 벤트스택 설치

- 내용물 제거장치 설치높이는 방출된 가스의 착지농도가 폭발하한계값 미만
- 가스방출시작 압력에서 대기압까지 방출 소요시간은 방출시작으로부터 60분 이내로 한다.
- 내용물 제거장치는 방출된 가스로 인하여 주변 건축물에 착화할 위험이 없는 장소에 설치한다.
- 내용물 제거장치에는 정전기나 낙뢰 등으로 착화되지 않도록 정전기 방지설비나 낙뢰 방지설비를 설치하고 착화된 경우에는 불활성 가스로 퍼지 등 소화할 수 있는 조치를 한다.
- 공급시설 및 긴급용 벤트스택은 작업원이 정상작업을 하는데 필요한 장소 및 작업원이 통행하는 장소로부터 10m 떨어진 곳에 설치 그 밖의 벤트스택은 5m 떨어진 장소에 설치한다.
- 액화가스가 함께 방출되거나 급냉될 우려가 있는 벤트스택에는 그 벤트스택과 연결된 가스공급시설의 가까운 곳에 기액분리기를 설치한다.

Question 8

다음 (　　)에 맞는 단어 혹은 숫자를 쓰시오.

> 동영상 LPG 충전기 호스길이는 (①)m 이내이고 과도한 (②)이 작용 시 분리되는 안전장치를 설치한다. 가스 주입구는 (③)으로 설치한다.

 정답

① 5
② 인장력
③ 원터치형

Question 9

다음 관경 300mm의 배관을 보고 물음에 답하시오.

(1) 배관의 명칭 SPPS의 의미를 쓰시오.
(2) 배관과 U 볼트 사이에 조치할 사항은?
(3) 하천교량을 통과 시, 관경에 따른 고정장치 설치 시 고정장치는 몇 m마다 설치하여야 하는가?

정답
(1) 압력 배관용 탄소강관
(2) 고무판, 플라스틱 등의 절연물질을 삽입
(3) 16m

해설

도시가스 배관을 교량에 설치 시 호칭지름에 따른 지지간격

호칭지름	지지간격(m)
100	8
150	10
200	12
300	16
400	19
500	22
600	25

Question 10

동영상은 NG(천연가스)를 사용하는 가스시설에서 가스누출 자동차단장치의 검지부는 천장에서 검지기 하단부까지 ① 몇 m 이내에 설치하여야 하며 ② 또한 연소기(가스누출 자동차단기의 경우는 소화안전장치가 부착되지 아니한 연소기) 버너 중심으로부터 수평거리 몇 m 이내 1개 이상 설치하여야 하는가?

정답
① 0.3m
② 8m

해설

KGS Fu 551(가스누출 자동차단장치의 검지부 설치수)

검지부 설치수는 연소기(가스누출 자동차단기의 경우 소화안전장치가 부착되지 않은 연소기에 한한다. 버너 중심으로부터 수평거리 8m(공기보다 무거운 가스는 4m) 이내 검지부 1개 이상 설치

[제 2 회 출제문제 (2013. 7. 14.)]

동영상 ①, ②를 보고 다음 물음에 답하시오.

①

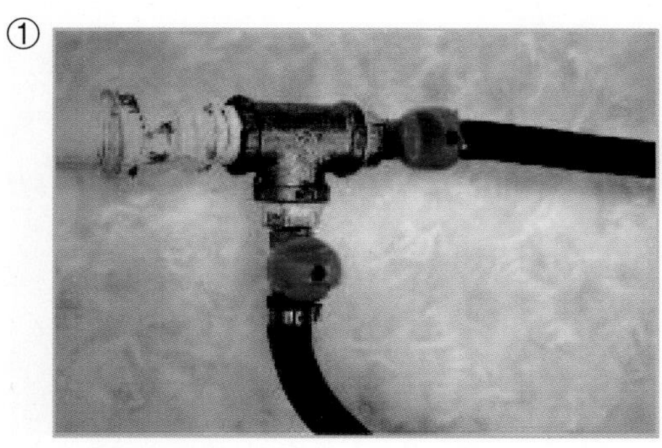

②

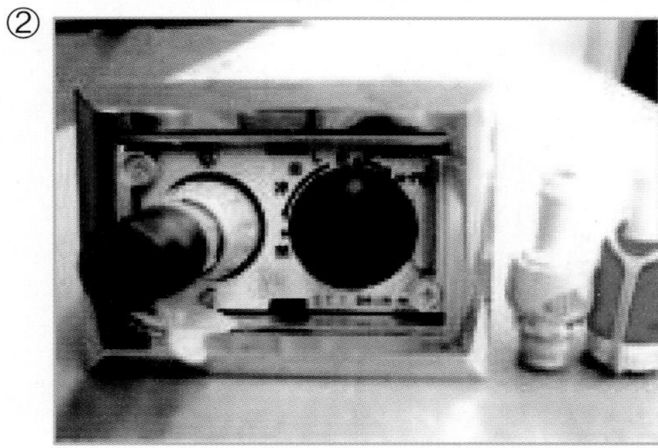

(1) ①, ②가 보여주는 가스기구의 명칭을 쓰시오.

(2) ①에는 호스가 파손되는 것 등에 의해 가스 누출 시 이상 과다유량을 감지하여 가스를 차단하는 안전장치가 있는데 이 안전장치의 명칭은?

정답 (1) ① 퓨즈콕
② 상자콕
(2) 과류차단장치

동영상이 보여주는 가스장치를 보고 물음에 답하시오.

(1) 명칭을 쓰시오.

(2) 기능을 4가지 쓰시오.

정답 (1) 다기능 가스안전계량기
(2) ① 압력저하 차단기능
② 연속사용 차단기능
③ 합계유량 차단기능
④ 미소유량 검지기능
⑤ 미소누출 검지기능
⑥ 증가유량 차단기능

동영상에서 탑재되어 있는 가스검지기의 명칭은?

정답 FID(수소포획이온화검출기)

동영상을 보고 다음 물음에 답하시오.

(1) 가스설비의 명칭을 쓰시오.
(2) 관길이 몇 m마다 1개씩 설치하여야 하는가?
(3) 설치장소 3곳 이상을 쓰시오.

정답 (1) 라인마크
(2) 50m마다
(3) ① 주요분기점
② 굴곡지점
③ 관말지점 및 주위 50m 이내 설치

동영상의 PE관 이음의 방법은?

정답 맞대기융착

다음 동영상 ① 황색, ② 녹색, ③ 청색, ④ 주황색의 공업용 용기의 명칭을 쓰시오.

정답 ① 아세틸렌
② 산소
③ 이산화탄소
④ 수소

동영상의 방폭구조에서 다음 물음에 답하시오.

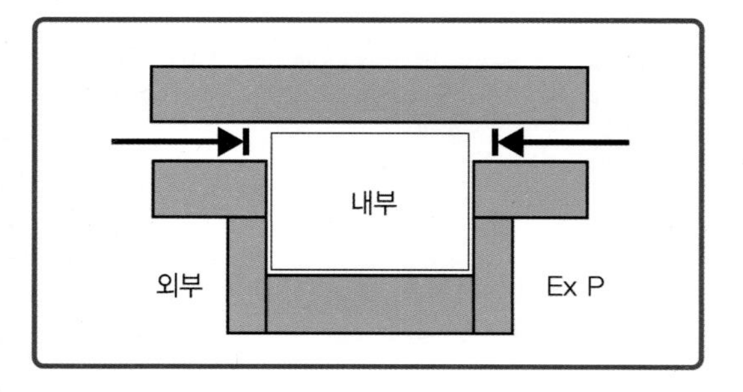

(1) 방폭구조의 종류를 쓰시오.
(2) 방폭구조의 기호를 쓰시오.

정답 (1) 압력방폭구조
(2) p

Question 8

도시가스용 반밀폐 강제배기식 보일러에 대하여 물음에 답하시오.

(1) 배기통톱의 전방 측변 상하주의 몇 cm 이내 가연물이 없도록 하여야 하는가?

(2) 배기통톱 개구부로부터 몇 cm 이내에 배기가스가 실내로 유입할 우려가 있는 개구부가 없도록 하여야 하는가?

정답 (1) 60cm
(2) 60cm

Question 9

동영상은 액화가스 누설 시 한정된 범위를 벗어나지 않도록 누설 액화가스를 차단하는 가스설비이다. 다음 물음에 답하시오.

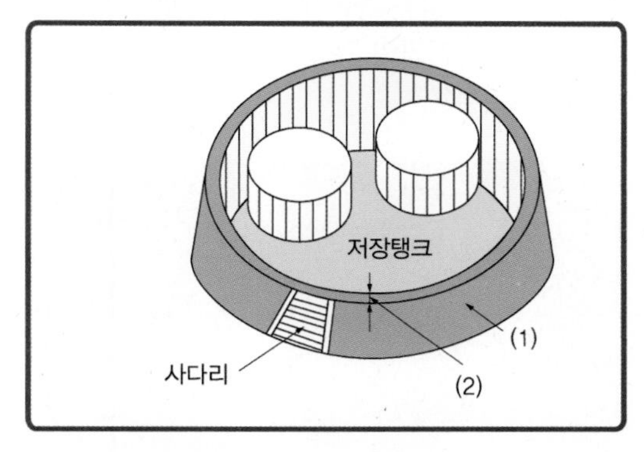

(1) 이 설비의 명칭은?
(2) 이 설비의 성토의 각도는?
(3) 이 설비의 정상부의 폭은?

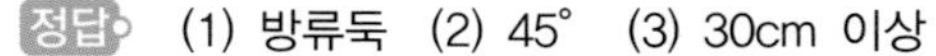

정답 (1) 방류둑 (2) 45° (3) 30cm 이상

Question 10

동영상의 가스밸브에 각인되어 있는 LG 기호의 의미를 기술하시오.

정답 액화석유가스를 제외한 액화가스를 충전하는 용기의 부속품

[제 3 회 출제문제 (2013. 10. 6.)]

Question 1

동영상은 내압방폭구조이다. 내압방폭구조에서 최대안전틈새 거리의 뜻과 ⅡB 등급에서 최대안전틈새 거리는?

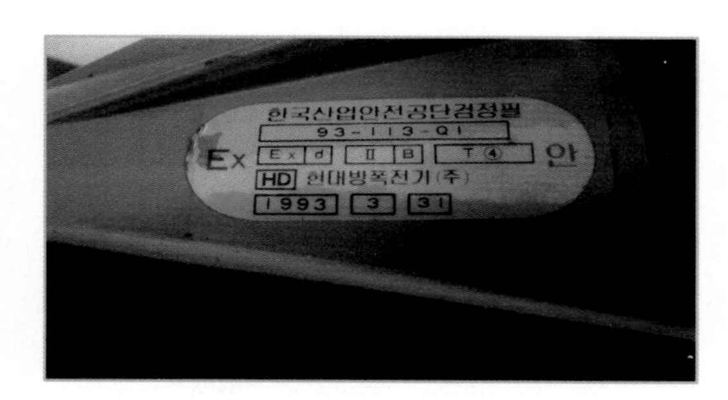

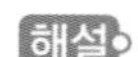

정답 ① 최대안전틈새 거리 : 내용적 8L 이하이고, 틈새 깊이가 25mm인 표준용기 안에서 가스가 폭발할 때 발생한 화염이 용기 밖으로 전파하여 가연성 가스에 점화되지 않는 최대값

② 0.5mm 초과 0.9mm 미만

해설 (KGS Gc 201 p3)

가연성 가스의 폭발등급 및 이에 대응하는 내압방폭구조의 폭발등급

최대안전틈새 범위(mm)	0.9 이상	0.5 초과 0.9 미만	0.5 이하
가연성 가스의 폭발등급	A	B	C
방폭전기기기의 폭발등급	ⅡA	ⅡB	ⅡC

Question 2

동영상은 LNG를 사용하는 시설이다. 다음 물음에 답하여라.

(1) 분자식은?

(2) 비중은?

(3) 폭발범위는?

(4) 비등점은?

정답 (1) CH_4

(2) $\frac{16}{29}=0.55$

(3) 5~15%

(4) −161℃

해설 CH_4의 비등점은 −161 ~ −162℃ 범위이나 동영상 중의 −161℃가 표시되어 있음.

Question 3

동영상의 클린카식 액면계에서 상하 배관에 설치하여야 할 밸브의 명칭은?

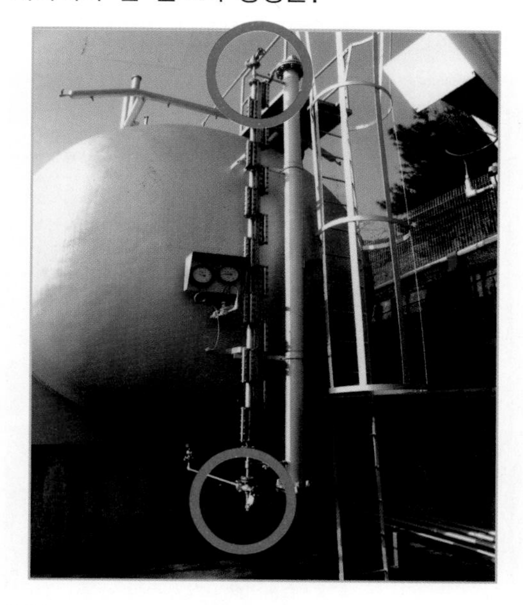

정답 자동 및 수동식 스톱밸브

Question 4

동영상은 LP가스를 저장탱크로 이송하고 있는 장면이다. LP가스의 이송방법 4가지를 쓰시오.

정답 ① 압축기에 의한 방법
② 차압에 의한 방법
③ 균압관이 있는 펌프 방식
④ 균압관이 없는 펌프 방식

Question 5

동영상이 지시하는 LPG 충전호스의 ① 주입구의 형식과 ② 길이(m)는?

정답 ① 원터치형
② 5m 이내

Question 6

동영상은 관경 20mm, 관길이 300m인 배관이다. 이 배관에 고정장치를 하여야 하는 브라켓트의 설치수량은?

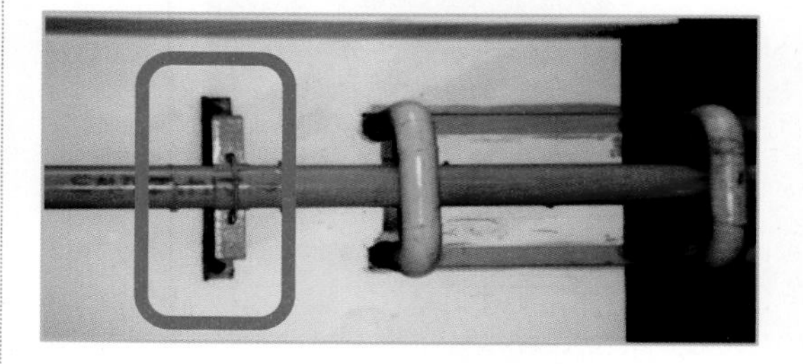

정답 300÷2=150개

Question 7

동영상은 직류전철의 누출 우려가 있는 경우의 전기방식법인 배류법이다. 직류전철에 영향을 받지 않는 전기방식법의 종류 2가지는?

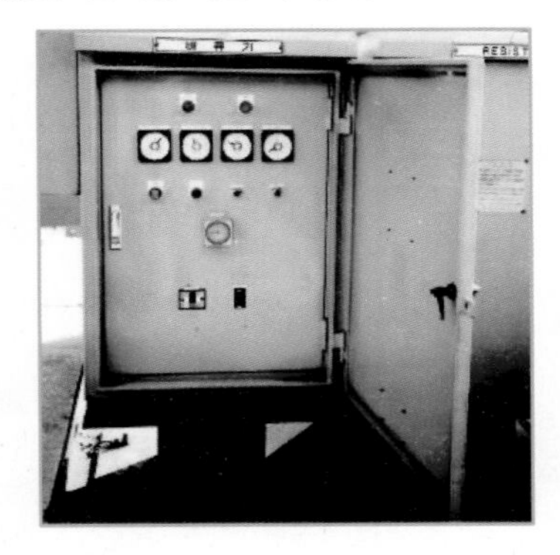

정답 ① 외부전원법
② 희생양극법

Question 8

동영상은 LPG 충전소에서 LP가스 탱크가 폭발, 버섯모양의 화염이 형성되는 사고가 발생하였다. 이때 보고사항 4가지를 쓰시오.

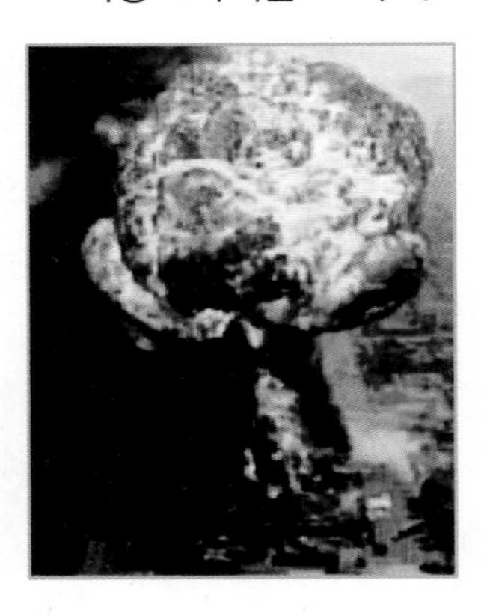

정답 ① 사고발생 일시
② 사고발생 장소
③ 피해현황(재산, 인명)
④ 사고내용

Question 9

동영상은 지하매설 배관 상부에 설치되는 보호판이다. 이 보호판은 어떠한 경우에 설치하여야 하는가?

정답 ① 매설배관의 압력이 중압 이상의 배관을 매설 시
② 매설심도를 확보할 수 없는 경우
③ 타 시설물과의 이격거리를 유지하지 못했을 때

동영상의 가스보일러의 배기통과 다음 부분과 가연물과의 이격거리를 쓰시오. (단, 방열판이 설치되지 않은 경우이다.)

정답 (1) 60cm 이내
(2) 60cm 이내
(3) 60cm 이내

해설 방열판이 설치된 경우는 30cm 이내

2014년 가스기사 작업형(동영상) 출제문제

[제1회 출제문제 (2014. 4. 20.)]

Question 1

동영상은 전기기기의 불꽃 또는 아크가 발생하는 부분을 절연유에 격납함으로 폭발가스에 점화되지 않도록 한 방폭구조이다. 다음 물음에 답하시오.

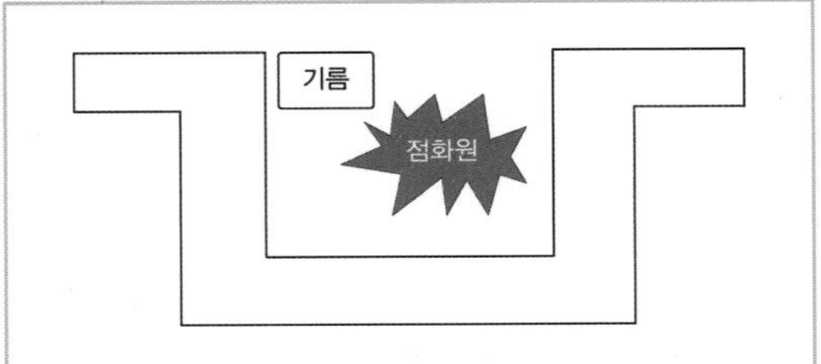

(1) 이러한 방폭구조를 무엇이라 하는가?
(2) 이 방폭구조의 기호를 쓰시오.

정답 (1) 유입방폭구조
(2) o

Question 2

동영상은 도시가스 사용시설의 배관을 자기압력기록계로 기밀시험을 하고 있다. 배관의 내용적이 50L 초과 시 기밀시험 유지시간은?

정답 24분

해설 사용시설 배관 내용적에 따른 기밀시험 유지시간

내용적	기밀시험 유지시간
10L 이하	5분
10L 초과 50L 이하	10분
50L 초과	24분

동영상은 불꽃이 불완전하거나 바람에 꺼졌을 때 열전대가 식어 기전력을 잃고, 전자밸브를 닫아서 모든 통로를 차단 생가스의 유출을 방지하는 안전장치이다. 이 장치의 명칭은?

정답 소화안전장치

동영상은 공동주택에 공급되는 압력조정기이다. 압력이 저압인 경우 압력조정기를 설치할 수 있는 세대수는 몇 세대인가?

정답 250세대 미만이므로 249세대

동영상의 용기에서 Tw의 의미를 쓰시오.

정답 C_2H_2의 용기에서 용기질량 다공물질 용제 및 밸브의 질량을 포함한 질량(kg)

동영상을 보고 다음 물음에 답하시오.

(1) 밸브의 명칭을 쓰시오.
(2) 장점을 2가지 이상 기술하시오.

정답 (1) 게이트밸브(슬루스밸브)
(2) ① 완전 개방 시 유체의 저항이 적다.
② 배관용으로 가장 많이 사용된다.

Question 7

동영상을 보고 다음 물음에 답하시오.

①

②

(1) 밸브의 명칭은?
(2) ②에 표시된 부분에 전선의 명칭과 규격(mm^2)은?

정답 (1) 가스용 폴리에틸렌(PE)밸브
(2) 로케팅와이어 $6mm^2$ 이상

Question 8

동영상은 도시가스 매설배관을 보호하기 위한 제조공급소 밖의 보호포이다. 다음 물음에 답하시오.

(1) 이 보호포의 폭은 몇 cm인가?
(2) 보호판 상부에서 몇 cm 이상에 설치하는가?
(3) 배관 폭에서 몇 cm를 더한 폭으로 하여야 하는가?

정답 (1) 15cm 이상
(2) 30cm 이상
(3) 10cm

Question 9

가스용 PE관의 융착작업 시 열선 이탈이 발생하였다. 다음 물음에 답하시오.

①

②

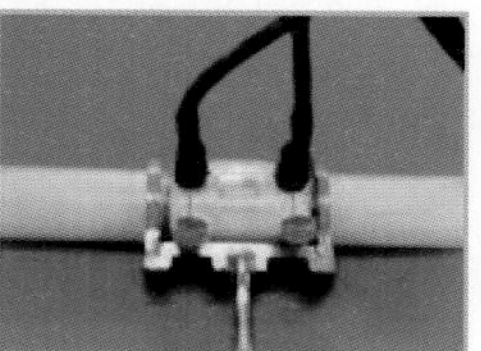

(1) 열선 이탈의 정의를 쓰시오.

(2) 열선 이탈이 발생한 원인을 2가지 기술하시오.

정답 (1) 정의 : 가스용 PE관 융착 시 전기융착기의 열선 저항값에 대한 문제 등에 의하여 이음관 내부의 열선이 튀어나오는 등 열선이 정상에서 벗어나는 현상

(2) 원인

① 전기융착 이음관에 위치한 열선이 융착부위 계면에 대한 정보를 나타내지 못함

② 융착 계면의 이물질 및 공극 등의 데이터 결여

Question 10

압축천연가스(CNG)를 압축하는 장치이다. 표시 부분은 무엇을 측정하는 장치인가?

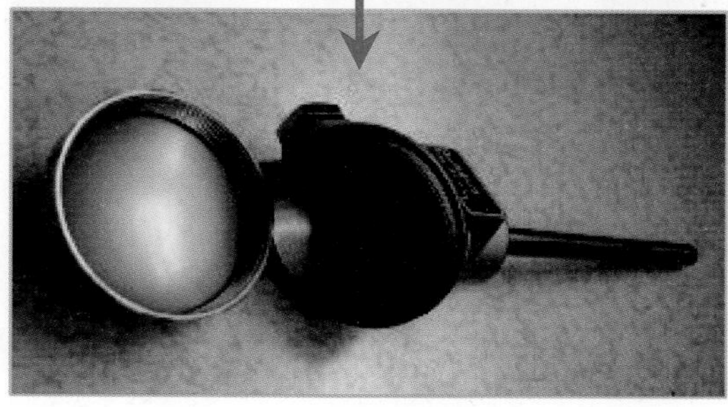

정답 온도측정장치

해설 사진은 열전대 온도계임.

[제 2 회 출제문제 (2014. 7. 6.)]

동영상에서 보여주는 비파괴검사를 보고 물음에 답하시오.

(1) 명칭은?

(2) 이때 시험에 합격된 배관은 통과하는 가스를 시험가스로 사용할 때 가스농도가 몇 % 이하에서 작동하는 가스누설검지기를 사용하여야 하는가?

정답 (1) RT(방사선투과검사)
(2) 0.2% 이하

동영상에서 표시된 고압장치의 ① 명칭과 ② 저장탱크 표면적 $1m^2$당 분무량(L/min)은?

정답 ① 냉각살수장치
② 5L/min

동영상은 LPG 사용시설의 가스누출 자동차단장치이다. ①, ②, ③의 명칭과 각 기능을 쓰시오.

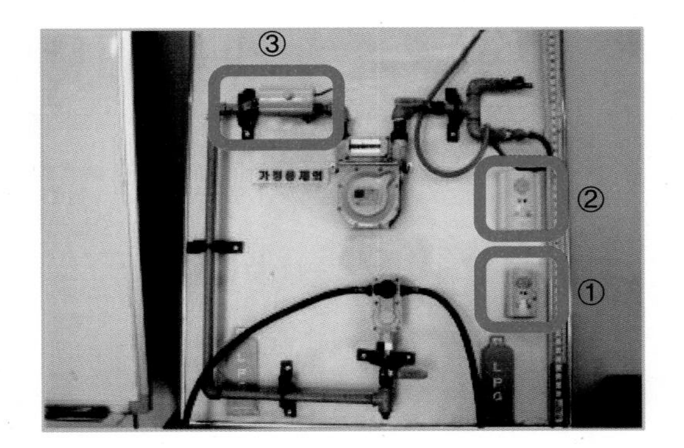

정답 ① 검지부 : 누출가스를 검지하여 제어부로 신호를 보내는 기능
② 제어부 : 차단부에 자동차단신호를 보내는 기능
③ 차단부 : 제어부로부터 보내진 신호에 따라 가스유로를 개폐하는 기능

Question 4

차압식 유량측정 방법에는 벤투리미터, 오리피스, 플로노즐이 있다. 현재 동영상의 장면은 어떠한 정리를 이용하여 유량을 측정하는 방법인가?

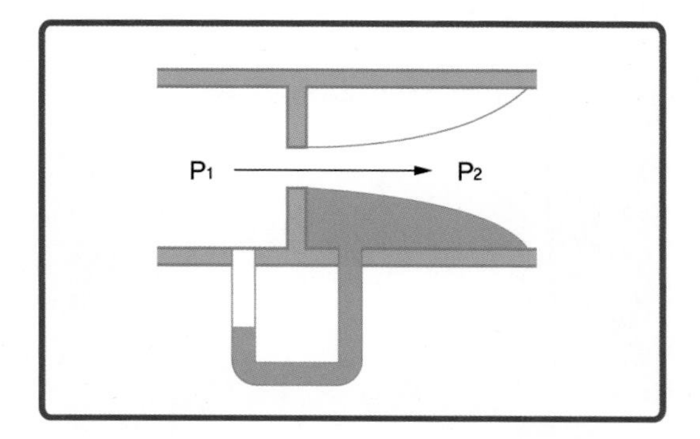

정답 베르누이 정리

해설 [동영상 장면 설명] 오리피스 유량계의 액주계의 액이 상하로 움직이면서 유량을 측정하는 장면

Question 5

동영상 정압기 실내의 조명도는 몇 lux인가?

정답 150lux

Question 6

동영상의 지하매설 배관에서 이 배관의 매설위치 등을 지상에서 파악하며 이 배관의 유지관리를 위하여 설치하는 전선의 명칭은?

정답 로케팅와이어

Question 7

동영상이 보여주는 도시가스 배관은 관경이 40m/m이다. 다음 물음에 답하시오.

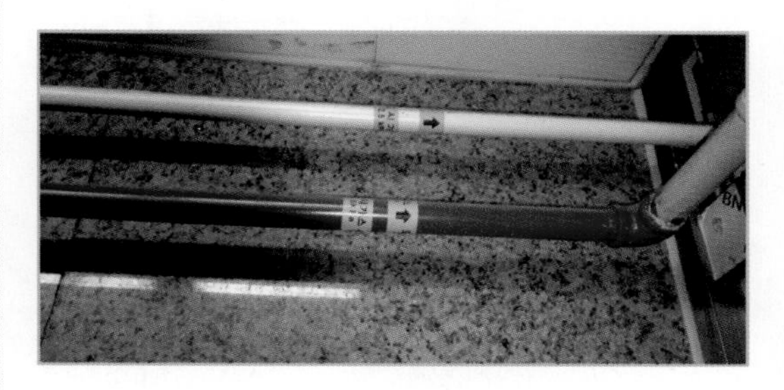

(1) 이 배관에 표시하는 사항 3가지를 쓰시오.
(2) 이 배관의 고정장치를 설치하여야 하는 간격(m)은?

정답 (1) 사용가스명, 최고사용압력, 가스의 흐름 방향
(2) 3m마다

Question 8

동영상의 도시가스 배관에서 관경 30m/m의 500m와 하천교량을 통과하는 관경 150m/m의 1500m가 있다면 다음 물음에 답하시오.

(1) 배관의 고정장치인 브래킷의 총 설치개수는?
(2) 배관과 U볼트 사이에 삽입하는 물질은?

정답

(1) 500÷2=250
　1500÷10=150
　∴ 250+150=400개
(2) 고무판 플라스틱 등 절연물질 삽입

해설

배관의 고정 설치수

- 관경 13mm 미만 : 1m마다
  13mm 이상 33mm 미만 : 2m마다
  33mm 이상 : 3m마다(단, 100m 이상 시는 3m 이상으로 할 수 있다.)
- 하천교량 통과 시 배관의 고정 설치간격

호칭지름(A)	지지간격(m)
100	8
150	10
200	12
300	16
400	19
500	22
600	25

Question 9

동영상에서 보여주는 강제배기식 단독배기통 방식, 배기통에 배기팬을 설치하는 경우 배기통통에 새, 쥐 등이 들어가지 않도록 방조망을 설치할 경우 방조망의 직경은?

정답 16mm

Question 10

동영상의 퓨즈콕 F 1.2를 설명하시오.

정답

① F : 퓨즈콕
② 1.2 : 과류차단 안전기구가 작동하는 유량이 시간당 1.2m^3

해설 작동유량 : 과류차단 안전기구가 부착된 콕에 한함.

[제3회 출제문제 (2014. 10. 5.)]

Question 1

동영상에서 보여주는 비파괴검사의 방법은?

정답 침투탐상검사

Question 2

동영상의 PE 배관에 대한 SDR값의 빈칸을 채우시오.

SDR	압력(MPa)
11 이하(1호)	(①)MPa 이하
17 이하(2호)	(②)MPa 이하
21 이하(3호)	0.2MPa 이하

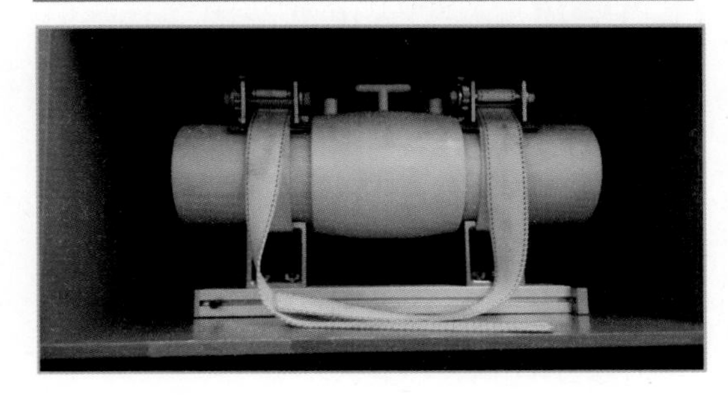

정답 ① 0.4
② 0.25

Question 3

동영상의 LP가스 기화기에 대하여 물음에 답하시오.

(1) LP가스 기화기에서 액화가스가 넘쳐흐름을 방지하는 장치의 명칭은?
(2) 액유출 시 일어나는 현상은?

정답 (1) 액유출방지장치
(2) ① 기화설비 동결
② 기화능력 불량
③ 조정기 폐쇄
④ 가스폭발
⑤ 산소결핍에 의한 질식

Question 4

동영상은 PE관을 맞대기 융착이음을 하고 있다. 이때 공칭 외경은 몇 mm인가?

정답 90mm

Question 5

동영상의 액화가스 저장시설에서 다음 물음에 답하시오.

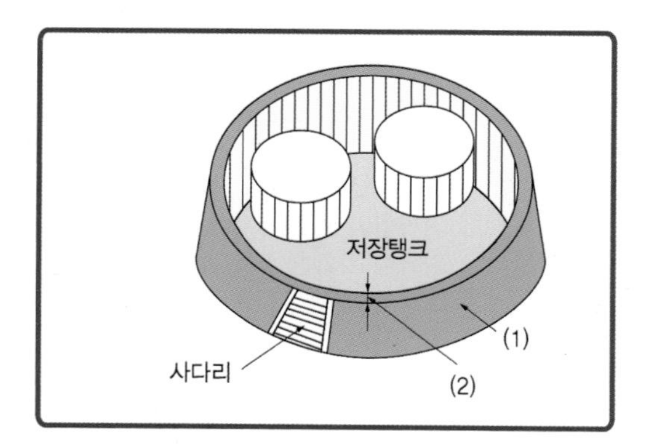

(1) 방류둑에서 성토의 기울기는 수평에 대하여 몇 도 기울어져야 하는가?
(2) 이때 방류둑 정상부의 폭은 몇 cm 이상이어야 하는가?

정답 (1) 45°
(2) 30cm 이상

Question 6

동영상에서 표시된 장치의 ① 명칭과 ② 탱크 표면적 $1m^2$당 분무량(L/min)은 얼마인가?

정답 ① 냉각살수장치
② 5L/min

Question 7

동영상에서 산소용기에 산소를 충전하고 있다. 산소가스를 충전 시 주의사항을 4가지 쓰시오.

정답 ① 밸브와 용기 사이에 석유류, 유지류를 제거할 것
② 용기와 밸브 사이에 가연성 패킹을 사용하지 말 것
③ 충전은 서서히 할 것
④ 압축기와 도관 사이에 수취기를 설치할 것
⑤ 윤활제는 물 또는 10% 이하 글리세린수를 사용할 것

Question 8

동영상의 전기방식법에서 전위측정용 터미널의 간격은 몇 m마다 설치하여야 하는가?

정답 300m

Question 9

동영상에서 전기방식 효과를 유지하기 위하여 절연하여야 하는 장소를 4가지 쓰시오.

정답 ① 교량횡단 배관의 양단(외부전원법으로 한 경우는 제외)
② 가스시설과 철근콘크리트 구조물 사이
③ 배관과 강제보호관 사이
④ 배관과 지지물 사이
⑤ 저장탱크와 배관 사이
⑥ 다른 시설물과 근접교차 지점(단, 다른 시설물과 30cm 이상 이격설치된 경우는 제외될 수 있다.)

Question 10

동영상에서 탑재되어 있는 누출검지기의 종류는?

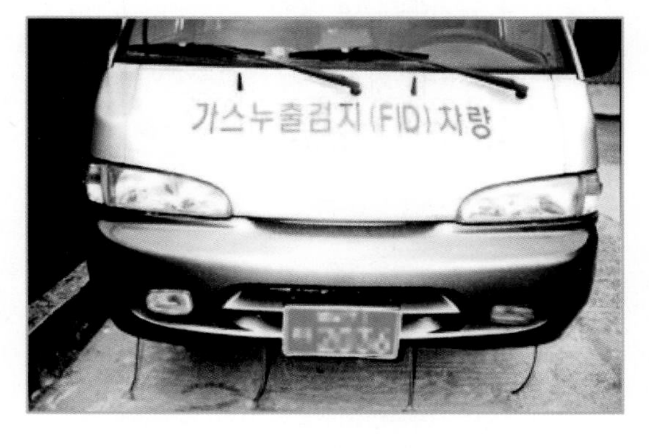

정답 수소포획이온화검출기(FID) 또는 수소염이온화검출기

2015년 가스기사 작업형(동영상) 출제문제

[제1회 출제문제 (2015. 4. 21.)]

Question 1

동영상을 보고 물음에 답하시오.

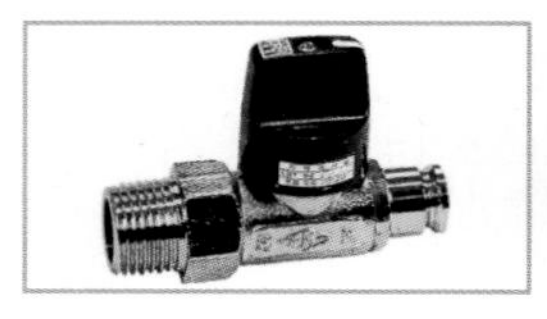

(1) 가스기구의 명칭은?

(2) 이 기구에 부착된 안전장치는 호스가 파손되는 것 등에 의해 가스누출 시 이상 과다유량을 감지하여 가스를 차단하는 기능을 가지고 있다. 이 장치의 명칭은?

정답 (1) 퓨즈콕
(2) 과류차단 안전장치

해설 **퓨즈콕(KGS AA 006)**

가스유로를 볼로 개폐 과류차단 안전기구가 부착된 것으로 배관과 호스, 호스와 호스, 배관과 배관 또는 배관과 카플러를 연결하는 구조로 한다.

- 콕은 1개의 핸들로 1개의 유로를 개폐하는 구조
- 콕의 핸들은 90° 회전하여 개폐되는 구조
- 콕의 열림방향은 시계바늘 반대방향
- 완전히 열었을 때 핸들의 방향은 유로의 방향과 평행인 것으로 볼의 구멍과 유로와는 어긋나지 않는 구조
- 내압성은 0.4MPa 이상
- 기밀성능 35kPa 이상 공기압을 1분간 가했을 때 누출이 없을 것

Question 2

동영상을 보고 다음 물음에 답하시오.

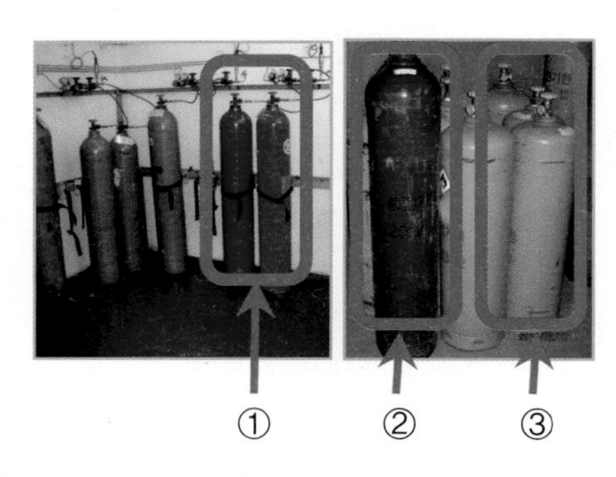

(1) ①, ②, ③의 용기 명칭과 품질검사 시 합격기준, 순도, 시약을 쓰시오.

(2) ①의 용기 기밀시험압력과 단위를 쓰시오.
③의 최고충전압력을 쓰시오.

정답 (1) ① 용기 명칭 : 수소
합격순도 : 98.5% 이상
시약 : 피로카로우, 하이드로설파이드
② 용기 명칭 : 산소
합격순도 : 99.5% 이상
시약 : 동암모니아
③ 용기 명칭 : 아세틸렌
합격순도 : 98% 이상
시약 : 발연황산, 브롬시약, 질산은시약
(2) ① 수소용기의 기밀시험압력 : 최고충전압력(MPa)
③ 아세틸렌용기의 최고충전압력 : 15℃에서 1.5MPa

해설 **압축가스 충전용기**

- Fp(최고충전압력) : 35℃에서 용기에 충전할 수 있는 최고의 압력
- Ap(기밀시험압력)=Fp(최고충전압력)

Question 3

관경 20mm관에 고정장치(브래킷)를 설치 시 관 길이 300m인 경우 설치 개수는 몇 개인가?

정답 2m마다 고정하므로
∴ 300÷2=150개

Question 4

동영상을 보고 다음 물음에 답하시오.

(1) 용기의 명칭은?
(2) 이 용기는 몇 ℃ 이하의 액화가스를 충전하기 위한 용기인가?

(1) 초저온용기
(2) 영하 50℃ 또는 −50℃

초저온용기
섭씨 영하 50℃ 이하의 액화가스를 충전하기 위한 용기로서 단열재로 피복하거나 냉동설비로 냉각하는 등의 방법으로 용기 안의 가스온도가 상용의 온도를 초과하지 아니하도록 한 용기

Question 5

동영상의 LPG 용기보관실에 대하여 물음에 답하여라.

(1) 용기보관실의 면적(m^2)은?
(2) 용기보관실의 용기는 용기보관실의 안전을 위하여 하지 않아야 할 용기의 설치방식은?

정답 (1) $19m^2$
(2) 용기집합식으로 하지 않는다.

해설 **KGS Fs 231 LPG 판매시설 기준**
- 용기보관실의 벽은 2.8.2의 기준에 적합한 방호벽으로 하고, 용기보관실은 불연성 재료를 사용하고, 그 지붕은 불연성 재료를 사용한 가벼운 지붕을 설치한다.
- 용기보관실은 용기보관실에서 누출된 가스가 사무실로 유입되지 아니하는 구조(동일 실내에 설치할 경우 용기보관실과 사무실 사이에 불연성 재료로 칸막이를 설치하여 구분한다. 이 경우 틈새가 없는 밀폐구조로 하여 누출된 가스가 사무실로 유입되지 않도록 한다)로 하고, 용기보관실의 면적은 $19m^2$ 이상으로 한다.
- 용기보관실의 용기는 그 용기보관실의 안전을 위하여 용기집합식으로 하지 아니한다.

Question 6

다음 동영상은 PE관의 맞대기 융착이음이다. 배관의 두께가 20mm일 때 비드폭의 최소(B_{min}), 최대(B_{max})의 값을 계산하여라.

정답
① B_{min} : $3+0.5t=3+0.5\times20$
$=13$mm 이상
② B_{max} : $5+0.75t=5+0.75\times20$
$=20$mm 이하

해설 비드폭은 최소값 이상 최대값이어야 함

Question 7

동영상의 방폭전기기기에 대한 표시방법을 설명하시오.

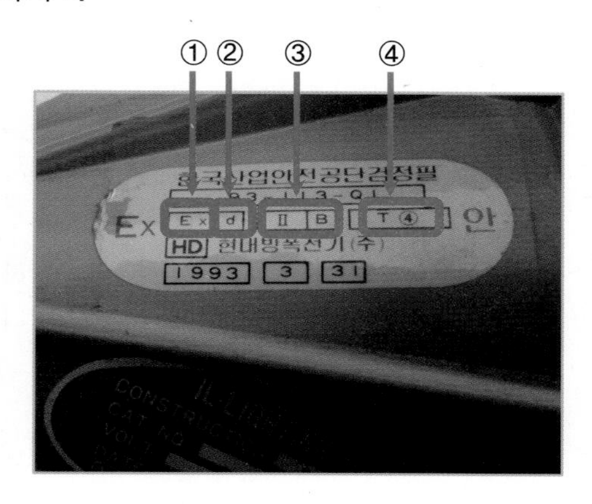

정답
① 방폭구조
② 내압방폭구조
③ 내압방폭구조의 폭발등급(최대안전틈새 범위 0.5mm 초과 0.9mm 미만)
④ 방폭전기기기의 온도등급(135℃ 초과 200℃ 이하)

Question 8

동영상은 PE관을 융착하는 장면이다. 열융착이음의 종류 2가지를 쓰시오.

①

②

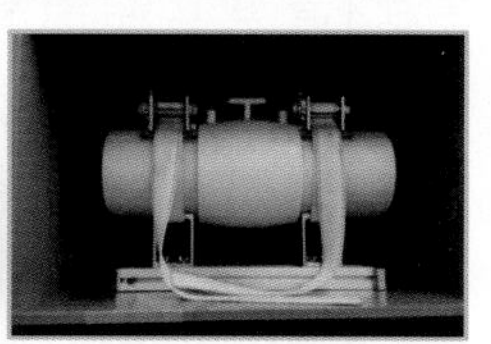

③
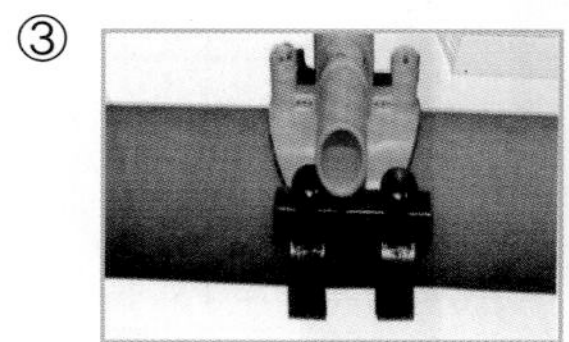

정답
① 맞대기(바트) 융착
② 소켓융착
③ 새들융착

해설 맞대기융착은 공칭 외경 90mm 이상의 직관과 이음관 연결에 적용된다.
※ 2015.1.1부로 내경 75mm → 외경 90mm 이상으로 법규 변경

Question 9

동영상은 입상관의 밸브이다. 설치위치는 지면에서 1.6m 이상 2m 이내에 건축물의 구조상 지면에서 2.0m보다 높은 위치에 설치하였을 경우 설치밸브 또는 시설물을 쓰시오.

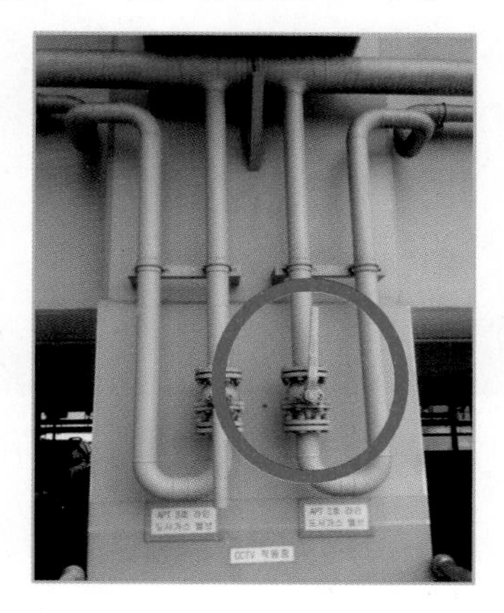

정답 ① 원격차단이 가능한 전동밸브
② 입상관밸브 차단을 위한 전용 계단을 견고하게 고정 설치

해설 **도시가스 입상관(KGS Fs 551)**

입상관 및 입상관의 밸브 설치

- 입상관이 화기가 있을 가능성이 있는 주위를 통과할 경우에는 불연재료로 차단조치를 한다.
- 입상관의 밸브는 바닥으로부터 1.6m 이상 2m 이내에 설치한다. 이 경우 입상관의 밸브높이는 밸브 핸들이 부착된 부분(중심)을 기준으로 측정한다.
- 입상관의 밸브를 보호상자 안에 설치하는 경우에는 상기 규정에도 불구하고 바닥으로부터 1.6m 이상 2m 이내에 설치하지 아니할 수 있다. 이 경우 보호상자의 재료는 불연재료로 한다.
- 입상관의 밸브는 입상관마다 설치하는 것을 원칙으로 한다. 다만, 다세대주택, 연립주택 및 30세대 이하의 소규모 공동주택 등에서 해당 동 전체를 차단할 수 있는 1개의 입상관밸브를 설치한 경우에는 입상관마다 입상관밸브를 설치한 것으로 볼 수 있다.
- 건축물 구조상 부득이 하여 입상관밸브를 지면 또는 바닥면으로부터 2.0m 보다 높은 위치에 설치할 경우에는 원격으로 차단이 가능한 전동밸브를 설치하거나 입상관밸브 차단을 위한 전용 계단을 견고하게 고정·설치하며, 전동밸브를 설치하는 경우 차단장치의 제어부는 바닥으로부터 1.6m 이상 2.0m 이내에 설치한다.
- 입상관의 밸브를 건축물 내부에 설치할 경우에는 차단이 용이한 건축물 내 주차장, 복도 등 공용의 장소에 설치한다. 다만, 건축물 내부에 설치할 경우에는 차단이 용이한 건축물 구조상 부득이 하여 입상관의 밸브를 개인 세대 내부에 설치할 경우에는 규정된 기준에 따른다.

Question 10

동영상은 LNG를 사용하는 시설이다. 다음 물음에 답하여라.

(1) 기체비중은?
(2) 비등점(℃)은?
(3) 폭발범위는?
(4) 분자식은?

정답 (1) 0.55 (2) −161.5℃
(3) 5~15% (4) CH_4

[제 2 회 출제문제 (2015. 7. 12.)]

Question 1

동영상은 파일럿버너, 메인버너 등 연소기 사용 중 가스공급의 중단 및 고장발생 시 자동으로 가스밸브의 차단가스가 유출되는 것을 방지하므로 생가스의 유출을 방지하는 장치이다. 이 장치의 명칭은 무엇인가?

정답 소화안전장치

해설 이러한 안전장치의 종류에는 열전대식, UV-Cell 방식이 있다.

Question 2

동영상은 공칭 외경 90mm 이상인 가스용 폴리에틸렌(PE)관을 접합하는 장면이다. 동영상의 융착방법의 명칭을 쓰시오.

정답 맞대기융착

Question 3

동영상은 자석 N극과 S극을 이용하여 검사하는 비파괴검사방법이다. 이 검사법의 명칭은?

정답 자분탐상시험(MT)

Question 4

동영상이 보여주는 용기의 명칭을 화학식으로 표시하시오.

①

②

③

④

정답 ① C_2H_2 ② O_2
③ CO_2 ④ NH_3

Question 5

동영상은 도시가스 정압기실에 설치되는 가스누설검지기의 검지부이다. 다음 물음에 답하시오.

(1) 검지부의 설치 개수는?
(2) 작동여부의 점검주기는?

정답 (1) 정압기실 바닥면 둘레 20m마다 1개 이상
(2) 1주일에 1회 이상

Question 6

동영상에서 용기에 각인된 ① Tp : 25, ② Fp : 15의 의미를 설명하시오.

정답 ① 내압시험압력이 25MPa
② 최고충전압력이 15MPa

동영상은 가연성 저장실에 설치되어 있는 방폭등이다. 이와 같은 방폭전기기기 결합부의 나사류를 외부에서 쉽게 조작함으로써 방폭성능을 손상시킬 우려가 있어 드라이버, 스패너 등 일반공구로 쉽게 조절할 수 없도록 하여야 한다. 이와같은 구조를 무엇이라 하는지 쓰시오.

정답 자물쇠식 죄임구조

동영상에서 보여주는 가스용품의 명칭은?

①

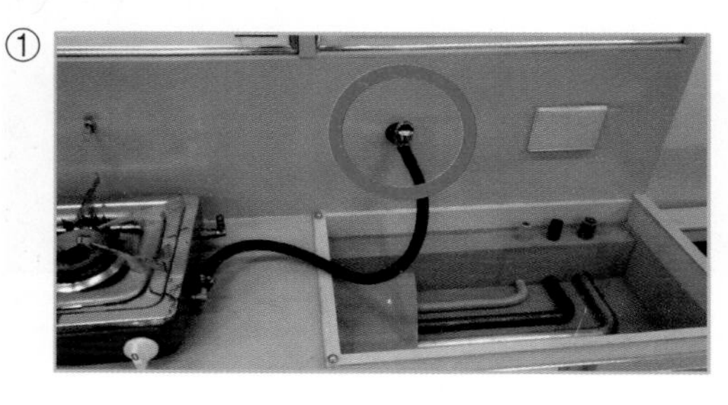

②

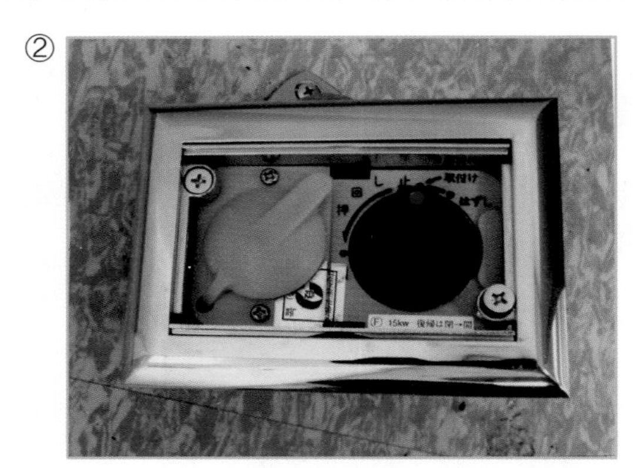

정답 ① 퓨즈콕
② 상자콕

다음 밸브에 각인된 LG의 의미를 쓰시오.

정답 액화석유가스 이외의 액화가스를 충전하는 용기의 부속품

동영상에서 보여주는 방폭구조에 대하여 다음 물음에 답하여라.

①

②

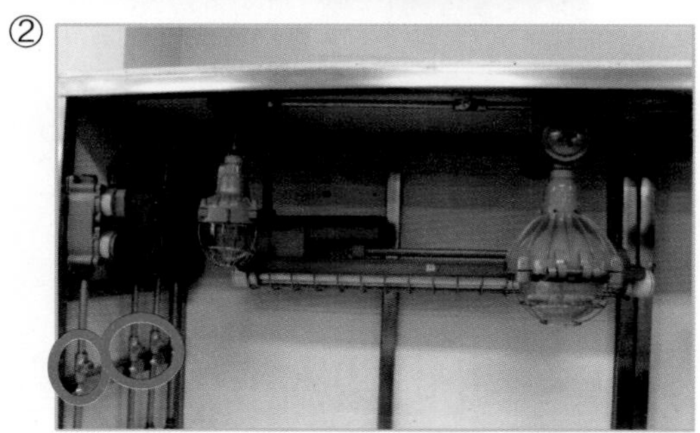

(1) 정션 또는 풀박스의 접속함에 선택하는 방폭구조의 종류는?

(2) 동영상 ①과 같이 방폭등을 벽에 매달 경우 주의하여야 할 사항 2가지를 쓰시오.

(3) 동영상 ②에서 표시된 부분의 명칭은?

(4) 내압방폭구조의 방폭전기기기 본체에 있는 전선 인입구 방폭성능이 손상되지 않도록 하는 조치사항 2가지를 쓰시오.

(1) 내압방폭구조, 안전증방폭구조

(2) 견고하게 설치, 매달리는 관길이를 짧게 설치

(3) 실링 피팅

(4) ① 인입배선에 실링 피팅 설치
② 실링 콤파운드로 충전 밀봉

[제 3 회 출제문제 (2015. 10. 4.)]

Question 1

동영상 ①은 산소를 용기에 충전하고 있다. ②는 C_2H_2 용기이다. ①, ②를 보고 다음 물음에 답하여라.

①

②

(1) 산소 또는 천연메탄을 용기에 충전 시 압축기(산소의 경우 물을 내부 윤활제로 사용하는 것에 한한다) 충전용 지관 사이에 설치하는 것은?

(2) 동영상 ②에서 C_2H_2 용기의 안전밸브 형식은?

정답 (1) 수취기
(2) 가용전식

Question 2

동영상의 LPG 용기에 2개의 밸브가 장착되어 있다. 다음 물음에 답하시오.

(1) 이 용기의 명칭은?

(2) 이 용기에 사용되는 고압장치의 기기명은?

정답 (1) 사이펀용기
(2) 기화장치

Question 3

동영상의 내압방폭구조의 폭발등급에서 빈칸을 채우시오.

최대안전틈새 범위 (mm)	0.9 이상	0.5 초과 0.9 미만	0.5 이하
(1) 가연성 가스의 폭발등급	①	②	③
(2) 방폭전기기기의 폭발등급	①	②	③

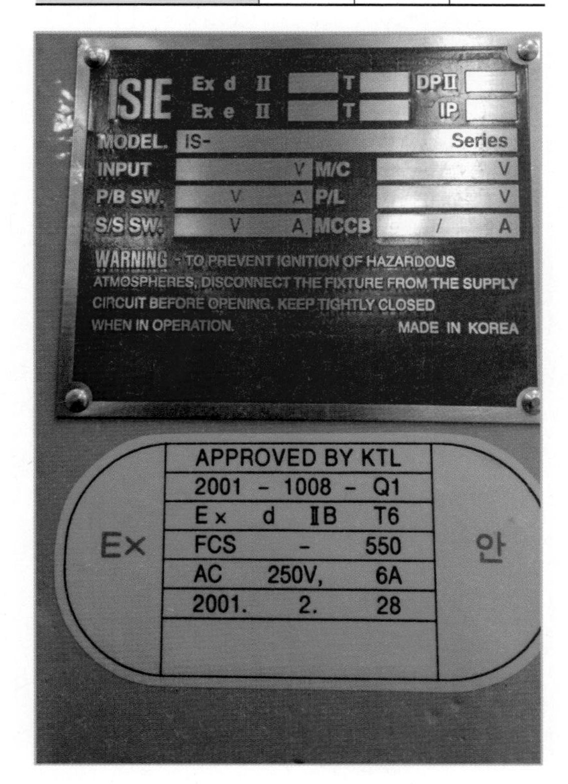

정답 (1) ① A ② B ③ C
(2) ① ⅡA ② ⅡB ③ ⅡC

Question 4

동영상의 PE 배관에 대하여 다음 물음에 답하여라.

(1) 원칙적으로 PE(가스용 폴리에틸렌)관은 노출배관으로 사용할 수 없으나 노출배관으로 사용하는 경우를 기술하여라.
(2) PE(가스용 폴리에틸렌)관은 원칙적으로 40℃ 이상 장소에 설치하지 아니하나 40℃ 이상의 장소에 설치가능한 경우를 기술하여라.

정답 (1) 지상배관과 연결을 위하여 금속관을 사용하여 보호조치를 한 경우로서 지면에서 30cm 이하로 노출하여 시공하는 경우에는 노출배관으로 사용할 수 있다.
(2) 파이프, 슬리브 등을 이용하여 단열조치를 한 경우는 40℃ 이상의 장소에 설치가 가능하다.

참고 KGS Fs 551 1.9

동영상의 냉각용 살수장치에서 다음 물음에 답하시오.

(1) 표면적 $1m^2$당 몇 L/min을 분무하여야 하는가?
(2) 살수장치의 최대용량은 얼마인가?

정답 (1) 5L/min
(2) 저장탱크 표면적 $1m^2$당 5L/min을 30분 연속 분무할 수 있는 용량

동영상의 C_2H_2 용기에 밸브를 보호할 수 있는 조치는?

정답 밸브에 캡을 씌워 보관 및 운반한다.

동영상은 도시가스 사용시설이다. ①, ②를 보고 물음에 답하시오.

①
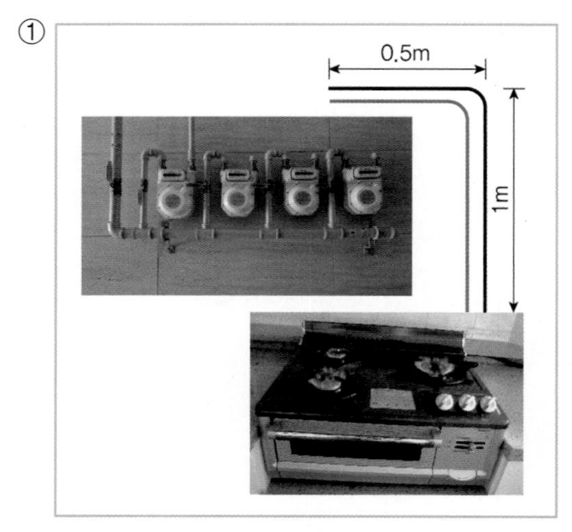

②

(1) 동영상 ①에서 보완 시정하여야 할 사항은?
(2) 동영상 ②에서 25mm 배관에서 고정설치하는 브래킷 설치 규정은?

정답 (1) ① 가스계량기와 화기가 2m 이상 우회거리 유지 및 가스계량기와 화기 사이에 차열판을 설치할 것
② 절연조치 하지 않은 전선과 15cm 이상을 유지할 것
(2) 2m마다 설치

동영상 ①, ②를 보고 물음에 답하여라.

①

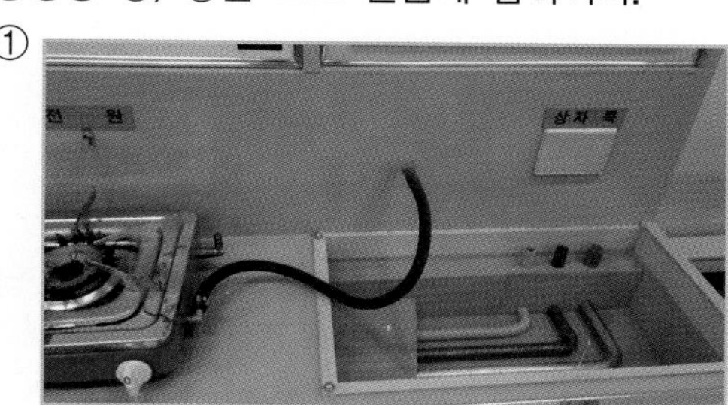

②

(1) 동영상 ①에서 보완하여야 할 가스기구의 종류는?

(2) 동영상 ②에서 잘못 설치된 부분은?

(1) 호스와 연소기 사이 퓨즈콕 설치

(2) 가스미터 상부 호스는 T형으로 설치하지 않는다.

다음 동영상은 고압가스시설의 전기방식법의 T/B이다. 방식전류가 흐르는 상태에서 자연전위와의 변화값은 몇 mV인가?

정답 −300mV

동영상 밸브의 명칭은?

정답 매몰용 PE밸브

2016년 가스기사 작업형(동영상) 출제문제

[제1회 출제문제 (2016. 4. 20.)]

동영상이 보여주는 방류둑에 대하여 물음에 답하시오.

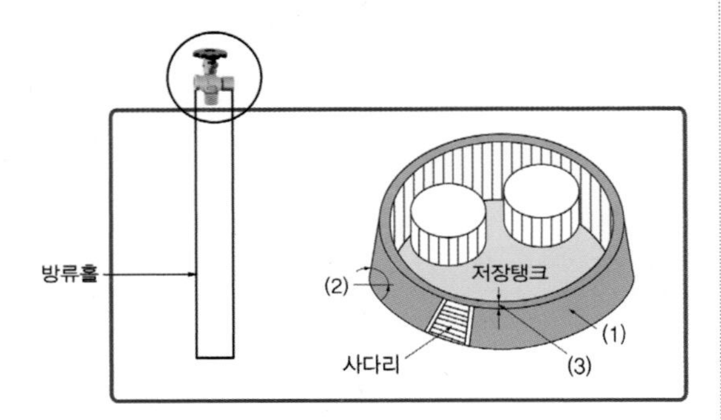

(1) 성토의 기울기 각도는?
(2) 성토의 정상부분의 폭은?
(3) 지시 부분의 ① 밸브의 명칭, ② 개폐여부를 상황에 따라 설명하시오.

정답 (1) 45° 이하
(2) 30cm 이상
(3) ① 방류둑 내부에 고인물을 외부로 방출하는 배수밸브
② 평상 시는 닫아두고 빗물이나 불순물 등을 제거할 때는 개방하여 외부로 방출시킨다.

동영상의 막식 가스계량기에서 다음 물음에 답하시오.

(1) 화기와의 우회거리(m)는?
(2) 지면에서의 설치높이(m)는?
(3) 전기접속기와의 이격거리(cm)는?

정답 (1) 2m 이상
(2) 1.6m 이상 2m 이내
(3) 30cm 이상

동영상을 보고 (   )에 맞는 내용을 쓰시오.

최고사용압력이 고압 또는 중압인 배관에서 (①)에 합격된 배관은 통과하는 가스를 시험가스로 사용 시 가스농도가 (②)% 이하에서 작동하는 가스검지를 사용한다.

정답 ① 방사선투과시험 ② 0.2

Question 4

동영상을 보고 다음 물음에 답하시오.

(1) 시설물의 명칭을 쓰시오.
(2) 설치기준에 대한
① 가연성 가스일 경우 착지농도는?
② 독성 가스일 경우 착지농도는?

정답 (1) 벤트스택
(2) ① 폭발하한계 미만의 값
② TLV-TWA의 기준농도 미만의 값

참고
1. 벤트스택의 가스방출 시 작동압력에서 방출 소요시간 : 방출시작으로부터 60분 이내
2. 사람이 항상 통행하는 장소로부터 긴급용(공급시설)의 벤트스택 높이 : 10m 이상

Question 5

동영상은 지하매설 도시가스 배관을 전기방식을 조치하기 위한 방식정류기이다. 다음 물음에 답하시오.

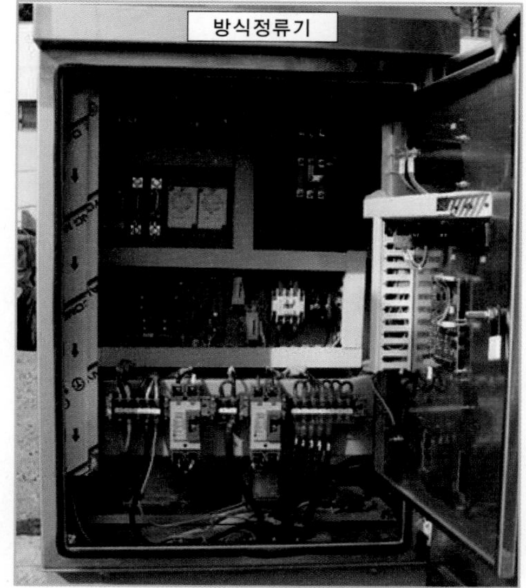

(1) 방식정류기를 이용한 전기방식법의 명칭은?
(2) 이때 전위측정용 터미널의 설치간격은?

정답 (1) 외부전원법
(2) 500m마다

Question 6

동영상의 도시가스 배관 누설검사 차량이다. 이 차량에 탑재되어 있는 검출기는?

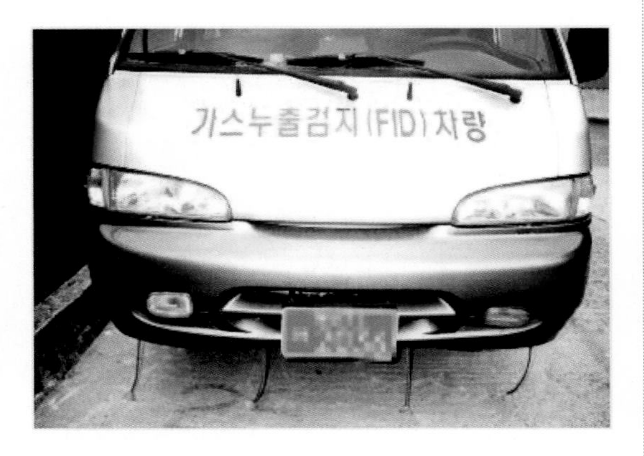

정답 FID 검출기

Question 7

동영상에서 (1) 융착이음의 명칭을 쓰고, (2) 이러한 융착이음을 할 수 있는 관경(mm)의 크기를 쓰시오.

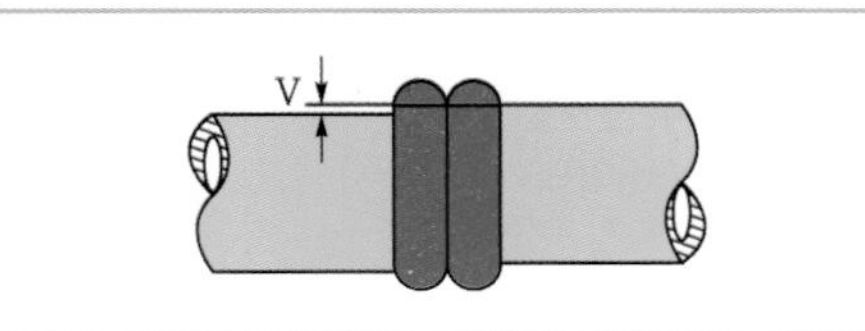

정답 (1) 맞대기 융착이음
(2) 공칭 외경 90mm 이상

Question 8

동영상의 방폭구조의 (1) 명칭, (2) 기호는?

용기 내부 보호가스(신선한 공기 또는 불활성 가스)를 압입하여 내부압력을 유지함으로써 가연성 가스가 용기 내부로 유입되지 않도록 한 구조

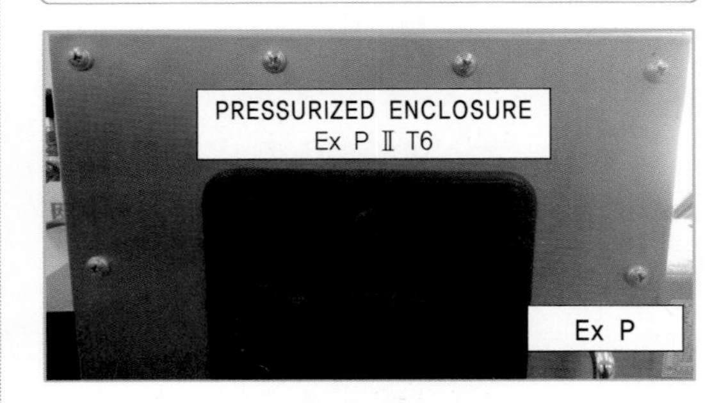

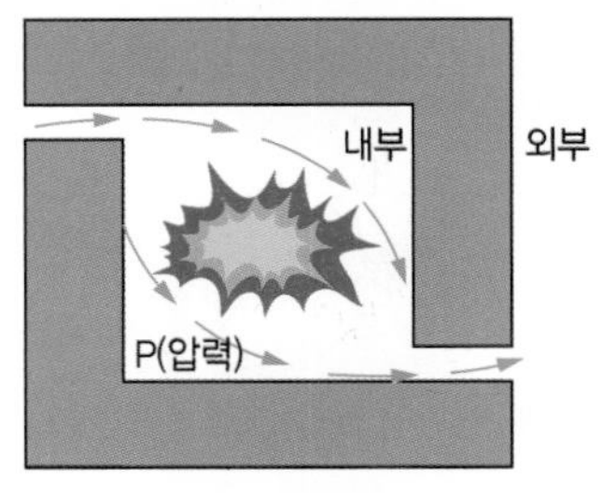

정답 (1) 압력방폭구조
(2) 기호 : p

Question 9

동영상은 LPG 자동차 충전기(디스펜스)이다. 다음 물음에 답하시오.

① ②

(1) 충전호스 끝부분에 설치되어 있는 안전장치는?
(2) 충전호스에 과도한 인장력이 작용 시 충전기와 호스가 분리되는 안전장치는?

정답 (1) 정전기제거장치
(2) 세이프티커플링

Question 10

저장능력이 200000톤의 LNG 저압 지하식 저장탱크이다. 탱크 외면과 사업소 경계까지 유지하여야 하는 안전거리는 몇 m인가?

정답 $L = C\sqrt[3]{143000\,W}$

$= 0.240 \times \sqrt[3]{143000\sqrt{200000}}$

$= 95.975\text{m} ≒ 95.98\text{m}$

[제 2 회 출제문제 (2016. 6. 26.)]

동영상은 매설 도시가스 배관의 부식방지를 위해 설치하는 전기방식의 전위측정용 터미널(T/B)이다. 다음 물음에 답하시오.

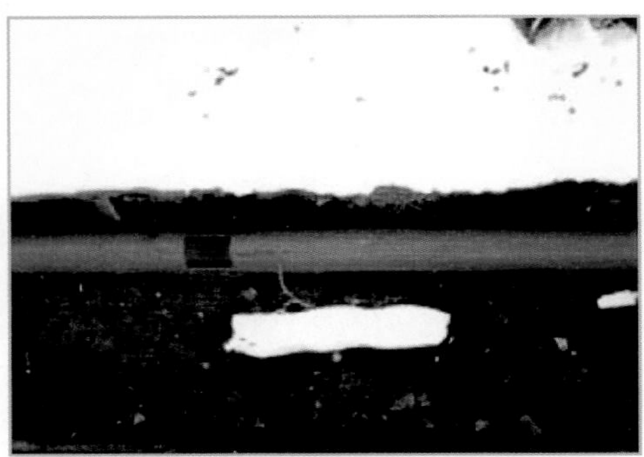

(1) 희생양극법, 배류법은 몇 m 간격으로 설치하는가?

(2) 외부전원법은 몇 m 간격으로 설치하여야 하는가?

(3) 방식전류가 흐르는 상태에서 토양 중에 있는 고압가스 시설의 방식 전위는 황산염 환원박테리아가 번식하는 토양에서 몇 V 이하인가?

 (1) 300m
(2) 500m
(3) −0.95V

동영상에서 지시하는 ①, ②, ③의 명칭을 쓰시오.

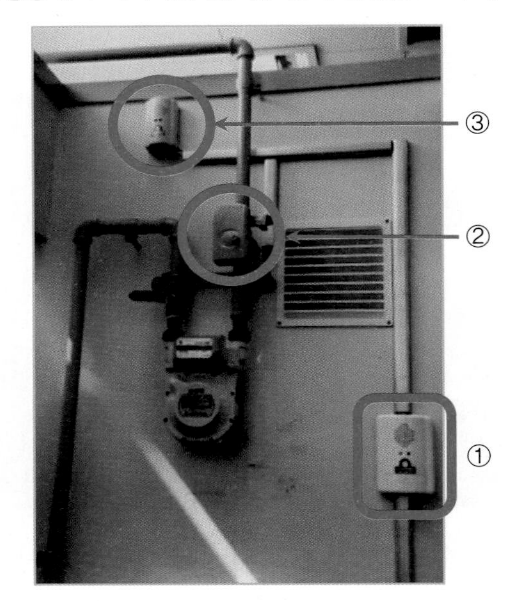

 ① 제어부
② 차단부
③ 검지부

동영상 C_2H_2의 용기에서 지시하는 부분의 의미와 단위를 쓰시오.

정답 Tw : 용기의 질량에 다공물질 용제 및 밸브의 질량을 합한 질량(kg)

Question 4

동영상은 방폭구조이다. 방폭구조의 종류를 쓰시오.

①

②

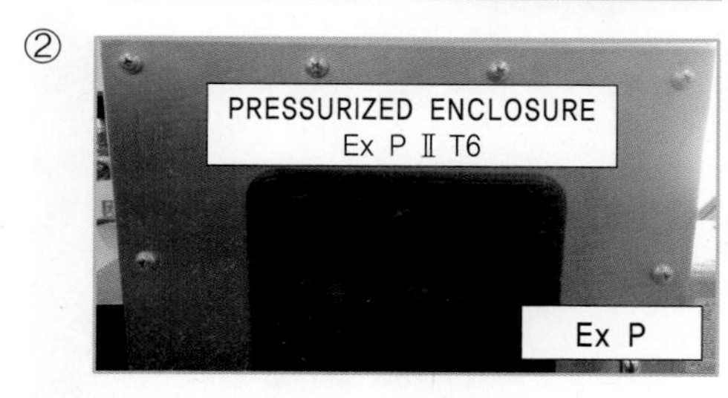

정답 ① Ex e : 안전증방폭구조
② Ex p : 압력방폭구조

Question 5

LNG의 주성분에 대하여 다음 물음에 답하시오.

(1) 주성분은?
(2) 기체비중은?
(3) 연소범위는?
(4) 비등점은?

정답 (1) CH_4
(2) 0.55
(3) 5～15%
(4) −161.5℃

해설 기체비중 : $\frac{M(\text{분자량})}{29}$

동영상에서 보여주는 라인마크의 종류를 각각 쓰시오.

①

②

④

⑤

정답 ① 양방향
② 일방향
③ 삼방향
④ 135° 방향

동영상과 같이 연소 시 (1) 황색염이 생기는 것을 무엇이라 하며, (2) 이것의 원인을 쓰시오.

①

②

정답 (1) 옐로팁
(2) ① 1차 공기 부족
② 주물 밑부분의 철가루 등이 존재

동영상의 액면계에 상하 배관에 설치하여야 할 밸브는?

정답 자동 및 수동식 스톱밸브

Question 9

동영상의 LPG 충전소에서 지하설치 저장탱크 저장능력이 30t일 때 사업소 경계와의 거리(m)는?

정답 30m×0.7=21m

해설 충전시설 중 저장설비 외면에서 사업소 경계와의 거리
20t 초과 30t 이하 : 30m
저장설비를 지하에 설치하거나 지하에 설치된 저장설비 안에 액중 펌프를 설치하는 경우는 사업소 경계거리에서 0.7을 곱한 거리 이상을 유지

Question 10

동영상의 정압기실에 지시하는 부분의 (1) 명칭과 (2) 가스용품의 합격표시에 대하여 기술하여라.

정답 (1) 필터
(2) 바깥지름 7mm의 각인으로 한다.

[제 3 회 출제문제 (2016. 10. 9.)]

동영상은 LPG 자동차용 충전기(dispenser)이다. 충전기의 충전호스 설치기준에 대하여 3가지 쓰시오.

정답 ① 충전기의 충전호스 길이는 5m 이내로 하고 그 끝에 축적되는 정전기를 유효하게 제거할 수 있는 정전기 제거장치를 설치할 것
② 충전호스에 과도한 인장력이 가해졌을 때 충전기와 가스주입기가 분리될 수 있는 안전장치를 설치할 것
③ 충전호스에 부착하는 가스주입기는 원터치형으로 한다.

동영상에서 보여주는 방식정류기를 이용한 (1) 전기방식법의 명칭과 (2) 정의를 기술하시오.

정답 (1) 외부전원법
(2) 지중 및 수중에 설치하는 강제배관 및 저장탱크 외면에 전류를 유입시켜 양극반응을 제거함으로서 배관의 전기적 부식을 방지하는 방법

동영상의 PE 배관에서 다음 물음에 답하시오.

(1) SDR의 의미를 쓰시오.
(2) 계산식을 쓰시오.

정답 (1) 가스용 폴리에틸렌관에서 압력 범위에 따른 배관두께를 구하는 식
(2) $\mathrm{SDR}=\dfrac{D}{T}$
• T : 배관의 최소두께
• D : 배관의 외경

동영상의 용기 ①, ②, ③, ④의 명칭을 쓰시오.

①

②

③

④

정답 ① C_2H_2
② CO_2
③ O_2
④ H_2

동영상은 퓨즈콕, 상자콕이다. (　)에 알맞은 단어를 기술하시오.

퓨즈콕은 가스유도를 (①)로 개폐하고 (②)가 부착된 것으로서 배관과 호스, 호스와 호스, 배관과 배관 또는 배관과 카플러를 연결하는 구조로 한다. 콕은 완전히 열었을 때 핸들의 방향은 유로와 (③)인 것으로 하고 닫힌 상태에서 (④) 없이 열리지 않는 구조로 한다.

정답 ① 볼
② 과류차단안전기구
③ 평행
④ 예비적 동작

해설
- 상자콕은 가스유로를 핸들 누름, 당김 등의 조작으로 개폐하고 과류차단 안전기구가 부착된 것으로서 밸브 핸들이 반 개방 상태에서도 가스가 차단되어야 하며, 배관과 카플러를 연결하는 구조로 한다.
- 가스누출 확인 퓨즈콕 : 퓨즈콕 몸통에 점검통을 장착, 사용자가 가스누출 여부를 확인할 수 있도록 저압(30kPa) 이하 전용으로 제조된 것으로 몸통과 덮개, 점검통 핸들, 점검버튼, 점검홀로 이루어진다.

Question 6

동영상의 도시가스 압력조정기에서 압력이 중압인 경우 이 조정기를 설치하여야 하는 세대수는?

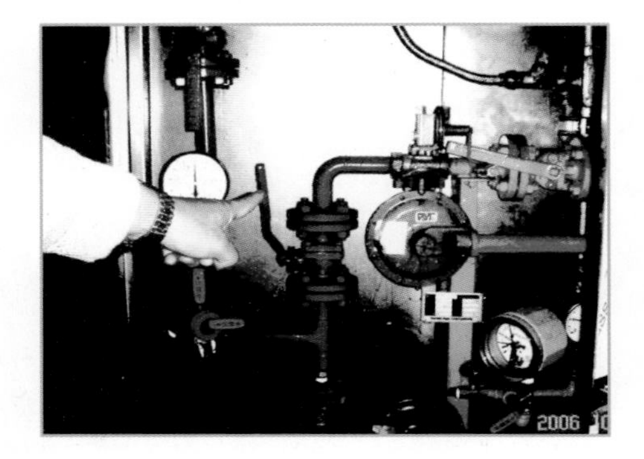

정답 150세대 미만

Question 7

동영상에서 가스불꽃이 불완전하거나 바람에 꺼졌을 때 열전대가 식어 기전력을 잃고 전자밸브가 닫아져 모든 통로를 차단시켜 생가스의 유출을 방지하는 안전장치이며, 종류로는 UY-Cell, 프레임 로드 열전대 등이 있는 안전장치를 무엇이라 하는가?

정답 소화안전장치

Question 8

동영상의 가연성 가스 저장실에 설치되어 있는 방폭등이다. 이와같은 방폭전기기기는 결합부의 나사류를 쉽게 외부에서 조작함으로써 방폭성능을 손상시킬 우려가 있는 드라이버, 스패너, 플라이어 등 일반 공구로 조작할 수 없도록 하여야 하는데 이러한 구조를 무엇이라 하는지 쓰시오.

정답 자물쇠식 죄임구조

Question 9

동영상의 충전용기를 적재운반 시 산소와 가연성 가스 충전용기 적재 시 주의사항을 쓰시오.

정답 충전용기 밸브가 서로 마주보지 않게 한다.

Question 10

동영상은 LPG 사용시설의 저장탱크 저장능력이 29ton일 경우 사업소 경계까지 유지하여야 할 거리는 몇 m인가? (단, 이 탱크를 지하에 설치하는 경우이다.)

정답 $24\text{m} \times \frac{1}{2} = 12\text{m}$

해설 LPG 사용시설 저장탱크와 사업소 경계까지 유지하여야 할 거리(단, 지하에 저장설비 설치 시는 규정거리의 1/2로 할 수 있다.) (KGS Fu 433)

저장능력	사업소 경계와의 거리
10톤 이하	17m
10톤 초과 20톤 이하	21m
20톤 초과 30톤 이하	24m
30톤 초과 40톤 이하	27m
40톤 초과	30m

2017년 가스기사 작업형(동영상) 출제문제

[제1회 출제문제 (2017. 4. 15.)]

Question 1

동영상은 LPG 충전소에서 LP가스 탱크가 폭발 버섯모양의 화염이 형성되는 사고가 발생하였다. 이때의 한국가스안전공사에 제출하는 보고서 내용을 4가지 이상 쓰시오.

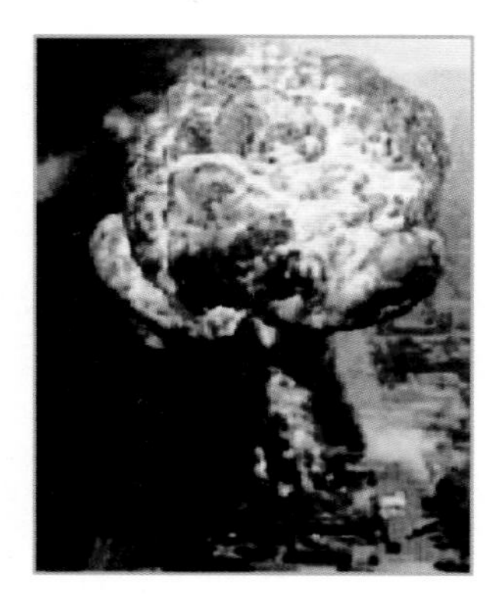

정답
① 사고발생 일시
② 사고발생 장소
③ 사고내용
④ 시설현황
⑤ 피해현황(인명 및 재산)
⑥ 통보자의 소속 직위 성명 및 연락처

Question 2

동영상은 도시가스 사용시설에 격납상자 내에 설치되어 있는 압력조정기이다.

(1) 이 압력조정기의 설치 높이는?
(2) 안전점검 주기는?

정답
(1) 격납상자 안에 설치 시 설치높이 제한이 없다.
(2) 1년 1회 이상

참고
격납상자가 아닌 경우 설치높이는 1.6m 이상 2m 이내, 공급시설인 경우 안전점검 주기 : 6월 1회 이상

동영상은 도시가스를 저장하는 LNG 인수기지이다. 다음 물음에 답하시오.

(1) 도시가스 1일 처리능력 25만m^3 압축기와 액화 천연가스 저장탱크의 외면과 유지거리는 몇 m 이상인가?
(2) 이 LNG기지에서 시행할 수 있는 안전성 평가기법 중 정량적 평가기법 4가지를 쓰시오.

정답 (1) 30m 이상
(2) ① FTA(결함수분석)
② ETA(사건수분석)
③ CCA(원인결과 분석)
④ HEA(작업자 실수 분석)

참고 **정성적 분석**
(체크리스트, 위험과 운전분석, 이상위험도분석, 사고예방질문분석)

동영상은 천연가스(NG)를 사용하는 도시가스 정압기의 검지기이다. 다음 물음에 답하시오.

(1) 천장에서 검지기 하단까지 ( )m 이내로 설치하여야 하는가?
(2) 버너 중심으로부터 ( )m 이내에 1개 이상 설치하여야 하는가?

정답 (1) 0.3
(2) 8

Question 5

동영상의 가스 시설물의 (1) 명칭과 (2) 이 시설 도시가스 제조소와 배관의 긴급차단장치 구간마다 내용물 제거장치 설치 시 가스방출 시작 압력에서 대기압까지 방출소요시간은 방출 시작으로부터 몇 분 이내이어야 하는가?

 정답
(1) 벤트스택
(2) 60분

해설 내용물 제거장치 설치(KGS Fp 4M)

구분	핵심내용
설치장소	제조소, 배관의 긴급차단장치 구간 등으로 방출가스로 인한 착화위험이 없는 장소
설치목적	사용중 발생할 수 있는 재해나 이상 발생 시 내용물을 신속 안전하게 이송할 수 있도록 하기 위함
설치높이	방출가스 착지농도가 폭발하한계 미만
방출시작압력에서 대기압까지 소요시간	60분 이내
가스방출구 위치	작업원이 정상작업을 하는데 필요한 장소 및 작업원이 통행하는 장소로부터 10m 이상 떨어진 장소
설치설비	정전기, 낙뢰 방지설비 설치
조치사항	착화 시 불활성 가스 퍼지 등으로 소화할 수 있는 조치

Question 6

동영상의 PE 배관에서 ① SDR 11 이하, ② SDR 17 이하에 해당되는 압력값을 쓰시오.

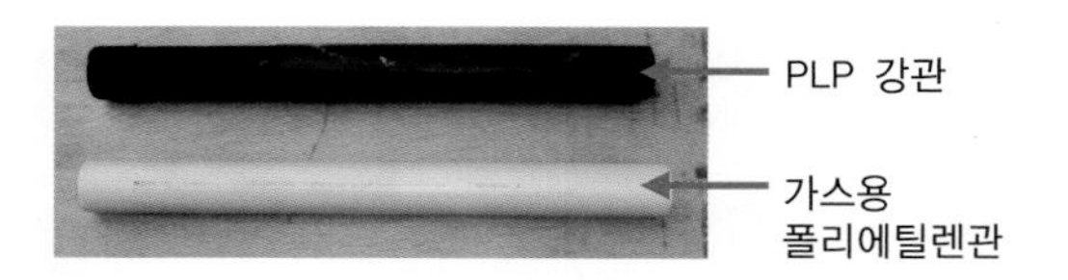

 정답
① 0.4MPa 이하
② 0.25MPa 이하

Question 7

동영상의 방폭기기 선정에서 내압 방폭구조의 폭발등급에서 (1) ①, ②, ③, (2) ①, ②, ③을 채우시오.

최대안전 틈새범위(mm)	0.9 이상	0.5 초과 0.9 미만	0.5 이하
(1) 가연성 가스의 폭발등급	①	②	③
(2) 방폭전기기기의 폭발등급	①	②	③

 정답
(1) ① A ② B ③ C
(2) ① ⅡA ② ⅡB ③ ⅡC

Question 8

동영상의 산소, 아세틸렌 용기에 대하여 물음에 답하여라.

(1) 산소를 충전 시 압축기와 충전용 지관 사이에 설치해야 하는 기기는?
(2) 아세틸렌 용기에서 용기밸브 등 부속품의 손상을 방지하기 위해 필요한 기기는?

정답 (1) 수취기
(2) 캡

Question 9

동영상에서 보여주는 ①, ②의 명칭을 쓰시오.

①

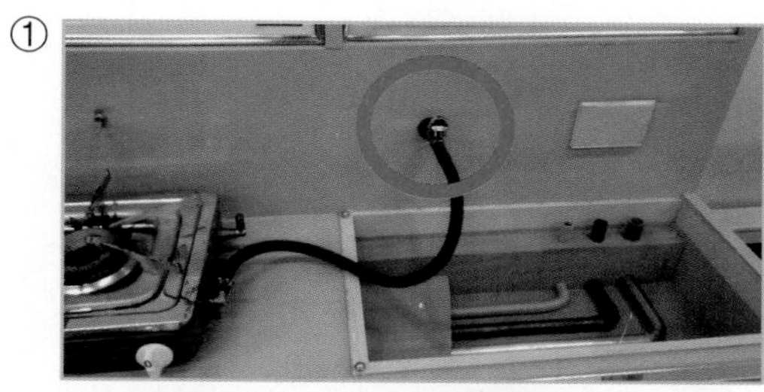

②

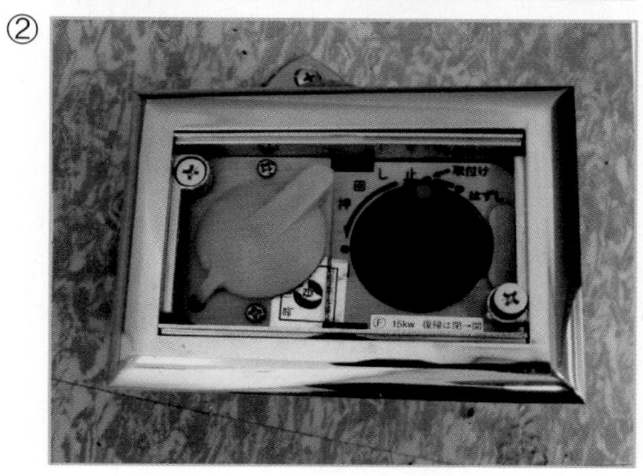

정답 ① 퓨즈콕
② 상자콕

Question 10

동영상의 LP가스 자동차에 고정된 탱크의 이입 · 이충전 장소에 설치되어 있는 냉각 살수장치이다. 다음 물음에 답하여라.

(1) 준내화구조일 경우 $1m^2$당 분무량(L/min)은?

(2) 자동차에 고정된 탱크의 이입 · 이충전 장소에 설치하는 살수장치의 기준을 쓰시오. (단, 국내에서 운행하는 자동차에 고정된 탱크 중 최대용량의 것을 기준으로 설치한다.)

정답 (1) 2.5L/min

(2) ① 구형 저장탱크의 살수장치는 확산판식으로 한다.

② 배관에 직경 4mm 이상의 다수 작은 구멍을 뚫거나 살수노즐을 배관에 부착

③ 살수장치 또는 소화전은 최대수량을 30분 이상 연속 방사 가능한 수원에 접촉되도록 한다.

참고 (KGS Fp 332) LP가스 자동차 이입 · 이충전 장소에 설치된 냉각 살수장치의 그 밖의 사항

[제 2 회 출제문제 (2017. 6. 25.)]

Question 1

동영상에서 ①, ②, ③, ④의 명칭을 쓰시오.

①

②

③

④

정답 ① C_2H_2 ② CO_2

③ O_2 ④ H_2

차압식 유량 특정방법에는 벤투리미터, 오리피스, 플로노즐이 있다. 현재 동영상의 장면은 어떠한 원리를 이용하여 유량을 측정하는 방법인가?

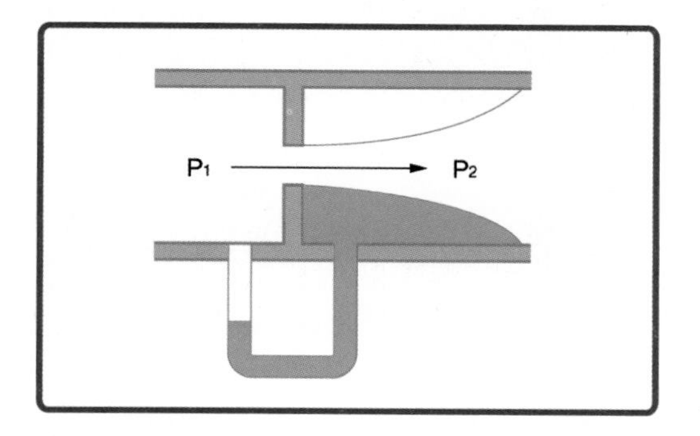

정답 베르누이 정리

동영상의 밀폐식 가스보일러는 환기가 잘 되지 않는 장소에 설치하지 않아야 한다. 만약 막을 수 없는 구조의 환기구가 외기와 직접 통하도록 설계되어 있고, 이 보일러의 바닥면적이 $5m^2$일 때 환기구의 면적은 몇 cm^2 이상인 경우에는 질식우려가 있는 장소에도 설치가 가능한지 면적을 계산하시오.

정답 $5 \times 300 = 1500cm^2$ 이상

동영상에서 보여주는 방폭구조의 (1) 명칭, (2) 기호는?

용기 내부 보호가스(신선한 공기 또는 불활성 가스)를 압입하여 내부 압력을 유지함으로써 가연성 가스가 용기 내부로 유입되지 않도록 한 구조

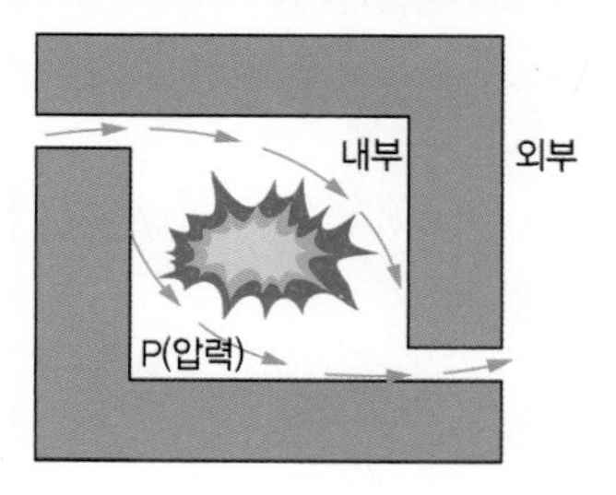

정답 (1) 압력방폭구조 (2) P

도시가스 정압기 실내의 조명도는 몇 lux인가?

정답 150lux

Question 6

동영상에서 보여주는 비파괴 검사를 보고 다음 물음에 답하시오.

(1) 검사방법은?

(2) 이때 시험에 합격된 배관은 통과하는 가스를 시험가스로 사용 시 가스농도가 몇 % 이하에서 작동하는 가스누설 검지기를 사용하여야 하는가?

 정답

(1) RT(방사선 투과검사)

(2) 0.2% 이하

Question 7

동영상에서 보여주는 각 영상에 대해 다음 물음에 답하여라.

①

②

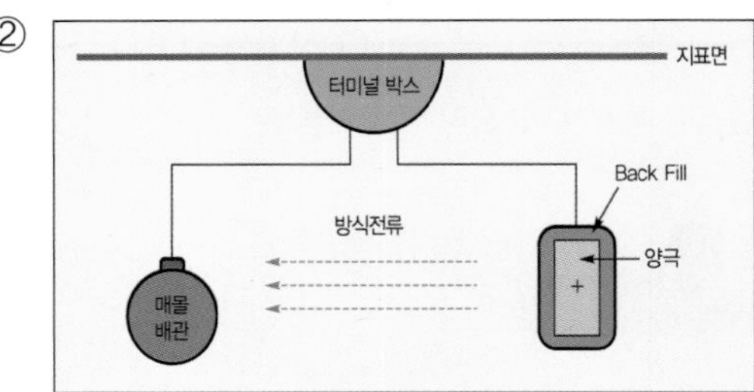

(1) ①에서 보여주는 가스시설물의 명칭은?

(2) ②의 동영상과 같은 전기방식법에서 이 시설설치 간격은?

(3) 전기방식의 기준에서 자연전위의 변화값(mV)은?

 정답

(1) 전위측정용 터미널

(2) 300m마다

(3) −300mV

Question 8

동영상 가스기구에서 (1) F (2) 1.2를 설명하시오.

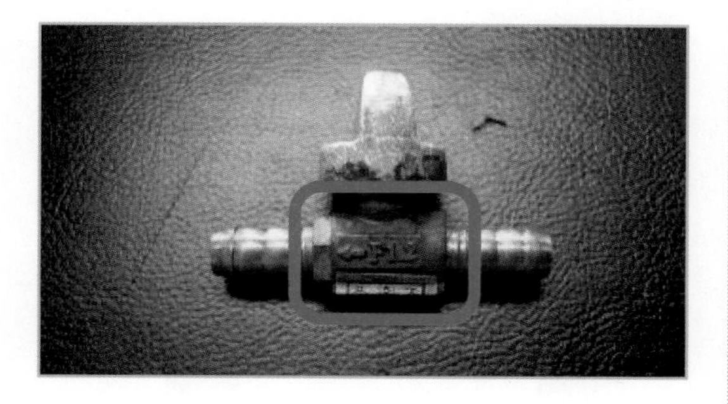

정답 (1) F : 퓨즈콕
(2) 1.2 : 과류차단 안전기구가 작동하는 유량이 시간당 1.2m^3

Question 9

동영상에서 보여주는 ①, ②, ③ 그림에서 융착이음의 명칭을 쓰시오.

①

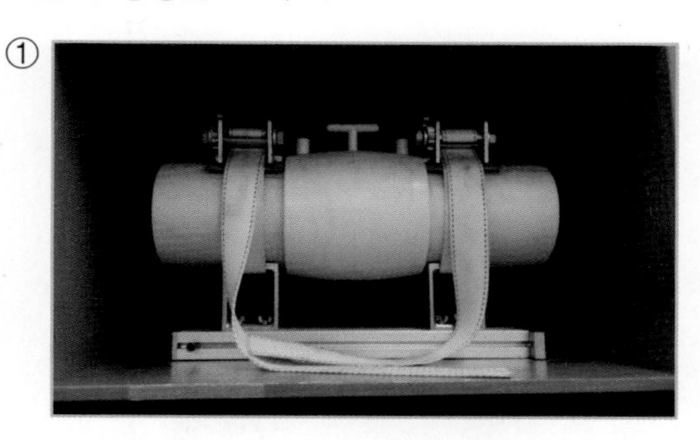

②

③

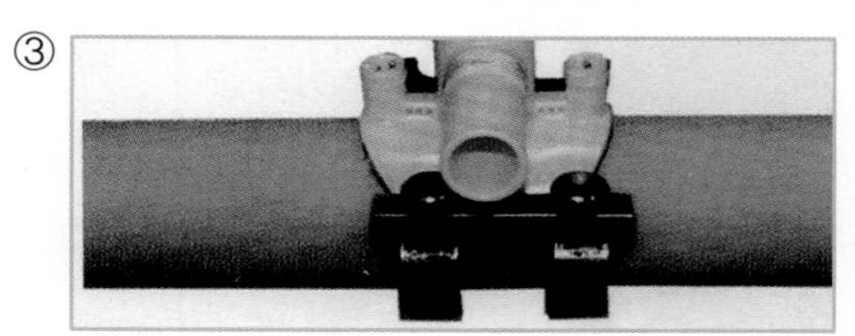

정답 ① 소켓융착
② 맞대기융착
③ 새들융착

동영상과 같이 연소 시 (1) 황색염이 생기는 것을 무엇이라 하며 (2) 이것의 원인을 쓰시오.

①

②

정답 (1) 옐로팁
(2) ① 1차 공기 부족
② 주물 밑부분의 철가루 등이 존재 시

[제3회 출제문제 (2017. 10. 14.)]

동영상의 전기방식법을 보고 물음에 답하여라.

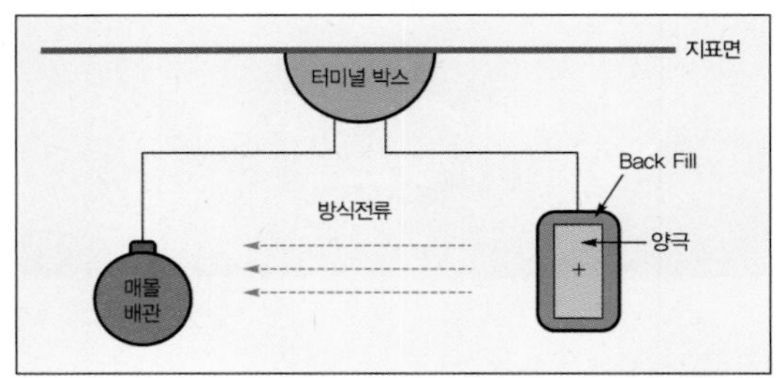

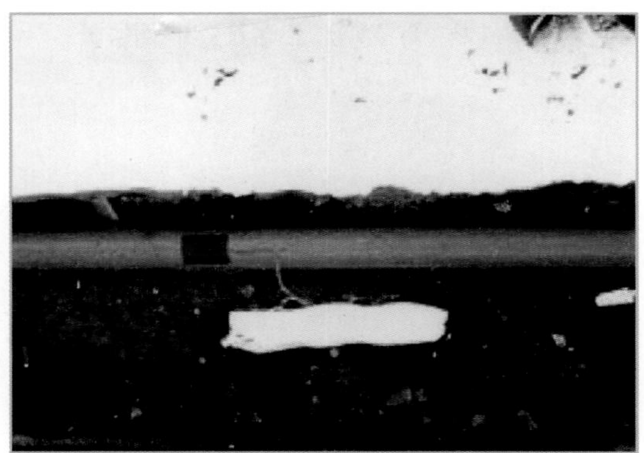

(1) 이 방식법에서 전위 측정용 터미널의 간격(m)은?
(2) 황산염 환원 박테리아가 번식하는 토양에서 방식전위의 최대값은(V)?

정답 (1) 300m 이내
(2) −0.95V 이하

Question 2

동영상은 공동주택에 공급되는 압력조정기이다. 압력이 중압인 경우 압력조정기를 설치할 수 있는 세대수는?

정답 150세대 미만

Question 3

동영상의 PE관의 융착이음에서 공칭 외경은 몇 mm 이상이어야 하는가?

정답 90mm 이상

Question 4

동영상은 도시가스 정압기실이다. 다음 물음에 답하여라.

(1) 검지기의 설치수는 바닥면 둘레 몇 m마다 1개씩 설치하여야 하는가?
(2) 바닥면 둘레가 55m일 때 검지기의 설치수는?
(3) 가스누출검지 경보장치의 연소기 버너중심에서 검지부의 설치수는?

정답 (1) 20m
(2) 55÷20=2.75=3개
(3) 공기보다 가벼운 경우 8m마다 1개
공기보다 무거운 경우 4m마다 1개

Question 5

동영상은 방폭구조이다. 방폭구조의 종류 6가지와 기호와 명칭을 쓰시오.

정답 ① d : 내압방폭구조
② p : 압력방폭구조
③ o : 유입방폭구조
④ e : 안전증 방폭구조
⑤ ia, ib : 본질안전 방폭구조
⑥ s : 특수방폭구조

Question 6

동영상에서 지시하는 LG의 의미를 쓰시오.

정답 액화석유가스 이외의 액화가스를 충전하는 용기의 부속품

Question 7

동영상은 기화기를 보여주고 있다. 다음 물음에 답하여라.

(1) 액체상태의 가스가 유출되는 것을 방지하는 장치의 명칭은?

(2) 액화가스 유출 시 발생되는 현상을 2가지 이상 쓰시오.

정답
(1) 액유출 방지장치
(2) ① 기화설비 동결
② 기화능력 불량
③ 조정기 폐쇄
④ 가스폭발
⑤ 산소결핍에 의한 질식

Question 8

동영상 ①, ②, ③, ④에서 온도감시장치(열전대 온도계가 설치)가 있는 동영상의 번호를 ①, ②, ③, ④ 중 선택하시오.

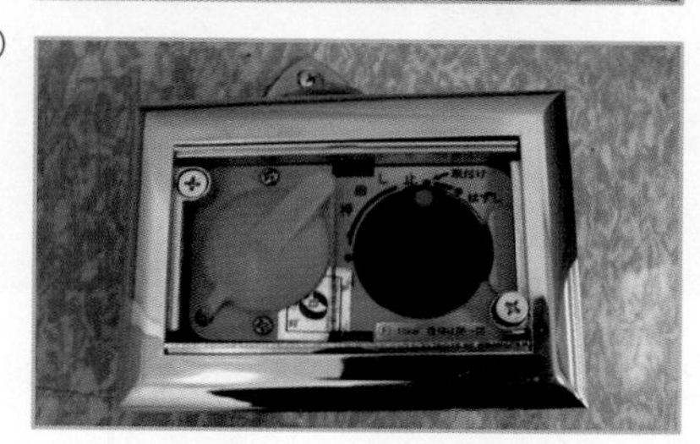

③

정답 

동영상은 LPG자동차 충전기(디스펜스) 이다. 다음 물음에 답하시오.

①

②

(1) 충전호스 끝부분에 설치되어 있는 안전장치는 무엇인가?

(2) 충전호스에 과도한 인장력 작용 시 충전기와 호스가 분리되는 안전장치는 무엇인가?

정답 (1) 정전기 제거장치
(2) 세이프티커플링

동영상에서 보여주는 가스용 폴리에틸렌관의 시공방법을 2가지 이상 기술하시오.

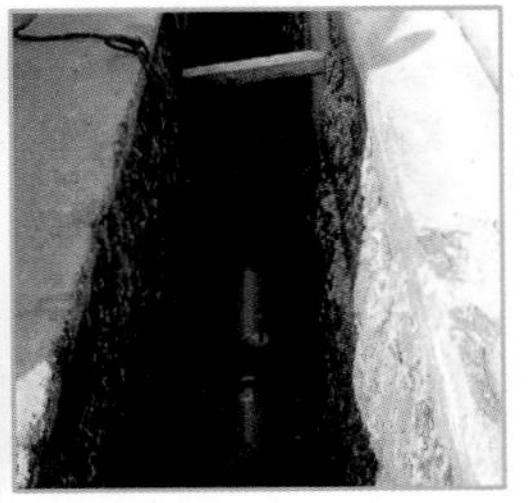

정답 ① PE배관은 노출배관으로 사용하지 않는다. 단, PE배관의 지상연결을 위하여 금속관을 사용하여 보호조치를 한 경우 지면에서 30cm 이하로 노출시공을 할 수 있다.
② PE배관은 40℃ 이상의 장소에 설치하지 않는다. 단, 파이프, 슬리브 등으로 단열조치를 한 경우 40℃ 이상의 장소에 설치할 수 있다.

2018년 가스기사 작업형(동영상) 출제문제

[제1회 출제문제 (2018. 4. 14.)]

동영상의 방폭구조 명칭과 기호를 쓰시오

용기 내부에 절연유를 주입 불꽃, 아크 또는 고온 발생부분이 오일 속에 잠기게 함으로써 오일면 위에 존재하는 가연성 가스에 인화되지 않도록 한 방폭구조

정답 유입방폭구조(O)

동영상은 지하에 설치된 도시가스(LNG) 정압기실의 배기관이다. 다음 물음에 답하시오.

(1) 이 배기관의 관경은 몇 mm인가?
(2) 배기관의 배기가스 방출구 높이는 지면에서 몇 m 이상인가?

정답 (1) 100mm 이상
(2) 지면에서 3m 이상

해설 배기가스 방출구의 높이

구분	높이
공기보다 무거운 경우	5m 이상
공기보다 무거운 경우에 전기 시설물 접촉 우려가 있는 경우	3m 이상
공기보다 가벼운 경우	3m 이상

Question 3

아세틸렌용기에서 Tw의 의미를 쓰시오.

정답 아세틸렌용기의 용기질량+다공물질+용제 및 밸브의 질량을 포함한 질량(kg)

Question 4

동영상의 ①, ②의 보호포를 매설되어 있는 압력별로 구분하시오.

정답 ① 저압배관에 사용되는 보호포
② 중압배관에 사용되는 보호포

Question 5

동영상에서 보여주는 ①, ②, ③, ④의 의미를 쓰시오.

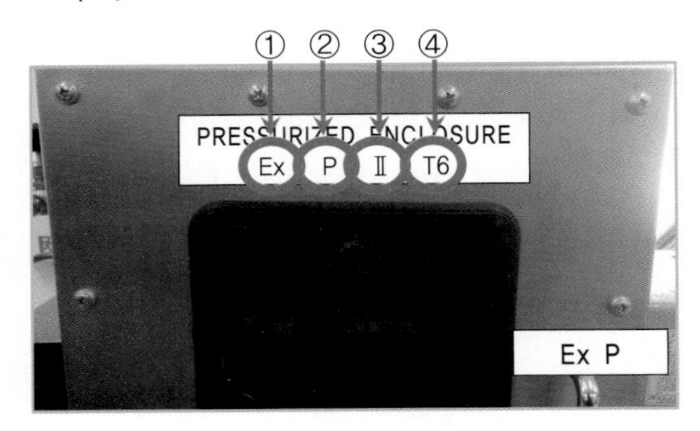

정답 ① 방폭구조
② 압력방폭구조
③ 방폭구조의 전기기기의 폭발등급
④ 방폭전기기기의 온도등급 85℃ 초과 100℃ 이하

Question 6

LNG 시설은 내진설계로 시공하여야 하는데, 내진설계 대상에서 제외되는 경우를 2가지 이상 쓰시오.

정답 ① 저장능력 3톤 또는 300m^3 미만의 저장탱크 및 가스홀더
② 지하에 설치되는 시설

동영상에서 장미꽃을 LNG 가스에 넣었다가 대기로 빼내었을 때 장미꽃이 부러졌다. 다음 물음에 답하여라.

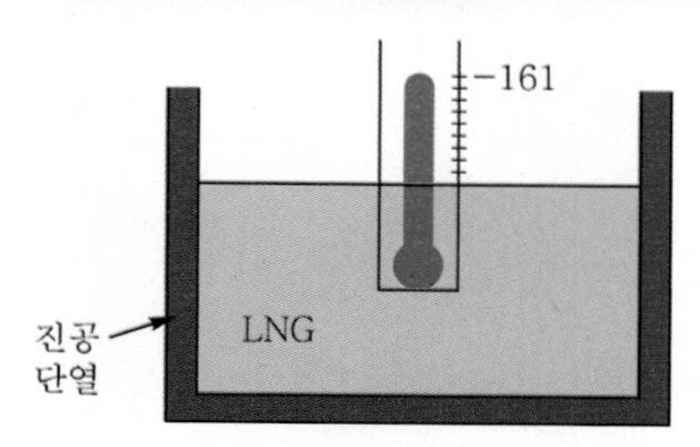

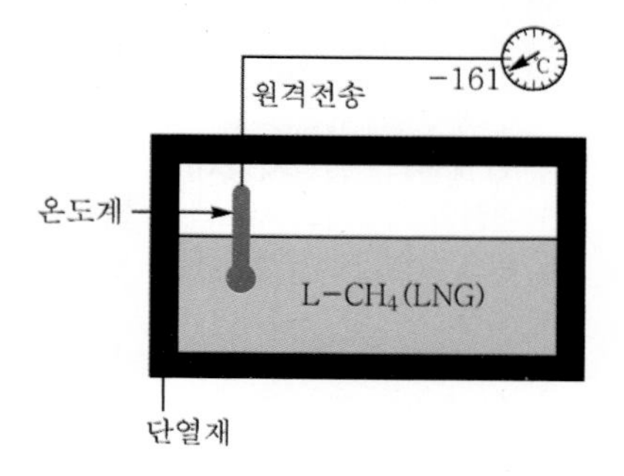

(1) LNG의 주성분 가스의 분자식과 분자량을 쓰시오.

(2) LNG의 주성분 가스의 1atm에서의 비등점(℃)을 쓰시오.

(3) 여기서 장미꽃이 쉽게 부러진 이유를 쓰시오.

(4) LNG 기화 시 공기보다 가벼우나 공기보다 무겁게 되는 온도는 몇 ℃ 이하인지 쓰시오.

정답

(1) CH_4, 16g/mol

(2) −161℃

(3) 초저온(−161℃)에 접촉 시 장미의 줄기, 꽃잎 등이 단단해지는 취성이 생겨 쉽게 부러짐

(4) −113℃ 이하

참고

1. 비점은 −160℃~−162℃까지 가능
2. LNG의 중요 용도
   ① 가연성 가스 연소범위 5~15%로서 도시가스 연료, 발전용 연료, 공업용 연료로 사용
   ② 액화산소, 액화질소의 제조 시 한랭으로 이용
   ③ 메탄올, 암모니아 합성

Question 8

동영상의 가연성 가스 저장실에 설치되어 있는 방폭등이다. 이와 같은 방폭전기기기는 결합부의 나사류를 쉽게 외부에서 조작함으로써 방폭성능을 손상시킬 우려가 있는 드라이버, 스패너, 플라이어 등 일반 공구로 조작할 수 없도록 하여야 하는데 이러한 구조를 무엇이라 하는지 쓰시오.

정답 자물쇠식 죄임구조

Question 9

동영상에서 보여주는 ① 액면계의 명칭과 ② 지시된 부분의 명칭을 쓰시오.

정답 ① 클린카식 액면계
② 자동 및 수동식 스톱밸브

Question 10

동영상의 (1) 가스시설물의 명칭, (2) 역할 3가지를 쓰시오.

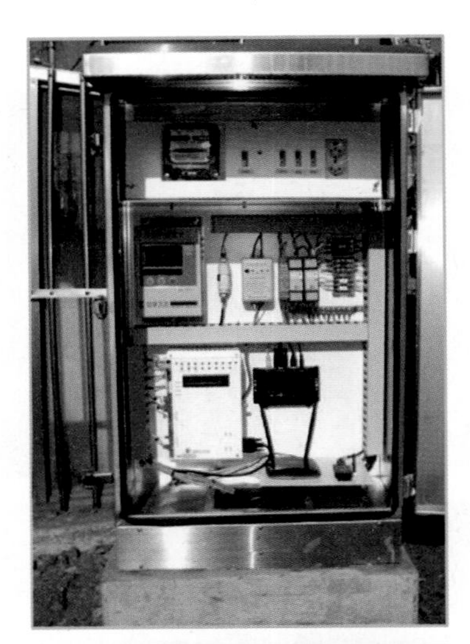

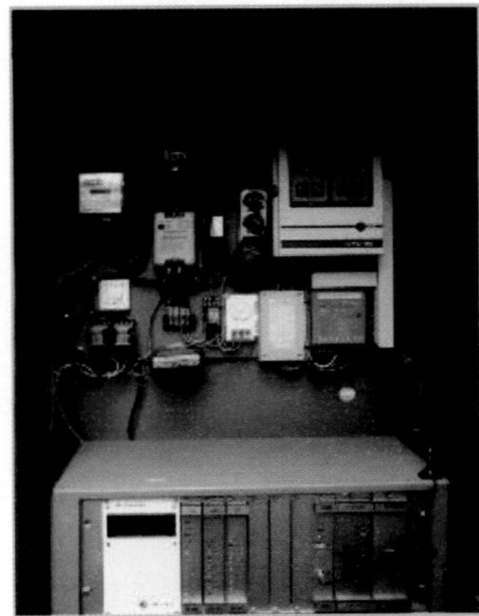

정답 (1) RTU(원격단말감시장치)
(2) 현장의 계측기와 시스템 접촉을 위한 터미널로서 정압기 이상 상태를 감시하는 기능으로,
① 가스누설 경보기능(가스누설경보기)
② 출입문 감시 개폐기능(리밋SW)
③ 정전 시 전원공급 기능(UPS) 등이 있다.

[제 2 회 출제문제 (2018. 6. 30.)]

Question 1

동영상의 지상 도시가스 정압기실에 대하여 다음 물음에 답하시오.

(1) 지시된 경계책의 높이(m)는 얼마인지 쓰시오.

(2) 지시와 경계표시의 포함내용 3가지를 쓰시오.

정답 (1) 1.5m 이상

(2) ① 시설명

② 공급자

③ 연락처

Question 2

동영상의 비파괴검사 방법의 명칭을 영문약자로 답하시오.

정답 MT

해설 **비파괴검사의 종류**

- 방사선투과검사(RT)
- 초음파탐상검사(UT)
- 자분탐상검사(MT)
- 침투탐상검사(PT)
- 와류탐상검사(ET)

동영상은 LP가스 자동차에 고정된 용기 충전시설의 고정충전설비(디스펜서)이다. 동영상에서 지시하는 충전호스의 법정준수사항 4가지를 기술하시오.

정답
① 충전기의 호스길이는 5m 이내로 한다.
② 호스 끝에 축적되는 정전기를 유효하게 제거할 수 있는 정전기 제거장치를 설치한다.
③ 충전호스에 과도한 인장력이 가해졌을 때 충전기와 가스주입기가 분리될 수 있는 안전장치를 설치한다.
④ 충전호스에 부착하는 가스주입기는 원터치형으로 한다.

동영상은 가연성인 LP가스를 판매하고 있는 용기 보관실이다. 용기보관 시 화재폭발 등에 대비한 안전관리사항을 4가지 쓰시오.

정답
① 화기취급 장소까지는 2m 이상 우회거리를 둘 것
② 용기보관실의 재료는 불연성, 지붕은 가벼운 불연성으로 할 것
③ 용기보관실의 벽은 방호벽으로 할 것
④ 용기보관실에는 가스누출경보기를 설치할 것
⑤ 용기보관실의 전기설비는 방폭구조로 할 것
⑥ 용기보관실에는 환기구를 갖추고 환기 불량 시 강제통풍시설을 갖출 것

Question 5

동영상 용기의 내용적은 500L 이하이고, 제작 후 용기검사를 시행한 지 10년 이하인 용기이다. 이 용기의 재검사 주기는 몇 년인가?

정답 5년

해설 **이음매있는 용기 및 복합재료용기**

내용적	재검사 주기	
500L 이상	5년마다	
500L 미만	신규검사 후 10년 이하	5년마다
	신규검사 후 10년 초과	3년마다

Question 6

동영상과 같이 (1) 황색염이 생기는 것을 무엇이라 하며, (2) 이것의 원인을 2가지 이상 쓰시오.

①

②

정답 (1) 옐로팁

(2) ① 1차 공기부족

② 주물 밑부분의 철가루 등이 존재

③ 연소반응이 충분하지 않을 때

Question 7

동영상은 LPG 충전시설에 관한 가스시설물이다. 아래 물음에 답하여라.

(1) 시설물의 명칭을 쓰시오.

(2) 이 시설물의 ① 배관의 재질, ② 구형탱크에 설치하는 분무형식을 쓰시오.

(3) 이 장치는 저장탱크의 표면적 1m²당 (①)L/min 이상의 비율로 계산된 수량을 전표면에 분무할 수 있는 (②)장치로 한다. 이때 자동차에 고정된 탱크에 이입, 충전장소에 설치되는 이 장치는 국내에서 운행하는 자동차에 고정된 탱크 중 (③)의 것을 기준으로 설치한다.

정답 (1) 살수장치
(2) ① 내식성 재료
② 확산판식
(3) ① 5
② 고정
③ 최대용량

Question 8

동영상의 방폭구조를 보고 물음에 답하시오.

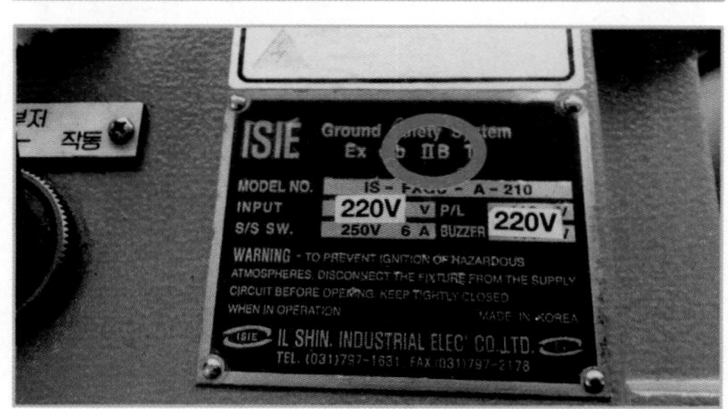

(1) 최대안전틈새의 정의를 기술하시오.

(2) ⅡB 최대안전틈새 범위를 기술하시오.

정답 (1) 내용적이 8L이고, 틈새 깊이가 25mm인 표준용기 안에서 가스가 폭발할 때 발생한 화염이 용기 밖으로 전파하여 가연성 가스에 점화되지 않는 최대값
(2) 내압방폭구조 최대안전틈새범위 : 0.5mm 초과 0.9mm 미만

동영상은 지하에 시설하는 PE(가스용 폴리에틸렌)관이다.

(1) PE관의 SDR이란 무엇이며, 계산공식을 쓰시오.
(2) 최고사용압력이 0.3MPa일 때의 SDR 값은 얼마인지 쓰시오.

정답 (1) SDR : 압력에 따른 배관의 두께

$$\text{SDR} = \frac{D}{T}$$

여기서, D : 외경
T : 최소두께

(2) 11 이하(1호관)

동영상의 보일러에 대하여 물음에 답하여라.

(1) 보일러 배기통의 방조망 직경(mm)을 쓰시오.
(2) 보일러의 밀폐형 연소기의 경우 급기구, 배기통, 벽 사이에 안전상 반드시 하여야 할 조치사항을 쓰시오.
(3) 자연 급 · 배기식톱의 보일러를 외벽식으로 설치 시 급 · 배기톱의 양측면, 상하 돌출물이 없는 간격의 길이는 몇 mm 이내인지 쓰시오.
(4) 이때의 급 · 배기톱 장애물이 없는 곳에 설치하는 장소의 간격길이는 전방 몇 mm 이내인지 쓰시오.

정답 (1) 16mm 이상
(2) 배기가스가 실내에 들어오지 않도록 밀폐시켜야 한다.
(3) 1500mm 이내
(4) 150mm 이내

참고 1. 1993.11 이전 사용시설 가스보일러 설치기준 (밀폐식 자연강제급배식 보일러)
① 급 · 배기톱은 충분히 개방된 옥외 공간에 충분히 벽 외부로 나오도록 설치하되, 수평이 되게 한다.
② 급 · 배기톱은 양측면 또는 상하 1500mm 이내의 간격에는 돌출물이 없는 것으로 한다.
③ 급 · 배기톱은 전방 150mm 이내에 장애물이 없는 장소에 설치한다.
④ 급 · 배기톱의 벽 관통부는 급 · 배기톱 본체와 벽과의 사이에 배기가스가 실내로 유입되지 아니하도록 한다.
⑤ 급 · 배기톱의 높이는 바닥면 또는 지면으로부터 150mm 위쪽에 설치한다.
⑥ 급 · 배기톱과 상방향 건축물 돌출물과의 이격거리는 250mm 이상으로 한다.

2. 밀폐형 자연급배기식(BF) : 급배기통을 외기와 벽을 관통하여 옥외로 빼고 자연통기력에 의해 급배기를 하는 방식

[제 3 회 출제문제 (2018. 10. 7.)]

Question 1

동영상의 가스시설물에 대하여 다음 물음에 답하시오.

(1) 이 시설물의 명칭을 쓰시오.
(2) 이 시설물에서 폐가스를 방출 시 착지농도의 기준을 ① 독성, ② 가연성으로 구분하여 쓰시오.

정답
(1) 벤트스택
(2) ① TLV-TWA기준 농도값 미만
② 폭발하한계 미만

Question 2

다음 동영상의 공업용 용기 명칭을 쓰시오.

①

②

③

④

정답
① 아세틸렌용기
② 산소용기
③ 이산화탄소용기
④ 수소용기

Question 3

동영상을 보고 다음 물음에 답하시오.

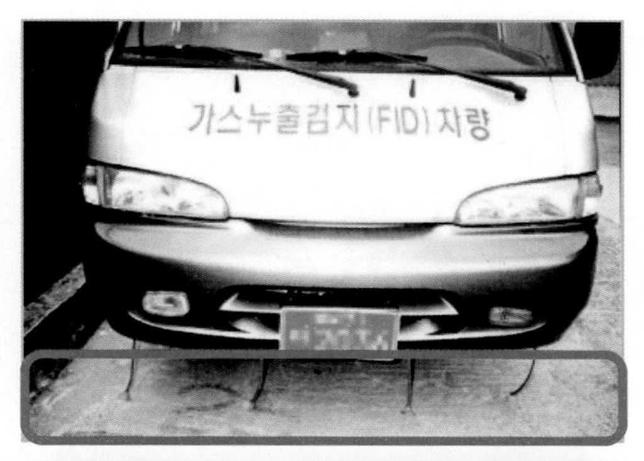

(1) 차량에 표시되어 있는 FID란 무엇인지 쓰시오.
(2) 누출가스가 검출되는 원리를 설명하시오.

정답 (1) 수소불꽃이온화검출기
(2) 시료가 이온화될 때 불꽃 중의 각 전극 사이에 전기 전도도가 증대하는 검출원리를 이용하여 검출

Question 4

동영상은 공동주택에 설치 · 시공하는 압력조정기이다. 공급도시가스압력이 저압인 경우 설치세대수는 250세대 미만인데 이 경우 500세대 미만으로 할 수 있는 경우를 기술하시오.

정답 한국가스안전공사의 안전성 평가를 받고 그 결과에 따라 안전조치를 한 경우 전체 세대수를 250세대의 2배인 500세대 미만으로 할 수 있다.

Question 5

다음 동영상을 보고 물음에 답하여라.

(1) 용기의 명칭을 쓰시오.
(2) 그 정의를 기술하시오.

(1) 초저온용기
(2) 섭씨 영하 50도 이하인 액화가스를 충전하기 위한 용기로서, 단열재로 피복하거나 냉동설비로 냉각하여 용기 내 가스온도가 상용온도를 초과하지 아니하도록 조치한 용기이다.

Question 6

동영상을 보고 물음에 답하시오.

(1) 도시가스 공급시설 매몰배관의 기밀시험을 시행하고 있다. 기밀시험 시 사용되는 기체 종류 2가지와 기밀시험 압력을 기술하여라.
(2) 최고사용압력이 고압 또는 중압인 배관에서, 방사선투과시험에 합격한 배관을 통과하는 가스를 시험가스로 사용 시 가스농도가 몇 % 이하에서 작동하는 가스검지기를 사용하여야 하는지 쓰시오.
(3) 신규로 설치되는 본관이나 공급관의 기밀시험에 있어 합격기준 2가지를 쓰시오.

정답 (1) ① 질소, 공기
② 최고사용압력×1.1배
(2) 0.2% 이하
(3) ① 발포액을 도포 시 거품이 발생되지 않은 경우 합격
② 가스농도가 0.2% 이하에서 작동하는 가스검지기를 사용 시 검지기가 작동되지 않은 경우 합격

도시가스시설의 기밀시험 압력
- 공급시설 : 최고사용압력×1.1배 이상
- 사용시설 및 정압기시설 : 최고사용압력 ×1.1배 또는 8.4kPa 중 높은 압력

Question 7

동영상의 다기능 가스안전계량기를 보고 물음에 답하여라.

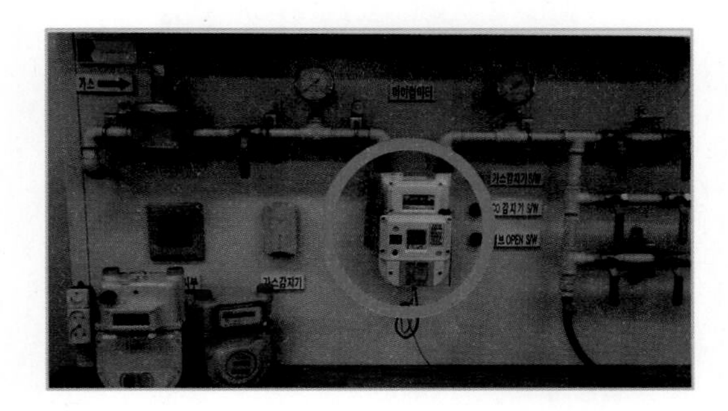

(1) 이상 발생 시 차단밸브가 작동한 후 어떤 작업을 하여야 다시 차단 기능이 해제되는지 쓰시오.
(2) 이 계량기는 사용자가 쉽게 조작할 수 없도록 어떤 기능이 포함되어 있는지 쓰시오.

(1) 복원조작
(2) 테스트차단기능

Question 8

동영상은 도시가스용 PE 배관을 지하에 매설하고 있다.

(1) 매설배관 이외에 지하매설 가능배관의 종류 2가지를 쓰시오.
(2) 이 배관을 설치 후 15년 뒤 기밀시험을 실시하였다. 다음의 기밀시험은 몇 년마다 시행하는지 쓰시오.

(1) ① 폴리에틸렌 피복강관
② 분말용착식 폴리에틸렌 피복강관
(2) 5년마다

해설 **도시가스 배관 기밀시험주기**

<table>
<tr><th colspan="2">대상 구분</th><th>기밀시험
실시시기</th></tr>
<tr><td colspan="2">PE배관
(가스용 폴리에틸렌)</td><td rowspan="2">설치 후 15년이 되는 해 및 그 이후 5년마다</td></tr>
<tr><td rowspan="2">폴리
에틸렌
피복
강관</td><td>1993.6.26. 이후 설치</td></tr>
<tr><td>1993.6.26. 이전 설치</td><td>설치 후 15년이 되는 해 및 그 이후 3년마다</td></tr>
<tr><td colspan="2">그 밖의 배관</td><td>설치 후 15년이 되는 해 및 그 이후 1년마다</td></tr>
<tr><td colspan="2">공동주택 등
(다세대 제외)
부지 내 설치 배관</td><td>3년마다</td></tr>
</table>

Question 9

동영상은 도시가스 배관이 교량에 설치되어 있다. 호칭별 지지간격(m) ①, ②, ③, ④를 채우시오.

호칭지름(A)	지지간격(m)
100A	(①)
150A	10
200A	(②)
300A	16
400A	(③)
500A	(④)
600A	25

정답
① 8m
② 12m
③ 19m
④ 22m

Question 10

동영상의 내압방폭구조 최대안전틈새범위 ①, ②, ③, ④를 채우시오.

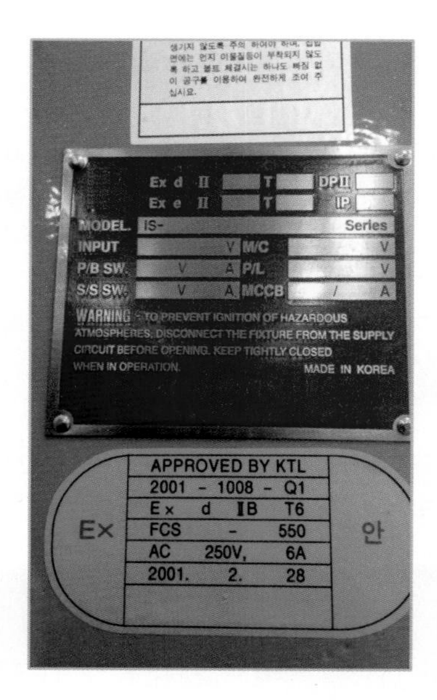

Exd(내압방폭구조)

최대안전 틈새범위(mm)	(①) 이상	(②) 초과 (③) 미만	(④) 이하
가연성 가스의 폭발등급	A	B	C
방폭전기기기의 폭발등급	ⅡA	ⅡB	ⅡC

정답
① 0.9 ② 0.5
③ 0.9 ④ 0.5

참고
Exia(본질안전방폭구조)

최소점화 전류비(mm)	0.8 초과	0.45 이상 0.8 이하	0.45 미만
가연성 가스의 폭발등급	A	B	C
방폭전기기기의 폭발등급	ⅡA	ⅡB	ⅡC

2019년 가스기사 작업형(동영상) 출제문제

[제1회 출제문제 (2019. 4. 17.)]

동영상은 도시가스배관을 보호하기 위한 가스시설물이다. (1) 명칭과 (2) 설치하여야 할 경우 1가지만 쓰시오.

정답 (1) 보호(철)판
(2) ① 중압 이상 배관을 도로 밑에 매설 시
② 배관 매설심도를 확보할 수 없는 경우
③ 타 시설물과 이격거리를 확보하지 못하였을 때

동영상이 보여주는 기화기에는 액화가스가 넘쳐흐르는 것을 방지하는 장치가 설치되어 있다.

(1) 이 장치의 명칭을 쓰시오.
(2) 기화장치에서 액가스가 넘쳐흐를 때의 위험성을 3가지 쓰시오.

정답 (1) 액유출방지장치
(2) ① 가스누출로 인화 폭발의 위험
② 산소부족에 의한 질식
③ 기화능력 불량

Question 3

동영상의 LPG 충전시설에 대하여 다음 물음에 답하시오.

(1) 충전설비와 사업소 경계의 유지거리를 쓰시오.
(2) 이 충전시설의 저장능력이 100톤일 때 저장설비 외면에서 사업소 경계까지 유지거리를 쓰시오.

정답 (1) 24m 이상
(2) 36m 이상

Question 4

LPG 용기와 산소용기가 있다. 이 용기를 동일차량에 적재운반 시 주의할 점 1가지를 쓰시오.

정답 산소와 LPG 충전용기의 밸브가 서로 마주보지 않도록 적재하여 운반한다.

Question 5

동영상의 용기에서 적색밸브를 개방하여 액체를 이송할 때 안전을 위하여 필요한 장치 1가지를 쓰시오.

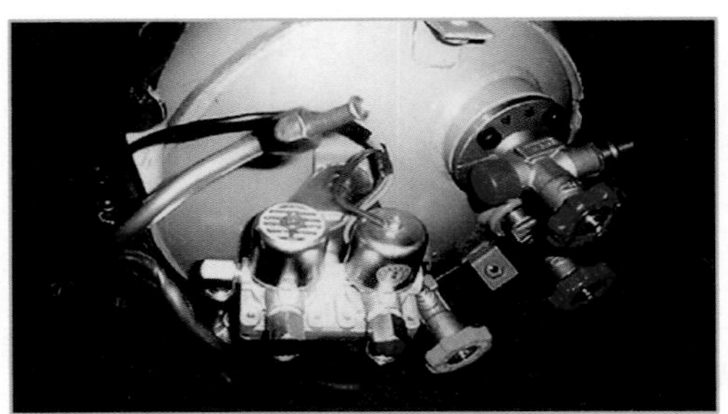

정답 과충전방지장치

Question 6

동영상에서 보여주는 가스기구의 명칭 ①, ②를 쓰시오.

정답 ① 퓨즈콕
② 상자콕

Question 7

20만ton 저압저장식 LNG 저장탱크에서 이 탱크와 사업소 경계까지의 유지거리(m)를 쓰시오.

정답

$$L = C\sqrt[3]{143000\,W}$$
$$= 0.240 \times \sqrt[3]{143000\sqrt{200000}}$$
$$= 95.975\text{m} = 95.98\text{m}$$

Question 8

동영상은 가연성 전기설비설치 시 필요한 방폭구조이다. 방폭구조의 종류를 기호와 함께 6가지를 쓰시오.

정답

① 내압방폭구조(d)
② 압력방폭구조(p)
③ 유입방폭구조(o)
④ 안전증방폭구조(e)
⑤ 본질안전방폭구조(ia)(ib)
⑥ 특수방폭구조(s)

Question 9

동영상의 LPG 탱크로리에서 가스를 이송할 때 이송작업순서 4가지를 쓰시오.

정답

① 탱크로리를 주정차선에 정확히 주차시킨다.
② 차량이 움직이지 않도록 바퀴에 고정목을 설치한다.
③ 탱크로리에 밸브함(박스)을 개방하여 로딩암에 액관, 기체관을 연결한다.
④ 방폭접속금구에서 정전기방지용 어스선(접지선)을 탱크로리에 접속시킨다.
⑤ 이송 스위치를 가동하여 탱크로리에서 저장탱크로 가스를 이송한다.

Question 10

동영상은 용기저장실의 환기설비이다. 다음 물음에 답하시오.

(1) 통풍구의 면적기준을 쓰시오.
(2) 1개소 환기구의 면적(cm^2)을 쓰시오.

정답 (1) 바닥면적 m^2당 $300cm^2$ 이상
(2) $2400cm^2$ 이하

[제 2 회 출제문제 (2019. 6. 29.)]

Question 1

다음 동영상의 방폭구조 명칭을 쓰시오.

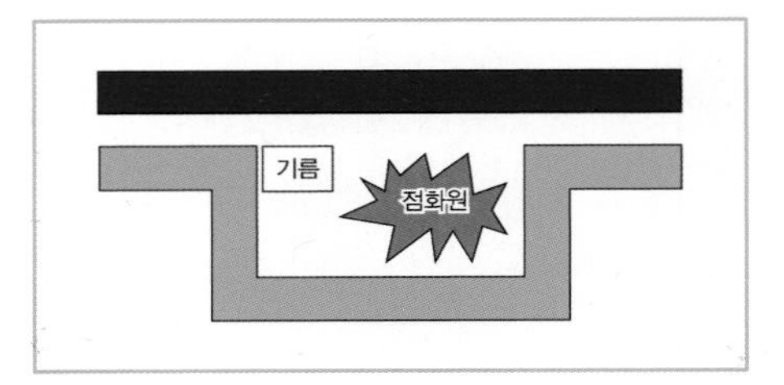

정답 유입방폭구조(o)

Question 2

다음 동영상의 LPG자동차 충전소에 대하여 물음에 답하시오.

(1) 충전호스의 길이를 쓰시오.
(2) 충전호스의 끝에 설치하여야 하는 장치를 쓰시오.
(3) 충전호스에 설치되어 있는 세이프티커플링의 역할을 기술하시오.

정답 (1) 5m 이내
(2) 정전기 제거장치
(3) 충전호스에 과도한 인장력이 작용 시 충전호스와 가스주입기가 분리되는 역할

Question 3

동영상 속 ① 융착이음의 명칭과 ② 이러한 이음을 하는 경우의 규정을 기술하시오.

정답
① 맞대기 융착
② 공칭외경 90mm 이상의 직관과 이음관의 연결 시 적용

Question 4

동영상과 같이 (1) 황색염이 발생하는 것을 무엇이라 하며 (2) 이러한 황색염의 발생원인 1가지를 쓰시오.

①

②

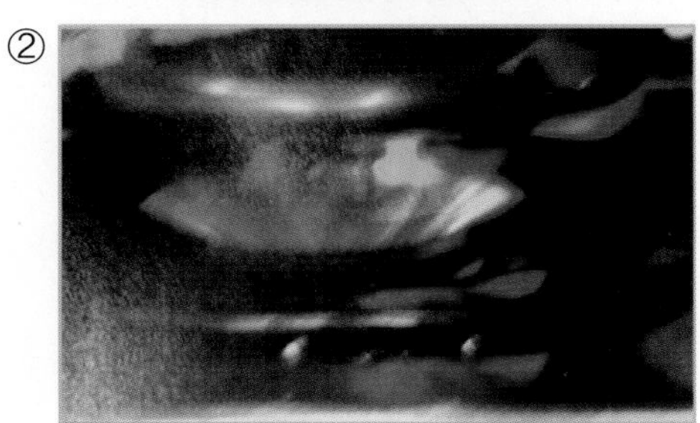

정답
(1) 옐로팁
(2) ① 1차 공기부족
② 주물 밑부분 철가루 등이 존재

Question 5

도시가스 지하정압기실에 대하여 다음 물음에 답하여라.

(1) 흡입구, 배기구의 직경(mm)을 쓰시오.
(2) 공기보다 무거운 가스의 경우 배기가스 방출구의 높이를 쓰시오. (단, 전기시설물 등의 장애물이 있는 것으로 간주한다.)
(3) 공기보다 가벼운 가스의 경우 배기가스 방출구의 높이를 쓰시오.

정답
(1) 100mm 이상
(2) 지면에서 3m 이상
(3) 지면에서 3m 이상

해설 공기보다 무거운 가스의 경우 배기가스의 방출구는 지면에서 5m 이상으로 한다(단, 전기시설물의 접촉우려 시 3m 이상으로 한다.)

Question 6

동영상의 PE(가스용 폴리에틸렌)관의 SDR값이 ① 21 이하일 경우 사용가능 압력값과 ② SDR의 의미를 쓰시오.

정답
① 0.2MPa 이하
② SDR= $\dfrac{\text{외경}(D)}{\text{최소두께}(t)}$

Question 7

고압가스 시설에서 사고발생 시 사고통보에 포함되어야 하는 내용 4가지를 쓰시오.

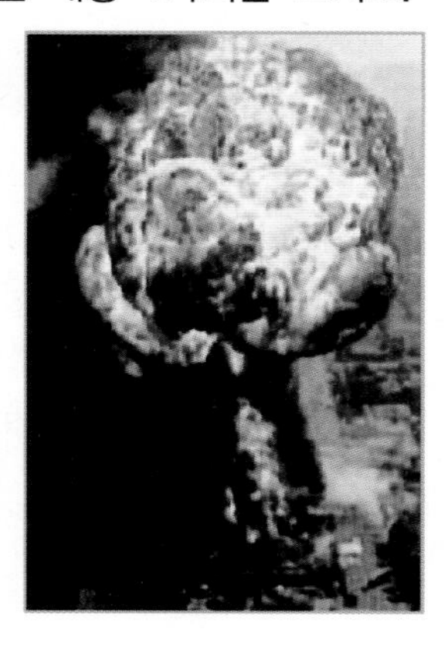

정답
① 사고발생일시
② 사고발생장소
③ 사고내용
④ 시설현황
⑤ 피해현황

Question 8

동영상 가스기구의 ① 명칭과 ② 표시부분 F1.2의 의미를 쓰시오.

①

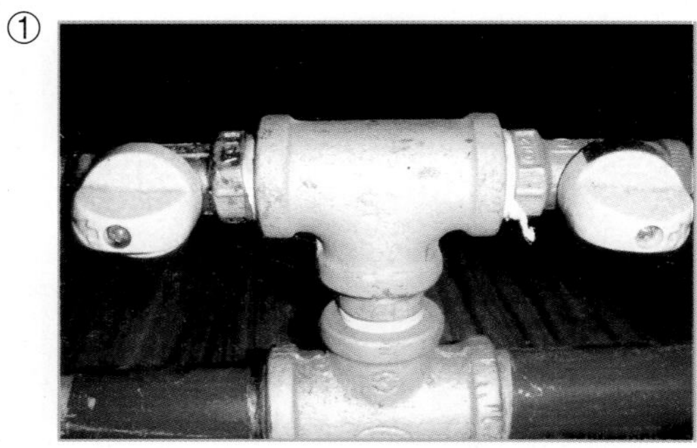

②

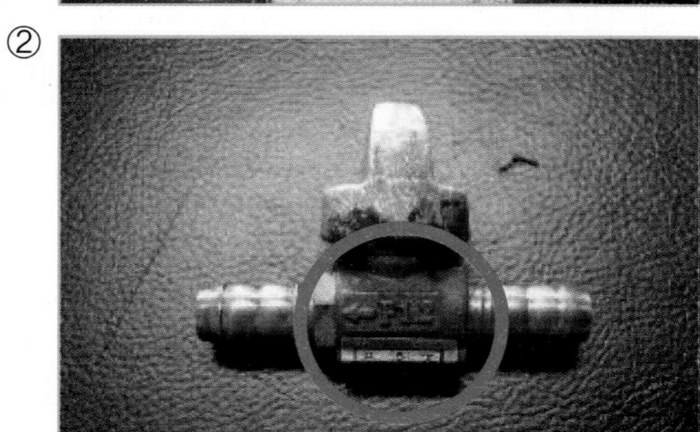

정답
① 퓨즈콕
② F : 퓨즈콕
1.2 : 과류차단 안전기구가 부착된 경우 작동유량이 1.2m^3/h

동영상은 LNG멤브레인 저장탱크이다. 다음 (   )에 적합한 단어를 쓰시오.

멤브레인은 탱크재질의 (①)와 (②)의 변화에 따라 자유로이 팽창과 수축을 할 수 있도록 설계제작한 판재로서 (③) 내면에 설치한 것이며 주름형과 판형이 있다.

① 온도
② 하중
③ 저장탱크

LNG멤브레인 탱크

1. 정의 : 외벽은 특수콘크리트, 내벽은 액체의 LNG를 저장할 수 있는 스테인리스강으로 제작된 밀폐형의 멤브레인 벽으로 시공된 탱크
2. 역할
   - 액화천연가스에 직접 접촉부분에서의 액 또는 가스의 누출을 방지
   - 반복 열하중에 의한 피로에 견디고 모든 하중을 흡수하여 단열판넬로 전달하여 안전을 도모

다음 동영상이 보여주는 가스연소기에서 온도가 측정되는 부분은 어느 곳인지 쓰시오.

정답 ① 과열방지센서

[제 3 회 출제문제 (2019. 10. 12.)]

Question 1

다음 동영상의 용기보관실에서 위험방지대책을 2가지 쓰시오.

정답 ① 충전용기와 잔가스용기는 구분하여 용기보관 장소에 놓을 것
② 가연성 · 독성 · 산소 용기는 구분하여 용기보관 장소에 놓을 것
③ 충전용기는 40℃ 이하를 유지하여 직사광선을 받지 않도록 할 것
④ 충전용기는 넘어짐에 의한 충격 및 밸브손상 방지조치를 할 것

Question 2

동영상의 내압방폭구조에서 ① ⅡB일 때의 틈새범위와 ② 최대안전틈새범위를 설명하시오.

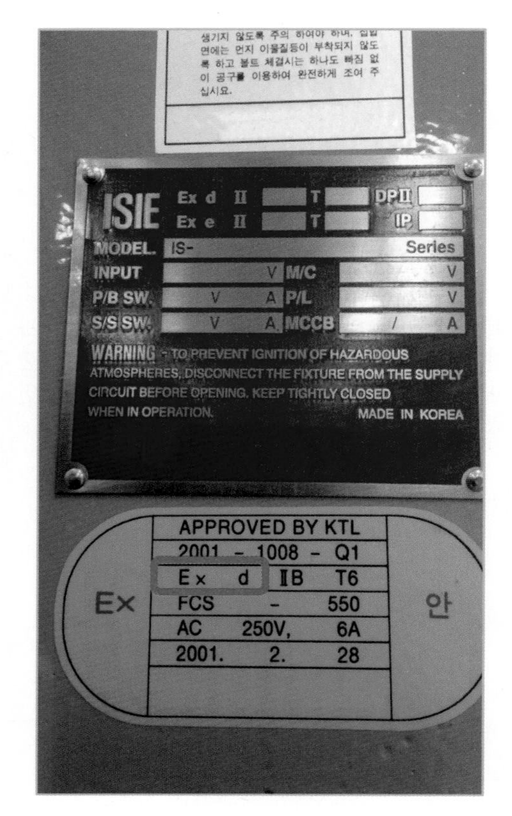

정답 ① 0.5mm 초과 0.9mm 미만
② 내용적이 8L이고 틈새깊이가 25mm인 표준용기 안에서 가스가 폭발할 때 발생한 화염이 용기 밖으로 전파하여 가연성 가스에 점화되지 않는 최대값

Question 3

다음 동영상은 도시가스 배관의 중압배관 공사를 보여주고 있다. ① 배관의 보호조치방법과 ② 도로가 평탄한 경우 이 배관공사 시 기울기 값을 쓰시오.

①

②

③

정답

① 배관 정상부에서 30cm 이상의 보호판을 설치하고 보호판에서 30cm 이상의 보호포를 설치하여 도시가스 배관의 공사 중임을 알려 타 공사로 인한 손상을 예방하여야 한다.

② $\frac{1}{500} \sim \frac{1}{1000}$

Question 4

LP가스 자동차에 직접 충전할 수 있는 고정충전설비의 충전호스에 관한 설치기준을 2가지 이상 쓰시오.

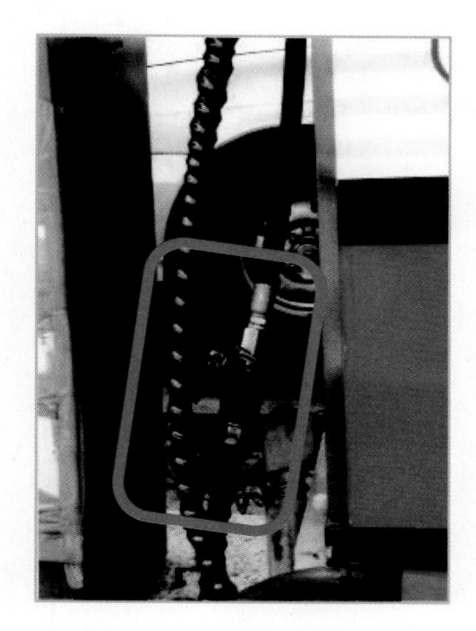

정답

① 충전기의 충전호스 길이는 5m 이내로 하고 그 끝에 축적되는 정전기를 제거할 수 있는 정전기 제거장치를 설치한다.

② 충전호스에 과도한 인장력이 가해졌을 때 충전기와 가스주입기가 분리될 수 있는 안전장치를 설치한다.

③ 충전호스에 부착하는 가스주입기는 원터치형으로 한다.

도시가스용 정압기 필터에 대하여 다음 물음에 답하시오.

(1) 입출구 연결부의 형식을 쓰시오.
(2) 필터는 분해 청소 및 (　　)의 교체가 용이한 구조로 한다.
(3) 필터의 엘리먼트는 (　　)kPa 미만의 차압에 찌그러지지 않아야 한다.
(4) 필터는 이물질을 제거할 수 있도록 (　　)를 설치한다.

정답
(1) 플렌지식
(2) 엘리먼트
(3) 50
(4) 드레인밸브

참고
1. 차압계는 필터의 허용 차압 초과 여부를 알 수 있는 것을 사용한다.
2. 필터 용기의 표면은 매끈하고 사용상 지장이 있는 부식, 균열, 주름 등이 없는 것으로 한다.

동영상 입상관에 설치하는 곡관(루프 이음)에 대하여 물음에 답하시오.

①

②

(1) 신축흡수용 곡관의 수평방향 길이는 배관호칭경의 몇 배 이상으로 하여야 하는지 쓰시오.
(2) 상기 곡관에서 수직방향 길이는 수평방향 길이의 얼마 이상으로 하여야 하는지 쓰시오. (단, 이때 엘보 길이는 포함되지 않는 것으로 한다.)

정답
(1) 6배 이상
(2) $\frac{1}{2}$ 이상

Question 7

동영상의 가스계량기에 대하여 물음에 답하시오.

(1) 가스계량기와 화기(그 시설 안에서 사용하는 자체 화기를 제외한다.) 사이에 유지하여야 하는 우회거리(m)를 쓰시오.

(2) 용량 $30m^3/h$ 미만의 가스계량기의 설치높이는 바닥에서 1.6m 이상 2.0m 이내에 수직 · 수평으로 설치하여야 한다. 이때, 바닥으로부터 2.0m 이내에 설치할 수 있는 경우 3가지를 쓰시오.

(3) 가스계량기와 전기점멸기, 전기접속기와의 이격거리는 몇 cm 이상으로 해야 하는지 쓰시오.

정답

(1) 2m 이상

(2) ① 가스계량기를 기계실 내에 설치한 경우
② 가정용을 제외한 보일러실에 설치한 경우
③ 문이 달린 파이프 덕트 내에 설치한 경우

(3) 30cm 이상

Question 8

다음 동영상의 CNG를 보고 물음에 답하시오.

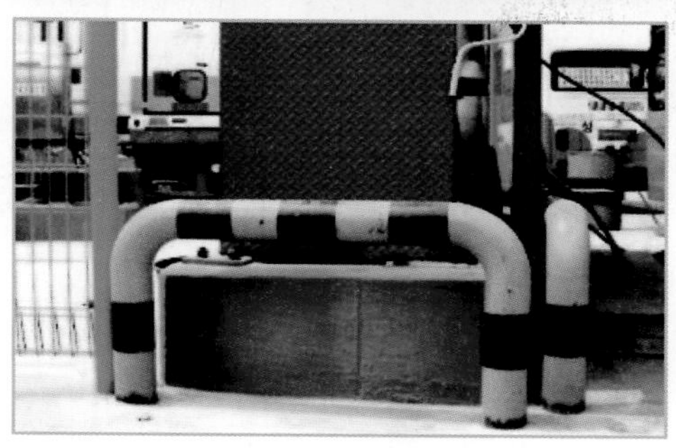

(1) CNG 용어의 뜻을 쓰시오.

(2) 주성분 가스를 분자식으로 쓰시오.

(3) 기체비중을 쓰시오.

(4) 폭발범위를 쓰시오.

(5) 비등점(℃)을 쓰시오.

정답

(1) 압축천연가스

(2) CH_4

(3) $\frac{16}{29}=0.55$

(4) 5~15%

(5) 161.5℃

이음매 없는 용기가 재검사 불합격 시 파기방법을 4가지 이상 쓰시오.

정답 ① 절단 등의 방법으로 파기하여 원형으로 가공할 수 있도록 한다.
② 잔가스를 전부 제거한 후 절단한다.
③ 검사 신청인에게 파기의 사유, 일시, 장소 및 인수시한을 통지하고 파기한다.
④ 파기하는 때에는 검사장소에서 검사원에게 직접 실시하게 하거나 검사원 입회하에 용기 사용자에게 실시하게 한다.

다음 용기의 Tw의 의미를 쓰시오. (단, 단위포함)

정답 Tw : 아세틸렌용기에 있어 용기질량에 다공물질 용제 및 밸브의 질량을 합한 질량(kg)

PART 3

최신 기출문제

가스기사 실기

PART 3 최신 기출문제

이 편의 학습 Point

1. 최신 기출문제를 풀어봄으로써 최신 출제경향 파악하기
2. 실제 시험에 임하는 자세로 풀어보며 부족한 부분을 파악, 보완하여 시험대비 최종 마무리하기

최신 기출문제

2020년 가스기사 **필답형 출제문제**

제1 · 2회 통합 출제문제(2020. 7. 25. 시행)

01 배관의 신축이음 중 콜드 스프링(cold spring)에 대하여 설명하시오.

정답 배관의 자유팽창량을 미리 계산하여 관을 짧게 절단하는 것으로 신축을 흡수하는 방법이며, 절단 길이는 자유팽창량의 1/2 정도이다.

02 연료전지의 원리에 대해 설명하시오.

정답 물을 전기분해하면 수소와 산소로 분해되며 반대로 수소와 산소를 화학적인 반응을 시키면 물이 생성되면서 열이 발생하는데 이때 발생되는 화학적인 에너지를 전기에너지로 바꿔 동력원으로 사용하는 것이다.

03 배관의 유량이 $30m^3/h$, 관 길이가 100m, 폴의 정수 $K=0.707$, 비중은 1.5, 관경이 5cm이면 압력손실은 얼마(mmH_2O)인지 구하시오.

정답

$$Q=k\sqrt{\frac{D^5H}{SL}}$$

$$H=\frac{Q^2\cdot S\cdot L}{K^2\cdot D^5}=\frac{30^2\times1.5\times100}{0.707^2\times5^5}=86.426=86.43mmH_2O$$

04 방폭구조의 종류 4가지를 기호와 함께 쓰시오.

정답 ① 내압방폭구조(d) ② 유입방폭구조(o)
③ 압력방폭구조(p) ④ 안전증방폭구조(e)

05 원심펌프를 직렬 및 병렬 운전할 때의 특성을 유량과 양정에 대하여 설명하시오.

정답 (1) 직렬운전 : 양정 증가, 유량 일정
(2) 병렬운전 : 양정 일정, 유량 증가

06 프로판 55kg을 완전연소할 때 이론공기량(Nm³)을 계산하시오. (단, 공기 중 산소농도는 21%이다.)

정답 $C_3H_8 + 5O_2 \rightarrow 3CO_2 + 4H_2O$

44kg : 5×224Nm³

55kg : x(Nm³)

$$x = \frac{55 \times 5 \times 22.4}{44} = 140\text{Nm}^3$$

$$\therefore \text{ 이론공기량} = 140 \times \frac{100}{21} = 666.666 = 666.67\text{Nm}^3$$

07 다음 가스압축기의 내부 윤활제를 쓰시오.

(1) 산소압축기 (2) 공기압축기
(3) LP가스압축기 (4) 염소압축기

정답 (1) 물 또는 10% 이하의 묽은 글리세린수
(2) 양질의 광유
(3) 식물성유
(4) 진한 황산

08 각 펌프의 특성곡선의 A, B, C, D에 해당하는 펌프의 명칭을 쓰시오.

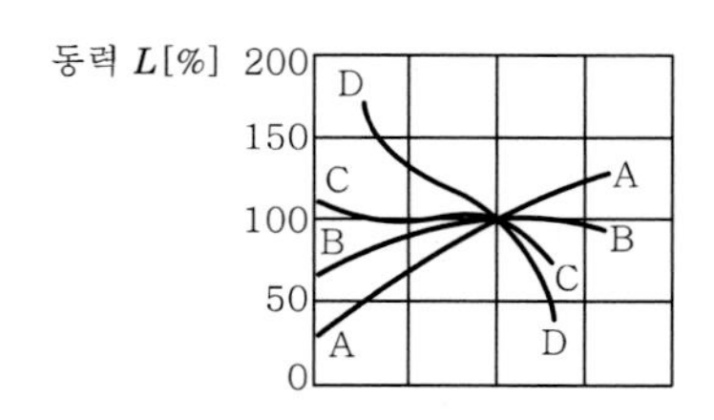

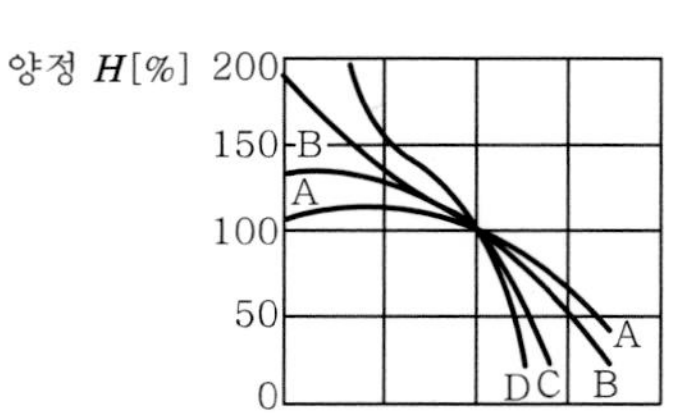

정답 A : 터빈펌프, B : 벌류트펌프, C : 사류펌프, D : 축류펌프

09 정적과정 1개, 정압과정 1개, 단열과정 2개로 이루어진 가스터빈(외연기관)의 이상사이클 명칭을 쓰시오.

정답 아트킨슨 사이클

10 도시가스 제조 프로세스에서 가스화 촉매에 요구되는 성질 4가지를 쓰시오.

정답 ① 활성이 높을 것
② 수명이 길 것
③ 가격이 저렴할 것
④ 유황 등의 피독물에 대해서 강할 것

11 고압가스 제조시설에 설치하는 플레어 스택의 구조에서 역화 및 공기 등과의 혼합폭발을 방지하기 위하여 갖추어야 할 시설 4가지를 쓰시오.

정답 ① liqud seal
② flame arrestor
③ vapor seal
④ molecular seal

12 아래 직동식 정압기에서 해당 작동원리를 설명하시오.

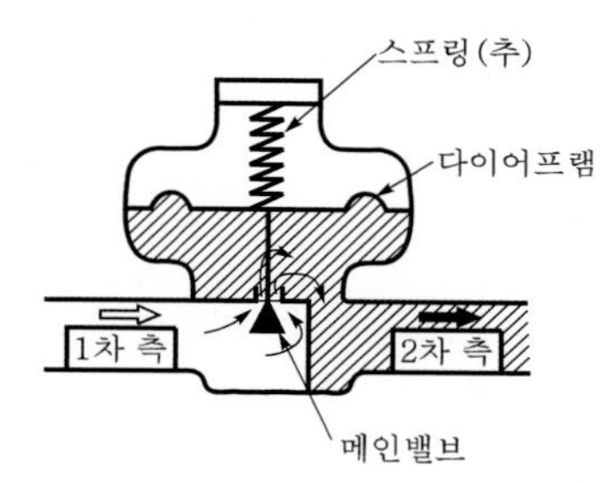

(1) 2차 압력이 설정압력보다 낮을 때
(2) 2차 압력이 설정압력보다 높을 때

정답 (1) 2차 측의 사용량이 증가하고 2차 압력이 설정압력 이하로 낮아지면 스프링힘이 다이어프램을 받히고 있는 힘보다 커 다이어프램에 연결된 메인밸브를 열리게 하여 가스의 유량이 증가하게 되며 2차 압력을 설정압력으로 회복시킨다.
(2) 2차 측 가스 수요량이 감소하여 2차 측 압력이 설정압력 이상으로 상승하나 이때 다이어프램을 들어올리는 힘이 증가하여 스프링힘을 이기고 다이어프램에 연결된 메인밸브를 위쪽으로 움직이게 하여 가스의 유량을 제한하므로 2차 압력을 설정압력으로 회복시킨다.

13 가연성 가스의 연소범위를 설명하시오.

정답 공기와 가연성 가스가 혼합 시 가연성 가스의 부피%로서 폭발하는 최고농도를 폭발상한계, 최저농도를 폭발하한계라 하며 그 차이를 폭발범위라고 한다.

14 가스누설검지기에서 오보 대책에 대한 다음 내용을 설명하시오.

(1) 경보 지연

(2) 반시한 경보

정답 (1) 일정시간 연속해서 가스를 검지한 후에 경보하는 형식
(2) 가스 농도에 따라서 경보까지의 시간을 변경하는 형식

15 지상에 설치하는 LP가스 저장탱크에 부착된 클링커식 액면계의 상하배관에는 어떤 형식의 밸브를 설치하여야 하는지 쓰시오.

정답 자동 및 수동식 스톱밸브

2020년 가스기사 작업형(동영상) 출제문제

[제1·2회 통합 출제문제 (2020. 7. 25.)]

동영상의 기화기에서 액체가 넘쳐흐르는 것을 방지하기 위한 다음 물음에 답하시오.

(1) 어떤 장치가 설치되어 있는지 쓰시오.
(2) 기화장치에서 액이 넘쳐 가스가 누설 시 영향을 2가지 쓰시오.

(1) 액유출방지장치
(2) ① 산소부족으로 인한 질식
② 누설가스로 인한 인화폭발

도시가스 공동주택에 공급되는 압력조정기의 압력에 대해 다음 물음에 답하시오.

(1) 저압일 경우 설치가능 세대수는?
(2) 이 압력조정기의 안전점검주기는?

(1) 250세대 미만
(2) 1년에 1회 이상 점검

1. 공급시설에 설치된 압력조정기는 6월에 1회 이상 점검(필터, 스트레이너 청소는 2년에 1회 이상 실시)
2. 사용시설에 설치된 압력조정기는 1년에 1회 이상 점검(필터, 스트레이너 청소는 3년에 1회 이상 실시)

동영상의 ①은 복정류탑이며, ②는 액화산소, 액화아르곤, 액화질소를 분리하는 장치이다. 다음 물음에 답하시오.

①

②

(1) 이 장치의 명칭은?
(2) 이 장치에서 C_2H_2가스가 몇 mg 이상 혼입 시 장치의 운전을 중지하여야 하는가?

(1) 공기액화분리장치
(2) 5mg 이상

동영상의 자기압력기록계로 도시가스 배관을 기밀시험 시 배관의 내용적이 $1m^3$ 미만 압력이 저압 또는 중압인 경우 기밀시험 유지시간은 얼마인지 쓰시오.

정답 24분

아래의 용기는 어떠한 방법으로 제조한 용기인지 용기의 종류를 쓰시오.

정답 무이음용기

동영상의 LP가스 사용시설에 대해 다음 물음에 답하시오.

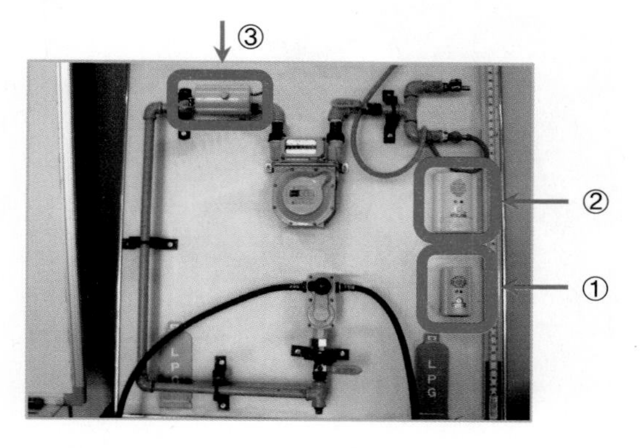

(1) ①, ②, ③의 명칭을 쓰고 설명하시오.

(2) ②의 경우 열린 경우, 닫힌 경우를 색상으로 구분하시오.

정답 (1) ① 검지부 : 가스누출을 검지하여 제어부로 신호를 보내는 장치
② 제어부 : 검지부에서 신호를 받아 차단부를 조작하게 하는 장치
③ 차단부 : 제어부의 신호를 받아 가스 흐름을 차단하는 장치
(2) 제어부의 열림 색상 : 녹색 점등
제어부의 닫힘 색상 : 적색 점등

동영상의 가스 기구에 대해 다음 물음에 답하시오.

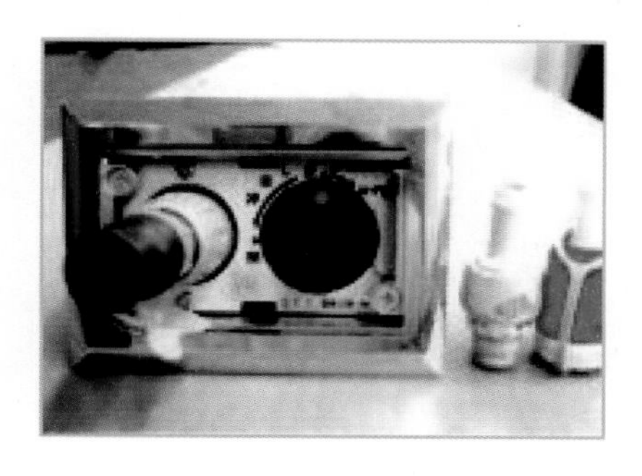

(1) 명칭과 어떠한 용도로 사용되는지를 설명하시오.

(2) 이 기구에 설치된 안전장치의 종류와 그 장치의 작동원리를 설명하시오.

정답 (1) 상자콕 : 상자에 넣어 바닥, 벽 등에 설치하는 것으로 압력 3.3kPa 이하, 유량 $1.2m^3/h$ 이하의 표시유량에 사용된다.
(2) 과류차단안전장치 : 표시 유량 이상의 가스량이 통과 시 가스유로를 차단하는 장치

동영상의 도시가스 사용시설 배관을 기밀시험할 때, 배관의 내용적이 50L 초과 시 기밀시험 유지 시간은 얼마인지 쓰시오.

정답 24분

해설 **사용시설 배관 내용적에 따른 기밀시험 유지 시간**

내용적	기밀시험 유지시간
10L 이하	5분
10L 초과 50L 이하	10분
50L 초과	24분

Question 9

다음 가스용 PE관 융착이음의 종류를 쓰시오.

①

②

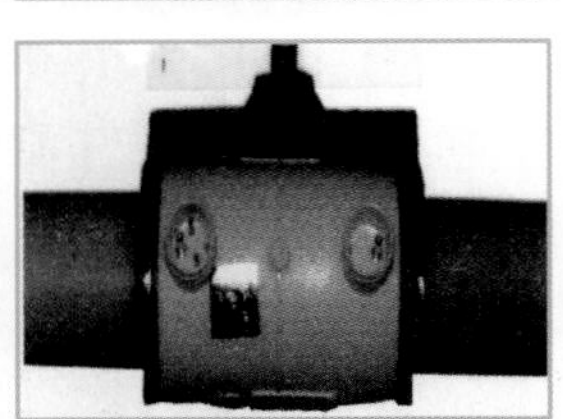

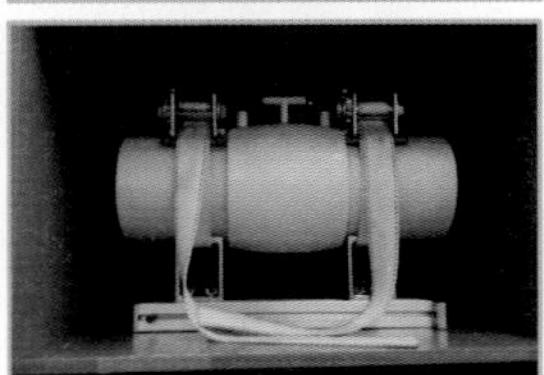

③

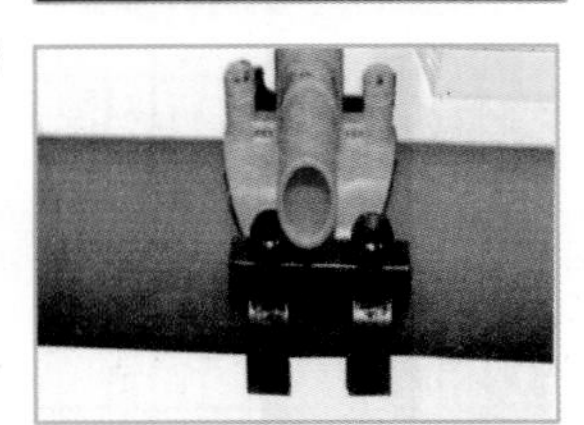

정답 ① 맞대기융착
② 소켓융착
③ 새들융착

Question 10

동영상을 보고 다음 물음에 답하시오.

(1) SDR값을 기준으로 황색관의 최고사용압력은 얼마 이하인가?

(2) 적색관이 고압관일 경우 황색관과 적색관의 이격거리는 몇 m인가?

정답 (1) 0.4MPa
(2) 2m 이상

해설 **도시가스 배관의 설치기준**

항목	세부 내용
중압 이하 배관 고압배관 매설 시	매설간격 2m 이상 철근콘크리트 방호구조물 내 설치 시 1m 이상, 배관의 관리 주체가 같은 경우 3m 이상

2020년 가스기사 필답형 출제문제

제3회 출제문제(2020. 10. 18. 시행)

01 공기액화분리장치 안에 액화산소통 내 C_2H_4 420mg, C_2H_2 10mg이 혼입 시 운전가능 여부를 판정하시오.

정답 액화산소 5L 중 C_2H_2의 양이 5mg 초과 시 운전을 즉시 중지하고 액화산소를 방출하여야 한다.

참고 문제의 조건에서 액화산소 5L 중이란 문장이 포함되어 있어야 한다.
만약 C_2H_2의 양이 주어지지 않고 일반 탄화수소라면 $\frac{24}{28}\times 420+\frac{24}{26}\times 10=369.23$
액체산소 5L 중 탄소의 양이 500mg 이하이므로 운전이 가능하다고 답을 한다.

02 용기를 내압시험 시 전 증가량이 200cc, 항구증가량이 3.8cc일 때 이 용기는 내압시험에 합격할 수 있는지를 판정하시오.

정답
$$영구증가율=\frac{항구증가량}{전\ 증가량}\times 100=\frac{3.8}{200}\times 100=1.9\%$$
∴ 영구증가율이 10% 이하이므로 내압시험에서 합격이다.

03 LNG 또는 석유로부터 수소를 제조하는 방법 2가지를 쓰시오.

정답 ① 수증기개질법
② 부분산화법

04 수중에 설치되어 있는 양극의 금속(Mg, Zn)과 매설배관을 전선으로 연결 시 이 양극의 금속이 Fe 대신 소멸하여 관의 부식을 방지하는 전기방식법의 명칭을 쓰시오.

정답 희생양극법

05 어떤 부피 100mL 확산 시 기체 A의 확산속도는 20분, 같은 조건에서 수소의 확산속도는 5분 소요되었다. 기체 A의 분자량(g/mol)은 얼마인지 구하시오.

정답
$$\frac{U_A}{U_H}=\sqrt{\frac{2}{M_A}}=\frac{100mL/20분}{100mL/5분}=\frac{5}{20}=\frac{1}{4}\qquad \frac{2}{M_A}=\frac{1}{16}\quad \therefore\ M_A=16\times 2=32g$$

06 도시가스 배관공사의 굴착공사원콜시스템(EOCS)에 대하여 설명하시오.

정답 굴착공사자가 굴착공사정보지원센터(EOCC)에 전화 또는 인터넷으로 굴착계획신고를 접수 시 그 내용이 도시가스사에 자동으로 통보되어 도시가스사가 굴착공사자를 굴착현장에서 만나 굴착지점과 가스배관 매설지점을 지면에 표시하도록 함으로써 굴착공사로 인한 가스배관 손상을 예방하게 하는 현장중심의 선진국형 매설배관 안전관리제도이다.

07 연소기구에서 발생되는 리프팅의 발생원인을 4가지 쓰시오.

정답 ① 노즐구멍이 작을 때
② 염공이 작을 때
③ 가스공급압력이 높을 때
④ 공기조절장치가 많이 개방되었을 때

08 보염장치의 특징을 쓰시오.

정답 화염의 안정화, 화염의 형상을 조절, 화염의 실화를 방지하며, 연료의 분무를 촉진하여 공기혼합이 원활함과 동시에 연소실 내 온도분포를 일정하게 유지할 수 있으나 국부가열의 우려가 있다.

참고 1. 화염검출기 종류
- 플레임 로드
- 플레임 아이

2. 보염의 수단
- 보염기
- 선회기
- 대항분류

09 정압기의 정특성에서 시프트 동작의 특징을 쓰시오.

정답 1차 압력의 변화에 의하여 정압곡선이 전체적으로 어긋나는 것

10 부취제 누출 시 냄새, 농도 측정방법 3가지를 쓰시오.

정답 ① 무취실법
② 냄새주머니법
③ 주사기법
④ 오더미터법

11 아래 방폭구조의 명칭에 따른 영문약자를 쓰시오.

(1) 내압방폭구조
(2) 안전증방폭구조
(3) 본질안전방폭구조

정답 (1) d
(2) e
(3) ia, ib

12 세라믹버너를 사용하여야 하는 경우에 반드시 갖추어야 할 장치는 무엇인지 쓰시오.

정답 거버너

참고 (KGS AB331) 3341 : 세라믹버너를 사용하는 레인지는 거버너를 갖춘다.

13 다음의 조건으로 배관을 통과하는 유출압력(mmH_2O)과 관경(cm)을 구하시오.

[조건]
- 가스유량 $50m^3/hr$로 수직배관의 높이 100m
- 공급압력 $250mmH_2O$
- 가스비중 0.6(단, 관마찰저항에 의한 압력손실은 무시한다.)

정답 (1) 입상에 의한 손실값

$h = 1.293(S-1)H = 1.293(0.6-1) \times 100 = -51.72mmH_2O$

∴ $-51.72mmH_2O$는 압력손실의 반대값이므로 유출압력은 $250+51.72=301.72mmH_2O$

(2) 관경

$$D = \sqrt[5]{\frac{Q^2 \times S \times L}{K^2 \times H}} = \sqrt[5]{\frac{50^2 \times 0.6 \times 100}{0.707^2 \times 51.72}} = 5.658 = 5.66cm$$

14 지상의 가스배관의 색상을 황색으로 도색하지 않아도 되는 경우를 쓰시오.

정답 지면으로부터 1m 이상의 높이에 폭 3cm 이상의 황색띠를 두 줄로 표시한 경우

15 과류차단안전기구(과류차단구조)에 대하여 설명하시오.

정답 표시유량 이상의 가스량이 통과하였을 때 가스유로를 차단하는 장치

2020년 가스기사 작업형(동영상) 출제문제

[제3회 출제문제 (2020. 10. 18.)]

Question 1

동영상의 가스용 PE밸브에 대해 다음 물음에 답하시오.

(1) 최고사용압력은 몇 MPa 이하인가?

(2) 사용온도는 얼마인가?

(3) 시공방법은?

정답 (1) 0.4MPa 이하
(2) −29℃ 이상 38℃ 이하
(3) 지하에 매몰시공하여야 한다.

Question 2

동영상의 설치된 기구에 대해 다음 물음에 답하시오.

(1) 이 콕크에 설치되어 있는 안전기구의 명칭을 쓰시오.

(2) 표시부분 "$1.2m^3/h$"의 의미를 쓰시오.

정답 (1) 과류차단 안전기구
(2) 과류차단 안전기구가 작동하는 유량이 시간당 $1.2m^3$

Question 3

동영상을 보고 다음 물음에 답하시오.

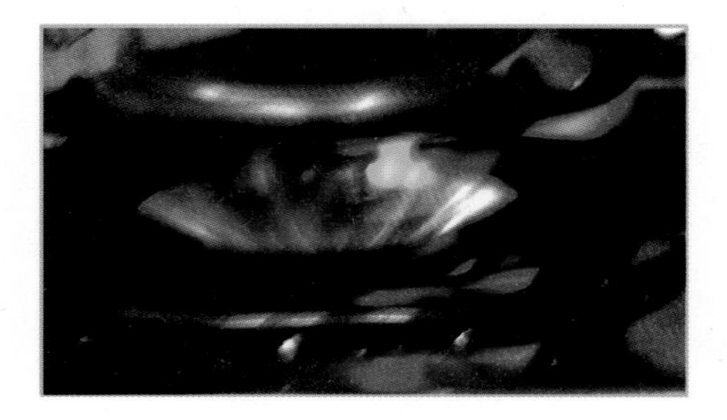

(1) 황색염이 생기는 것을 무엇이라 하는지 쓰시오.

(2) 그 원인을 4가지 쓰시오.

정답 (1) 옐로팁
(2) ① 1차 공기 부족 시
② 주물 밑부분에 철가루 등이 존재 시
③ 가스량이 많아지는 경우
④ 가스 조성이 변경되는 경우

동영상을 보고 다음 물음에 답하시오.

(1) 명칭은?
(2) 전기방식기준의 자연전위의 변화값은 얼마인가?

정답 (1) 전위측정용 터미널
(2) −300mA

동영상의 냉각살수장치에 대하여 다음 빈칸에 알맞은 말을 쓰시오.

(1) 저장탱크 표면적 $1m^2$당 ( )L/min 이상의 비율로 계산된 수량을 전 표면에 분무할 수 있는 고정된 장치로 한다.
(2) 이때 자동차에 고정된 탱크이입 충전장소에 설치하는 살수장치는 (   ) 중 최대용량의 것을 기준으로 설치한다.

정답 (1) 5
(2) 국내에서 운행하는 자동차에 고정된 탱크

Question 6

동영상의 다기능 가스안전계량기의 기능에 대해 다음 빈칸을 채우시오.

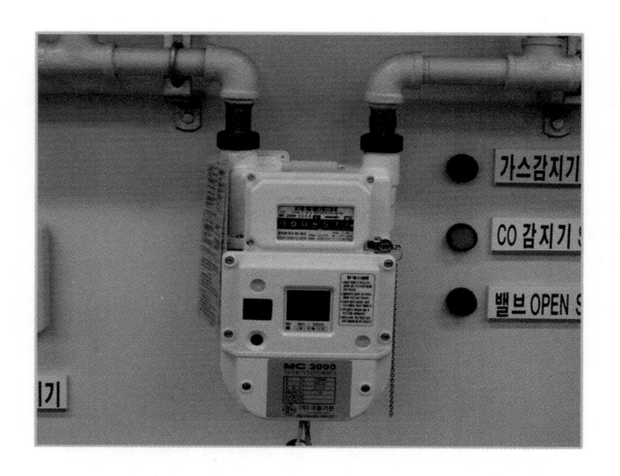

(1) 이상 발생 시 차단밸브가 작동 후 (　　)을 하지 않는 한 열리지 않는 구조이어야 한다.
(2) 사용자가 쉽게 조작할 수 없는 (　　)이 있는 것으로 한다.

정답 (1) 복원 조작
(2) 테스트 차단 기능

Question 7

아래 방폭전기기기의 선정 중 내압방폭구조의 폭발등급에 관한 빈칸을 채우시오.

최대안전틈새 범위(mm)	0.9 이상	0.5 초과 0.9 미만	0.5 이하
가연성 가스의 폭발등급	①	②	③
방폭전기기기의 폭발등급	④	⑤	⑥

정답 ① A　② B　③ C
④ ⅡA　⑤ ⅡB　⑥ ⅡC

Question 8

다음은 가스용 PE배관 접합에 대한 내용이다. (　　)에 알맞은 단어를 쓰시오.

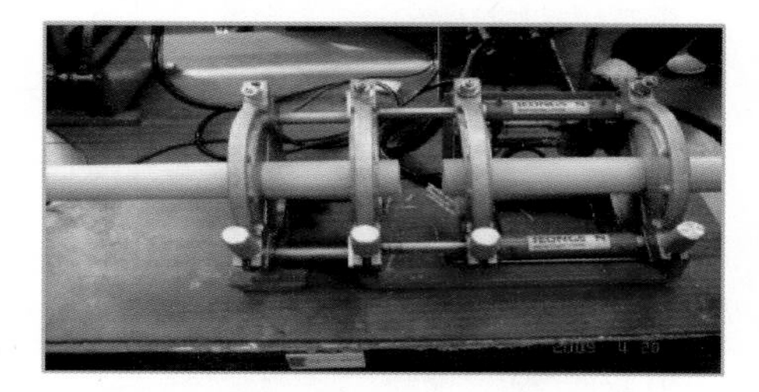

(1) PE배관의 접합 전에는 접합전용 (　　) 등을 다듬질한다.
(2) 금속관의 접합은 (　　)를 사용한다.
(3) 공칭 외경이 상이할 경우에는 (　　)를 사용하여 접합한다.
(4) 융착이음 중 맞대기융착은 공칭 외경이 (　　)mm 이상의 직관과 이음관 연결에 적용하여야 한다.

정답 (1) 스크레이퍼　(2) T/F
(3) 관 이음매　(4) 90

동영상 RTU 내부에 대해 다음 물음에 답하시오.

(1) RTU 역할은?

(2) 지시된 ①, ②, ③의 명칭은?

정답 (1) 현장의 계측기와 시스템 접촉을 위한 터미널로서 가스누설 시 경보기능(가스누설경보기), 정전 시 전원공급(ups), 출입문 개폐감시기능(리밋스위치) 등의 기능을 가진 원격단말감시장치이다.

(2) ① 가스누설경보기
② ups
③ 모뎀

압력계에 관한 내용이다. 다음 빈칸을 채우시오.

> 고압설비에 설치하는 압력계는 상용압력의 (①)배 이상 (②)배 이하에 최고눈금이 있는 것으로 하고 1일 처리가스 용적이 $100m^3$ 이상인 사업소는 국가표준기본법에 의한 제품인정을 받은 압력계를 (③)개 이상 비치하여야 한다.

정답 ① 1.5
② 2
③ 2

2020년 가스기사 필답형 출제문제

제4회 출제문제(2020. 11. 15. 시행)

01 정전기 제거설비를 정상상태로 유지하기 위하여 확인하여야 할 사항 3가지를 쓰시오.

정답 ① 지상에서의 접지저항치의 정상 유무
② 지상에서 접속부의 접속상태 유무
③ 지상에서의 절선, 그 밖에 손상부분 유무

02 폭굉유도거리에 대해 다음 물음에 답하시오.
(1) 정의를 쓰시오.
(2) 폭굉유도거리가 짧아지는 조건 4가지를 쓰시오.

정답 (1) 최초의 완만한 연소가 격렬한 폭굉으로 발전하는 거리
(2) ① 정상연소속도가 큰 혼합가스일수록
② 압력이 높을수록
③ 점화원의 에너지가 클수록
④ 관 속에 방해물이 있거나 관경이 가늘수록

03 공동배기구를 사용한 배기 시 공동배기구 유효단면적 A(mm^2)를 구성하는 인자 4가지를 쓰고, 기호를 설명하시오.

정답 Q : 보일러의 가스소비량 합계(kcal/hr)
K : 형상계수
F : 보일러의 동시 사용률
P : 배기통의 수평투영면적(mm^2)

해설 $A = Q \times 0.6 \times K \times F + P$

04 도시가스 제조공정 중 가스화 방식에 의한 분류 4가지를 쓰시오.

정답 ① 열분해공정
② 접촉분해공정
③ 부분연소공정
④ 대체천연가스공정

참고 상기 항목 이외에 수소화분해공정

05 수소취성 발생 시 일어나는 화학반응식을 쓰고 설명하시오.

정답 반응식 : $Fe_3C+2H_2 \rightarrow CH_4+3Fe$
고온고압하에서 수소가스 취급 시 탄소강을 사용하면 메탄이 생성되어 강제 중의 탄소가 탈락되고 취하되는 현상으로 이를 수소취성 또는 강의 탈탄이라 한다.

06 벤트스택이란 무엇인지를 설명하시오.

정답 독성 및 가연성 고압설비 중 이상사태 발생 시 설비 내용물을 긴급히 안전하게 이송시킬 수 있는 설비 중 독성 및 가연성 가스를 방출시킬 수 있는 탑

07 질량유량 31.4kg/min, 관경 4cm, 비중 0.75인 경우 유속(m/min)을 구하시오.

정답 $G=\gamma A \cdot V$

$$V=\frac{G}{\gamma \cdot A}=\frac{31.4}{0.75\times10^3\times\frac{\pi}{4}\times(0.04\text{m})^2}=33.316=33.32\text{m/min}$$

08 가스배관 내의 내부반응 감시장치 종류 3가지를 스시오.

정답 ① 온도감시장치
② 압력감시장치
③ 유량감시장치
④ 가스밀도조성 등의 감시장치

09 부취제의 냄새 측정방법 3가지를 쓰시오.

정답 ① 오더미터법
② 주사기법
③ 냄새주머니법
④ 무취실법

10 25℃, 100kPa에서 CO_2의 비중을 구하시오. (단, 물의 비중량은 9.8kN/m^3, 중력가속도는 9.8m/s^2, CO_2 R=0.189kJ/kg · K이다.)

정답

$$\rho=\frac{P}{RT}=\frac{100}{0.189\times(273+25)}=1.7755$$

이 밀도는 25℃, 100kPa 상태이므로 표준상태의 밀도(0℃, 101.325kPa)로 환산 시

$$1.7755\times\frac{(273+25)}{273}\times\frac{101.325}{100}=1.96377$$이므로 공기의 밀도는 1.29이다.

$$\therefore \text{비중}(S)=\frac{1.96377}{1.29}=1.52$$

해설 밀도(kg/m^3)는 온도가 낮아지면(25℃ → 0℃) 부피가 작아지므로 밀도가 커지고, 압력이 높아지면(100kPa → 101.325kPa) 부피가 작아지므로 밀도가 커진다.

그러므로 $1.7755 \times \frac{(273+25)}{273} \times \frac{101.325}{100}$ 의 계산이 성립한다.

11 직동식 정압기의 3대 구성요소의 명칭과 역할을 쓰시오.

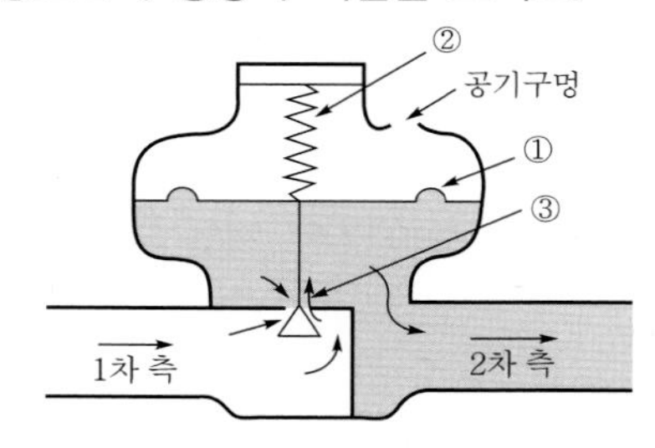

정답 ① 다이어프램(감지부) : 2차 압력을 감지압력의 변동에 따라 상하로 움직이면서 메인밸브를 작동시킨다.
② 스프링(부하부) : 다이어프램에 걸리는 2차 압력과 균형을 유지시켜 2차 압력을 설정압력으로 회복시킨다.
③ 메인밸브(제어부) : 가스의 유량을 그 열림의 정도에 의해 직접 조정한다.

12 초저온 액화가스 취급 중 발생할 수 있는 사고를 2가지 이상 쓰시오.

정답 ① 액의 급격한 증발에 의한 이상압력의 상승
② 동상
③ 질식
④ 저온에 의해 생기는 물리적 변화

13 비교회전도에 대한 설명 중 다음 빈칸에 알맞은 단어를 쓰시오.

비교회전도는 회전수를 파악하는 데 도움을 준다. 때문에 (①)와 펌프효율을 결정하는 데 도움을 주며, 유량과 양정을 알면 (②)를 결정할 수 있다.

정답 ① 단수
② 회전수

해설 비교회전도 : 한 개의 회전차를 형상과 운전상태를 상사하게 유지하면서 그 크기를 바꾸고 단위유량에서 단위양정을 발생시킬 때 그 회전차에 주어야 할 매분회전수를 원래 회전차의 비교회전도라고 한다.

14 압력조정기의 동특성에 대해 설명하시오.

정답 부하변화가 큰 곳에서 사용되는 조정기(정압기)에 대하여 부하변동에 대한 응답의 신속성과 안정성을 말한다.

15 산소 3kg, 질소 2kg의 혼합가스가 10m³, 온도 27℃에서 차지하는 압력은 몇 kPa인지 구하시오.

정답 $PV = GRT$

$$P = \frac{(G_1R_1 + G_2R_2)T}{V} = \frac{\left(3 \times \frac{848}{32} + 2 \times \frac{848}{28}\right) \times 300}{10} = 4202.1428\text{kg/m}^2$$

$$\therefore \frac{4202.1428}{10332} \times 101.325 = 42.21\text{kPa}$$

※ 실제 출제문제와 수치가 상이할 수 있습니다.

2020년 가스기사 작업형(동영상) 출제문제

[제 4 회 출제문제 (2020. 11. 15.)]

Question 1

동영상의 도시가스정압기실의 검지부 설치위치를 쓰시오.

정답 천장에서 검지부 하단까지 30cm 이하로 설치

Question 2

도시가스 배관을 교량에 설치 시 다음 관경에 따른 지지간격을 쓰시오.

(1) 100A
(2) 300A
(3) 500A
(4) 600A

정답 (1) 8m
(2) 16m
(3) 22m
(4) 25m

해설 배관을 교량에 설치 시 지지간격

호칭지름(A)	지지간격(m)
100	8
150	10
200	12
300	16
400	19
500	22
600	25

Question 3

아래 물음에 답하시오.

(1) 도로 밑에 최고사용압력이 중압 이상의 배관을 매설 시 배관을 보호할 수 있는 조치 기준을 쓰시오.
(2) 도로가 평탄한 경우 배관의 기울기를 쓰시오.

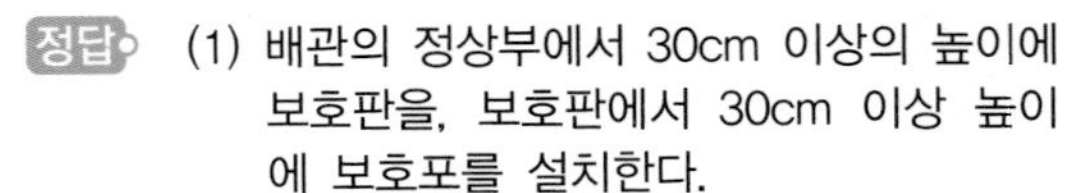

정답 (1) 배관의 정상부에서 30cm 이상의 높이에 보호판을, 보호판에서 30cm 이상 높이에 보호포를 설치한다.
(2) 1/500~1/1000

Question 4

방사선투과검사(RT)에 대해 다음 물음에 답하시오.

(1) 정의를 쓰시오.

(2) 최고압력이 중고압 배관을 기밀시험 시 방사선투과검사에 합격된 배관은 통과하는 가스를 시험가스로 사용 시 가스농도가 몇 % 이하에서 작동하는 가스검지기를 사용하여 가스검지기가 작동하지 않는 것으로 판정하는지 쓰시오.

정답 (1) 시험체 뒤에 있는 필름을 부착시키고 방사선으로 촬영하여 시험체 내부에 존재하는 불연속부분(결함이 있는 부분)을 검출하는 방법

(2) 0.2%

Question 5

가스용 폴리에틸렌 배관에 대하여 물음에 답하시오.

(1) SDR의 공식을 쓰고, 기호를 설명하시오.

(2) 최고사용압력이 0.3MPa일 때 SDR 값은 얼마인지 쓰시오.

정답 (1) $SDR = \frac{D}{t}$

여기서, SDR : PE관의 압력에 따른 배관의 두께

D : 외경

t : 최소두께

(2) 11 이하

해설

SDR	압력
11 이하(1호관)	0.4MPa 이하
17 이하(2호관)	0.25MPa 이하
21 이하(3호관)	0.2MPa 이하

Question 6

동영상에 표시된 방폭구조 종류 2가지를 쓰시오.

정답 ② d : 내압방폭구조

③ ia : 본질안전방폭구조

Question 7

동영상의 용기 명칭을 쓰시오.

정답 이음매 없는 용기

Question 8

동영상의 LNG 저압지하식 저장탱크에서 탱크 외면과 사업소 경계까지 유지하여야 하는 안전거리 계산식은 $L = C\sqrt[3]{143000w}$ 이다. 여기서 w의 의미를 쓰시오.

정답 저장탱크의 저장능력(톤)의 제곱근 그 이외는 시설 내 액화천연가스의 질량

해설
- L : 유지하여야 하는 거리(m)
- C : 저압지하식 저장탱크는 0.240, 그 밖의 가스저장처리설비는 0.576

Question 9

동영상은 지하매설 도시가스 배관의 표지판이다. 다음 물음에 답하시오.

(1) 이 표지판의 설치간격

(2) 표지판의 규격(가로×세로)

정답 (1) 500m마다
(2) 가로 200mm 이상 세로 150mm 이상

Question 10

동영상의 라인마크 ①, ②에 대한 다음 물음에 답하시오.

①

②

(1) 표시된 방향을 쓰시오.

(2) 라인마크의 직경×두께의 규격을 쓰시오.

정답 (1) ① 135° 방향
② 관말지점
(2) 60mm×7mm

2021년 가스기사 **필답형 출제문제**

제1회 출제문제(2021. 4. 24. 시행)

01 다단압축의 장점을 4가지 쓰시오.

정답 ① 일량이 절약된다. ② 이용효율이 증대된다.
③ 힘의 평형이 양호하다. ④ 가스의 온도상승을 피한다.

02 파일럿 정압기에서 파일럿의 역할을 쓰시오.

정답 2차 압력의 작은 변화를 증폭해서 주정압기를 작동시키는 역할을 한다.

03 충전용기를 차량에 적재 시 주의사항을 4가지 쓰시오.

정답 ① 고압가스전용 운반차량에 세워서 적재한다.
② 염소와 아세틸렌, 암모니아, 수소는 동일차량에 적재하여 운반하지 않는다.
③ 가연성 가스용기와 산소용기를 동일차량에 적재 운반 시 충전용기 밸브를 마주보지 않게 한다.
④ 차량의 최대적재량을 초과하여 적재하지 않는다.

04 직경이 20mm인 볼트의 인장응력이 200kg/cm^{2}일 때 직경이 15mm인 볼트의 인장응력(kg/cm^2)은 얼마인지 구하시오.

정답

$$\sigma_1 \times \frac{\pi}{4}d_1^2 \times Z_1 = \sigma_2 \times \frac{\pi}{4}d_2^2 \times Z_2 \ (Z_1 = Z_2)$$

$$\therefore \ \sigma_2 = \frac{\frac{\pi}{4}d_1^2}{\frac{\pi}{4}d_2^2} \times \sigma_1 = \frac{20^2}{15^2} \times 200 = 355.555 = 355.56\text{kg/cm}^2$$

05 동일직경의 배관 연결 시 필요한 부속품의 종류 4가지를 쓰시오.

정답 ① 플랜지 ② 소켓 ③ 니플 ④ 유니언

06 메탄의 폭발범위가 5∼15%일 때 위험도를 구하시오.

정답

$$H = \frac{U-L}{L} = \frac{15-5}{5} = 2$$

07 펌프에서 캐비테이션 현상이 발생되는 경우를 4가지 쓰시오.

정답 ① 회전수가 빠를 때
② 관경이 좁을 때
③ 펌프 설치위치가 지나치게 높을 때
④ 관 속의 유체증기압이 높을 때

08 LPG 충전사업소에서 안전관리자가 상주하는 사업소와 현장 사업소 사이에 설치하는 통신설비 4가지를 쓰시오.

정답 ① 구내전화 ② 구내방송설비 ③ 페이징설비 ④ 인터폰

09 분젠식 연소장치의 특징을 4가지 쓰시오.

정답 ① 염은 내염, 외염을 형성한다.
② 연소실은 작고 좁아도 된다.
③ 일반적으로 댐퍼의 조절을 요한다.
④ 역화선화의 현상이 나타난다.
⑤ 소화음, 연소음이 발생할 수 있다. (택4 기술)

참고 ①, ②는 장점이고, ③, ④, ⑤는 단점이다.

10 용접결함의 종류를 쓰시오.

정답 ① 슬래그 혼입 ② 용입 불량 ③ 언더컷 ④ 오버랩 ⑤ 기공

참고 결함의 종별 종류

종별	종류
1종	둥근 블로홀 및 이와 유사한 결함
2종	가늘고 긴 슬래그 혼입, 파이프 용접 불량
3종	갈라짐 및 이와 유사한 결함
4종	텅스텐 혼입

11 산소충전용기에 충전작업 시 주의사항 4가지를 쓰시오.

정답 ① 밸브와 용기 내부의 석유류, 유지류를 제거할 것
② 기름 묻은 장갑으로 취급하지 말 것
③ 급격한 충전을 피할 것
④ 용기와 밸브 사이에 가연성 패킹을 사용하지 않을 것
⑤ 금유라 표시된 산소전용 압력계를 사용할 것 (택4 기술)

12 클로로 알칼리를 이용한 염소제조법 반응식을 쓰시오.

정답 $2NaCl + 2H_2O \rightarrow Cl_2 + H_2 + 2NaOH$

13 지름이 30m인 구형 가스홀더에 0.7MPa(g)의 압력으로 도시가스가 저장되어 있는 것을 압력 0.25MPa(g)로 될 때까지 가스를 공급하였을 때 공급된 가스량(Sm^3)을 계산하시오. (단, 공급 시 온도는 20℃로 변함이 없고, 표준대기압은 0.1MPa이다.)

정답 공급량$(M) = (P_1 - P_2)V$에서

P_1 : (0.7+0.1)MPa, P_2 : (0.25+0.1)MPa, V : $\frac{\pi}{6} \times (30\text{m})^3$이므로

$$\text{공급량 } M = \frac{(0.7+0.1)-(0.25+0.1)}{0.1} \times \frac{\pi}{6} \times (30\text{m})^3 \times \frac{273}{293}$$

$$= 59274.776 = 59274.78\text{Sm}^3$$

14 초고층빌딩의 가스배관에는 승압방지장치를 설치해야 한다. 다음 물음에 알맞은 답을 쓰시오.

(1) 승압방지장치를 설치하는 최고건물높이 기준을 쓰시오.

(2) 승압방지장치를 설치하는 이유를 쓰시오.

정답 (1) 승압방지장치 설치가 필요한 건물높이란 압력상승으로 연소기에 공급되는 가스압력이 연소기의 최고사용압력을 초과할 가능성이 있는 건물높이를 말한다.

(2) 일정높이 이상의 건물로서 가스압력상승으로 인하여 연소기에 실제 공급되는 가스압력이 연소기의 최고사용압력을 초과할 우려가 있는 건물은 가스압력상승으로 인한 가스 누출, 이상연소 등을 방지하지 위하여 승압방지장치를 설치한다.

참고 승압방지장치 설치가 필요한 건물높이 산정

$$H = \frac{P_h - P_0}{\rho(1-S)g}$$

여기서, H : 승압방지장치 최초 설치높이(m), P_h : 연소기 명판의 최고사용압력(Pa)

P_0 : 수직배관 최초 시작지점의 가스압력(Pa), ρ : 공기밀도(1.293kg/m^3)

S : 공기에 대한 가스비중(0.62), g : 중력가속도(9.8m/s^2)

15 다음 빈칸에 알맞은 답을 쓰시오.

1차 탱크란 정상운전상태에서 액화천연가스를 저장할 수 있는 것으로서 단일방호식 (①), (②), (③) 저장탱크의 안쪽을 말한다. 그리고 2차 탱크란 액화천연가스를 담을 수 있는 것으로서 (①), (②), (③) 저장탱크 바깥쪽을 말한다.

정답 ① 이중방호식 ② 완전방호식 ③ 멤브레인식

2021년 가스기사 작업형(동영상) 출제문제

[제1회 출제문제 (2021. 4. 24.)]

Question 1

동영상의 방폭등이 위험장소 1종이라고 하면 사용가능한 방폭구조의 종류를 1가지 쓰시오.

정답 내압방폭구조

해설 **위험장소별 사용가능한 방폭구조의 종류**

위험장소	방폭구조의 종류
0종	본질안전방폭구조
1종	본질안전방폭구조, 유입방폭구조, 압력방폭구조, 내압방폭구조
2종	본질안전방폭구조, 유입방폭구조, 압력방폭구조, 내압방폭구조, 안전증방폭구조

Question 2

교량에 배관을 설치 시 아래 관경에 따른 지지간격을 쓰시오.

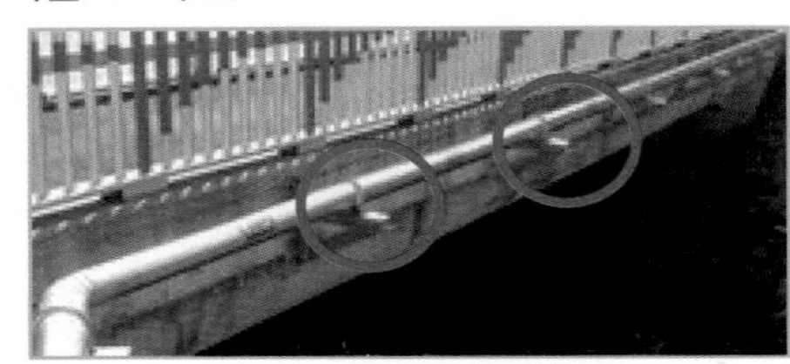

(1) 100A　(2) 300A
(3) 500A　(4) 600A

정답 (1) 8m 이상　(2) 18m 이상
(3) 22m 이상　(4) 25m 이상

해설

관경	지지간격
100A	8m 이상
150A	10m 이상
200A	12m 이상
300A	18m 이상
400A	19m 이상
500A	22m 이상
600A	25m 이상

Question 3

다음은 가스용 콕 제조시설 검사기준에 대한 내용이다. (　) 안에 적당한 단어를 쓰시오.

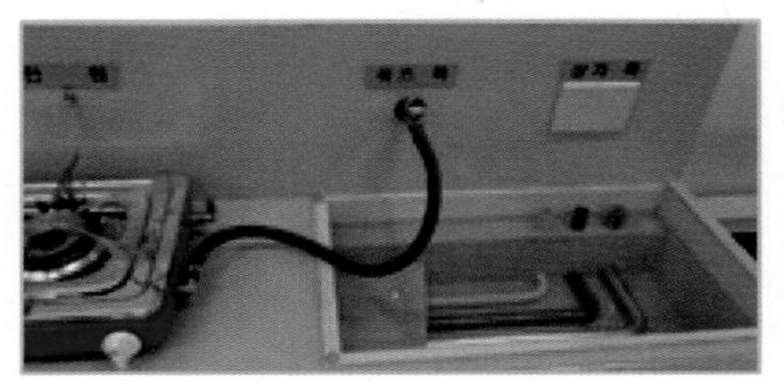

(1) 퓨즈 콕은 가스유로를 볼로 개폐하고 (　　)가 부착된 것으로 배관과 호스, 호스와 호스, 배관과 배관 또는 배관과 커플러를 연결하는 구조로 한다.
(2) 콕을 완전히 열었을 때 핸들의 방향은 유로의 방향과 (　　)인 것으로 한다.
(3) 콕은 닫힌 상태에서 (　　)이 없이는 열리지 않는 구조로 한다.
(4) 콕의 핸들 등을 회전하여 조작하는 것은 핸들의 회전각도를 90도나 180도로 규제하는 (①)를 갖추어야 하며, 또한 핸들 등을 누름, 당김, 이동 등의 조작을 하는 것은 조작범위를 규제하는 (②)를 갖추어야 한다.

정답 (1) 과류차단 안전기구
(2) 평행
(3) 예비적 동작
(4) ① 스토퍼
② 스토퍼

동영상의 비파괴 검사방법에 대하여 다음 물음에 답하시오.

(1) 영상의 시험방법은?
(2) 이 시험을 실시하기 곤란한 경우 대처할 수 있는 비파괴 시험방법을 3가지 쓰시오.

정답 (1) 방사선투과검사
(2) 초음파탐상시험, 자분탐상시험, 침투탐상시험

참고 초음파탐상시험과 자분탐상시험을 하는 경우 100A 미만 두께 6mm 미만 용접부로서 오스테나이트계 스테인리스강, 동 및 알루미늄 용접부는 초음파탐상시험을 생략할 수 있으며 강자성 이외의 재료는 자분탐상시험을 생략할 수 있다.

동영상에 표시되어 있는 밸브의 기능과 평상시의 개폐 여부를 쓰고 그 이유를 설명하시오.

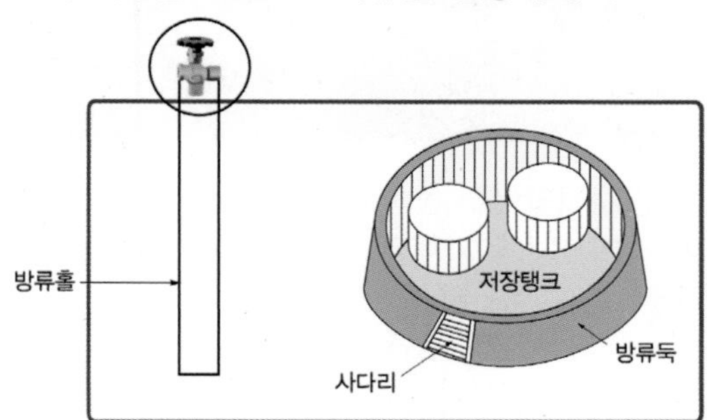

정답 ① 기능 : 빗물 등 불순물을 밖으로 배출
② 평상시 개폐여부와 그 이유 : 평상시에는 닫혀 있다. 왜냐하면 방류둑에 빗물 등의 배수가 필요할 경우에만 개방되기 때문이다.

참고 표시되어 있는 밸브는 방류둑 배수밸브이다.

동영상의 정압기실에 대하여 다음 물음에 답하시오.

(1) 경계책의 설치높이(m)는 얼마인가?
(2) 경계표시에 기재된 내용을 3가지 쓰시오.

(1) 1.5m 이상
(2) 시설명, 공급처, 연락처

연소반응이 충분한 속도로 진행되지 않을 때 불꽃의 끝이 ① 적황색으로 되는 것을 무엇이라 하며, ② 그 원인을 쓰시오.

① 황염(옐로팁)
② 1차 공기량 부족으로 인한 불완전연소

동영상에서 지시하는 부분의 높이는 지면에서 몇 m 이상인지 쓰시오.

정답 5m 이상

Question 9

다기능 가스안전계량기의 구조에 대한 다음 내용의 (   ) 안에 알맞은 내용을 쓰시오.

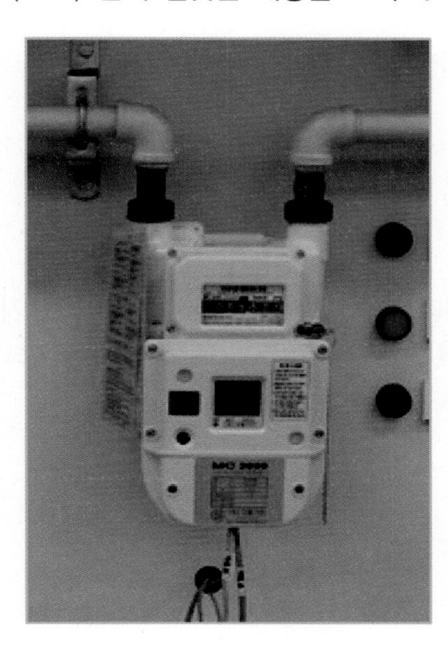

(1) 차단밸브가 작동한 후에는 (   )을 하지 않는 한 열리지 않는 구조여야 한다.
(2) 사용자가 쉽게 조작할 수 없는 (   )이 있는 것으로 한다.

정답 (1) 복원조작
(2) 테스트 차단기능

Question 10

동영상의 냉각살수장치는 저장탱크 표면적 $1m^2$당 몇 L/min의 비율로 계산된 수량을 저장탱크 전 표면에 분무할 수 있어야 하는지 쓰시오.

정답 5L/min

참고 준내화구조의 저장탱크인 경우 : 2.5L/min

2021년 가스기사 **필답형 출제문제**

제2회 출제문제(2021. 7. 10. 시행)

01 독성가스의 LC50 기준의 허용농도를 쓰시오.

정답 100만분의 5000 이하

02 용기 내에 동중량인 A, B 혼합기체가 충전되어 있다. A의 증기압은 20atm, B의 증기압은 40atm, A, B 기체의 분자량은 각각 50, 20이며 라울의 법칙이 성립할 때 용기의 압력(atm)을 구하시오.

정답 $P = P_A X_A + P_B X_B$에서

$$X_A = \frac{\frac{w}{50}}{\frac{w}{50}+\frac{w}{20}} = \frac{2}{7}$$ 이고, $X_B = 1 - \frac{2}{7} = \frac{5}{7}$ 이므로

$$P = \left(20 \times \frac{2}{7}\right) + \left(40 \times \frac{5}{7}\right) = 34.29\text{atm}$$

03 왕복압축기의 체적효율에 영향을 주는 요소 4가지를 쓰시오.

정답 ① 톱클리어런스에 의한 영향
② 사이드클리어런스에 의한 영향
③ 누설에 위한 영향
④ 불완전냉각에 의한 영향
⑤ 밸브하중 및 기체마찰에 의한 영향 (택4 기술)

04 LPG의 연소 특성 4가지를 쓰시오.

정답 ① 연소속도가 늦다.
② 연소범위가 좁다.
③ 발화온도가 높다.
④ 연소 시 다량의 공기가 필요하다.
⑤ 발열량이 크다. (택4 기술)

05 산소압축기의 윤활제로 사용할 수 없는 것 3가지를 쓰시오.

정답 ① 석유류
② 유지류
③ 농후한 글리세린수

06 증발식 부취설비의 장단점 4가지를 쓰시오.

정답 ① 설비가 간단하다.
② 동력이 필요하지 않다.
③ 소규모 부취설비에 적합하다.
④ 부취제 첨가율을 일정하게 유지하기 어렵다.

참고 증발식 부취설비 : 부취제의 증기를 가스흐름에 혼합하는 방식으로 위크증발식, 바이패스증발식이 있다.

07 오프가스의 제조공정을 설명하시오.

정답 오프가스는 석유정제의 오프가스와 석유화학의 오프가스 두 종류가 있으며, 수소, 메탄 등의 탄화수소를 주성분으로 한 가스가 있다. 즉 오프가스는 메탄, 에틸렌 등의 탄화수소 및 수소를 개질화한 것이므로 석유정제와 석유화학의 부산물이다.

08 연료의 전지제조소에서 갖추어야 하는 설비 종류 2가지를 쓰시오.

정답 ① 단위셀 및 스택 제작 설비
② 연료개질기 제작 설비
③ 그 밖에 제조에 필요한 가공설비 (택2 기술)

09 저비점 펌프에 발생되는 베이퍼록의 방지방법 4가지를 쓰시오.

정답 ① 흡입관경을 넓힌다.
② 실린더 라이너 외부를 냉각시킨다.
③ 펌프의 설치위치를 낮춘다.
④ 외부와 단열조치를 한다.

10 공기액화 시 산소와 질소를 제조하는 과정을 설명하시오.

정답 기체공기를 흡입압축기로 압력을 올리고 온도를 낮추면 −183℃에서 산소가 액화되므로 액화산소탱크에 저장하고 −196℃에서 질소가 액화되므로 액화질소탱크에 저장하여 제조한다.

11 다음에 해당되는 배관이음재의 종류를 2가지 이상씩 쓰시오.

(1) 관경이 같은 직선관을 연결 시
(2) 배관의 끝부분을 막는 경우
(3) 배관의 방향을 변경시키는 경우
(4) 이경관을 직선으로 연결 시

정답 (1) 소켓, 니플
(2) 플러그, 캡
(3) 엘보, 티
(4) 리듀서(이경소켓), 부싱

12 매몰형 정압기에 대하여 (   )에 적당한 단어를 쓰시오.

(1) 정압기의 기초는 바닥 전체가 일체로 된 철근콘크리트 구조로 하고 그 두께는 (①)mm 이상으로 하며, 정압기의 본체는 두께 (②)mm 이상의 철판에 부식방지 도장을 한 (③)에 넣어 매설하고 (④) 안의 정압기 주위는 모래를 사용하여 되메움 처리를 한다.
(2) 정압기에는 누출가스를 검지하여 안전관리자가 상주하는 곳에 통보할 수 있는 (   )설비를 설치한다.
(3) 지상에 설치된 컨트롤박스에는 (①), (②), (③) 등이 설치되어 있다.
(4) 정압기 상부덮개 컨트롤박스 문에는 개폐여부를 안전관리자가 상주하는 곳에 통보할 수 있는 (   )설비를 갖춘다.

정답 (1) ① 300 ② 4 ③ 격납상자 ④ 격납상자
(2) 가스누출검지통보
(3) ① 안전밸브 ② 자기압력기록계 ③ 압력계
(4) 개폐경보

13 직동식 정압기에서 다이어프램의 역할을 기술하시오.

정답 2차 압력을 감지하여 상부의 스프링을 올리고 내림으로써 메인밸브를 개방 또는 폐쇄하여 가스를 공급하거나 차단시키는 역할을 한다.

14 LNG 700kg(액비중 0.49, CH_4 90%, C_2H_6 10%)일 때 1기압 32℃ 체적은 몇 m^3인지 구하시오.

정답 혼합기체의 평균분자량은 (16×0.9)+(30×0.1)=17.4g이므로
$PV=GRT$에서

$$V=\frac{GRT}{P}=\frac{700\times\frac{848}{17.4}\times(273+32)}{10332}=1007.07\text{m}^3$$

15 압축수소가스의 저장량이 500kg이고 용기의 내용적이 40L이며 $Fp=15$MPa일 때 다음 물음에 답하시오.

(1) 보호시설과 이격거리가 충분하지 않을 때 방호벽을 설치하는 이유를 쓰시오.

(2) 용기보관실에 보관할 수 있는 용기의 최소개수는 몇 개인지 구하시오. (단, 소수점 이하는 버린다.)

정답 (1) 용기보관실에서 수소가 폭발하여 위해 발생 시 안전을 도모하기 위함이다.

(2) 용기 한 개당 저장량(m^3)

$Q=(10P+1)V$

$=(10\times15+1)\times0.04=6.04m^3$

저장능력 계산에서 액화가스 500kg은 압축가스 $50m^3$로 간주되므로

$50\div6.04=8.27=8$개

2021년 가스기사 작업형(동영상) 출제문제

[제2회 출제문제 (2021. 7. 10.)]

Question 1

동영상의 전위측정용 터미널의 설치간격을 쓰시오.

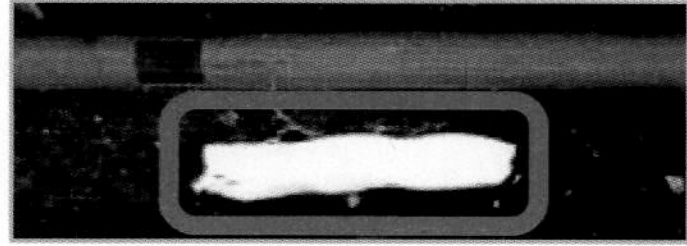

정답 300m마다

Question 2

동영상에서 지시하는 가스장치의 명창을 쓰시오.

정답 냉각살수장치

Question 3

동영상에서 보여주는 설비와 밸브의 기능을 각각 쓰시오.

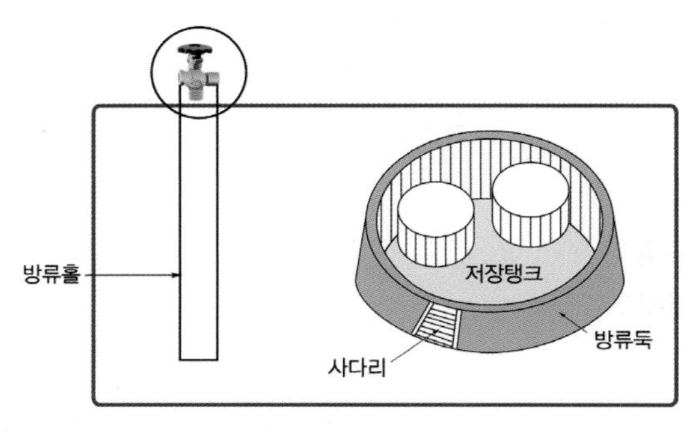

정답 ① 방류둑 기능 : 액화가스 누설 시 한정범위를 벗어나지 않도록 액화가스를 차단시키는 제방이다.
② 방류둑 배수밸브 기능 : 평상시에는 닫혀 있다가 빗물 및 불순물 등을 방류 시 개방시킨다.

Question 4

가스용 PE관의 접합에 관한 다음 내용 중 (　) 안에 알맞은 단어 또는 숫자를 쓰시오.

PE배관의 접합은 열, 전기 융착을 실시하고, 모든 융착은 융착기를 사용하며, 융착기는 융착 조건 결과가 표시되는 것으로서 (①)을 기준으로 매(②)년 되는 날 전후 (③)일 이내 (④)로부터 성능 확인을 받은 제품이어야 한다. 또한 맞대기 융착의 경우는 공칭외경 (⑤)mm 이상의 연결에 적용되어야 한다.

① 제조일
② 1
③ 30
④ 한국가스안전공사
⑤ 90

동영상의 LNG를 원료로 하는 지하 정압기실에 대하여 다음 물음에 답하시오.

(1) 정압기 흡입구의 설치위치는?
(2) 정압기 배기구의 설치위치는?

(1) 지면 가까이
(2) 천장에서 30cm 이내

동영상의 FID검출기의 작동원리를 쓰시오.

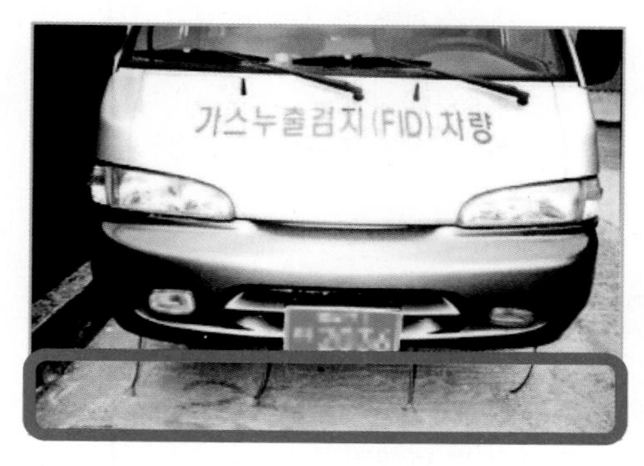

정답 불꽃 중에 탄화수소가 들어가 시료성분이 이온화되어 불꽃 중에 놓여진 전극 간의 전기전도도가 증대한 것을 이용한 원리이다.

LNG 제조시설에서 내진설계 대상에서 제외되는 경우 2가지를 쓰시오.

정답 ① 저장능력 3톤, 300m³ 미만인 저장탱크 또는 가스홀더인 경우
② 지하에 설치되는 가스제조시설인 경우
③ 건축법령에 따라 내진설계로 하여야 하는 것으로서 같은 법령이 정하는 바에 따라 내진설계를 한 시설인 경우 (택2 기술)

참고 도시가스 충전시설인 경우 내진설계 제외대상은 5t(압축가스 500m³) 미만인 경우이다.

Question 8

배관의 관경이 20mm이고 관 길이가 100m일 때 고정장치의 브래킷의 설치 수는 몇 개인지 구하시오.

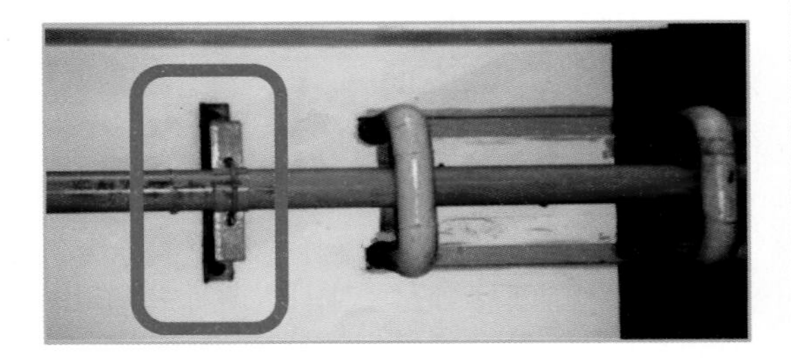

정답 100÷2=50개

Question 9

동영상의 LPG 용기 보관실의 경보기 검지부 설치 수에 대한 규정을 쓰시오.

정답 바닥면 둘레 20m마다 1개 이상의 비율

참고 LPG 가스누출경보기 설치개수
1. 경보기의 검지부가 건축물 안(지붕이 있고 둘레 1/4 이상의 벽으로 싸여있는 장소)에 설치된 경우에는 설비군 바닥면 둘레 10m에 대하여 1개 이상의 비율로 계산된 수
2. 경보기의 검지부가 용기 보관장소 용기 저장실 및 건축물 밖에 설치된 경우에는 그 설비군 바닥면 둘레 20m에 대하여 1개 이상의 비율로 계산된 수

Question 10

동영상의 고압가스장치용 기화장치에 대하여 (　　)에 알맞는 단어 또는 숫자를 쓰시오.

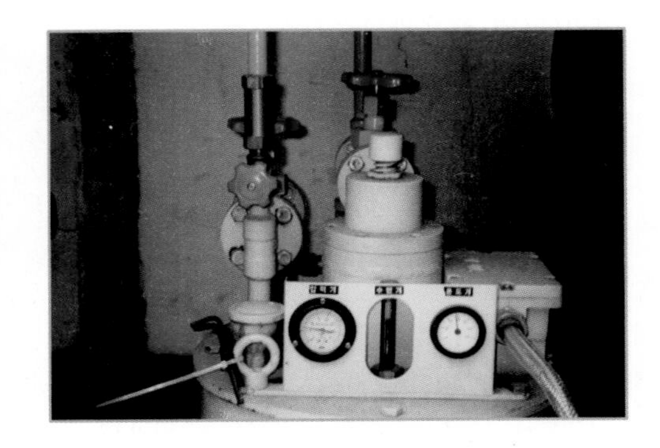

기화장치에는 액화가스의 유출을 방지하기 위한 액유출방지장치를 설치한다. 단, 임계온도가 (①)℃ 이하인 경우는 그러하지 아니하다. 또한 액유출방지장치로서의 전자식 밸브는 (②) 후단에 설치한다.

정답 ① −50
② 스트레이너

2021년 가스기사 필답형 출제문제

제3회 출제문제(2021. 10. 16. 시행)

01 셰일 가스의 정의를 쓰시오.

정답 진흙이 쌓여 만들어진 퇴적암층인 셰일층에 존재하는 천연가스이며 기존에 존재하는 전통가스와 달리 셰일가스는 암반 틈에 퍼져있어 채굴이 어려우나, 최근 수평시추 공법 등의 신기술로 경제적인 채굴이 가능하게 되었으며 중국, 북미 등이 최대 매장량을 가지고 있다.

02 정압기 평가 선정 시 고려 사항 4가지와 정의를 쓰시오.

정답 ① 정특성 : 정상상태에서 유량과 2차압력과의 관계
② 동특성 : 부하 변동이 큰 곳에 사용되는 정압기에 대한 중요한 특성으로 부하 변동에 대한 신속성과 안정성이 요구된다.
③ 유량특성 : 메인밸브의 열림과 유량과의 관계
④ 사용최대 차압 : 메인밸브에는 1차와 2차 압력의 차압이 작용하나 실용적으로 사용할 수 있는 범위에서의 최대 차압

참고 작동최소 차압 : 정압기가 작동할 수 있는 최소 차압

03 돌턴의 법칙이란 무엇인지 그 정의를 쓰시오.

정답 혼합기체가 나타내는 전압력은 각 성분 기체의 분압의 총합과 같다.

04 고압가스용 특정설비인 역화방지장치의 정의를 쓰시오

정답 역화방지장치란 아세틸렌, 수소 그 밖에 가연성 가스의 제조 및 사용설비에 부착하는 건식 또는 수봉식(아세틸렌에만 적용한다)의 역화방지장치로서 상용압력이 0.1Mpa 이하인 것을 말한다.

05 비파괴 검사법 중 침투탐상시험(PT)의 원리를 쓰시오.

정답 액체 침투제를 시험체 표면에 닿게 하여 표면에 열려있는 불연속부에 침투할 수 있는 충분한 시간이 경과 후 탐상면에 남아있는 과잉침투제를 제거하고 그 위에 현상액을 도포하여 불연속부에 스며들었던 침투제가 밖으로 새어 나오는 것을 보고 표면 불연속의 존재 유무, 위치, 크기를 확인하는 방법이다.

참고

(1) 방사선투과시험(RT) : 시험체 뒤에 필름을 부착시키고 방사선으로 촬영한 다음 필름현상 과정을 통해 영구적 인상을 얻어 이를 관찰함으로써 시험체 내의 불연속면의 크기 및 위치를 판별하는 방법
(2) 초음파탐상시험(UT) : 시험체 내부로 초음파를 입사시키고 탐상장치의 스크린에 형성된 시험체 내의 결함부분인 불연속부로부터 반사한 초음파를 검출하여 불연속부의 위치, 크기를 판별하는 방법
(3) 자분탐상시험(MT) : 시험체를 자화시킨 후 시험체 표면이나 표면 밑에 존재해 있는 불연속부로부터 생성된 누설자장에 의해 축적된 자분이 모여있는 모양을 관찰하여 표면이나 표면 밑에 존재하는 결함의 존재의 유무, 크기 및 위치를 확인하는 방법

06 에탄의 게이지 압력 200atm, 내용적 5L, 온도 100℃에서 질량 1650g에서의 압축계수는 얼마인가?

정답 $PV = Z\frac{W}{M}RT$ 에서

$$Z = \frac{PVM}{WRT} = \frac{(200+1)\times 5\times 30}{1650\times 0.082\times 373} = 0.597 = 0.60$$

07 도시가스 공급소의 신규 설치 공사를 할 경우 공사계획에 해당하는 공급설비종류 4가지를 쓰시오.

정답 ① 가스홀더, ② 배송기, ③ 압송기, ④ 정압기

08 위험성 평가기법 중 정량적 분석기법의 종류 4가지를 영어로 쓰시오.

정답 ETA, FTA, HEA, CCA

참고 ETA(사건수 분석), FTA(결함수 분석), HEA(작업자실수 분석), CCA(원인결과 분석)

09 나프타의 특징 4가지를 쓰시오.

정답 ① 대기오염 및 수질 오염 등 환경의 영향이 적다.
② 저장 취급이 용이하다.
③ 가스 중에 불순물이 적어 정제설비를 필요로 하지 않는 경우가 많다.
④ 타르, 카본 등 부산물이 거의 생성되지 않는다.

참고
- 증열용 연료로 그대로 기화 혼입이 가능하다.
- 유황분이 적어 정제장치도 간단하게 얻을 수 있다.

10 천연가스를 원료로 수소가스를 제조하는 방법 2가지를 쓰시오.

정답 ① 수증기 개질법, ② 부분 산화법

11 메탄(40%), 수소(30%), 일산화탄소(30%)에서 (1) 폭발범위를 구하는 식과 각 성분의 의미를 설명하고 (2) 폭발범위를 계산하여라. (단, 각 가스의 폭발범위는 메탄 5～15%, 수소 4～75%, 일산화탄소 13～74%이다.)

해설

(1) $\frac{100}{L}=\frac{V_1}{L_1}+\frac{V_2}{L_2}+\frac{V_3}{L_3}$

L : 혼합가스의 폭발범위

V_1, V_2, V_3 : 각 가스의 부피%

$L_{1,} L_{2,} L_3$: 각 가스의 폭발범위 (하한 및 상한 %)

(2)

(가) 하한값

$\frac{100}{L}=\frac{40}{5}+\frac{30}{4}+\frac{30}{13}$

$\therefore\ L=\frac{100}{\frac{40}{5}+\frac{30}{4}+\frac{30}{13}}=11.356=11.36\%$

(나) 상한값

$\frac{100}{L}=\frac{40}{15}=\frac{30}{75}=\frac{30}{74}$

$\therefore\ L=\frac{100}{\frac{40}{15}+\frac{30}{75}+\frac{30}{74}}=28.80\%$

12 플레어 스택의 목적 및 그 지표면에 미치는 복사열은 얼마 이하인가?

정답 ① 목적 : 긴급 이송 설비로 이송되는 가연성가스를 대기 중에 방출 시 이 가연성가스와 대기 중의 공기와 혼합하여 폭발성 혼합 기체를 형성하지 않도록 연소시켜 처리하는 설비

② 복사열 : $4000\text{kcal/m}^2 \cdot \text{h}$

13 고압가스안전관리법에서 정의하고 있는 ① 냉동기, ② 냉동설비의 정의를 기술하시오.

정답 ① 냉동기 : 고압가스를 사용하여 냉동을 하기 위한 기기로서 산업통상자원부령으로 정하는 냉동능력 이상인 것

② 냉동설비 : 법령에서 정하는 일체형 냉동기를 제외한 냉동설비를 구성하는 압축기, 응축기, 증발기 또는 압력용기를 말하며 냉동용 특정설비라고 한다.

14 가스 배관을 설계 시 최대 설계 유량을 고려해야 한다. 설계 유량을 선정할 때 고려해야 할 인자 2가지를 쓰시오.

정답 ① 관지름
② 압력손실

참고 상기항목 외 관길이

15 강을 매설할 때 전철을 횡단하는 주위를 제외하고 −2.5v를 넘는 과방식되었을 때 강에서 일어나는 일을 설명하시오.

정답 배관의 표면에 수소의 기포나 알칼리가 생성되어 관의 피폭을 손상시킨다.

참고 상기사항 때문에 관대지 전위를 −2.5V보다 낮은 전위가 되지 않도록 하여야 한다.

2021년 가스기사 작업형(동영상) 출제문제

[제3회 출제문제 (2021. 10. 16.)]

Question 1

동영상 ①, ②의 용기에 대하여 물음에 답하시오.

①

②

(1) 산소를 충전할 때 압축기와 충전용 지관 사이에 설치하여야 하는 기기는 무엇인가?
(2) (1)번 답의 역할은 무엇인가?
(3) 아세틸렌 용기 부속품 보호를 위해서 사용하는 부품의 명칭은 무엇인가?
(4) ②번 사진(아세틸렌)에서 최고 충전압력의 기준은 무엇인가?

정답

(1) 수취기
(2) 수분을 제거하기 위한 목적
(3) 보호용 캡
(4) 15℃에서 해당용기를 충전할 수 있는 최고 압력으로 1.5MPa이다.

Question 2

동영상의 가스용 폴리에틸렌관 맞대기 융착이음에 관련된 알맞은 단어, 숫자를 쓰시오.

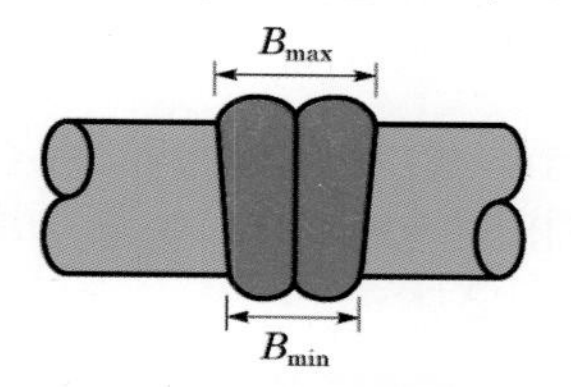

PE관 맞대기 융착이음은 공칭외경 (①)mm 이상의 연결에 적용하며, 융착기는 (②)을 기준으로 매 (③)이 되는 날의 전후 30일 이내에 (④)의 성능확인을 받는 것으로 한다.

정답

① 90
② 제조일
③ 1년
④ 한국가스안전공사

Question 3

공기액화 분리장치에 대하여 (　　)에 적당한 단어, 숫자를 채우시오.

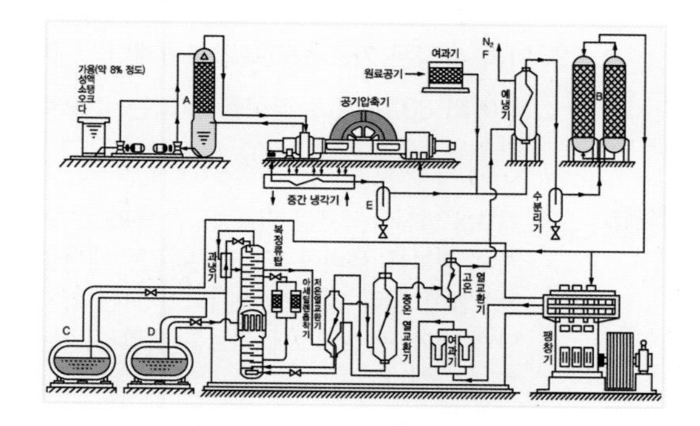

공기액화 분리기에 설치된 액화산소통 안에 액화산소 (①) 중 아세틸렌 질량이 (②) 또는 탄화수소 중 탄소의 질량이 (③)을 넘을 때에는 공기액화 분리기의 운전을 중지하고 액화산소를 방출해야 하며, 액화공기탱크와 액화산소 증발기 사이에는 (④)를 설치하여야 한다.

정답 ① 5L ② 5mg ③ 500mg ④ 여과기

Question 4

도시가스 정압기실에 설치된 가스누출검지 통보설비가 설치되어 있다. 가스 누출 경보기의 기능 2가지를 쓰시오.

정답 ① 가스누출을 검지하여 그 농도를 지시함과 동시에 경보를 울리는 것으로 한다.
② 미리 설정된 가스농도(폭발하한계의 $\frac{1}{4}$이하)에서 60초 이내 경보를 울리는 것으로 한다.

참고 ③ 경보를 발신한 후에는 가스농도가 변화하여도 계속 경보를 울리며, 그 확인 또는 대책을 강구함에 따라 경보가 정지되어야 한다.
④ 담배 연기 등 잡가스에 경보를 울리지 않는 것으로 한다.

Question 5

LPG의 자동차용 충전기에 설치된 세이프티커플링에 대하여 (   )에 알맞은 단어 또는 숫자를 쓰시오.

세이프티커플링은 그 커플링의 안정성, 편리성 및 호환성을 확보하기 위하여 암커플링은 호스가 분리되었을 때 (①) 쪽에, 숫커플링은 (②) 쪽에 설치할 수 있는 구조로 하여야 하며, 암커플링 외부의 캡은 (③)되지 않는 구조로 한다. 또한 커플링은 가스의 흐름에 지장이 없는 유효(합산유효)면적 (④) 이상을 가지는 것으로 한다.

정답 ① 자동차 충전구
② 충전기
③ 회전
④ 0.5cm^2

참고 커플링이 분리되었을 때 가스 누출이 없도록 자동으로 폐쇄되는 구조로 한다.

정압기실에 피해를 절감하기 위해 설치하는 기구의 명칭을 영어 약자로 쓰고, 기능 2가지를 쓰시오.

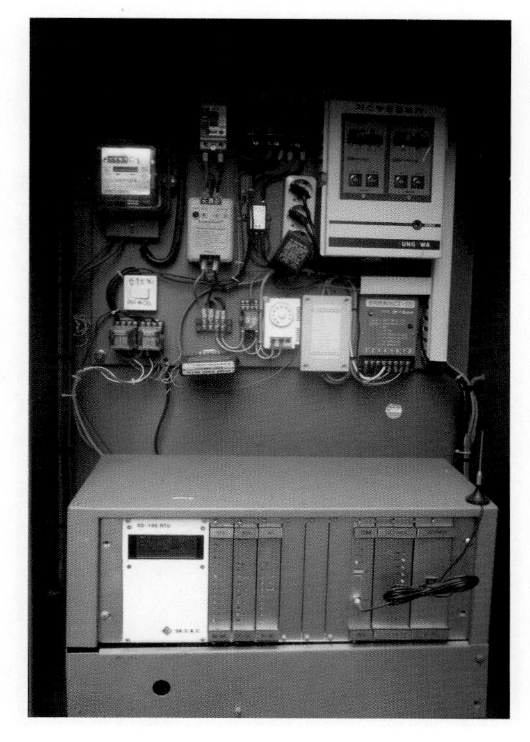

정답 (1) 명칭 : RTU박스
(2) 기능
① 정압기실 현재 운전상태(압력, 온도, 유량) 감시 기능
② 가스누설경보 기능

참고 ③ 정전 시 전원공급 기능
④ 출입문 개폐감시 기능

LPG 도시가스 배관을 매설 시 (   )에 적합한 단어와 숫자를 채우시오.

고압가스 배관을 시가지 외의 도로, 산지, 농지 또는 (①), (②) 내에 매설 시 가스 배관을 매설하였음을 알리는 표지판을 설치하여야 한다. 이때 하천부지, 철도부지를 횡단하여 배관을 매설하는 경우에는 양편에 표지판을 설치한다. 표지판의 규격은 가로 (③)mm 이상, 세로 (④)mm 이상으로 한다.

정답 ① 하천부지 ② 철도부지 ③ 200 ④ 150

내압방폭구조의 폭발등급에서 (1) 최대안전틈새의 정의와 (2) ⅡB의 범위를 쓰시오.

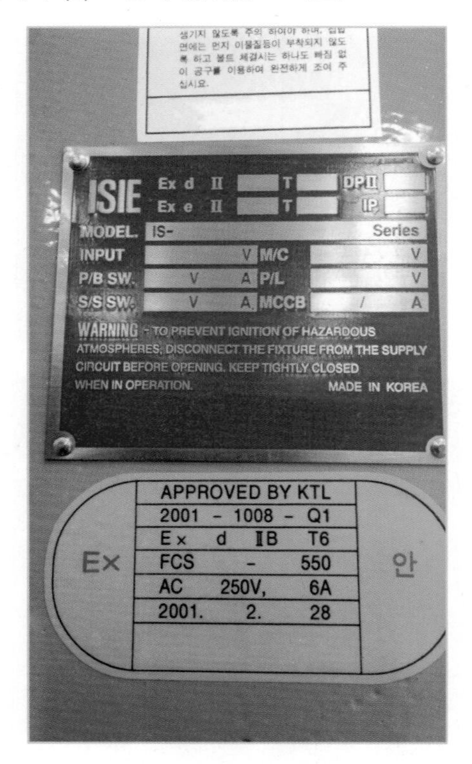

정답 (1) 정의 : 내용적이 8L이고 틈새깊이가 25mm인 표준용기 안에서 가스가 폭발할 때 발생되는 화염이 용기 밖으로 전파하여 가연성 가스에 점화되지 아니하는 최대값
(2) 범위 : 최대안전틈새 범위 0.5mm 초과 0.9mm 미만

동영상에서 지시하는 부분은 액화가스 저장탱크와 액면계 게이지를 접속하는 상, 하 배관에 설치하여야 할 밸브이다. 정확한 명칭을 쓰시오.

정답 자동 및 수동식 스톱밸브

전기방식 시공에 있어서 (1) 희생양극법, (2) 외부전원법, (3) 배류법 T/B 설치간격은 몇 m 이내인가?

(1)

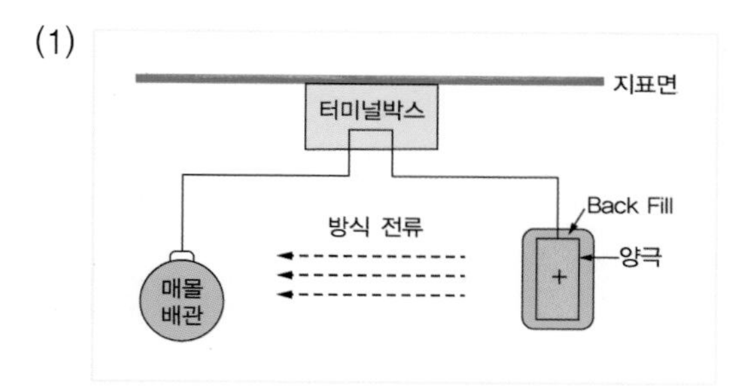

(2)

(3)

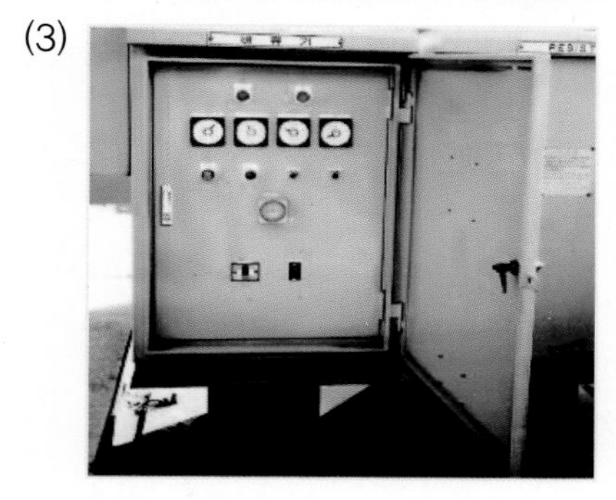

정답 (1) 희생양극법 : 300m
(2) 외부전원법 : 500m
(3) 배류법 : 300m

2022년 가스기사 필답형 출제문제

제1회 출제문제(2022. 5. 8. 시행)

01 가연물의 구비조건 4가지를 쓰시오.

정답 (아래 항목 중 4가지)
① 발열량이 클 것
② 열전도율이 작을 것
③ 연소열이 클 것
④ 산소화 친화력이 클 것
⑤ 표면적이 클 것

참고 **가연물이 될 수 없는 조건**
① 불활성기체
② 흡열반응물질
③ 산소와 결합이 불가능한 물질

02 관길이 300m 본관에 CH_4를 300m^3/hr 유량으로 공급하였을 때 30.85mmH_2O의 압력손실이 생겼다. 이때의 관경(cm)을 구하시오.

정답 15.73cm

해설
$Q=K\sqrt{\frac{D^5H}{SL}}$ 에서

$$D^5=\frac{Q^2\cdot S\cdot L}{K^2\cdot H}=\frac{300^2\times 0.55\times 300}{0.707^2\times 30.85}=963013.68$$

$\therefore\ D=15.7299=15.73\text{cm}$

03 증기운폭발의 정의를 서술하시오.

정답 대기 중 다량의 가연성 가스 및 액체가 유출되어 발생한 증기가 공기와 혼합해서 가연성 혼합기체를 형성하여 발화원에 의해 발생하는 폭발

참고 **증기운폭발의 특성**
① 증기운의 위험은 폭발보다는 화재가 대부분이다.
② 연소에너지의 20%만 폭풍파로 전환된다.
③ 증기와 공기의 난류혼합은 폭발력을 증대시킨다.
④ 증기운의 크기가 크면 점화우려가 높다.

04 불활성화(이너팅) 방법 중 진공 퍼지의 방법에 대해 서술하시오.

정답 탱크 및 용기내부를 진공시킨 후 불활성가스를 주입하여 최소산소농도를 유지시킨다.

참고 불활성화(이너팅) 방법 : 스위퍼 퍼지, 압력 퍼지, 진공 퍼지, 사이펀 퍼지

05 안전밸브를 재검사하는 방법 3가지를 쓰시오.

정답 ① 구조 및 치수검사
② 기밀검사
③ 작동성능검사

06 아래에 해당하는 가스의 명칭을 쓰시오.

(1) 헤모글로빈과 결합하여 적혈구를 파괴하는 가스
(2) 독성은 없지만, 공기 중에 다량으로 존재하면 질식 위험이 있는 가스
(3) 달걀 썩은 냄새가 나는 가스
(4) 황을 연소시킬 때 발생하는 유독한 가스

정답 (1) 일산화탄소(CO)
(2) 이산화탄소(CO_2)
(3) 황화수소(H_2S)
(4) 이산화황(SO_2)

07 내용적 50L의 C_3H_8 용기에 법정충전량을 충전 시 용기 내 안전공간은 몇 %인지 구하시오. (단, C_3H_8의 액비중은 0.5이며, 계산 중간과정의 답은 소수점 둘째자리까지 계산하는 것으로 한다.)

정답 14.88%

해설 (1) 충전량

$$w=\frac{v}{c}=\frac{50}{2.35}=21.276\text{kg}=21.28\text{kg}$$

(2) 21.28kg을 부피로 전환 시

$$21.28\text{kg} \div 0.5\text{kg/L}=41.56\text{L}$$

(3) 안전공간(%)$=\frac{50-41.56}{50}\times 100=14.88\%$

08 LPG에 대해 다음 물음에 답하시오.

(1) LPG의 주성분 2가지를 쓰시오.

(2) LPG 판매사용자가 가스의 종류별 중량단위(kg) 정상판매가격의 보고기한은 언제인지 쓰시오.

정답 (1) 프로판(C_3H_8), 부탄(C_4H_{10})

(2) 매월 2일

참고 **LPG 판매대상의 종류와 보고내용**

보고대상자	보고대상 액화석유가스의 종류	보고내용	보고방법	보고기한
액화석유가스 수출입업자	㉮ 가정용 · 상업용 액화석유가스(1호)	지난달의 액화석유가스의 종류별, 판매대상별 (액화석유충전사업자, 집단공급사업자, 판매사업자) 내수판매량, 내수매출액 및 내수매출단가	전자보고	매월 23일
	㉯ 자동차용 액화석유가스(2호)			
액화석유가스 충전사업자	㉮ 자동차용 액화석유가스(2호)	액화석유가스의 종류별 부피단위(L) 정상판매가격	전자보고 또는 그 밖의 보고	수시 (가격변경 시 6시간 이내)
	㉯ 가정용 · 상업용 액화석유가스(1호)	이번 달의 액화석유가스의 종류별 중량단위(kg) 정상판매가격		매월 2일
	㉰ 캐비닛히터용 액화석유가스(2호)			
액화석유가스 집단 공급 사업자	가정용 · 상업용 액화석유가스(1호)	이번 달의 액화석유가스의 종류별 부피단위(m^3) 정상판매가격	전자보고 또는 그 밖의 보고	매월 2일
액화석유가스 판매사업자	㉮ 가정용 · 상업용 액화석유가스(1호)	이번 달의 액화석유가스의 종류별 중량단위(kg) 정상판매가격	전자보고 또는 그 밖의 보고	매월 2일
	㉯ 캐비닛히터용 액화석유가스(2호)			

09 왕복동 압축기의 연속적인 용량조정방법 4가지를 쓰시오.

① 타임드밸브에 의한 방법
② 바이패스밸브에 의한 방법
③ 회전수를 변경하는 방법
④ 흡입밸브를 폐쇄하는 방법

참고 **단계적 용량조정방법**
① 흡입밸브 개방법
② 클리어런스밸브에 의해 체적효율을 낮추는 방법

10 50L 25℃에서 수소 30g, 질소 30g 혼합기체의 압력을 구하시오.

정답 7.85atm

해설
$$PV = nRT$$
$$P = \frac{nRT}{V}$$
$$= \frac{\left(\frac{30}{2} + \frac{30}{28}\right) \times 0.082 \times (273+25)}{50}$$
$$= 7.85\text{atm}$$

11 가스의 연소방식 중 전1차공기식의 특징 4가지를 쓰시오.

정답
① 버너는 어떠한 쪽으로 붙여도 사용이 가능하다.
② 적외선은 열의 전달이 빠르다.
③ 개방식로에 사용해도 대류의 열손실이 적다.
④ 표면온도는 850~950℃ 정도이다.

해설 위의 장점 외에 아래의 단점과 혼합하여 써도 된다.
① 구조가 복잡하여 가격이 고가이다.
② 거버너의 부착이 필요하다.
③ 버너의 후면은 냉각이 필요하다.

참고 전1차공기식은 연소에 필요한 공기의 전부를 1차공기로 혼합시켜 연소하는 방법으로, 2차공기가 필요 없다.

12 가스발생장치 및 정류장치에 설치하여야 하는 장비를 쓰시오.

정답 역류방지장치

13 펌프에서 비교회전도(비속도)의 정의를 서술하시오.

정답 한 개의 회전차(임펠러)를 대상으로 형상과 운전상태를 동일하게 유지하면서 그 크기를 바꾸고, 단위유량(1m^3/min)에서 단위양정(1m)을 발생시킬 때 그 회전차에 주어야 할 매분회전수를 원래 회전차의 비교회전도라고 한다.

14 방류둑의 기능 또는 역할에 대해 서술하시오.

정답 저장탱크에 저장된 액화가스가 누설 시 한정된 범위를 벗어나지 않도록 탱크주위를 둘러 쌓아놓은 제방이다.

15 일반도시가스 사업 제조소 및 공급소의 가스발생설비 또는 가스정제설비를 자동으로 제어하는 장치, 비상용 조명설비 등에는 정전 등에 의해 기계설비 기능이 상실되지 않도록 설치하는 비상전력설비의 종류 4가지를 쓰시오.

① 타처공급전력
② 자가발전
③ 축전지장치
④ 엔진구동발전
⑤ 스팀터빈 구동발전

2022년 가스기사 작업형(동영상) 출제문제

[제1회 출제문제 (2022. 5. 8.)]

동영상에 표시된 방폭구조의 명칭을 쓰시오.

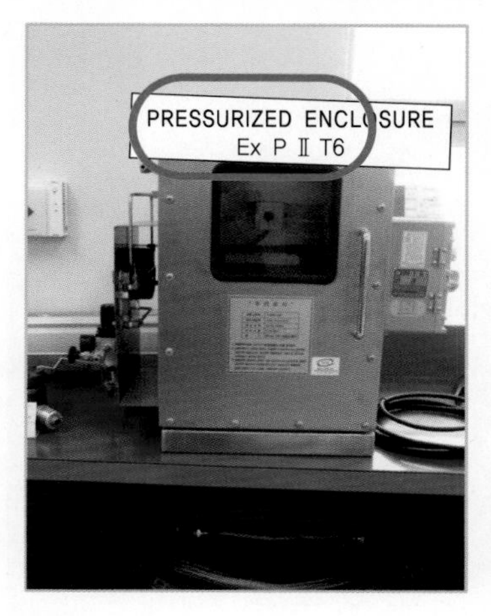

정답 압력방폭구조

동영상에서 보여주는 PE관의 융착작업 시 열선이탈이라는 불량이 생겼다. 다음 물음에 답하시오.

①

②

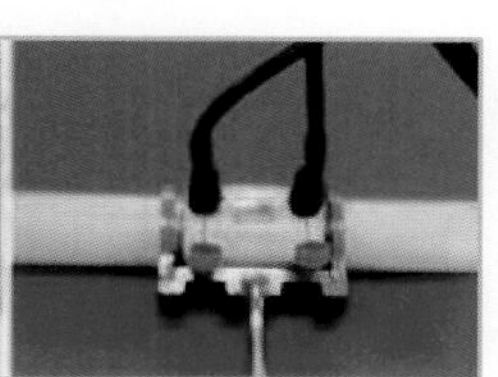

(1) 열선이탈의 정의를 쓰시오.

(2) 열선이탈이 발생하는 원인 3가지를 쓰시오.

정답 (1) 정의 : 이음관 내부에 감긴 열선이 융착 후 예정된 위치에 있지 않은 것

(2) 원인 : ① 과도한 과열시간

② 과도한 온도

③ 적절하지 않는 융착절차

두 저장탱크의 직경이 30m, 34m이고 물분무장치가 없을 때, 두 저장탱크 간의 이격거리는 몇 m 이상인지 쓰시오.

정답 16m 이상

해설 $(30+34)\times\frac{1}{4}=16\text{m}$

Question 2

동영상에서 보여주는 액화천연가스의 저장탱크는 처리능력 20만m^3 이상인 압축기와 몇 m 이상을 유지하여야 하는가?

정답 30m 이상

Question 8

동영상에서 보여주는 (1), (2), (3), (4) 용기의 명칭을 쓰시오.

(1)

(2)

(3)

(4)

정답 (1) 아세틸렌
(2) 이산화탄소
(3) 산소
(4) 수소

Question 4

동영상의 가스보일러 덕트 상부 끝부분은 눈이나 비, 새, 쥐 등이 들어가지 않도록 기구를 설치하였다. 다음 물음에 답하시오.

(1) 설치된 기구의 명칭을 쓰시오.
(2) 해당 기구는 몇 mm 이상의 물체가 통과되지 않아야 하는가?

(1) 방조망
(2) 16mm 이상

동영상은 입상관의 밸브이다. 다음 물음에 답하시오.

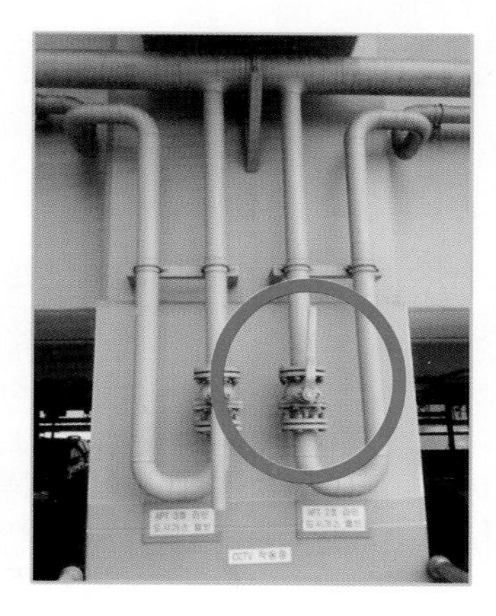

(1) 설치높이의 기준을 쓰시오.
(2) 1.6m 미만으로 설치 시 기준을 쓰시오.
(3) 2.0m 초과로 설치 시 기준 2가지를 쓰시오.

(1) 바닥에서 1.6m 이상 2m 미만
(2) 보호상자 내에 설치하는 경우
(3) ① 입상관 밸브차단을 위한 전용계단을 견고하게 고정 · 설치하는 경우
② 원격으로 차단이 가능한 전동밸브를 설치하는 경우

동영상의 신축곡관에 대해 다음 물음에 답하시오.

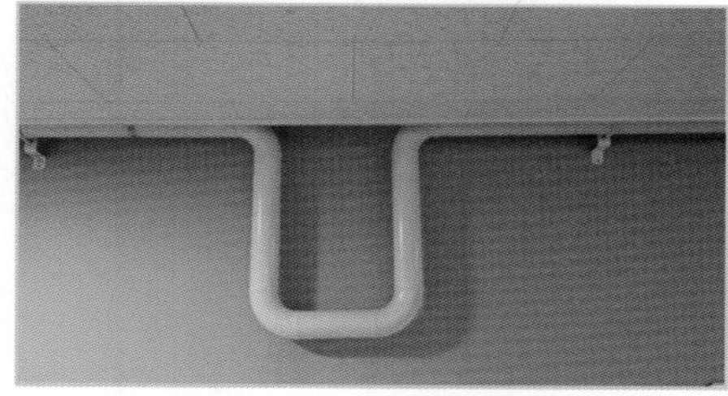

(1) 입상관에 설치하는 신축흡수용 곡관의 수평방향의 길이는 배관호칭 지름의 몇 배 이상으로 하여야 하는지 쓰시오.
(2) 이때 수직방향의 길이는 수평방향 길이의 얼마 이상으로 하여야 하는지 쓰시오. (단, 이때 엘보의 길이는 포함하지 않는다.)

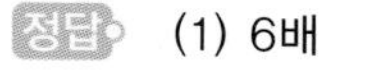

(1) 6배 (2) 1/2

Question 9

동영상의 LPG 충전시설에서 충전설비 외면에서 사업소 경계까지 거리는 몇 m 이상이어야 하는지 쓰시오.

정답 24m 이상

Question 10

동영상에서 (1)은 1종 위험시설, (2)는 2종 위험시설에 설치되어있는 방폭등일 경우, (1)과 (2)에서 각각 사용될 수 있는 방폭구조의 종류를 1가지씩 쓰시오.

(1)

(2)

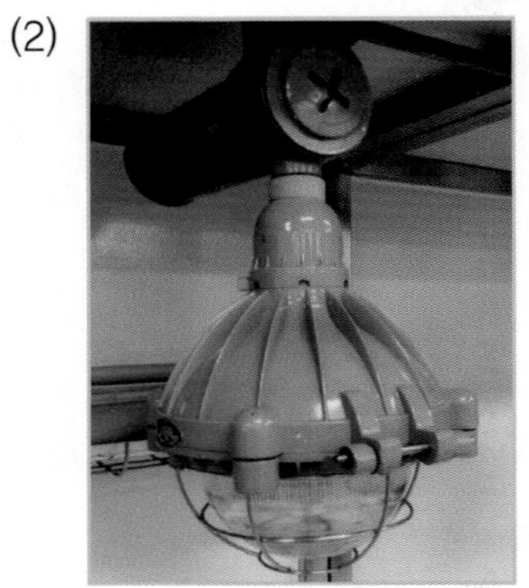

정답 (1) 내압방폭구조
(2) 안전증방폭구조

해설 **위험장소별 사용가능한 방폭구조의 종류**

위험장소	방폭구조의 종류
0종	본질안전방폭구조
1종	본질안전방폭구조, 유입방폭구조, 압력방폭구조, 내압방폭구조
2종	본질안전방폭구조, 유입방폭구조, 압력방폭구조, 내압방폭구조, 안전증방폭구조

2022년 가스기사 필답형 출제문제

제2회 출제문제(2022. 7. 24. 시행)

01 연소의 이상 현상 중 리프팅(선화) 현상에 대해 다음 물음에 답하시오.
(1) 정의를 쓰시오.
(2) 발생원인 4가지를 쓰시오.

정답 (1) 가스의 유출속도가 연소속도보다 커서 염공에 접하여 연소되지 않고, 염공을 떠나 연소하는 현상
(2) ① 노즐구멍이 작을 때
② 염공이 작을 때
③ 가스의 공급압력이 높을 때
④ 공기조절장치가 많이 개방되었을 때

02 위험장소의 분류 중 0종 장소의 정의를 쓰시오.

정답 상용의 상태에서 가연성 가스의 농도가 연속해서 폭발하한계 이상으로 되는 장소(폭발상한계를 넘는 경우에는 폭발한계 이내로 들어갈 수 있는 우려가 있는 경우를 포함한다.)

03 소금물을 이용한 염소의 제조방법 2가지와 반응식을 쓰시오.

정답 (1) 제조방법 : 수은법, 격막법
(2) 반응식 : $2NaCl+2H_2O \rightarrow 2NaOH+H_2+Cl_2$

참고 1. 염소의 공업적 제법
① 소금물 전기분해법
② 염산의 전해
③ 액체염소의 제조
2. 염소의 실험적 제법
① 염산에 산화제를 작용
② 표백분에 염산을 가함.

04 다음 용기의 종류에 따른 최고충전압력(F_p)을 쓰시오.
(1) 저온용기
(2) 저온용기 이외의 용기 중 액화가스를 충전하는 용기

정답 (1) 상용압력 중 최고압력

(2) 내압시험압력$(T_p) \times \frac{3}{5}$의 압력

참고 **압축가스를 충전하는 용기의 최고충전압력**

35℃에서 그 용기에 충전할 수 있는 가스압력 중 최고압력

05 도시가스 원료 중 나프타의 장점 4가지를 쓰시오.

정답 ① 대기오염 및 수질오염 등 환경의 영향이 적다.
② 취급 · 저장이 용이하다.
③ 높은 가스화 효율을 얻을 수 있다.
④ 타르, 카본 등의 부산물이 거의 생성되지 않는다.

참고 **나프타**

원유의 상압증류에 의해 생성되는 비점 200℃ 이하의 유분을 말하며, 도시가스 석유화학 합성 비료의 원료로 널리 사용된다.

06 압력조정기의 역할 4가지를 쓰시오.

정답 ① 용기에서 연소기구에 공급되는 압력을 적당한 압력으로 감압시킨다.
② 가스소비량에 따라 공급압력을 유지시킨다.
③ 공급압력에 따른 안정된 연소를 시킨다.
④ 소비중단 시 가스를 차단시킨다.

07 2개의 정압과정과 2개의 단열과정으로 이루어진 가스터빈의 이상 사이클은 무엇인지 쓰시오.

정답 브레이턴 사이클

해설 **브레이턴 사이클**

단열압축 → 등압연소 → 단열팽창 → 등압배기

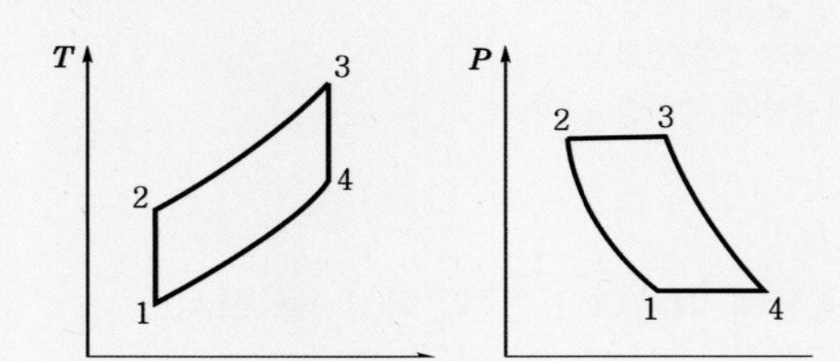

08 C_3H_8의 연소 시 화학양론의 농도(%)와 폭발하한값을 구하시오. (단, 계산과정을 포함한다.)

정답 (1) 화학양론농도

$C_3H_8 + 5O_2 \rightarrow 3CO_2 + 4H_2O$에서

$$C_3H_8(\%) = \frac{1}{1+5\times\frac{1}{0.21}}\times 100 = \frac{1}{24.81}\times 100 = 4.03(\%)$$

(2) 폭발하한값

$4.03 \times 0.55 = 2.2165 ≒ 2.22(\%)$

해설
1. 화학양론조성비$(C_{st}) = \dfrac{\text{연료 몰수}}{\text{연료 몰수} + \text{이론공기 몰수}} \times 100$
2. 폭발하한값$(LFL) = 0.55\,C_{st}$
3. 폭발상한값$(UFL) = 3.50\,C_{st}$

09 냉매설비에 사용되는 안전장치의 종류 4가지를 쓰시오.

정답 ① 고압차단장치 ② 용전
③ 파열판 ④ 안전밸브
⑤ 압력릴리프 장치

10 질량이 1000kg 이상인 독성가스 운반 시 갖추어야 하는 보호장비를 4가지 이상 쓰시오.

정답 ① 방독마스크 ② 공기호흡기
③ 보호의 ④ 보호장갑
⑤ 보호장화

참고 **1000kg($100m^3$) 미만의 독성가스 운반 시 보호장비**
방독마스크, 보호의, 보호장갑, 보호장화

11 용기제조에 사용되는 합성수지 섬유재료의 종류 3가지를 쓰시오.

정답 ① 탄소섬유
② 아라미드섬유
③ 유리섬유

해설 ① 탄소섬유 : 다발 모양의 여러 가닥이 나란히 놓여진 연속 탄소 필라멘트로서, 용기를 강화하는 데 사용되는 섬유
② 아라미드섬유 : 다발 모양의 여러 가닥이 나란히 놓여진 연속 아라미드 필라멘트로서, 용기를 강화하는 데 사용되는 섬유
③ 유리섬유 : 다발 모양으로 여러 가닥이 나란히 놓여진 연속 유리 필라멘트로서, 용기를 강화하는 데 사용되는 섬유

12 AFV 정압기에서 가스의 사용량 증감에 따른 설명 중 빈칸에 알맞은 단어를 쓰시오.

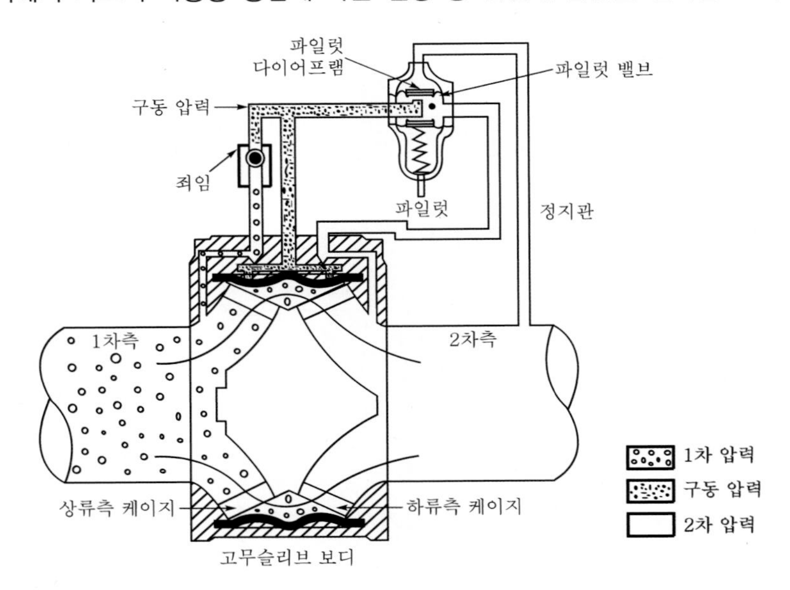

(1) 사용량 증가 시 2차 압력은 저하하고 파일럿 밸브의 열림 정도는 (①)하며, 구동압력은 저하하고 고무슬리브의 열림 정도는 (②)한다.

(2) 사용량 감소 시 2차 압력은 (③)하고 파일럿 밸브의 열림 정도는 감소하며, 구동압력은 (④)하고 고무슬리브의 열림 정도는 감소한다.

정답 ① 증대
② 증대
③ 상승
④ 상승

13 다음 [조건]을 참고하여 승압방지장치 설치가 필요한 건물의 높이(m)를 구하시오.

[조건]

- 연소기 명판의 최고사용압력 : 300Pa
- 수직배관 최초시작지점의 가스 압력 : 200Pa
- 비중(s) : 0.62
- 공기의 밀도(ρ) : 1.293(kg/m^3)

정답 20.77(m)

해설 **승압방지장치의 압력상승 계산식**

$$H = \frac{P_h - P_o}{\rho \times (1-s)g}$$

여기서, H : 승압장지장치의 최초설치높이(m)
P_h : 연소기 명판의 최고사용압력(P_α)
P_0 : 수직배관 최초시작지점의 가스압력(P_α)
ρ : 공기밀도(1.293kg/m^3)
s : 공기에 대한 가스비중(0.62)
g : 중력가속도(3.8m/s^2)

$$\therefore\ H=\frac{P_h-P_0}{\rho\times(1-s)g}=\frac{300-200}{1.293\times(1-0.62)\times9.8}=\frac{100}{4.815132}=20.767$$

참고
(1) 승압방지장치 설치
일정 높이 이상의 건물로서 가스압력 상승으로 연소기에 실제 공급되는 가스의 압력이 연소기의 최고사용압력을 초과할 우려가 있는 건물은 가스압력 상승으로 인한 가스 누출, 이상연소 등을 방지하기 위하여 다음 기준에 따라 승압방지장치를 설치한다.
① 승압방지장치의 전 · 후단에는 승압방지장치의 탈착이 용이하도록 차단밸브를 설치한다.
② 승압방지장치의 설치 위치 및 설치 수량은 계산식에 따른 압력상승값을 계산하였을 때 연소기에 공급되는 가스압력이 연소기의 최고사용압력 이내가 되는 위치 및 수량으로 한다.
(2) 승압방지장치 설치가 필요한 건물 높이
① 압력 상승으로 연소기에 공급되는 가스 압력이 연소기의 최고사용압력을 초과할 가능성이 있는 높이를 말한다.
② 승압방지장치 설치가 필요한 건물 높이의 산정은 위 해설의 압력상승 계산식을 이용한다.

14 다음은 정압기에 설치된 바이패스관이다. 표시된 부분의 명칭을 쓰시오.

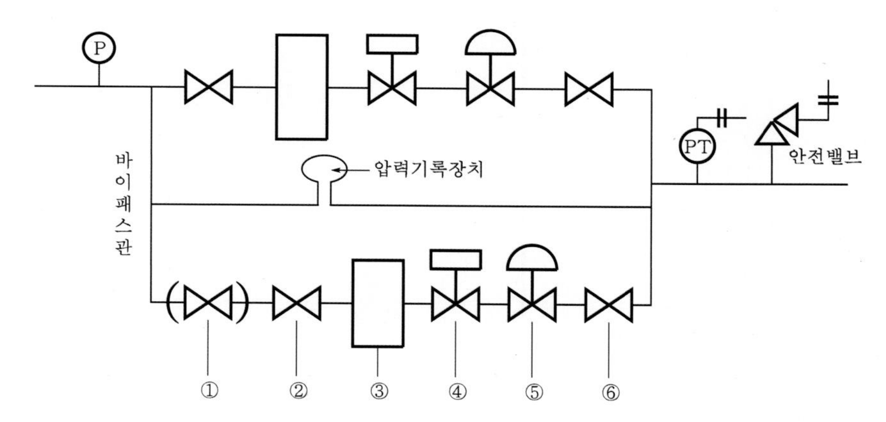

정답
① 차단용 바이패스밸브
② 바이패스용 입구차단밸브
③ 필터
④ SSV(긴급차단밸브)
⑤ 정압기용 압력조정기
⑥ 바이패스용 출구차단밸브

해설 정압기에 공급중단 예방을 위하여 바이패스관을 만들어야 한다.

15 내용적 500L 수소용기 100개를 보관 시 저장능력은 몇 m^3인지 구하시오.

정답 7550m^3

해설 $V = 500(\mathrm{L}) \times 100 = 50000(\mathrm{L}) = 50(\mathrm{m}^3)$
$Q = (10P+1)V = (10 \times 15 + 1) \times 50 = 7550(\mathrm{m}^3)$

참고 **액화가스 용기 및 저장탱크의 충전량(저장능력)**

1. 용기의 충전량 $W = \dfrac{V}{C}$
2. 저장탱크의 충전량 $W = 0.9dV$
3. 소형저장탱크의 충전량 $W = 0.85dV$

여기서, W : 저장능력(kg)
V : 용기의 내용적(L)
C : 충전상수
d : 가스의 비중(kg/L)

2022년 가스기사 작업형(동영상) 출제문제

[제2회 출제문제 (2022. 7. 24.)]

Question 1

동영상을 보고 다음 물음에 답하시오.

①

②

(1) ①, ②의 명칭을 쓰시오.

(2) ①은 배관길이 몇 m마다 설치하여야 하는지 쓰시오.

정답 (1) ① 라인마크
② 전위측정용 터미널
(2) 50m마다

Question 2

동영상을 보고 다음 물음에 답하시오.

(1) 장치의 명칭을 쓰시오.

(2) 장치의 작동 동력원을 쓰시오.

정답 (1) 긴급차단장치
(2) 공기압, 유압, 전기압, 스프링압

Question 3

동영상에서 독성가스 충전용기 운반 시 가스 운반 전용차량의 적재함에 리프트를 설치하여야 하는데, 설치하지 않아도 되는 경우 3가지를 쓰시오.

정답
① 가스를 공급받는 업소의 용기보관실 바닥이 운반차량 적재함의 최저높이로 설치되어 있는 경우
② 컨베이어벨트 등 상하차 설비가 설치된 업소에 가스를 공급하는 경우
③ 적재능력 1.2톤 이하의 차량

Question 4

동영상은 방폭구조이다. 방폭구조의 종류 6가지를 쓰시오.

정답
① 내압방폭구조
② 압력방폭구조
③ 유입방폭구조
④ 안전증방폭구조
⑤ 본질안전방폭구조
⑥ 특수방폭구조

Question 5

동영상의 호칭지름 300A관에 대하여 물음에 답하시오.

(1) 배관을 교량에 설치 시 지지간격은 몇 m인지 쓰시오.
(2) 고정장치와 배관 사이에 조치하여야 할 사항을 쓰시오.

정답
(1) 16m
(2) 지지대, U 볼트 등의 고정장치와 배관 사이에 고무판, 플라스틱 등의 절연물질을 삽입하여야 한다.

해설 **교량에 배관 설치 시 지지간격**

호칭지름	지지간격(m)
100	8
150	10
200	12
300	16
400	19
500	22
600	25

동영상에서 보여주는 전기방식법에 대하여 다음 물음에 답하시오.

(1) 전기방식법의 명칭을 쓰시오.
(2) 장점을 4가지 이상 쓰시오.

정답 (1) 외부전원법
(2) ① 전압 전류조절이 쉽다.
② 방식의 효과 범위가 넓다.
③ 전식에 대한 방식이 가능하다.
④ 장거리 배관에 경제적이다.

동영상을 보고 다음 물음에 답하시오.

(1) 용기의 명칭을 쓰시오.
(2) 이 용기로 가스를 사용할 때 설치되어야 할 가스 장치를 쓰시오.

정답 (1) 사이펀용기
(2) 기화기

Question 8

동영상에서 보여주는 정압기실에 대하여 다음 물음에 답하시오.

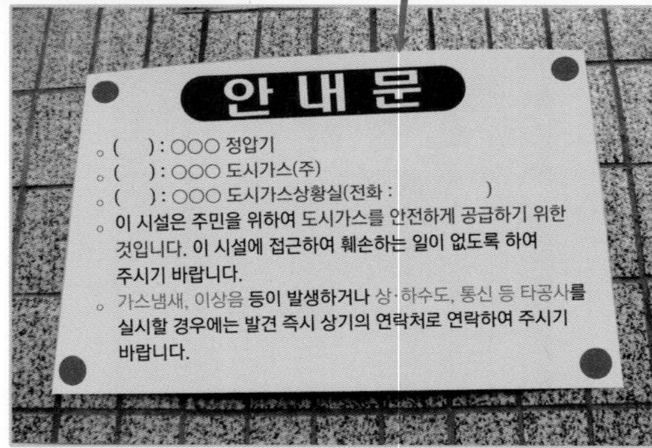

(1) 경계책의 높이는 몇 m 이상인지 쓰시오.
(2) 정압기실 안내문(표지판)에 기재할 사항 3가지를 쓰시오.

 정답 (1) 1.5m 이상
(2) 시설명, 공급자명, 연락처

Question 9

동영상은 도시가스 배관을 지하에 매설 시 배관을 보호하기 위하여 설치되는 보호판이다. 다음 물음에 답하시오.

(1) 보호판의 재질을 쓰시오.
(2) 매설하는 배관의 내압시험 압력을 쓰시오.

 정답 (1) 일반구조용 압연강재(KS D 3503)
(2) 최고사용압력의 1.5배 이상

동영상의 액화천연가스 저장탱크는 그 외면으로부터 처리능력이 20만m^3 이상인 압축기와 몇 m 이상을 유지하여야 하는지 쓰시오.

정답 30m 이상

2022년 가스기사 **필답형 출제문제**

제3회 출제문제(2022. 10. 16. 시행)

01 오프가스의 종류 2가지와 그 정의를 쓰시오.

정답 (1) 석유정제의 오프(업)가스 : 상압증류의 가장 경질분으로 나오는 성분 이외의 가솔린 제조를 위한 중유의 접촉분해 또는 가솔린의 접촉개질 프로세스에 있어 부생하는 가스
(2) 석유화학의 오프(업)가스 : 나프타 분해에 의해 에틸렌 등을 제조하는 공정에서 발생하는 경질의 가스성분

02 다음 혼합가스의 폭발하한값을 구하시오.

성분	헥산	메탄	공기
구성비(%)	8%	7%	85%

정답 1.73%

해설 르 샤틀리에의 혼합가스 폭발범위 계산식 $\frac{100}{L}=\frac{V_1}{L_1}+\frac{V_2}{L_2}+\cdots\cdots$에서

폭발하한 : $\frac{15}{L}=\frac{8}{1.1}+\frac{7}{5}$

$$L=15\div\left(\frac{8}{1.1}+\frac{7}{5}\right)=1.729=1.73\%$$

03 LP가스나 도시가스에 부취제를 주입하는 목적을 쓰시오.

정답 LP가스나 도시가스는 무색 · 무취이므로 가스 누설 시 조기 발견을 위하여 부취제를 첨가한다.

참고 **부취제의 종류**
① TBM : 양파 썩는 냄새
② THT : 석탄가스 냄새
③ DMS : 마늘 냄새

04 펌프에 관하여 다음 물음에 답하시오.

(1) 상사법칙이 무엇인지 쓰시오.

(2) 유량, 양정, 동력에 대한 상사법칙의 공식을 쓰고 각각을 설명하시오. (단, Q : 유량, H : 양정, P : 동력, D : 임펠라의 직경을 표시한다.)

정답 (1) 상사법칙 : 펌프를 설계할 때 이미 만들어진 기초의 펌프에 관한 자료를 참고로 하는데, 원형과 모형 사이의 상사성(相似性, similarity)을 적용하여 현상을 같게 하고 치수를 바꾸어 모형에 대해 적합한 회전수를 바꾸어 줌으로써 원형과 성능을 비교하는 데 이용하는 것

(2) ① 유량의 상사법칙 : 유량은 회전수 변화의 1승에 비례, 임펠러 직경 변화의 3승에 비례

$$Q_2 = Q_1 \times \left(\frac{N_2}{N_1}\right) \times \left(\frac{D_2}{D_1}\right)^3$$

② 양정의 상사법칙 : 양정은 회전수 변화의 2승에 비례, 임펠라 직경 변화의 2승에 비례

$$H_2 = H_1 \times \left(\frac{N_2}{N_1}\right)^2 \left(\frac{D_2}{D_1}\right)^2$$

③ 동력의 상사법칙 : 동력은 회전수 변화의 3승에 비례, 임펠라 직경 변화의 5승에 비례

$$P_2 = P_1 \times \left(\frac{N_2}{N_1}\right)^3 \left(\frac{D_2}{D_1}\right)^5$$

05 가스용 연료전지 제조소에 갖추어야 하는 제조설비 2가지를 쓰시오.

정답 (아래 항목 중 2가지)

① 단위셀 및 스택 제작설비

② 연료개질기 제작설비

③ 그 밖에 제조에 필요한 가공설비

참고 ① **연료전지 제조설비**(KGS AB934 2.1) : 연료전지를 제조하기 위하여 기준에 맞는 제조설비를 갖춘다. 다만, 허가관청이 부품의 품질향상을 위하여 필요하다고 인정하는 경우에는 그 부품을 제조하는 전문생산업체의 설비를 이용하거나 그가 제조한 부품을 사용할 수 있다.

② **연료전지 설치**(KGS FU431 2.7.4) : 연료전지는 목욕탕이나 환기가 잘 되지 않는 곳에 설치하지 않고, 연료전지실에 설치한다. 다만, 밀폐식 연료전지 또는 연료전지를 옥외에 설치한 경우에는 연료전지실에 설치하지 않을 수 있다.

06 전기방식법 중 희생양극법의 정의를 쓰시오.

정답 지중 또는 수중에 설치되어 있는 양극의 금속(Mg, Zn 등)과 매설배관을 전선으로 연결 시 양극의 금속이 Fe 대신 소멸하여 관의 부식을 방지하는 전기방식법

참고 **희생양극법의 장 · 단점**

장점	단점
• 시공이 간단하다. • 타 매설물의 간섭이 없다. • 단거리 배관에 경제적이다. • 과방식의 우려가 없다.	• 효과 범위가 좁다. • 전류 조절이 어렵다. • 강한 전식에는 효과가 없다. • 양극의 보충이 필요하다.

07 보일러의 급 · 배기방식 4가지와 간략한 설명을 쓰시오.

정답 ① CF(반밀폐형 자연배기식) : 연소용 공기는 실내에서 취하고, 폐가스는 자연통풍으로 옥외에 배출하는 방식
② FE(반밀폐형 강제배기식) : 연소용 공기는 실내에서 취하고, 폐가스는 배기용 송풍기에 의해 강제로 옥외로 배출하는 방식
③ BF(밀폐형 자연급배기식) : 급 · 배기통을 외기와 접하는 벽을 관통하여 옥외로 설치하고, 자연통기력에 의해 급 · 배기하는 방식
④ FF(밀폐형 강제급배기식) : 급 · 배기통을 외기와 접하는 벽을 관통하여 옥외로 설치하고, 급 · 배기 송풍기에 의해 강제로 급 · 배기하는 방식

08 다음의 조건으로 P_B 지점의 압력(mmH₂O)을 구하시오.

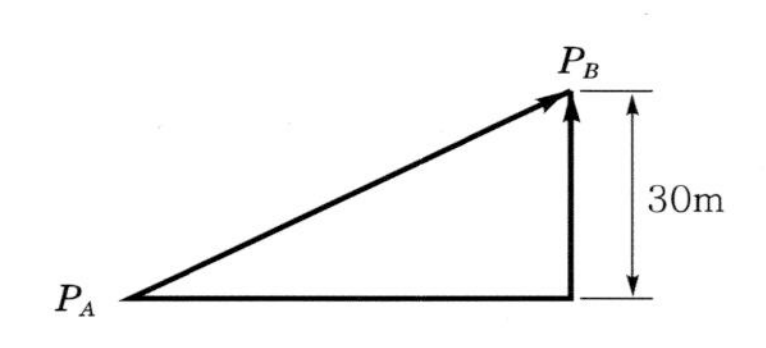

- P_A =200mmH₂O
- D=500mm
- s =0.65
- L=20m
- Q=500m³/hr

정답 213.56mmH₂O

해설 ① 직선관에 의한 압력손실

$$H=\frac{Q^2\,S\,L}{K^2\,D^5}=\frac{500^2\times0.65\times20}{0.707^2\times50^5}=0.020806283\,\mathrm{mmH_2O}$$

② 입상배관에 의한 손실

$$h=1.293(s-1)H=1.293(0.65-1)\times30=-13.565\,\mathrm{mmH_2O}$$

$$\therefore\ P_B=P_A-①+②=200-(0.020806283)+13.565=213.556=213.56\,\mathrm{mmH_2O}$$

참고 가스의 비중이 0.65로 공기보다 가벼운 경우 입상손실 13.565mmH₂O값은 손실의 반대값이므로 P_A값에서 더해야(+) 한다.

09 고압가스 안전관리법에 따른 내진설계 적용대상에 대하여 빈칸에 알맞은 단어 또는 숫자를 쓰시오.

- 저장능력 5톤[(①)의 경우에는 10톤)] 또는 500m³[(①)가 아닌 경우에는 1,000m³) 이상인 저장탱크
- 반응 · 분리 · 정제 · 증류를 위한 탑류로서, 높이가 (②)m 이상인 압력용기
- 세로 방향으로 설치한 동체의 길이가 (③)m 이상인 원통형 응축기
- 내용적 (④)L 이상인 수액기

정답 ① 비가연성가스 또는 비독성가스
② 5
③ 5
④ 5,000

참고 **고압가스 저장 설비기준(고압가스 안전관리법 시행규칙 별표 4)**
내진설계 적용 대상(KGS GC203 2.1)

10 다음 물음에 대하여 서술 또는 빈칸을 채우시오.

(1) 중압 이상 도시가스 배관의 내압시험 압력값을 쓰시오.
① 수압으로 시행 시
② 공기 또는 질소 등의 기체로 시행 시
(2) 내압시험을 수압으로 실시하되, 중압 이하의 배관, 길이 (①)m 이하로 설치되는 고압배관과 부득이한 이유로 물을 채우는 것이 부적당한 경우에는 (②) 또는 위험성이 없는 (③)로 할 수 있다.
(3) 도시가스의 기밀시험 압력값을 쓰시오.
(4) 기밀시험을 생략할 수 있는 경우 1가지를 쓰시오.

정답 (1) ① 최고사용압력의 1.5배 이상
② 최고사용압력의 1.25배 이상
(2) ① 50
② 공기
③ 불활성기체
(3) 최고사용압력의 1.1배 또는 8.4KPa 중 높은 압력
(4) 최고사용압력이 0MPa 이하의 것 또는 항상 대기로 개방되어 있는 것

참고 **내압시험(KGS FU551 4.2.2.1.16)**

11 정압기의 특성 중 오프셋에 대하여 설명하시오.

정답 정특성에서 기준유량 Q일 때 2차 압력을 P에 설정했다고 하면 유량이 변하였을 경우 2차 압력 P로부터 어긋난 것

참고 ① 정특성 : 정상상태에서 유량과 2차 압력과의 관계(시프트, 오프셋, 로크업 등)
② 시프트 : 1차 압력변화에 의해 정압곡선이 전체적으로 어긋나는 것
③ 로크업 : 유량이 0이 되었을 때 끝맺은 압력과 2차 압력의 차이

12 연소의 이상현상에는 백파이어(역화), 리프팅(선화), 블루오프, 옐로팁 등이 있다. 이 중 2가지를 설명하시오.

정답 (아래 항목 중 2가지 서술)

① 역화 : 가스의 연소속도가 유출속도보다 빨라 불꽃이 역화하여 연소기 내부에서 연소하는 현상
② 선화 : 가스의 유출속도가 연소속도보다 커서 염공을 떠나 연소하는 것
③ 블루오프 : 불꽃 주위 특히 불꽃 기저부에 대한 공기의 움직임이 강해지면 불꽃이 노즐에 정착하지 않고 꺼져버리는 현상
④ 옐로팁 : 염의 선단이 적황색이 되어 타고 있는 현상으로, 연소의 반응속도가 느리다는 것을 의미하며, 1차 공기가 부족하거나 주물 밑부분의 철가루가 원인이다.

13 AFV식 정압기의 2차 압력이 상승했을 때의 작동원리를 설명하시오.

정답 2차측 부하가 없을 때 2차 압력이 상승하면 파일럿 다이어프램이 아래로 내려와 파일럿 밸브가 닫히며, 1차 압력이 고무슬리브와 보디 사이에 도입되고 고무슬리브 상류측과 차압이 없어져 고무슬리브는 수축하여 케이지에 밀착한다. 이로 인하여 고무슬리브 하류측에 있어서 1차 압력과 2차 압력의 차압을 받아 가스를 차단하게 된다.

참고 2차측 부하가 있을 때 2차 압력이 저하하면 파일럿 스프링이 작동하여 파일럿 다이어프램을 위쪽으로 밀어 올리고 파일럿 밸브가 열리면서 작동압력은 2차측으로 빠지게 된다. 이때 1차측에서 가스가 흘러 들어오나 조리개로 제한되어 있으므로 작동압력이 저하하기 때문에 고무슬리브가 바깥쪽에서 확장되어 가스가 흐른다.

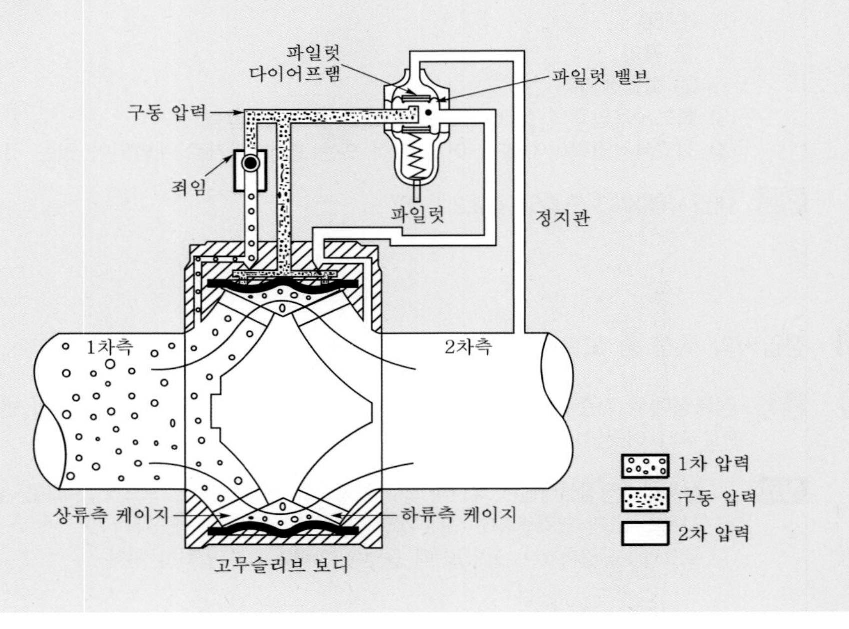

14 다음 설명에 부합되는 배관의 명칭을 쓰시오.

- 노출배관으로는 사용하지 않는다. 다만, 지상배관과 연결을 위하여 금속관을 사용하여 보호조치를 한 경우 지면에서 30cm 이하로 노출하여 시공하는 경우에는 노출배관으로 사용할 수 있다.
- 온도 40℃ 이상의 장소에는 설치하지 않는다. 다만, 파이프슬리브 등을 이용하여 단열조치를 한 경우에는 40℃ 이상의 장소에 설치할 수 있다.

정답 가스용 폴리에틸렌관(PE배관)

참고 **가스용 폴리에틸렌관의 설치 제한(KGS FS451 1.9)**
가스용 폴리에틸렌관은 폴리에틸렌융착원 양성교육을 이수한 자가 시공한다.

15 고압가스 제조설비에 대하여 다음 물음에 답하시오.

(1) 고압가스 제조설비의 외면으로부터 그 제조소의 경계까지 유지하여야 하는 거리는 20m 이상으로 하여야 하는데, 제조소의 제조설비가 인접한 제조소의 제조설비와 인접한 경우 20m 이상으로 하지 않아도 되는 경우 3가지를 쓰시오

(2) 고압가스 제조시설에서 안전구역 설정 시 안전구역 안의 고압설비 연소열량수치(Q)는 6×10^8 이하로 하여야 하는데, 여기에서 연소열량수치(Q)는 무엇을 의미하는지 쓰시오.

정답 (1) ① 제조설비와 인접한 제조소의 제조설비 사이의 거리가 40m 이상 유지되고, 그 안에 다른 제조설비가 설치되지 않는 것이 보장되는 경우
② 비가연성 비독성가스의 제조설비인 경우
③ 비독성가스인 가연성가스의 제조설비로서 안전구역 안 고압가스설비 연소열량수치에 따른 연소열량의 수치가 3.4×10^6 미만인 경우
(2) Q : 가스의 단위중량인 진발열량의 수

해설 $Q = KW$
여기서, Q : 연소열량의 수치
K : 가스의 종류 및 상용의 온도에 따라 정한 수치
W : 저장설비·처리설비에 따라 정한 수치

2022년 가스기사 작업형(동영상) 출제문제

[제 3 회 출제문제 (2022. 10. 16.)]

동영상의 고압가스 압력계에 대하여 빈칸에 알맞은 숫자를 쓰시오.

(1) 고압설비에 설치하는 압력계는 상용압력의 (①)배 이상 (②)배 이하에 최고눈금이 있는 것으로 하고, 압축·액화 그 밖의 방법으로 처리할 수 있는 가스의 용적이 1일 (③)m^3 이상의 사업소에는 국가표준기본법에 의한 제품을 인증받은 압력계를 (④)개 이상 설치한다.

(2) 충전용 주관의 압력계는 (⑤)월 1회 이상, 그 밖의 압력계는 (⑥)월 1회 이상 표준이 되는 압력계로 그 기능을 검사한다.

정답 ① 1.5 ② 2 ③ 100
④ 2 ⑤ 1 ⑥ 3

해설 압력계 설치(KGS Code FP211 2.8.1.1)
부대설비 점검(KGS Code FP211 3.3.81)

참고 액화석유가스법에 따른 충전용 주관의 압력계는 매월 1회 이상, 그 밖의 압력계는 1년에 1회 이상 국가표준기본법에 따른 교정을 받은 압력계로 그 기능을 검사한다(시행규칙 별표 4).

동영상을 보고 다음 물음에 답하시오.

(1) RTU의 기능을 쓰시오.

(2) ①, ②, ③의 명칭과 역할을 쓰시오.

정답 (1) RTU(원격단말 감시장치) : 정압기 내 현재 운전 상태를 상황실로 알려주는 무인 감시장치

(2) ① 가스누설 경보기 : 정압기실에서 가스누설 시 경보하는 기능

② UPS(정전 시 전원공급장치) : 정전 시 전원을 공급하는 장치

③ 출입문 개폐 통보장치 : 정압기실 출입문을 관계자 이외의 사람이 개방 시 상황실에 통보하여주는 기능

동영상을 보고 다음 물음에 답하시오.

(1) 방폭구조의 명칭을 쓰시오.

(2) 가연성의 발화도 범위가 85℃ 초과 100℃ 이하인 경우 방폭전기기기의 온도 등급을 쓰시오.

(3) 최대안전틈새 범위가 0.5mm 초과 0.9mm 미만인 경우 내압방폭구조의 폭발 등급을 쓰시오.

정답 ① 압력방폭구조
② T6
③ ⅡB

참고 1. 방폭전기기기의 온도 등급

가연성가스의 발화도(℃) 범위	방폭전기기기의 온도 등급
450 초과	T1
300 초과 450 이하	T2
200 초과 300 이하	T3
135 초과 200 이하	T4
100 초과 135 이하	T5
85 초과 100 이하	T6

2. 내압방폭구조의 폭발 등급

최대안전 틈새범위 (mm)	0.9 이상	0.5 초과 0.9 미만	0.5 이하
가연성 가스의 폭발 등급	A	B	C
방폭전기기기의 폭발 등급	ⅡA	ⅡB	ⅡC

동영상을 보고 다음 물음에 답하시오.

(1) 지시하는 부분의 명칭을 쓰시오.
(2) 지시하는 부분의 기능을 쓰시오.
(3) ① 자연전위의 변화값은 몇 mV 이하인지 쓰시오.
② 도시가스 배관의 방식전위 상한값은 포화황산동 기준전극으로 몇 V 이하인지 쓰시오.

정답 (1) 전위측정용 터미널 박스
(2) 매설배관의 전기방식용 전위를 측정하기 위함.
(3) ① −300
② −0.85

참고 **전기방식시설의 시공 방법(KGS Code GC202 1.5.2.1.1)**
① 부식방지 전류가 흐르는 상태에는 토양 중에 있는 배관의 부식방지전위는 포화황산동 기준전극으로 기준하여 −0.85V 이하여야 하며, 황산염환원박테리아가 번식하는 토양에서는 −0.95V 이하일 것
② 부식방지전류가 흐르는 상태에서 자연전위와의 전위변화가 최소한 -300mV 이하일 것(다른 금속과 접촉하는 배관은 제외한다)

동영상에 충전되는 가스를 분자식으로 쓰시오.

①

②

③

④

정답 ① C_2H_2 ② O_2 ③ CO_2 ④ H_2

해설 **용기 색상**
① 황색 : 아세틸렌
② 녹색 : 산소
③ 청색 : 이산화탄소
④ 주황색 : 수소

동영상은 LP가스 저장실의 가스누출검지기이다. 다음 물음에 답하시오.

(1) 설치 위치를 쓰시오.
(2) 해당 위치에 설치하는 이유를 쓰시오.
(3) 검지기 설치 개수의 규정을 쓰시오.

정답
(1) 지면에서 검지기 상단부까지 30cm 이내
(2) 공기보다 무거운 가스는 지면에서 검지기 상단부까지 30cm 이내에 설치하고, 공기보다 가벼운 가스는 천정면에서 검지기 하단부까지 30cm 이내에 설치한다.
(3) 바닥면 둘레 20m마다 1개 이상의 비율로 계산된 수

참고
가스누출검지기의 설치 개수
- 도시가스 정압기실 내 20m마다 1개씩 설치
- LP가스 저장실 내 20m마다 1개씩 설치
- 설비가 건축물 안에 설치되어 있는 경우 설비군 바닥면 둘레 10m마다 1개씩 설치
- 설비가 건축물 밖에 설치되어 있는 경우 설비군 바닥면 둘레 20m마다 1개씩 설치

동영상을 보고 다음 물음에 답하시오.

(1) 동영상에서 보여주는 가스기설물의 명칭을 쓰시오.
(2) 그 기능을 쓰시오

정답
(1) 높이검지봉
(2) 탱크의 정상부가 차량의 정상부보다 높을 경우 탱크의 충격을 방지하기 위해서

참고
검지봉 설치 (KGS GC207 2.2.1.4)
차량에 고정된 탱크탱크(그 탱크의 정상부에 설치한 부속품을 포함한다)의 정상부의 높이가 차량 정상부의 높이보다 높을 경우에는 높이를 측정하는 기구를 설치한다.

Question 8

동영상에서 보여주는 검사방법은 비파괴검사의 일종인 음향(방출)검사이다. 다음 물음에 답하시오.

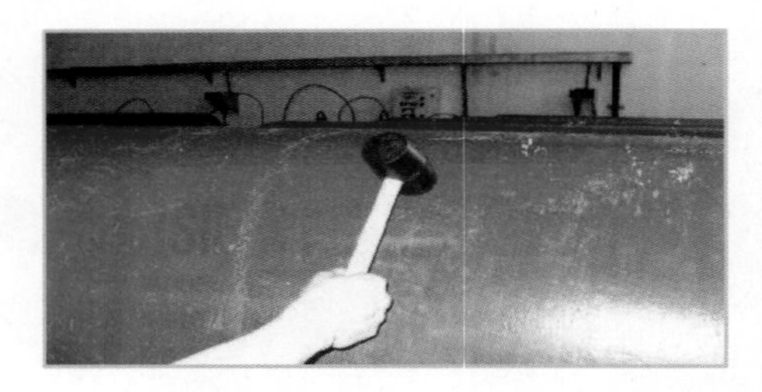

(1) 이 검사의 합격기준을 쓰시오.
(2) 재검사 대상 용기의 내압검사 대상에 대하여 제조 후 첫 번째 및 두 번째로 재검사를 받는 용기로서, 규정에 따른 음향검사에 적합하고, 등급 분류 결과 몇 등급에 해당하는 용기에 대하여 영구팽창측정시험을 실시하는지 쓰시오.

정답
(1) 용기의 고유 진동수를 저해하지 않도록 나무망치 등으로 가볍게 동체를 두드렸을 때 맑은 소리가 길게 퍼지는 것을 합격으로 한다.
(2) 3급

참고 **재검사 용기의 내압검사 대상(KGS AC218 5.2.1.2.3)**

① 제조 후 첫 번째 재검사를 받는 용기로서, 음향검사에 적합하고 등급 분류 결과 1급에 해당하는 용기는 내압시험을 면제한다.
② 제조 후 첫 번째 재검사를 받는 용기로서, 음향검사에 적합하고 등급 분류 결과 2급에 해당하는 용기 및 제조 후 두 번째로 재검사를 받는 용기는 내압시험압력 이상의 압력으로 가압시험을 실시한다.
③ 제조 후 첫 번째 및 두 번째로 재검사를 받는 용기로서, 음향검사에 적합하고 등급 분류 결과 3급에 해당하는 용기 및 제조 후 세 번째 이상 재검사를 받는 용기는 영구팽창측정시험을 실시한다.
④ 등급 분류 결과 2급·3급에는 해당하지 않으나, 부식·우그러짐 등의 결함이 사용상 지장이 있는지를 판단하기 곤란한 경우에는 영구팽창측정시험을 실시한다.

Question 9

동영상을 보고 다음 물음에 답하시오.

(1) 동영상에서 보여주는 액면계의 명칭을 쓰시오.
(2) 동영상에 지시된 부분과 같이 액면계 상하 배관에 설치하여야 하는 것은 무엇인지 쓰시오.

정답
(1) 클린카식 액면계
(2) 자동 및 수동식 스톱밸브

해설 액면계 파손에 대비한 누출을 방지하기 위해 액면계 상하 배관에 자동 또는 수동식 스톱밸브를 설치한다.

동영상은 태양광 발전설비의 집광판이다. 다음 물음의 빈칸에 알맞은 숫자를 쓰시오.

(1) 집광판을 설치할 수 있는 캐노피는 불연성 재료로 하고, 캐노피 상부바닥면이 충전기 상부로부터 (　　)m 이상의 높이에 설치한다.

(2) 충전소 내 집광판을 설치하려는 경우에는 충전설비, 저장설비, 가스설비, 배관, 자동차에 고정된 탱크 이입·충전장소의 외면(자동차에 고정된 탱크 이입·충전장소의 경우에는 지면에 표시된 정차 위치의 중심)으로부터 (　　)m 이상 떨어진 곳에 설치하고, 집광판은 지면으로부터 1.5m 이상의 높이에 설치한다.

정답 (1) 3
(2) 8

참고 **태양광 발전설비의 설치(KGS FP332 2.8.5)**
태양광 발전설비 중 집광판은 캐노피의 상부, 건축물의 옥상 등 충전소 운영에 지장을 주지 않는 장소에 설치한다.

2023년 가스기사 **필답형 출제문제**

제1회 출제문제(2023. 4. 22. 시행)

01 정압기실에 대하여 다음 물음에 답하시오.

(1) 정압기실 내진설계 기초자료로 활용 및 긴급차단의 역할과 속도계, 가속도계와 실리콘(si)센서가 부착되어 있는 장치는?
(2) 정압기실 안전밸브와 연결된 가스 방출관의 설치높이는 지면에서 몇 m 이상인가?
(3) 정압기실 외부에 설치된 경계책의 높이는 몇 m 이상으로 설치되어야 하는가?
(4) 정압기실 내의 빛의 밝기 조명도는 몇 lux 이상이어야 하는가?

정답 (1) 지진감지장치
(2) 5m 이상
(3) 1.5m 이상
(4) 150lux 이상

02 고압가스 냉동제조시설에서 방류둑을 설치하여야 하는 기준을 쓰시오.

정답 수액기의 용량 10000L 이상

03 액화석유가스에 공기를 혼합시키는 목적을 4가지 이상 쓰시오.

정답 ① 재액화 방지
② 누설 시 손실 감소
③ 연소효율 증대
④ 발열량 조절

04 산소용기 내용적 40L에 27℃에서 150atm(a)로 되어 있는 산소의 무게(kg)를 계산하시오.

정답 $$PV = \frac{W}{M}RT$$

$$W = \frac{PVM}{RT} = \frac{150 \times 40 \times 32}{0.082 \times (273+27)} = 7804.87\text{g} = 7.80\text{kg}$$

05 도시가스사업법의 공급소 신규공사 승인대상 설비를 4가지 쓰시오.

정답 ① 가스홀더
② 압송기
③ 정압기
④ 최고사용압력이 중압 및 고압인 배관으로 호칭지름 150mm 이상

참고 제조소의 경우 신규공사 승인대상 설비
가스 발생 설비, 정제설비, 가스홀더, 배송기, 압송기, 저장탱크, 가스압축기, 공기압축기

06 고압가스안전관리법에서 액화가스의 정의를 쓰시오.

정답 가압냉각에 의해 액체로 되어 있는 것으로 비점이 40℃ 또는 상용의 온도 이하인 것

07 이동식 부탄가스 연소기의 용기 연결방식을 3가지 쓰시오.

정답 카세트식, 분리식, 직결식

08 도시가스 사용시설의 기밀시험 압력기준을 쓰시오.

정답 최고사용압력의 1.1배 또는 8.4kPa 중 높은 압력 이상의 압력으로 기밀시험을 실시한다.

09 역화(백파이어)의 (1) 정의와 (2) 그 원인을 2가지 쓰시오.

정답 (1) 가스의 연소속도가 유출속도보다 빨라 연소기 내부 혼합관에서 연소하는 현상
(2) ① 노즐구멍이 클 때
② 가스 공급압력이 낮을 때
③ 버너가 가열되어 있을 때
④ 콕이 불충분하게 개방되어 있을 때 (택2 기술)

10 가연성 가스 저온저장탱크는 내부압력이 외부압력보다 낮아지면 파괴된다. 저장탱크가 파괴되는 것을 방지하기 위해 갖추어야 할 설비 3가지를 쓰시오.

정답 ① 압력계
② 압력경보설비
③ 진공안전밸브

11 도시가스 정압기실의 크기가 20m×10m×6m이다. 정압기실 내의 도시가스가 시간당 $38m^3$ 누출되고 있을 때 폭발은 몇 시간 후에 발생할 수 있는지 계산식으로 답하시오. (단, 도시가스 주성분은 CH_4가스이다.)

정답 CH_4 하한값 5%=0.05이므로
공기량 : 20×10×6=$1200m^3$
시간당 가스량 : $38m^3$

$$\frac{x}{1200+38}=0.05$$

$x=0.05(1200+38)=61.9m^3$
∴ $61.9m^3 \div 38m^3/hr = 1.628 = 1.63hr$

12 액화천연가스용 저장탱크에 대하여 다음 빈칸을 채우시오.
(1) (　　)란 정상운전상태에서 액화천연가스를 저장할 수 있는 것으로서 단일방호식, 이중방호식, 완전방호식 또는 맴브레인방호식 안쪽의 탱크를 말한다.
(2) (　　)란 액화천연가스를 담을 수 있는 것으로서 이중방호식, 완전방호식 또는 맴브레인방호식 바깥쪽의 탱크를 말한다.

정답 (1) 1차 탱크
(2) 2차 탱크

13 액화산소 500L 용기에 들어 있는 250kg의 산소가 24시간 후에 230kg으로 되었다. 이때의 (1) 침입열량(J/hr · ℃ · L)을 구하고, (2) 단열성능시험에의 합격여부를 판별하시오. (단, 증발잠열은 213526J/kg, 외기온도는 20℃, 액산의 비점은 −183℃이다.)

정답
(1) $Q=\frac{w \cdot q}{H \cdot V \cdot \Delta t}=\frac{(250-230)\text{kg}\times 213526\text{J/kg}}{24\times 500\times(20+183)}=1.753\text{J/hr}\cdot℃\cdot\text{L}$
(2) 내용적 1000L 미만의 경우 침입열량 2.09J/hr · ℃ · L 이하가 합격이므로 합격이다.

참고 내용적이 1000L 이상인 경우에는 침입열량이 8.37J/hr · ℃ · L 이하를 합격으로 한다.

14 어느 제과공장에서 제빵 제조용 연소기 명판에 100000kcal/hr, 직원 취식용 연소기 명판에 10000kcal/hr의 발열량이 표시되어 있을 때 이 제과공장의 월사용 예정량(m^3)을 계산하시오.

정답 $Q=\frac{\{(A\times 240)+(B\times 90)\}}{11000}=\frac{\{(100000\times 240)+(10000\times 90)\}}{11000}=2263.636=2263.64m^3$

15 직동식 및 파일럿 정압기의 정특성 중 오프셋 크기 변화와 이유를 아래 표의 빈칸에 1가지씩 쓰시오.

구분		직동식	파일럿식
정특성	오프셋	• (①) • 1차 압력이 변하면 메인밸브의 평형 위치가 변하므로 2차 압력은 시프트(shift)한다.	• (②) • 1차 압력 변화의 영향은 적으나 파일럿의 입구 압력을 일정하게 함으로써 1차 압력이 변하여도 2차 압력이 시프트(shift)하지 않도록 할 수 있다.
로크업		2차 압력을 마감압력으로 이용하므로 로크업은 크게 된다.	오프셋과 같은 이유로 로크업을 적게 누를 수 있다.
동특성	응답속도	파일럿식에 비해 신호계통이 단순하므로 응답속도는 빠르다.	응답속도는 약간 늦게 되나 기종에 따라서 상당히 빠른 것도 있다.
	안정성	스프링 제어식은 상당한 안정성을 확보할 수 있다.	직동식보다도 안정성이 좋은 것이 많으나, 웨이트제어식은 안정성이 부족하다.
적성		• 소용량으로 요구유량 제어범위가 좁은 경우에 이용된다. • 저차압으로 사용하는 경우에 적합하다.	• 대용량으로 요구유량 제어범위가 넓은 경우에 적합하다. • 높은 압력제어 정도가 요구되는 경우에 적합하다.

정답 ① 2차 압력을 신호겸 구동압력으로 이용하기 위하여 오프셋이 커진다.
② 파일럿에서 2차 압력이 적은 변화를 증폭하여 메인 정압기를 작동시키므로 오프셋은 적게 된다.

2023년 가스기사 작업형(동영상) 출제문제

[제1회 출제문제 (2023. 4. 22.)]

도시가스 정압기실에 설치되는 안전밸브와 정압기에 대한 다음 동영상을 보고 물음에 답하시오.

(1) 안전밸브 가스방출관의 설치높이는?

(2) 정압기 입구측 압력이 0.3MPa이고 설계유량이 900Nm^3/hr일 때, 안전밸브 방출관의 크기는 몇 A 이상인가?

(1) 지면에서 5m 이상

(2) 25A 이상

도시가스에 설치되는 라인마크의 (1) 설치 이유와 (2) 배관길이 몇 m마다 설치되는지를 쓰시오.

정답 (1) 지하에 매설되어 있는 도시가스 배관의 매설위치를 파악함으로서 굴착공사 및 타 공사에 의한 안전사고를 방지하기 위하여

(2) 50m마다

도시가스의 사용시설기준에서 공기보다 가벼운 가스의 가스누출자동차단장치 검지부에 대한 다음 물음에 답하시오.

(1) 설치위치를 쓰시오.

(2) 검지부를 설치해서는 안 되는 장소를 쓰시오.

정답 (1) 천장에서 검지기 하단부까지 0.3m 이내

(2) ① 출입구 부근 등 외부기류가 통하는 곳
② 환기구 등 공기가 들어오는 곳으로부터 1.5m 이내의 곳
③ 연소기의 폐가스에 접촉하기 쉬운 곳

동영상에서 보여주는 (1), (2), (3), (4) 가스 용기의 명칭을 쓰시오.

(1)

(2)

(3)

(4)

정답 (1) 아세틸렌
(2) 이산화탄소
(3) 산소
(4) 수소

동영상은 가스용 PE 배관의 융착이음이다. 다음 물음에 답하시오.

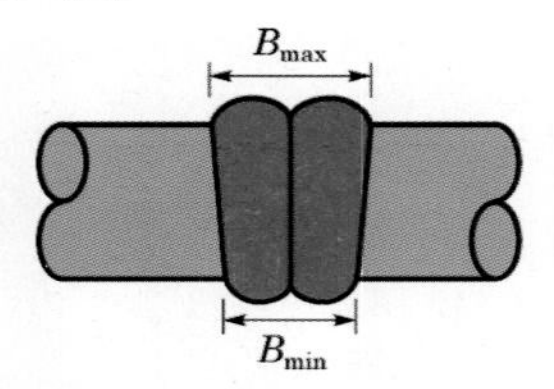

(1) 융착이음의 명칭을 쓰시오.

(2) 이 융착이음은 공칭 외경 몇 mm 이상에 적용이 되는지 쓰시오.

(1) 맞대기융착
(2) 90mm 이상

동영상에서 보여주는 도시가스 배관에 대하여 다음 물음에 답하시오.

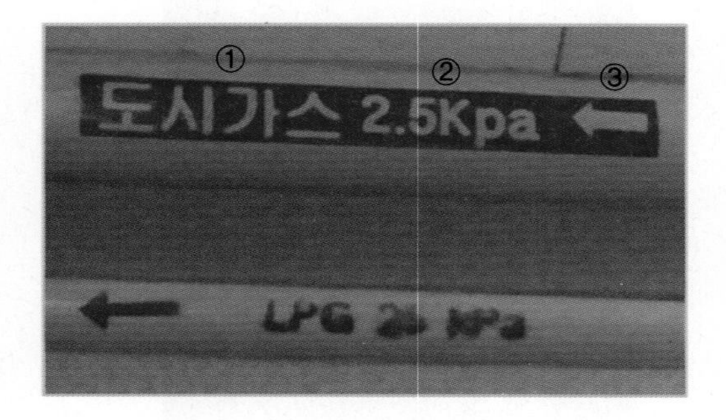

(1) 관경이 40mm일 때 고정장치는 몇 m마다 설치하여야 하는가?

(2) 배관에 표시되어야 하는 사항 ①, ②, ③은 무엇인지 쓰시오.

(1) 3m마다
(2) ① 사용가스명
② 최고사용압력
③ 가스의 흐름방향

동영상은 공기액화분리장치이다. 다음 내용의 빈칸을 알맞게 채우시오.

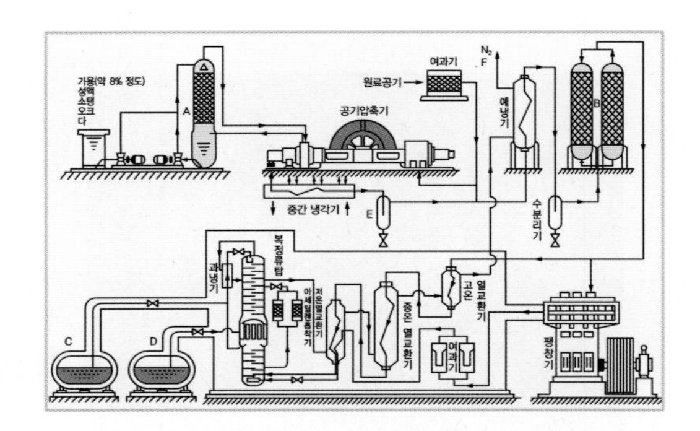

공기액화분리장치에서 액화산소 (①)L 중 아세틸렌의 질량이 (②)mg 이상이거나 탄화수소 중 탄소의 질량이 (③)mg 이상이 존재할 때 즉시 운전을 중지하고 액화산소를 방출하여야 하며, 액화공기탱크와 액화산소증발기 사이에는 (④)를 설치하여야 한다.

① 5
② 5
③ 500
④ 여과기

동영상의 태양광 발전설비에 대하여 다음 내용의 빈칸을 알맞게 채우시오.

(1) 집광판을 설치할 수 있는 캐노피는 불연성 재료로 하고, 캐노피의 상부 바닥면이 충전기 상부로부터 (   )m 이상 높게 설치한다.
(2) 태양광 발전설비의 관련 전기설비는 방폭성능을 가진 것으로 설치하거나 (   )가 아니고 가스실 등과 접하지 않는 방향에 설치한다.
(3) (   )는 설치하지 않는다.

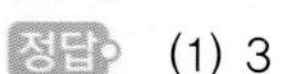
정답 (1) 3
(2) 폭발위험장소
(3) 에너지저장장치

동영상은 도시가스시설이다. 전기방식의 기준에 대하여 아래 물음에 답하시오. (단, (2) (3)을 순서에 맞게 쓸 것)

(1) 배관 부식방지를 위한 방식전위의 하한값은 포화황산 등 기준전극으로 얼마 이상 되어야 하는가? (단, 전기철도 등의 간섭영향을 받지 않는다.)
(2) 방식전류가 흐르는 상태에서 토양 중에 있는 방식전위 상한값은 포화황산 등 기준전극으로 얼마 이하가 되어야 하는가?
(3) 방식전류가 흐르는 상태에서 자연전위와의 전위변화는 최소한 얼마 이하로 하여야 하는가?

정답 (1) −2.5V 이상
(2) −0.85V 이하
(3) −300mV 이하

참고 방식전류가 흐르는 상태에서 토양 중에 있는 방식전위 상한값은 황산염 환원 박테리아가 번식하는 토양의 경우에는 −0.95V 이하이다.

동영상은 가스 불꽃이 불완전하거나 바람에 꺼졌을 때 열전대가 식어 기전력을 잃고 전자밸브가 닫혀 모든 통로를 차단시켜 생가스의 유출을 방지하는 안전장치이다. 명칭을 쓰시오.

정답 소화안전장치

2023년 가스기사 필답형 출제문제

제2회 출제문제(2023. 7. 22. 시행)

01 보기에 있는 가스들의 (1) 위험도를 계산하고, (2) 위험도가 큰 순서대로 나열하시오.

① H_2　　② CH_4　　③ C_2H_4　　④ C_3H_8

정답
(1) ① $H_2 = \frac{75-4}{4} = 17.75$　　② $CH_4 = \frac{15-5}{5} = 2$

③ $C_2H_4 = \frac{36-2.7}{2.7} = 12.3$　　④ $C_3H_8 = \frac{9.5-2.1}{2.1} = 3.52$

(2) $H_2 \rightarrow C_2H_4 \rightarrow C_3H_8 \rightarrow CH_4$

02 수소가스의 제조법 중 파우더법이라 불리며 천연가스를 원료로 하는 산화법의 수소 제조 반응식을 쓰시오.

정답 $2CH_4 + O_2 \rightarrow 2CO + 4H_2$

참고 수소 제조의 부분산화법
메탄을 가압하여 1.5MPa에서 니켈 촉매상에서 산소 또는 공기와 800~1000℃로 반응시키는 방법

03 다음은 산화에틸렌의 충전기준에 대한 설명이다. 빈칸에 적당한 단어 또는 숫자를 쓰시오.
(1) 산화에틸렌을 저장탱크나 용기에 충전하는 때에는 미리 그 내부 가스를 질소가스나 탄산가스로 바꾼 후에 (　　)이나 (　　)를(을) 함유하지 아니하는 상태로 충전한다.
(2) 산화에틸렌의 저장탱크 및 충전용기에는 45℃에서 그 내부 가스의 압력이 (　　)MPa 이상이 되도록 질소가스나 탄산가스를 충전한다.
(3) 산화에틸렌 저장탱크는 그 내부의 질소가스, 탄산가스 및 산화에틸렌가스의 분위기 가스를 질소가스나 탄산가스로 치환하고 (　　)℃ 이하로 유지한다.
(4) 산화에틸렌의 제독제는 (　　)을(를) 사용한다.

정답 (1) 산, 알칼리
(2) 0.4
(3) 5
(4) 물

04 고압가스안전관리법 시행규칙에서 충전설비의 정의를 쓰시오.

정답 용기 또는 차량에 고정된 탱크에 고압가스를 충전하기 위한 설비로서, 충전기와 저장탱크에 딸린 펌프압축기를 말한다.

05 공기액화분리장치 내 액화산소 40L 중 CH_4 1.4g, C_2H_6 1.5g, C_3H_8 1.6g 존재 시 (1) 탄소의 질량(mg)을 구하고, (2) 운전가능 여부를 판단하시오.

정답

(1) $\frac{12}{16}\times1400\text{mg}+\frac{24}{30}\times1500\text{mg}+\frac{36}{44}\times1600\text{mg}=3559.090$

$\therefore\ 3559.090\times\frac{5}{40}=444.886=444.9\text{mg}$

(2) 액화산소 5L 중 탄소의 질량이 500mg을 넘지 않았으므로 운전이 가능하다.

06 LP가스를 사용 중인 용기의 가스를 전량 사용 시 예비측 용기의 가스가 자동으로 공급되는 자동교체식 조정기의 원리를 쓰시오.

정답 자동교체식 조정기는 이단감압방식으로 자동교체 기능과 일차감압 기능을 겸한 일차용 조정기로서, 입구측은 사용측과 예비측의 두 계열의 용기군에 접속되고 출구측은 배관에 의해서 이단감압 이차용 조정기에 연결되어 사용측 용기 내 압력이 낮아져 사용측의 가스로 가스 소비량을 부담할 수 없는 경우 자동적으로 예비측 용기군으로 가스를 공급하게 되는 조정기이다.

07 전기방식법 중 강제배류법의 장점을 4가지 쓰시오.

정답
① 전압과 전류 조정이 가능하다.
② 전기방식의 효과범위가 넓다.
③ 전철이 운행중지 중에도 방식이 가능하다.
④ 외부전원법보다 경제적이다.

08 초음파 탐상시험의 단점을 4가지 쓰시오.

정답
① 결함의 종류를 알 수 없다.
② 개인 차이가 발생한다.
③ 표준시험편과 대비시험편이 필요하다.
④ 접촉매질이 필요하다.

09 압축계수 $Z=0.4$인 NH_3가 173℃, 220atm, 2L일 때의 질량은 몇 g인지 구하시오.

정답 $PV=Z\frac{W}{M}RT$ 에서

$$W=\frac{PVM}{ZRT}=\frac{220\times2\times17}{0.4\times0.082\times(273+173)}=511.32\text{g}$$

10 공기액화분리장치 내에 CO_2가 존재 시 (1) 문제점과 (2) 제거방법에 대하여 기술하시오.

정답 (1) CO_2 존재 시 드라이아이스가 되어 동결로 인해 장치 내 밸브 조정기가 폐쇄되므로 액화가스를 제조할 수 없다.
(2) 가성소다 수용액으로 탄산나트륨과 물을 생성시키고 물은 최종적으로 흡착제인 실리카겔 알루미나 소바비드 등으로 제거한다.

해설 (2) 반응식은 $2NaOH+CO_2 \rightarrow Na_2CO_3+H_2O$이다.

11 C_2H_2가스에 대하여 다음 물음에 답하시오.
(1) F_p(최고충전압력(MPa))
(2) A_p(기밀시험압력(MPa))
(3) T_p(내압시험압력(MPa))
(4) 내력비의 정의

정답 (1) 15℃에서 용기에 충전할 수 있는 가스의 압력 중 최고압력으로서 1.5MPa을 말한다.
(2) $F_p\times1.8$배로서 $1.5\times1.8=2.7$MPa
(3) $F_p\times3$배로서 $1.5\times3=4.5$MPa
(4) 내력과 인장강도의 비

12 C_2H_2는 카바이드와 물을 혼합하여 제조하며, 제조방법으로는 주수식, 투입식, 침지식 등이 있다. 다음 물음에 답하시오.
(1) 공업적으로 가장 많이 사용되는 방법
(2) (1)의 방법에 대한 설명
(3) (1)의 방법이 가장 많이 사용되는 이유 2가지

정답 (1) 투입식
(2) 물에 카바이드를 투입하는 방식
(3) ① 대량생산이 가능하다.
② 카바이드 투입량으로 아세틸렌 발생량을 조절할 수 있다.

13 저압배관 유량식인 폴(Pole)의 공식을 관의 내경(D)에 대한 식으로 쓰고 기호를 설명하시오.

정답 $D=\left\{\dfrac{Q^2 \cdot S \cdot L}{K^2 \cdot H}\right\}^{\frac{1}{5}}$

여기서, Q : 가스 유량(m^3/hr), S : 가스 비중, L : 관 길이(m),
K : 폴의 정수(0.707), H : 압력손실(mmH_2O)

14 가스누출경보기의 가연성과 독성 경보농도 및 정밀도를 쓰시오.

정답 (1) 가연성
① 경보농도 : 폭발하한의 1/4 이하
② 정밀도 : ±25% 이하
(2) 독성
① 경보농도 : TLV-TWA 기준농도
② 정밀도 : ±30% 이하

15 부취제의 냄새측정법 (1) 3가지를 쓰고, (2) 그 중 2가지를 설명하시오.

정답 (1) 오더미터법, 주사기법, 냄새주머니법, 무취실법 (택3 기술)
(2) ① 오더미터법(냄새측정기법) : 공기와 시험가스의 유량조절이 가능한 장비를 이용하여 시료기체를 만들어 감지 희석배수를 구하는 방법
② 주사기법 : 채취용 주사기로 채취한 일정량의 시험가스를 희석용 주사기에 옮기는 방법으로 시료기체를 만들어 감지 희석배수를 구하는 방법

참고 냄새주머니법
일정한 양의 깨끗한 공기가 들어 있는 주머니에 시험가스를 주사기로 첨가하여 시료기체를 만들어 감지 희석배수를 구하는 방법

2023년 가스기사 **작업형(동영상) 출제문제**

[제2회 출제문제 (2023. 7. 22.)]

동영상이 보여주는 부속품 LG의 의미를 쓰시오.

정답 액화석유가스 이외의 액화가스를 충전하는 용기의 부속품

동영상에서 보여주는 방폭구조의 (1) 명칭을 쓰고, (2) 그 구조에 대해 설명하시오.

정답 (1) 내압방폭구조
(2) 방폭기기 내부에서 가연성 가스의 폭발 발생 시 그 용기가 폭발압력에 견디고 접합면 개구부 등을 통해 외부의 가연성 가스에 인화되지 않도록 한 구조

동영상의 도시가스 지하 정압기실의 내부 조명도는 얼마인지 쓰시오.

정답 150lux

LNG 저장탱크와 사업소 경계까지의 거리는 50m 또는 $L = C\sqrt[3]{143000\sqrt{w}}$ 를 유지하여야 한다. 이 식에서 w는 무엇을 의미하는지 쓰시오.

정답 저장탱크의 저장능력(ton)의 제곱근, 그 외는 시설 내의 액화천연가스의 질량

동영상의 도시가스 지하매설 배관에 대한 다음 물음에 답하시오.

(1) 지하매설이 가능한 배관의 재료를 3가지 쓰시오.

(2) 지하매설 배관을 현장에서 피복해야 하는 경우를 쓰시오.

정답 (1) 폴리에틸렌 피복강관, 분말용착식 폴리에틸렌 피복강관, 가스용 폴리에틸렌관

(2) 지하매설 강관의 용접부 호칭지름이 150mm 미만인 모든 관 이음매

해설 1. 피복방법

열수축시트, 열수축튜브, 열수축테이프

2. 적용방법

매설배관 현장에서 용접부 외면 호칭지름이 150mm 미만인 관 이음쇠 및 피복 외부 손상부의 보수작업

Question 6

동영상에서 보여주는 PE관의 (1) 융착이음 방법의 명칭을 쓰고, (2) 이 융착이음 방법을 사용하는 PE관의 공칭 외경(mm)을 쓰시오.

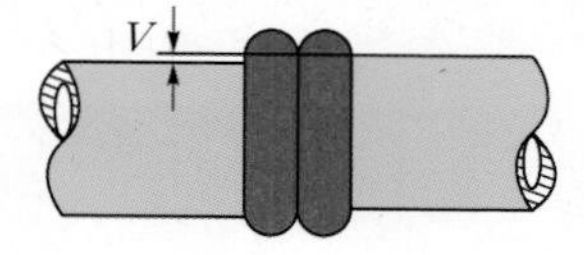

정답 (1) 맞대기융착 (2) 90mm 이상

Question 7

동영상의 초저온용기에 대하여 빈칸에 알맞은 내용을 채우시오.

초저온용기란 (①)℃ 이하의 액화가스로 충전하기 위한 것으로서 단열재를 씌우거나 냉동설비로 냉각시키는 방법으로 용기 내 가스 온도가 (②)온도를 초과하지 아니하도록 조치한 용기를 말한다.

정답 ① −50 ② 상용

Question 8

동영상에서 지시한 (1) ①과 ②의 명칭을 쓰고, (2) ②의 높이기준을 쓰시오.

정답
(1) ① 스프링식 안전밸브
② 가스방출관
(2) 지면에서 5m 이상과 탱크 정상부에서 2m 이상 중 높은 위치

동영상에서 보여주는 도시가스(CH_4계열) 가스 누출검지차량에 탑재된 누출검출기의 (1) 명칭과 (2) 검출 원리를 설명하시오.

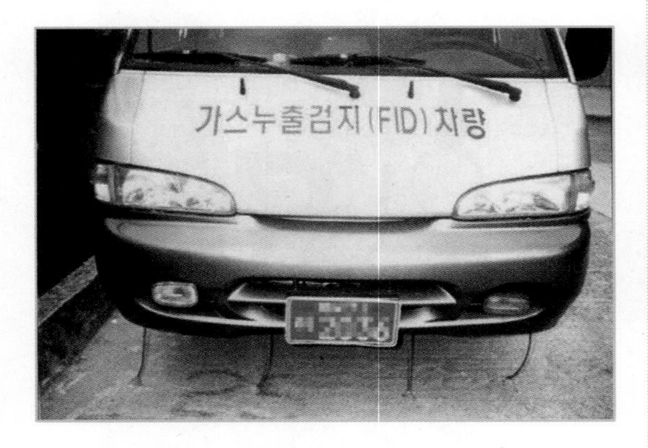

정답 (1) 불꽃이온화검출기(수소이온화검출기)
(2) 시료가 이온화될 때 불꽃 중의 각 전극 사이에 전기전도도가 증대되는 원리를 이용하여 검출한다.

동영상의 CNG충전기에 대하여 아래 물음에 답하시오.

(1) 암커플링은 호스가 분리되는 경우 (①)쪽에, 숫커플링은 (②)쪽에 설치할 수 있는 구조로 해야 한다.
(2) 암커플링은 외부의 캡이 (①)하지 않는 구조로 하며, 커플링은 가스의 흐름에 지장이 없도록 합산 유효면적을 (②)cm^2로 한다.

정답 (1) ① 자동차 충전구
② 충전기
(2) ① 회전
② 0.5

2023년 가스기사 **필답형 출제문제**

제3회 출제문제(2023. 10. 7. 시행)

01 폭굉의 정의를 쓰시오.

정답 가스 중의 음속보다 화염 전파속도가 큰 경우로서 파면 선단에 충격파라고 하는 압력파가 생겨 격렬한 파괴작용을 일으키는 현상이다.

02 다량의 분진으로 발생할 수 있는 분진 폭발방지 대책 4가지를 쓰시오.

정답 ① 분진의 퇴적 및 분진운의 생성 방지
② 점화원의 제거
③ 불활성 물질의 첨가
④ 집진장치로 분진물질의 제거

03 암모니아 가스의 위험성에 대해 4가지 쓰시오. (단, 가연성 가스이다, 독성가스이다 라는 말은 제외)

정답 ① 구리, 은 등의 금속이온과 반응해 착이온을 생성하여 부식을 일으킨다.
② 고온, 고압에서 질소, 수소로 분해되어 질화작용, 탈탄작용을 일으킨다.
③ 액체 암모니아는 피부점막에 접촉 시 염증, 동상을 일으킨다.
④ 공기와 암모니아의 혼합물은 폭발의 우려가 있다.

04 초저온 액화가스 취급 시 발생할 수 있는 인적 사고 2가지를 쓰시오.

정답 ① 초저온 가스와의 접촉에 의한 동상
② 산소 부족에 의한 질식

05 고압가스 제조시설에서 가스 폭발에 따른 충격에 견딜 수 있는 방호벽을 설치하고자 한다. 아세틸렌가스 또는 압력이 9.8MPa 이상인 압축가스를 용기에 충전하는 경우 방호벽의 설치위치 4곳을 쓰시오.

정답 ① 압축기와 그 가스 충전용기 사이
② 압축기와 그 가스 충전용기 보관장소 사이
③ 충전장소와 그 가스 충전용기 보관장소 사이
④ 충전장소와 그 충전용 주관밸브의 조작밸브 사이

06 다음은 정압기의 정특성에 관한 내용이다. (　　) 안에 알맞은 말을 쓰시오.

정특성의 정의는 (①)로, 유량이 0이 되었을 때 끝맺은 압력과 기준압력과의 차이를 (②)이라 하고, 유량이 변화했을 때 2차 압력과 기준압력과의 차이를 (③)이라 하며, 1차 압력의 변화에 의하여 정압곡선이 전체적으로 어긋나는 것을 (④)라고 한다.

정답 ① 유량과 2차 압력의 관계
② 로크 업
③ 오프 셋
④ 시프트

07 정압기의 부속설비 4가지를 쓰시오. (단, 각종 통보설비 및 이들과 연결된 배관과 전선은 제외한다.)

정답 ① 가스차단장치
② 정압기용 필터
③ 긴급차단장치
④ 안전밸브
⑤ 압력기록장치

08 물의 전기분해 방식과 수소연료전지 방식은 서로 반대되는 개념이다. 두 방식의 반응식을 양극과 음극으로 나누어 반쪽 반응식을 쓰시오.

정답 (1) 물의 전기분해
• 양극 : $2H_2O + O_2 \rightarrow 4H + 4e^-$
• 음극 : $4H_2O + 4e \rightarrow 2H_2 + 4OH^-$
(2) 수소연료전지
• 양극 : $\frac{1}{2}O_2 + 2H + 2e^- \rightarrow H_2O$
• 음극 : $H_2 \rightarrow 2H + 2e^-$

09 주거용 가스보일러의 형식 중 (1) 단독 밀폐식 강제급배기식과 (2) 공동 반밀폐식 강제배기식에 대해 설명하시오.

정답 (1) 단독 밀폐식 강제급배기식 : 하나의 보일러로 연소용 공기는 실외에서 급기하고 배기가스는 실외로 배기하며, 송풍기를 사용하여 강제적으로 급기 및 배기하는 방식
(2) 공동 반밀폐식 강제배기식 : 다수의 보일러를 사용하여 연소용 공기는 가스보일러가 설치된 실내에서 급기하고 배기가스는 연통을 통하여 실외로 배기하며, 송풍기를 사용하여 강제적으로 배기하는 방식

10 LPG 사용시설에서 2단 감압식을 사용할 때의 장점 4가지를 쓰시오.

정답 ① 공급압력이 안정하다.
② 중간배관이 가늘어도 된다.
③ 배관의 입상에 의한 압력손실이 보정된다.
④ 각 연소기구에 알맞은 압력으로 공급이 가능하다.

11 도시가스 시설의 전위 측정용 터미널 박스 설치장소 3가지를 쓰시오.

정답 ① 직류전철 횡단부 주위
② 배관 절연부의 양측
③ 강재 보호관 부분의 배관과 강재 보호관
④ 다른 금속 구조물과 근접 교차부분
⑤ 밸브 스테이션 (택3 기술)

12 침투탐상검사의 장점 4가지를 쓰시오.

정답 ① 시험방법이 간단하다.
② 시험체의 크기와 형상이 어떠하든 상관 없다.
③ 결합의 방향과 관계없이 검출이 가능하다
④ 특별한 설비가 필요 없고, 휴대성이 좋다.

13 고압가스 제조 시 다음 기준의 가스는 압축을 금지한다. 그 기준에 맞는 숫자를 쓰시오.
(1) 가연성 가스(아세틸렌, 에틸렌 및 수소는 제외) 중 산소 용량이 전체 용량의 (   )% 이상인 것
(2) 산소 중 가연성 가스(아세틸렌, 에틸렌 및 수소는 제외)의 용량이 전체 용량의 (   )% 이상인 것
(3) 아세틸렌, 에틸렌 또는 수소 중 산소 용량이 전체 용량의 (   )% 이상인 것
(4) 산소 중 아세틸렌, 에틸렌 및 수소의 용량 합계가 전체 용량의 (   )% 이상인 것

정답 (1) 4 (2) 4 (3) 2 (4) 2

14 배관의 길이가 50m이고 선팽창계수는 11.7×10^{-6}/℃일 때, −20℃에서 40℃까지 사용될 경우의 신축길이(mm)를 구하시오.

정답 $\lambda = l \cdot \alpha \cdot \Delta t = 50\times10^3\text{mm}\times11.7\times10^{-6}/℃\times(40+20)℃ = 35.1\text{mm}$

15 공기압축기의 피스톤 행정량이 0.003m^3이고, 회전수가 150rpm, 공기 토출량이 100kg/h일 때, 1kg에 대한 체적이 0.2m^3이다. 이 공기압축기의 토출 효율(%)을 구하시오.

정답
$$\eta(\%) = \frac{\text{실제가스 흡입량}}{\text{이론가스 흡입량}} = \frac{100\times0.2}{0.003\times150\times60}\times100 = 74.07\%$$

2023년 가스기사 작업형(동영상) 출제문제

[제 3 회 출제문제 (2023. 10. 7.)]

Question 1

동영상에서 보여주는 LPG 용기는 원칙적으로 무슨 장치가 설치되어 있는 시설에서만 사용이 가능한지 쓰시오.

정답 기화

Question 2

도시가스 시설에 전기방식 효과를 유지하기 위해 절연, 이음매 등을 사용하여 절연조치를 하는 장소 2가지를 쓰시오.

정답
① 교량횡단 배관의 양단
② 배관과 강재 보호관 사이
③ 배관과 배관 지지물 사이
④ 다른 시설물과 접근 교차 지점 (택2 기술)

다음은 동영상에서 보여 주는 설비에 대한 설명이다. 빈칸에 알맞은 내용을 쓰시오.

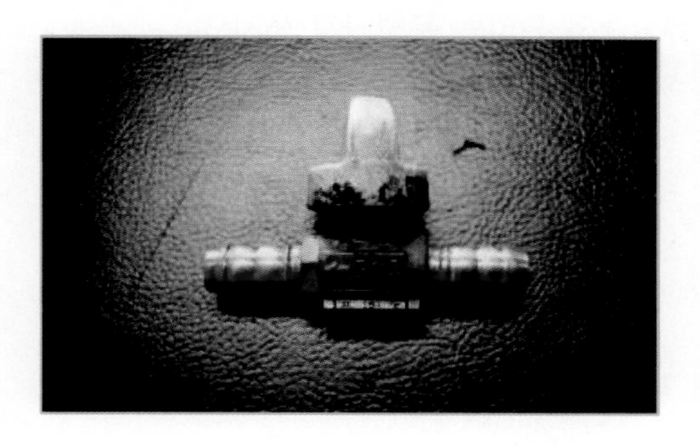

(1) 퓨즈콕은 가스유로를 볼로 개폐하고, (　　) 가 부착된 것으로 한다.
(2) 콕의 핸들 등을 회전하여 조작하는 것은 핸들의 회전각도를 90°나 180°로 규제하는 (　　)를 갖추어야 한다.
(3) 콕을 완전히 열었을 때의 핸들의 방향은 유로의 방향과 (　　)인 것으로 한다.
(4) 콕은 닫힌 상태에서 (　　) 없이는 열리지 않는 구조로 한다.

(1) 안전기구
(2) 스토퍼
(3) 평행
(4) 예비적 동작

다음은 동영상에 있는 가스용 PE 배관의 접합기준에 관한 내용이다. 빈칸에 알맞은 용어를 쓰시오.

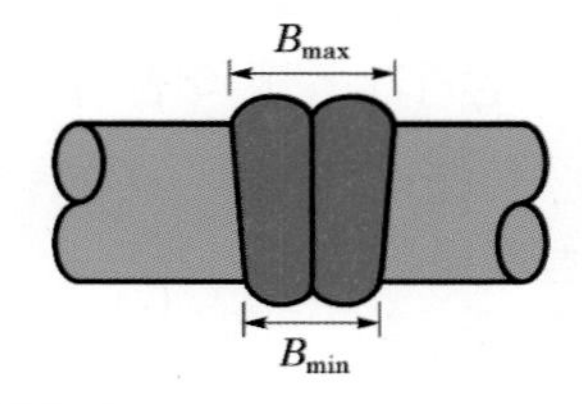

맞대기융착 이음은 공칭외경이 (①) 이상인 직관의 이음관 연결에 적용하며, 맞대기융착과 전기융착에 사용하는 융착기는 (②)을 기준으로 매 (③)이 되는 날의 전후 30일 이내에 (④)로부터 성능확인을 받은 것으로 한다.

① 90mm
② 제조일
③ 1년
④ 한국가스안전공사

동영상에서 보여주는 주거용 가스보일러를 설치하고자 할 때 다음 물음에 답하시오.

(1) 가스보일러와 연통의 접합방식을 쓰시오.
(2) 바닥면적 $1m^2$에 대한 환기구의 크기는 몇 cm^2 이상으로 해야 하는지 쓰시오.

(1) 나사식, 플랜지식, 리브식
(2) $300cm^2$

Question 6

액화천연가스 제조시설에서 내진설계 대상에서 제외되는 것 2가지를 쓰시오.

정답 ① 저장능력 3톤(압축가스의 경우에는 $300m^2$) 미만인 저장탱크 또는 가스홀더
② 지하에 설치되는 시설

해설 1. KGS FS 451(2.2.2)
저장탱크, 가스홀더, 압축기, 펌프, 기화기, 열교환기 및 냉동설비(이하 "저장탱크 등"이라 한다)의 지지구조물 및 기초는 KGS GC 203(가스시설 및 지상 가스배관 내진설계 기준)에 따라 설계하고, 지진의 영향으로부터 안전한 구조로 설치한다. 다만, 다음 어느 하나에 해당하는 시설은 내진설계 대상에서 제외한다.
(1) 건축법령에 따라 내진설계를 하여야 하는 것으로서 같은 법령에서 정하는 바에 따라 내진설계를 한 시설
(2) 저장능력 3톤(압축가스의 경우에는 $300m^2$) 미만인 저장탱크 또는 가스홀더
(3) 지하에 설치되는 시설
2. 내진설계 대상의 도시가스 시설
(1) 제조시설 : 3톤($300m^2$) 이상
(2) 충전시설 : 5톤($500m^2$) 이상
(3) 내진 대상 시설물
① 반응분리정제 등의 탑류동체부 높이 5m 이상의 압력용기
② 지상 설치 사업소 밖의 배관
③ 압축기, 펌프, 기화기, 열교환기, 냉동설비, 부취제 주입설비와 연결 및 지지 구조물

Question 7

동영상에 있는 오리피스 전후에 연결된 액주계의 압력차를 이용하여 유량을 측정하는 차압식 유량계의 원리는 무엇인지 쓰시오.

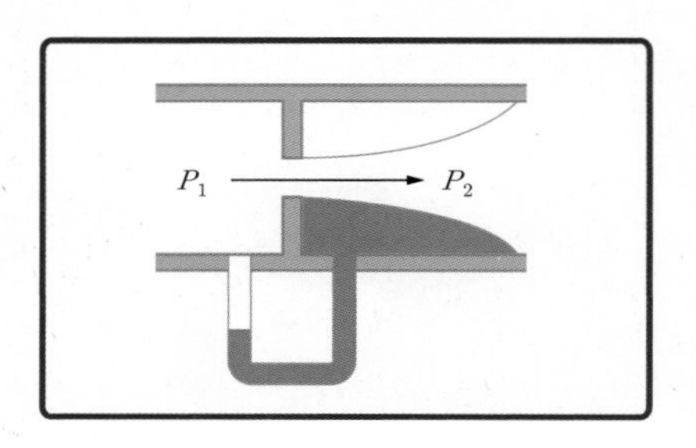

정답 베르누이 정리

Question 8

동영상은 초저온용기의 단열성능검사를 하는 것이다. 다음 물음에 답하시오.

(1) 초저온용기의 단열성능검사는 기화가스량을 측정하는 것이 목적인데, 측정된 기화가스량을 통해 무엇을 계산하는지 쓰시오.
(2) 단열성능검사에서 부적합 판정을 받은 후 재검사를 맡기기 전에 어떤 조치를 취해야 하는지 쓰시오.

정답 (1) 침입 열량
(2) 초저온용기의 단열재를 교체한다.

동영상에서 보여 주는 LPG 충전시설에서 사용하는 설비에 대한 다음 물음에 답하시오.

(1) 이 설비의 명칭은 무엇인지 쓰시오.

(2) 이 설비의 용도를 쓰시오.

(3) 로딩암의 내압성능은 상용압력의 (①)배 이상의 수압으로 내압시험을 (②)분간 실시하여 이상이 없는 것으로 본다.

(4) 로딩암의 기밀성능은 상용압력의 (①)배 이상의 압력으로 기밀시험을 (②)분간 실시한 후 누출이 없는 것으로 한다.

(1) 로딩암
(2) 차량에 고정된 저장탱크에서 지상, 지하에 LPG 저장탱크로 LP 가스를 이송
(3) ① 1.5, ② 5
(4) ① 1.1, ② 10

LPG 저장실의 환기구에 관한 다음 물음에 답하시오.

(1) 환기구가 바닥에 접하고 외기에 면하게 설치하는 이유를 쓰시오.

(2) 환기구의 1개소 면적은 얼마인지 쓰시오.

정답

(1) LPG는 누출 시 아래로 체류하므로 바닥에 접하여 누출가스 배출이 용이하며 외기에 면하게 설치 시 가스가 누출될 때 가스를 실외로 배출하여 화재 및 폭발 위해를 방지할 수 있다.
(2) 2400cm^2 이하

MEMO

부록

부록 1. 변경법규 및 신규법규

부록 2. 수소 경제 육성 및 수소 안전관리에 관한 법령 출제예상문제

부록 변경법규 및 신규법규 외

부록의 학습 Point

1. 최근 변경된 법규 및 신규법규 핵심이론 파악하기
2. 그에 따른 관련문제 숙지하기

부록 1

변경법규 및 신규법규

01 LPG판매시설의 LPG충전사업자의 영업소에 설치된 용기저장소(KGS FS232 관련)

(1) 사업소경계와의 거리

저장능력	사업소경계와의 거리
10톤 이하	17m
10톤 초과 20톤 이하	21m
20톤 초과 30톤 이하	24m
30톤 초과 40톤 이하	27m
40톤 초과	30m

(2) 저장능력 산정식

$$\text{저장능력}=\left\{\frac{\text{용기보관실 바닥면적}-(\text{잔가스 용기 보관면적}+\text{작업공간})}{\text{용기 1개의 바닥면적}}\right\}\times\text{용기 1개의 저장능력}$$

- 용기보관실 바닥면적 : 용기를 보관할 수 있는 바닥을 기준으로 한 면적(m^2)
- 잔가스 보관면적 : 용기보관실 바닥면적×0.3
- 작업공간 : 용기보관실 바닥면적×0.4
- 용기 1개 바닥면적 : 용기질량 20kg 기준 직경 310mm 적용

※ 용기 1개의 저장능력 20kg

02 LPG 시설별 저장설비 외면에서 사업소 경계와의 거리 구분

구분	저장능력	사업소 경계거리	구분	저장능력	사업소 경계거리
판매시설의 충전사업자 영업소의 용기저장소, 집단공급, 저장시설, 사용시설의 저장탱크	10톤 이하	17m	충전시설	10톤 이하	24m
	10톤 초과 20톤 이하	21m		10톤 초과 20톤 이하	27m
	20톤 초과 30톤 이하	24m		20톤 초과 30톤 이하	30m
	30톤 초과 40톤 이하	27m		30톤 초과 40톤 이하	33m
	40톤 초과	30m		40톤 초과 200톤 이하	36m

비고
① 충전시설 중 충전설비 외면에서 사업소 경계까지는 24m 이상
② 충전시설 중 탱크로리 이입 충전장소(지면에 표시하는 정차위치 크기는 길이 13m 이상, 폭 3m 이상)의 중심에서 사업소 경계까지 24m 이상 유지

관련문제 동영상은 LPG 판매시설 중 액화석유가스 충전사업자와 영업소에 설치한 용기 저장소이다.

[LPG용기 저장실]

(1) 저장능력이 50t인 경우 사업소와 경계와의 거리(m)는?
(2) 용기보관실 바닥면적이 19㎡일 때 잔가스를 보관하는 면적(㎡)은?
(3) 용기보관실 바닥면적이 19㎡일 때 작업공간의 면적(㎡)은?
(4) 용기 1개의 저장능력의 기준이 되는 용기의 질량(kg)은?
(5) 이 영업소의 저장능력을 계산하여라.

해답 (1) 30m

(2) 19×0.3=5.7m^2

(3) 19×0.4=7.6m^2

(4) 20kg

(5) 저장능력$=\left\{\dfrac{A-(B+C)}{D}\right\}\times 20$kg(용기 1개의 저장능력)

$$=\left\{\dfrac{19-(5.7+7.6)}{\dfrac{\pi}{4}\times(0.31\text{m})^2}\right\}\times 20=1510.398=1510.40\text{(kg)}$$

여기서, A : 용기보관실 바닥면적
B : 잔가스용기 보관면적(A×0.3)
C : 작업공간(A×0.4)
D : 용기 1개의 바닥면적(20kg 기준 직경 310mm 적용)

관련문제 동영상의 C_3H_8 저장탱크 길이 2000mm 외경 1000mm의 탱크가 잔액이 50% 남아 있을 때의 자연기화능력(kg/hr)은? (단, 외기온도 5℃이며, 상수(K) 외부온도 보정값(T)은 표를 참고하여라.)

[프로판탱크]

[충전량에 대한 상수(K)]

남아 있는 액화가스의 양(%)	상수(K)	남아 있는 액화가스의 양(%)	상수(K)
60%	0.03906	30%	0.02734
50%	0.03515	20%	0.02344
40%	0.03125	10%	0.01758

[외부온도에 대한 보정계수(T)]

외부온도	보정계수(T)	외부온도	보정계수(T)
−25℃	0.35	−5℃	2.15
−20℃	0.80	0℃	2.60
−15℃	1.25	5℃	3.05
−10℃	1.70	10℃	3.50

해답 $PVC=\dfrac{DLKT}{12000}=\dfrac{1000\times2000\times0.03515\times3.05}{12000}=17.867=17.87$(kg/hr)

해설 PVC : 프로판의 자연기화량(kg/h), D : 탱크외경(mm), L : 탱크길이(mm)
K : 충전량에 대한 상수, T : 외부온도에 대한 보정계수

03 LP가스 용기 저장설비의 저장능력산정(KGS FU431 관련)

<table>
<tr><th colspan="2">구분</th><th colspan="2">내용</th></tr>
<tr><td rowspan="3">자연기화방식</td><td>용기의 설치수</td><td colspan="2">$=\dfrac{\text{필요 가스량(kg/h)}}{\text{용기 1개당 가스 발생능력(k/h)}}\times 2$(예비 용기)</td></tr>
<tr><td rowspan="2">최대 가스 소비량</td><td>단독, 공동주택 숙박시설의 공동사용시설</td><td>최대가스소비량=개별가구의 연소기환산소비량(kg/h)×가구수×동시사용율(%)</td></tr>
<tr><td>업무용 시설</td><td>(1) 사용자가 하나인 경우 최대가스소비량(kg/h)
=연소기의 가스소비량 합계(kg/h)×피크 시의 최대가스소비율(%)
(2) 사용자가 2 이상인 경우 최대가스소비량(kg/h)
=사용자별 가스소비량 합계(kg/h)×피크 시의 최대가스소비율(%)</td></tr>
<tr><td rowspan="3">강제기화방식</td><td>용기 설치수</td><td colspan="2">용기 설치수량$=\dfrac{\text{필요가스량(kg/h)}\times\text{1일 평균 사용시간(h)}}{\text{용기 1개당 저장능력(kg/h)}}\times 2$(예비 용기)
[비고] 필요가스량은 단독주택, 공동주택 및 숙박시설의 경우에는 최대가스소비량으로 하고 이외의 시설은 최대가스소비량×1.1로 한다.</td></tr>
<tr><td rowspan="2">최대 가스 소비량</td><td>단독, 공동주택 숙박시설의 공동사용시설</td><td>최대가스소비량=개별가구의 연소기합산소비량(kg/h)×가구수×동시사용률(%)</td></tr>
<tr><td>업무용 시설</td><td>(1) 사용자가 하나인 경우 최대가스소비량(kg/h)
=연소기의 가스소비량 합계(kg/h)×피크 시의 최대가스소비율(%)
(2) 사용자가 2 이상인 경우 최대가스소비량(kg/h)
=사용자별 가스소비량 합계(kg/h)×피크 시의 최대가스소비율(%)</td></tr>
</table>

관련문제 LPG 용기저장실이다. 아래 조건으로 20kg 용기의 자연기화와 강제기화방식의 각각의 용기설치수를 계산하여라.

- 필요가스량 : 4kg/hr
- 용기 1개당 가스발생량 : 1.35(kg/hr)
- 1일 평균 8시간 사용

해답 (1) 자연기화

$$용기설치수=\frac{필요\ 가스량}{용기\ 1개당\ 가스발생량}\times 2=\frac{4}{1.35}\times 2=5.9=6개$$

(2) 강제기화

$$용기설치수=\frac{필요\ 가스량\times 1일\ 평균\ 사용시간}{용기\ 1개당\ 저장능력}\times 2$$

$$=\frac{4\times(kg/hr)\times 8hr/d}{20}\times 2=3.2=4개$$

04 LPG 소형 저장탱크의 가스량 산정(KGS FS331 관련)

<table>
<tr><th colspan="4">구분</th><th>내용</th></tr>
<tr><td rowspan="5">자연
기화
방식</td><td colspan="3">월간 가스사용량</td><td>월간 가스사용량(kg/월)=필요가스량(kg/h)×1일 평균사용시간(h/일)×30(일/월)
필요가스량 : 최대가스소비량×1.1
단독주택, 다가구 공동주택 : 최대가스소비량</td></tr>
<tr><td colspan="3">충전주기(회/월)</td><td>$충전주기=\frac{월간가스사용량(kg/월)}{소형\ 저장탱크용량-(소형\ 저장탱크용량\times 잔액율)}$</td></tr>
<tr><td rowspan="3">최대
가스
소비량</td><td colspan="2">단독, 공동주택 및 숙박시설</td><td>최대가스소비량=개별가구의 연소기 합산 소비량(kg/h)×가구수×동시사용율</td></tr>
<tr><td rowspan="2">업무용
시설</td><td>사용자가 하나 있을 때</td><td>최대가스소비량=연소기의 가스소비량합계(kg/h)×피크 시 최대가스소비율(%)</td></tr>
<tr><td>사용자가 둘 이상 있을 때</td><td>최대가스소비량=사용자별 가스소비량합계(kg/h)×피크 시 최대가스소비율(%)</td></tr>
<tr><td>강제
기화
방식</td><td colspan="3">필요저장능력(kg)</td><td>필요 저장능력(kg)=필요가스량(kg/h)×1일 평균 사용기간(h)×2(최소 이충전주기)</td></tr>
</table>

관련문제 동영상의 LPG 소형 저장탱크를 음식점에서 자연기화방식으로 사용 시 아래의 조건으로 (1) 월간 가스사용량(kg/hr)과 (2) 충전주기(회/월)을 계산하여라.

- 최대가스소비량(100k/hr)
- 1일 평균사용시간 5hr/d
- 탱크저장능력 2.9ton
- 잔액 10%일 때 C_3H_8 충전
- 1月은 31日이다.

해답 (1) 월간 가스사용량=필요가스량(kg/hr)×1일 평균사용시간×31
=100×1.1(kg/h)×5hr/d×31d/월=17050kg/hr

(2) 충전주기=월간 사용량÷{(소형 저장탱크용량)−(소형 저장탱크용량×잔액율)}
=17050÷{(2900)−(2900×0.1)}=6.53회/월

05 가스누출경보기, 소화설비 설치 시 소형 저장탱크의 저장능력 합산 방법(KGS FS331)

설치장소	내용
옥내	설치된 소형 저장탱크 저장능력 모두 합산
옥외	• 저장설비군 바닥면 둘레 20m 이내 설치 • 소형 저장탱크 모두 합산

관련문제 다음과 같이 가스설비가 옥외에 설치되어 있는 경우 경보기의 검지부 설치 개수를 구하여라.

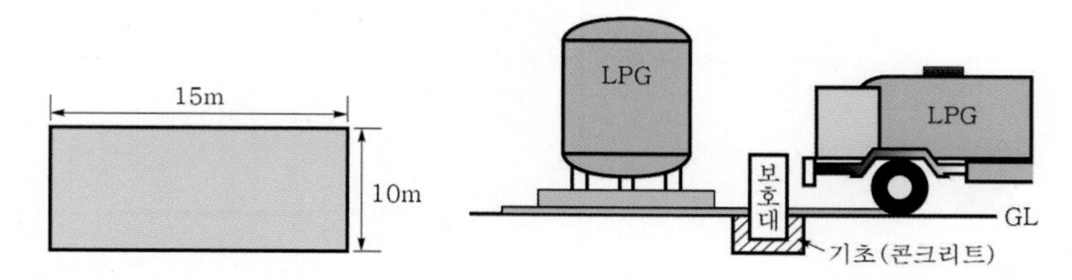

해답 15×2+10×2=50m
∴ 50÷20=2.5=3개

해설 가스설비가 옥외에 설치 시 설비군 바닥면 둘레 20m마다 경보기의 검지부 1개 이상 설치, 옥내에 설치 시 설비군 바닥면 둘레 10m마다 경보기의 검지부 1개씩 설치

참고 경보기의 경보부 설치장소는 관계자가 상주하거나 경보를 식별할 수 있는 장소로써 경보가 울린 후 각종 조치를 취하기 적절한 곳

관련문제 LP가스 충전시설 중 가스누출경보기의 검지부는 저장, 가스설비 중 가스누출 시 체류하기 쉬운 장소에 설치하여야 하는데 누출 시 체류하기 쉬운 장소를 4가지 쓰시오.

해답 ① 저장탱크 설치장소
② 충전설비가 있는 곳
③ 로딩암 설치장소
④ 압력용기 등 가스설비가 있는 곳

참고 경보기의 검지부를 설치하지 말아야 하는 장소(KGS FP 332 관련)
- 증기, 물방울, 기름기 섞인 연기 등이 직접 접촉될 우려가 있는 곳
- 주위온도 또는 복사열에 의한 온도가 40℃ 이상이 되는 곳
- 설비 등에 가려져 누출가스의 유동이 원활하지 못한 곳
- 차량, 그 밖의 작업 등으로 경보기가 파손될 우려가 있는 곳

관련문제 동영상의 LPG 충전시설에서 긴급차단장치의 차단조작기구이다. 이 조작기구는 해당 저장탱크로부터 5m 이상 떨어진 장소에 설치하여야 하는데 그 해당 장소를 3가지 이상 쓰시오.

해답 ① 안전관리자가 상주하는 사무실 내부
② 충전기 주변
③ 액화석유가스의 대량유출에 대비하여 충분히 안전이 확보되고 조작이 용이한 곳

06 충전기와 가스설비실 사이에 로딩암을 설치할 경우의 안전조치(KGS FP332 관련)

관련문제 동영상과 같이 충전기와 가스설비실 사이 로딩암 설치 시에 대한 (　　)를 채우시오.

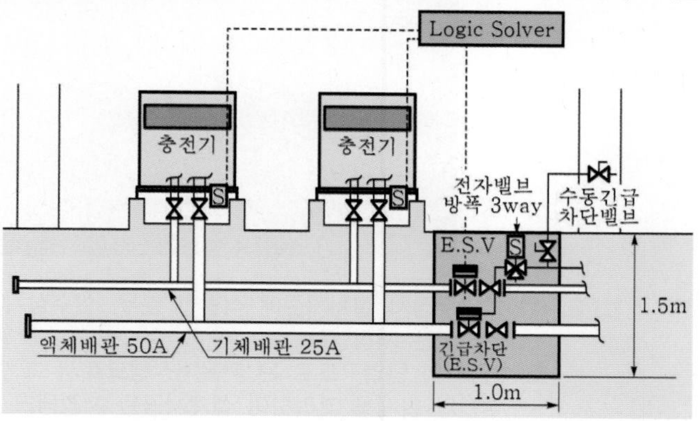

자동차에 고정된 탱크 주 · 정차 시 안전점검 공간을 확보하기 위하여 충전기 외면에서 가스설비실의 외면까지 (①)m 이상의 거리를 유지하다. 자동차에 고정된 탱크에 의한 충돌 등으로 발생할 수 있는 충전기 파손을 방지하기 위하여 충전기 하부 (②) 배관에 (③)를 설치하고, 충전기 하부 및 피트 내에 설치된 경보기와 긴급차단장치를 연동 설치한다. 다만, 오작동으로 인한 충전중단을 방지하기 위하여 (④) 신호 중(⑤)신호 동시 논리회로를 구성할 수 있다. 이때, 가스누출경보기 검지부 3개 중 1개의 검지농도가 폭발하한계의 20% 이상이면 (⑥) 경보이고 2개의 검지농도 폭발하한계의 20% 이상이면 (⑦)가 자동작동하는 경우이다.

해답 ① 5, ② 액상, ③ 긴급차단장치, ④ 3, ⑤ 2, ⑥ 단순, ⑦ 긴급차단장치

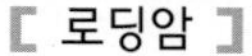

[로딩암]

[탱크로리]

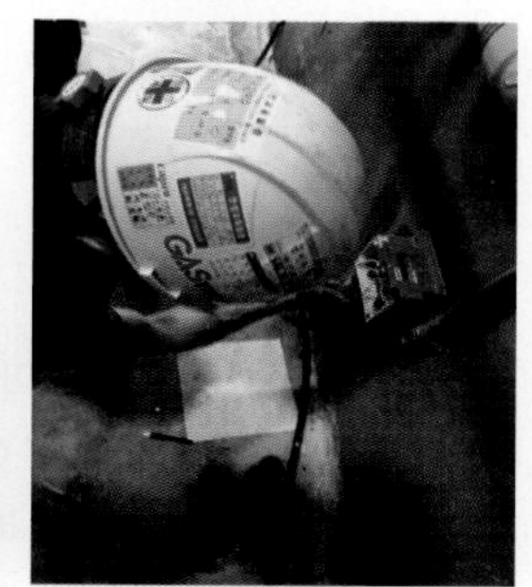

[검지부]

관련문제 동영상의 탱크로리에 폭발방지장치가 설치되어 있다. 이러한 폭발방지장치를 설치하지 않아도 되는 안전조치를 한 저장탱크의 종류를 2가지 쓰시오.

해답 (1) 물분무장치 설치기준에 적합한 분무, 살수장치 및 소화전을 적합하게 설치·관리하는 저장탱크
(2) 2중각의 단열구조로 된 저온저장탱크로서 그 단열재의 두께가 해당 저장탱크 주변의 화재를 고려하여 설계시공된 저장탱크

관련문제 동영상의 태양광 발전설비에 대하여 아래 물음에 답하시오.

집광판의 설치장소는 건축물의 옥상, 충전소 운영에 지장을 주지 아니하는 장소에 설치한다. 이 경우 충전소 내 지상에 집광판을 설치하는 경우에 충전설비, 저장설비, 가스설비 배관 자동차에 고정된 탱크 이입 충전장소의 외면으로부터 ① 몇 m 떨어진 장소에 설치하며 ② 집광판의 설치높이는 지면에서 몇 m 이상되어야 하는가?

해답 (1) 8m 이상
(2) 1.5m 이상

관련문제 태양광 발전설비의 관련 전기설비는 방폭성능을 가진 것으로 설치하거나 폭발위험장소가 아닌 곳으로 가스시설과 면하지 않는 방향에 설치하는데 이때 폭발위험장소란 무엇인가?

해답 위험장소로서 0종 장소, 1종 장소, 2종 장소

관련문제 다음은 LP가스 용기 검사 시 잔가스 배출관의 방출량에 따라 유기하여야 할 안전거리이다. (   ) 안에 적당한 거리를 쓰시오.

방출량	유지해야 할 거리	방출량	유지해야 할 거리
30g/min 이상	8m 이상	120g/min 이상	14m 이상
60g/min 이상	10m 이상	150g/min 이상	(②)m 이상
90g/min 이상	(①)m 이상	–	–

해답 ① 12 ② 16

참고 이때 배출관의 높이는 지상 5m 이상 주변건물의 높이보다 높고 항상 개구되어 있어야 한다. 잔가스 연소장치는 잔가스를 회수 배출하는 설비로부터 8m 이상의 거리를 유지하는 장소에 설치하여야 한다.

관련문제 소형 저장탱크의 보호대에 대하여 아래 물음에 답하시오.

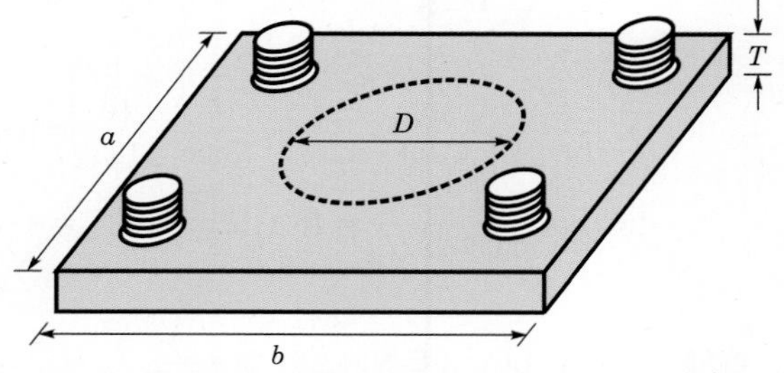

(1) 철근콘크리트제 보호대 기초의 깊이는 몇 cm인가?
(2) 강관제 보호대를 앵커볼터로 사용 시 관지름의 규격은 몇 A 이상인가?
(3) 관지름이 150A라고 가정 시 받침대의 치수
  ① a와 b는 몇 mm 이상인가?
  ② 이때 받침대의 두께는 몇 mm 정도인가?

해답 (1) 25cm 이상
(2) 100A 이상
(3) ① a, b : 250mm 이상 ② T : 5.5~6.5mm

해설 강관제 보호대 받침대 치수

보호대 관지름	받침대 치수(mm)	
D	a, b	T
100A 이상	D+100 이상	6±0.5 이상

관련문제 동영상과 같이 염소, 암모니아 등 몇 가지의 가스가 혼합되어 있을 때 혼합 독성가스의 허용농도 LC_{50}을 계산하여라.

$Cl_2(1m^3)$ $COCl_2(3m^3)$ $NH_3(3m^3)$ $F_2(1m^3)$ $C_3H_8(1m^3)$ $N_2(1m^3)$
단, LC_{50}의 허용농도 : Cl_2(293ppm), $COCl_2$(5ppm), NH_3(7338ppm), F_2(185ppm)

해답 $$LC_{50}=\frac{1}{\sum_{i=1}^{n}\frac{C_i}{LC_{50i}}}$$

$$\sum_{i=1}^{n}\frac{C_i}{LC_{50i}}=\left(\frac{\frac{1}{10}}{293}+\frac{\frac{3}{10}}{5}+\frac{\frac{3}{10}}{7338}+\frac{\frac{1}{10}}{185}\right)=0.06092272$$

$$LC_{50}=\frac{1}{0.06092272}=16.41\text{ppm},\quad LC_{50}=\frac{1}{\sum_{i=1}^{n}\frac{C_i}{LC_{50i}}}$$

해설 여기서, LC_{50} : 독성가스의 허용농도
n : 혼합가스를 구성하는 가스 종류의 수
C_i : 혼합가스에서 i번째 독성 성분의 몰분율
LC_{50i} : 부피 ppm으로 표현되는 i번째 가스의 허용농도
C_i : 몰분율 $=\frac{\text{성분몰}}{\text{전몰}}=\frac{\text{성분부피}}{\text{전부피}}$ (전부피 : $10m^3$)

관련문제 아래의 혼합 독성 가스의 허용농도(TLV-TWA)를 계산하시오. (단, 혼합가스의 농도의 계산식은 $LC_{50} = \dfrac{1}{\sum_{i=1}^{n} \dfrac{C_i}{LC_{50i}}}$ 의 공식으로 LC_{50}의 농도 대신 TLV-TWA 농도를 대입하여 계산한다.)

혼합가스 종류 및 혼합부피

$Cl_2(5m^3)$ $HCN(2m^3)$ $O_3(1m^3)$

$COCl_2$: $2m^3$이며 TLV-TWA의 허용농도는 Cl_2(1ppm), HCN(10ppm), O_3(0.1ppm), $COCl_2$(0.1ppm)이다.

해답 C_i 몰분율 $Cl_2 : \dfrac{5}{10}$, HCN : $\dfrac{2}{10}$, $O_3 : \dfrac{1}{10}$, $COCl_2 : \dfrac{2}{10}$

$$\therefore \sum_{i=1}^{n} \frac{C_i}{LC_{50i}} = \left(\frac{\frac{5}{10}}{1} + \frac{\frac{2}{10}}{10} + \frac{\frac{1}{10}}{0.1} + \frac{\frac{2}{10}}{0.1} \right) = (0.5 + 0.02 + 1 + 2) = 3.52$$

$$\therefore \frac{1}{3.52} = 0.284 = 0.28\text{ppm}$$

07 도시가스 정압기, 예비정압기 필터 분해 점검 주기

<table>
<tr><th colspan="2">법규 구분 / 항목</th><th colspan="2">가스도매사업법</th><th>일반도시가스사업법</th><th colspan="2">도시가스사용시설</th></tr>
<tr><td rowspan="2">정압기</td><td>설치 후</td><td colspan="2">2년 1회</td><td>2년 1회</td><td colspan="2">3년 1회</td></tr>
<tr><td>향후</td><td colspan="2">2년 1회</td><td>2년 1회</td><td colspan="2">4년 1회</td></tr>
<tr><td colspan="2" rowspan="2">필터</td><td colspan="2" rowspan="2">규정없음</td><td rowspan="2">가스공급 개시 후 1월 이내
그 이후 매년 1회</td><td>설치 후</td><td>3년 1회</td></tr>
<tr><td>그 이후</td><td>4년 1회</td></tr>
<tr><td colspan="2">정압기 작동상황 점검</td><td colspan="2">지속적</td><td>1주일 1회 이상</td><td colspan="2">1주일 1회 이상</td></tr>
<tr><td colspan="2" rowspan="2">정압기 가스누출
경보기 점검</td><td>육안점검</td><td>1주일 1회
이상</td><td rowspan="2">1주일 1회 이상</td><td colspan="2" rowspan="2">1주일 1회 이상</td></tr>
<tr><td>표준가스를
사용하여</td><td>6개월 1회
이상 점검</td></tr>
<tr><td rowspan="2">예비정압기</td><td>개요</td><td colspan="5">① 정압기의 기능 상실 시에만 사용하는 정압기
② 월 1회 이상 작동점검 실시 정압기</td></tr>
<tr><td>분해점검</td><td colspan="5">3년 1회 이상</td></tr>
</table>

08 도시가스의 압력조정기

법규 구분 / 항목	공급시설	사용시설
안전점검주기	6월 1회	1년 1회
압력조정기의 필터 · 스트레나 청소주기	2년 1회	3년 1회 그 이후는 4년 1회

[공급시설의 구역 압력조정기 점검주기]

분해점검	정상작동여부	필터	점검항목
설치 후 3년 1회	3개월 1회	공급개시 후 1월 이내 및 공급개시 후 1년 1회	① 구역 압력 조정기의 몸체와 연결부의 가스누출 유무 ② 출구압력측정 명판에 표시된 출구압력 범위 이내로 공급 여부 확인 ③ 외함 손상 여부 확인

관련문제 동영상의 도시가스 정압기 시설을 보고 물음에 답하시오.

[정압기지 내 정압기실 내부]

[도시가스 압력조정기]

(1) 도시가스 사용시설의 정압기의 분해점검 주기는?
(2) 월 1회 이상 작동점검 주정압기의 기능 상실에만 사용되는 정압기의 ① 명칭 ② 분해점검주기는?
(3) 공급시설의 구역정압기의 ① 정상작동 여부의 주기와 ② 필터의 공급개시 후 및 그 이후의 분해점검주기는?

해답 (1) 3년 1회 이상
(2) ① 명칭 : 예비정압기
② 분해점검주기 : 3년 1회 이상
(3) ① 3개월에 1회 이상
② 공급개시 후 1개월 이내, 그 이후 1년 1회 이상

09 정압기지에 설치된 지진감지장치 점검 과압안전장치 설정압력작동(KGS FS452)

구분	세부내용
지진감지장치	① 주기적으로 점검 ② 지진발생 시 빠른 시간 내 점검 지진응답 계측기록 회수
과압안전장치	① 작동여부 2년 1회 이상 확인 기록을 유지 ② 작동불량 시 교체, 수리 등 설정압력에서 정상작동을 하도록 하여야 한다.

관련문제 동영상은 정압기지 근처 설치된 지진감지장치이다.

(1) 점검 방법 2가지를 쓰시오.

(2) 정압기지 근처에 설치된 과압안전장치의 작동 여부 주기를 쓰시오.

해답 (1) ① 주기적으로 점검한다.

② 지진 발생 시 빠른 시간 내 점검하고 지진응답계측기록을 회수한다.

(2) 2년 1회 이상

10 가스계량기 설치기준(KGS FU551)

구분		세부내용
설치개요	설치장소기준	검침, 교체 유지관리 및 계량이 용이하고 환기가 양호하도록 조치를 한 장소
	검침 교체 유지관리 및 계량이 용이하고 환기가 양호하도록 조치한 장소의 종류	① 실내 상부(공기보다 무거운 경우 하부) 50cm^2 이상 환기구 등을 설치한 장소 ② 실내에 기계환기 설치를 설치한 장소 ③ 가스누출 자동차단 장치를 설치하여 누출시 경보하고 계량기 전단에서 가스가 차단될 수 있도록 조치한 장소 ④ 환기 면적 100cm^2 이상 환기 가능 창문
	직사광선, 빗물을 받을 우려가 있는 장소에 설치	보호상자 안에 설치
설치높이 (용량 30m^3/h 미만)	바닥에서 1.6m 이상 2m 이내	① 수직 · 수평으로 설치 ② 밴드 보호가대 등으로 고정장치(→ 변경부분)
	바닥에서 2m 이내	① 보호상자 내 설치 ② 기계실 가정용 제외 보일러실 설치 ③ 문이 달린 파이프 덕트 내 설치
기타사항	가스계량기와 전기계량기 및 전기개폐기와의 거리는 60cm 이상, 굴뚝(단열조치를 하지 않은 경우에 한하며, 밀폐형 강제급배기식 보일러(FF식 보일러)의 2중구조의 배기통은 '단열조치가 된 굴뚝'으로 보아 제외한다.) · 전기점멸기 및 전기접속기와의 거리는 30cm 이상, 절연조치를 하지 않은 전선과의 거리는 15cm 이상의 거리를 유지한다.	

관련문제 동영상의 보호상자 내에 있는 가스계량기에 대한 다음 물음에 답하시오.

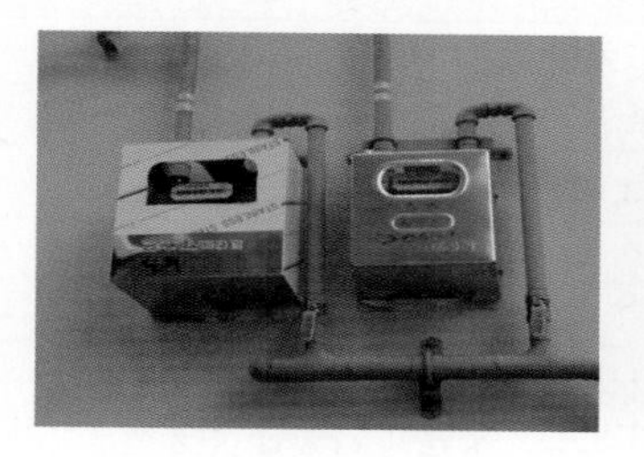

(1) 가스계량기의 설치높이(m)는?
(2) (1)과 같은 설치높이를 유지할 수 있는 경우를 2가지 더 쓰시오.

해답 (1) 바닥에서 2.0m 이내
(2) ① 가스계량기를 기계실 내에 설치한 경우
② 가정용을 제외한 보일러실에 설치한 경우
③ 문이 달린 파이프 덕트 내에 설치한 경우

11 건축물 내 배관의 확인사항(KGS FU551)

(1) 배관의 설치 위치 확인

(2) 배관의 이음부와 전기설비와의 이격거리가 적정하게 유지되고 있는지 확인

(3) 배관의 고정간격 및 유지상태 벽관통부의 보호관 및 부식방지 피복상태 확인

관련문제 동영상의 건축물 내에 설치된 배관에서의 확인사항 3가지를 기술하시오.

해답 ① 배관의 설치 위치 확인
② 배관의 이음부와 전기설비와의 이격거리가 적정하게 유지되어 있는지 확인
③ 배관의 고정간격 및 유지상태 벽관통부의 보호관 및 부식방지 피복상태 확인

12 입상관 설치기준(KGS FU551)

<table>
<tr><th colspan="2">항목</th><th colspan="2">세부내용</th></tr>
<tr><td colspan="2">확인사항</td><td colspan="2">① 입상관과 화기와의 거리 유지 여부
② 입상관 밸브설치 높이</td></tr>
<tr><td rowspan="3">입상관
밸브설치</td><td>기준</td><td colspan="2">바닥에서 1.6m 이상 2.0m 이내</td></tr>
<tr><td rowspan="2">1.6m ~ 2m
이내
설치 불가능시
기준</td><td>1.6m 미만으로
설치 시</td><td>보호상자 내 설치</td></tr>
<tr><td>2.0m 초과
설치 시 기준</td><td>① 입상관 밸브 차단을 위한 전용계단을 견고하게 고정설치
② 원격으로 차단이 가능한 전동밸브설치
※ 이 경우 차단장치의 제어부는 바닥에서 1.6m 이상 2.0m 이내 설치, 전동밸브 및 제어부는 빗물을 받을 우려가 없도록 설치 (→ 변경사항)</td></tr>
</table>

관련문제 동영상의 입상관 밸브에 대하여 아래 물음에 답하시오.

(1) 밸브의 설치기준 높이(m)는?
(2) 보호상자 내에 설치 시 설치높이(m)는?
(3) 2.0m 초과 설치 시 설치기준 1가지 이상 기술하여라.

해답 (1) 바닥에서 1.6m 이상 2m 이내
(2) 바닥에서 1.6m 미만 설치 가능
(3) 입상관 밸브차단을 위한 전용계단을 견고하게 고정설치한 경우

13 다기능 가스안전계량기 설치(KGS FU551)

도시가스 배관을 실내의 벽, 바닥, 천정 등에 매립 시 상시 안전점검이 불가능한 배관 내부의 가스누출을 감지하여 자동으로 가스공급을 차단하는 안전장치나 다기능 가스안전계량기를 설치하여야 한다.

관련문제 도시가스 배관을 실내, 벽, 바닥, 천정 등에 매립 시 상시 안전점검이 불가능한 배관의 내부의 가스누출을 감지 또는 자동으로 가스공급을 차단하는 장치 또는 동영상과 같은 가스기기를 설치하여야 하는데 이 가스기기의 명칭은 무엇인가?

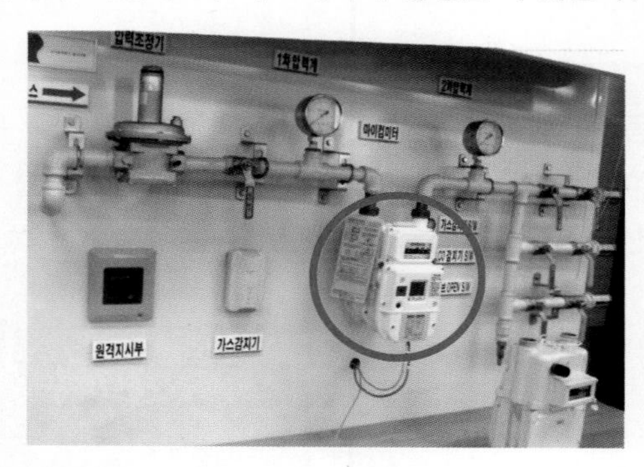

해답 다기능 가스안전계량기

14 스티커형 라인마크 규격(KGS FU551)

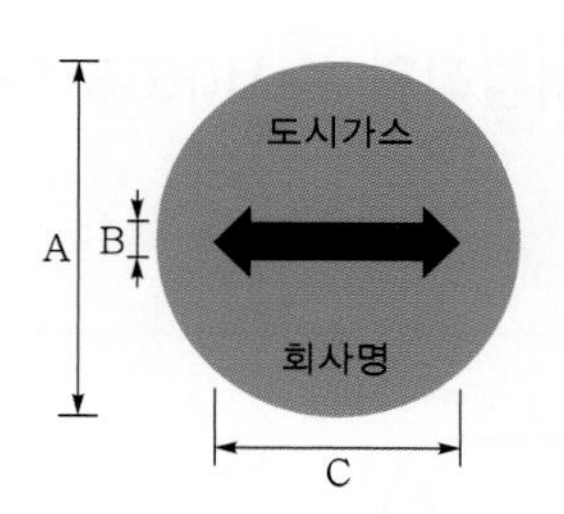

[스티커형 라인마크의 모양·크기 및 표시방법]

- A : 100mm
- B : 10mm
- C : 70mm
- 두께(t) : 1.5±0.2

※ 글씨 : 8~12mm 장방형

15 네일형 라인마크(KGS FU551)

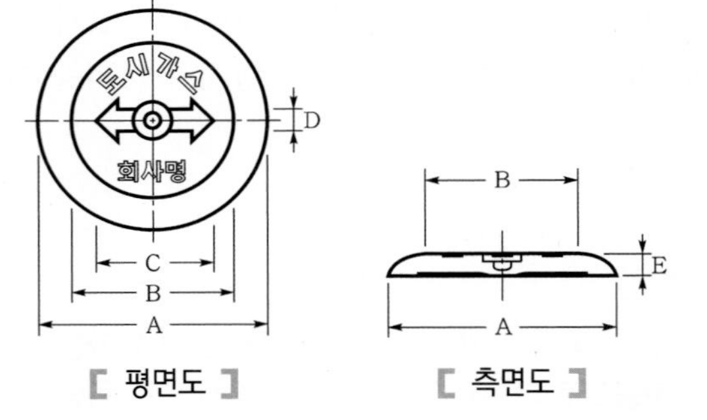

[평면도] [측면도]

- A : 60mm
- B : 40mm
- C : 30mm
- D : 6mm
- E : 7mm
- 글씨 : 6~10mm 장방형에 음각

관련문제 동영상에서 보여주는 가스기기의 (1)의 명칭과 두께, (2)의 명칭과 A의 규격(mm)을 쓰시오.

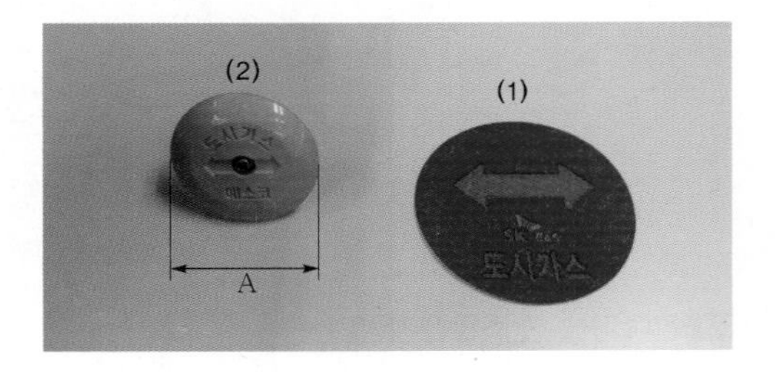

해답 (1) 명칭 : 스티커형 라인마크, 두께 : 1.5±0.2(mm)
(2) 명칭 : 네일형 라인마크, A의 규격 : 60mm

16 가스종류별 청소 점검 수리 시 가스 치환작업 순서(KGS FP112)

(1) 독성 가스

관련사진

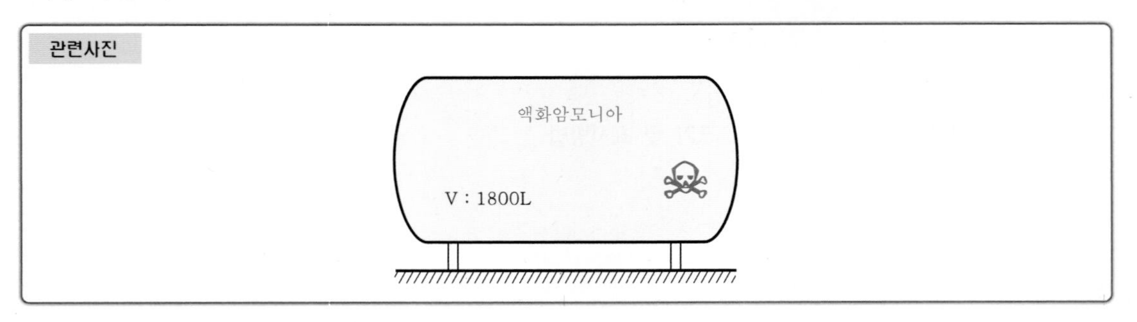

① 가스설비의 내부가스를 그 압력이 대기압 가까이 될 때까지 다른 저장탱크 등에 회수한 후 잔류가스를 대기압이 될 때까지 재해설비로 유도하여 재해시킨다.
② ①의 처리를 한 후에는 해당 가스와 반응하지 아니하는 불활성 가스 또는 물 그 밖의 액체 등으로 서서히 치환한다. 이 경우 방출하는 가스는 재해설비에 유도하여 재해시킨다.
③ 치환결과를 가스검지기 등으로 측정하고 해당 독성가스의 농도가 TLV-TWA 기준 농도 이하로 될 때까지 치환을 계속한다.

(2) 가연성 가스

관련사진

① 가스설비의 내부가스를 그 압력이 대기압 가까이 될 때까지 다른 저장탱크 등에 회수한 후 잔류가스를 서서히 안전하게 방출하거나 연소장치에 연소시키는 방법으로 대기압이 될 때까지 방출한다.
② 잔류가스를 불활성가스 또는 물이나 스팀 등 해당 가스와 반응하지 아니하는 가스 또는 액체로 서서히 치환한다.
③ ① 및 ②의 잔류가스를 대기 중에 방출할 경우에는 방출한 가스의 착지농도가 해당 가연성 가스의 폭발하한계의 1/4 이하가 되도록 방출관으로부터 서서히 방출시킨다. 이 농도확인은 가스검지기 그 밖에 해당 가스농도 식별에 적합한 분석방법(이하 "가스검지기 등"이라 한다)으로 한다. 이때 방출가스의 착지농도가 폭발하한의 1/4 이하가 되도록 서서히 방출시킨다.
④ 치환 결과를 가스검지기 등으로 측정하고 해당 가연성 가스의 농도가 그 가스의 폭발하한계의 1/4 이하가 될 때까지 치환을 계속한다.

(3) 산소가스

관련사진

① 가스설비의 내부가스를 실외까지 유도하여 다른 용기에 회수하거나 산소가 체류하지 아니하는 조치를 강구하여 대기 중에 서서히 방출한다.

② ①의 처리를 한 후 내부가스를 공기 또는 불활성 가스 등으로 치환한다. 이 경우 가스치환에 사용하는 공기는 기름이 혼입될 우려가 없는 것을 선택한다.

③ 산소측정기 등으로 치환결과를 수시 측정하여 산소의 농도가 22% 이하로 될 때까지 치환을 계속하여야 한다.

④ 공기로 재치환의 결과를 산소측정기 등으로 측정하고 산소의 농도가 18%에서 22%로 유지되도록 공기를 반복하여 치환 후 작업자가 내부에 들어가 작업을 한다.

(4) 그 밖의 가스 설비

가스의 성질에 따라 사업자가 확립한 작업절차서에 따라 가스를 치환한다. 다만, 불연성 가스 설비에 대하여는 치환작업을 생략할 수 있다.

〈가스치환작업을 생략할 수 있는 경우〉

수리 등의 작업 대상 및 작업내용이 다음 기준에 해당하는 것은 가스치환 작업을 하지 아니할 수 있다.

① 가스설비의 내용적이 $1m^3$ 이하인 것

② 출입구의 밸브가 확실히 폐지되고 있고 내용적이 $5m^3$ 이상의 가스설비에 이르는 사이에 2개 이상의 밸브를 설치한 것

③ 사람이 그 설비의 밖에서 작업하는 것

④ 화기를 사용하지 아니하는 작업인 것

⑤ 설비의 간단한 청소 또는 가스켓의 교환, 그 밖에 이에 준하는 경미한 작업인 것

관련문제 동영상은 독성가스 탱크의 청소점검 시 가스치환하는 작업순서이다. ( ) 안에 알맞은 단어를 쓰시오.

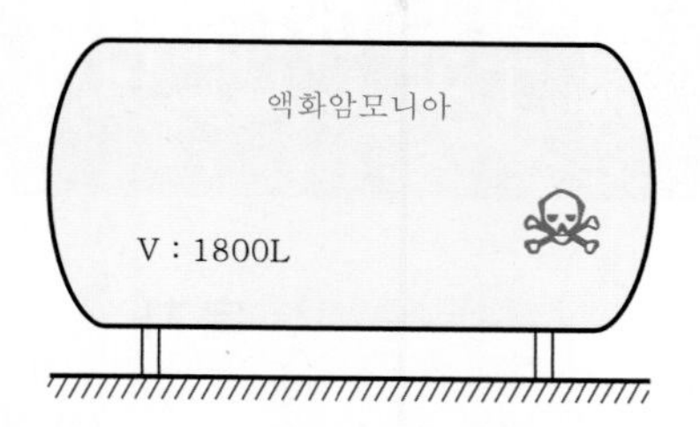

(1) 가스설비의 내부가스를 (①) 가까이 될 때까지 다른 저장탱크에 회수한 후 잔류 가스를 (②)이 될 때까지 재해설비로 유도하여 재해시킨다.
(2) 상기 처리를 한 후 해당가스와 반응하지 않는 ( ) 또는 물, 액체 등으로 치환한다.
(3) 치환의 결과를 가스검지기로 측정, 해당 독성가스의 농도가 ( ) 농도 이하로 될 때까지 치환을 계속해야 한다.

해답 (1) ① 대기압 ② 대기압
(2) 불활성 가스
(3) TLV-TWA 기준

17 보호대

구분	높이	재질
• LPG 자동차충전기 • LPG 소형저장탱크 • 이동식 압축도시가스 충전의 충전기	80cm 이상	철근콘크리트(두께 12cm 이상) 배관용 탄소강관(두께 100A 이상)

부록 2

수소 경제 육성 및 수소 안전관리에 관한 법령 출제예상문제

목차

1 | 수소연료 사용시설의 시설 · 기술 · 검사 기준

01 다음 내용은 각각 무엇을 설명하는지 쓰시오.

(1) 수소를 제조하기 위한 수소용품 중 수전해 설비 및 수소 추출설비를 말한다.
(2) 수소를 충전, 저장하기 위하여 지상과 지하에 고정 설치하는 저장탱크를 말한다.
(3) 수소 제조설비, 수소 저장설비 및 연료전지와 이들 설비를 연결하는 배관 및 그 부속설비 중 수소가 통하는 부분을 말한다.

해답 (1) 수소 제조설비 (2) 수소 저장설비 (3) 수소가스 설비

02 수소용품의 종류 3가지를 쓰시오.

해답 ① 연료전지, ② 수전해 설비, ③ 수소 추출설비

03 다음 내용은 각각 어떠한 용어에 대한 정의인지 쓰시오.

(1) 수소와 산소의 전기화학적 반응을 통하여 전기와 열을 생산하는 고정형(연료 소비량 232.6kW 이하인 것) 및 이동형 설비와 그 부대설비
(2) 물의 전기분해에 의하여 그 물로부터 수소를 제조하는 설비
(3) 도시가스 또는 액화석유가스 등으로부터 수소를 제조하는 설비

해답 (1) 연료전지 (2) 수전해 설비 (3) 수소 추출설비

04 다음은 각종 압력의 정의에 대하여 서술한 것이다. ( ) 안에 알맞은 단어를 쓰시오.

(1) "설계압력"이란 ( )가스 설비 등의 각부의 계산 두께 또는 기계적 강도를 결정하기 위하여 설계된 압력을 말한다.
(2) "상용압력"이란 (①)시험압력 및 (②)시험압력의 기준이 되는 압력으로서 사용상태에서 해당 설비 등의 각부에 작용하는 최고사용압력을 말한다.
(3) "설정압력(set pressure)"이란 ( )밸브의 설계상 정한 분출압력 또는 분출개시압력으로서 명판에 표시된 압력을 말한다.
(4) "초과압력(over pressure)"이란 ( )밸브에서 내부 유체가 배출될 때 설정압력 이상으로 올라가는 압력을 말한다.

해답 (1) 수소
(2) ① 내압, ② 기밀
(3) 안전
(4) 안전

05 밸브의 토출측 배압의 변화에 따라 성능 특성에 영향을 받지 않는 안전밸브를 무엇이라 하는지 쓰시오.

해답 평형벨로스 안전밸브

참고 일반형 안전밸브 : 토출측 배압의 변화에 따라 성능 특성에 영향을 받는 안전밸브

06 가스계량기를 설치할 수 없는 장소를 3가지 쓰시오.

해답 ① 진동의 영향을 받는 장소
② 석유류 등 위험물의 영향을 받는 장소
③ 수전실, 변전실 등 고압전기설비가 있는 장소

07 다음 물음에 답하시오.
(1) 수소가스 설비 외면에서 화기취급 장소까지 우회거리는 몇 m 이상인가?
(2) 수소가스 설비와 산소 저장설비의 이격거리는 몇 m 이상인가?
(3) 유동방지 설비의 내화성 벽의 높이는?

해답 (1) 8m 이상 (2) 5m 이상 (3) 2m 이상

[수소 제조 · 저장 설비]

08 수소 제조설비와 저장설비를 실내에 설치 시 다음 물음에 답하시오.
(1) 설비벽의 재료는?
(2) 지붕의 재료는?

해답 (1) 불연재료
(2) 불연 또는 난연의 가벼운 재료

09 수소 저장설비의 구조에 대하여 다음 물음에 답하시오.
(1) 가스방출장치를 설치해야 하는 수소 저장설비의 저장능력은 몇 m^3 이상인가?
(2) 중량 몇 ton 이상의 수소 저장설비를 내진설계로 시공하여야 하는가?

해답 (1) $5m^3$ 이상 (2) 500ton 이상

10 수소 저장설비의 보호대에 대하여 물음에 답하시오.
(1) 철근콘크리트 보호대의 두께 규격을 쓰시오.
(2) KSD 3570(배관용 탄소강관) 보호대의 호칭규격을 쓰시오.
(3) 보호대의 높이는 몇 m 이상인지 쓰시오.
(4) 보호대가 말뚝형태일 때, ① 말뚝의 개수와 ② 말뚝끼리의 간격을 쓰시오.

해답 (1) 0.12m 이상
(2) 100A 이상
(3) 0.8m 이상
(4) ① 2개 이상, ② 1.5m 이하

11 수소연료 사용시설에 설치해야 할 장치 또는 설비 3가지를 쓰시오.

해답 ① 압력조정기, ② 가스계량기, ③ 중간밸브

12 수소가스 설비의 내압, 기밀 성능에 대하여 물음에 답하시오.

(1) 내압시험압력을 ① 수압으로 하는 경우와 ② 공기 또는 질소로 하는 경우의 압력을 쓰시오.

(2) 연료전지를 제외한 기밀시험압력을 쓰시오.

해답 (1) ① 수압으로 하는 경우 : 상용압력×1.5배 이상

② 공기 또는 질소로 하는 경우 : 상용압력×1.25배 이상

(2) 최고사용압력×1.1배 이상 또는 8.4kPa 중 높은 압력

13 수전해 설비에 대하여 다음 물음에 답하시오.

(1) 수전해 설비의 환기가 강제환기망으로 이루어지는 경우 강제환기가 중단되었을 때에 설비의 상황은 어떻게 되어야 하는가?

(2) 설비를 실내에 설치 시 산소의 농도(%)는?

해답 (1) 설비의 운전이 정지되어야 한다.

(2) 23.5% 이하

14 수전해 설비의 수소 및 산소의 방출관의 방출구에 대하여 다음 물음에 답하시오.

(1) 수소 방출관의 방출구 위치를 쓰시오.

(2) 산소 방출관의 방출구 위치를 쓰시오.

해답 (1) 지면에서 5m 이상 또는 설비 정상부에서 2m 이상 중 높은 위치

(2) 수소 방출관의 방출구 높이보다 낮은 높이

15 수전해 설비에서 대한 다음 설명의 ( ) 안에 알맞은 숫자를 쓰시오.

(1) 산소를 대기로 방출하는 경우에는 그 농도가 (   )% 이하가 되도록 공기 또는 불활성 가스와 혼합하여 방출한다.

(2) 수전해 설비의 동결로 인한 파손을 방지하기 위하여 해당 설비의 온도가 (   )℃ 이하인 경우에는 설비의 운전을 자동으로 차단하는 조치를 한다.

해답 (1) 23.5 (2) 5

16 수소가스계량기에 대하여 다음 물음에 답하시오. (단, 용량 $30m^3/h$ 미만에 한한다.)

(1) 계량기의 설치높이는?

(2) 바닥으로부터 2m 이내에 설치하는 경우 3가지는?

(3) 전기계량기, 전기개폐기와의 이격거리는 몇 m 이상으로 해야 하는가?

(4) 단열조치하지 않은 굴뚝, 전기점멸기, 전기접속기와의 이격거리는 몇 m 이상으로 해야 하는가?

(5) 절연조치하지 않은 전선과의 거리는 몇 m 이상으로 해야 하는가?

해답 (1) 바닥에서 1.6m 이상 2m 이내

(2) ① 보호상자 내에 설치 시, ② 기계실에 설치 시, ③ 가정용이 아닌 보일러실에 설치 시

(3) 0.6m 이상

(4) 0.3m 이상

(5) 0.15m 이상

17 수소 추출설비를 실내에 설치 시 기준에 대하여 다음 물음에 답하시오.
(1) 캐비닛 설비 또는 실내에 설치하는 검지부에서 검지하여야 할 가스는?
(2) 설비 실내의 산소 농도가 몇 % 미만 시 운전이 정지되도록 하여야 하는가?

해답 (1) CO (2) 19.5% 미만

18 연료 설비가 설치된 곳에 설치하는 배관용 밸브 설치장소 3가지를 쓰시오.

해답 ① 수소연료 사용시설에는 연료전지 각각에 설치
② 배관이 분기되는 경우에는 주배관에 설치
③ 2개 이상의 실로 분기되는 경우에는 각 실의 주배관마다 설치

19 지지물에 이상전류가 흘러 대지전위로 인하여 부식이 예상되는 장소에 설치된 배관장치의 배관은 지지물, 그 밖의 구조물로부터 절연시키고 절연용 물질을 삽입한다. 다만, 절연이음물질의 사용방법 등에 따라서 매설배관의 부식이 방지될 수 있는 경우에는 절연조치를 하지 않을 수 있는데, 절연조치를 하지 않아도 되는 경우 3가지를 쓰시오.

해답 ① 누전으로 인하여 전류가 흐르기 쉬운 곳
② 직류전류가 흐르고 있는 선로의 자계로 인하여 유도전류가 발생하기 쉬운 곳
③ 흙속 또는 물속에서 미로전류가 흐르기 쉬운 곳

20 사업소 외의 배관장치에 수소의 압력과 배관의 길이에 따라 안전장치가 가동되어야 할 경우 제어기능 3가지를 기술하시오.

해답 ① 압력안전장치, 가스누출검지경보장치, 긴급차단장치, 또는 그 밖에 안전을 위한 설비 등의 제어회로가 정상상태로 작동되지 않는 경우에, 압축기 또는 펌프가 작동되지 않는 제어기능
② 이상상태가 발생한 경우에, 재해발생 방지를 위하여 압축기 · 펌프 · 긴급차단장치 등을 신속하게 정지 또는 폐쇄하는 제어기능
③ 압력안전장치, 가스누출검지경보설비 등 그 밖에 안전을 위한 설비 등의 조작회로에 동력이 공급되지 않는 경우 또는 경보장치가 경보를 울리고 있는 경우에, 압축기 또는 펌프가 작동하지 않는 제어기능

21 수소의 배관장치에서 압력안전장치가 갖추어야 하는 기준 3가지를 쓰시오.

해답 ① 배관 안의 압력이 상용압력을 초과하지 않고 또한 수격현상으로 인하여 생기는 압력이 상용압력의 1.1배를 초과하지 않도록 하는 제어기능을 갖춘 것
② 재질 및 강도는 가스의 성질, 상태, 온도 및 압력 등에 상응되는 적절한 것
③ 배관장치의 압력변동을 충분히 흡수할 수 있는 용량을 갖춘 것

22 다음은 수소가스 배관의 내용물 제거장치에 대한 설명이다. ( ) 안에 알맞은 말을 쓰시오.
사업소 밖의 배관에는 서로 인접하는 긴급차단장치의 구간마다 그 배관 안의 수소를 이송하고 ( ) 가스 등으로 치환할 수 있는 구조로 하여야 한다.

해답 불활성

23 수소가스 배관에서 상용압력이 몇 MPa 이상의 배관 내압시험 압력이 상용압력의 1.5배 이상이 되어야 하는지 쓰시오.

해답 0.1MPa 이상

24 지하매설 수소배관의 색상에 따른 배관의 최고사용압력을 쓰시오.
(1) 황색
(2) 적색

해답 (1) 0.1MPa 미만 (2) 0.1MPa 이상

참고 지상배관은 황색

25 수소배관을 지하에 매설 시 배관의 직상부에 설치하는 보호포에 대하여 다음 물음에 답하시오.
(1) 보호포의 종류를 쓰시오.
(2) 보호포의 두께와 폭을 쓰시오.
(3) 황색 보호포와 적색 보호포의 최고사용압력을 쓰시오.
(4) 보호포는 배관 정상부에서 몇 m 이상 떨어진 곳에 설치해야 하는지 쓰시오.

해답 (1) 일반형 보호포, 탐지형 보호포
(2) 두께 0.2mm, 폭 0.15m
(3) 황색 보호포 : 0.1MPa 미만
적색 보호포 : 0.1MPa 이상 1MPa 미만
(4) 0.4m 이상

26 수소 설비 안의 압력이 상용압력을 초과 시 설치하여야 하는 과압안전장치 중 다음 물음에 알맞은 종류를 쓰시오.
(1) 기체 및 증기의 압력상승 방지를 위하여 설치하는 과압안전장치는?
(2) 급격한 압력 상승, 독성가스의 누출, 유체의 부식성 또는 반응 생성물의 성상 등에 따라 안전밸브가 부적당한 경우 설치하는 과압안전장치는?
(3) 펌프 및 배관에서 액체의 압력상승을 방지하기 위하여 설치하는 과압안전장치는?
(4) 다른 과압안전장치와 병행하여 설치할 수 있는 과압안전장치는?

해답 (1) 안전밸브
(2) 파열판
(3) 릴리프 밸브 또는 안전밸브
(4) 자동제어장치

참고 과압안전장치의 설치위치
과압안전장치는 수소가스 설비 중 압력이 최고허용압력 또는 설계압력을 초과할 우려가 있는 다음의 구역마다 설치한다.
1. 내 · 외부 요인으로 압력 상승이 설계압력을 초과할 우려가 있는 압력용기 등
2. 토출측의 막힘으로 인한 압력 상승이 설계압력을 초과할 우려가 있는 압축기의 최종단(다단 압축기의 경우에는 각 단) 또는 펌프의 출구측
3. 1.부터 2.까지 이외에 압력조절 실패, 이상반응, 밸브의 막힘 등으로 인한 압력상승이 설계압력을 초과할 우려가 있는 수소가스 설비 또는 배관 등

27 연료전지를 연료전지실에 설치하지 않아도 되는 경우 2가지를 쓰시오.

해답 ① 밀폐식 연료전지
② 연료전지를 옥외에 설치하는 경우

28 반밀폐식 연료전지의 강제배기식에 대한 다음 물음에 답하시오.
(1) 배기통 터미널에 직경 몇 mm 이상인 물체가 통과할 수 없는 방조망을 설치하여야 하는가?
(2) 터미널의 전방, 측면, 상하 주위 몇 m 이내에 가연물이 없어야 하는가?
(3) 터미널 개구부로부터 몇 m 이내에는 배기가스가 실내로 유입할 우려가 있는 개구부가 없어야 하는가?

해답 (1) 16mm (2) 0.6m (3) 0.6m

29 과압안전장치를 수소 저장설비에 설치 시 설치높이를 쓰시오.

해답 지상에서 5m 이상의 높이 또는 수소 저장설비 정상부로부터 2m의 높이 중 높은 위치로서 화기 등이 없는 안전한 위치

30 수소가스 가스누출경보기에 대한 다음 내용의 빈칸에 알맞은 용어나 숫자를 쓰시오.
(1) 경보 농도는 검지경보장치의 설치장소, 주위 분위기, 온도에 따라 폭발하한계의 (　　) 이하로 한다.
(2) 경보기의 정밀도는 경보 농도 설정치의 (　　)% 이하로 한다.
(3) 검지에서 발신까지 걸리는 시간은 경보 농도의 1.6배 농도에서 보통 (　　)초 이내로 한다.
(4) 검지경보장치의 경보 정밀도는 전원의 전압 등 변동이 (　　)% 정도일 때에도 저하되지 않아야 한다.
(5) 지시계의 눈금은 (　　) 값을 명확하게 지시하는 것으로 한다.
(6) 경보를 발신한 후에는 원칙적으로 분위기 중 가스 농도가 변화해도 계속 경보를 울리고, 그 확인 또는 (①)을 강구함에 따라 경보가 (②)되는 것으로 한다.

해답 (1) 1/4
(2) ±25
(3) 30
(4) ±10
(5) 0~폭발하한계
(6) ① 대책, ② 정지

31 수소 제조 · 저장 설비 공장 등과 같이 천장높이가 지나치게 높은 건물에 설치한 검지경보장치 검출부는 다량의 가스가 누출되어 위험한 상태가 되어야만 검지가 가능하므로, 이를 보완하기 위하여 수소가 소량 누출되어도 검지가 가능하도록 설비 중 누출되기 쉬운 것의 상부에 검출부를 설치하여 누출가스 포집이 가능하도록 하고 있다. 이 검출부에 설치하여야 하는 것은 무엇인지 쓰시오.

해답 포집갓

참고 포집갓의 규격
(1) 원형 : 직경 0.4m 이상
(2) 사각형 : (가로×세로) 0.4m 이상

32 사업소 밖의 수소가스누출경보기의 설치장소 3곳을 쓰시오.

해답 ① 긴급차단장치가 설치된 부분
② 슬리브관, 2중관 또는 방호구조물 등으로 밀폐되어 설치된 부분
③ 누출가스가 체류하기 쉬운 구조인 부분

33 시가지 주요 하천과 호수를 횡단하는 수소가스 배관은 횡단거리가 몇 m 이상일 때 배관의 양 끝으로부터 가까운 거리에 긴급차단장치를 설치하여야 하는지 쓰시오.

해답 500m 이상

참고 배관이 4km 연장되는 구간마다 긴급차단장치를 추가로 설치

34 수소가스 설비에 자연환기가 불가능할 때 설치하는 강제환기설비의 기준 3가지를 쓰시오.

해답 ① 통풍능력은 바닥면적 $1m^2$당 $0.5m^3$/min 이상으로 한다.
② 배기구는 천장 가까이 설치한다.
③ 배기가스 방출구는 지면에서 3m 이상으로 한다.

35 수소연료전지를 실내에 설치하는 경우 환기능력에 대한 다음 물음에 답하시오.
(1) 실내 바닥면적 $1m^2$당 환기능력은 몇 m^3/분 이상이어야 하는가?
(2) 전체 환기능력은 몇 m^3/분 이상이어야 하는가?

해답 (1) $0.3m^3$/분
(2) $45m^3$/분

36 수소 배관의 표지판 간격을 쓰시오.
(1) 지상배관
(2) 지하배관

해답 (1) 1000m마다
(2) 500m마다

37 수소 저장설비의 온도상승 방지 조치에 대하여 물음에 답하시오.
(1) 고정분무설비 능력은 표면적 $1m^2$당 몇 L/min 이상의 비율로 계산된 수량이어야 하는가?
(2) 소화전의 위치는 저장설비 몇 m 이내인 위치에서 방사할 수 있어야 하는가?
(3) 소화전의 호스 끝 수압(MPa)과 방수능력(L/min)은 얼마인가?

해답 (1) 5L/min
(2) 40m
(3) 수압 : 0.3MPa 이상, 방수능력 : 400L/min 이상

2 | 수전해 설비 제조의 시설 · 기술 · 검사 기준

38 수소 경제 육성 및 수소 안전관리에 관한 기준이 적용되는 수전해 설비의 종류 3가지를 쓰시오.

해답 ① 산성 및 염기성 수용액을 이용하는 수전해 설비
② AEM(음이온교환막) 전해질을 이용하는 수전해 설비
③ PEM(양이온교환막) 전해질을 이용하는 수전해 설비

39 수전해 설비에 대한 다음 내용의 ( ) 안에 알맞은 용어를 쓰시오.
"수전해 설비"란 물을 전기분해하여 (①)를 생산하는 것으로서 법 규정에 따른 설비를 말하며, 그 설비의 기하학적 범위는 급수밸브로부터 스택, 전력변환장치, 기액분리기, 열교환기, (②) 제거장치, (③) 제거장치 등을 통해 토출되는 수소 배관의 첫 번째 연결부까지이다.

해답 ① 수소, ② 수분, ③ 산소

40 다음 물음에 알맞은 용어를 쓰시오.
(1) 수전해 설비에서 정상운전 상태에서 전류가 흐르는 도체 또는 도전부를 말한다.
(2) 수전해 설비의 비상정지 등이 발생하여 수전해 설비를 안전하게 정지하고, 이후 수동으로만 운전을 복귀시킬 수 있도록 하는 것을 말한다.
(3) 위험 부분으로의 접근, 외부 분진의 침투 또는 물의 침투에 대한 외함의 방진보호 및 방수보호 등급을 말한다.

해답 (1) 충전부
(2) 로크아웃
(3) IP등급

41 수전해 설비에서 물, 수용액, 산소, 수소 등의 유체가 통하는 부분에 적당한 재료를 쓰시오.

해답 스테인리스강 및 충분한 내식성이 있는 재료, 또는 코팅된 재료

참고 수용액, 산소, 수소가 통하는 배관의 재료 : 금속재료

42 외함 및 수분 접촉에 따른 부식의 우려가 있는 금속부분의 재료는 스테인리스강을 사용하여야 하는데, 스테인리스강을 사용하지 않고 탄소강을 사용 시 해야 하는 조치를 쓰시오.

해답 부식에 강한 코팅 처리를 해야 한다.

43 수전해 설비에 사용하지 못하는 재료 3가지를 쓰시오.

해답 ① 폴리염화비페닐, ② 석면, ③ 카드뮴

44 수전해 설비에서 수소 및 산소가 통하는 배관, 관 이음매 등에 사용되는 재료를 사용할 수 없는 경우를 쓰시오.

해답 ① 상용압력이 98MPa 이상인 배관 등
② 최고사용온도가 815℃를 초과하는 배관 등
③ 직접 화기를 받는 배관 등

45 수전해 설비는 본체에 설치된 스위치 또는 컨트롤러의 조작을 통해서 운전을 시작하거나 정지할 수 있는 구조로 해야 하지만, 원격조작이 가능한 경우가 있는데 이 경우 2가지를 쓰시오.

해답 ① 본체에서 원격조작으로 운전을 시작할 수 있도록 허용하는 경우
② 급격한 압력 및 온도 상승 등 위험이 생길 우려가 있어 수전해 설비를 정지해야 하는 경우

46 수전해 설비에 대한 다음 내용 중 ( ) 안에 알맞은 단어를 쓰시오.
(1) 수전해 설비의 안전장치가 작동해야 하는 설정값은 ( ) 등을 통하여 임의로 변경할 수 없도록 한다.
(2) ( ) 등 수전해 설비의 운전상태에서 사람이 접할 우려가 있는 가동부분은 쉽게 접할 수 없도록 적절한 보호틀이나 보호망 등을 설치한다.
(3) 정격압력전압 또는 정격주파수를 변환하는 기구를 가진 ( )의 것은 변환된 전압 및 주파수를 쉽게 식별할 수 있도록 한다. 다만, 자동으로 변환되는 기구를 가지는 것은 그렇지 않다.
(4) 수전해 설비의 외함 내부에는 ( ) 가스가 체류하거나, 외부로부터 이물질이 유입되지 않는 구조로 한다.
(5) ( )를 실행하기 위한 제어장치의 설정값 등을 사용자 또는 설치자가 임의로 조작해서는 안 되는 부분은 봉인 실 또는 잠금장치 등으로 조작을 방지할 수 있는 구조로 한다.
(6) (①) 또는 (②)의 유체가 설비 외부로 방출될 수 있는 부분에는 주의문구를 표시한다.

해답 (1) 원격조작 (2) 환기팬 (3) 이중정격
(4) 가연성 (5) 비상정지 (6) ① 가연성, ② 독성

47 설비의 유지, 보수나 긴급정지 등을 위해 유체의 흐름을 차단하는 밸브를 설치하는 경우, 차단밸브가 갖추어야 하는 기준 4가지를 쓰시오.

해답 ① 차단밸브는 최고사용압력과 온도 및 유체특성 등이 사용조건에 적합해야 한다.
② 차단밸브의 가동부는 밸브 몸통으로부터 전해지는 열을 견딜 수 있어야 한다.
③ 자동차단밸브는 공인인증기관의 인증품 또는 법 규정에 따른 성능시험을 만족하는 것을 사용해야 한다.
④ 자동차단밸브는 구동원이 상실되었을 경우 안전하게 가동될 수 있는 구조이어야 한다.

48 수전해 설비의 배관에 액체 공급 및 배수의 구조에 대한 다음 물음에 답하시오.
(1) 급수라인 접속부에 설치하여야 하는 장치를 쓰시오.
(2) 물, 수용액 등을 저장하기 위한 설비의 구조에 대하여 쓰시오.

해답 (1) 역류방지장치
(2) 설비를 견고히 고정하고 그 설비 안의 내용물이 밖으로 흘러넘치지 않는 구조로 한다.

49 다음은 수전해 설비의 전기배선에 대한 내용이다. ( ) 안에 알맞은 숫자를 쓰시오.

(1) 배선은 가동부에 접촉하지 않도록 설치해야 하며, 설치된 상태에서 ( )N의 힘을 가하였을 때에도 가동부에 접촉할 우려가 없는 구조로 한다.
(2) 배선은 고온부에 접촉하지 않도록 설치해야 하며, 설치된 상태에서 ( )N의 힘을 가하였을 때 고온부에 접촉할 우려가 있는 부분은 피복이 녹는 등의 손상이 발생되지 않고 충분한 내열성능을 갖는 것으로 한다.
(3) 배선이 구조물을 관통하는 부분 또는 ( )N의 힘을 가하였을 때 구조물에 접촉할 우려가 있는 부분은 피복이 손상되지 않는 구조로 한다.
(4) 전기접속기에 접속한 것은 ( )N의 힘을 가하였을 때 접속이 풀리지 않는 구조로 한다.

해답 (1) 2
(2) 2
(3) 2
(4) 5

50 수전해 설비의 전기배선 시 단락, 과전류 등과 같은 이상상황 발생 시 전류를 효과적으로 차단하기 위해 설치해야 하는 장치를 쓰시오.

해답 퓨즈 또는 과전류보호장치

51 수전해 설비의 전기배선에서 충전부에 사람이 접촉하지 않도록 하는 방법을 다음과 같이 구분하여 설명하시오.

(1) 충전부의 보호함이 공구를 이용하지 않아도 쉽게 분리되는 경우
(2) 충전부의 보호함이 공구 등을 이용해야 분리되는 경우

해답 (1) 충전부의 보호함이 드라이버, 스패너 등의 공구 또는 보수점검용 열쇠 등을 이용하지 않아도 쉽게 분리되는 경우에는, 그 보호함 등을 제거한 상태에서 시험지를 삽입하여 시험지가 충전부에 접촉하지 않는 구조로 한다.
(2) 충전부의 보호함이 나사 등으로 고정 설치되어 있어 공구 등을 이용해야 분리되는 경우에는, 그 보호함이 분리되어 있지 않은 상태에서 시험지를 삽입하여 시험지가 충전부에 접촉하지 않는 구조로 한다.

52 수전해 설비의 전기배선에서 충전부는 사람이 접촉하지 않도록 해야 하는데, 예외적으로 시험지가 충전부에 접촉할 수 있는 구조로 할 수 있는 경우가 있다. 그 경우를 4가지 쓰시오.

해답 ① 설치한 상태에서 쉽게 사람에게 접촉할 우려가 없는 설치면의 충전부
② 질량이 40kg을 넘는 몸체 밑면의 개구부로부터 40cm 이상 떨어진 충전부
③ 구조상 노출될 수밖에 없는 충전부로서 절연변압기에 접속된 2차측 회로의 대지전압과 선간전압이 교류 30V 이하, 직류 45V 이하인 것
④ 구조상 노출될 수밖에 없는 충전부로서 대지와 접지되어 있는 외함과 충전부 사이에 1kΩ의 저항을 설치한 후 수전해 설비 내 충전부의 상용주파수에서 그 저항에 흐르는 전류가 1mA 이하인 것

53 수소가 통하는 배관의 접지 기준 4가지를 쓰시오.

해답 ① 직선 배관은 80m 이내의 간격으로 접지한다.
② 서로 교차하지 않는 배관 사이의 거리가 100mm 미만인 경우에는 배관 사이에서 발생될 수 있는 스파크 점퍼를 방지하기 위해 20m 이내의 간격으로 점퍼를 설치한다.
③ 서로 교차하는 배관 사이의 거리가 100mm 미만인 경우에는 배관이 교차하는 곳에 점퍼를 설치한다.
④ 금속볼트 또는 클램프로 고정된 금속플랜지에는 추가적인 정전기와이어가 정착되지 않지만, 최소한 4개의 볼트 또는 클램프들마다에는 양호한 전도성 접촉점이 있도록 해야 한다.

54 수전해 설비의 유체이동 관련 기기에 사용되는 전동기의 구조 조건 4가지를 쓰시오.

해답 ① 회전자의 위치와 관계없이 시동되는 것으로 한다.
② 정상적인 운전이 지속될 수 있는 것으로 한다.
③ 전원에 이상이 있는 경우에도 안전에는 지장 없는 것으로 한다.
④ 통상의 사용환경에서 전동기의 회전자는 지장을 받지 않는 구조로 한다.

55 수전해 설비에서 가스홀더, 펌프 및 배관 등 압력을 받는 부분에는 압력이 상용압력을 초과할 우려가 있는 어느 하나의 구역에 안전밸브, 릴리프 밸브 등의 과압안전장치를 설치하여야 한다. 그 구역에 해당되는 곳 4가지를 쓰시오.

해답 ① 내·외부 요인으로 압력상승이 설계압력을 초과할 우려가 있는 압력용기 등
② 펌프의 출구측
③ 배관 안의 액체가 2개 이상의 밸브로 차단되어 외부열원으로 인한 액체의 열팽창으로 파열이 우려되는 배관
④ 그 밖에 압력조절 실패, 이상반응, 밸브의 막힘 등으로 인해 상용압력을 초과할 우려가 있는 압력부

참고 과압안전장치 방출관은 지상으로부터 5m 이상의 높이에, 주위에 화기 등이 없는 안전한 위치에 설치한다. 다만, 수전해 설비가 하나의 외함으로 둘러싸인 구조의 경우에는 과압안전장치에서 배출되는 가스는 외함 밖으로 방출되는 구조로 한다.

56 다음은 수전해 설비의 셀스틱 구조에 대한 내용이다. ( ) 안에 알맞은 가스명을 쓰시오. (단, ①, ②의 순서가 바뀌어도 정답으로 인정한다.)
셀스틱은 압력, 진동열 등으로 인하여 생기는 응력에 충분히 견디고, 사용환경에서 절연열화 방지 등 전기 안전성을 갖는 구조로 한다. 또한 (①)와 (②)의 혼합을 방지할 수 있는 분리막이 있는 구조로 한다.

해답 ① 산소, ② 수소

57 수전해 설비에서 열평형을 유지할 수 있도록 냉각, 열 방출, 과도한 열의 회수 및 시동 시 장치를 가열할 수 있도록 보유하여야 하는 시스템은 무엇인지 쓰시오.

해답 열관리시스템

58 수전해 설비의 외함에는 충분한 환기성능을 갖는 기계적 환기장치나 환기구를 설치하여야 한다. 환기구의 설치기준 3가지를 쓰시오.

해답 ① 먼지, 눈, 식물 등에 의해 방해받지 않도록 설계되어야 한다.
② 누출된 가스가 외부로 원활히 배출될 수 있는 위치에 설치해야 한다.
③ 유지, 보수를 위해 사람이 외함 내부로 들어갈 수 있는 구조를 가진 수전해 설비의 환기구 면적은 0.003m^2/m^3 이상으로 한다.

59 수전해 설비의 외함 구조가 갖추어야 하는 조건 4가지를 쓰시오.

해답 ① 외함 상부는 누출된 수소가 체류하지 않는 구조로 한다.
② 외함에 설치된 패널, 커버, 출입문 등은 외부에서 열쇠 또는 전용공구 등을 통해 개방할 수 있고 개폐상태를 유지할 수 있는 구조를 갖추어야 한다.
③ 작업자가 통과할 정도로 큰 외함의 점검구, 출입문 등은 바깥쪽으로 열리고, 열쇠 또는 전용공구 없이 안에서 쉽게 개방할 수 있는 구조여야 한다.
④ 수전해 설비가 수산화칼륨(KOH) 등 유해한 액체를 포함하는 경우 수전해 설비의 외함은 유해한 액체가 외부로 누출되지 않도록 안전한 격납수단을 갖추어야 한다.

60 수전해 설비의 시동 시 안전상 제어되어야 할 사항 4가지를 쓰시오.

해답 ① 수전해 설비 운전 개시 전 외함 내부의 폭발 가능한 가연성 가스 축적을 방지하기 위하여 공기, 질소 등으로 외함 내부를 충분히 퍼지할 것
② 시동은 모든 안전장치가 정상적으로 작동하는 경우에만 가능하도록 제어될 것
③ 올바른 시동 시퀀스를 보증하기 위해 적절한 연동장치를 갖는 구조일 것
④ 정지 후 자동 재시동은 모든 안전조건이 충족된 후에만 가능한 구조일 것

61 다음 내용의 빈칸에 알맞은 용어를 쓰시오.
수전해 설비의 열관리 장치에서 독성의 유체가 통하는 열교환기는 파손으로 상수원 및 상수도에 영향을 미칠 수 있는 경우 (①)으로 하고, (②) 사이는 공극으로써 대기 중에 (③)된 구조로 한다. 다만, 독성 유체의 압력이 냉각유체의 압력보다 (④)kPa 이상 낮은 경우로서 모니터를 통하여 그 압력 차이가 항상 유지되는 구조인 경우에는 (⑤)으로 하지 않을 수 있다.

해답 ① 이중벽, ② 이중벽, ③ 개방, ④ 70, ⑤ 이중벽

62 수전해 설비의 수소 정제장치에서 안전한 작동을 보장하기 위하여 수소 정체장치의 작동이 정지되어야 하는 경우 4가지를 쓰시오.

해답 ① 공급가스의 압력, 온도, 조성 또는 유량이 경보 기준수치를 초과한 경우
② 프로세스 제어밸브가 작동 중에 장애를 일으키는 경우
③ 수소 정제장치에 전원 공급이 차단된 경우
④ 압력용기 등의 압력 및 온도가 허용최대설정치를 초과하는 경우

63 수전해 설비의 수소 정제장치에 설치해야 할 설비 및 갖추어야 하는 장치를 3가지 쓰시오.

해답 ① 가연성 혼합물 또는 폭발성 혼합물의 생성을 방지하기 위해 촉매 등을 통한 산소 제거설비
② 수소 중의 수분을 제거하기 위해 흡탈착 방법 등을 이용한 수분 제거설비
③ 산소 제거설비 및 수분 제거설비가 정상적으로 작동되는지 확인할 수 있도록 그 설비에 설치된 온도, 압력 등을 측정할 수 있는 모니터링 장치

64 수전해 설비의 내압성능에 대한 다음 물음에 답하시오.
(1) 내압시험을 실시하는 유체의 대상을 4가지 이상 쓰시오.
(2) 내압시험압력을 ① 수압으로 하는 경우와 ② 공기, 질소, 헬륨으로 하는 경우의 압력을 쓰시오.
(3) 내압시험의 시간을 쓰시오.
(4) 내압시험의 압력기준을 쓰시오.
(5) 기밀시험의 압력기준을 쓰시오.

해답 (1) 물, 수용액, 산소, 수소
(2) ① 상용압력×1.5배 이상, ② 상용압력×1.25배 이상
(3) 20분간
(4) 시험 실시 시 팽창, 누설 등의 이상이 없어야 한다.
(5) 최고사용압력의 1.1배 또는 8.4kPa 중 높은 압력으로 누설이 없어야 한다.

65 수전해 설비의 물, 수용액, 산소 등 유체의 통로는 기밀시험을 실시한다. 기밀시험을 생략할 수 있는 경우를 쓰시오.

해답 내압시험을 기체로 실시한 경우

66 수전해 설비의 기밀시험 실시 방법을 3가지 쓰시오.

해답 ① 기밀시험은 원칙적으로 공기 또는 위험성이 없는 기체의 압력으로 실시한다.
② 기밀시험은 그 설비가 취성파괴를 일으킬 우려가 없는 온도에서 한다.
③ 기밀시험 압력은 상용압력 이상으로 하되, 0.7MPa을 초과하는 경우 0.7MPa 이상의 압력으로 한다. 이 경우 시험할 부분의 용적에 대응한 기밀유지기간 이상을 유지하고, 처음과 마지막 시험의 측정압력차가 압력측정기구의 허용오차 안에 있는 것을 확인하며, 처음과 마지막 시험의 온도차가 있는 경우에는 압력차를 보정한다.

67 수전해 설비의 기밀시험 유지시간에 대한 다음 빈칸을 채우시오.

압력 정기구	용적	기밀유지시간
압력계 또는 자기압력기록계	$1m^3$ 미만	①
	$1m^3$ 이상 $10m^3$ 미만	②
	$10m^3$ 이상	$48 \times V$분 (다만, 2880분을 초과한 경우는 2880분으로 할 수 있다.)

[비고] V는 피시험부분의 용적(단위 : m^3)이다.

해답 ① 48분, ② 480분

68 수전해 설비에 대하여 다음 물음에 답하시오.

(1) 500V의 절연저항계(정격전압이 300V를 초과하고 600V 이하인 것은 1000V) 또는 이것과 동등한 성능을 가지는 절연저항계로 측정한 수전해 설비의 충전부와 외면(외면이 절연물인 경우는 외면에 밀착시킨 금속박) 사이의 절연저항은 몇 MΩ 이상으로 하여야 하는가?

(2) 수소가 통하는 배관의 기밀을 유지하기 위해 사용되는 패킹류, 실재 등의 비금속재료는 5℃ 이상 25℃ 이하의 수소가스를 해당 부품에 작용되는 상용압력으로 72시간 인가 후, 24시간 동안 대기 중에 방치하여 무게변화율이 몇 % 이내이어야 하는가?

(3) 수전해 설비의 안전장치가 정상적으로 작동해야 하는 경우에서

① 외함 내 수소 농도 몇 % 초과 시 안전장치가 작동하여야 하는가?

② 발생 수소 중 산소의 농도가 몇 % 초과 시 안전장치가 작동하여야 하는가?

③ 발생 산소 중 수소의 농도가 몇 % 초과 시 안전장치가 작동하여야 하는가?

해답 (1) 1MΩ 이상
(2) 20% 이내
(3) ① 1%, ② 3%, ③ 2%

해설 그 밖에 안전장치가 정상 작동해야 하는 경우
1. 환기장치에 이상이 생겼을 경우
2. 설비 내 온도가 현저히 상승 또는 저하되는 경우
3. 수용액, 산소, 수소가 통하는 부분의 압력이 현저히 상승하였을 경우

69 수전해 설비의 자동제어시스템은 고장모드에 의한 결점회피와 결점허용을 감안하여 설계고장 발생 시 어떠한 상태에 도달해야 하는지 영어(원어)로 쓰시오.

해답 fail-safe

참고 fail-safe : 안전한 상태

70 수전해 설비 정격운전 후 허용최고온도는 몇 시간 후 측정해야 하는지 쓰시오.

해답 2시간

71 수전해 설비 항목별 최고온도 기준에서 허용최고온도를 쓰시오.

(1) 조작 시 손이 닿는 부분 중

① 금속제, 도자기제 및 유리제의 것

② 금속제, 도자기제 및 유리제 이외의 것

(2) 배기구 톱 또는 급기구 톱의 주변 목변 및 급배기구 통의 벽 관통 목벽의 표면의 온도는 몇 ℃ 이하인지 쓰시오.

해답 (1) ① 50℃ 이하, ② 55℃ 이하
(2) 100℃ 이하

72 수전해 설비에 누설전류가 발생 시 누설전류는 몇 mA 이하여야 하는지 쓰시오.

해답 5mA 이하

73 수전해 설비 절연거리의 공간거리 측정시험에 대한 오염등급을 쓰시오.

(1) 주요 환경조건이 비전도성 오염이 없는 마른 곳, 오염이 누적되지 않은 환경
(2) 주요 환경조건이 비전도성 오염이 일시적으로 누적될 수도 있는 환경
(3) 주요 환경조건이 오염이 누적되고 습기가 있는 환경
(4) 주요 환경조건이 먼지, 비, 눈 등에 노출되어 오염이 누적되는 환경

해답 (1) 오염등급 1등급
(2) 오염등급 2등급
(3) 오염등급 3등급
(4) 오염등급 4등급

74 다음은 수전해 설비의 부품 내구성능에 대한 내용이다. ( ) 안에 적당한 숫자를 쓰시오.

(1) 자동제어시스템을 (2~20)회/분 속도로 ( )회 내구성능시험을 실시 후 성능에 이상이 없어야 한다.
(2) 압력차단장치를 (2~20)회/분 속도로 5000회 내구성능시험을 실시 후 성능에 이상이 없어야 하며, 압력차단 설정값의 ( )% 이내에 안전하게 차단해야 한다.
(3) 과열방지 안전장치를 (2~20)회/분 속도로 5000회 내구성능시험을 실시 후 성능에 이상이 없어야 하며, 과열차단 설정값의 ( )% 이내에서 안전하게 차단해야 한다.

해답 (1) 25000
(2) 5
(3) 5

75 수전해 설비의 정격운전 상태에서 측정된 수소 생산량은 제조사가 표시한 값의 몇 % 이내여야 하는지 쓰시오.

해답 ±5%

76 수전해 설비를 안전하게 사용할 수 있도록 극성이 다른 충전부 사이 또는 충전부와 사람이 접촉할 수 있는 비충전 금속부 사이의 첨두전압이 600V를 초과하는 부분은 그 부근 또는 외부의 보기 쉬운 장소에 쉽게 지워지지 않는 방법으로 어떠한 표시를 해야 하는지 쓰시오.

해답 주의 표시

77 수전해 설비의 배관에는 배관 표시를 해야 한다. 이때 배관 연결부 주위에 하는 표시의 종류 4가지를 쓰시오.

해답 가스, 전기, 급수, 수용액

78 수전해 설비에 시공표지판을 부착 시 기록해야 하는 내용에 대하여 쓰시오.

해답 시공자의 상호, 소재지, 시공관리자 성명, 시공일

79 수전해 설비의 시험실에 대하여 물음에 답하시오.

(1) 시험실의 온도를 쓰시오.

(2) 시험실의 상대습도(%)를 쓰시오.

해답 (1) 20±5℃
(2) (65±20)℃

80 수전해 설비의 자동차단밸브 성능시험에서 호칭지름에 따른 밸브의 차단시간을 쓰시오.

(1) 100A 미만

(2) 100A 이상 200A 미만

(3) 200A 이상

해답 (1) 1초 이내
(2) 3초 이내
(3) 5초 이내

3 | 고정형 연료전지 제조의 시설 · 기술 · 검사 기준

81 다음 설명하는 내용에 맞는 용어를 쓰시오.

(1) 수소가 주성분인 가스를 생산하기 위한 원료 또는 버너 내 점화 및 연소를 위한 에너지원으로 사용되기 위해 연료전지로 공급되는 가스

(2) 연료가스를 수증기 개질, 자열 개질, 부분 산화 등 개질반응을 하여 발생되는 것으로서 수소가 주성분인 가스

(3) 화염이 있다는 신호가 오지 않은 상태에서 연소안전제어기가 가스의 공급을 허용하는 최대의 시간

(4) 연소안전제어기와 화염감시기(화염의 유무를 검지하여 연소안전제어기에 알리는 것을 말한다)로 구성된 장치

해답 (1) 연료가스
(2) 개질가스
(3) 안전차단시간
(4) 화염감시장치

82 연료전지의 외함 내부가 갖추어야 하는 구조에 대하여 설명하시오.

해답 가연성 가스가 체류하거나 외부로부터 이물질이 유입되지 않는 구조로 한다.

83 연료전지에 누출된 가연성 가스가 전력변환장치 또는 제어장치로 유입되는 것을 최소화하기 위하여 격벽을 설치하는 장소를 2곳 쓰시오.

해답 ① 가연성 가스의 누출원과 전력변환장치 사이
② 가연성 가스의 누출원과 제어장치 사이

84 배관 접속을 위한 연료전지 외함 접속부의 구조를 설명하시오.

해답 ① 배관의 구경에 적합해야 한다.
② 외부에 노출되어 있거나 쉽게 확인할 수 있는 위치에 설치해야 한다.
③ 진동자 중 내압력, 열하중 등으로 인해 발생하는 응력에 견딜 수 있어야 한다.

85 연료전지의 가스필터에 대한 다음 물음에 답하시오.
(1) 연료 인입자동차단밸브를 기준으로 한 설치장소를 쓰시오.
(2) 이때 가스필터 여과재의 최대직경은 ① 몇 mm 이하이며, ② 몇 mm를 초과하는 틈이 있어야 하는가?

해답 (1) 인입자동차단밸브의 전단
(2) ① 1.5mm, ② 1mm

86 연료가스 배관 인입밸브에 대하여 물음에 답하시오.
(1) 독립적으로 작용하는 인입밸브의 설치기준을 쓰시오.
(2) 이 경우 구동원 상실 시 연료가스 통로의 구조에 대하여 쓰시오.

해답 (1) 직렬로 2개 이상 설치
(2) 연료가스의 통로가 자동으로 차단되는 구조(fail-safe)

87 고정형 연료전지의 버너 구조에서 연소를 위하여 연료가스와 공기가 혼합되는 구조의 경우 주의사항을 한 가지만 기술하시오.

해답 공기가 연료가스 공급라인으로, 연료가스가 공기 공급라인으로 유입되는 것을 방지하여야 한다.

88 다음은 고정형 연료전지의 버너점화장치에서 방전불꽃을 이용하는 점화에 대한 내용이다. 틀린 내용을 골라 번호로 쓰시오.

① 전극부는 상시 황염이 접촉되는 위치에 있는 것으로 한다.
② 전극의 간격은 사용상태에서 간격 조정이 가능하여야 한다.
③ 고압배선의 충전부와 비충전 금속부와의 사이는 전극간격 이상의 충분한 공간거리를 유지하고, 점화동작 시에 누전을 방지하도록 적절한 전기절연 조치를 한다.
④ 방전불꽃이 닿을 우려가 있는 부분에 사용하는 전기절연물은 방전불꽃으로 인한 유해한 변형, 절연저하 등의 변질이 없는 것으로 한다.
⑤ 사용 시 손이 닿을 우려가 있는 고압배선에는 적절한 전기절연피복을 한다.

해답 ①, ②

해설 ① 전극부는 상시 황염이 접촉되지 않는 위치에 있는 것으로 한다.
② 전극의 간격은 사용상태에서 변화되지 않도록 고정되어 있는 것으로 한다.

89 고정형 연료전지 접지 구조의 접지 케이블로 사용될 수 있는 것 2가지를 쓰시오.

해답 ① 직경 1.6mm의 연동선 또는 이와 동등 이상의 강도 및 두께를 갖는 쉽게 부식되지 않는 금속선
② 공칭 단면적 $1.25mm^2$ 이상의 단심코드 또는 단심캡타이어케이블
③ 공칭 단면적 $0.75mm^2$ 이상의 2심 코드로 2선의 도체를 양단에서 꼬아 합치거나 납땜 또는 압착한 것
④ 공칭 단면적 $0.75mm^2$ 이상의 다심코드(꼬아 합친 것 제외) 또는 다심캡타이어케이블의 1개의 선심 (택2 기술)

90 유체이동 관련 기기에 사용되는 전동기가 갖추어야 할 조건 4가지를 쓰시오.

해답 ① 회전자의 위치에 관계없이 시동되어야 한다.
② 정상적인 운전이 지속될 수 있어야 한다.
③ 전원에 이상이 있는 경우에도 안전에 지장이 없어야 한다.
④ 통상의 사용환경에서 전동기의 회전자는 지장을 받지 않는 구조로 되어 있어야 한다.

91 통 고정형 연료장치의 급배기통 접속부의 구조에 대하여 다음 물음에 답하시오.
(1) 급배기통의 이음방식 3가지를 쓰시오.
(2) 접속부의 길이는 몇 mm 이상인지 쓰시오.

해답 (1) ① 리브타입, ② 플랜지이음, ③ 나사이음
(2) 40mm

92 LPG 도시가스를 연료로 공급 받는 연료전지는 필요에 따라 어떠한 용도로 설계 제작을 할 수 있는지를 쓰시오.

해답 캐스케이드용

93 연료전지의 케스케이드용 구조 및 성능에 대하여 다음 물음에 답하시오.
(1) 적용범위 기준에 있어 가스용 연료전지 중 정격출력 몇 kW 이하의 고분자 전해질형 연료전지로서 하나의 캐스케이드 연통에 몇 대 이하로 사용할 수 있는 연료전지에 적용할 수 있는가?
(2) 구조에 있어 배기가스에 부착하여야 할 장치는?

해답 (1) 6대 (2) 역류방지장치

94 다음은 캐스케이드용 연료전지의 역류방지장치의 기밀에 대한 내용이다. ( ) 안에 적당한 숫자를 쓰시오.
0Pa에서 제조자가 제시한 최대차압(최소 100Pa 이상)까지 (①)Pa의 간격으로 차압을 가하여 밸브를 통해 누출되는 공기량을 측정하였을 때 각각의 누출량은 (②)L/h 이하이어야 한다.

해답 ① 20, ② 200

95 고정형 연료전지의 전력변환장치의 출력 전기방식의 표준으로 하는 종류 3가지를 쓰시오.

해답 ① 단상 2선식, ② 삼상 4선식, ③ 삼상 3선식

96 고정형 연료장치의 제품성능에 대한 다음 물음에 알맞은 답을 쓰시오.

(1) 대기차단식 물순환 통로에서 내압시험은 상용압력의 1.5배 이상일 때 최소 압력값은 몇 MPa이며, 수압으로 몇 분간 유지하여 이상이 없어야 하는가?

(2) 급수 접속구에서 온수 출구까지의 통로에서의 물통로의 내압시험압력은 얼마이며, 몇 분간 유지하여 이상이 없어야 하는가?

해답 (1) 0.45MPa, 10분
(2) 1.75MPa, 1분

97 고정형 연료전지의 절연저항 성능에서 500V의 절연저항계(정격전압이 300V를 초과하고 600V 이하인 것은 1000V) 또는 이것과 동등한 성능을 가지는 절연저항계로 측정한 연료전지의 충전부와 외면(외면이 절연물인 경우는 외면에 밀착시킨 금속박) 사이의 절연저항은 몇 MΩ 이상이어야 하는지 쓰시오.

해답 1MΩ 이상

98 고정형 연료전지의 내가스 성능 투과성 시험에 대한 다음 내용의 ( ) 안을 채우시오.

(1) 탄화수소계의 연료가 통하는 배관의 패킹류 및 금속 이외의 기밀유지부는 5℃ 이상 25℃ 이하의 (①) 속에 72시간 이상 담근 후에 24시간 대기 중에 방치하여 무게변화율이 (②)% 이내이고 사용상 지장이 있는 연화 및 취화 등이 없어야 한다.

(2) 수소가 통하는 배관의 패킹류 및 금속 이외의 기밀유지부는 5℃ 이상 25℃ 이하의 수소가스를 해당 부품에 인가되는 압력으로 (①)시간 인가 후, 24시간 대기 중에 방치하여 무게변화율이 (②)% 이내이고 사용상 지장이 있는 연화 및 취화 등이 없어야 한다.

(3) 탄화수소계 연료가스가 통하는 비금속 배관은 35℃±0.5℃의 온도에서 0.9m 길이의 비금속 배관 안에 순도 (①)% 이상의 (②)가스를 담은 상태로 24시간 동안 유지하고, 이후 6시간 동안 측정한 가스 투과량은 (③)mL/h 이하이어야 한다.

해답 (1) ① n−펜탄, ② 20
(2) ① 72, ② 20
(3) ① 98, ② 프로판, ③ 3

99 고정형 연료전지의 가스공급 개시 시 안전차단밸브가 작동되어야 하는 경우 4가지를 쓰시오.

해답 ① 연료전지 시동 시 프리퍼지가 완료되고 공기압력감시장치로부터 송풍기가 작동되고 있다는 신호가 오는 경우
② 가스압력장치로부터 가스압력이 적정하다는 신호가 오는 경우
③ 점화장치가 켜진 경우
④ 파일럿 화염으로 버너가 점화되는 경우에는 파일럿 화염이 있다는 신호가 오는 경우

100 고정형 연료전지의 운전 중 화염이 블로오프가 된 경우 버너 작동이 정지되고 가스 통로가 차단되어야 하는데, 연료전지의 연료소비량에 따라 운전 중 재점화, 재시동이 가능한 경우가 있다. 다음 표의 빈칸에 알맞은 것을 쓰시오.

【 운전 중 재점화, 재시동 가능 조건 】

연료전지의 연료소비량	허용 조건
10kW 이하	재점화 또는 재시동 3회 허용
①	재점화 또는 재시동 2회 허용
②	재점화 또는 재시동 1회 허용
120kW 초과 232.6kW 이하	재시동만 1회 허용

해답 ① 10kW 초과 50kW 이하, ② 50kW 초과 120kW 이하

101 고정형 연료전지의 기밀성능에서 연료가스 접속구에서 인입밸브까지 상용압력 1.5배로 가압 시 누출량은 몇 mL/h 이하여야 하는지 쓰시오.

해답 70mL/h

102 고정형 연료전지의 배기가스 중 수소의 농도를 정격상태에서 5초 이하의 간격으로 3시간 동안 연속측정 시 측정 농도의 30분 이동 평균값은 몇 % 이하여야 하는지 쓰시오.

해답 0.5% 이하

103 고정형 연료전지의 배기구와 급기구의 막힘 시 배기가스를 측정하였을 때 안전성능시험기준에 따른 배기가스 중 CO 농도는 몇 % 이하여야 하는지 쓰시오.

해답 0.04% 이하

104 시험연료 기준에 대한 다음 물음에 답하시오.

(1) 시험가스 성분의 부피기준에서 온도와 압력의 기준을 쓰시오.
(2) 시험가스 성분 부피비에서 시험가스가 도시가스인 경우 CH_4, C_3H_8의 부피(%)를 쓰시오.
(3) 시험가스 성분 부피비에서 시험가스가 액화석유가스인 경우 그 가스는 무엇이며, 성분 부피비를 쓰시오.

해답 (1) 온도 : 15℃, 압력 : 101.3kPa
(2) CH_4 : 96.0%, C_3H_8 : 4%
(3) C_3H_8, 100%

MEMO

가스기사 실기

2022. 3. 15. 초 판 1쇄 발행
2024. 1. 31. 개정 2판 1쇄(통산 3쇄) 발행

지은이 | 양용석
펴낸이 | 이종춘
펴낸곳 | BM (주)도서출판 성안당
주소 | 04032 서울시 마포구 양화로 127 첨단빌딩 3층(출판기획 R&D 센터)
10881 경기도 파주시 문발로 112 파주 출판 문화도시(제작 및 물류)
전화 | 02) 3142-0036
031) 950-6300
팩스 | 031) 955-0510
등록 | 1973. 2. 1. 제406-2005-000046호
출판사 홈페이지 | www.cyber.co.kr
ISBN | 978-89-315-2959-3 (13530)
정가 | 42,000원

이 책을 만든 사람들
책임 | 최옥현
진행 | 이용화, 박현수
전산편집 | 이지연
표지 디자인 | 박현정
홍보 | 김계향, 유미나, 정단비, 김주승
국제부 | 이선민, 조혜란
마케팅 | 구본철, 차정욱, 오영일, 나진호, 강호묵
마케팅 지원 | 장상범
제작 | 김유석

모든 수험생을 위한 대한민국 No.1 수험서

성안당은 여러분의 합격을
기원합니다!

더PLUS+ 더 쉽게 더 빠르게 합격 플러스

가스기사 실기

별책부록

[시험에 잘 나오는]

핵심요점 정리집

양용석 지음

시험에 잘 나오는 **핵심요점 정리집**은
실기시험에 자주 출제되고 중요한 핵심요점만을
선별하여 일목요연하게 정리한 것으로
실기시험의 시작과 마무리를 책임집니다!

BM (주)도서출판 성안당

| 별책부록 차례 |

별책부록의 **핵심요점 정리**는 실기시험에서 자주 출제되고 꼭 알아야 하는 중요내용을 챕터 4개로 분류하여 이해하기 쉽게 구성하였습니다. 휴대성이 좋아 언제 어디서나 볼 수 있으며, 시험보기 전 시험장에서 최종 마무리용으로도 이용하실 수 있습니다.

별책부록

필답형 및 작업형(동영상) 핵심요점 정리집

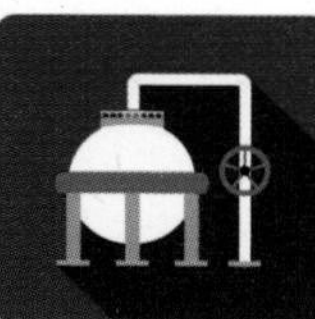

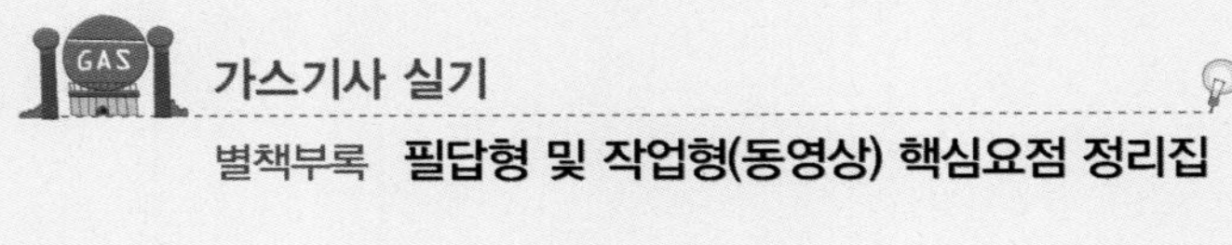
GAS
가스기사 실기
별책부록 필답형 및 작업형(동영상) 핵심요점 정리집

Engineer Gas

고법 · 액법 · 도법(공통 분야) 설비시공 실무편

01-1 위험장소 분류, 가스시설 전기방폭 기준(KGS Gc 201)

(1) 위험장소 분류

가연성 가스가 폭발할 위험이 있는 농도에 도달할 우려가 있는 장소(이하 "위험장소"라 한다)의 등급은 다음과 같이 분류한다.

구분	내용	[해당 사용 방폭구조]
0종 장소	상용의 상태에서 가연성 가스의 농도가 연속해서 폭발하한계 이상으로 되는 장소(폭발상한계를 넘는 경우에는 폭발한계 이내로 들어갈 우려가 있는 경우를 포함한다)	0종 : 본질안전방폭구조
1종 장소	상용의 상태에서 가연성 가스가 체류해 위험하게 될 우려가 있는 장소, 정비, 보수 또는 누출 등으로 인하여 종종 가연성 가스가 체류하여 위험하게 될 우려가 있는 장소	1종 : 본질안전방폭구조 유입방폭구조(o) 압력방폭구조(p) 내압방폭구조(d)
2종 장소	① 밀폐된 용기 또는 설비 안에 밀봉된 가연성 가스가 그 용기 또는 설비의 사고로 인하여 파손되거나 오조작의 경우에만 누출할 위험이 있는 장소 ② 확실한 기계적 환기조치에 따라 가연성 가스가 체류하지 아니하도록 되어 있으나 환기장치에 이상이나 사고가 발생한 경우에는 가연성 가스가 체류해 위험하게 될 우려가 있는 장소 ③ 1종 장소의 주변 또는 인접한 실내에서 위험한 농도의 가연성 가스가 종종 침입할 우려가 있는 장소	2종 : 본질안전방폭구조 유입방폭구조(o) 내압방폭구조(d) 압력방폭구조(p) 안전증방폭구조(e)

(2) 가스시설 전기방폭 기준

관련사진

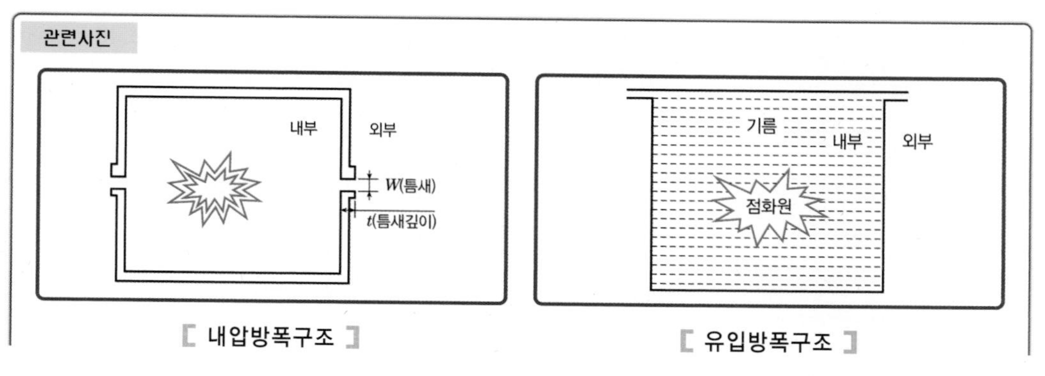

[내압방폭구조]　[유입방폭구조]

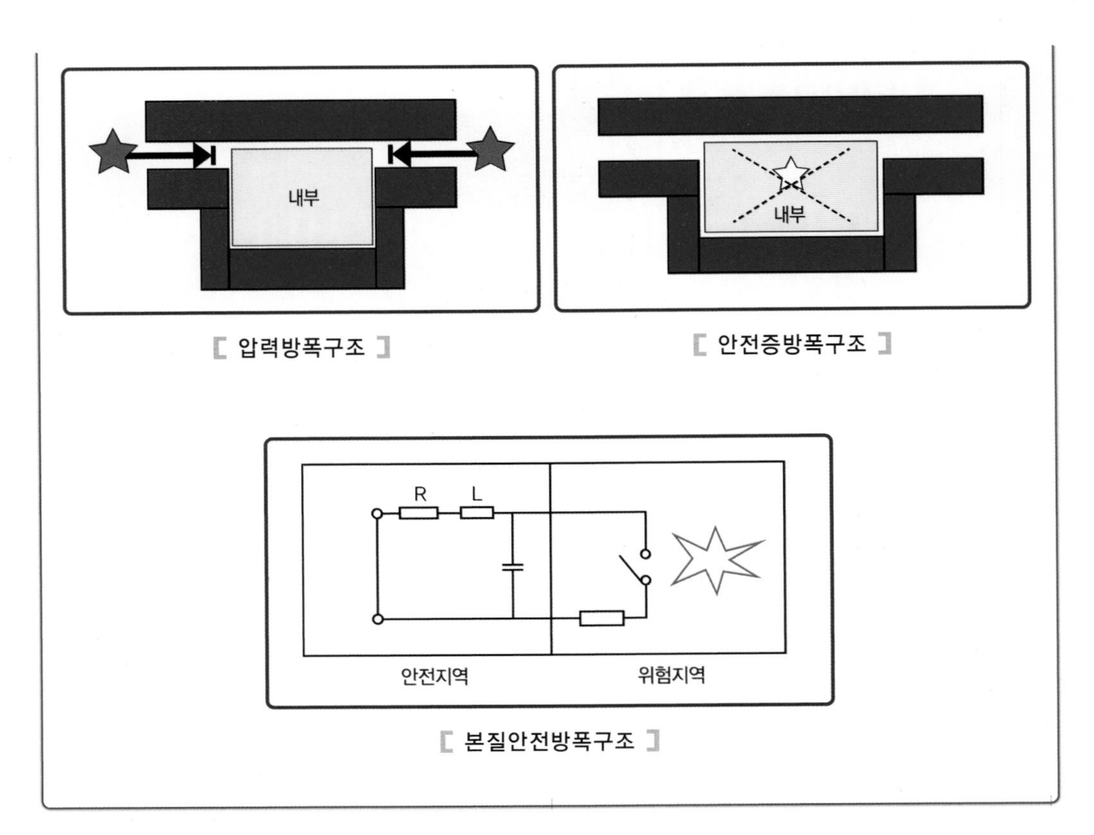

[압력방폭구조]
[안전증방폭구조]
[본질안전방폭구조]

종류	표시방법	정의
내압방폭구조	d	방폭전기기기(이하 "용기") 내부에서 가연성 가스의 폭발이 발생할 경우 그 용기가 폭발압력에 견디고, 접합면, 개구부 등을 통해 외부의 가연성 가스에 인화되지 않도록 한 구조를 말한다.
유입방폭구조	o	용기 내부에 절연유를 주입하여 불꽃 · 아크 또는 고온발생부분이 기름 속에 잠기게 함으로써 기름면 위에 존재하는 가연성 가스에 인화되지 않도록 한 구조를 말한다.
압력방폭구조	p	용기 내부에 보호가스(신선한 공기 또는 불활성 가스)를 압입하여 내부압력을 유지함으로써 가연성 가스가 용기 내부로 유입되지 않도록 한 구조를 말한다.
안전증 방폭구조	e	정상운전 중에 가연성 가스의 점화원이 될 전기불꽃 · 아크 또는 고온부분 등의 발생을 방지하기 위해 기계적, 전기적 구조상 또는 온도상승에 대해 특히 안전도를 증가시킨 구조를 말한다.
본질안전 방폭구조	ia, ib	정상 시 및 사고(단선, 단락, 지락 등) 시에 발생하는 전기불꽃 · 아크 또는 고온부로 인하여 가연성 가스가 점화되지 않는 것이 점화시험, 그 밖의 방법에 의해 확인된 구조를 말한다.
특수방폭구조	s	상기 구조 이외의 방폭구조로서 가연성 가스에 점화를 방지할 수 있다는 것이 시험, 그 밖의 방법으로 확인된 구조를 말한다.

(3) 방폭기기 선정

[내압방폭구조의 폭발 등급]

최대안전틈새 범위(mm)	0.9 이상	0.5 초과 0.9 미만	0.5 이하
가연성 가스의 폭발 등급	A	B	C
방폭전기기기의 폭발 등급	IIA	IIB	IIC

[비고] 최대안전틈새는 내용적이 8리터이고, 틈새깊이가 25mm인 표준용기 안에서 가스가 폭발할 때 발생한 화염이 용기 밖으로 전파하여 가연성 가스에 점화되지 않는 최대값

[본질안전구조의 폭발 등급]

최소점화전류비의 범위(mm)	0.8 초과	0.45 이상 0.8 이하	0.45 미만
가연성 가스의 폭발 등급	A	B	C
방폭전기기기의 폭발 등급	IIA	IIB	IIC

[비고] 최소점화전류비는 메탄가스의 최소점화전류를 기준으로 나타낸다.

[가연성 가스 발화도 범위에 따른 방폭전기기기의 온도 등급]

가연성 가스의 발화도(℃) 범위	방폭전기기기의 온도 등급
450 초과	T1
300 초과 450 이하	T2
200 초과 300 이하	T3
135 초과 200 이하	T4
100 초과 135 이하	T5
85 초과 100 이하	T6

(4) 기타 방폭전기기기 설치에 관한 사항

기기 분류	간추린 핵심내용
용기	방폭성능을 손상시킬 우려가 있는 유해한 흠부식, 균열, 기름 등 누출부위가 없도록 할 것
방폭전기기기 결합부의 나사류를 외부에서 조작 시 방폭성능 손상우려가 있는 것	드라이버, 스패너, 플라이어 등의 일반 공구로 조작할 수 없도록 한 자물쇠식 죄임구조로 할 것
방폭전기기기 설치에 사용되는 정션박스, 풀박스 접속함	내압방폭구조 또는 안전증방폭구조(d · e)
조명기구 천장, 벽에 매어 달 경우	바람 및 진동에 견디도록 하고 관의 길이를 짧게 한다.

(5) 안전간격에 따른 폭발 등급

폭발 등급	안전간격	해당 가스
1등급	0.6mm 이상	메탄, 에탄, 프로판, 부탄, 암모니아, 일산화탄소, 아세톤, 벤젠
2등급	0.4mm 이상 0.6mm 미만	에틸렌, 석탄가스
3등급	0.4mm 미만	이황화탄소, 수소, 아세틸렌, 수성가스

01 내진설계(가스시설 내진설계기준(KGS 203))

(1) 내진설계 시설용량

<table>
<tr><th colspan="2" rowspan="2">법규 구분</th><th colspan="2">시설 구분</th></tr>
<tr><th>지상저장탱크 및 가스홀더</th><th>그 밖의 시설</th></tr>
<tr><td rowspan="2">고압가스
안전관리법</td><td>독성, 가연성</td><td>5톤, 500m³ 이상</td><td rowspan="2">① 반응 · 분리 · 정제 · 증류 등을 행하는 탑류로서 동체부 5m 이상 압력용기
② 세로방향으로 설치한 동체길이 5m 이상 원통형 응축기
③ 내용적 5000L 이상 수액기
④ 지상설치 사업소 밖 고압가스배관
⑤ 상기 시설의 지지구조물 및 기초연결부</td></tr>
<tr><td>비독성,
비가연성</td><td>10톤, 1000m³ 이상</td></tr>
<tr><td colspan="2">액화석유가스의
안전관리 및 사업법</td><td>3톤 이상</td><td>3톤 이상 지상저장탱크의 지지구조물 및 기초와 이들 연결부</td></tr>
<tr><td rowspan="4">도시가스
사업법</td><td>제조시설</td><td>3톤(300m³) 이상</td><td>–</td></tr>
<tr><td>충전시설</td><td>5톤(500m³) 이상</td><td>① 반응 · 분리 · 정제 · 증류 등을 행하는 탑류로서 동체부 높이가 5m 이상인 압력용기
② 지상에 설치되는 사업소 밖의 배관(사용자 공급관 배관 제외)
③ 도시가스법에 따라 설치된 시설 및 압축기, 펌프, 기화기, 열교환기, 냉동설비, 정제설비, 부취제 주입설비, 지지구조물 및 기초와 이들 연결부</td></tr>
<tr><td>가스도매업자,
가스공급시설
설치자의 시설</td><td colspan="2">① 정압기지 및 밸브기지 내(정압설비, 계량설비, 가열설비, 배관의 지지구조물 및 기초, 방산탑, 건축물)
② 사업소 밖 배관에 긴급차단장치를 설치 또는 관리하는 건축물</td></tr>
<tr><td>일반도시가스
사업자</td><td colspan="2">철근콘크리트 구조의 정압기실(캐비닛, 매몰형 제외)</td></tr>
</table>

(2) 내진 등급 분류

중요도 등급	영향도 등급	관리 등급	내진 등급
특	A	핵심시설	내진 특A
	B	–	내진 특
1	A	중요시설	
	B	–	내진 I
2	A	일반시설	
	B	–	내진 II

(3) 내진설계에 따른 독성가스 종류

구분	허용농도(TLV-TWA)	종류
제1종 독성가스	1ppm 이하	염소, 시안화수소, 이산화질소, 불소 및 포스겐
제2종 독성가스	1ppm 초과 10ppm 이하	염화수소, 삼불화붕소, 이산화유황, 불화수소, 브롬화메틸, 황화수소
제3종 독성가스	–	제1종, 제2종 독성가스 이외의 것

(4) 내진설계 등급의 용어

구분		핵심내용
내진 특등급	시설	그 설비의 손상이나 기능 상실이 사업소 경계 밖에 있는 공공의 생명 · 재산에 막대한 피해를 초래 및 사회의 정상적인 기능 유지에 심각한 지장을 가져올 수 있는 것
	배관	배관의 손상이나 기능 상실이 사업소 경계 밖에 있는 공공의 생명 · 재산에 막대한 피해를 초래 및 사회의 정상적인 기능 유지에 심각한 지장을 가져올 수 있는 것(독성 가스를 수송하는 고압가스 배관의 중요도)
내진 1등급	시설	그 설비의 손상이나 기능 상실이 사업소 경계 밖에 있는 공공의 생명과 재산에 상당한 피해를 가져올 수 있는 것
	배관	배관의 손상이나 기능 상실이 사업소 경계 밖에 있는 공공의 생명과 재산에 상당한 피해를 가져올 수 있는 것(가연성 가스를 수송하는 고압가스 배관의 중요도)
내진 2등급	시설	그 설비의 손상이나 기능 상실이 사업소 경계 밖에 있는 공공의 생명 · 재산에 경미한 피해를 가져 올 수 있는 것
	배관	배관의 손상이나 기능 상실이 사업소 경계 밖에 있는 공공의 생명 · 재산에 경미한 피해를 가져 올 수 있는 것(독성, 가연성 이외의 가스를 수송하는 배관의 중요도)

※ 내진 등급을 4가지로 분류 시는 내진 특A등급, 내진 특등급, 내진 1등급, 내진 2등급으로 분류

(5) 도시가스 배관의 내진 등급

내진 등급	사업자 구분		관리 등급
	가스도매사업자	일반도시가스사업자	
내진 특등급	모든 배관	–	중요시설
내진 1등급	–	0.5MPa 이상 배관	–
내진 2등급	–	0.5MPa 미만 배관	–

01-2 방호벽(KGS Fp 111)(2.7.2 관련)

관련사진

적용시설				
법규	시설 구분		설치장소	
고압가스	일반제조	C_2H_2 가스 또는 압력 9.8MPa 이상 압축가스 충전 시의 압축기	압축기	① 당해 충전장소 사이 ② 당해 충전용기 보관장소 사이
			당해 충전장소	① 당해 가스 충전용기 보관장소 ② 당해 충전용 주관 밸브
	고압가스 판매시설		용기보관실의 벽	
	충전시설		저장탱크	가스 충전장소, 사업소 내 보호시설
	특정고압가스 사용시설		압축가스	저장량 $60m^3$ 이상 용기보관실의 벽
			액화가스	저장량 300kg 이상 용기보관실의 벽
LPG	판매시설		용기보관실의 벽	
도시가스	지하 포함		정압기실	

방호벽의 종류				
종류 / 구조	철근콘크리트	콘크리트블록	강판제	
			후강판	박강판
높이	2000mm 이상	2000mm 이상	2000mm 이상	2000mm 이상
두께	120mm 이상	150mm 이상	6mm 이상	3.2mm 이상
규격	① 직경 9mm 이상 ② 가로, 세로 400mm 이하 간격으로 배근결속 (기준) ㉠ 일체로 된 철근콘크리트 기초 ㉡ 기초높이 350mm 이상, 깊이 300mm 이상 ㉢ 기초두께는 방호벽 최하부 두께의 120% 이상	① 직경 9mm 이상 ② 가로, 세로 400mm 이하 간격으로 배근결속 블록 공동부에 콘크리트 몰탈을 채움.	1800mm 이하의 간격으로 지주를 세움.	30mm×30mm 앵글강을 가로, 세로 400mm 이하로 용접보강한 강판을 1800mm 이하 간격으로 지주를 세움.

01-3 비파괴검사

관련사진

[자분(탐상)검사(MT)]

[침투(탐상)검사(PT)]

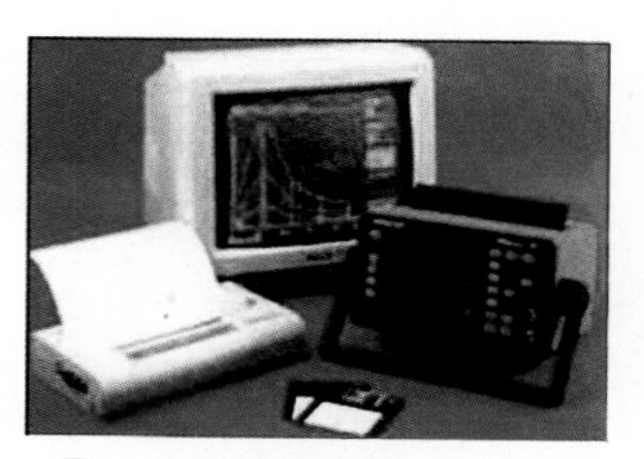

[초음파(탐상)검사(UT)]

[방사선(투과)검사(RT)]

종류	정의	특징	
		장점	단점
음향검사 (AC)	검사하는 물체에 망치 등으로 두드려 보고 들리는 소리를 들어 결함 유무를 판별	① 검사비용이 발생치 않아 경제성이 있다. ② 시험방법이 간단하다.	검사자의 숙련을 요하며, 숙련도에 따라 오차가 생길 수 있다.
자분 (탐상)검사 (MT)	시험체의 표면결함을 검출하기 위해 누설자장으로 결함의 크기 위치를 알아내는 검사법	① 검사방법이 간단하다. ② 미세표면결함 검출 가능	결함의 길이는 알아내기 어렵다.
침투 (탐상)검사 (PT)	시험체 표면에 침투액을 뿌려 결함부에 침투 시 그것을 빨아올려 결함의 위치, 모양을 검출하는 방법으로 형광침투, 염색 침투법이 있다.	① 시험방법이 간단하다. ② 시험체의 크기, 형상의 영향이 없다.	① 시험체 표면에 가까이 가서 침투액을 살포하여야 한다. ② 주위온도의 영향이 있다. ③ 시험체 표면이 열려 있어야 한다.
초음파 (탐상)검사 (UT)	초음파를 시험체에 보내 내부결함으로 반사된 초음파의 분석으로 결함의 크기 위치를 알아내는 검사법(종류 : 공진법, 투과법, 펄스반사법)	① 위치결함 판별이 양호하고 건강에 위해가 없다. ② 면상의 결함도 알 수 있다. ③ 시험의 결과를 빨리 알 수 있다. ④ 내부결함 검출이 가능하다.	① 결함의 종류를 알 수 없다. ② 개인차가 발생한다.
방사선 (투과)검사 (RT)	방사선(X선, 감마선)의 필름으로 촬영이나 투시하는 방법으로 결함여부를 검출하는 방법	① 내부결함 능력이 우수하다. ② 신뢰성이 있다. ③ 보존성이 양호하다.	① 비경계적이다. ② 방사선으로 인한 위해가 있다. ③ 표면결함 검출능력이 떨어진다.

01-4 비파괴시험대상 및 생략대상 배관(KGS Fs 331, p30)(KGS Fs 551, p21)

법규 구분	비파괴시험대상	비파괴시험 생략대상
고법	① 중압(0.1MPa) 이상 배관 용접부 ② 저압 배관으로 호칭경 80A 이상 용접부	① 지하 매설배관 ② 저압으로 80A 미만으로 배관 용접부
LPG	① 0.1MPa 이상 액화석유가스가 통하는 배관 용접부 ② 0.1MPa 미만 액화석유가스가 통하는 호칭지름 80mm 이상 배관의 용접부	건축물 외부에 노출된 0.01MPa 미만 배관의 용접부
도시가스	① 지하 매설배관(PE관 제외) ② 최고사용압력 중압 이상인 노출 배관 ③ 최고사용압력 저압으로서 50A 이상 노출 배관	① PE 배관 ② 저압으로 노출된 사용자 공급관 ③ 호칭지름 80mm 미만인 저압의 배관
참고사항	LPG, 도시가스 배관의 용접부는 100% 비파괴시험을 실시할 경우 ① 50A 초과 배관은 맞대기 용접을 하고 맞대기 용접부는 방사선투과시험을 실시 ② 그 이외의 용접부는 방사선투과, 초음파탐상, 자분탐상, 침투탐상시험을 실시	

(1) 긴급이송설비(벤트스택과 플레어스택)

관련사진

[벤트스택]

[플레어스택]

항목	벤트스택		항목	플레어스택
	긴급용(공급시설) 벤트스택	그 밖의 벤트스택		
개요	가연성 또는 독성 가스의 고압가스 설비 중 특수 반응설비와 긴급차단장치를 설치한 고압가스 설비에 이상사태 발생 시 설비 안 내용물을 설비 밖으로 긴급 안전하게 이송하는 설비로서 독성, 가연성 가스를 방출시키는 탑		개요	가연성 또는 독성 가스의 고압가스 설비 중 특수반응 설비와 긴급차단장치를 설치한 고압가스 설비에 이상사태 발생 시 설비 안 내용물을 설비 밖으로 긴급 안전하게 이송하는 설비로서 가연성 가스를 연소시켜 방출시키는 탑
착지농도	가연성 : 폭발하한계값 미만의 높이 독성 : TLV-TWA 기준농도값 미만이 되는 높이		발생 복사열	제조시설에 나쁜 영향을 미치지 아니하도록 안전한 높이 및 위치에 설치
독성가스 방출 시	제독조치 후 방출		재료 및 구조	발생 최대 열량에 장시간 견딜 수 있는 것
정전기 낙뢰의 영향	착화방지조치를 강구, 착화 시 즉시 소화조치 강구		파일럿 버너	항상 점화하여 폭발을 방지하기 위한 조치가 되어 있는 것

항목	벤트스택		항목	플레어스택
	긴급용(공급시설) 벤트스택	그 밖의 벤트스택		
벤트스택 및 연결배관의 조치	응축액의 고임을 제거 및 방지조치		지표면에 미치는 복사열	$4000 kcal/m^2 \cdot hr$ 이하
액화가스가 함께 방출되거나 급랭 우려가 있는 곳	연결된 가스공급 시설과 가장 가까운 곳에 기액분리기 설치	액화가스가 함께 방출되지 아니하는 조치	긴급이송설비로부터 연소하여 안전하게 방출시키기 위하여 행하는 조치사항	① 파일럿 버너를 항상 작동할 수 있는 자동점화장치 설치 및 파일럿 버너가 꺼지지 않도록 자동점화장치 기능이 완전히 유지되도록 설치 ② 역화 및 공기혼합 폭발방지를 위하여 갖추는 시설 ㉠ Liquid Seal 시설 (리퀴드 실) ㉡ Flame Arrestor 설치 (프레임 아레스토) ㉢ Vapor Seal 설치 (베이퍼 실) ㉣ Purge Gas의 지속적 주입 (퍼지 가스) ㉤ Molecular 설치 (몰큘러)
방출구 위치 (작업원이 정상작업의 필요장소 및 항상 통행장소로부터 이격거리)	10m 이상	5m 이상		

(2) 저장탱크의 내부압력이 외부압력보다 낮아져 저장탱크가 파괴되는 것을 방지하기 위한 조치의 설비(부압을 방지하는 조치)

① 압력계

② 압력경보설비

③ 그 밖의 것(다음 중 어느 한 개의 설비)

㉠ 진공안전밸브

㉡ 다른 저장탱크 또는 시설로부터의 가스도입 배관(균압관)

㉢ 압력과 연동하는 긴급차단장치를 설치한 냉동제어설비

㉣ 압력과 연동하는 긴급차단장치를 설치한 송액설비

(3) 가스누출경보기 및 자동차단장치 설치(KGS Fu 2.8.2) (KGS Fp 211)

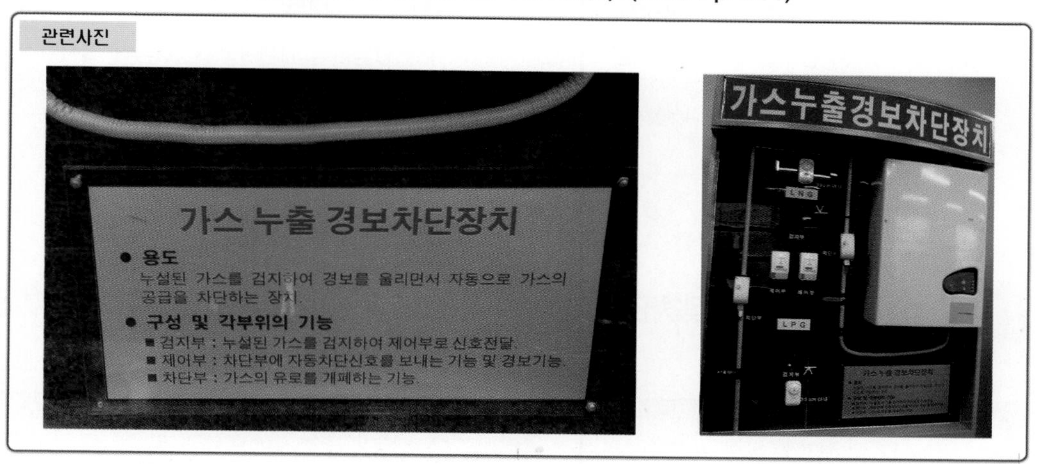

항목		간추린 세부 핵심내용	
설치대상 가스		독성 가스 공기보다 무거운 가연성 가스 저장설비	
설치 목적		가스누출 시 신속히 검지하여 대응조치하기 위함	
검지경보장치	기능	가스누출의 검지농도를 지시함과 동시에 경보하되 담배연기, 잡가스에는 경보하지 않을 것	
	종류	접촉연소방식, 격막갈바니 전지방식, 반도체방식	
가스별 경보농도	가연성	폭발하한계의 1/4 이하에서 경보	
	독성	TLV-TWA 기준농도 이하	
	NH_3	실내에서 사용 시 TLV-TWA 50ppm 이하	
경보기 정밀도	가연성	±25% 이하	
	독성	±30% 이하	
검지에서 발신까지 걸리는 시간	NH_3, CO	경보농도의 1.6배 농도에서	60초 이내
	그 밖의 가스		30초 이내
지시계 눈금	가연성	0 ~ 폭발하한계값	
	독성	TLV-TWA 기준농도의 3배값	
	NH_3	실내에서 사용 시 150ppm	

TIP

1. 가스누출 시 경보를 발신 후 그 농도가 변화하여도 계속 경보하고 대책강구 후 경보가 정지되게 한다.
2. 검지에서 발신까지 걸리는 시간에서 CO, NH_3가 타 가스와 달리 60초 이내 경보하는 이유는 폭발하한이 CO(12.5%), NH_3(15%)로 너무 높아 그 농도 검지에 시간이 타 가스에 비해 많이 소요되기 때문이다.

01-5 가스누출경보 및 차단장치 설치장소 및 검지부의 설치개수(KGS Fp 111) (2.6.2.3.1 관련)

<table>
<tr><th colspan="3" rowspan="2">법규에 따른 항목</th><th colspan="3">설치 세부내용</th></tr>
<tr><th>장소</th><th>설치간격</th><th>개수</th></tr>
<tr><td rowspan="9">고압가스
(KGS
Fp 111)
(p66)</td><td rowspan="7">제조
시설</td><td>건축물 내</td><td rowspan="4">바닥면 둘레</td><td>10m</td><td>1개</td></tr>
<tr><td>건축물 밖</td><td>20m</td><td>1개</td></tr>
<tr><td>가열로 발화원의 제조설비 주위</td><td>20m</td><td>1개</td></tr>
<tr><td>특수반응 설비</td><td>10m</td><td>1개</td></tr>
<tr><td rowspan="3">그 밖의 사항</td><td>계기실 내부</td><td colspan="2">1개 이상</td></tr>
<tr><td>방류둑 내 탱크</td><td colspan="2">1개 이상</td></tr>
<tr><td>독성 가스 충전용 접속군</td><td colspan="2">1개 이상</td></tr>
<tr><td colspan="2" rowspan="2">배관</td><td colspan="3">경보장치의 검출부 설치장소</td></tr>
<tr><td colspan="3">① 긴급차단장치부분
② 슬리브관, 이중관 밀폐 설치부분
③ 누출가스 체류 쉬운 부분
④ 방호구조물 등에 의하여 밀폐되어 설치된 배관부분</td></tr>
<tr><td rowspan="2">LPG
(KGS
Fp 331)
(p153)</td><td colspan="2">경보기의 검지부 설치장소</td><td colspan="3">① 저장탱크, 소형 저장탱크 용기
② 충전설비 로딩 암 압력용기 등 가스설비</td></tr>
<tr><td colspan="2">설치해서는 안 되는 장소</td><td colspan="3">① 증기, 물방울, 기름기 섞인 연기 등이 직접 접촉 우려가 있는 곳
② 온도 40℃ 이상인 곳
③ 누출가스 유동이 원활치 못한 곳
④ 경보기 파손 우려가 있는 곳</td></tr>
<tr><td rowspan="3">도시가스
사업법
(KGS
Fp 451)</td><td colspan="2">건축물 안</td><td rowspan="3">바닥면 둘레
및
설치 개수</td><td colspan="2" rowspan="2">10m마다 1개 이상
20m마다 1개 이상</td></tr>
<tr><td colspan="2">지하의 전용탱크 처리설비실</td></tr>
<tr><td colspan="2">정압기(지하 포함)실</td><td colspan="2">20m마다 1개 이상</td></tr>
<tr><td colspan="2" rowspan="2">가스누출 검지경보장치의 연소기 버너 중심에서 검지부 설치 수</td><td colspan="2">공기보다 가벼운 경우</td><td colspan="2">8m마다 1개</td></tr>
<tr><td colspan="2">공기보다 무거운 경우</td><td colspan="2">4m마다 1개</td></tr>
</table>

01-6 가스누출 자동차단장치 설치대상(KGS Fu 551) 및 제외대상

설치대상	세부 내용	설치제외대상	세부 내용
특정 가스사용시설 (식품위생법)	영업장 면적 $100m^2$ 이상	연소기가 연결된 퓨즈 콕, 상자 콕 및 소화안전장치 부착 시	월 사용예정량 $2000m^3$ 미만 시
지하의 가스사용시설	가정용은 제외	공급이 불시에 중지 시	막대한 손실 재해 우려 시
		다기능 안전계량기 설치 시	누출경보기 연동차단 기능이 탑재

01 고압가스 운반 등의 기준(KGS Gc 206)

관련사진

(1) 운반 등의 기준 적용 제외

① 운반하는 고압가스 양이 13kg(압축의 경우 $1.3m^3$) 이하인 경우

② 소방자동차, 구급자동차, 구조차량 등이 긴급 시에 사용하기 위한 경우

③ 스킨스쿠버 등 여가목적으로 공기 충전용기를 2개 이하로 운반하는 경우

④ 산업통상자원부장관이 필요하다고 인정하는 경우

(2) 고압가스 충전용기 운반기준

① 충전용기 적재 시 적재함에 세워서 적재한다.

② 차량의 최대 적재량 및 적재함을 초과하여 적재하지 아니 한다.

③ 납붙임 및 접합 용기를 차량에 적재 시 용기 이탈을 막을 수 있도록 보호망을 적재함에 씌운다.

④ 충전용기를 차량에 적재 시 고무링을 씌우거나 적재함에 세워서 적재한다. 단, 압축가스의 경우 세우기 곤란 시 적재함 높이 이내로 눕혀서 적재가능하다.

⑤ 독성 가스 중 가연성, 조연성 가스는 동일차량 적재함에 운반하지 아니 한다.

⑥ 밸브 돌출 충전용기는 고정식 프로텍터, 캡을 부착하여 밸브 손상방지 조치를 한 후 운반한다.

⑦ 충전용기를 차에 실을 때 충격방지를 위해 완충판을 차량에 갖추고 사용한다.
⑧ 충전용기는 이륜차(자전거 포함)에 적재하여 운반하지 아니 한다.
⑨ 염소와 아세틸렌, 암모니아, 수소는 동일차량에 적재하여 운반하지 아니 한다.
⑩ 가연성과 산소를 동일차량에 적재운반 시 충전용기 밸브를 마주보지 않도록 한다.
⑪ 충전용기와 위험물안전관리법에 따른 위험물과 동일차량에 적재하여 운반하지 아니 한다.

(3) 독성 가스 용기운반

① 충전용기는 세워서 적재
② 차량의 최대 적재량을 초과하지 않도록 적재
③ 충전용기는 단단히 묶을 것
④ 밸브 돌출용기는 고정식 프로텍터 캡을 부착할 것
⑤ 충전용기의 충격방지를 위하여 상하차 시 완충판을 사용할 것
⑥ 독성 중 가연성, 조연성은 동일차량에 적재하여 운반하지 아니할 것
⑦ 충전용기는 자전거, 오토바이로 운반하지 아니할 것

(4) 경계표시(KGS Gc 206 2.1.1.2)

관련사진

구분		내용
설치위치		차량 앞뒤 명확하게 볼 수 있도록(RTC 차량은 좌우에서 볼 수 있도록)
표시사항		위험고압가스, 독성 가스 등 삼각기를 외부 운전석 등에 게시
규격	직사각형	가로 치수 : 차폭의 30% 이상, 세로 치수 : 가로의 20% 이상
	정사각형	면적 : $600cm^2$ 이상
	삼각기	① 가로 : 40cm, 세로 : 30cm ② 바탕색 : 적색, 글자색 : 황색
그 밖의 사항		① 상호, 전화번호 ② 운반기준 위반행위를 신고할 수 있는 허가관청, 등록관청의 전화번호 등이 표시된 안내문을 부착

구분	내용
경계표시 도형	위 고압가스 험 독성가스 30cm / 40cm
독성 가스 충전용기 운반	① 붉은 글씨의 위험 고압가스, 독성 가스 ② 위험을 알리는 도형, 상호, 사업자 전화번호, 운반기준 위반행위를 신고할 수 있는 등록관청 전화번호 안내문
독성 가스 이외 충전용기 운반	상기 항목의 독성 가스 표시를 제외한 나머지는 모두 동일하게 표시

(5) 운반책임자 동승 기준

용기에 의한 운반				
가스 종류			허용농도(ppm)	적재용량(m^3, kg)
독성 가스	압축가스(m^3)		200 초과	$100m^3$ 이상
			200 이하	$10m^3$ 이상
	액화가스(kg)		200 초과	1000kg 이상
			200 이하	100kg 이상
비독성 가스	압축가스	가연성	$300m^3$ 이상	
		조연성	$600m^3$ 이상	
	액화가스	가연성	3000kg 이상(납붙임 접합용기는 2000kg 이상)	
		조연성	6000kg 이상	

차량에 고정된 탱크에 의한 운반(운행거리 200km 초과 시에만 운반책임자 동승)					
압축가스(m^3)			액화가스(kg)		
독성	가연성	조연성	독성	가연성	조연성
$100m^3$ 이상	$300m^3$ 이상	$600m^3$ 이상	1000kg 이상	3000kg 이상	6000kg 이상

(6) 운반하는 용기 및 차량에 고정된 탱크에 비치하는 소화설비

독성 가스 중 가연성 가스를 운반 시 비치하는 소화설비(5kg 운반 시는 제외)			
운반하는 가스량에 따른 구분	소화기 종류		비치 개수
	소화제 종류	능력단위	
압축 $100m^3$ 이상 액화 1000kg 이상의 경우	분말소화제	BC용 또는 ABC용 B-6(약제 중량 4.5kg) 이상	2개 이상
압축 $15m^3$ 초과 $100m^3$ 미만 액화 150kg 초과 1000kg 미만의 경우	분말소화제	상동	1개 이상
압축 $15m^3$ 액화 150kg 이하의 경우	분말소화제 B-3 이상		1개 이상

차량에 고정된 탱크 운반 시 소화설비			
가스의 구분	소화기 종류		비치 개수
	소화제 종류	능력단위	
가연성 가스	분말소화제	BC용 B-10 이상 또는 ABC용 B-12 이상	차량 좌우 각각 1개 이상
산소	분말소화제	BC용 B-8 이상 또는 ABC용 B-10 이상	
보호장비			
독성 가스 종류에 따른 방독면, 고무장갑, 고무장화 그 밖의 보호구 재해발생 방지를 위한 응급조치에 필요한 제독제, 자재, 공구 등을 비치하고 매월 1회 점검하여 항상 정상적인 상태로 유지			

(7) 운반 독성 가스 양에 따른 소석회 보유량(KGS Gc 206)

품명	운반하는 독성 가스 양, 액화가스 질량 1000kg		적용 독성 가스
	미만의 경우	이상의 경우	
소석회	20kg 이상	40kg 이상	염소, 염화수소, 포스겐, 아황산가스 등 효과가 있는 액화가스에 적용

(8) 차량 고정탱크에 휴대해야 하는 안전운행 서류

관련사진

① 고압가스 이동계획서
② 관련 자격증
③ 운전면허증
④ 탱크테이블(용량 환산표)
⑤ 차량 운행일지
⑥ 차량 등록증

(9) 차량 고정탱크(탱크로리) 운반기준

항목	내용
두 개 이상의 탱크를 동일 차량에 운반 시	① 탱크마다 주밸브 설치 ② 탱크 상호 탱크와 차량 고정부착 조치 ③ 충전관에 안전밸브, 압력계 긴급탈압밸브 설치
LPG를 제외한 가연성 산소	18000L 이상 운반금지
NH_3를 제외한 독성	12000L 이상 운반금지
액면요동부하 방지를 위해 하는 조치	방파판 설치
차량의 뒷범퍼와 이격거리	① 후부취출식 탱크(주밸브가 탱크 뒤쪽에 있는 것) : 40cm 이상 이격 ② 후부취출식 이외의 탱크 : 30cm 이상 이격 ③ 조작상자(공구 등 기타 필요한 것을 넣는 상자) : 20cm 이상 이격
기타	돌출 부속품에 대한 보호장치를 하고 밸브 콕 등에 개폐표시방향을 할 것
참고사항	LPG 차량 고정탱크(탱크로리)에 가스를 이입할 수 있도록 설치되는 로딩암을 건축물 내부에 설치 시 통풍을 양호하게 하기 위하여 환기구를 설치, 이때 환기구 면적의 합계는 바닥면적의 6% 이상

(10) 차량 고정탱크 및 용기에 의한 운반 시 주차 시의 기준(KGS Gc 206)

구분	내용
주차 장소	① 1종 보호시설에서 15m 이상 떨어진 곳 ② 2종 보호시설이 밀집되어 있는 지역으로 육교 및 고가차도 아래는 피할 것 ③ 교통량이 적고 부근에 화기가 없는 안전하고 지반이 좋은 장소
비탈길 주차 시	주차 Break를 확실하게 걸고 차바퀴에 차바퀴 고정목으로 고정
차량운전자, 운반책임자가 차량에서 이탈한 경우	항상 눈에 띄는 장소에 있도록 한다.
기타 사항	① 장시간 운행으로 가스온도가 상승되지 않도록 한다. ② 40℃ 초과 우려 시 급유소를 이용, 탱크에 물을 뿌려 냉각한다. ③ 노상주차 시 직사광선을 피하고 그늘에 주차하거나 탱크에 덮개를 씌운다(단, 초저온, 저온탱크는 그러하지 아니 하다). ④ 고속도로 운행 시 규정속도를 준수, 커브길에서는 신중하게 운전한다. ⑤ 200km 이상 운행 시 중간에 충분한 휴식을 한다. ⑥ 운반책임자의 자격을 가진 운전자는 운반도중 응급조치에 대한 긴급지원 요청을 위하여 주변의 제조 · 저장 판매 수입업자, 경찰서, 소방서의 위치를 파악한다. ⑦ 차량 고정탱크로 고압가스 운반 시 고압가스에 대한 주의사항을 기재한 서면을 운반책임자 운전자에게 교부하고 운반 중 휴대시킨다.

01-7 가스 제조설비의 정전기 제거설비 설치(KGS Fp 111) (2.6.11)

관련사진

<table>
<tr><th colspan="2">항목</th><th>간추린 세부 핵심내용</th></tr>
<tr><td colspan="2">설치목적</td><td>가연성 제조설비에 발생한 정전기가 점화원으로 되는 것을 방지하기 위함</td></tr>
<tr><td rowspan="2">접지 저항치</td><td>총합</td><td>100Ω 이하</td></tr>
<tr><td>피뢰설비가 있는 것</td><td>10Ω 이하</td></tr>
<tr><td colspan="2">본딩용 접속선
접지접속선 단면적</td><td>5.5mm² 이상(단선은 제외)을 사용
경납붙임 용접, 접속금구 등으로 확실하게 접지</td></tr>
<tr><td colspan="2">단독접지설비</td><td>탑류, 저장탱크 열교환기, 회전기계, 벤트스택</td></tr>
<tr><td colspan="2">충전 전 접지대상설비</td><td>① 가연성 가스를 용기 · 저장탱크 · 제조설비 이충전 및 용기 등으로부터 충전
② 충전용으로 사용하는 저장탱크 제조설비
③ 차량에 고정된 탱크</td></tr>
</table>

01-8 고압 · LPG · 도시가스의 냄새나는 물질의 첨가(KGS Fp 331) (3.2.1.1) 관련

항목		간추린 세부 핵심내용
공기 중 혼합비율 용량(%)		1/1000(0.1%)
냄새농도 측정방법		① 오더미터법(냄새측정기법) ② 주사기법 ③ 냄새주머니법 ④ 무취실법
시료기체 희석배수 (시료기체 양÷시험가스 양)		① 500배 ② 1000배 ③ 2000배 ④ 4000배
용어설명	패널(panel)	미리 선정한 정상적인 후각을 가진 사람으로서 냄새를 판정하는 자
	시험자	냄새농도 측정에 있어서 희석조작을 하여 냄새농도를 측정하는 자
	시험가스	냄새를 측정할 수 있도록 기화시킨 가스
	시료기체	시험가스를 청정한 공기로 희석한 판정용 기체
기타 사항		① 패널은 잡담을 금지한다. ② 희석배수의 순서는 랜덤하게 한다. ③ 연속측정 시 30분마다 30분간 휴식한다.
부취제 구비조건		① 경제적일 것 ② 화학적으로 안정할 것 ③ 보통 존재 냄새와 구별될 것 ④ 물에 녹지 않을 것 ⑤ 독성이 없을 것

(1) 부취제(부취설비)

특성 \ 종류	TBM (터시어리부틸메르카부탄)	THT (테트라하이드로티오페)	DMS (디메틸설파이드)
냄새 종류	양파 썩는 냄새	석탄가스 냄새	마늘 냄새
강도	강함	보통	약간 약함
혼합 사용 여부	혼합 사용	단독 사용	혼합 사용

부취제 주입설비	
액체주입식	펌프주입방식, 적하주입방식, 미터연결 바이패스방식
증발식	위크 증발식, 바이패스방식
부취제 주입농도	$\frac{1}{1000}=0.1\%$ 정도
토양의 투과성 순서	DMS > TBM > THT

01-9 방류둑 설치기준

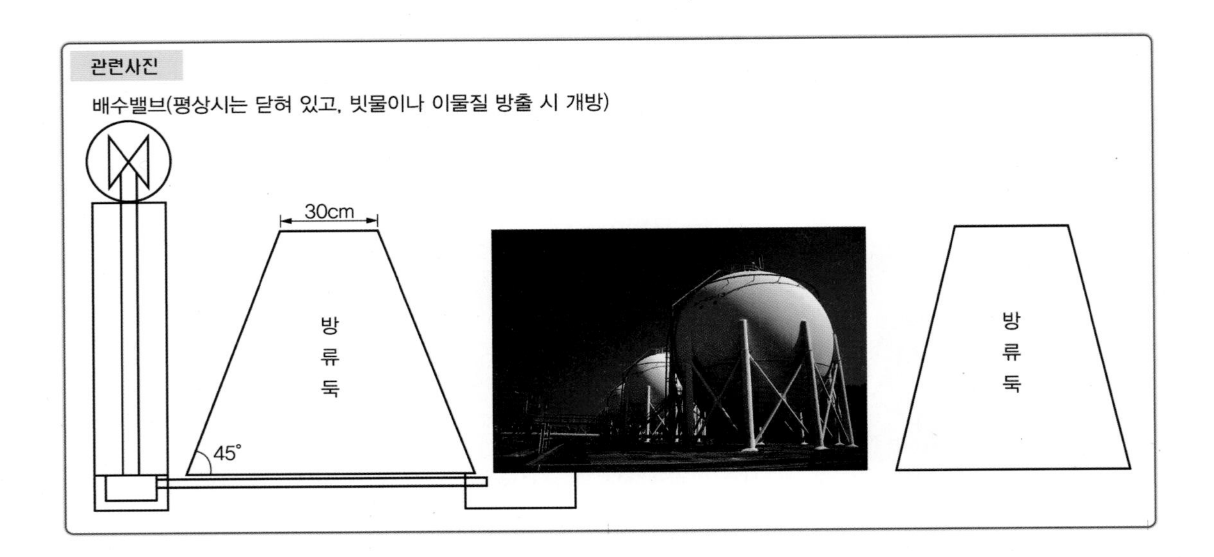

방류둑 : 액화가스가 누설 시 한정된 범위를 벗어나지 않도록 탱크 주위를 둘러쌓은 제방

<table>
<tr><th colspan="3" rowspan="2">법령에 따른 기준</th><th>설치기준</th><th colspan="2" rowspan="2">항목</th><th rowspan="2">세부 핵심내용</th></tr>
<tr><th>저장탱크 가스홀더 및 설비의 용량</th></tr>
<tr><td rowspan="5">고압가스 안전관리법 (KGS 111, 112)</td><td colspan="2">독성</td><td>5t 이상</td><td rowspan="4">방류둑 용량(액화가스 누설 시 방류둑에서 차단할 수 있는 양)</td><td rowspan="2">독성 가연성</td><td rowspan="2">저장능력 상당용적</td></tr>
<tr><td colspan="2">산소</td><td>1000t 이상</td></tr>
<tr><td rowspan="2">가연성</td><td>일반 제조</td><td>1000t 이상</td><td rowspan="2">산소</td><td rowspan="2">저장능력 상당용적의 60% 이상</td></tr>
<tr><td>특정 제조</td><td>500t 이상</td></tr>
<tr><td colspan="2">냉동제조</td><td>수액기용량 10000L 이상</td><td colspan="2">재료</td><td>철근콘크리트 · 철골 · 금속 · 흙 또는 이의 조합</td></tr>
<tr><td>LPG 안전관리법</td><td colspan="3">1000t 이상
(LPG는 가연성 가스임)</td><td colspan="2">성토 각도</td><td>45°</td></tr>
<tr><td rowspan="3">도시가스 안전관리법</td><td colspan="2">가스도매 사업법</td><td>500t 이상</td><td colspan="2">성토 윗부분 폭</td><td>30cm 이상</td></tr>
<tr><td colspan="2">일반도시가스 사업법</td><td>1000t 이상</td><td colspan="2">출입구 설치 수</td><td>50m마다 1개(전 둘레 50m 미만 시 2곳을 분산 설치)</td></tr>
<tr><td colspan="3">(도시가스는 가연성 가스임)</td><td colspan="2">집합 방류둑</td><td>가연성과 조연성, 가연성, 독성 가스의 저장탱크를 혼합 배치하지 않음</td></tr>
<tr><td>참고사항</td><td colspan="6">① 방류둑 안에는 고인물을 외부로 배출할 수 있는 조치를 한다.
② 배수조치는 방류둑 밖에서 배수차단 조작을 하고 배수할 때 이외는 반드시 닫아둔다.</td></tr>
</table>

01-10 단열성능시험

시험용 가스	
종류	**비점**
액화질소 액화산소 액화아르곤	−196℃ −183℃ −186℃
침투열량에 따른 합격기준	
내용적(L)	**열량(kcal/hr℃·L)**
1000L 이상	0.002
1000L 미만	0.0005
침입열량 계산식	
$Q=\dfrac{W\cdot q}{H\cdot \Delta t\cdot V}$	Q : 침입열량(kcal/hr℃·L) W : 기화 가스량(kg) q : 시험가스의 기화잠열(kcal/kg) H : 측정시간(hr) Δt : 가스비점과 대기온도차(℃) V : 내용적(L)

01-11 보호시설과 안전거리(KGS Fp 112 관련)

구분	처리 및 저장능력	제1종 보호시설(m)	제2종 보호시설(m)
산소의 저장설비	1만 이하	12	8
	1만 초과 2만 이하	14	9
	2만 초과 3만 이하	16	11
	3만 초과 4만 이하	18	13
	4만 초과	20	14
독성 가스 또는 가연성 가스의 저장설비	1만 이하	17	12
	1만 초과 2만 이하	21	14
	2만 초과 3만 이하	24	16
	3만 초과 4만 이하	27	18
	4만 초과 5만 이하	30	20
	5만 초과 99만 이하	30 (가연성 가스 저온 저장탱크는 $\frac{3}{25}\sqrt{X+10000}$)	20 (가연성 가스 저온 저장탱크는 $\frac{2}{25}\sqrt{X+10000}$)

구분	처리 및 저장능력	제1종 보호시설(m)	제2종 보호시설(m)
	99만 초과	30 (가연성 가스 저온 저장탱크는 120)	20 (가연성 가스 저온 저장탱크는 80)

① 고압가스 처리 저장설비가 그 외면으로부터 보호시설(사업소 내와 전용공업 지역 내의 것 제외)까지의 안전거리이며, 지하설치 시는 상기 안전거리의 $\frac{1}{2}$ 이상 유지

② 처리 저장능력(압축가스 : m^3, 액화가스 : kg)

01-12 배관의 표지판 간격

관련사진

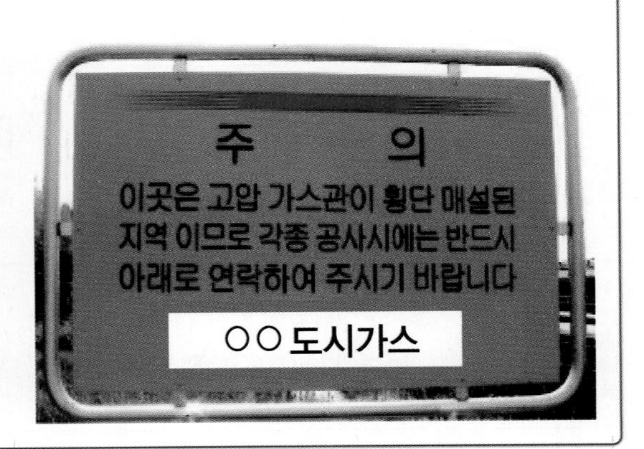

법규 구분		설치간격(m)
고압가스 안전관리법 (일반 도시가스사업법의 고정식 압축 도시가스 충전시설, 고정식 압축 도시가스 자동차 충전시설, 이동식 압축 도시가스 자동차 충전시설, 액화 도시가스 자동차 충전시설)	지상배관	1000m마다
	지하배관	500m마다
가스도매사업법		500m마다
일반 도시가스사업법	제조 공급소 내	500m마다
	제조 공급소 밖	200m마다

01-13 용기의 도색 표시(고법 시행규칙 별표 24)

관련사진

가연성 독성		의료용		그 밖의 가스	
종류	도색	종류	도색	종류	도색
LPG	회색	O_2	백색	O_2	녹색
H_2	주황색	액화탄산	회색	액화탄산	청색
C_2H_2	황색	He	갈색	N_2	회색
NH_3	백색	C_2H_4	자색	소방용 용기	소방법의 도색
Cl_2	갈색	N_2	흑색	그 밖의 가스	회색

[비고] 의료용의 사이크로프로판 : 주황색 용기에 가연성은 화기, 독성은 해골 그림 표시

(1) 용기의 각인 사항

기호	내용	단위
V	내용적	L
W	초저온 용기 이외의 용기에 밸브 부속품을 포함하지 아니한 용기 질량	kg
T_W	아세틸렌 용기에 있어 용기 질량에 다공물질 용제 및 밸브의 질량을 합한 질량	kg
T_P	내압시험압력	MPa
F_P	최고충전압력	MPa
t	500L 초과 용기 동판 두께	mm

그 외의 표시사항

- 용기 제조업자의 명칭 또는 약호
- 충전하는 명칭
- 용기의 번호

(2) 용기 종류별 부속품의 기호

관련사진

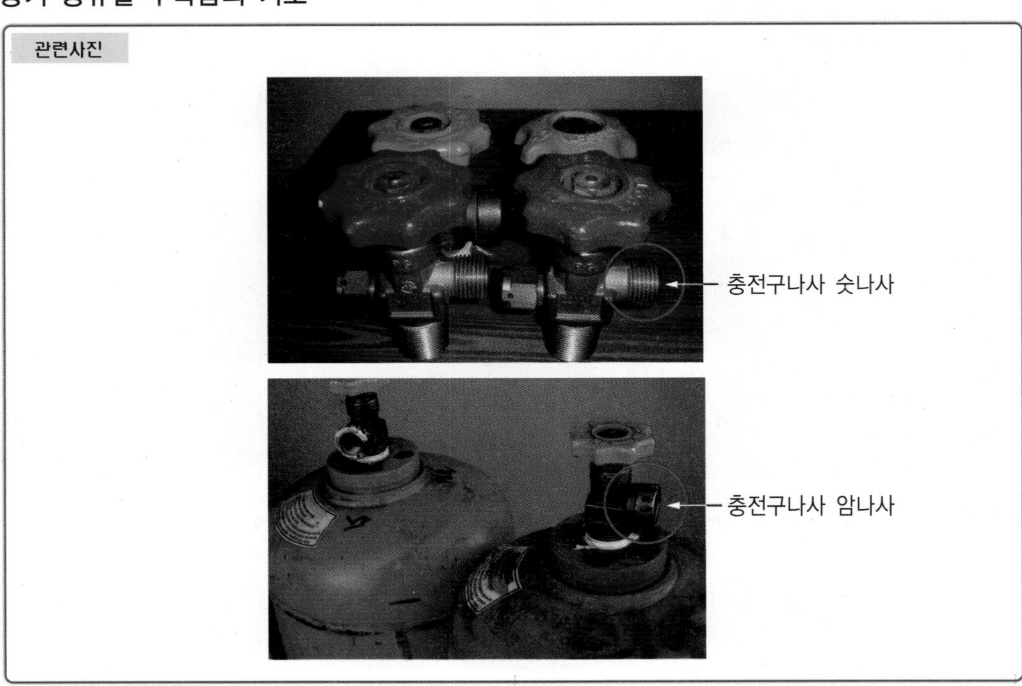

기호	내용
AG	C_2H_2 가스를 충전하는 용기의 부속품
PG	압축가스를 충전하는 용기의 부속품
LG	LPG 이외의 액화가스를 충전하는 용기의 부속품
LPG	액화석유가스를 충전하는 용기의 부속품
LT	초저온 저온용기의 부속품

(3) 항구증가율(%)

항목		세부 핵심내용
공식		$\dfrac{\text{항구증가량}}{\text{전증가량}} \times 100$
합격기준	신규검사	10% 이하
	재검사	10% 이하(질량검사 95% 이상 시)
		6% 이하(질량검사 90% 이상 95% 미만 시)

01 고압가스 용기

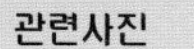

(1) 용기 안전점검 유지관리(고법 시행규칙 별표 18)

① 내 · 외면을 점검하여 위험한 부식, 금, 주름 등이 있는지 여부 확인
② 도색 및 표시가 되어 있는지 여부 확인
③ 스커트에 찌그러짐이 있는지, 사용할 때 위험하지 않도록 적정간격을 유지하고 있는지 확인
④ 유통 중 열영향을 받았는지 점검하고, 열영향을 받은 용기는 재검사 실시
⑤ 캡이 씌워져 있거나 프로텍터가 부착되어 있는지 여부 확인
⑥ 재검사 도래 여부 확인
⑦ 아랫부분 부식상태 확인
⑧ 밸브의 몸통 충전구나사, 안전밸브에 지장을 주는 흠, 주름, 스프링 부식 등이 있는지 확인
⑨ 밸브의 그랜드너트가 고정핀에 의하여 이탈방지 조치가 되어 있는지 여부 확인
⑩ 밸브의 개폐조작이 쉬운 핸들이 부착되어 있는지 여부 확인
⑪ 충전가스 종류에 맞는 용기 부속품이 부착되어 있는지 여부 확인

(2) 용기의 C, P, S 함유량(%)

성분 / 용기 종류	C(%)	P(%)	S(%)
무이음용기	0.55 이하	0.04 이하	0.05 이하
용접용기	0.33 이하	0.04 이하	0.05 이하

01-14 고압가스 용기의 보관(시행규칙 별표 9)

관련사진

항목	간추린 핵심내용
구분보관	① 충전용기 잔가스 용기 ② 가연성 독성 산소 용기
충전용기	① 40℃ 이하 유지 ② 직사광선을 받지 않도록 ③ 넘어짐 및 충격 밸브손상 방지조치 난폭한 취급금지(5L 이하 제외) ④ 밸브 돌출용기 가스충전 후 넘어짐 및 밸브손상 방지조치(5L 이하 제외)
용기보관장소	2m 이내 화기인화성, 발화성 물질을 두지 않을 것
가연성 보관장소	① 방폭형 휴대용 손전등 이외 등화를 휴대하지 않을 것 ② 보관장소는 양호한 통풍구조로 할 것
가연성, 독성 용기보관장소	충전용기 인도 시 가스누출 여부를 인수자가 보는데서 확인

고압가스 설비시공 실무편

01 공기액화분리장치

관련사진

항목	핵심내용		
개요	원료공기를 압축하여 액화산소, 액화아르곤, 액화질소를 비등점 차이로 분리 제조하는 공정		
액화 순서(비등점)	O_2(−183℃)	Ar(−186℃)	N_2(−196℃)
불순물	CO_2	H_2O	
불순물의 영향	고형의 드라이아이스로 동결하여 장치 내 폐쇄	얼음이 되어 장치 내 폐쇄	
불순물 제거방법	가성소다로 제거 $2NaOH+CO_2 \rightarrow Na_2CO_3+H_2O$	건조제(실리카겔, 알루미나, 소바비드 가성소다)로 제거	
분리장치의 폭발원인	① 공기 중 C_2H_2의 혼입 ② 액체공기 중 O_3의 혼입 ③ 공기 중 질소화합물의 혼입 ④ 압축기용 윤활유 분해에 따른 탄화수소 생성		

항목	핵심내용
폭발원인에 대한 대책	① 장치 내 여과기를 설치 ② 공기취입구를 맑은 곳에 설치 ③ 부근에 카바이드 작업을 피함 ④ 연 1회 CCl_4로 세척 ⑤ 윤활유는 양질의 광유를 사용
참고사항	① 고압식 공기액화분리장치 압축기 종류 : 왕복피스톤식 다단압축기 ② 압력 150~200atm 정도 ③ 저압식 공기액화분리장치 압축기 종류 : 원심압축기 ④ 압력 5atm 정도
적용범위	시간당 압축량 $1000Nm^3/hr$ 초과 시 해당
즉시 운전을 중지하고 방출하여야 하는 경우	① 액화산소 5L 중 C_2H_2이 5mg 이상 시 ② 액화산소 5L 중 탄화수소 중 C의 질량이 500mg 이상 시

(1) 법령에서 사용되는 압력의 종류

구분	세부 핵심내용
T_P (내압시험압력)	용기 및 탱크 배관 등에 내압력을 가하여 견디는 정도의 압력
F_P (최고충전압력)	① 압축가스의 경우 35℃에서 용기에 충전할 수 있는 최고의 압력 ② 압축가스는 최고충전압력 이하로 충전 ③ 액화가스의 경우 내용적의 90% 이하 또는 85% 이하로 충전
A_P (기밀시험압력)	누설 유무를 측정하는 압력
상용압력	내압시험압력 및 기밀시험압력의 기준이 되는 압력으로 사용상태에서 해당 설비 각부에 작용하는 최고사용압력
안전밸브 작동압력	설비, 용기 내 압력이 급상승 시 작동 일부 또는 전부의 가스를 분출시킴으로 설비 용기 자체가 폭발 파열되는 것을 방지하도록 안전밸브를 작동시키는 압력

	용기별	용기 분야			
	용기 구분 / 압력별	압축가스 용기	저온, 초저온 용기	액화가스 용기	C_2H_2 용기
상호관계	F_P	$T_P \times \frac{3}{5}$ (35℃의 용기충전 최고압력)	상용압력 중 최고의 압력	$T_P \times \frac{3}{5}$	15℃에서 1.5MPa
	A_P	F_P	$F_P \times 1.1$	F_P	$F_P \times 1.8 = 1.5 \times 1.8 = 2.7MPa$
	T_P	$F_P \times \frac{5}{3}$	$F_P \times \frac{5}{3}$	법규에서 정한 A, B로 구분된 압력	$F_P \times 3 = 1.5 \times 3 = 4.5MPa$
	안전밸브 작동압력	$T_P \times \frac{8}{10}$ 이하			

	설비별	저장탱크 및 배관 용기 이외의 설비 분야			
	법규 구분 / 압력별	고압가스 액화석유가스	냉동장치	도시가스	
상호관계	상용압력	T_P, A_P의 기준이 되는 사용상태에서 해당 설비 각부 최고사용압력	설계압력	최고사용압력	
	A_P	상용압력	설계압력 이상	공급시설	사용시설 및 정압기 시설
				최고사용압력×1.1배 이상	8.4kPa 이상 또는 최고사용압력×1.1배 중 높은 압력
	T_P	사용(상용)압력×1.5(물, 공기로 시험 시 상용압력×1.25배)	설계압력×1.5배(단, 공기, 질소로 시험 시 설계압력×1.25배 이상)	최고사용압력×1.5배 이상(공기, 질소로 시험 시 최고사용압력×1.25배 이상)	
	안전밸브 작동압력	$T_P \times \frac{8}{10}$ 이하(단, 액화산소탱크의 안전밸브 작동압력은 상용압력×1.5배 이하)			

(2) 독성 가스 누설검지 시험지와 변색상태

검지가스	시험지	변색
NH_3	적색 리트머스지	청변
Cl_2	KI 전분지	청변
HCN	초산(질산구리)벤젠지	청변
C_2H_2	염화제1동 착염지	적변
H_2S	연당지	흑변
CO	염화파라듐지	흑변
$COCl_2$	하리슨 시험지	심등색

(3) 용기밸브 충전구나사

관련사진

[숫나사]　　[암나사]

구분		해당 가스
왼나사	해당 가스	가연성 가스(NH_3, CH_3Br 제외)
	전기설비	방폭구조로 시공
오른나사	해당 가스	NH_3, CH_3Br 및 가연성 이외의 모든 가스
	전기설비	방폭구조로 시공할 필요 없음
A형		충전구나사 숫나사
B형		충전구나사 암나사
C형		충전구에 나사가 없음

02-1 설치장소에 따른 안전밸브 작동검사주기(고법 시행규칙 별표 8 저장자동시설 검사기준)

설치장소	검사주기
압축기 최종단	1년 1회 조정
그 밖의 안전밸브	2년 1회 조정
특정제조 허가받은 시설에 설치	4년의 범위에서 연장 가능

(1) 배관설계 시 고려사항

① 가능한 옥외에 설치할 것(옥외)
② 은폐 매설을 피할 것=노출하여 시공할 것(노출)
③ 최단거리로 할 것(최단)
④ 구부러지거나 오르내림이 적을 것=굴곡을 적게 할 것
=직선배관으로 할 것(직선)

관련사진

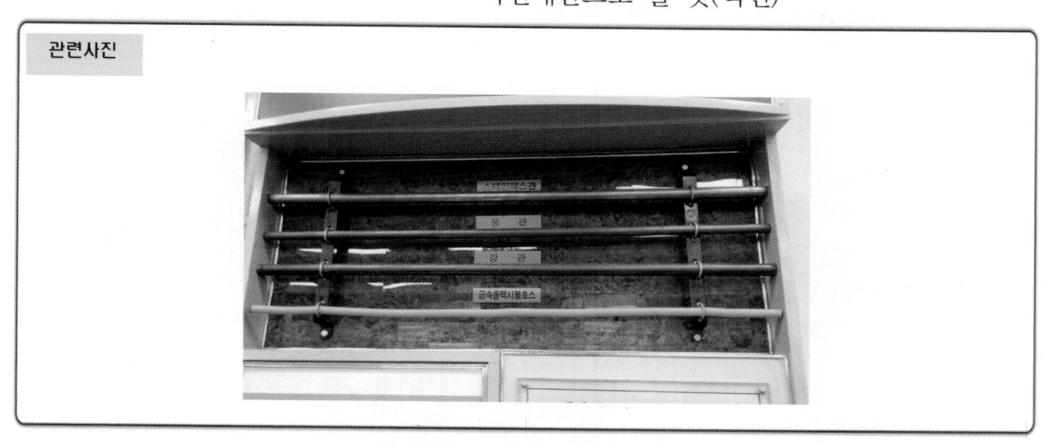

(2) 배관의 SCH(스케줄 번호)

<table>
<tr><th>개요</th><th colspan="2">SCH가 클수록 배관의 두께가 두껍다는 것을 의미함</th></tr>
<tr><th rowspan="2">공식의 종류</th><th colspan="2">단위 구분</th></tr>
<tr><th>S(허용응력)</th><th>P(사용압력)</th></tr>
<tr><td>$SCH = 10 \times \frac{P}{S}$</td><td>$kg/mm^2$</td><td>$kg/cm^2$</td></tr>
<tr><td>$SCH = 100 \times \frac{P}{S}$</td><td>$kg/mm^2$</td><td>MPa</td></tr>
<tr><td>$SCH = 1000 \times \frac{P}{S}$</td><td>$kg/mm^2$</td><td>$kg/mm^2$</td></tr>
<tr><td colspan="3">S는 허용응력$\left(\text{인장강도} \times \frac{1}{4} = \text{허용응력}\right)$</td></tr>
</table>

(3) 배관의 이음

<table>
<tr><th colspan="2">종류</th><th>도시기호</th><th>관련 사항</th></tr>
<tr><td rowspan="2">영구이음</td><td>용접</td><td>─×─</td><td rowspan="6">※ 배관재료의 구비조건
① 관내 가스 유통이 원활할 것
② 토양, 지하수 등에 대하여 내식성이 있을 것
③ 절단가공이 용이할 것
④ 내부 가스압 및 외부의 충격하중에 견디는 강도를 가질 것
⑤ 누설이 방지될 것</td></tr>
<tr><td>납땜</td><td>─○─</td></tr>
<tr><td rowspan="4">일시이음</td><td>나사</td><td>─┼─</td></tr>
<tr><td>플랜지</td><td>─╫─</td></tr>
<tr><td>소켓</td><td>─(─</td></tr>
<tr><td>유니언</td><td>─╫─</td></tr>
</table>

02-2 상용압력에 따른 배관 공지의 폭(KGS Fp 111) (2.5.7.3.2 사업소 밖 배관 노출 설치 관련)

상용압력(MPa)	공지의 폭(m)
0.2 미만	5
0.2 이상 1 미만	9
1 이상	15
규정 공지 폭의 $\frac{1}{3}$ 정도 유지하는 경우	① 전용 공업 지역 및 일반 공업 지역 ② 산업통상자원부 장관이 지원하는 지역

(1) 열응력 제거 이음(신축 이음) 종류

관련사진

[신축곡관]

이음 종류	설명
상온 스프링, (콜드)스프링	배관의 자유팽창량을 미리 계산, 관을 짧게 절단하는 방법(절단 길이는 자유팽창량의 1/2)이다.
루프 이음	신축곡관이라고 하며, 관을 루프 모양으로 구부려 구부림을 이용하여 신축을 흡수하는 이음방법으로 가장 큰 신축을 흡수하는 이음방법이다.
벨로스 이음	팩레스 신축조인트라고 하며, 관의 신축에 따라 슬리브와 함께 신축하는 방법이다.
스위블 이음	두 개 이상의 엘보를 이용, 엘보의 공간 내에서 신축을 흡수하는 방법이다.
슬리브 이음 (슬립온형, 슬리드형)	조인트 본체와 슬리브 파이프로 되어 있으며, 관의 팽창 · 수축은 본체 속을 슬라이드하는 슬리브 파이프에 의하여 흡수된다.
신축량 계산식	$\lambda = l\alpha\Delta t$ 여기서, λ : 신축량, l : 관의 길이, α : 선팽창계수, Δt : 온도차

※ 가스배관의 신축흡수
신축에 의한 파손 우려가 있는 곳(Bent pipe 사용)
(2MPa 이하 배관으로써 곡관 사용이 곤란 시 벨로스 슬라이드 신축 이음 사용)

01 밸브

관련사진

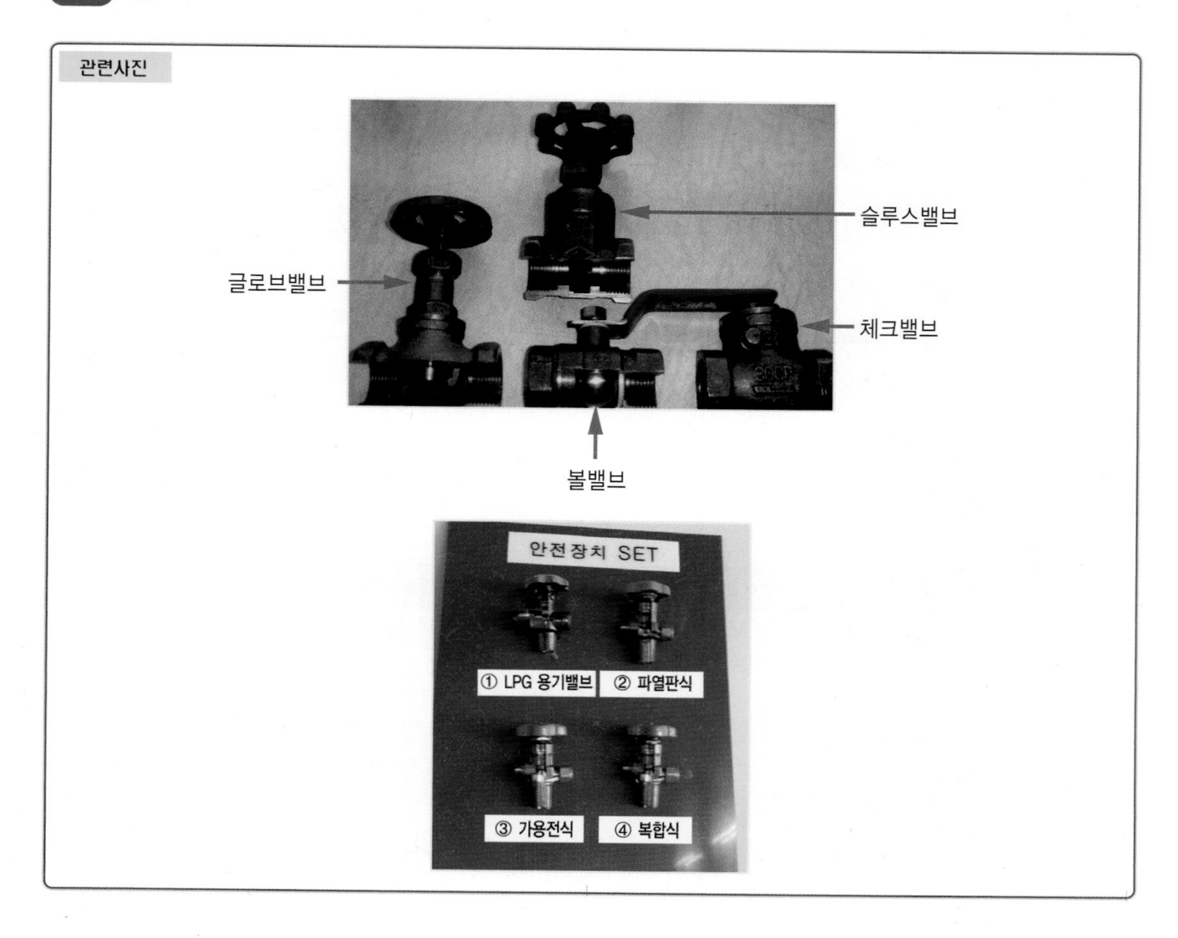

항목		세부 핵심내용
종류	글로브(스톱)밸브	개폐가 용이, 유량조절용
	슬루스(게이트)밸브	대형 관로의 유로 개폐용
	볼밸브	① 배관 내경과 동일, 관내 흐름이 양호 ② 압력손실이 적으나 기밀유지가 곤란
	체크밸브	① 유체의 역류방지 ② 스윙형(수직, 수평 배관에 사용), 리프트형(수평배관에 사용)
고압용 밸브 특징		① 주조품보다 단조품을 가공하여 제조한다. ② 밸브 시트는 내식성과 경도 높은 재료를 사용한다. ③ 밸브 시트는 교체할 수 있도록 한다. ④ 기밀유지를 위해 스핀들에 패킹이 사용된다.
안전밸브		
설치목적		① 용기나 탱크 설비(기화장치) 등에 설치 ② 내부압력이 급상승 시 안전밸브를 통하여 일부 가스를 분출시켜 용기, 탱크 설비 자체의 폭발을 방지하기 위함
종류	스프링식	가장 많이 사용(스프링의 힘으로 내부 가스를 분출)
	가용전식	① 내부 가스압 상승 시 온도가 상승, 가용전이 녹아 내부 가스를 분출 ② 가용합금으로 구리, 주석, 납 등이 사용되며 주로 Cl_2(용융온도 65~68℃), C_2H_2(용융온도 105±5℃)에 적용
	파열판(박판)식	주로 압축가스에 사용되며 압력이 급상승 시 파열판이 파괴되어 내부 가스를 분출
	중추식	거의 사용하지 않음
파열판식 안전밸브의 특징		① 구조 간단, 취급 점검이 용이하다. ② 부식성 유체에 적합하다. ③ 한번 작동하면 다시 교체하여야 한다(1회용이다).

02-3 역류방지밸브, 역화방지장치 설치기준(KGS Fp 211 관련)

역류방지밸브(액가스가 역으로 가는 것을 방지)	역화방지장치(기체가 역으로 가는 것을 방지)
① 가연성 가스를 압축 시(압축기와 충전용 주관 사이) ② C_2H_2을 압축 시(압축기의 유분리기와 고압건조기 사이) ③ 암모니아 또는 메탄올(합성 정제탑 및 정제탑과 압축기 사이 배관) ④ 특정고압가스 사용시설의 독성 가스 감압설비와 그 반응설비 간의 배관	① 가연성 가스를 압축 시(압축기와 오토클레이브 사이 배관) ② 아세틸렌의 고압건조기와 충전용 교체밸브 사이 배관 및 충전용 지관 ③ 특정고압가스 사용시설의 산소, 수소, 아세틸렌의 화염 사용시설

02-4 독성 가스 표지 종류(KGS Fu 111)

관련사진

[식별 표지] [위험 표지]

표지판의 설치목적	독성 가스 시설에 일반인의 출입을 제한하여 안전을 확보하기 위함.	
표지 종류 / 항목	식별	위험
보기	독성 가스(○○) 저장소	독성 가스 누설주의 부분
문자 크기(가로×세로)	10cm×10cm	5cm×5cm
식별거리	30m 이상에서 식별 가능	10m 이상에서 식별 가능
바탕색	백색	백색
글자색	흑색	흑색
적색표시 글자	가스 명칭(○○)	주의

02-5 독성 가스와 제독제, 보유량(단위 : kg) (KGS Fp 112 관련)

가스별	제독제	보유량
염소(Cl_2)	가성소다수용액	670
	탄산소다수용액	870
	소석회	620
포스겐($COCl_2$)	가성소다수용액	390
	소석회	360
황화수소(H_2S)	가성소다수용액	1140
	탄산소다수용액	1500
시안화수소(HCN)	가성소다수용액	250
아황산가스(SO_2)	가성소다수용액	530
	탄산소다수용액	700
	물	다량
암모니아(NH_3), 산화에틸렌(C_2H_4O), 염화메탄(CH_3Cl)	물	다량

(1) 배관의 감시장치에서 경보하는 경우와 이상사태가 발생한 경우

구분 변동사항	경보하는 경우	이상사태가 발생한 경우
배관 내 압력	상용압력의 1.05배 초과 시(단상용 압력이 4MPa 이상 시 상용압력에 0.2MPa를 더한 압력)	상용압력의 1.1배 초과 시
압력변동	정상압력보다 15% 이상 강하 시	정상압력보다 30% 이상 강하 시
유량변동	정상유량보다 7% 이상 변동 시	정상유량보다 15% 이상 증가 시
고장밸브 및 작동장치	긴급차단밸브 고장 시	가스누설 검지경보장치 작동 시

(2) 긴급차단장치

관련사진

[긴급차단밸브]

구분	내용
기능	이상사태 발생 시 작동하여 가스 유동을 차단하여 피해 확대를 막는 장치(밸브)
적용시설	내용적 5000L 이상 저장탱크
원격조작온도	110℃
동력원(밸브를 작동하게 하는 힘)	유압, 공기압, 전기압, 스프링압
설치위치	① 탱크 내부 ② 탱크와 주밸브 사이 ③ 주밸브의 외측 ※ 단, 주밸브와 겸용으로 사용해서는 안 된다.
긴급차단장치를 작동하게 하는 조작원의 설치위치	
고압가스, 일반 제조시설, LPG법 일반 도시가스사업법	고압가스 특정제조시설법 가스도매사업법
탱크 외면 5m 이상	탱크 외면 10m 이상
수압시험 방법	① 연 1회 이상 ② KS B 2304의 방법으로 누설검사

(3) 과압안전장치(KGS Fu 211, KGS Fp 211)

항목		간추린 세부 핵심내용
설치 개요(2.8.1)		설비 내 압력이 상용압력 초과 시 즉시 상용압력 이하로 되돌릴 수 있도록 설치
종류(2.8.1.1)	안전밸브	기체 증기의 압력상승 방지를 위하여
	파열판	급격한 압력의 상승, 독성 가스 누출, 유체의 부식성 또는 반응생성물의 성상에 따라 안전밸브 설치 부적당 시
	릴리프밸브 또는 안전밸브	펌프 배관에서 액체의 압력상승 방지를 위하여
	자동압력제어장치	상기 항목의 안전밸브, 파열판, 릴리프밸브와 병행 설치 시

항목		간추린 세부 핵심 내용
설치 장소(2.8.1.2) 최고허용압력 설계압력 초과 우려 장소	액화가스 고압설비	저장능력 300kg 이상 용기집합장치 설치 장소
	압력용기 압축기 (각단) 펌프 출구	압력 상승이 설계압력을 초과할 우려가 있는 곳
	배관	배관 내 액체가 2개 이상 밸브에 의해 차단되어 외부 열원에 의해 열팽창의 우려가 있는 곳
	고압설비 및 배관	이상반응 밸브 막힘으로 설계압력 초과 우려 장소

(4) 물분무장치

관련사진

[물분무장치의 분무량]

시설별 \ 구분	저장탱크 전 표면	준내화구조	내화구조
탱크 상호 1m 또는 최대직경 1/4 길이 중 큰 쪽과 거리를 유지하지 않은 경우	8L/min	6.5L/min	4L/min
저장탱크 최대직경의 1/4보다 적은 경우	7L/min	4.5L/min	2L/min

① 조작위치 : 15m(탱크 외면 15m 이상 떨어진 위치) ② 연속분무 가능시간 : 30분
③ 소화전의 호스 끝 수압 : 0.35MPa ④ 방수능력 : 400L/min

구분	조건	
물분무장치가 없을 경우 탱크의 이격거리	탱크의 직경을 각각 D_1, D_2라고 했을 때	
	$(D_1+D_2)\times\frac{1}{4}>1\text{m}$일 때	그 길이 유지
	$(D_1+D_2)\times\frac{1}{4}<1\text{m}$일 때	1m 유지
저장탱크를 지하에 설치 시	상호간 1m 이상 유지	

02-6 에어졸 제조시설(KGS Fp 112)

관련사진

<table>
<tr><th>구조</th><th>내용</th><th>기타 항목</th></tr>
<tr><td>내용적</td><td>1L 미만</td><td rowspan="9">① 정량을 충전할 수 있는 자동충전기 설치
② 인체, 가정 사용
제조시설에는 불꽃길이 시험장치 설치
③ 분사제는 독성이 아닐 것
④ 인체에 사용 시 20cm 이상 떨어져 사용
⑤ 특정부위에 장시간 사용하지 말 것</td></tr>
<tr><td>용기 재료</td><td>강, 경금속</td></tr>
<tr><td>금속제 용기 두께</td><td>0.125mm 이상</td></tr>
<tr><td>내압시험압력</td><td>0.8MPa</td></tr>
<tr><td>가압시험압력</td><td>1.3MPa</td></tr>
<tr><td>파열시험압력</td><td>1.5MPa</td></tr>
<tr><td>누설시험온도</td><td>46~50℃ 미만</td></tr>
<tr><td>화기와 우회거리</td><td>8m 이상</td></tr>
<tr><td>불꽃길이 시험온도</td><td>24℃ 이상 26℃ 이하</td></tr>
<tr><td>시료</td><td colspan="2">충전용기 1조에서 3개 채취</td></tr>
<tr><td>버너와 시료 간격</td><td colspan="2">15cm</td></tr>
<tr><td>버너 불꽃길이</td><td colspan="2">4.5cm 이상 5.5cm 이하</td></tr>
<tr><td>가연성</td><td colspan="2">① 40℃ 이상 장소에 보관하지 말 것
② 불 속에 버리지 말 것
③ 사용 후 잔가스 제거 후 버릴 것
④ 밀폐장소에 보관하지 말 것</td></tr>
<tr><td>가연성 이외의 것</td><td colspan="2">상기 항목 이외에
① 불꽃을 향해 사용하지 말 것
② 화기부근에서 사용하지 말 것
③ 밀폐실 내에서 사용 후 환기시킬 것</td></tr>
</table>

02-7 다공도

정의	C_2H_2 충전 시 미세한 공간으로 확산하여 폭발하려는 것을 방지하기 위해 충전하는 안정성 물질로서 다공물질이 빈 공간으로부터 차지하는 %를 말함
법규상 규정	아세톤 또는 DMF를 고루 채운 후 75% 이상 92% 미만을 유지
다공물질의 종류	① 석면 ② 석회 ③ 규조토 ④ 다공성 플라스틱 ⑤ 목탄
구비조건	① 경제적일 것 ② 고다공도일 것 ③ 안정성이 있을 것 ④ 기계적 강도가 있을 것 ⑤ 가스충전이 쉬울 것
계산식과 예제문제	V : 다공물질의 용적(170m^3) E : 침윤 잔용적(100m^3) 다공도(%)$=\frac{V-E}{V}\times 100=\frac{170-100}{170}\times 100=41.18\%$

02-8 산소, 수소, 아세틸렌 품질검사(고법 시행규칙 별표 4. KGS Fp 112) (3.2.2.9)

항목	간추린 핵심내용		
검사장소	1일 1회 이상 가스제조장		
검사자	안전관리책임자가 실시 부총괄자와 책임자가 함께 확인 후 서명		
해당 가스 및 판정기준			
해당 가스	순도	시약 및 방법	합격 온도·압력
산소	99.5% 이상	동암모니아 시약, 오르자트법	35℃, 11.8MPa 이상
수소	98.5% 이상	피로카롤, 하이드로설파이드, 오르자트	35℃, 11.8MPa 이상
아세틸렌	① 발연황산 시약을 사용한 오르자트법, 브롬 시약을 사용한 뷰렛법에서 순도가 98% 이상 ② 질산은 시약을 사용한 정성시험에서 합격한 것		

02-9 저온장치

(1) 냉동장치

항목		핵심정리 사항
개요		차가운 냉매를 사용하여 피목적물과 열교환에 의해 온도를 낮게 하여 냉동의 목적을 달성시키는 저온장치
종류	증기압축기 냉동장치	압축기 – 응축기 – 팽창밸브 – 증발기
	흡수식 냉동장치	증발기 – 흡수기 – 재생기 – 응축기
기타 사항		
한국 1냉동통(IRT) : 0℃ 물을 0℃ 얼음으로 만드는 데 하루 동안 제거하여야 하는 열량으로 IRT=3320kcal/hr		

흡수식 냉동장치 냉매와 흡수제	냉매가 NH_3이면 흡수제 : 물 냉매가 물이면 흡수제 : 리튬브로마이드(LiBr)

(2) 냉동톤 · 냉매가스 구비조건

① 냉동톤

종류	IRT값
한국 1냉동톤	3320kcal/hr
흡수식 냉동설비	6640kcal/hr
원심식 압축기	1.2kW

② 냉매가스 구비조건

㉠ 임계온도가 낮을 것
㉡ 응고점이 낮을 것
㉢ 증발열이 크고, 액체비열이 적을 것
㉣ 윤활유와 작용하여 영향이 없을 것
㉤ 수분과 혼합 시 영향이 적을 것
㉥ 비열비가 적을 것
㉦ 점도가 적을 것
㉧ 냉매가스의 비중이 클 것

(3) 가스액화분리장치

항목		핵심 세부내용
개요		저온에서 정류, 분축, 흡수 등의 조작으로 기체를 분리하는 장치
액화분리장치 구분	한냉발생장치	가스액화분리장치의 열손실을 도우며, 액화가스 채취 시 필요한 한냉을 보급하는 장치
	정류(분축, 흡수)장치	원료가스를 저온에서 분리 정제하는 장치
	불순물 제거장치	저온으로 동결되는 수분 CO_2 등을 제거하는 장치

02-10 용기 및 특정설비의 재검사 기간(고법 시행규칙 별표 22 관련)

관련사진

<table>
<tr><th colspan="2" rowspan="3">용기 종류</th><th colspan="3">신규검사 후 경과연수</th></tr>
<tr><th>15년 미만</th><th>15년 이상 20년 미만</th><th>20년 이상</th></tr>
<tr><th colspan="3">재검사 주기</th></tr>
<tr><td rowspan="2">용접 용기
(액화석유가스는 제외)</td><td>500L 이상</td><td>5년마다</td><td>2년마다</td><td>1년마다</td></tr>
<tr><td>500L 미만</td><td>3년마다</td><td>2년마다</td><td>1년마다</td></tr>
<tr><td rowspan="2">액화석유가스용
용접 용기</td><td>500L 이상</td><td>5년마다</td><td>2년마다</td><td>1년마다</td></tr>
<tr><td>500L 미만</td><td colspan="2">5년마다</td><td>2년마다</td></tr>
<tr><td rowspan="2">이음매 없는 용기 및
복합재료 용기</td><td>500L 이상</td><td colspan="3">5년마다</td></tr>
<tr><td>500L 미만</td><td colspan="2">신규검사 후 10년 이하
신규검사 후 10년 초과</td><td>5년마다
3년마다</td></tr>
<tr><td colspan="2">LPG 복합재료 용기</td><td colspan="3">5년마다</td></tr>
<tr><td colspan="2" rowspan="3">특정설비 종류</td><td colspan="3">신규검사 후 경과연수</td></tr>
<tr><td>1년마다</td><td>15년 이상 20년 미만</td><td>20년 이상</td></tr>
<tr><td colspan="3">재검사 주기</td></tr>
<tr><td colspan="2">차량에 고정탱크</td><td>5년마다</td><td>2년마다</td><td>1년마다</td></tr>
<tr><td colspan="2">저장탱크</td><td colspan="3">5년마다(재검사 불합격 수리 시 3년 음향방출시험으로 안전한 것은 5년마다) 이동 설치 시 이동할 때 마다</td></tr>
<tr><td colspan="2">안전밸브 및 긴급차단장치</td><td colspan="3">검사 후 2년 경과 시 설치되어 있는 저장탱크의 재검사 때마다</td></tr>
<tr><td rowspan="3">기화
장치</td><td>저장탱크와 함께 설치</td><td colspan="3">검사 후 2년 경과 해당 탱크의 재검사 때마다</td></tr>
<tr><td>저장탱크 없는 곳에 설치</td><td colspan="3">3년마다</td></tr>
<tr><td>설치되지 아니한 것</td><td colspan="3">설치 되기 전(검사 후 2년이 지난 것에 해당한다.)</td></tr>
<tr><td colspan="2">압력용기</td><td colspan="3">4년마다</td></tr>
</table>

02-11 용기 동판(동체)의 최대두께와 최소두께의 차

용기 구분	평균 두께
용접	10% 이하
무이음 용기	20% 이하

02-12 초저온용 재료

관련사진

① 18−8 STS(오스테나이트계 스테인리스강)

② 9% Ni

③ Cu 및 Cu 합금

④ Al 및 Al 합금

02-13 독성 가스의 누출가스 확산방지 조치(KGS Fp 112) (2.5.8.41)

<table>
<tr><th>구분</th><th colspan="2">간추린 핵심내용</th></tr>
<tr><td>개요</td><td colspan="2">시가지, 하천, 터널, 도로, 수로 및 사질토 등의 특수성 지반(해저 제외) 중에 배관 설치할 경우 고압가스 종류에 따라 누출가스의 확산방지 조치를 하여야 한다.</td></tr>
<tr><td>확산조치 방법</td><td colspan="2">이중관 및 가스누출 검지경보장치 설치</td></tr>
<tr><th colspan="3">이중관의 가스 종류 및 설치 장소</th></tr>
<tr><th rowspan="2">가스 종류</th><th colspan="2">주위상황</th></tr>
<tr><th>지상설치(하천, 수로 위 포함)</th><th>지하설치</th></tr>
<tr><td>염소, 포스겐,
불소, 아크릴알데히드</td><td>주택 및 배관설치 시 정한 수평거리의 2배(500m 초과 시는 500m로 함) 미만의 거리에 배관설치 구간</td><td rowspan="2">사업소 밖 배관 매몰설치에서 정한 수평거리 미만인 거리에 배관을 설치하는 구간</td></tr>
<tr><td>아황산, 시안화수소,
황화수소</td><td>주택 및 배관설치 시 수평거리의 1.5배 미만의 거리에 배관설치 구간</td></tr>
<tr><th colspan="3">독성 가스 제조설비에서 누출 시 확산방지 조치하는 독성 가스</th></tr>
<tr><td colspan="3">아황산, 암모니아, 염소, 염화메탄, 산화에틸렌, 시안화수소, 포스겐</td></tr>
</table>

02-14 독성 가스 배관 중 이중관의 설치 규정(KGS Fp 112)

항목	이중관 대상가스
이중관 설치 개요	독성 가스 배관이 가스 종류, 성질, 압력, 주위 상황에 따라 안전한 구조를 갖기 위함
독성 가스 중 이중관 대상가스 (2.5.2.3.1 관련) 제조시설에서 누출 시 확산을 방지해야 하는 독성 가스	아황산, 암모니아, 염소, 염화메탄, 산화에틸렌, 시안화수소, 포스겐, 황화수소(**아 암 염 염 산 시 포 황**)
하천수로 횡단하여 배관 매설 시 이중관	아황산, 염소, 시안화수소, 포스겐, 황화수소, 불소, 아크릴알데히드(**아 염 시 포 황 불 아**) ※ 독성 가스 중 이중관 가스에서 암모니아, 염화메탄, 산화에틸렌을 제외하고 불소와 아크릴알데히드 추가(제외 이유 : 암모니아, 염화메탄, 산화에틸렌은 물로서 중화가 가능하므로)
하천수로 횡단하여 배관매설 시 방호구조물에 설치하는 가스	하천수로 횡단 시 2중관으로 설치되는 독성 가스를 제외한 그 밖의 독성, 가연성 가스의 배관
이중관의 규격	외층관 내경=내층관 외경×1.2배 이상 ※ 내층관과 외층관 사이에 가스누출 검지경보설비의 검지부를 설치하여 누출을 검지하는 조치 강구

관련사진

[압축기에 사용되는 윤활유 종류]

각종 가스 윤활유	O_2(산소)	물 또는 10% 이하 글리세린수
	Cl_2(염소)	진한 황산
	LP가스	식물성유
	H_2(수소), C_2H_2(아세틸렌), 공기	양질의 광유
구비조건	① 경제적일 것 ③ 점도가 적당할 것 ⑤ 불순물이 적을 것	② 화학적으로 안정할 것 ④ 인화점이 높을 것 ⑥ 항유화성이 높고, 응고점이 낮을 것

02-15 다단압축의 목적

관련사진

[다단압축기]

개요	1단 압축 시 기계의 과부하 또는 고장 시 운전중지되는 폐단을 없애기 위해 실시하는 압축 방법
목적	① 1단 압축에 비하여 일량이 절약된다. ② 압축되는 가스의 온도 상승을 피한다. ③ 힘의 평형이 양호하다. ④ 상호간의 이용효율이 증대된다.

01 펌프

(1) 분류 방법

관련사진

구분			세부 핵심내용	
개요			낮은 곳의 액체를 높은 곳으로 끌어올리는 동력장치	
분류	터보형	원심	벌류트	안내깃이 없는 펌프
			터빈	안내깃이 있는 펌프
		축류	임펠러에서 나오는 액의 흐름이 축방향으로 토출	
		사류	임펠러에서 나오는 액의 흐름이 축에 대하여 경사지게 토출	
	용적식	왕복	피스톤, 플런저, 다이어프램	
		회전	기어, 나사, 베인	
	특수펌프		재생(마찰, 웨스크), 제트, 기포, 수격	

02-16 판매시설 용기보관실 면적(m^2) (KGS Fs 111) (2.3.1)

(1) 판매시설 용기보관실 면적(m^2)

관련사진

법규 구분	용기보관실	사무실 면적	용기보관실 주위 부지 확보 면적 및 주차장 면적
고압가스 안전관리법 (산소, 독성, 가연성)	$10m^2$ 이상	$9m^2$ 이상	$11.5m^2$ 이상
액화석유가스 안전관리법	$19m^2$ 이상	$9m^2$ 이상	$11.5m^2$ 이상

(2) 저장설비 재료 및 설치기준

항목	간추린 핵심내용
충전용기보관실	불연재료 사용
충전용기보관실 지붕	불연성, 난연성 재료의 가벼운 것
용기보관실 사무실	동일 부지에 설치
가연성, 독성, 산소 저장실	구분하여 설치
누출가스가 혼합 후 폭발성 가스나 독성 가스 생성 우려가 있는 경우	가스의 용기보관실을 분리하여 설치

(3) 고압가스 저장시설

구분		이격거리 및 설치기준
화기와 우회거리	가연성 산소설비	8m 이상
	그 밖의 가스설비	2m 이상
유동방지시설	높이	2m 이상 내화성의 벽
	가스설비 및 화기와 우회 수평거리	8m 이상
불연성 건축물 안에서 화기 사용 시	수평거리 8m 이내에 있는 건축물 개구부	방화문 또는 망입유리로 폐쇄
	사람이 출입하는 출입문	2중문의 시공

02-17 액면계

관련사진

[클린커식 액면계]　　[차압식 액면계]

※ 1. 클린커식 액면계 상하 배관에 자동 및 수동식 스톱밸브 설치
2. 초저온 저장탱크에는 차압식 액면계 설치

용도		종류
인화 중독 우려가 없는 곳에 사용		슬립튜브식, 회전튜브식, 고정튜브식
LP가스 저장탱크	지상	클린커식
	지하	슬립튜브식
초저온 · 산소 · 불활성에만 사용 가능		환형 유리제 액면계
직접식		직관식, 검척식, 플로트식, 편위식
간접식		차압식, 기포식, 방사선식, 초음파식, 정전용량식
액면계 구비조건		① 고온 · 고압에 견딜 것 ② 연속, 원격 측정이 가능할 것 ③ 부식에 강할 것 ④ 자동제어장치에 적용 가능 ⑤ 경제성이 있고, 수리가 쉬울 것

02-18 유량계

(1) 종류

분류		종류
측정원리	직접법	루트, 로터리피스톤, 습식 가스미터, 회전원판, 왕복피스톤
	간접법	오리피스, 벤투리, 로터미터, 피토관
측정방법	차압식	오리피스, 플로노즐, 벤투리
	면적식	로터미터
	유속식	피토관, 열선식
	전자유도 법칙	전자식 유량계
	유체와류 이용	와류식 유량계

(2) 차압식 유량계

구분	세부 내용
측정원리	압력차로 베르누이 원리를 이용
종류	오리피스, 플로노즐, 벤투리
압력손실이 큰 순서	오리피스>플로노즐>벤투리

(3) 압력계 기능 검사주기, 최고눈금의 범위

압력계 종류	기능 검사주기
충전용 주관 압력계	매월 1회 이상
그 밖의 압력계	3월 1회 이상
최고눈금 범위	상용압력의 1.5배 이상 2배 이하

02-19 가스계량기

(1) 분류

관련사진

[막식 가스계량기]

<table>
<tr><td colspan="3">추량식(추측식)</td><td>벤투리형, 와류형, 오리피스형, 델타형</td></tr>
<tr><td rowspan="3">실측식</td><td rowspan="2">건식형</td><td>회전자식</td><td>루트형, 로터리피스톤형, 오벌형</td></tr>
<tr><td>막식</td><td>클로버식, 독립내기식</td></tr>
<tr><td colspan="2">습식형</td><td>습식 가스미터</td></tr>
</table>

(2) 가스계량기의 검정 유효기간

계량기의 종류	검정 유효기간
기준 계량기	2년
LPG 계량기	3년
최대유량 $10m^3/hr$ 이하	5년
기타 계량기	8년

(3) 가스계량기 설치기준(KGS Fu 551)

<table>
<tr><th colspan="2">구분</th><th>세부내용</th></tr>
<tr><td rowspan="3">설치
개요</td><td>설치장소 기준</td><td>검침, 교체 유지관리 및 계량이 용이하고 환기가 양호하도록 조치를 한 장소</td></tr>
<tr><td>검침 교체 유지관리 및 계량이 용이하고 환기가 양호하도록 조치한 장소의 종류</td><td>① 실내 상부(공기보다 무거운 경우 하부) $50cm^2$ 이상 환기구 등을 설치한 장소
② 실내에 기계환기 설치를 설치한 장소
③ 가스누출 자동차단 장치를 설치하여 누출시 경보하고 계량기 전단에서 가스가 차단될 수 있도록 조치한 장소
④ 환기 면적 $100cm^2$ 이상 환기 가능 창문</td></tr>
<tr><td>직사광선, 빗물을 받을 우려가 있는 장소에 설치</td><td>보호상자 안에 설치</td></tr>
</table>

구분		세부내용
설치 높이 (용량 $30m^3/h$ 미만)	바닥에서 1.6m 이상 2m 이내	① 수직 · 수평으로 설치 ② 밴드 보호가대 등으로 고정장치(→ 변경부분)
	바닥에서 2m 이내	① 보호상자 내 설치 ② 기계실 가정용 제외 보일러실 설치 ③ 문이 달린 파이프 덕트 내 설치
기타사항	가스계량기와 전기계량기 및 전기개폐기와의 거리는 60cm 이상, 굴뚝(단열조치를 하지 않은 경우에 한하며, 밀폐형 강제급배기식 보일러(FF식 보일러)의 2중구조의 배기통은 '단열조치가 된 굴뚝'으로 보아 제외한다.) · 전기점멸기 및 전기접속기와의 거리는 30cm 이상, 절연조치를 하지 않은 전선과의 거리는 15cm 이상의 거리를 유지한다.	

02-20 설비 내 청소 및 수리작업 시 가스 치환을 생략하여도 되는 경우(KGS Fp 112) (3.4.1.2.5)

① 설비 내용적 $1m^3$ 이하일 때
② 출입구 밸브가 확실히 폐지되어 있고, 내용적 $5m^3$ 이상의 설비에 2개 이상의 밸브가 설치되어 있을 때
③ 설비 밖에서 작업을 할 때
④ 화기를 사용하지 않고, 경미한 작업을 할 때

02-21 가연성 제조공장에서 사용하는 불꽃이 발생되지 않는 안전용 공구 재료

나무, 고무, 가죽 플라스틱, 베릴륨, 베아론합금

02-22 단열재의 구비조건

① 경제적일 것
② 화학적으로 안정할 것
③ 밀도가 적을 것
④ 시공이 편리할 것
⑤ 열전도율이 적을 것
⑥ 안전사용 온도범위가 넓을 것

LPG 설비시공 실무편

03-1 LPG 저장탱크 지하설치 소형 저장탱크 설치 기준(KGS Fu 331 관련)

관련사진

[저장탱크]

[모래 도포]

[소형 저장탱크]

설치 기준 항목		설치 세부내용
저장 탱크실	재료	레드믹스콘크리트(설계강도 21MPa 이상, 고압가스저장탱크는 20.6~23.5MPa)
	시공	수밀성 콘크리트 시공
	천장, 벽, 바닥의 재료와 두께	30cm 이상 방수조치를 한 철근콘크리트
	저장탱크와 저장탱크실의 빈 공간	세립분을 함유하지 않은 모래를 채움 ※ 고압가스 안전관리법의 저장탱크 지하설치 시는 그냥 마른 모래를 채움
	집수관	직경 : 80A 이상(바닥에 고정)
	검지관	① 직경 : 40A 이상 ② 개수 : 4개소 이상

설치 기준 항목			설치 세부 내용
저장 탱크	상부 윗면과 탱크실 상부와 탱크실 바닥과 탱크 하부까지 (60cm)		60cm 이상 유지 ※ 비교사항 1. 탱크 지상 실내 설치 시 : 탱크 정상부 탱크실 천장까지 60cm 유지 2. 고압가스 안전관리법 기준 : 지면에서 탱크 정상부까지 60cm 이상 유지
	2개 이상 인접설치 시		상호간 1m 이상 유지 ※ 비교사항 지상설치 시에는 물분무장치가 없을 때 두 탱크 직경의 1/4을 곱하여 1m 보다 크면 그 길이를, 1m 보다 작으면 1m를 유지
	탱크 묻은 곳의 지상		경계표지 설치
	점검구	설치 수	20t 이하 : 1개소
			20t 초과 : 2개소
		규격	사각형 : 0.8m×1m
			원형 : 직경 0.8m 이상
	가스방출관 설치위치		지면에서 5m 이상 가스 방출관 설치
	참고사항		지하저장탱크는 반드시 저장탱크실 내에 설치(단, 소형 저장탱크는 지하에 설치하지 않는다.)

소형 저장탱크				
시설 기준	지상 설치, 옥외 설치, 습기가 적은 장소, 통풍이 양호한 장소, 사업소 경계는 바다, 호수, 하천, 도로의 경우 토지 경계와 탱크 외면간 0.5m 이상 안전공지 유지			
전용 탱크실에 설치하는 경우	① 옥외 설치할 필요 없음 ② 환기구 설치(바닥면적 $1m^2$당 $300cm^2$의 비율로 2방향 분산 설치) ③ 전용 탱크실 외부(LPG 저장소, 화기엄금, 관계자 외 출입금지 등을 표시)			
살수장치	저장탱크 외면 5m 떨어진 장소에서 조작할 수 있도록 설치			
설치 기준	① 동일 장소 설치 수 : 6기 이하 ② 바닥에서 5cm 이상 콘크리트 바닥에 설치 ③ 충전질량 합계 : 5000kg 미만 ④ 충전질량 1000kg 이상은 높이 1m 이상 경계책 설치 ⑤ 화기와 거리 5m 이상 이격			
기초	지면 5cm 이상 높게 설치된 콘크리트 위에 설치			
보호대	재질		철근콘크리트, 강관재	
	높이		80cm 이상	
	두께	배관용 탄소강관	100A 이상	
		철근콘크리트	12cm 이상	
기화기	① 3m 이상 우회거리 유지 ② 자동안전장치 부착		소화설비	① 충전질량 1000kg 이상의 경우 ABC용 분말소화기 B-12 이상의 것 2개 이상 보유 ② 충전호스 길이 10m 이상

03-2 LPG 충전시설의 사업소 경계와 거리(KGS Fp 331) (2.1.4)

관련사진

【 충전소 표지판 】

<table>
<tr><th colspan="2">시설별</th><th>사업소 경계거리</th></tr>
<tr><td colspan="2">충전설비</td><td>24m</td></tr>
<tr><td rowspan="7">저장설비</td><td>저장능력</td><td>사업소 경계거리</td></tr>
<tr><td>10톤 이하</td><td>24m</td></tr>
<tr><td>10톤 초과 20톤 이하</td><td>27m</td></tr>
<tr><td>20톤 초과 30톤 이하</td><td>30m</td></tr>
<tr><td>30톤 초과 40톤 이하</td><td>33m</td></tr>
<tr><td>40톤 초과 200톤 이하</td><td>36m</td></tr>
<tr><td>200톤 초과</td><td>39m</td></tr>
</table>

03-3 LPG 충전시설의 표지

관련사진

충전 중 엔진정지 (황색바탕에 흑색글씨)

화기엄금 (백색바탕에 적색글씨)

01 폭발방지장치와 방파판(KGS Ac 113) (p13)

관련사진

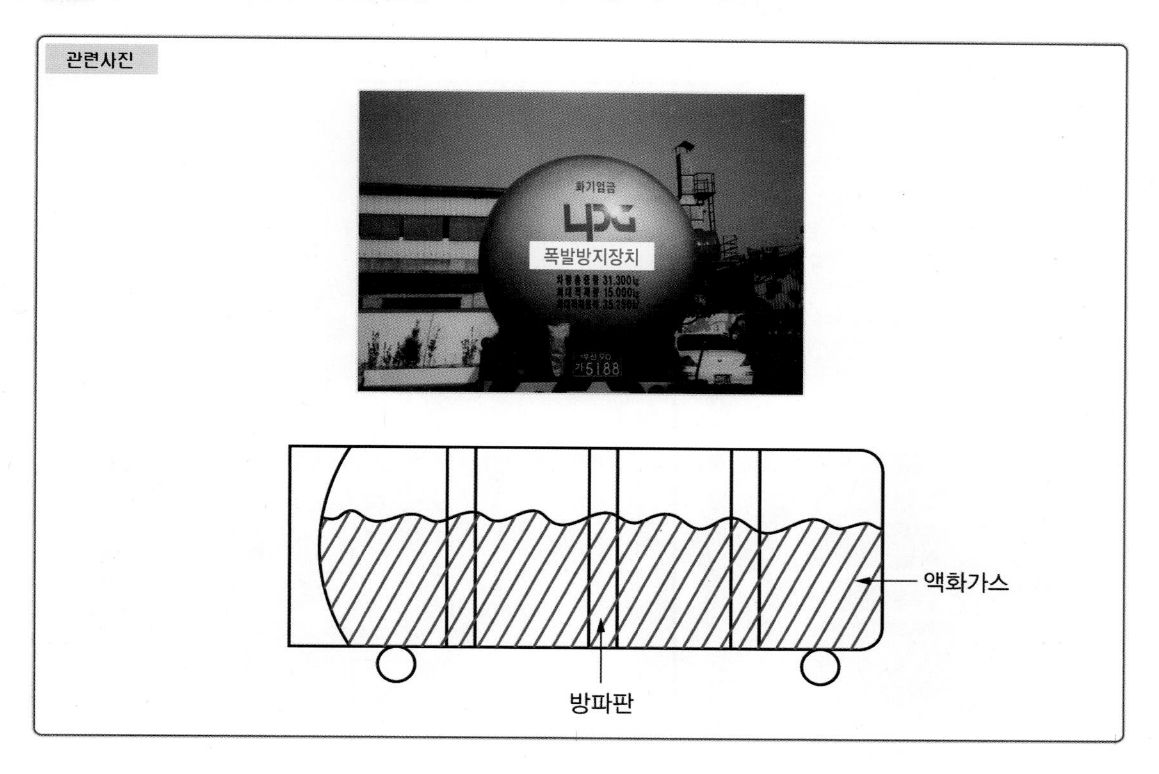

구분		세부 핵심내용
방파판	정의	액화가스 충전탱크 및 차량 고정탱크에 액면요동을 방지하기 위하여 설치되는 판
	면적	탱크 횡단면적의 40% 이상
	부착위치	원호부 면적이 탱크 횡단면적의 20% 이하가 되는 위치
	재료 및 두께	3.2mm 이상의 SS 41 또는 이와 동등 이상의 강도(단, 초저온탱크는 2mm 이상 오스테나이트계 스테인리스강 또는 4mm 이상 알루미늄합금판)
	설치 수	내용적 $5m^3$마다 1개씩
폭발방지 장치	설치장소와 설치탱크	주거 · 상업지역, 저장능력 10t 이상 저장탱크(지하설치 시는 제외), 차량에 고정된 LPG 탱크
	재료	알루미늄 합금박판
	형태	다공성 벌집형

03-4 액화석유가스 자동차에 고정된 충전시설 가스설비 설치 기준(KGS Fp 332) (2.4)

관련사진

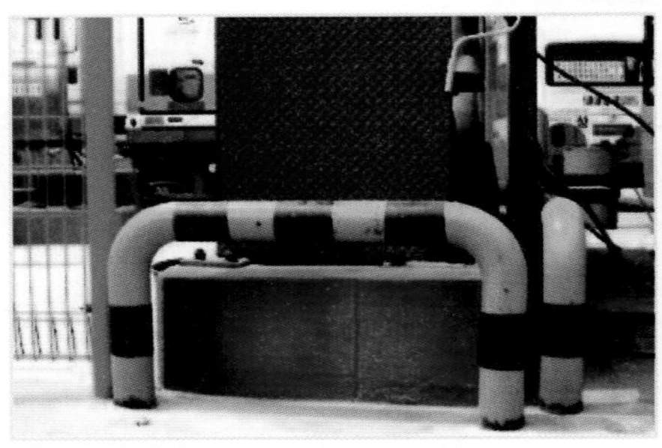

구분		간추린 핵심내용
로딩암 설치		충전시설 건축물 외부
로딩암을 내부 설치 시		① 환기구 2방향 설치 ② 환기구 면적은 바닥면적 6% 이상
충전기 보호대	높이	80cm 이상
	두께	① 철근콘크리트재 : 12cm 이상 ② 배관용 탄소강관 : 100A 이상
캐노피		충전기 상부 공지면적의 1/2 이상으로 설치
충전기 호스길이		① 5m 이내 정전기 제거장치 설치 ② 자동차 제조공정 중에 설치 시는 5m 이상 가능
가스 주입기		원터치형으로 할 것
세이프티커플링 설치		충전호스에 과도한 인장력이 가해졌을 때 충전기와 가스 주입기가 분리될 수 있는 안전장치
소형 저장탱크의 보호대	재질	철근콘크리트 및 배관용 탄소강관
	높이	80cm 이상
	두께	① 철근콘크리트 12cm 이상 ② 강관재 100A 이상

(1) LPG 자동차 충전시설의 충전기 보호대

관련사진

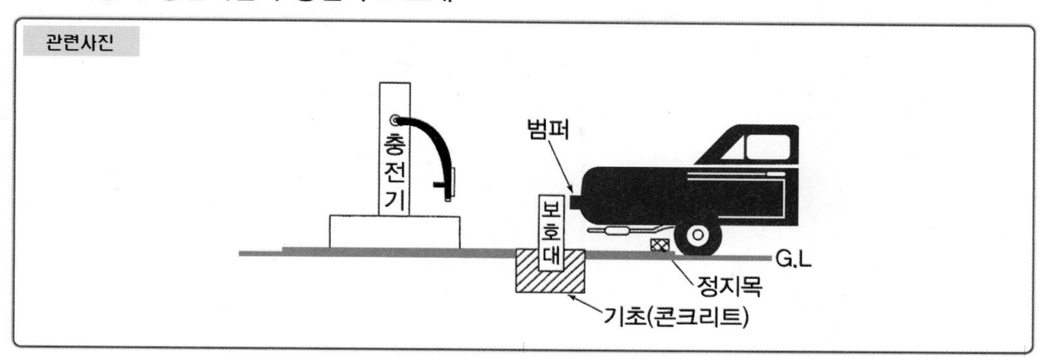

(2) 액화석유가스 판매 용기저장소 시설기준

관련사진

배치 기준	① 사업소 부지는 그 한 면이 폭 4m 이상 도로와 접할 것 ② 용기보관실은 화기를 취급하는 장소까지 2m 이상 우회거리를 두거나 용기를 보관하는 장소와 화기를 취급하는 장소 사이에 누출가스가 유동하는 것을 방지하는 시설을 할 것
저장설비 기준	① 용기보관실은 불연재료를 사용하고 그 지붕은 불연성 재료를 사용한 가벼운 지붕을 설치할 것 ② 용기보관실의 벽은 방호벽으로 할 것 ③ 용기보관실의 면적은 $19m^2$ 이상으로 할 것
사고설비 예방 기준	① 용기보관실은 분리형 가스 누설경보기를 설치할 것 ② 용기보관실의 전기설비는 방폭구조일 것 ③ 용기보관실은 환기구를 갖추고 환기 불량 시 강제통풍시설을 갖출 것
부대설비 기준	① 용기보관실 사무실은 동일 부지 안에 설치하고 사무실 면적은 $9m^2$ 이상일 것 ② 용기운반자동차의 원활한 통행과 용기의 원활한 하역작업을 위하여 보관실 주위 $11.5m^2$ 이상의 부지를 확보할 것

01 저장탱크 및 용기에 충전

설비 \ 가스	액화가스	압축가스
저장탱크	90% 이하	상용압력 이하
용기	90% 이하	최고충전압력 이하
85% 이하로 충전하는 경우	① 소형 저장탱크 ② LPG 차량용 용기 ③ LPG 가정용 용기	

02 저장능력에 따른 액화석유가스 사용시설과 화기와 우회거리

저장능력	화기와 우회거리(m)
1톤 미만	2m
1톤 이상 3톤 미만	5m
3톤 이상	8m

03-5 조정기

관련사진

<table>
<tr><th>사용 목적</th><td colspan="2">유출 압력을 조정, 안정된 연소를 기함.</td></tr>
<tr><th>고정 시 영향</th><td colspan="2">누설, 불완전 연소</td></tr>
<tr><th>종류</th><th>장점</th><th>단점</th></tr>
<tr><td>1단 감압식</td><td>① 장치가 간단하다.
② 조작이 간단하다.</td><td>① 최종압력이 부정확하다.
② 배관이 굵어진다.</td></tr>
<tr><td>2단 감압식</td><td>① 공급압력이 안정하다.
② 중간배관이 가늘어도 된다.
③ 관의 입상에 의한 압력손실이 보정된다.
④ 각 연소기구에 알맞은 압력으로 공급할 수 있다.</td><td>① 조정기가 많이 든다.
② 검사방법이 복잡하다.
③ 재액화에 문제가 있다.</td></tr>
<tr><td>자동교체 조정기 사용 시 장점</td><td colspan="2">① 전체 용기 수량이 수동보다 적어도 된다.
② 분리형 사용 시 압력손실이 커도 된다.
③ 잔액을 거의 소비시킬 수 있다.
④ 용기 교환주기가 넓다.</td></tr>
</table>

03-6 압력조정기

(1) 종류에 따른 입구·조정 압력 범위

<table>
<tr><th>종류</th><th colspan="2">입구압력(MPa)</th><th>조정압력(kPa)</th></tr>
<tr><td>1단 감압식 저압조정기</td><td colspan="2">0.07 ~ 1.56</td><td>2.3 ~ 3.3</td></tr>
<tr><td>1단 감압식 준저압조정기</td><td colspan="2">0.1 ~ 1.56</td><td>5.0 ~ 30.0 이내에서 제조자가 설정한 기준압력의 ±20%</td></tr>
<tr><td rowspan="2">2단 감압식 1차용조정기</td><td>용량 100kg/h 이하</td><td>0.1 ~ 1.56</td><td rowspan="2">57.0 ~ 83.0</td></tr>
<tr><td>용량 100kg/h 초과</td><td>0.3 ~ 1.56</td></tr>
<tr><td>2단 감압식 2차용 저압조정기</td><td colspan="2">0.01 ~ 0.1 또는 0.025 ~ 0.1</td><td>2.30 ~ 3.30</td></tr>
<tr><td>2단 감압식 2차용 준저압조정기</td><td colspan="2">조정압력 이상 ~ 0.1</td><td>5.0 ~ 30.0 이내에서 제조자가 설정한 기준압력의 ±20%</td></tr>
<tr><td>자동절체식 일체형 저압조정기</td><td colspan="2">0.1 ~ 1.56</td><td>2.55 ~ 3.3</td></tr>
<tr><td>자동절체식 일체형 준저압조정기</td><td colspan="2">0.1 ~ 1.56</td><td>5.0 ~ 30.0 이내에서 제조자가 설정한 기준압력의 ±20%</td></tr>
<tr><td>그 밖의 압력조정기</td><td colspan="2">조정압력 이상 ~ 1.56</td><td>5kPa를 초과하는 압력 범위에서 상기 압력조정기 종류에 따른 조정압력에 해당하지 않는 것에 한하며, 제조자가 설정한 기준압력의 ±20%일 것</td></tr>
</table>

(2) 종류별 기밀시험압력

구분 \ 종류	1단 감압식 저압	1단 감압식 준저압	2단 감압식 1차용	2단 감압식 2차용		자동절체식		그 밖의 조정기
				저압	준저압	저압	준저압	
입구측 (MPa)	1.56 이상	1.56 이상	1.8 이상	0.5 이상		1.8 이상		최대입구압력 1.1배 이상
출구측 (kPa)	5.5	조정압력의 2배 이상	150 이상	5.5	조정압력의 2배 이상	5.5	조정압력의 2배 이상	조정압력의 1.5배

(3) 조정압력이 3.30kPa 이하인 안전장치 작동압력

항목	압력(kPa)
작동표준	7.0
작동개시	5.60 ~ 8.40
작동정지	5.04 ~ 8.40

01 용기보관실 및 용기집합설비 설치(KGS Fu 431)

관련사진

용기저장능력에 따른 구분	세부 핵심내용
100kg 이하	직사광선 및 빗물을 받지 않도록 조치
100kg 초과	① 용기보관실 설치, 용기보관실 벽과 문은 불연재료, 지붕은 가벼운 불연재료로 설치, 구조는 단층구조 ② 용기집합설비의 양단 마감조치에는 캡 또는 플랜지 설치 ③ 용기를 3개 이상 집합하여 사용 시 용기집합장치 설치 ④ 용기와 연결된 측도관 트윈호스 조정기 연결부는 조정기 이외의 설비와는 연결하지 않는다. ⑤ 용기보관실 설치곤란 시 외부인 출입방지용 출입문을 설치하고 경계표시
500kg 초과	소형 저장탱크를 설치

03-7 LP가스 환기설비(KGS Fu 332) (2.8.9)

관련사진

항목		세부 핵심내용
자연환기	환기구	바닥면에 접하고 외기에 면하게 설치
	통풍면적	바닥면적 $1m^2$당 $300cm^2$ 이상
	1개소 환기구 면적	① $2400cm^2$ 이하(철망 환기구 틀통의 면적은 뺀 것으로 계산) ② 강판 갤러리 부착 시 환기구 면적의 50%로 계산
	한방향 환기구	전체 환기구 필요, 통풍가능 면적의 70%까지만 계산
	사방이 방호벽으로 설치 시	환기구 방향은 2방향 분산 설치
강제환기	개요	자연환기설비 설치 불가능 시 설치
	통풍능력	바다면적 $1m^2$당 $0.5m^3/min$ 이상
	흡입구	바닥면 가까이 설치
	배기가스 방출구	지면에서 5m 이상 높이에 설치

01 액화석유가스 사용 시 중량판매하는 사항

① 내용적 30L 미만 용기로 사용 시
② 옥외 이동하면서 사용 시
③ 6개월 기간 동안 사용 시
④ 산업용, 선박용, 농축산용으로 사용 또는 그 부대시설에서 사용 시
⑤ 재건축, 재개발 도시계획대상으로 예정된 건축물 및 허가권자가 증개축 또는 도시가스 예정 건축물로 인정하는 건축물에서 사용 시
⑥ 주택 이외 건축물 중 그 영업장의 면적이 $40m^2$ 이하인 곳에서 사용 시
⑦ 노인복지법에 따른 경로당 또는 영유아복지법에 따른 가정보육시설에서 사용 시

⑧ 단독주택에서 사용 시
⑨ 그 밖에 체적판매 방법으로 판매가 곤란하다고 인정 시

03-8 LP가스 이송 방법

(1) 이송 방법의 종류

① 차압에 의한 방법
② 압축기에 의한 방법
③ 균압관이 있는 펌프 방법
④ 균압관이 없는 펌프 방법

(2) 이송 방법의 장·단점

관련사진

[압축기]　[펌프]

구분 \ 장·단점	장점	단점
압축기	① 충전시간이 짧다. ② 잔가스 회수가 용이하다. ③ 베이퍼록의 우려가 없다.	① 재액화 우려가 있다. ② 드레인 우려가 있다.
펌프	① 재액화 우려가 없다. ② 드레인 우려가 없다.	① 충전시간이 길다. ② 잔가스 회수가 불가능하다. ③ 베이퍼록의 우려가 있다.

03-9 기화장치(Vaporizer)

(1) 분류 방법

관련사진

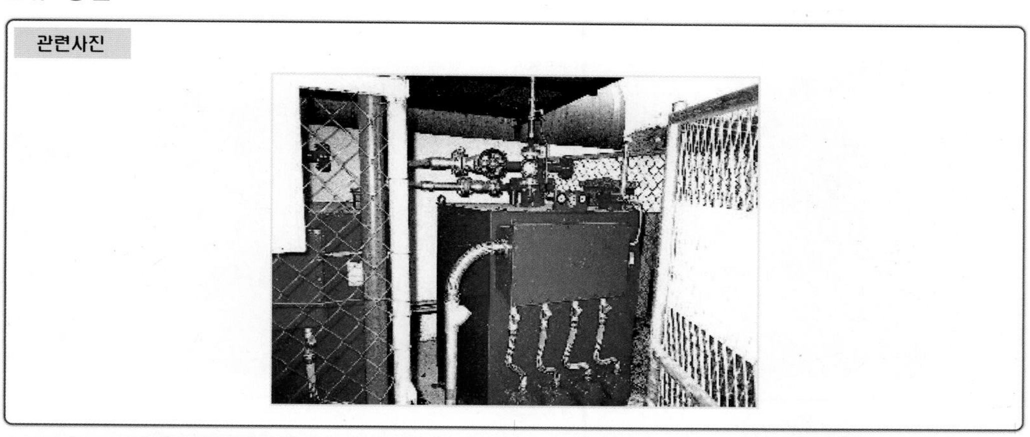

장치 구성 형식	증발 형식
단관식, 다관식, 사관식, 열판식	순간증발식, 유입증발식

작동원리에 따른 분류	
가온감압식	열교환기에 의해 액상의 LP가스를 보내 온도를 가하고 기화된 가스를 조정기로 감압하는 방식
감압가열(온)식	액상의 LP가스를 조정기 감압밸브로 감압 열교환기로 보내 온수 등으로 가열하는 방식
작동유체에 따른 분류	① 온수가열식(온수온도 80℃ 이하) ② 증기가열식(증기온도 120℃ 이하)

(2) 기화기 사용 시 장점(강제기화방식의 장점)

① 한냉 시 연속적 가스공급이 가능하다.

② 기화량을 가감할 수 있다.

③ 공급가스 조성이 일정하다.

④ 설비비, 인건비가 절감된다.

03-10 콕의 종류 및 기능(KGS AA 334)

관련사진

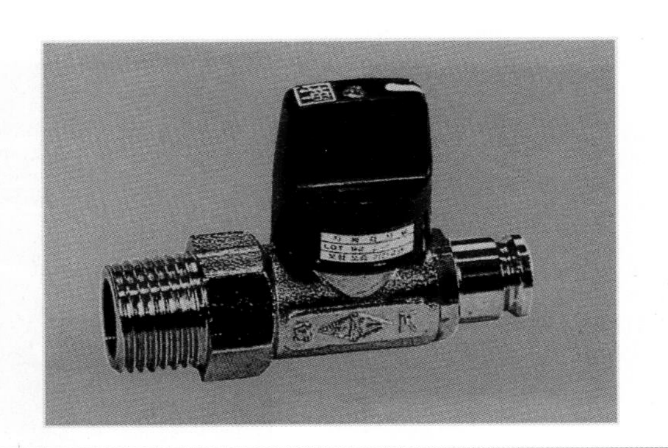

종류	기능
퓨즈 콕	가스유로를 볼로 개폐 과류차단 안전기구가 부착된 것으로 배관과 호스, 호스와 호스, 배관과 배관, 배관과 카플러를 연결하는 구조
상자 콕	가스유로를 핸들, 누름, 당김 등의 조작으로 개폐하고 과류차단 안전기구가 부착된 것으로서 밸브, 핸들이 반개방 상태에서도 가스가 차단되어야 하며 배관과 카플러를 연결하는 구조
주물연소기용 노즐 콕	① 주물연소기용 부품으로 사용 ② 볼로 개폐하는 구조
업무용 대형 연소기용 노즐 콕	
콕의 열림방향은 시계바늘 반대방향이며, 주물연소기용 노즐 콕은 시계바늘 방향이 열림방향으로 한다.	

03-11 사고의 통보 방법(고압가스 안전관리법 시행규칙 별표 34) (법 제54조 ①항 관련)

관련사진

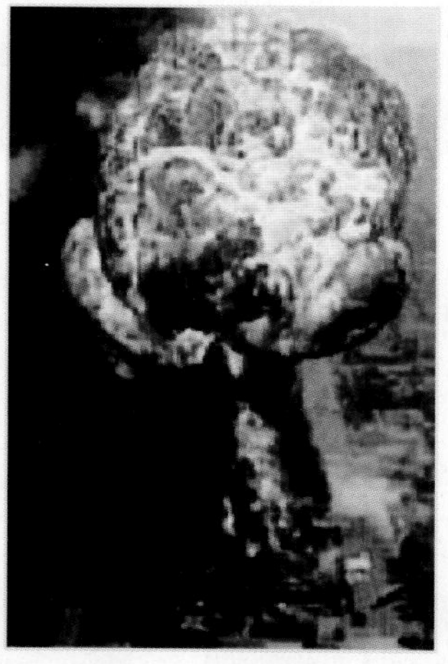

[부천 LPG 충전소 폭발 시 일어난 BLEVE(블레브) 발생]

사고 종류별 통보 방법 및 기한(통보 내용에 포함사항)

사고 종류	통보 방법	통보 기한	
		속보	상보
① 사람이 사망한 사고	속보와 상보	즉시	사고발생 후 20일 이내
② 부상 및 중독사고	속보와 상보	즉시	사고발생 후 10일 이내
③ 위의 ①, ②를 제외한 누출 및 폭발과 화재사고	속보	즉시	
④ 시설 파손되거나 누출로 인한 인명 대피 공급 중단사고 (①, ②는 제외)	속보	즉시	
저장탱크에서 가스누출사고 (①, ②, ③, ④는 제외)	속보	즉시	
사고의 통보 내용에 포함되어야 하는 사항	① 통보자의 소속, 직위, 성명, 연락처 ② 사고발생 일시 ③ 사고발생 장소 ④ 사고내용(가스의 종류, 양, 확산거리 포함) ⑤ 시설 현황(시설의 종류, 위치 포함) ⑥ 피해 현황(인명, 재산)		

Engineer Gas

도시가스 설비시공 실무편

04-1 가스시설 전기방식 기준(KGS Gc 202)

(1) 전기방식 조치대상시설 및 제외대상시설

관련사진

조치대상시설	제외대상시설
고압가스의 특정 · 일반 제조사업자, 충전사업자, 저장소 설치자 및 특정고압가스 사용자의 시설 중 지중, 수중에서 설치하는 강제 배관 및 저장탱크(액화석유가스 도시가스시설 동일)	① 가정용 시설 ② 기간을 임시 정하여 임시로 사용하기 위한 가스시설 ③ PE(폴리에틸렌관)

(2) 전기방식 측정 · 점검주기

측정 및 점검주기			
전기방식시설의 관대지전위	외부전원법에 따른 외부전원점, 관대지전위, 정류기 출력, 전압, 전류, 배선 접속, 계기류 확인	배류법에 따른 배류점, 관대지전위, 배류기출력, 전압, 전류, 배선 접속 계기류 확인	절연부속품, 역전류 방지 장치, 결선 및 보호 절연체 효과
1년 1회 이상	3개월 1회 이상	3개월 1회 이상	6개월 1회 이상
전기방식조치를 한 전체 배관망에 대하여 2년 1회 이상 관대지 등의 전위를 측정			

전위 측정용(터미널(T/B)) 시공 방법	
외부전원법	희생양극법, 배류법
500m 간격	300m 간격

전기방식 기준(자연전위와의 변화값 : -300mV)		
고압가스	액화석유가스	도시가스
포화황산동 기준 전극		
-5V 이상 -0.85V 이하	-0.85V 이하	-0.85V 이하
황산염 환원 박테리아가 번식하는 토양		
-0.95V 이하	-0.95V 이하	-0.95V 이하

(3) 전기방식 효과를 유지하기 위하여 절연조치를 하는 장소

① 교량 횡단 배관의 양단
② 배관 등과 철근콘크리트 구조물 사이
③ 배관과 강제 보호관 사이
④ 배관과 지지물 사이
⑤ 타 시설물과 접근 교차지점
⑥ 지하에 매설된 부분과 지상에 설치된 부분의 경계
⑦ 저장탱크와 배관 사이
⑧ 고압가스 · 액화석유가스 시설과 철근콘크리트 구조물 사이

(4) 전위측정용 터미널의 설치장소

① 직류전철 횡단부 주위
② 지중에 매설되어 있는 배관절연부의 양측
③ 다른 금속구조물의 근접 교차부분
④ 밸브스테이션
⑤ 희생양극법, 배류법에 따른 배관에는 300m 이내 간격
⑥ 외부전원법에 따른 배관에는 500m 이내 간격으로 설치

04-2 전기방식법

01 종류

(1) 희생(유전) 양극법

관련사진

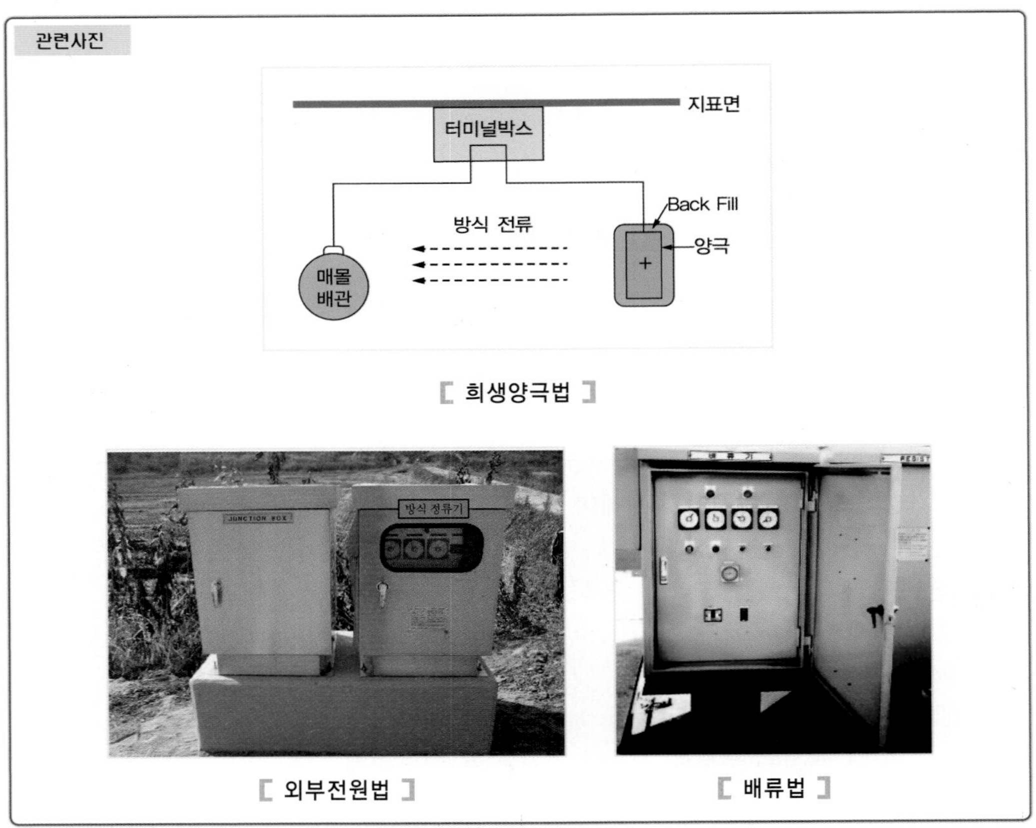

[희생양극법]

[외부전원법]　[배류법]

정의	특징	
	장점	단점
양극의 금속 Mg, Zn 등을 지하매설관에 일정간격으로 설치하면 Fe보다 (−)방향 전위를 가지고 있어 Fe이 (−)방향으로 전위변화를 일으켜 양극의 금속이 Fe 대신 소멸되어 관의 부식을 방지함	① 타 매설물의 간섭이 없다. ② 시공이 간단하다. ③ 단거리 배관에 경제적이다. ④ 과방식의 우려가 없다.	① 전류 조절이 어렵다. ② 강한 전식에는 효과가 없고, 효과 범위가 좁다. ③ 양극의 보충이 필요하다.

(2) 외부전원법

정의	특징	
	장점	단점
방식 전류기를 이용하여 한전의 교류전원을 직류로 전환 매설배관에 전기를 공급하여 부식을 방지함.	① 전압전류 조절이 쉽다. ② 방식효과 범위가 넓다. ③ 전식에 대한 방식이 가능하다. ④ 장거리 배관에 경제적이다.	① 과방식의 우려가 있다. ② 비경제적이다. ③ 타 매설물의 간섭이 있다. ④ 교류전원이 필요하다.

(3) 배류법

매설 배관의 전위가 주위 타금속 구조물의 전위보다 높은 장소에서 매설 배관 주위의 타금속 구조물을 전기적으로 접속시켜 매설 배관에 유입된 누출전류를 전기회로적으로 복귀시키는 방법

(4) 강제배류법

정의	특징	
	장점	단점
선택과 외부전원법을 합성한 형태로 선택배류가 가능 시 선택배류기가 작동 불가능 시 레일을 전극으로 하는 외부전원법의 직류전원장치로서 작동할 수 있도록 두 가지 성능을 가진 전기방식법	① 전압전류 조정이 가능하다. ② 전기방식의 효과범위가 넓다. ③ 전철이 운행중지에도 방식이 가능하다.	① 과방식의 우려가 있다. ② 전원이 필요하다. ③ 타 매설물의 장애가 있다. ④ 전철의 신호장애를 고려해야 한다.

(5) 선택배류법

정의	특징	
	장점	단점
직류 전철에서 누설되는 전류에 의한 전식을 방지하기 위해 배관의 직류 전원 (−)선을 레일에 연결 부식을 방지함.	① 전철의 위치에 따라 효과범위가 넓다. ② 시공비가 저렴하다. ③ 전철의 전류를 사용 비용절감의 효과가 있다.	① 과방식의 우려가 있다. ② 전철의 운행중지 시에는 효과가 없다. ③ 타 매설물의 간섭에 유의해야 한다.

(6) 전기방식의 선택

구분	방식법의 종류
직류 전철 등에 의한 누출전류의 우려가 없는 경우	외부전원법, 희생양극법
직류 전철 등에 의한 누출전류의 우려가 있는 경우	배류법(단, 방식효과가 충분하지 않을 때 외부전원법, 희생양극법을 병용)

04-3 도시가스 배관 손상 방지기준(KGS 253. (3) 공통부분)

관련사진

구분 굴착공사		간추린 핵심내용
매설배관 위치 확인	확인 방법	지하 매설배관 탐지장치(Pipe Locator) 등으로 확인
	시험굴착 지점	확인이 곤란한 분기점, 곡선부, 장애물 우회 지점
	인력굴착 지점	가스 배관 주위 1m 이내
	준비사항	위치표시용 페인트, 표지판, 황색 깃발
매설배관 위치 표시	굴착예정지역 표시 방법	흰색 페인트로 표시(표시 곤란 시는 말뚝, 표시 깃발 표지판으로 표시)
	포장도로 표시 방법	(그림) 페인트 / 도시가스관 매설지점
	표시 말뚝	전체 수직거리는 50cm
	깃발	(그림) 도시가스관 매설지점 / 바탕색 : 황색 / 글자색 : 적색
	표지판	(그림) 도시가스관 매설지점 심도, 관경, 압력 등 표시 / 가로 : 80cm / 세로 : 40cm / 바탕색 : 황색 / 글자색 : 흑색 / 위험글씨 : 적색

구분		간추린 핵심내용
굴착공사		
파일박기 또는 빼기 작업	시험굴착으로 가스배관의 위치를 정확히 파악하여야 하는 경우	배관 수평거리 2m 이내에서 파일박기를 할 경우(위치파악 후는 표지판 설치), 가스배관 수평거리 30cm 이내는 파일박기 금지, 항타기는 배관 수평거리 2m 이상 되는 곳에 설치
줄파기 작업	줄파기 심도	1.5m 이상
	줄파기 공사 후 배관 1m 이내 파일박기를 할 경우	유도관(Guide Pipe)을 먼저 설치 후 되메우기 실시

04-4 도시가스 공급시설 배관의 내압 · 기밀 시험(KGS Fs 551)

(1) 내압시험(4.2.2.10)

관련사진

항목		간추린 핵심내용
수압으로 시행하는 경우	시험압력	최고사용압력×1.5배
공기 등의 기체로 시행하는 경우	시험압력	최고사용압력×1.25배
	공기 · 기체 시행 요건	① 중압 이하 배관 ② 50m 이하 고압배관에 물을 채우기가 부적당한 경우 공기 또는 불활성 기체로 실시
	시험 전 안전상 확인사항	강관용접부 전체 길이에 방사선 투과시험 실시, 고압배관은 2급 이상 중압 이하 배관은 3급 이상을 확인
	시행 절차	일시에 승압하지 않고 ① 상용압력 50%까지 승압 ② 향후 상용압력 10%씩 단계적으로 승압
공통사항	① 중압 이상 강관 양 끝부에 엔드캡, 막음 플런지 용접 부착 후 비파괴 시험 후 실시한다. ② 규정압력 유지시간은 5~20분까지를 표준으로 한다. ③ 시험 감독자는 시험시간 동안 시험구간을 순회점검하고 이상 유무를 확인한다. ④ 시험에 필요한 준비는 검사 신청인이 한다.	

(2) 기밀시험(4.2.2.9.3)

항목	간추린 핵심내용
시험 매체	공기불활성 기체
배관을 통과하는 가스로 하는 경우	① 최고사용압력 고압 중압으로 길이가 15m 미만 배관 ② 부대설비가 이음부와 동일재를 동일시공 방법으로 최고사용압력×1.1배에서 누출이 없는 것을 확인하고 신규로 설치되는 본관 공급관의 기밀시험 방법으로 시험한 경우 ③ 최고사용압력이 저압인 부대설비로서 신규설치되는 본관 공급관의 기밀시험 방법으로 시험한 경우
시험압력	최고사용압력×1.1배 또는 8.4kPa 중 높은 압력
신규로 설치되는 본관 공급관의 기밀시험 방법	① 발포액을 도포, 거품의 발생 여부로 판단 ② 가스 농도가 0.2% 이하에서 작동하는 검지기를 사용 검지기가 작동되지 않는 것으로 판정(이 경우 매몰배관은 12시간 경과 후 판정) ③ 최고사용압력 고압 · 중압 배관으로 용접부 방사선 투과 합격된 것은 통과가스를 사용 0.2% 이하에서 작동되는 가스 검지기 사용 검지기가 작동되지 않는 것으로 판정(매몰배관은 24시간 이후 판정)

04-5 도시가스 배관

(1) 도시가스 배관설치 기준

관련사진

항목	세부 내용
중압 이하 배관 고압배관 매설 시	매설 간격 2m 이상 (철근콘크리트 방호구조물 내 설치 시 1m 이상 배관의 관리주체가 같은 경우 3m 이상)
본관 공급관	기초 밑에 설치하지 말 것
천장 내부 바닥 벽 속에	공급관 설치하지 않음
공동주택 부지 안	0.6m 이상 깊이 유지
폭 8m 이상 도로	1.2m 이상 깊이 유지
폭 4m 이상 8m 미만 도로	1m 이상
배관의 기울기(도로가 평탄한 경우)	$\frac{1}{500} \sim \frac{1}{1000}$

(2) 교량에 배관설치 시

매설심도	2.5m 이상 유지
배관손상으로 위급사항 발생 시	가스를 신속하게 차단할 수 있는 차단장치 설치(단, 고압배관으로 매설구간 내 30분 내 안전한 장소로 방출할 수 있는 장치가 있을 때는 제외)
배관의 재료	강재 사용 접합은 용접
배관의 설계 설치	온도변화에 의한 열응력과 수직 · 수평 하중을 고려하여 설계
지지대 U볼트 등의 고정장치 배관	플라스틱 및 절연물질 삽입

(3) 교량 배관설치 시 지지간격

호칭경(A)	지지간격(m)
100	8
150	10
200	12
300	16
400	19
500	22
600	25

04-6 가스배관 및 일반배관의 사용용도 및 특징

압력별 가스배관의 사용 재료(KGS code에 규정된 부분)		
최고사용압력	배관 종류	KS D 번호
고압용 10MPa 이상에서 (액화가스는 0.2MPa 이상) 사용하는 배관	압력배관용 탄소강관	KS D 3562
	보일러 및 열교환기용 탄소강관	KS D 3563
	고압배관용 탄소강관	KS D 3564
	저온배관용 탄소강관	KS D 3569
	고온배관용 탄소강관	KS D 3570
	보일러 및 열교환기용 합금강관	KS D 3572
	배관용 합금강관	KS D 3573
	배관용 스테인리스강관	KS D 3576
	보일러 및 열교환기용 스테인리스강관	KS D 3577
저압용 0.1MPa 미만 (액화가스는 0.01MPa 미만)	이음매 없는 동 및 동합금관	KS D 5301
	이음매 있는 니켈합금관	KS D 5539
중압용 0.1MPa 이상 10MPa 미만 (액화가스는 0.01MPa 이상 0.2MPa 미만)	연료가스 배관용 탄소강관	KS D 3631
	배관용 아크용접 탄소강관	KS D 3583

압력별 가스배관의 사용 재료(KGS code에 규정된 부분)		
최고사용압력	배관 종류	KS D 번호
지하매몰배관	폴리에틸렌 피복강관	KS D 3589
	분말 용착식 폴리에틸렌 피복강관	KS D 3607
	가스용 폴리에틸렌관	KS M 3514

일반배관 재료의 사용온도 압력		
기호	관의 명칭	사용압력
SPP	배관용 탄소강관	사용압력 1MPa 미만
SPPS	압력배관용 탄소강관	사용압력 1MPa 이상 10MPa 미만
SPPH	고압배관용 탄소강관	사용압력 10MPa 이상
SPW	배관용 아크용접 탄소강관	사용압력 1MPa 미만
SPPW	수도용 아연도금강관	급수배관에 사용

04-7 일반 도시가스 공급시설의 배관에 설치되는 긴급차단장치 및 가스공급차단장치(KGS Fs 551) (2.8.6)

긴급차단장치 설치		
항목		핵심내용
긴급차단장치 설치 개요		공급권역에 설치하는 배관에는 지진, 대형 가스누출로 인한 긴급사태에 대비하여 구역별로 가스공급을 차단할 수 있는 원격조작에 의한 긴급차단장치 및 동등 효과의 가스차단장치 설치
설치사항	긴급차단장치가 설치된 가스도매사업자의 배관	일반 도시가스 사업자에게 전용으로 공급하기 위한 것으로서 긴급차단장치로 차단되는 구역의 수요자 수가 20만 이하일 것
	가스누출 등으로 인한 긴급 차단 시	사업자 상호간 공용으로 긴급차단장치를 사용할 수 있도록 사용계약과 상호 협의체계가 문서로 구축되어 있을 것
	연락 가능사항	양사간 유 · 무선으로 2개 이상의 통신망 사용
	비상, 훈련 합동 점검사항	6월 1회 이상 실시
	가스공급을 차단할 수 있는 구역	수요자가구 20만 이하(단, 구역 설정 후 수요가구 증가 시는 25만 미만으로 할 수 있다.)

가스공급차단장치	
항목	핵심내용
고압 · 중압 배관에서 분기되는 배관	분기점 부근 및 필요 장소에 위급 시 신속히 차단할 수 있는 장치 설치(단, 관길이 50m 이하인 것으로 도로와 평행 매몰되어 있는 규정에 따라 차단장치가 있는 경우는 제외)
도로와 평행하여 매설되어 있는 배관으로부터 가스사용자가 소유하거나 점유한 토지에 이르는 배관	호칭지름 65mm(가스용 폴리에틸렌관은 공칭외경 75mm) 초과하는 배관에 가스차단장치 설치

04-8 가스배관 압력측정 기구별 기밀유지시간(KGS Fs 551) (4.2.2.9.4)

(1) 압력측정 기구별 기밀유지시간

관련사진

압력측정 기구	최고사용압력	용적	기밀유지시간
수은주게이지	0.3MPa 미만	$1m^3$ 미만	2분
		$1m^3$ 이상 $10m^3$ 미만	10분
		$10m^3$ 이상 $300m^3$ 미만	V분 (다만, 120분을 초과할 경우는 120분으로 할 수 있다)
수주게이지	저압	$1m^3$ 미만	1분
		$1m^3$ 이상 $10m^3$ 미만	5분
		$10m^3$ 이상 $300m^3$ 미만	$0.5 \times V$분 (다만, 60분을 초과한 경우는 60분으로 할 수 있다)
전기식 다이어프램형 압력계	저압	$1m^3$ 미만	4분
		$1m^3$ 이상 $10m^3$ 미만	40분
		$10m^3$ 이상 $300m^3$ 미만	$4 \times V$분 (다만, 240분을 초과한 경우는 240분으로 할 수 있다)
압력계 또는 자기압력 기록계	저압 중압	$1m^3$ 미만	24분
		$1m^3$ 이상 $10m^3$ 미만	240분
		$10m^3$ 이상 $300m^3$ 미만	$24 \times V$분 (다만, 1440분을 초과한 경우는 1440분으로 할 수 있다)
	고압	$1m^3$ 미만	48분
		$1m^3$ 이상 $10m^3$ 미만	480분
		$10m^3$ 이상 $300m^3$ 미만	$48 \times V$ (다만, 2880분을 초과한 경우는 2880분으로 할 수 있다)

※ 1. V는 피시험부분의 용적(단위 : m^3)이다.
2. 최소기밀시험 유지시간 ① 자기압력기록계 30분, ② 전기다이어프램형 압력계 4분

04-9 PE관 SDR(압력에 따른 배관의 두께) (KGS Fp 551) (2.5.4.1.2)

SDR	압력
11 이하(1호관)	0.4MPa 이하
17 이하(2호관)	0.25MPa 이하
21 이하(3호관)	0.2MPa 이하

※ SDR= D(외경)/t(최소두께)

04-10 가스용 폴리에틸렌(PE 배관)의 접합(KGS Fs 451) (2.5.5.3)

관련사진

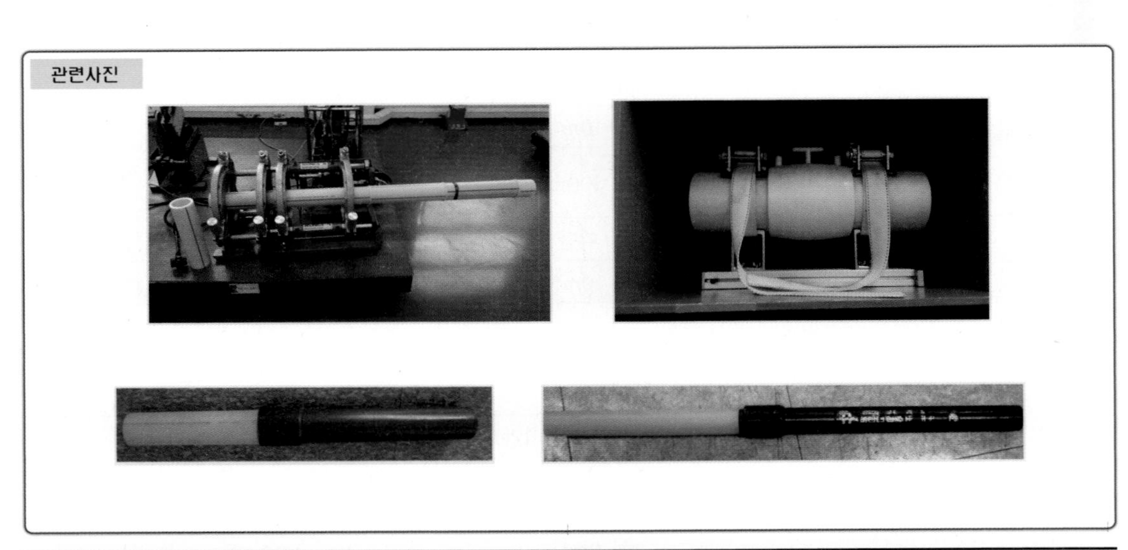

<table>
<tr><th colspan="3">항목</th><th>접합 방법</th></tr>
<tr><td colspan="3">일반적 사항</td><td>① 눈, 우천 시 천막 등의 보호조치를 하고 융착
② 수분, 먼지, 이물질 제거 후 접합</td></tr>
<tr><td colspan="3">금속관과 접합</td><td>이형질 이음관(T/F)을 사용</td></tr>
<tr><td colspan="3">공칭 외경이 상이한 경우</td><td>관이음매(피팅)를 사용</td></tr>
<tr><td rowspan="3">접합</td><td rowspan="3">열융착</td><td>맞대기</td><td>① 공칭 외경 90mm 이상 직관 연결 시 사용
② 이음부 연결오차는 배관두께의 10% 이하</td></tr>
<tr><td>소켓</td><td>배관 및 이음관의 접합은 일직선</td></tr>
<tr><td>새들</td><td>새들 중심선과 배관의 중심선은 직각 유지</td></tr>
</table>

항목			접합 방법
접합	전기융착	소켓	이음부는 배관과 일직선 유지
		새들	이음매 중심선과 배관 중심선 직각 유지
시공 방법		일반적 시공	매몰시공
		보호조치가 있는 경우	30cm 이하로 노출시공 가능
		굴곡 허용반경	외경의 20배 이상(단, 20배 미만 시 엘보 사용)
지상에서 탐지 방법		매몰형 보호포	–
		로케팅 와이어	굵기 $6mm^2$ 이상

04-11 도시가스 배관의 보호판 및 보호포 설치기준(KGS, Fs 451)

(1) 보호판(KGS Fs)

관련사진

규격			설치기준
두께	중압 이하 배관	4mm 이상	① 배관 정상부에서 30cm 이상(보호판에서 보호포까지 30cm 이상) ② 직경 30mm 이상 50mm 이하 구멍을 3m 간격으로 뚫어 누출가스가 지면으로 확산되도록 한다.
	고압 배관	6mm 이상	
곡률반경	5~10mm		
길이	1500mm 이상		
보호판으로 보호 곤란 시, 보호관으로 보호 조치 후, 보호관에 하는 표시문구			도시가스 배관 보호관, 최고사용압력(○○)MPa(kPa)
보호판 설치가 필요한 경우			① 중압 이상 배관 설치 시 ② 배관의 매설심도를 확보할 수 없는 경우 ③ 타 시설물과 이격거리를 유지하지 못했을 때

(2) 보호포(KGS Fs 551)

관련사진

항목		핵심정리 내용	
종류		일반형, 탐지형	
재질, 두께		폴리에틸렌수지, 폴리프로필렌수지, 0.2mm 이상	
폭	공급시설	제조소 공급소 내	15~30cm 이상
		제조소 공급소 밖	15cm 이상
	사용시설	15cm 이상	
색상	저압관	황색	
	중압 이상	적색	
표시사항		가스명, 사용압력, 공급자명 등을 표시 도시가스(주) 도시가스.중.압, ○○ 도시가스(주), 도시가스 ← 20cm 간격 액화석유가스 0.1MPa 미만 액화석유가스 0.1MPa 미만 20cm	
설치위치	중압	보호판 상부 30cm 이상	
	저압	① 매설깊이 1m 이상 : 배관 정상부 60cm 이상 ② 매설깊이 1m 미만 : 배관 정상부 40cm 이상	
	공급시설의 제조소, 공급소 밖의 공동주택 부지 안 및 사용시설	배관 정상부에서 40cm 이상	
	설치기준, 폭	① 호칭경에 10cm 더한 폭 ② 2열 설치 시 보호포 간격은 보호폭 이내	

04-12 가스배관의 도색

관련사진

구분		도색
지상배관		황색
매몰배관	저압	황색
	중압 이상	적색

※ 가스배관을 황색으로 하지 않아도 되는 경우－지면으로부터 1m 이상의 높이에 폭 3cm 이상의 황색띠를 두 줄로 표시한 경우

(1) 노출가스 배관에 대한 시설 설치기준(KSG Fs 551)

구분		세부 내용
노출 배관길이 15m 이상 점검통로 조명시설	가드레일	0.9m 이상 높이
	점검통로 폭	80cm 이상
	발판	통행상 지장이 없는 각목
	점검통로 조명	가스배관 수평거리 1m 이내 설치 70lux 이상
노출 배관길이 20m 이상 시 가스누출 경보장치 설치기준	설치간격	20m 마다 설치 근무자가 상주하는 곳에 경보음이 전달
	작업장	경광등 설치(현장상황에 맞추어)

04-13 도로 굴착공사에 의한 배관손상 방지기준(KGS Fs 551)

구분	세부내용
착공 전 조사사항	도면확인(가스 배관 기타 매설물 조사)
점검통로 조명시설을 하여야 하는 노출 배관길이	15m 이상
안전관리전담자 입회 시 하는 공사	배관이 있는 2m 이내에 줄파기공사 시
인력으로 굴착하여야 하는 공사	가스 배관주위 1m 이내
배관이 하천 횡단 시 주위 흙이 사질토일 때 방호구조물 비중	물의 비중 이상의 값

04-14 도시가스 배관 매설 시 포설하는 재료(KGS Fs 551) (2.5.8.2.1) 배관의 지하매설 관련

G.L

④ 되메움 재료
③ 침상재료
② (배관)
① 기초재료

재료의 종류	배관으로부터 설치장소
되메움	침상재료 상부
침상재료	배관 상부 30cm
배관	–
기초재료	배관 하부 10cm

관련사진

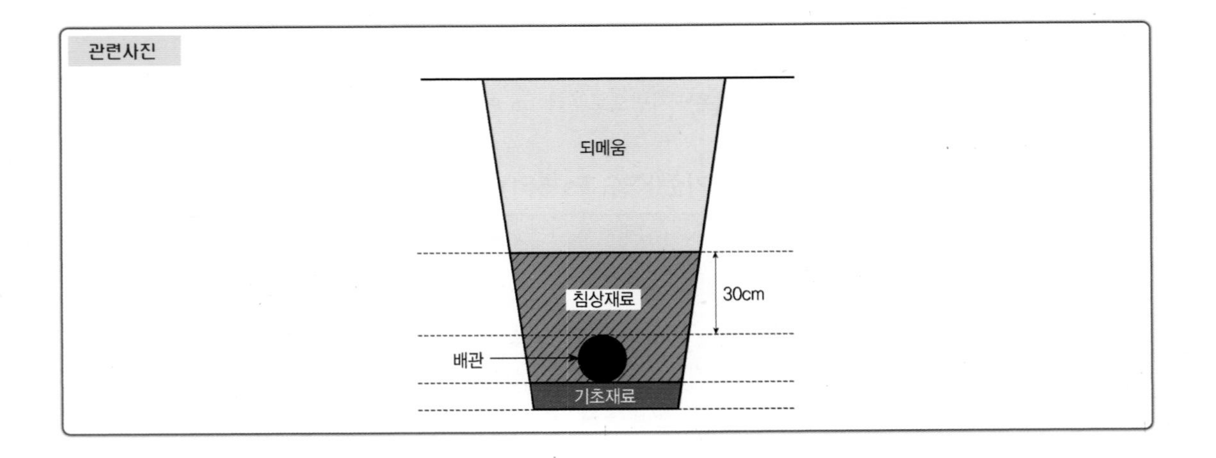

04-15 도시가스 사업자의 안전점검원 선임기준 배관(KGS Fs 551) (3.1.4.3.3)

구분	간추린 핵심내용
선임대상 배관	공공도로 내의 공급관(단, 사용자 공급관, 사용자 소유 본관, 내관은 제외)
선임 시 고려사항	① 배관 매설지역(도심 시외곽 지역 등) ② 시설의 특성 ③ 배관의 노출 유무, 굴착공사 빈도 등 ④ 안전장치 설치 유무(원격 차단밸브, 전기방식 등)
선임기준이 되는 배관길이	60km 이하 범위, 15km를 기준으로 1명씩 선임된 자를 배관 안전점검원이라 함.

04-16 도시가스 배관망의 전산화 및 가스설비 유지관리(KGS Fs 551) 관련

(1) 가스설비 유지관리(3.1.3)

개요	도시가스 사업자는 구역압력 조정기의 가스누출경보, 차량추돌 비상발생 시 상황실로 전달하기 위함
안전조치사항 (①, ② 중 하나만 조치하면 된다)	① 인근주민(2~3세대)을 모니터 요원으로 지정, 가스안전관리 업무협약서를 작성 보존 ② 조정기 출구배관 가스압력의 비정상적인 상승, 출입문 개폐 여부 가스누출 여부 등을 도시가스 사업자의 안전관리자가 상주하는 곳에 통보할 수 있는 경보설비를 갖춤.

(2) 배관망의 전산화(3.1.4.1)

개요	가스공급시설의 효율적 관리
전산화 항목	(배관, 정압기) ① 설치도면 ② 시방서(호칭경, 재질 관련사항) ③ 시공자, 시공 연월일

(3) 도시가스 배관 중 긴급차단밸브의 설치거리

지역 구분	지역분류 기준	긴급차단밸브 설치거리
(가)	지상 4층의 건축물 밀집지역 또는 교통량이 많은 지역으로서 지하에 여러 종류의 공익시설물(전기, 가스, 수도 시설물 등)이 있는 지역	8km
(나)	(가)에 해당하지 아니하는 지역으로서 밀도지수가 46 이상인 지역	16km
(다)	(가)에 해당하지 아니하는 지역으로서 밀도지수가 46 미만인 지역	24km

01 정압기

(1) 정압기(Governor) (KGS Fs 552)

관련사진

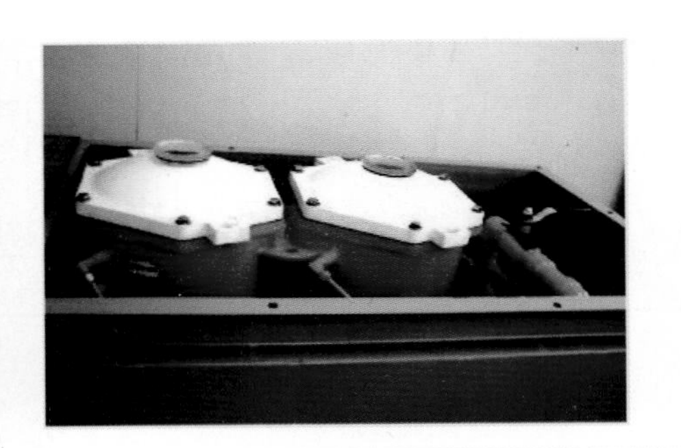

구분	세부 내용
정의	도시가스 압력을 사용처에 맞게 낮추는 감압 기능, 2차측 압력을 허용범위 내의 압력으로 유지하는 정압 기능, 가스흐름이 없을 때 밸브를 완전히 폐쇄하여 압력상승을 방지하는 폐쇄기능을 가진 기기로서 정압기용 압력조정기와 그 부속설비
정압기용 부속설비	1차측 최초 밸브로부터 2차측 말단 밸브 사이에 설치된 배관, 가스차단장치, 정압기용 필터, 긴급차단장치(slamshut valve), 안전밸브(safety valve), 압력기록장치(pressure recorder), 각종 통보설비, 연결배관 및 전선
종류	
지구정압기	일반 도시가스사업자의 소유시설로 가스도매사업자로부터 공급받은 도시가스의 압력을 1차적으로 낮추기 위해 설치하는 정압기
지역정압기	일반 도시가스사업자의 소유시설로서 지구정압기 또는 가스도매사업자로부터 공급받은 도시가스의 압력을 낮추어 다수의 사용자에게 가스를 공급하기 위해 설치하는 정압기
캐비닛형 구조의 정압기	정압기 배관 및 안전장치 등이 일체로 구성된 정압기에 한하여 사용할 수 있는 정압기실로 내식성 재료의 캐비닛과 철근콘크리트 기초로 구성된 정압기실

(2) 정압기와 필터(여과기)의 분해점검 주기

시설 구분	정압기, 필터		분해점검 주기
공급시설	정압기		2년 1회
	예비정압기		3년 1회
	필터	공급 개시 직후	1월 이내
		1월 이내 점검한 다음	1년 1회
사용시설	정압기	처음 향후(두번째부터)	3년 1회 4년 1회
	필터	공급 개시 직후	1월 이내
		1월 이내 점검 후	3년 1회
		3년 1회 점검한 그 이후	4년 1회

예비정압기 종류와 그 밖에 정압기실 점검사항	
예비정압기 종류	정압기실 점검사항
① 주정압기의 기능상실에만 사용하는 것 ② 월 1회 작동점검을 실시하는 것	① 정압기실 전체는 1주 1회 작동상황 점검 ② 정압기실 가스누출 경보기는 1주 1회 이상 점검

(3) 지하의 정압기실 가스공급시설 설치규정

관련사진

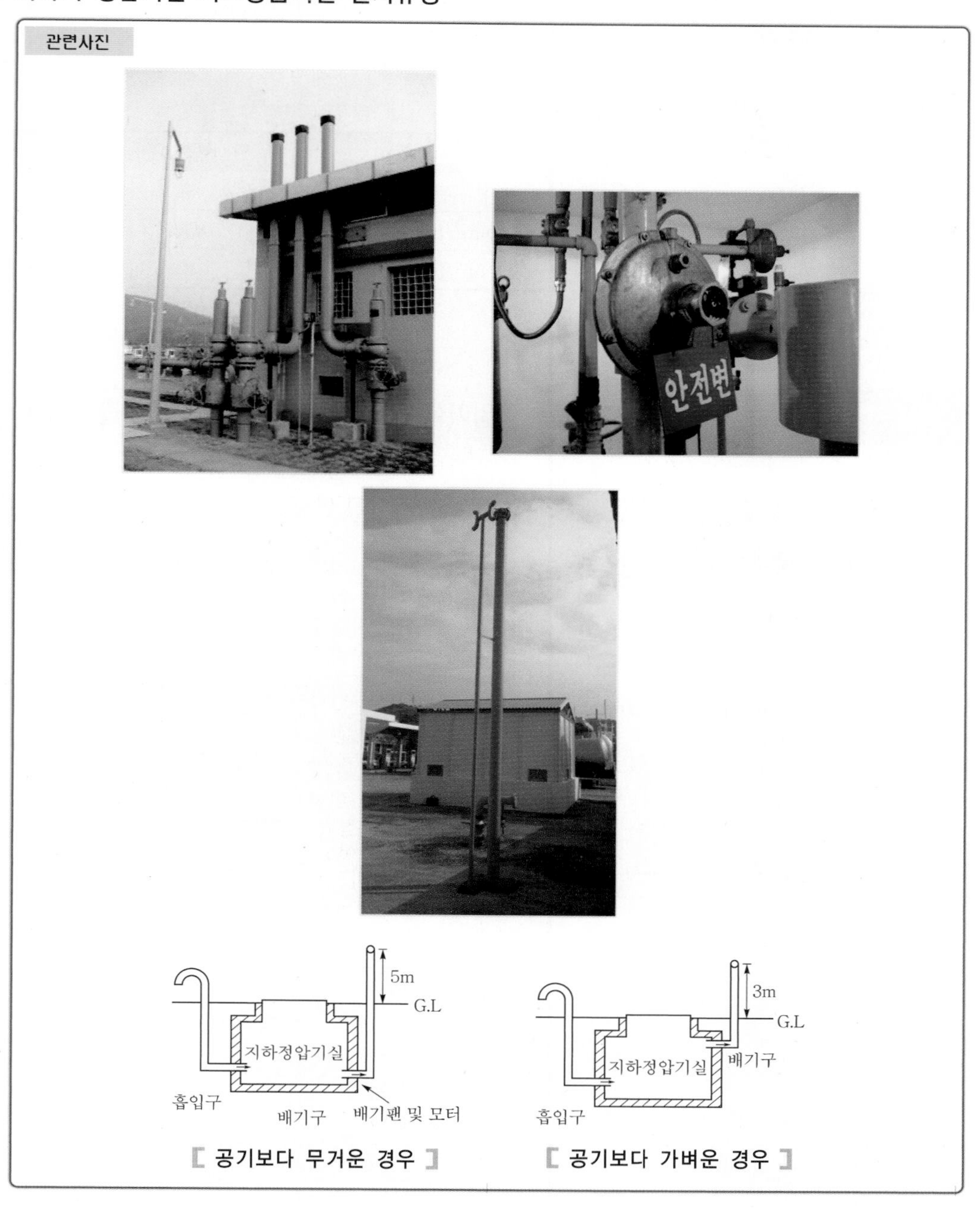

[공기보다 무거운 경우]

[공기보다 가벼운 경우]

항목 \ 구분	공기보다 비중이 가벼운 경우	공기보다 비중이 무거운 경우
흡입구, 배기구 관경	100mm 이상	100mm 이상
흡입구	지면에서 30cm 이상	지면에서 30cm 이상
배기구	천장면에서 30cm 이상	지면에서 30cm 이상
배기가스 방출구	지면에서 3m 이상	지면에서 5m 이상 (전기시설물 접촉 우려가 있는 경우 3m 이상)

(4) 도시가스 정압기실 안전밸브 분출부의 크기

<table>
<tr><th colspan="2">입구측 압력</th><th>안전밸브 분출부 구경</th></tr>
<tr><td>0.5MPa 이상</td><td>유량과 무관</td><td>50A 이상</td></tr>
<tr><td rowspan="2">0.5MPa 미만</td><td>유량 1000Nm³/h 이상</td><td>50A 이상</td></tr>
<tr><td>유량 1000Nm³/h 미만</td><td>25A 이상</td></tr>
</table>

04-17 LPG 저장탱크, 도시가스 정압기실 안전밸브 가스 방출관의 방출구 설치 위치

<table>
<tr><th colspan="3">LPG 저장탱크</th><th colspan="2">도시가스 정압기실</th><th rowspan="2">고압가스
저장탱크</th></tr>
<tr><th colspan="2">지상설치탱크</th><th>지하설치탱크</th><th>지상설치</th><th>지하설치</th></tr>
<tr><td>3t 이상
일반탱크</td><td>3t 미만
소형 저장탱크</td><td rowspan="5">지면에서 5m 이상</td><td colspan="2" rowspan="2">지면에서 5m 이상
(단, 전기시설물과 접촉 등으로 사고 우려 시 3m 이상</td><td>설치능력</td></tr>
<tr><td rowspan="4">지면에서 5m 이상, 탱크 저상부에서 2m 중 높은 위치</td><td rowspan="4">지면에서 2.5m 이상, 탱크 정상부에서 1m 중 높은 위치</td><td>5m³ 이상 탱크</td></tr>
<tr><th colspan="2">지하정압기실 배기관의 배기가스 방출구</th><th>설치 위치</th></tr>
<tr><th>공기보다 무거운
도시가스</th><th>공기보다 가벼운
도시가스</th><td rowspan="2">지면에서 5m 이상, 탱크 정상부에서 2m 이상 중 높은 위치</td></tr>
<tr><td>① 지면에서 5m 이상
② 전기시설물 접촉 우려 시 3m 이상</td><td>지면에서 3m 이상</td></tr>
</table>

04-18 정압기의 종류별 특성과 이상

관련사진

[피셔식 정압기]

[AFV 정압기]

종류			이상감압에 대처할 수 있는 방법
피셔식	엑셀-플로식	레이놀드식	
① 정특성, 동특성 양호 ② 비교적 콤팩트하다. ③ 로딩형이다.	① 정특성, 동특성 양호 ② 극히 콤팩트하다. ③ 변칙 언로딩형이다.	① 언로딩형이다. ② 크기가 대형이다. ③ 정특성이 좋다. ④ 안정성이 부족하다.	① 저압 배관의 loop화 ② 2차측 압력감시장치 설치 ③ 정압기 2계열 설치

04-19 정압기의 특성(정압기를 평가 선정 시 고려하여야 할 사항)

특성 종류		개요
정특성		정상상태에 있어서 유량과 2차 압력과의 관계
관련 동작	오프셋	정특성에서 기준유량 Q일 때 2차 압력 P에 설정했다고 하여 유량이 변하였을 때 2차 압력 P로부터 어긋난 것
	로크업	유량이 0으로 되었을 때 끝맺음 압력과 P의 차이
	시프트	1차 압력의 변화 등에 의하여 정압곡선이 전체적으로 어긋난 것
동특성		부하변화가 큰 곳에 사용되는 정압기에 대하여 부하변동에 대한 응답의 신속성과 안정성
유량 특성		메인밸브의 열림(스트로크-리프트)과 유량과의 관계
관련 동작	직선형	(유량)$=K\times$(열림) 관계에 있는 것(메인밸브 개구부 모양이 장방형)
	2차형	(유량)$=K\times$(열림)^2 관계에 있는 것(메인밸브 개구부 모양이 삼각형)
	평방근형	(유량)$=K\times$(열림)$^{\frac{1}{2}}$ 관계에 있는 것(메인밸브가 접시형인 경우)
사용 최대차압		메인밸브에는 1차 압력과 2차 압력의 차압이 정압성능에 영향을 주나 이것이 실용적으로 사용할 수 있는 범위에서 최대로 되었을 때 차압
작동 최소차압		1차 압력과 2차 압력의 차압이 어느 정도 이상이 없을 때 파일럿 정압기는 작동할 수 없게 되며, 이 최소값을 말함

[도시가스 공급시설에 설치하는 정압기실 및 구역압력 조정기실 개구부와 RTU(Remote Terminal Unit) box와 유지거리]

구분	거리
지구정압기 건축물 내 지역정압기 및 공기보다 무거운 가스를 사용하는 지역정압기	4.5m 이상
공기보다 가벼운 가스를 사용하는 지역정압기 및 구역압력 조정기	1m 이상

04-20 도시가스 공동주택에 압력조정기 설치 기준(KGS Fs 551) (2.4.4.1.1)

관련사진

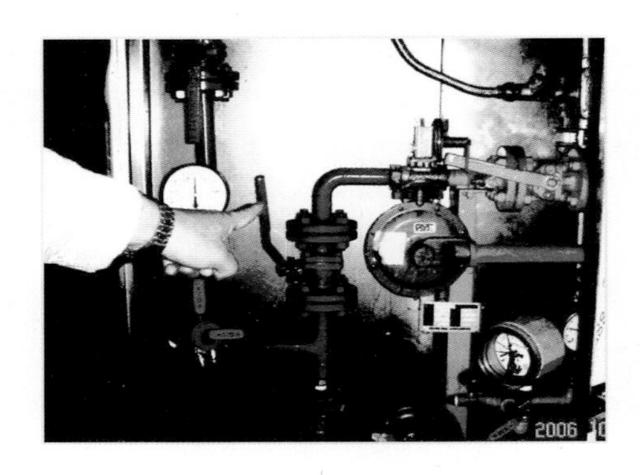

공동주택 공급압력	전체 세대 수
중압 이상	150세대 미만인 경우
저압	250세대 미만인 경우

(1) 정압기실에 설치되는 설비의 설정압력

구분		상용압력 2.5kPa	기타
주정압기의 긴급차단장치		3.6kPa	상용압력 1.2배 이하
예비정압기에 설치하는 긴급차단장치		4.4kPa	상용압력 1.5배 이하
안전밸브		4.0kPa	상용압력 1.4배 이하
이상압력 통보설비	상한값	3.2kPa	상용압력 1.1배 이하
	하한값	1.2kPa	상용압력 0.7배 이하

04-21 고정식 압축도시가스 자동차 충전시설 기술 기준(KGS Fp 651) (2)

관련사진

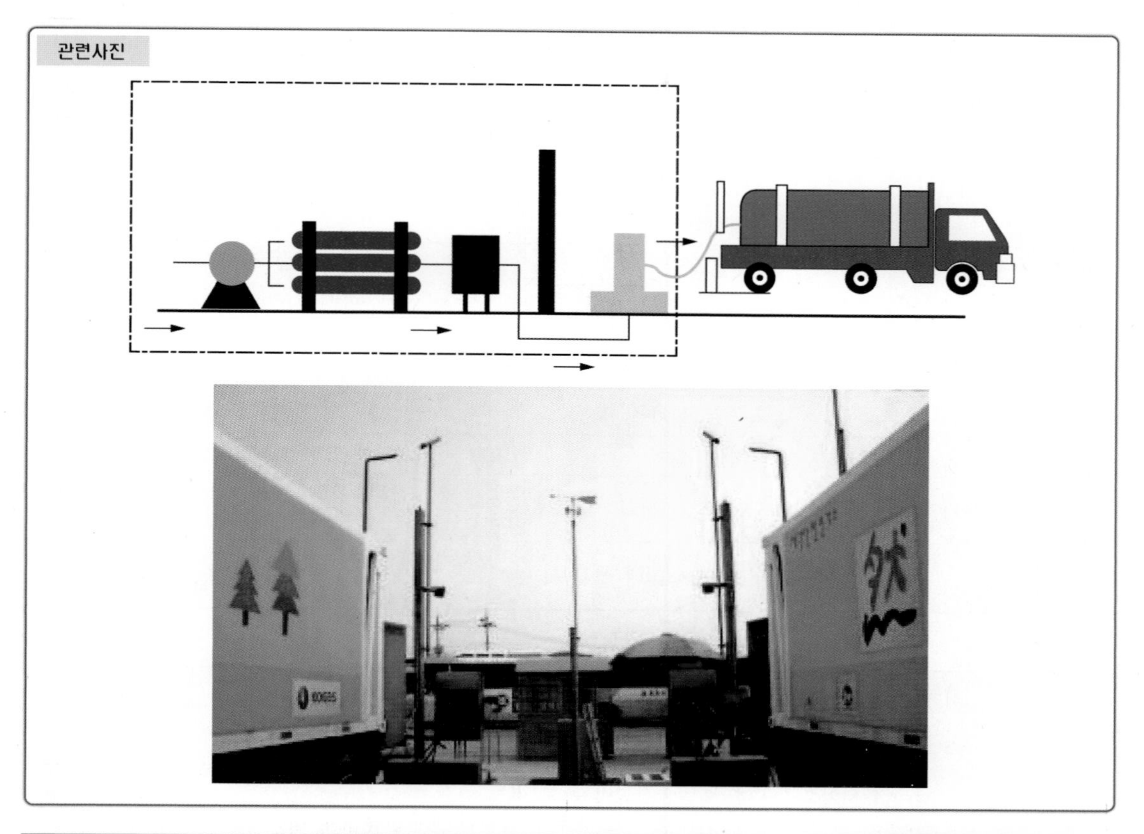

항목		이격거리 및 세부 내용
(저장, 처리, 충전, 압축가스) 설비	고압전선 (직류 1500V 초과 교류 1000V 초과)	수평거리 5m 이상 이격
	저압전선 (직류 1500V 이하 교류 1000V 이하)	수평거리 1m 이상 이격
	화기취급장소 우회거리, 인화성 가연성 물질 저장소 수평거리	8m 이상
	철도	30m 이상 유지
처리설비 압축가스설비	30m 이내 보호시설이 있는 경우	방호벽 설치(단, 처리설비 주위 방류둑 설치 경우 방호벽을 설치하지 않아도 된다)
유동방지시설	내화성 벽	높이 2m 이상으로 설치
	화기취급장소 우회거리	8m 이상
사업소 경계와	압축, 충전설비 외면	10m 이상 유지(단, 처리 압축가스설비 주위 방호벽 설치 시 5m 이상 유지)

항목		이격거리 및 세부 내용
도로 경계	충전설비	5m 이상 유지
충전설비 주위	충전기 주위 보호구조물	높이 30cm 이상 두께 12cm 이상 철근콘크리트 구조물 설치
방류둑	수용용량	최대저장용량 110% 이상의 용량
긴급분리장치	분리되는 힘	수평방향으로 당길 때 666.4N(68kgf) 미만
수동긴급 분리장치	충전설비 근처 및 충전설비로부터	5m 이상 떨어진 장소에 설치
역류방지밸브	설치장소	압축장치 입구측 배관
내진설계 기준 저장능력	압축	$500m^3$ 이상
	액화	5톤 이상 저장탱크 및 압력용기에 적용
압축가스설비	밸브와 배관부속품 주위	1m 이상 공간확보 (단, 밀폐형 구조물 내에 설치 시는 제외)
펌프 및 압축장치	직렬로 설치	차단밸브 설치
	병렬로 설치	토출 배관에 역류방지밸브 설치
강제기화장치	열원차단장치 설치	열원차단장치는 15m 이상 위치에 원격조작이 가능할 것
대기식 및 강제기화장치	저장탱크로부터 15m 이내 설치 시	기화장치에서 3m 이상 떨어진 위치에 액배관에 자동차단밸브 설치

항목		세부 핵심내용	
가스누출 경보장치	설치장소	① 압축설비 주변 ② 압축가스설비 주변 ③ 개별충전설비 본체 내부 ④ 밀폐형 피트 내부에 설치된 배관접속부(용접부 제외) 주위 ⑤ 펌프 주변	
	설치개수	1개 이상	① 압축설비 주변 ② 충전설비 내부 ③ 펌프 주변 ④ 배관접속부 10m마다
		2개	압축가스설비 주변
긴급분리장치	설치개요	충전호스에는 충전 중 자동차의 오발진으로 인한 충전기 및 충전호스의 파손 방지를 위하여	
	설치장소	각 충전설비마다	
	분리되는 힘	수평방향으로 당길 때 666.4N(68kgf) 미만의 힘	
방호벽	설치장소	① 저장설비와 사업소 안 보호시설 사이 ② 압축장치와 충전설비 사이 및 압축가스 설비와 충전설비 사이	
자동차 충전기	충전호스 길이	8m 이하	

04-22 이동식 압축도시가스 자동차 충전시설 기술 기준(KGS Fp 652) (2)

항목			규정 이격거리
처리설비, 이동충전 차량과 충전설비	화기와의 수평거리	고압전선 (직류 1500V 초과 교류 1000V 초과)	5m 이상
	화기와 우회거리		8m 이상
	가연성 물질 저장소		8m 이상
이동충전차량 방호벽 설치 경우			이동충전차량 및 충전설비로부터 30m 이내 보호시설이 있을 때
설비와 이격거리	가스배관구와 가스배관구 사이 이동충전차량과 충전설비 사이		8m 이상(방호벽 설치 시는 제외)
사업소 경계와 거리	이동충전차량, 충전설비 외면과 사업소 경계 안전거리		10m 이상(단, 외부에 방화판 충전설비 주위 방호벽이 있는 경우 5m 이상)
도로 경계와 거리	충전설비		5m 이상(방호벽 설치 시 2.5m 이상 유지)
철도와 거리	이동충전차량 충전설비		15m 이상 유지
이동충전차량	가스배관구 연결호스		5m 이내
충전설비 주위 및 가스배관구 주위	충전기 보호의 구조물 및 가스배관구 보호구조물 규격 및 재질		높이 30cm 이상 두께 12cm 이상 철근콘크리트 구조물 설치
수동 긴급차단장치	충전설비 근처 충전설비로부터 이격거리		5m 이상(쉽게 식별할 수 있는 조치할 것)
충전작업 이동충전 차량 설치대수	충전소 내 주정차 가능 및 주차공간 확보를 위함		3대 이하

04-23 경계책(KGS Fp 112) (2.9.3)

항목	세부 내용
설치높이	1.5m 이상 철책, 철망 등으로 일반인의 출입 통제
경계책을 설치한 것으로 보는 경우	① 철근콘크리트 및 콘크리트 블록재로 지상에 설치된 고압가스 저장실 및 도시가스 정압기실 ② 도로의 지하 또는 도로와 인접설치되어 사람과 차량의 통행에 영향을 주는 장소로서 경계책 설치가 부적당한 고압가스 저장실 및 도시가스 정압기실 ③ 건축물 내에 설치되어 설치공간이 없는 도시가스 정압기실, 고압가스 저장실 ④ 차량통행 등 조업시행이 곤란하여 위해요인 가중 우려 시 ⑤ 상부 덮개에 시건조치를 한 매몰형 정압기 ⑥ 공원지역, 녹지지역에 설치된 정압기실
경계표지	경계책 주위에는 외부 사람의 무단출입을 금하는 내용의 경계표지를 보기 쉬운 장소에 부착
발화 인화물질 휴대사항	경계책 안에는 누구도 발화, 인화 우려물질을 휴대하고 들어가지 아니 한다(단, 당해 설비의 수리, 정비 불가피한 사유 발생 시 안전관리책임자 감독하에 휴대 가능).

04-24 도시가스 저장설비 물분무장치(KGS Fp 451) (2.3.3.3) 관련

항목	내용
저장탱크	물분무장치 설치
시설부근에 화기 대량취급 가스공급시설	수막 또는 동등 이상 능력의 시설을 설치
전표면 살수량	탱크면적 $1m^2$당 5L/min 분무할 수 있는 고정장치 설치
준내화구조 탱크	탱크면적 $1m^2$당 2.5L/min 분무할 수 있는 고정장치 설치
소화전	① 탱크 외면 40m 이내에서 방사 가능 ② 호스 끝 수압 0.35MPa 이상 ③ 방수능력 400L/min 이상

01 기타 항목

(1) 도시가스의 연소성을 판단하는 지수

구분	핵심내용
웨버지수(WI)	$WI = \dfrac{H_g}{\sqrt{d}}$ 여기서, WI : 웨버지수 H_g : 도시가스 총 발열량($kcal/m^3$) $\sqrt{d}$: 도시가스의 공기에 대한 비중

04-25 가스보일러 설치(KGS Fu 551)

관련사진

구분		간추린 핵심내용
공동 설치기준		① 가스보일러는 전용보일러실에 설치 ② 전용보일러실에 설치하지 않아도 되는 종류 ㉠ 밀폐식 보일러 ㉡ 보일러를 옥외 설치 시 ㉢ 전용급기통을 부착시키는 구조로 검사에 합격한 강제식 보일러 ③ 전용보일러실에는 환기팬을 설치하지 않는다. ④ 보일러는 지하실, 반지하실에 설치하지 않는다.
반밀폐식	자연배기식	① 배기통 굴곡수는 4개 이하 ② 배기통 입상높이는 10m 이하, 10m 초과 시는 보온조치 ③ 배기통 가로길이는 5m 이하 ④ 급기구 상부 환기구 유효 단면적 : 배기통 단면적 이상 ⑤ 배기통 끝 : 옥외로 뽑아냄
	공동배기식	① 공동배기구 정상부에서 최상층 보일러 : 역풍방지장치 개구부 하단까지 거리가 4m 이상 시 공동배기구에 연결하고 그 이하는 단독배기통 방식으로 한다. ② 공동배기구 유효단면적 $A = Q \times 0.6 \times K \times F + P$ 여기서, A : 공동배기구 유효단면적(mm²) Q : 보일러 가스소비량 합계(kcal/h) K : 형상계수 F : 보일러의 동시 사용률 P : 배기통의 수평투영면적(mm²) ③ 동일층에서 공동배기구로 연결되는 보일러 수는 2대 이하 ④ 공동배기구 최하부에는 청소구와 수취기 설치 ⑤ 공동배기구 배기통에는 방화댐퍼를 설치하지 아니 한다.

04-26 연소기별 설치기구

관련사진

연소기 종류	설치기구
개방형 연소기	환풍기, 환기구
반밀폐형 연소기	급기구, 배기통

04-27 가스계량기, 호스이음부, 배관의 이음부 유지거리(단, 용접이음부 제외)

항목		해당법규 및 항목구분에 따른 이격거리
전기계량기, 전기계폐기		법령 및 사용, 공급 관계없이 무조건 60cm 이상
전기점멸기, 전기접속기	30cm 이상	공급시설의 배관이음부, 사용시설 가스계량기
	15cm 이상	LPG, 도시사용시설(배관이음부, 호스이음부)
단열조치하지 않은 굴뚝	30cm 이상	① LPG공급시설(배관이음부) ② LPG, 도시사용시설의 가스계량기
	15cm 이상	① 도시가스공급시설(배관이음부) ② LPG, 도시사용시설(배관이음부)
절연조치하지 않은 전선	30cm 이상	LPG공급시설(배관이음부)
	15cm 이상	도시가스공급, LPG, 도시가스사용시설(배관이음부, 가스계량기)
절연조치한 전선		항목, 법규 구분없이 10cm 이상
공급시설		배관이음부
사용시설		배관이음부, 호스이음부, 가스계량기

04-28 막식, 습식, 루트식 가스미터 장·단점

관련사진

[막식 가스미터]

[습식 가스미터]

[루트식 가스미터]

종류 \ 항목	장점	단점	일반적 용도	용량범위 (m^3/h)
막식 가스미터	① 미터 가격이 저렴하다. ② 설치 후 유지관리에 시간을 요하지 않는다.	대용량의 경우 설치면적이 크다.	일반수용가	1.5~ 200
습식 가스미터	① 계량값이 정확하다. ② 사용 중에 기차변동이 없다. ③ 드럼 타입으로 계량된다.	① 설치면적이 크다. ② 사용 중 수위조정이 필요하다.	① 기준 가스미터용 ② 실험실용	0.2~ 3000
루트식 가스미터	① 설치면적이 작다. ② 중압의 계량이 가능하다. ③ 대유량의 가스측정에 적합하다.	① 스트레나 설치 및 설치 후의 유지관리가 필요하다. ② 0.5m^3/h 이하의 소유량에서는 부동의 우려가 있다.	대수용가	100~ 5000

MEMO

[시험에 잘 나오는]

핵심요점 정리집

저자 직통 합격상담실 **양용석** 선생님

010-5835-0508

본서에 대한 내용문의는 저자에게 바로 연락하여 궁금증 해결!

Daum 카페 까스짱

(cafe.daum.net/NH3)

· 시험정보 제공
· 교재내용 문의

BM Book Multimedia Group

성안당은 선진화된 출판 및 영상교육 시스템을 구축하고
항상 연구하는 자세로 독자 앞에 다가갑니다.

비매품

PLUS
더 쉽게 더 빠르게 합격 플러스